LEHRBUCH

DER

ARZNEIMITTELLEHRE

UND

ARZNEIVERORDNUNGSLEHRE

UNTER BESONDERER BERÜCKSICHTIGUNG DER DEUTSCHEN
UND ÖSTERREICHISCHEN PHARMAKOPOE

VON

Dr. H. v. TAPPEINER

ORD. PROFESSOR DER PHARMAKOLOGIE UND VORSTAND DES PHARMAKOLOGISCHEN
INSTITUTS DER UNIVERSITÄT MÜNCHEN

FÜNFZEHNTE NEU BEARBEITETE AUFLAGE

LEIPZIG

VERLAG VON F. C. W. VOGEL

1922.

ISBN 978-3-642-98179-1   ISBN 978-3-642-98990-2 (eBook)
DOI 10.1007/978-3-642-98990-2

Vorwort zur fünfzehnten Auflage.

Wenn der Verfasser es 1890 unternahm, den vielen Werken über Arzneimittellehre, welche teils wissenschaftliche, teils praktische Zwecke verfolgen, ein neues hinzuzufügen, so tat er dies in der Hoffnung, daß ein kurzes, beide Richtungen gleichmäßig berücksichtigendes Buch nicht unerwünscht sei. Seine Absicht geht dahin, eine praktische, auf die wissenschaftlichen Untersuchungen gestützte Arzneimittellehre zu geben. Dementsprechend wurde dem therapeutischen Teile und der Arzneiverordnungslehre ein verhältnismäßig größerer Raum gewidmet, und sind von der experimentellen Pharmakologie nur jene Ergebnisse aufgenommen worden, welche zum Entwurfe des allgemeinen Wirkungsbildes eines Arzneimittels nötig oder für die Anwendung desselben wichtig sind. Die Auswahl war nicht immer eine leichte. Die kurze Entwicklungszeit, auf welche diese Wissenschaft zurückblicken kann, bringt es mit sich, daß Anschauungen und Angaben noch vielfach auseinandergehen und einer gedrängten Darstellung Schwierigkeiten bereiten. In solchen Fällen hat der Verfasser sich häufig den Ansichten angeschlossen, welche Schmiedeberg in seinem bahnbrechenden Grundriß der Arzneimittellehre (Leipzig 1888, 2. Auflage) niedergelegt hat. Die betreffenden Stellen sind besonders namhaft gemacht. Von anderen Zitaten konnte des beschränkten Raumes halber nur in sehr mäßigem Grade Gebrauch gemacht werden.

Die Einteilung des Stoffes ist, soweit es tunlich erschien, nach dem therapeutischen System vorgenommen, d. h. nach den Wirkungen, welche bei der Anwendung in Krankheiten vorzugsweise in Betracht kommen. Den Anfang machen die hauptsächlich als Corrigentia und Constituentia gebrauchten Mittel, da deren Kenntnis für die Verordnung aller folgenden von Wichtigkeit ist. Hierauf folgen die vorzugsweise örtlich wirkenden

Mittel, dann die elektiv nach der Resorption auf Nervensystem, Muskeln und Kreislauf wirkenden Stoffe, und die Mittel, welche auf Wärmehaushalt, Stoffwechsel usw. Verwendung finden. An sie reihen sich einige Kapitel über Organ- und Serumtherapie, Nährpräparate und Enzyme. Den Schluß bilden eine Löslichkeitstabelle der wichtigeren Arzneimittel, eine Übersicht der wichtigeren Vergiftungen und ein Register der Krankheiten, über deren Behandlung Angaben im Buche enthalten sind.

Der Auswahl des Stoffes ist das Arzneibuch für das Deutsche Reich (5. Ausgabe 1910) und die österreichische Pharmakopoe (8. Ausgabe 1906) zugrunde gelegt. Außerdem sind auch alle neueren Mittel aufgenommen, vorausgesetzt, daß die bisher darüber bekannt gewordenen Erfahrungen eine allgemeinere, länger dauernde Anwendung in einige Aussicht stellen. Eine Auswahl der übrigen findet sich im letzten Kapitel des Buches kurz zusammengestellt.

Die beigegebenen Rezepte bittet der Verfasser nur als Übungsbeispiele zu betrachten, dazu bestimmt, das selbständige Verordnen des angehenden Arztes anzubahnen.

München, im Februar 1922.

Der Verfasser.

Inhaltsverzeichnis.

Erklärung der Zeichen.

Die **Mittel des deutschen Arzneibuches** sind mit * oder Ph. G., die **Mittel der österreichischen Pharmakopoe** mit † oder Ph. A. bezeichnet.

P. I. (praescriptio internationalis) bedeutet, daß das Mittel in Herstellung und Gehalt den Vereinbarungen der internationalen Konferenz zu Brüssel 1906 entspricht.

Ph. A. enthält am Schlusse ein Verzeichnis (Elenchus) von zusammengesetzten Mitteln, welche häufiger von Ärzten verschrieben werden. Dieselben sind, soweit sie offizinelle]Mittel enthalten, mit dem Zeichen Ph. A. E. aufgenommen.

Bei den **Maximaldosen** (D. m.) bedeutet die erste Zahl die größte Einzelgabe, die zweite, in Klammern beigefügte, die größte Tagesgabe.

Allgemeine Arzneimittellehre.

I. Begriff der Arzneimittellehre.

Die Mittel, welche Krankheiten mildern oder beseitigen, nennen wir Heilmittel, und Heilmittel, welche durch ihre chemischen Eigenschaften wirken, bezeichnen wir als Arzneimittel.

Arzneimittellehre ist daher kurzweg die Lehre von den chemischen Heilmitteln.

Man könnte sie auch *Chemotherapie* nennen. Gegenwärtig gebraucht man jedoch diesen Ausdruck mehr im engeren Sinne, indem man damit die Lehre von jenen Stoffen bezeichnet und der Immuno- und Serumtherapie gegenüberstellt, welche durch auswählend starke (spezifische) Wirkung auf pathogene Organismen Heilungen von Krankheiten herbeiführen.

Der Arzneimittellehre nahe verwandt ist die *Toxikologie,* die Lehre von den Giften, d. h. jenen Stoffen, welche durch ihre chemischen Eigenschaften das Leben schädigen oder vernichten. Die Trennung zwischen beiden ist keine scharfe, sie sind im Grunde genommen bloß Teile einer gemeinsamen Wissenschaft, denn viele Stoffe wirken in kleinen Gaben als Heilmittel, in größeren als Gifte. Der Vorschlag S c h m i e d e b e r g s, dieser gemeinsamen Wissenschaft auch einen Namen zu geben und dafür die Bezeichnung Pharmakologie vorzubehalten, ist daher durchaus gerechtfertigt. *Pharmakologie* ist dann die Lehre von allen jenen dem Organismus fremden oder in außergewöhnlicher Menge anwesenden eigenen Stoffen, welche durch ihre chemischen Eigenschaften Veränderungen in demselben hervorbringen, gleichgültig, ob daraus ein Nutzen oder Schaden erwächst. Zu den im Organismus in außergewöhnlicher Menge anwesenden eigenen Stoffen gehören erstens jene Substanzen, welche gewöhnlich nur als Nahrungsstoffe eine Rolle spielen, in größerer Menge aber auch als Arzneimittel Verwendung finden, wie z. B. Kochsalz;

zweitens auch jene Stoffe, welche im Organismus erst durch den Stoffumsatz gebildet werden und nur im Falle abnormer Anhäufung (Rückstauung) zu Vergiftungen führen, wie z. B. der Harnstoff, die Gallensäuren.

Pharmakologie in diesem Sinne ist eine reine Wissenschaft, ein Teil der Lebenslehre (Biologie), welche gleich den anderen Zweigen (Morphologie, Physiologie und Pathologie) ihre Existenzberechtigung in sich selbst findet. Sie würde gepflegt werden, auch wenn es gar keine praktische Medizin gäbe. Bei der außerordentlich großen Wichtigkeit indes, welche die Pharmakologie für die angewandte Medizin besitzt, — indem sie einerseits die Waffen liefert, die Krankheiten zu bekämpfen, anderseits auch die Krankheiten erkennen und behandeln lehrt, welche durch in den Organismus eingedrungene oder in ihm erst gebildete Gifte entstehen, — erscheint es angezeigt, sie in besonderer Rücksicht auf diese Beziehungen vorzutragen und demgemäß in zwei angewandte Zweige zu zerlegen: Arzneimittellehre oder Pharmakologie im engeren Sinne, und Toxikologie. Die Aufgabe der ersteren ist alsdann nicht bloß, die Wirkungen der Arzneimittel durch das Experiment an gesunden und krank gemachten Tieren zu erforschen *(Pharmakodynamik* und *experimentelle Therapie)*, sondern auch die allgemeinen Richtungen anzugeben, nach denen dieselben in Krankheiten des Menschen angewandt und verordnet werden sollen *(Pharmakotherapie* und *Arzneiverordnungslehre)*.

Die Pharmakologie setzt die Kenntnisse der äußeren und der naturhistorischen Merkmale der Arzneimittel (Pharmakognosie) und ihrer chemischen Eigenschaften (pharmazeutische Chemie) voraus. Dieselben werden hier nur soweit berücksichtigt, als es für die Beurteilung der Arzneiwirkung und die Kunst der Arzneiverordnung notwendig ist.

II. Wirkung der Arzneimittel im allgemeinen.

Die Veränderungen, welche die Arzneistoffe im Organismus hervorbringen, bezeichnet man als Wirkungen. Der Organismus ist aus Zellen aufgebaut; Zellen sind daher auch vorzugsweise die Angriffsorte der Arzneimittel. Die Zellen der höheren Organismen sind indes nicht gleichartig. Infolge Arbeitsteilung sind ihnen nur gewisse Eigenschaften und Tätigkeiten — das allgemeine Ernährungsgeschäft — gemeinsam verblieben, die dabei gewonnene Energie aber wird von ihnen in besonderer Weise verwendet, je nachdem sie durch besondere Organisation zu Nervenzellen, Muskelzellen, Drüsenzellen usw. geworden sind. Dementsprechend gibt es daher auch *zwei Arten von Wirkungen* der Arzneimittel, *allgemeine,* welche auf alle Zellen sich erstrecken, und *besondere (spezifische),* von denen nur Zellen gewisser (besonderer) Organisation oder Funktion betroffen werden.

Die durch die Arzneimittel gesetzten Veränderungen beruhen auf chemischen Vorgängen. Nur ein Teil derselben sind *chemische Prozesse gewöhnlicher Art, d. h. ein Austausch von Atomen zwischen Molekülen des Mittels und solchen des Körpers,* welcher zu Umsetzungen, Fällungen, Spaltungen, Oxydationen oder Reduktionen führt. In dieser Art wirken Halogene, freie Säuren, Alkalien, Salze der schweren Metalle, überhaupt Stoffe mit starken Affinitäten. Sie greifen alle Zellen, insbesondere deren Eiweißstoffe, in gleicher Weise an und führen zu einer sichtbaren Veränderung des Gewebes, welche als *Ätzung* bezeichnet wird. Dieselbe bleibt gewöhnlich auf die Applikationsstelle beschränkt, weil sie mit einer Umwandlung des wirkenden Stoffes, also mit einer Vernichtung seiner Eigenschaft als Arzneimittel verbunden ist. Bezeichnend für diese Mittel ist ferner, daß sie auf lebende und tote Körperbestandteile in gleicher Weise wirken und ihre Menge zu diesen in keinem zu großen Mißverhältnisse stehen darf, wenn eine merkbare Wirkung eintreten soll.

Im Gegensatz zu diesen, durch starke chemische Affinitäten wirkenden Agenzien sind die Mehrzahl der Arzneimittel *chemisch indifferente Körper,* welche anscheinend auch keine besondere Verwandtschaft zu den gewebebildenden Bestandteilen äußern, indem sie keine merkbare Veränderung im Gewebe hinterlassen, häufig unverändert oder nur sekundär verändert ausgeschieden werden und oft in so kleinen Gaben wirken, daß schon darum von einer Wirkung nach stöchiometrischen Verhältnissen keine Rede sein kann. Ein Tropfen Senföl z. B. vermag, auf irgendeine Schleimhaut gebracht, diese in großer Ausdehnung in heftige Entzündung zu versetzen, während die gleiche Menge von konzentrierter Schwefelsäure oder eines anderen, mit stärksten Affinitäten ausgerüsteten Körpers es nur zu einer Veränderung ganz beschränkten Umfangs bringt. Das Aconitin erzeugt schon in Bruchteilen eines Milligramms in zahlreichen Organen heftige Wirkungen, welche nicht möglich erschienen, wenn dieser Stoff hierzu mit gewissen Zellenbestandteilen, z. B. den Eiweißkörpern, Molekül für Molekül sich verbinden und umsetzen müßte, da die

Zahl der Moleküle des Alkaloids dazu bei weitem nicht ausreichend wäre.

Eine bestimmtere Erklärung der Wirkung dieser Art von Arzneimitteln ist vorerst nicht zu geben. Wahrscheinlich handelt es sich in allen Fällen um rückbildungsfähige (reversible) *Veränderungen in der kolloidalen Struktur des Protoplasmas* der Zellen. Die Zwischenschiebung auch nur e i n e s Arzneiteilchens in die unbekannte, aber jedenfalls sehr große Anzahl von Molekülen desselben (Eiweißkörper, Lecithin, Salze, Wasser und andere Stoffe) kann genügen, um den molekularen Gleichgewichtszustand zu verändern, vergleichbar dem Eindringen eines Sandkorns in das komplizierte Räderwerk einer Uhr. Dabei hat die Bildung einer molekular-chemischen Verbindung oder einer Adsorption mit Protoplasmabestandteilen oder den in ihm tätigen Enzymen, die nur in einer Art Anlagerung, nicht in einer Umlagerung mit Austausch von Atomen bestünde, viel Wahrscheinlichkeit. Art der Verbindung und Verlauf der Wirkung wäre vergleichbar der Vergiftung mit Kohlenoxydgas, das von einer bestimmten Tension an eine molekulare Verbindung mit dem Hämoglobin eingeht und mit dem Nachlassen dieser Tension sich wieder von ihm trennt, ohne daß einer der beiden Komponenten dabei eine Veränderung erfährt. Unterstützt wird diese Auffassung durch die Beobachtung, daß diese Stoffe gerade in jenen Organen sich gespeichert finden, auf welche sie wirken.

Auf Speicherung minimaler Giftmengen beruht auch die Erscheinung, welche Nägeli als *oligodynamische Wirkung* bezeichnet hat, wonach in Wasser scheinbar ganz unlösliche Metalle (Kupfer, Silber) Zellen zu töten vermögen. Daß es sich hierbei tatsächlich um Lösung minimaler Metallmengen und deren Speicherung in den Zellen handelt, geht unter anderem aus folgender Beobachtung hervor. Algen in einem mit Wasser gefüllten kupfernen Gefäß eingelegt, gehen zugrunde, eine nachher eingelegte zweite Portion Algen hingegen bleibt am Leben, weil das Wasser nun durch die speichernde Tätigkeit der ersten Algenportion von den in Lösung gegangenen Spuren von Metall befreit, mithin für gewisse Zeit entgiftet wurde.

Von den Mitteln dieser Art wirken nur wenige auf a l l e Zellen des Körpers, welche sie erreichen können, indem sie Entzündung erregen oder den Ernährungszustand verändern und dadurch oft sichtbare Folgen, Exsudationen, Hypertrophien, Verfettungen, Nekrosen herbeiführen: allgemeine Protoplasmagifte.

Die Mehrzahl verfährt mit A u s w a h l, d. h. erfaßt nur Organe (Zellkomplexe) bestimmter (spezifischer) Funktion, zu denen sie vermöge ihrer chemischen Eigenschaften die größte Verwandtschaft besitzen: spezifische Gifte. Hierdurch erfolgt dann entweder eine Erhöhung der besonderen Tätigkeit der Zelle (Erregung) oder eine Herabsetzung oder Aufhebung derselben (Lähmung). Beide Funktionsänderungen können geschehen, ohne daß die Ernährungsvorgänge eine Veränderung erfahren. Erregungen werden aus den Spannkräften bestritten, welche in den meisten Fällen für plötzlich erforderte hohe Leistungen aufgespeichert sind, und bei Lähmung ist die Zelle nur scheinbar tot — weil ohne die gewöhnliche Lebensäußerung. Die Ernährung geht weiter, und die Zelle nimmt daher ihre spezifischen Funktionen nach der Ausscheidung des wirkenden Stoffes wieder auf, vorausgesetzt, daß es sich nicht um ein lebensnotwendiges Organ, wie Herz und Atmungszentrum, handelt, deren Funktionseinstellung sofort den Tod des ganzen Organismus nach sich zieht.

Eine besondere Klasse von Arzneimitteln bilden die *Toxine* und *Antitoxine*. Sie unterscheidet sich in wesentlichen Punkten von den vorausgegangenen, worauf indes erst in Kapitel XXVII eingegangen werden soll.

Die durch ihre physikalisch-chemischen Eigenschaften (Erhöhung der inneren Reibung) wirkenden *Mucilaginosa* sollen ebenfalls erst in dem ihnen gewidmeten Kapitel erörtert werden.

Es bleibt daher nur noch eine letzte Art von Arzneiwirkung zu besprechen übrig — die *molekulare Wasser- und Salzwirkung*. Sie kennzeichnet sich durch den Ein- resp. Austritt von Wasser- und Salzmolekülen, also durch Veränderung des Wasser- und Salzgehaltes der Gewebe, und kommt jedesmal zur Geltung, wenn der von der Zahl der gelösten Moleküle und Ionen abhängige osmotische Druck im Innern der Zelle und im umgebenden Medium ein ungleicher ist — in reiner Form indes nur bei destilliertem Wasser resp. jenen neutral reagierenden Salzen, deren Komponenten (Ionen) relativ geringe pharmakologische Wirkung besitzen (Natriumchlorid, Natriumsulfat, Natriumnitrat usw.).

Die Wechselbeziehungen, welche die meisten Organe zueinander unterhalten, bringen es nun mit sich, daß häufig auch Organe, welche vom Arzneistoffe gar nicht berührt werden, in Mitleidenschaft gezogen werden. Ätzung (Katarrh) des Verdauungstraktus führt zu allgemeinen Ernährungsstörungen; Atmungslähmung zu Erregungen motorischer Zentralorgane (Krämpfen); Herz- und Gefäßlähmung umgekehrt zu zentralen Depressionen. Auch an einem und demselben Organ, wenn es verschiedene Funktionselemente enthält, läßt die veränderte Tätigkeit die Art der Wirkung nicht ohne weiteres erkennen. Verstopfung z. B. ist nicht immer die Folge der Lähmung der Muskulatur des Darmes, sondern bisweilen durch krampfartige Erregung derselben bedingt; Pulsbeschleunigung wird oft nicht durch Erregung der motorischen Herzapparate, sondern durch Lähmung der Hemmungsvorrichtungen bewirkt. In ähnlicher Weise können auch manche nervösen Aufregungszustände, Delirien, Tobsucht und Krämpfe auf Lähmung zentraler Hemmungsvorrichtungen beruhen. Die nach außen sich geltend machenden Erscheinungen (Symptome) vermögen daher über Ort und Art der Wirkung eines Stoffes nichts Sicheres auszusagen. Diese ergibt sich erst durch die planmäßige experimentelle Untersuchung, welche zunächst aus dem Gewirre der Erscheinungen die *Wirkungen und Folgen* oder, wie man sich zu sagen gewöhnt hat, die *direkten* oder *primären und indirekten* oder *sekundären Wirkungen* zu scheiden hat, um so zur Auffindung der Organe oder Organteile zu gelangen, welche den eigentlichen Angriffsort des wirkenden Stoffes bilden.

Die erste Sonderung, welche hierbei vorgenommen werden muß, ist jene in *örtliche und resorptive Wirkung.*

Örtlich sind die Wirkungen, welche nur an der Applikationsstelle eintreten. Hierher gehören die meisten auf atomistisch-chemische Weise durch Stoffe mit starken chemischen Affinitäten erzeugten Veränderungen, aber auch manche molekular-chemische, wenn zu ihrem Zustandekommen eine größere Konzentration des Mittels nötig ist, als nach der Aufsaugung erreicht werden kann, oder das Mittel im Blute alsbald chemisch verändert wird. Beispiele hierfür sind die örtliche Anästhesie durch Kokain und die örtliche Reizung durch ätherische Öle. Die Folgen dieser lokalen Veränderungen können dann entweder bloß am Orte selbst oder auf reflektorischem Wege auch an entfernten Orten auftreten.

Resorptiv nennt man jene Fernwirkungen, welche erst nach der Aufnahme in das Blut zustande kommen. Hierher gehören nur wenige atomistisch-chemische Veränderungen, z. B. die Alkalientziehung durch Säuren. Die Mehrzahl sind molekular-chemische Veränderungen, teils allgemeine, welche auf alle Zellen sich erstrecken, teils besondere, welche nur einzelne Zellgruppen erfassen.

Was schließlich den *Angriffsort der Mittel an der Zelle selbst* anlangt, so kann derselbe bereits *an der Zelloberfläche* gelegen sein, und zwar nicht nur bei chemisch-ätzenden Stoffen, sondern auch bei Mitteln anderer Wirkungsart, z. B. solchen, welche deren Quellungszustand verändern. K- und Ca-Ionen wirken am isolierten Herzen fast augenblicklich (in weniger als $1/10$ Sekunde) ein, so daß eine Zellinnenwirkung schon aus diesem Grunde außer Betracht steht.

In der Mehrzahl der Fälle aber beginnt die Wirkung eines Mittels erst *nach der Aufnahme in die Zelle.* Alle in Fetten oder fettähnlichen Stoffen (Lipoiden) löslichen Mittel dringen anscheinend leicht in die Zelle ein, entweder weil nach der gegenwärtig herrschenden Ansicht die Grenzschicht des Protoplasmas aus Lipoiden besteht oder weil diese Mittel „oberflächenaktiv" sind, d. h. die Oberflächenspannung herabsetzen, wodurch eine Anreicherung an der Zelloberfläche und damit die Ausbildung eines osmotischen Druckgefälles nach dem (lipoidreichen) Innern der Zelle bedingt ist. *Lipoidlöslich* sind Jod, Kohlensäure, Ammoniak und Quecksilberchlorid, ferner eine große Anzahl von organischen Stoffen, Derivate der Methan- und Benzolreihe, freie Alkaloide usw. Ihre Aufnahme resp. ihre Wirkungsstärke hängt von dem Teilungskoeffizienten, d. h. dem Verhältnis ihrer Löslichkeit im umgebenden Medium (Wasser) einerseits und ihrer Löslichkeit in den Lipoiden andererseits ab (Overton). *Lipoidunlöslich* sind die stärker dissoziierbaren anorganischen Stoffe, d. h. die Ionen der Mehrzahl der Halogene, Säuren, Alkalien und Salze. Sie erhöhen die Oberflächenspannung oder sind überhaupt nicht oberflächenaktiv und vermögen vermutlich erst dadurch in das Zellinnere zu dringen, daß sie mit der Plasmahaut in eine intermediäre, reversible molekulare Reaktion treten. Daß sie ihren Weg in die Zelle finden, erhellt aus dem Umstande, daß manche von ihnen wichtige Zellnährstoffe sind.

Bei der *Kombination von im gleichen Sinne wirkenden Mitteln (Synergismus)* findet entweder nur *Addierung* der Einzelwirkungen statt oder *Potenzierung,* d. h. eine darüber hinausgehende verstärkte Wirkung.

Beispiele für Addierung und Potenzierung sind die folgenden.
Bezeichnet man mit A und B die zur Narkose eben hinreichende Menge
von Chloroform und Äther, so ist die Kombination $\dfrac{A}{2} + \dfrac{B}{2}$ nicht wirksamer wie
A oder B allein. Es hat bezüglich der Stärke der Narkose nur Addierung stattgefunden. Der Vorteil dieser Mischnarkose besteht nur in der Verminderung der Giftigkeit, indem Äther nicht so stark auf den Kreislauf lähmend wirkt wie Chloroform. Bezeichnet aber A die für eine Narkose ausreichende Menge eines Mittels der Methanreihe, Chloroform oder Äther, B hingegen die äqui-

valente Menge eines basischen Narcoticums, Scopolamin oder Morphin, so kann schon die Kombination $\dfrac{A}{4} + \dfrac{B}{4}$ zur Narkose ausreichend sein.

Es handelt sich um einen Fall von potenziertem Synergismus, der nach Bürgi in der Verschiedenheit des Angriffspunktes in der Zelle seine Ursache haben dürfte, indem die Narcotica der Methanreihe nach Meyer-Overton durch Veränderung der Lipoide selbst wirken, während bei den Narcotica der Alkaloidreihe die Lipoïd-löslichkeit nur die Aufnahme in die Zelle ermöglicht, der eigentliche Angriffspunkt in anderen Protoplasmateilen zu suchen ist. Andere Fälle von Potenzierung, z. B. der potenzierte Synergismus von Morphin + Scopolamin werden auf wechsel-seitige Erhöhung der Aufnahmsfähigkeit in die Zelle durch Erniedrigung der Oberflächenspannung bezogen. Es gibt auch Fälle, wo ein an sich unwirksamer Stoff die Wirkung eines anderen stark erhöht. Man vergleicht diese „sensibili-sierende Wirkung" mit der Wirkung der Beize in der Färberei, welche das Haften des Farbstoffes an der Gespinstfaser vermittelt oder mit der Wirkung einer Schiene, die das Hineingleiten des wirksamen Stoffes zu dem Wirkungsort er-leichtert.

Zum Synergismus im Gegensatze steht der *Antagonismus*. Er kommt wesentlich in Betracht bei der Behandlung von Ver-giftungen durch Antidote. Man unterscheidet:

1. *Chemische Antidote,* wo das Gegenmittel chemisch auf das Gift einwirkt und selbes unschädlich macht. Hierher gehört die Bindung der Säuren durch Alkalien, der Toxine durch Anti-toxine, die Fällung der arsenigen Säure durch Magnesiumoxyd, die Umwandlung der Blausäure in die ungiftige Sulfocyansäure durch Thiosulfat usw.

2. *Physiologische Antidote.* Diese wirken nicht auf das Gift selbst, sondern auf das vom Gifte ergriffene Organsystem, und zwar im entgegengesetzten Sinne als Antagonisten. Sie sind naturgemäß immer selbst stark wirkende pharmakologische Agenzien (Gifte), während die chemischen Antidote für den Organismus ganz indifferent sein können. Die Wirkungsweise der Antagonisten ist ohne weiteres verständlich, wenn ihre Angriffspunkte am Organ-system verschieden sind. Die Gefäßerweiterung nach einer Lähmung des Gefäßzentrums kann z. B. beseitigt werden durch das peripher erregende Adrenalin. Schwieriger ist der umgekehrte Fall, Auf-hebung einer peripheren Lähmung durch ein zentral angreifendes Excitans. Sie ist wahrscheinlich nur dann ermöglicht, wenn die Lähmung nicht total ist, sondern noch funktionsfähige Elemente vorhanden sind, die zwar auf normale, vom Zentrum zugeleitete Reize nicht mehr ansprechen, wohl aber auf den erhöhten, vom Antago-nisten veranlaßten. Weniger durchsichtig sind die Fälle, wo der Antagonist am selben Organelement angreift. Häufig handelt

es sich um eine Verdrängung des einen Antagonisten durch den anderen aus der lockeren (reversiblen) Bindung in der Zelle. Diese Bindung geht schon zurück und das Gift verläßt die Zelle, sobald seine Konzentration im umspülenden Außenmedium im Schwinden ist. Befindet sich aber im Blute ein Antagonist, der zum gleichen Protoplasmaelement Affinität besitzt, so wird der Entgiftungsvorgang beschleunigt. Praktisch wichtig ist die Regel, daß die Beseitigung eines erregenden Giftes durch ein lähmendes viel leichter gelingt als umgekehrt. Der Vorgang läßt sich mit der Verdrängung des Sauerstoffes aus seiner Bindung an das Hämoglobin durch das Kohlenoxyd vergleichen, welche wegen der größeren Affinität desselben viel leichter erfolgt als der umgekehrte Vorgang, die Verdrängung des Kohlenoxyds durch den Sauerstoff.

III. Bedingungen für die Wirkung der Arzneimittel.

l. Dosis. Jedes Arzneimittel hat eine kleinste Gabe, unter der es unwirksam ist. Dieser Grenzwert (Konzentrationsschwelle) variiert, abgesehen von den äußerst wirksamen Toxinen, je nach dem Mittel beim Menschen ungefähr von 0,0001 bis 10,0. Von da ab nimmt mit dem Steigen der Gabe die Wirkung entweder einfach an Stärke zu, oder es erfolgt Umkehr der Wirkung (Erregung zu Lähmung), oder es treten außerdem neue Wirkungen an verschiedenen Organen nacheinander hervor. Die ersten Wirkungen sind gewöhnlich die therapeutisch verwendbaren. Dabei zeigt sich häufig, daß die gleiche Dosis, in kurz aufeinander folgenden Teildosen (Dosis refracta) gegeben, stärker wirkt, als wenn man sie auf einmal (Dosis plena) verabreicht. Es handelt sich hier vermutlich um Mittel (manche Hypnotica), welche die dafür empfänglichen Organe bei hoher, aber kurz dauernder Konzentration im Blute nur in geringer Menge aufnehmen, in viel größerer, wenn sie selbe in längerem Dauerstrome angeboten bekommen.

An die therapeutische Dosis schließen sich die toxische und letale an, welche die das Leben schädigende oder vernichtende Wirkung hervorrufen. Bei vielen Substanzen ist der Abstand zwischen der therapeutischen und der toxischen Dosis, „die therapeutische Breite", sehr groß, bei anderen nur gering. Im gewöhnlichen Sprachgebrauch werden häufig nur letztere als giftig bezeichnet. Um vor Vergiftungen infolge eines Schreibfehlers oder einer Unkenntnis des Arztes zu schützen, ist in den Arzneibüchern (Pharmakopöen) bei allen stärkeren Mitteln die höchste Einzelgabe

(Maximaldosis) festgesetzt, welche der Apotheker nicht überschreiten darf, außer er wird durch ein beigefügtes ! hierzu ermächtigt.

2. Wiederholung der Gabe. Die Dauer der Wirkung einer Gabe ist, falls sie keine anatomischen Veränderungen nach sich zieht, gewöhnlich nur kurz; sie kann verlängert werden, wenn rechtzeitig eine neue Gabe erfolgt. Geschieht dies zu früh, d. h. zu einem Zeitpunkte, wo die Wirkung der ersten noch vorhanden ist, dann tritt *Kumulierung* ein, es entsteht die Wirkung einer gehäuften (doppelten oder mehrfachen) Einzelgabe. Die Kumulierung wird in einzelnen Fällen therapeutisch angestrebt, z. B. bei der Anwendung der Inhalationsanästhetica und der Verordnung der Digitalis, gewöhnlich aber sorgfältig gemieden wegen Gefahr von Vergiftung. Um einer Kumulierung bis zu solchem Grade vorzubeugen, sind in den Pharmakopöen auch die Tagesgaben aller stark wirkenden Stoffe maximal fixiert. Die Kumulierung erfolgt um so leichter, je länger die Wirkung einer Gabe andauert. Bei flüchtigen Mitteln, z. B. Äther, summieren sich die Dosen nur, wenn das Darreichungsintervall nicht größer als einige Minuten ist. Bei der Mehrzahl der nicht flüchtigen Substanzen dauert die Wirkung wohl mehrere Stunden, aber nicht von einem Tag zum andern, also über die achtstündige Nachtruhe hinaus. Man ist daher gewöhnt, eine bestimmte Medikation am nächsten Tage wieder aufnehmen zu lassen, ohne Rücksicht auf das Vorausgegangene. Nur bei einigen Substanzen ist die Wirkungsdauer viel länger, z. B. bei Digitalis und Strychnin. Diese rufen daher besonders leicht Kumulierung hervor, weshalb sie in der Praxis gewöhnlich allein als kumulierende bezeichnet werden, obwohl es sich in Wirklichkeit um eine ganz allgemeine Erscheinung handelt.

In bezug auf das Verhältnis von Dosis und Wirkungszuwachs hört man häufig die Ansicht, daß die Wirkungen ansteigen proportional den Dosen, also z. B. 0,02 Morphin doppelt so starke Wirkung habe, wie 0,01. Bei näherer Überlegung aber findet man, daß das Ansteigen ein schrofferes ist, indem die Grenzdosis (Schwellenwert), das ist die Gabe, welche eben noch keine merkliche Wirkung ausübt, in Rechnung (Abzug) gebracht werden muß, um den wahren Wirkungswert zu finden. 0,005 Morphin z. B. haben innerlich noch keine Wirkung, sind also die Grenzdosis; der Wirkungswert von 0,01 Morphin ist daher 0,005. Der Wirkungswert von 0,02 Morphin ist aber dementsprechend 0,015, also nicht das Doppelte, sondern das Dreifache; der Wirkungswert von 0,06, der Dosis letalis minima, nicht das Sechs-, sondern das Elffache.

Hiernach wird es verständlich, weshalb eine zweite Dosis eines Mittels eine unerwartet starke Wirkung haben kann, wenn sie zu einer Zeit gegeben wird, wo die Wirkung der ersten eben bis zum Grenzwert abgeklungen ist, und weshalb die Kumulierung der Dosen so ganz besonders gefährlich ist bei jenen Mitteln, deren letale Dosis nahe der therapeutischen liegt.

Eine andere, bei wiederholter Darreichung mancher Arzneimittel sich einstellende Erscheinung ist die Abnahme der Wirkung, die sogenannte *Gewöhnung.* Sie beruht in einzelnen Fällen auf einer durch Übung gesteigerten Fähigkeit, das Gift chemisch zu zerstören (Morphium, Nicotin); in anderen ist sie als eine Art Anpassung des Organismus durch kompensierende Tätigkeit aufzufassen. Vielfach wird der so dauernd aufgenommene, fremdartige Stoff zu einem notwendigen Körperbestandteil, zu einem Lebensbedürfnis, dessen plötzliche Entziehung die schwersten Störungen hervorrufen kann (Abstinenzerscheinungen bei Alkohol, Morphin, Kokain). Andererseits führt er aber auch meist zu anhaltenden Veränderungen, welche schließlich den Tod nach sich ziehen (chronische Vergiftung).

3. Der Aufnahmsort. Die Aufnahme durch Aufsaugung geschieht hauptsächlich durch die Blutgefäße, weniger durch die Lymphgefäße. Wären letztere der einzige oder hauptsächliche Weg, so könnten rasche Wirkungen, wie sie tatsächlich auftreten, wegen der geringen Stromgeschwindigkeit der Lymphe nicht vorkommen. Die im Wasser löslichen Stoffe werden im allgemeinen am schnellsten aufgesaugt, besonders wenn sie bereits in Lösung dargeboten werden. Es werden indes auch ganz unlösliche Körper aufgenommen, da die Körpersäfte nicht gleich Wasser zu setzen sind, sondern in ihren Salzen, Fetten, Eiweißkörpern noch weitere Lösungsmittel besitzen. Die Löslichkeit als solche bedingt aber noch nicht die Resorptionsfähigkeit. Mit geschlossenem Epithel bekleidete Resorptionsflächen, wie der Verdauungskanal, setzen manchen solchen Stoffen, z. B. vielen Metallen, auch wenn sie in Form von gelösten Metallalbuminaten gegeben werden, fast absoluten Widerstand entgegen, während andererseits der Verdauungskanal für manche sonst unaufnehmbare Stoffe durch chemische Umwandlung erst die Resorption ermöglicht. Die mit normaler Epidermis bedeckte Haut ist für die meisten Stoffe undurchgängig; nur in Fetten (Lipoiden) lösliche Substanzen werden in geringer Menge aufgenommen.

Der gewöhnliche für Arzneien gewählte *Aufnahmeweg* ist der *durch den Mund,* die orale Einverleibung. Er ist gewissermaßen der natürlichste und dem Kranken angenehmste, weil er durch die Nahrungsaufnahme daran gewöhnt ist. So vollkommen aber der Verdauungskanal für das Ernährungsgeschäft eingerichtet ist, so hat er für die Aufnahme von Arzneien doch viele Nachteile. Es handelt sich hier eben nicht um allmähliche Aufsaugung großer Massen, sondern um rasche und vollständige kleiner. Flüssige und gelöste Arzneimittel treten längs der kleinen Kurvatur des Magens in einer Art Rinne (Faltenweg), welche durch die eigenartige Anordnung der Muskulatur gebildet wird, namentlich im nüchternen Zustande, z. T. rasch in den Darm über. Für den Rest aber ist der Magen keineswegs ein sehr hervorragendes Resorptionsorgan, er steht in diesem Vermögen gegen den Darm weit zurück. Insbesondere bedingt der Füllungszustand oft eine große Verzögerung der Resorption und auf alle Fälle eine Unsicherheit der Zeit ihres Eintritts. Man sucht dies zu vermeiden, indem man die Arzneien nüchtern vor der Mahlzeit gibt. Nur für scharfe, die Magenschleimhaut anätzende Mittel wählt man absichtlich die größte Füllung, die Zeit nach der Mahlzeit. Ferner werden manche Stoffe im Verdauungskanal zersetzt und unwirksam gemacht, andere überhaupt nicht resorbiert, und schließlich muß selbst nach der Aufnahme durch das Pfortaderblut das Mittel noch die Leber passieren, welche bekanntlich die Fähigkeit hat, viele Stoffe chemisch umzuwandeln oder zurückzuhalten.

Alle diese Verhältnisse bedingen eine große Unsicherheit. Hierzu kommt noch, daß selbst in den günstigsten Fällen, wenn das leicht aufsaugbare Mittel bereits gelöst in den Magen und Darm kommt, zwar wohl die ersten Moleküle schon nach fünf Minuten aufgesaugt und selbst bereits in Sekrete übergetreten sind (Jodkalium im Speichel), die Hauptmasse aber erst in 10—15 Minuten und die letzten Reste erst zu einer Zeit eintreffen, wenn die ersten schon lange wieder ausgeschieden sind. Es kann daher nie die ganze gereichte Gabe gleichzeitig im Blute zugegen sein und zum Angriff in den Organen gelangen. Die Wirkung erreicht daher nur eine gewisse Höhe, welche ganz allmählich gewonnen und ebenso allmählich wieder aufgegeben wird.

Dem Wege per os in der Eigenart der Resorption sehr ähnlich ist die *Aufnahme durch den Mastdarm*. Man wählt ihn vornehmlich, wenn man den Magen schonen will. Für vorausgehende Reinigung durch ein Entleerungsklistier muß gesorgt sein, auch darf das Medikament nicht stark reizen und sein Volum nicht groß sein, sonst wird es vorzeitig ausgestoßen. 1—5 ccm, mittels einer kleinen Spritze und passend gebogener, 2—3 cm langer, stumpfer Kanüle appliziert, reichen für viele Medikamente (Morphin, Antipyrin, Solutio arsenicalis usw.) aus.

Die Dosen müssen etwas höher gegriffen werden als bei stomachaler Darreichung, weil die Resorption langsamer erfolgt und häufig wegen der früh eintretenden Darmentleerung nicht vollständig ist. Nur bei Mitteln, welche von der Leber abgefangen werden, kann man davon absehen, weil die Mastdarmgefäße nicht dem Pfortadersystem zugehören, sondern ihr Blut direkt, d. h. mit Umgehung der Leber, dem allgemeinen Kreislauf zuführen.

Zu diesen Aufnahmeorten im Gegensatz steht die *unmittelbare Aufnahme in das Blut* durch Injektion mittels Einstich einer Hohlnadel in eine gestaute Vene oder direkt ins Herz vom vierten Interkostalraum aus, $2-2^{1}/_{2}$ cm links vom Brustbein. Hierbei kommen alle durch den Aufsaugungsvorgang gesetzten besonderen Umstände in Wegfall. Die Substanz tritt ganz und auf einmal in das Blut. Die Wirkung ist daher nicht bloß eine viel stärkere, sondern auch eine sehr plötzliche. Nach einer oft nur Sekunden währenden Latenz, bedingt durch Transport und Übertritt des Mittels in die Organe, steigt sie ganz schroff auf ihre größte Höhe und verliert sich dann allmählich mit der zunehmenden Ausscheidung oder Umwandlung des Mittels. Gerade diese Eigenschaft macht die intravenöse Injektion für das Tierexperiment sehr wertvoll und vielfach unersetzlich. Denn es können bei ihrer Anwendung Wirkungen nicht leicht übersehen werden, wie es beim Einschleichen der Substanz in das Blut durch langsame Resorption besonders dann der Fall sein kann, wenn die Ausscheidung oder Umwandlung des Mittels mit der Aufsaugung Schritt hält und eine Anhäufung im Blute bis zu wirksamer Menge verhindert. Für den Menschen erheischt diese Methode besondere Vorsicht einmal wegen der Schroffheit der Wirkung und zweitens wegen der Gefahren der Erzeugung von Thrombosen und Embolien. Es dürfen nur Lösungen verwendet werden, welche das Blutrot nicht auflösen und das Plasmaeiweiß nicht fällen. Auch hat man sich bei Lösungen entzündungserregender Stoffe (Digalen, Soda) davor zu hüten, das perivenöse Gewebe damit zu verunreinigen, da die sich dann entwickelnde Entzündung auf die Gefäßwand übergreifen und zur Bildung wandständiger Thromben Veranlassung geben kann.

Zu raschem Wirkungseintritt vermöge des sehr entwickelten Kapillarnetzes führt auch die *Aufnahme durch die Lunge.* Dieselbe ist in größerem Umfange auf Gase oder Dämpfe beschränkt. Von zerstäubten Lösungen nichtflüchtiger Stoffe gelangen nur die kleinsten, lange schwebend bleibenden Tröpfchen von einem Durchmesser gleich dem von roten Blutkörperchen bis in die feineren Bronchien und die Alveolen. Alles übrige wird schon früher beim Anprall an die Wandungen des Rachens und der Luftröhre niedergeschlagen. Resorption von diesen Orten findet zwar statt, ist aber nicht ausgiebig genug. Von den durch komprimierte Luft betriebenen Apparaten geben die „Vernebler" von Bulling und Spieß-Dräger einen sehr feinen zur Behandlung der tieferen Luftwege und vielleicht auch zur Aufnahme in das Blut geeigneten Nebel.

Aufnahme durch die unversehrte Haut des Menschen findet nach den bisherigen Untersuchungen in merklichem Grade nur bei jenen Stoffen statt, welche in dem die Haut imprägnierenden Fett löslich sind (Kohlensäure, Schwefelwasserstoff, Jod, Sublimat, Salicylsäure, freie Alkaloide). Allgemeiner aber wird die Resorption, wenn durch die angewandten Mittel oder ihre Vehikel eine chemische Veränderung des Horngewebes, eine Lösung des Hautfettes oder eine entzündliche Reizung herbeigeführt oder eine mechanische Trennung der Kontinuität bewirkt wird, wie z. B. durch Einreibung von Salben. In praxi sind diese Bedingungen sehr häufig gegeben, denn schon sehr geringe Veränderungen sind genügend. Die Resorption ist gewöhnlich eine sehr geringe, so daß man meist nur hoffen darf, auf unmittelbar unter der behandelten Hautstelle liegende Gewebeteile damit einwirken zu können, nicht aber auf entferntere Organe. Anwendung auf ausgedehnte Hautflächen kann dessenungeachtet schwere, allgemeine Vergiftungen (Sublimat, Phenol, Terpentin, Kanthariden) zur Folge haben.

Die *Kataphorese* (Iontophorese), d. i. die Einführung von sonst nicht resorbierbaren Mitteln aus wässerigen Lösungen durch den elektrischen Strom, dürfte in manchen Fällen therapeutisch verwertbar sein. Die Möglichkeit hierzu erscheint nach folgendem Experiment gegeben: Ein Kaninchen wird von einer mit wässeriger Strychninnitrat- oder Cyannatrium-Lösung getränkter und auf die Haut gelegter Kompresse aus tödlich vergiftet, wenn ein elektrischer Strom durch Kompresse und Tier in der Weise geleitet wird, daß die Kompresse im ersten Falle die Anode, im zweiten Falle die Kathode bildet.

Das Bedürfnis, neben dem oft unsicheren und nicht immer einschlagbaren enteralen Aufnahmswege per os und anum einen parenteralen von allgemeiner Anwendbarkeit zu besitzen, führte zu dem Vorschlage, die Epidermis durch ein Blasenpflaster abzuheben und die Mittel auf die bloßgelegte Cutis einzureiben. Diese umständliche und schmerzhafte, sogenannte endermatische Methode ist nie allgemein üblich geworden und gegenwärtig durch die von A. Wood 1855 eingeführte *Einspritzung in das Unterhautzellgewebe, die hypodermatische oder subkutane Methode* mittels der schon vorher von Pravaz zu Einspritzungen von Eisenchlorid in

Aneurysmen konstruierten Stachelspritze, gänzlich verdrängt. Die Aufnahme geschieht hier vornehmlich durch die Blutkapillaren, welche die Gewebe umspinnen. Das Mittel muß daher zuerst eine Zwischenwand passieren und tritt darum in das Blut nicht auf einmal, sondern allmählich ein. Die Wirkung ist deshalb nicht ganz so stark und ganz so schroff wie bei der intravenösen Injektion, aber doch viel stärker, rascher und sicherer als bei der Darmaufsaugung, vorausgesetzt, daß die Blutzirkulation nicht zu sehr daniederliegt. Beeinträchtigt wird die Anwendung der „Arzneispritze" durch den Umstand, daß weder die Substanz selbst, noch das Lösungsmittel örtlich reizen und die angewandte Flüssigkeitsmenge nur klein (1—2 ccm) sein darf, wenn nicht Erwärmung derselben auf Körpertemperatur und Verteilung im Gewebe durch Massage vorgenommen wird. Sie eignet sich also im allgemeinen für reizlose, stark wirkende, im Wasser leicht lösliche Stoffe.

Als *Injektionsort* wird eine *gefäßarme Stelle* gewählt, um dem Anstechen einer Vene auszuweichen. Eine trotzdem erfolgende direkte Injektion in das Blut führt zu schroffen Wirkungen oder, im Falle ölartige Vehikel verwendet werden, zu Lungenembolien. Als Schutzmittel gegen solche Vorkommnisse wird empfohlen, vor der Injektion den Stempel der nicht ganz gefüllten Spritze etwas zurückzuziehen; wird hierbei Blut angesaugt, so befindet man sich sicher in einem Gefäße.

Intramuskuläre Injektionen in den Gluteus oder die Rückenmuskulatur wirken intensiver und rascher als subkutane wegen des reicheren Gefäßnetzes und des höheren Druckes, unter dem sich die in die Faszie eingeschlossene Muskelmasse befindet. Man gebraucht sie bei Medikamenten, welche leicht Infiltrationen erzeugen.

4. Individuelle Verhältnisse. *Alter und Geschlecht* beeinflussen zunächst die Arzneiwirkung durch das verschiedene Körpergewicht. Nach vielfachen Erfahrungen braucht man von der zur Erzielung einer bestimmten Wirkung für einen männlichen Erwachsenen von 25—60 Jahren nötigen Dosis für Greise und für Frauen nur $^4/_5$ bis $^2/_3$, für Kinder im ersten Lebensjahr $^1/_{25}$, für mehrjährige soviel mal mehr, als das Kind Jahre zählt. Im übrigen ist zu beachten, daß Säuglinge und zum Teil auch Greise gegen viele sonst per os gut ertragbare Mittel sehr empfindlich sind, wie sie ja auch gegen geringfügige Veränderungen der Nahrung oft mit bedrohlichem Erbrechen und Durchfall reagieren. Männer sind gewöhnlich gegen die meisten Narcotica sehr resistent, weil sie bereits an eines derselben, den Alkohol, gewöhnt sind. Bei Frauen erfordern die Zeiten der Menstruation, Gravidität und Laktation, bei Greisen die Brüchigkeit der Arterien besondere Rücksichtnahme bei vielen Arzneimitteln.

Idiosynkrasie nennt man die außergewöhnliche Reaktion einzelner, sonst ganz normaler Individuen gegen manche Nahrungs- oder Arzneimittel. Hierher gehören die Nesselausschläge nach Aufnahme von Erdbeeren, Krebsen, Morphin, Chinin, die Aufregung nach Morphin, die Temperatursteigerung nach Chinin und vieles andere. Der Name stammt aus der Zeit der alten Krasenlehre, wo man die Erscheinung auf eine eigentümliche Mischung (Synkrasia) der Säfte zurückführte.

In manchen Fällen scheint diese Vorstellung tatsächlich zuzutreffen. Kalkarmut der Gewebe und Säfte z. B. hat Steigerung der Erregbarkeit des Nervensystems zur Folge und führt durch Erhöhung der Durchlässigkeit der Gefäße Disposition zur Entzündung und Exsudation herbei (Kap. VII). Beim Zerfall zelliger Elemente z. B. der sehr labilen Blutplättchen entstehen Gifte von adrenalin-, atropin- oder digitalisartiger Wirkung, welche die Körperfunktionen synergetisch oder antagonistisch beeinflussen können (Gottlieb und Freund). Andere Fälle wurden mit anaphylaktischen Vorgängen in Parallele gesetzt.

Krankheiten vermögen die Wirkung eines Arzneimittels zu beeinflussen zunächst durch die Veränderung der Resorptions- oder Ausscheidungsorgane. Kreislaufstörungen verzögern die Resorption der Arzneimittel aus Darm und Unterhautzellgewebe oft ganz erheblich; Erkrankungen der Niere hingegen lassen durch Hemmung der Ausscheidung leicht Kumulierung eintreten. Des weiteren zeigen sich die Folgen einer Arzneiwirkung an kranken Organen oft viel stärker als an gesunden, oder umgekehrt an gesunden stärker als an kranken. Es sei erinnert an die starke Wirkung von Bromkalium, Kampfer, Digitalis und Chinin bei Nervosität, Herzschwäche und Fieber und an die Toleranz Fiebernder gegen Alkohol und Brechweinstein. Solche Beispiele haben früher vielfach die Meinung erweckt, daß die Wirkung der Arzneimittel bei Gesunden und Kranken ganz verschieden sei. Wie man sieht, handelt es sich aber hier nur um Änderungen der Empfindlichkeit nach dem allgemeinen Prinzipe, daß es schwieriger ist, ein normales Organ aus seiner funktionellen Gleichgewichtslage durch ein Mittel herauszubringen, als ein krankhaft gestörtes in diese zurückzuführen.

IV. Anwendung der Arzneimittel in Krankheiten. Rationelle und empirische Pharmakotherapie.

Die Richtungen, nach denen die Anwendung geschehen kann, nennt man Indikationen. Die erste ist die *Indicatio causalis*. Sie ist erfüllt, wenn das Mittel die Krankheitsursache, z. B. den Infektionsstoff oder ein Gift vernichtet oder aus dem Organismus entfernt nach dem Satze „cessante causa cessat effectus". Man nennt solche Mittel neuerdings aetiotrope (von $\alpha\emph{i}\tau\iota o\varsigma$, die Ursache und $\tau\varrho\acute{\epsilon}\pi\tau\omega$, ich wende).

Kann auf die Krankheitsursache nicht eingewirkt werden, oder kommt man zu spät, indem dieselbe bereits krankhafte Veränderungen in gewissen Organen erzeugt hat, so sucht man diese zu beseitigen, man genügt dann der *Indicatio morbi.* Mittel, welche die Indicatio causalis oder morbi erfüllen, nennt man häufig „Specifica".

Gelingt es auch nicht, die krankhaften Veränderungen zu beseitigen, so bleibt noch als drittes die *Indicatio symptomatica,* das ist die Bekämpfung der Folgen dieser Veränderungen, namentlich der nach außen sich geltend machenden, der Symptome. Durch die „Symptomatica oder Palliativa" sucht man besonders quälende oder die Kräfte aufreibende Symptome zu beseitigen, um den Kranken unter günstige Bedingungen zu versetzen und so indirekt die Genesung zu fördern oder, wenn diese nicht erreichbar, den Exitus letalis zu einem möglichst milden zu gestalten. Nicht jedes Symptom aber darf urteilslos bekämpft werden. Manche von ihnen haben die Bedeutung von Schutz- und Abwehrmaßregeln für den Organismus. Ein Husten ist öfters notwendig zur Expektoration des Bronchialsekretes und darf durch Morphin bei Gefahr der Erstickung nicht unterdrückt werden. Ein Durchfall nach Aufnahme verdorbener Nahrung begünstigt die Entfernung der schädlichen Ingesta und soll daher eher befördert als gehemmt werden.

Die Behandlung der Krankheiten mit Auswahl der Arzneimittel nach wissenschaftlichen Grundsätzen und mit Einblick in die dabei sich abspielenden Vorgänge nennt man *rationelle Pharmakotherapie.* Das gegenwärtig ihr zugängliche Gebiet ist vorwiegend die symptomatische Behandlung. So Ersprießliches aber auch hiermit geleistet werden kann, den Kern der ärztlichen Kunst umschließt sie nicht, denn diese besteht nicht bloß im Lindern und Schonen, sondern im Heilen. Eine Heilung im strengen Sinne des Wortes aber ist nur möglich durch Beseitigung der Krankheitsursache oder aller durch sie erzeugten Veränderungen, also durch Erfüllung der Indicatio causalis oder morbi. Um dies aber in rationeller Weise zu tun, ist nicht bloß die genaue Kenntnis der Veränderungen erforderlich, welche die Arzneimittel in den Zellen hervorrufen, sondern auch, was häufig übersehen wird, die Kenntnis der Veränderungen, welche die Krankheitsursache in den Zellen erzeugt hat. Dann erst kann zur Auswahl eines Arzneimittels geschritten werden, das diesen krankhaften Veränderungen entgegenzuwirken die Aufgabe hat. Diese Kenntnisse sind aber beim gegenwärtigen, noch unvollkommenen Zustande der Pathologie und Therapie häufig unmöglich zu erhalten. Sie werden geschaffen werden. Die ärztliche Kunst aber kann diese Entwicklung nicht abwarten. Sie muß handeln und sucht daher die Arzneimittel auch noch auf einem anderen Wege zu erhalten: durch die *empirische Pharmakotherapie*, d. h. die Beobachtung am Krankenbette. Es ist klar, daß dieser Weg nur ein unsicherer sein kann. Denn wird er auch vorurteilslos, frei von medizinisch-philosophischen Spekulationen, subjektiven Ansichten und Optimismus betreten, den Wert einer sicheren, naturwissenschaftlichen Beobachtung kann er nie gewinnen. Die Bedingungen und Komplikationen, welche den Verlauf einer Krankheit im einzelnen Falle bestimmen, sind viel zu zahlreich und ungenau bekannt, um überblickt oder gar einzeln ausgeschaltet werden zu können, ganz abgesehen davon, daß letzteres sich aus bekannten Gründen vollkommen nur im Tierexperimente erreichen läßt. Erfahrungen am Krankenbette können daher den Wert einer Tatsache erst dann beanspruchen, wenn sie über eine große Anzahl von Fällen sich erstrecken und von mehreren Beobachtern mit gleichem Resultat gemacht sind. Sie sind gewonnen und haben ähnlichen Wert wie viele Erfahrungen des täglichen Lebens, in Landwirtschaft, Gewerben, Kochkunst. Völlig gesichert werden sie erst durch die wissenschaftliche (experimentelle) Begründung, womit sie aber auch zugleich aufhören, empirische Tatsachen zu sein.

Allgemeine Arzneiverordnungslehre.

I. Abkunft der Arzneimittel.

Pharmazeutische Präparate.

Die Apotheken (Aufbewahrungsorte) eines Landes sind gehalten, eine gewisse Anzahl von Mitteln jederzeit in gutem Zustande vorrätig zu führen. Sie werden von staatlichen Kommissionen daraufhin revidiert. Damit keine Zweifel bestehen, welchen Anforderungen hierbei Genüge zu geschehen hat, gibt der Staat von Zeit zu Zeit nach Maßgabe der Fortschritte in Medizin und Pharmazie amtliche Verzeichnisse dieser Mittel nebst Angabe ihrer Erkennungszeichen und Prüfungsmethoden auf Reinheit heraus. Diese Verzeichnisse heißen *Arzneibücher* oder *Pharmakopöen* und die darin aufgeführten Mittel *offizinelle Mittel,* zum Unterschiede von obsoleten, d. h. älteren Mitteln, welche nicht mehr aufgenommen wurden, und neueren, welche nicht allseitig in Gebrauch gelangten oder bei Ausgabe der letzten Auflage noch nicht erprobt waren.

Die Arzneimittel sind sehr verschiedener Herkunft. Ein Teil besteht aus *reinen Stoffen,* welche die chemische Industrie aus Naturprodukten oder auf synthetischem Wege darstellt. Früher kaum vertreten, gewinnen sie mit Recht mehr und mehr die Oberhand. Ein anderer Teil sind *Rohstoffe* (Drogen) der Naturreiche, namentlich des Pflanzenreiches (Wurzeln, Rinden, Hölzer, Blätter, Blüten, Früchte). Den dritten Teil bilden die daraus hergestellten *pharmazeutischen Präparate,* welche die wirksamen Bestandteile nur in etwas isolierterer, aber noch nicht reiner Form enthalten und darum zum Unterschiede von den chemischen Präparaten, welche dieser Anforderung genügen, pharmazeutische genannt werden. Die genauere Beschreibung ihrer Eigenschaften und ihrer Herstellung ist Aufgabe der pharmazeutischen Chemie; hier soll nur das zu ihrer Dosierung und Verordnung unumgänglich Notwendige bemerkt werden.

2*

Die **pharmazeutischen Präparate** werden aus den Rohstoffen in der Regel durch **Destillieren** oder **Ausziehen** mit **Flüssigkeiten** gewonnen.

Bei der **Destillation** von Drogen mit Wasser gehen die flüchtigen Bestandteile in die Destillate über, und man erhält die **Aquae destillatae** (aromaticae), z. B. Aqua Menthae piperitae, Aqua Amygdalarum amararum. Wenn es sich dabei um ätherische Öle handelt, so sind diese Aquae erheblich billiger, wenngleich weniger wohlschmeckend, durch Verordnung von 1 Tropfen des Öles auf 100 Wasser zu erhalten. Wird zum Destillieren statt des Wassers Weingeist genommen, so erhält man die **Spiritus aromatici**, aromatische Geister oder Essenzen, z. B. Spiritus Juniperi, Spiritus Lavandulae. Der Name Aqua wird übrigens in den Pharmakopöen manchmal auch für einfache Lösungen von Substanzen im Wasser, welche richtiger als Liquores oder Solutiones bezeichnet werden, gebraucht, z. B. Aqua carbolisata, Karbolwasser.

Bei gewöhnlicher Temperatur hergestellte Auszüge aus Drogen mit Weingeist heißen **Tincturae.** Sie enthalten zum Unterschiede von den Spiritus (aromatici) sowohl die flüchtigen, wie die nichtflüchtigen, in Weingeist löslichen Stoffe. Die Tinkturen aus Drogen, welche stark wirkende Stoffe (z. B. Alkaloide) enthalten, werden im Verhältnis von 1 Teil Droge zu 10 Teilen Weingeist hergestellt, die übrigen im Verhältnis von 1 : 5. In nicht folgerichtiger Weise werden auch manche Auflösungen reiner Stoffe in Weingeist mit diesem Namen belegt, z. B. Tinctura Jodi. Geschieht der Auszug der Droge mit Ätherweingeist, so spricht man von **Tincturae aethereae,** während Auszüge mit Wein oder Essig als **Vina** und **Aceta medicata** bezeichnet werden, z. B. Vinum Chinae, Acetum Scillae.

Werden die mit Wasser, Weingeist oder Äther hergestellten **Auszüge eingedampft,** so entstehen die **Extracta.** Je nach der Konsistenz, welche sie hierdurch angenommen haben, unterscheidet man 3 Grade: 1. *dünne Extrakte, Extracta tenuia,* von der Dicke frischen Honigs; 2. *dicke Extrakte, Extracta spissa,* welche sich nicht mehr ausgießen lassen, und 3. *trockene Extrakte, Extracta sicca,* welche sich zerreiben lassen. Um ein Extrakt richtig verordnen zu können, muß man seinen Konsistenzgrad kennen. Beschränkt man sich hierbei auf die häufig gebrauchten, so kann man sich merken, daß es nur zwei wichtige dünne Extrakte gibt, E. Cubebarum und E. Filicis, und daß die trockenen Extrakte lauter Mittel für den Verdauungskanal sind, nämlich die abführenden E. Aloës, Rhei und Colocynthidis, die stopfenden E. Opii und Ratanhiae und die Bittermittel E. Chinae und Quassiae. Alle übrigen sind dicke Extrakte. Die Extrakte werden zwar noch viel gebraucht, sind aber wenig zweckmäßig. Die wirksamen Stoffe erleiden nämlich durch das Eindampfen häufig Zersetzung, welche je nach dem dabei eingehaltenen Wärmegrad und anderen in den Pharmakopöen wechselnden speziellen Vorschriften verschiedenen Umfang annimmt. Die offizinellen Extrakte haben daher oft sehr verschiedenen Gehalt an wirksamen Stoffen, so daß man wenigstens die stark wirkenden Extrakte, wenn möglich, durch die rein dargestellten Stoffe ersetzen sollte.

Von diesem Übelstande weniger berührt sind die zuerst in Amerika aufgekommenen **Extracta fluida.** Sie sind nach Konsistenz und Herstellung etwa als konzentrierte Tinkturen anzusehen. Die Droge wird durch wiederholtes Aufgießen des Auszugsmittels (einer Mischung von Weingeist und Wasser, zuweilen unter Zusatz von Glyzerin) völlig erschöpft und der vereinigte Auszug durch Eindampfen im Vakuum so weit konzentriert, daß 100 Teile des Extraktes 100 Teilen der angewandten Droge entsprechen. Die Dosierung des Fluidextraktes ist demnach sehr einfach und bequem. Es bleibt jedoch immer zu beachten, daß in dem Fluidextrakt nur die in der angewandten Auszugsflüssigkeit löslichen, wirksamen Stoffe der Droge enthalten sind und auch diese, trotz des nicht weit getriebenen Eindampfens bei niederer Temperatur, eine Zersetzung erfahren können. Die Dosen müssen daher auch hier oft erst durch die chemische oder pharmakologische Untersuchung richtiggestellt werden.

Pervacuata sind Infuse und Dekokte, welche im Vakuum bis zum Verhältnis 1 Droge = 1 Pervacuat konzentriert werden; die flüchtigen Bestandteile werden vorher abdestilliert und am Schlusse wieder zugefügt Sie sind zur raschen Dispensation von Aufguß- und Absudrezepten recht brauchbar.

Dialysate werden aus frischen fein zerriebenen Pflanzen durch Dialyse gewonnen. Sie enthalten die wirksamen Bestandteile unverändert und „im molekularen Zusammenhange" mit den anderen Bestandteilen des Zellsaftes. Die Dosierung ist analog den Fluidextrakten, 1 ccm Dialysat = 1 g der Droge.

II. Arzneiformel, Rezept.

Pharmakotherapeutische Anordnungen (Ordinationen) können mündlich oder schriftlich erlassen werden. Arzneimittel, deren Anwendung völlig unbedenklich erscheint und welche häufig auch als Hausmittel in Gebrauch sind, wie Teespezies, Lebertran, Hoffmannsgeist, Mineralwässer, werden zweckmäßig durch *mündliche Verordnung* bestimmt, weil sie dann in den Apotheken im billigeren Handverkaufe verabfolgt werden. Zur Unterstützung des Gedächtnisses fügt man auch wohl den volkstümlichen Namen nebst Gebrauchsanweisung auf einem Zettel hinzu. Es ist dies noch keine schriftliche Verordnung im strengeren Sinne. Alle Mittel von stärkerer Wirkung hingegen, auch die für den Handverkauf freigegebenen, sobald eine Mischung oder Zubereitung derselben erfolgen soll, dürfen nur durch ordnungsmäßige, vom Arzte durch Unterschrift dokumentierte *schriftliche Verordnung, das Rezept*, aus der Apotheke bezogen werden.

Das Rezept wird *eingeleitet durch das Zeichen* ℞, ursprünglich das Symbol einer Anrufung der Gottheit (Zeichen des Jupiters ♃), nunmehr als Abkürzung von recipe (einer Aufforderung an den Apotheker, gleichbedeutend mit: nimm aus deinem Vorrat) aufgefaßt. Hierauf folgen die 3 *Teile* des Rezeptes: 1. die *Angabe der Mittel in ihrer Quantität;* 2. die *Anweisung für den Apotheker,* in welche Arzneiform er dieselben zu bringen und in welcher äußeren Ausstattung er sie zu verabfolgen hat; 3. die *Anweisung für den Kranken,* in welcher Weise die Arznei zu gebrauchen ist. Den Schluß bilden *Name und Wohnort des Kranken, Datum und Unterschrift des Arztes.* Wenn die Arznei für ein Kind bestimmt ist, empfiehlt es sich, auch das Alter desselben anzugeben, damit die Dosen vom Apotheker kontrolliert werden können. Die beiden ersten Teile müssen in Deutschland und Österreich in lateinischer Sprache abgefaßt werden, das übrige wird in der Landessprache geschrieben.

Die drei Teile des Rezeptes erfordern noch eine genauere Erläuterung:

1. Die Angabe der Mittel geschieht in gesonderten Reihen, in vorgeschriebener Folge. Man beginnt mit dem Hauptmittel, der sog. Basis. Dann folgt das Remedium adjuvans, das die Wirkung des ersten Mittels entweder unterstützen oder gewisse störende Nebenwirkungen hintanhalten soll. Hierauf wird das Remedium constituens, auch Vehiculum oder Menstruum genannt, angeführt, das die Form der Arznei bedingt. Den Schluß bildet das Remedium corrigens für Geschmack oder Geruch. Das Bestreben des modernen Arztes im Gegensatz zu früher ist Vereinfachung. Wo irgend tunlich, soll das Adjuvans durch passende Wahl und Dosierung des Hauptmittels in Wegfall kommen und das Corrigens mit dem Constituens in eins vereinigt

werden, um so die Verordnung auf zwei oder unter Umständen selbst auf ein Mittel einzuschränken.

Die Angabe der Gewichtsmengen erfolgt nach dem metrischen System, die Einheit ist das Gramm, geschrieben 1,0. Die Gewichte stehen im Akkusativ als Objekt zu recipe, die Namen der Mittel im Genitiv, wie wenn man z. B. schreiben wollte: Recipe Chlorali hydrati grammata 4,0. Abkürzungen in den Endsilben der Mittel sind erlaubt, soweit es ohne Beeinträchtigung der Deutlichkeit zulässig ist. Man schreibe z. B. bei Verordnung von Natrium sulfuricum nicht Natrium sulf., weil dies auch Natrium sulfurosum oder sulfuratum heißen kann. Aufeinanderfolgende Wiederholung gleicher Gewichte wird mit ana (āā) zu gleichen Teilen, Wiederholung gleicher Bezeichnungen für Drogen und Präparate mit einem horizontalen Strich, gleichbedeutend mit dem sonst üblichen „ abgekürzt.

2. Die Anweisung für den Apotheker bezüglich der Form, in die er die verordneten Arzneimittel zu bringen hat, wird gewöhnlich eingeleitet durch Misce, abgekürzt M., an das sich, wenn nötig, die Angabe der weiteren Operationen schließt, ausgedrückt durch fiat oder fiant (f.), z. B. M. f. emulsio, M. f. pilulae.

Die Anweisung bezüglich der äußeren Ausstattung wird eingeleitet mit Da (D.), z. B. D. ad vitrum allatum; D. sub sigillo; D. ad chartam paraffinatum. Sie hat mit neuer Zeile zu beginnen, wenn auf das M. noch weitere Bemerkungen folgen, sonst schließt sie sich diesem unmittelbar an, man schreibt dann M. D.

Die Anweisung für den Kranken (Signatur) wird eingeleitet mit Signa (S.). Sie enthält in kurzen, klaren Worten das auf Gabe, Zeit und Art des Nehmens Erforderliche und muß vom Apotheker wortgetreu abgeschrieben und auf das Arzneigefäß aufgeklebt oder sonstwie befestigt werden. Die aus Bequemlichkeit vielfach übliche Formel „nach Bericht" sollte nur bei schwächeren Mitteln oder in Fällen äußerlicher Anwendung, wo nähere Beschreibung aus Rücksicht für den Kranken besser unterbleibt, benutzt werden. Will der Arzt das Medikament selbst applizieren, z. B. bei subkutaner Injektion, so schreibt er S. cum formula (c. f.) zu Händen des Arztes. Es wird dann der erste Hauptteil des Rezeptes auf die Signatur gesetzt. Ist das Medikament außerdem für ihn selbst bestimmt, so setzt er statt des Namens des Kranken ad usum proprium. Ist das Medikament für einen Armen ordiniert, so schreibt er pro paupere (p. p.) oder ad rationem meam, wenn er sie auf seine Rechnung übernehmen will. Die Signatur hat, wenn auf das D. Bemerkungen geschehen sind, mit neuer Zeile zu beginnen, sonst aber diesem sich unmittelbar anzuschließen. Soll eine Verordnung wiederholt werden, so genügt der mit Datum und Unterschrift versehene Vermerk Repetatur (Rep.) auf das Originalrezept.

In den folgenden zwei Beispielen von Rezepten enthält das I. alle 4 Mittel (Basis, Adjuvans, Corrigens, Constituens) und beschränkt sich in seiner Anweisung für den Apotheker auf die Formalien, wogegen im II. Beispiel die Mittel auf Basis und Constituens reduziert sind, in der Anweisung für den Apotheker aber ausführliche Angaben gemacht werden:

<table>
<tr><td colspan="2" align="center">I.</td><td colspan="2" align="center">II.</td></tr>
<tr><td colspan="2" align="center">℞</td><td colspan="2" align="center">℞</td></tr>
<tr><td>Ammonii chlorati</td><td align="right">5,0</td><td>Camphorae</td><td align="right">1,0</td></tr>
<tr><td>Tartari stibiati</td><td align="right">0,05</td><td>Sacchari</td><td align="right">5,0</td></tr>
<tr><td>Aquae destillatae</td><td align="right">180,0</td><td colspan="2">M. f. pulvis. Div. in part. aeq. No. X.</td></tr>
<tr><td>Succi Liquiritiae dep.</td><td align="right">10,0</td><td colspan="2">D. ad chartam paraffinatam.</td></tr>
<tr><td colspan="2">MDS. 2 stündlich ein Eßlöffel.</td><td colspan="2">S. Alle zwei Stunden 1 Pulver.</td></tr>
</table>

Verordnungen dieser Art, worin der Arzt sowohl die Zusammensetzung wie die Form der Arznei nach eigenem Ermessen bestimmt, nennt man *Formulae magistrales* zum Unterschiede von den *Formulae officinales*, worunter man fertig zusammengestellte Mischungen von Arzneimitteln versteht, welche in der Pharmakopöe bereits enthalten und mit bestimmten Namen bezeichnet sind, z. B. Pulvis Ipecacuanhae opiatus, eine Mischung von je 1 Radix Ipecacuanhae und Opium mit 8 Zucker, Infusum Sennae compositum, viele Salbenmischungen. Die beiden ersten Teile des Rezeptes schrumpfen dann auf die Angabe des Namens und der Dosis dieser Mischung zusammen, z. B.:

℞

Pulv. Ipecacuanhae opiati 0,3.
D. tal. dos. No. X.
S. 3 mal täglich 1 Pulver zu nehmen.

Die deutsche und österreichische Pharmakopöe enthalten solche Medikamente, abgesehen von den Pflastern, Salben und Spezies, mit Recht nur wenige, weil sie das schematische Verordnen und die Kurpfuscherei nur begünstigen und überdies beim längeren Lagern häufig in nicht kontrollierbarer Weise sich umsetzen. In großen Betrieben, beim Massenverbrauch hingegen sind sie der Billigkeit und raschen Verordnung wegen nicht zu entbehren. Verzeichnisse derselben werden Pharmakopoea pauperum, Pharmakopoea militaris, Formulae nosocomiales (von nosocomium, Krankenhaus) usw. genannt.

III. Arzneiformen.
A. Flüssige Arzneiformen.
1. Solutionen und Mixturen.

Die Auflösung einer Substanz in einer Flüssigkeit nennt man Solutio, die Mischung von Flüssigkeiten Mixtura. Die Regeln für die Verordnung sind bei beiden dieselben. Sie werden als Ganzes verschrieben und die Dosierung dem Kranken überlassen.

Für wässerige Lösungen und Mischungen zum innerlichen Gebrauche sind die gebräuchlichen Maße: der Eßlöffel zu 15 g, Kinderlöffel zu 8—10 g, Kaffee- oder Teelöffel zu 4—5 g im Durchschnitt gerechnet. Diese Gaben werden alle 2—3 Stunden oder noch seltener wiederholt, so daß auf 2—3 Tage, eine 8stündige Nachtruhe eingerechnet, nicht mehr als ungefähr 10 treffen. Mengen von 150—200 bzw. 50—100 reichen daher auf 1—2 Tage. Größere Mengen zu verordnen, ist wegen der oft geringen Haltbarkeit nicht rätlich.

Die Regeln über Korrektion der flüssigen Arzneiformen werden in der speziellen Arzneimittellehre bei den Kapiteln Mucilaginosa, Saccharina und Aromatica gebracht werden.

Die *Verordnung* erfolgt kurz nach Schema I, da die nötige Arbeit, das Lösen schon im Worte misce einbegriffen ist. Nur wenn die Lösung in besonderer Weise, z. B. unter Sterilisierung, zu erfolgen hat, bedient man sich der Schreibweise II:

I.		II.	
℞		℞	
Kalii jodati	8,0	Coffein-Natrii salicyl.	2,0
Aquae q. s. ad	200,0	Aquae q. s. ad	ccm IV
MDS. 3mal täglich 1 Eßlöffel.		M. f. solutio sterilisata.	
		DS. zur subkut. Injektion.	

Die Angabe des Lösungsmittels (Wasser) im Rezept II erfolgt nicht nach dem Gewichte (wie sonst vorgeschrieben), sondern nach Maß, weil der Arzt die Lösung volumetrisch, durch Abmessen in der Pravaz-Spritze dosiert.

Das Sterilisieren von Lösungen, welche Kochhitze nicht vertragen, geschieht fraktioniert durch mehrstündiges Erwärmen auf 50—60°, in 2 tägigen Zwischenräumen 3mal zu wiederholen. Das Rezept ist daher 6 Tage vorher dem Apotheker zu übergeben. In Ampullen („Amphiolen" der Firmen Merck-Böhringer-Knoll, Schutzmarke „MBK") eingeschmolzene sterilisierte Lösungen enthalten nicht immer genau 1 ccm, sondern häufig etwas mehr, die zu injizierende Menge ist daher in der Spritze abzumessen. Die Verordnung lautet:

℞

Ampull. ad inject. subcut.   No. V.
Pilocarpin. hydrochl. 0,01 : 1,0 ccm   DS. zu Händen des Arztes.

Zu den Mixturen gehören noch die folgenden Unterarten: die **Schüttel-mixturen, Mixturae agitandae,** womit man die durch Anreiben erhaltbaren Suspensionen einer unlöslichen, pulverigen Substanz in einer Flüssigkeit versteht, und die nur mehr selten verordneten **Sättigungen, Saturationes,** welche durch Neutralisierung der Lösung eines kohlensauren Salzes durch eine saure Flüssigkeit erhalten werden, wobei durch rasches Zustöpseln des Gefäßes die Kohlensäure in der Flüssigkeit absorbiert bleiben soll, um damit eine Wirkung zu erzielen, welche jetzt viel besser durch Sodawässer oder Brausepulver zu erreichen ist.

Lösungen stark wirkender Stoffe, dgl. Tinkturen und Fluidextrakte werden in **Tropfen, Guttae,** abgezählt. Sie heißen deshalb auch Tropfenmixturen. Da die einzelne Dosis 30—40 Tropfen selten überschreitet, reichen Quantitäten von 10 bis 20 g daher für mehrere Tage. Größere Mengen von diesen haltbaren, aber stark wirkenden Arzneien zu verordnen, ist wegen der Möglichkeit eines Mißbrauches nicht rätlich.

Das Gewicht eines Tropfens ist hauptsächlich bedingt durch die *Größe des Tropfglasrandes* und die *Oberflächenspannung des Medikamentes.* Letztere wird schon durch ganz geringfügige Zusätze, z. B. ätherische Öle, sehr erheblich vermindert. So wiegt ein Tropfen einer einprozentigen Lösung von Morphinchlorid in reinem Wasser aus einem Glase von 3 mm Durchmesser Abtropffläche 0,05, in Bittermandelwasser 0,0256, also fast nur die Hälfte. Andere Faktoren, Geschwindigkeit des Abtropfens, spezifisches Gewicht und Temperatur des Medikamentes kommen erst in zweiter Linie in Betracht.

Eine befriedigende Regelung dieser für die Praxis sehr wichtigen Verhältnisse ist noch nicht erfolgt. In Ausführung der Beschlüsse der internationalen Konferenz in Brüssel 1906 ist vorerst nur bestimmt, daß der Apotheker bei den von ihm vorgenommenen Tropfenzählungen sich eines Tropfenzählers zu bedienen hat, der am Ausflußrohre einen Durchmesser von 3 mm besitzt und von destilliertem Wasser bei 15° 20 Tropfen auf 1 Gramm gibt. Das von Traube konstruierte Normaltropfglas mit Tropfenschnabel am Stöpsel entspricht dieser Anforderung. Die folgende Tabelle gibt die mit ihm ermittelten Tropfengewichte der wichtigsten Medikamente.

Art der Arznei.	Gewicht eines Tropfens.	Zahl der Tropfen auf 1 Gramm.
Wasser und wässerige Lösungen	0,050	20
Liq. Kalii arsenicosi Ph. G.	0,031	32
Bromoform	0,027	37
Aq. Amygd amar. u. Fluidextrakte	0,025	40
Tinct Opii, simpl u. crocat., ätherische u. fette Öle	0,022	45
Die Mehrzahl der übrigen Tinkturen	0,019	54
Spiritus dil., Chloroform, Liq. Ammon. anisat. .	0,019	54
Spiritus aethereus, Amylium nitrosum	0,015	67
Äther	0,012	84

℞

<table>
<tr><td>Morph. hydrochl.</td><td>0,2</td><td rowspan="4">S. 20 Tropfen abends zu nehmen.
[39 Tropfen = 1,0 Lösung =
0,02 Morphinchlorid.]</td></tr>
<tr><td>Aq. Amygd. amar. ad</td><td>10,0</td></tr>
<tr><td>MD. ad vitrum guttatum (vitrum</td><td></td></tr>
<tr><td>rostratum) normale.</td><td></td></tr>
</table>

Für den Gebrauch des Publikums ist das Normaltropfglas unzweckmäßig, weil die meisten Arzneien, wie die Tabelle ergibt, mit ihm so kleine Tropfen geben, daß eine große Zahl abgetropft werden muß, um die vorgeschriebene Dosis zu erreichen. Die Aufmerksamkeit beim Abzählen aber läßt bald in einem Maße nach, daß selbes ungenau wird.

Die Tropfgläser nach Traube mit 5 mm Abtropffläche (Firma Lamprecht), bei denen von Wasser 13 Tropfen, von Bittermandelwasser 25, Opiumtinktur 28, sonstigen Tinkturen 34—35 auf 1 g gehen, sind daher geeigneter

2. Auszüge (Infuse, Dekokte).

Das Ausziehen von Pflanzendrogen mit Flüssigkeiten kann bei verschiedenen Wärmegraden vorgenommen werden. Man unterscheidet hiernach die Mazeration (Zimmertemperatur), Digestion (Körpertemperatur(, Infusion und Dekoktion (Siedetemperatur).

Für die ärztliche Verordnung kommen fast allein die rasch fertigzustellenden Heißwasser-Auszüge, der **Aufguß (Infusum)** und die **Abkochung (Decoctum)** in Betracht. Bei Bereitung des Infuses wird heißes Wasser auf die zerkleinerte Pflanzendroge gegossen, 5 Minuten den Dämpfen des siedenden Wasserbades ausgesetzt und nach dem Erkalten durch ein Tuch geseiht (koliert), während beim Dekokt das Wasser kalt zugesetzt wird, die Droge ½ Stunde lang den Dämpfen des siedenden Wasserbades ausgesetzt bleibt und heiß koliert wird.

Zu Infusen eignen sich die zarten Pflanzenteile, Blüten, Blätter und alle Drogen, welche flüchtige Stoffe enthalten, zu Dekokten die schwerer ausziehbaren derben Wurzeln, Rinden und Hölzer. Die verordnete Menge ist wie bei den wässerigen Solutionen und Mixturen gewöhnlich 150—200 g, eßlöffelweise mehrmals täglich. Sie reicht dann auf 1—2 Tage, bei längerer Aufbewahrung tritt Gärung, Schimmelbildung oder Gelatinierung (Digitalis- und Althaeainfus) ein.

Das Verhältnis zwischen angewandter Droge und durchgeseihter Flüssigkeit (Kolatur) ist bei allen schwach wirkenden Drogen 10 : 100 und braucht, weil bereits in der Pharmakopöe vorgeschrieben, auf dem Rezepte nicht vermerkt zu werden. Bei jenen, welche viel Schleimstoffe enthalten, ist es 5 : 100 (bei Salep 1 : 100), und bei den stark wirkenden wechselt es je nach der Substanz und dem Ermessen des Arztes, es muß daher jedesmal im Rezept angegeben werden. Beispiele der ausführlichen und abgekürzten Schreibweise für Infuse und Dekokte sind:

<table>
<tr><td>℞</td><td>℞</td></tr>
<tr><td>Fol. Digitalis 1,0
infunde cum
Aqua fervida q. s. ad
colaturae   150,0
DS. 2 stündlich 1 Eßlöffel.</td><td>Rad. Colombo   10,0
coque cum
Aqua q. s. ad
colaturae   150,0
DS. 2 stündlich 1 Eßlöffel.</td></tr>
<tr><td>℞</td><td>℞</td></tr>
<tr><td>Infusi Fol. Digitalis (1,0) 150,0
DS. 2 stündlich 1 Eßlöffel.</td><td>Decocti Rad. Colombo (10,0) 150,0
DS. 2 stündlich 1 Eßlöffel.</td></tr>
</table>

Kalte Aufgüsse, Infusa frigide parata, auch **Macerata** genannt, werden, abgesehen vom fälschlich benannten Decoctum Radicis Althaeae, seltener verordnet, da die Flüssigkeiten bei dieser Temperatur meist 12—24 Stunden einwirken müssen und die haltbaren mit Spiritus, Wein oder Essig hergestellten Mazerate als pharmazeutische Präparate (Tincturae, Vina, Aceta) meist schon offizinell sind.

Manchmal ist es geboten, sehr derbe Drogen zuvor in Wasser weichen zu lassen, ehe sie mit demselben gekocht werden. Man nennt dann eine solche kombinierte Auszugsform ein **Mazerationsdekokt.** Beispiele für ein Mazerat und Mazerationsdekokt sind:

<table>
<tr><td>℞</td><td>℞</td></tr>
<tr><td>Ligni Quassiae   20,0
Cort. Cinnamomi   10 0
Rhizom. Calami   5,0
  macera per horas XX cum
Vino Rhenano albo
  q. s. ad colaturae   1000,0
DS. 2 mal täglich 1 Weinglas.</td><td>Corticis Granati   40,0
macera per horas XII cum
Aquae fontanae   400,0
deinde coque ad colaturae 200,0
  adde
Sirup. Cort. Aurantii   30,0
DS. Am Morgen nüchtern innerhalb 1 Stunde zu nehmen.</td></tr>
</table>

3. Emulsionen.

Emulsion nennt man die *feine (milchige) Verteilung eines unlöslichen Stoffes in einer Flüssigkeit.* Die bloße Verteilung durch Schütteln (Schüttelmixtur) führt keine genügend feine und andauernde Suspension herbei. Es muß die Beweglichkeit der Teilchen, ihr Aufrahmungs- oder Senkungsbestreben durch Zusatz eines schleimigen Körpers gehemmt werden. Zu einer Emulsion gehört demnach dreierlei: der zu emulgierende Stoff *(Emulgendum),* wozu fette und ätherische Öle, Harze, Gummiharze und Balsame sich eignen, das *Vehiculum,* das gewöhnlich Wasser ist, aber auch eine Aqua destillata aromatica oder ein Infus sein kann, und der Schleimstoff *(Emulgens),* wozu gewöhnlich Gummi arabicum genommen wird, aber auch Eidotter oder Seifenpulver dienen können. Ein Eidotter (Vitellum ovi unius) ist ungefähr gleichwertig 10 g Gummi.

Am meisten gebraucht und auch am leichtesten herzustellen sind Emulsionen von flüssigen Fetten. Die tierische Milch ist eine solche Emulsion. Außerdem enthalten manche Samen, z. B. die süßen Mandeln, fette Öle zusammen mit schleimigen Stoffen, welche man daher nur unter allmählichem Zusatz der vorgeschriebenen Menge Wasser (wie bei den Auszugsformen, das 10 fache) zu verreiben braucht, um nach dem Durchseihen eine sehr schöne Emulsion (die Mandelmilch) zu erhalten. Dieselbe ist, mit etwas Zucker versüßt, ein beliebtes einhüllendes Getränk bei Darm- und Brustkatarrhen, dessen Bereitung dem Hause überlassen werden kann. Nur wenn sie noch Arzneistoffe enthalten soll, muß sie aus der Apotheke bezogen werden, wobei zu beachten, daß weder saure noch alkalisch reagierende Stoffe, noch spirituöse Lösungen verschrieben werden dürfen, sonst tritt Entmischung der Emulsion ein. Ein Beispiel für eine solche Verordnung ist das folgende:

℞

Emulsionis Amygdal. dulcium oder	
Emüls. amygdalinae	180,0
Morph. hydrochl.	0,03
Sirup. simpl.	20,0
MDS. 2 stündlich 1 Eßlöffel.	

Nach Ph. A. ist der Sirup überflüssig, weil bereits bei der vorschriftsmäßigen Bereitung der Emulsio amygdalina die nötige Menge Zucker zugesetzt wird.

Die Mandeln werden vor der Verreibung mit heißem Wasser abgebrüht, worauf ihre Schalen sich leicht abstreifen lassen.

Derartige Emulsionen nennt man *natürliche* Emulsionen im Gegensatz zu den *künstlichen*, welche erst durch Verreiben mit Öl (10 Teile) und Gummi arabicum (5 Teile) unter allmählichem Zusatz von Wasser bis zum Gesamtgewichte von 100—200 hergestellt werden. Eine solche mit Mandelöl bereitete und 20 Teilen einfachen Sirups versüßte Emulsion ist die †Emulsio oleosa.

Die künstlichen Emulsionen können dazu benutzt werden, um Stoffe, von welchen wässerige Lösungen nicht herstellbar sind, als Ersatz dafür in feine, die Resorption erleichternde Verteilung zu bringen, wenn sie für sich allein nur schlecht oder gar nicht emulgierbar sind, aber die Eigenschaft besitzen, in Öl sich zu lösen, z. B. Phosphor oder Kampfer.

℞

Camphorae	1,0	Aquae q. s. ad emulsionis	125,0
solve in		Sirupi Althaeae	25,0
Ol. Amygd.	9,0	MDS. 2 stündlich 1 Eßlöffel.	
Gummi arabici	5,0		

In ähnlicher Weise wie die fetten Öle lassen sich auch die übrigen emulgierbaren Körper, ätherische Öle, Harze und Balsame, als Emulsionen herstellen, doch wird von diesen teueren und nicht länger als 1—2 Tage haltbaren Arzneien wenig Gebrauch gemacht. Es genügt daher die Anführung eines Beispieles, einige weitere werden bei den betreffenden Arzneimitteln gegeben werden:

℞

Balsami Copaivae   10,0
Gummi arabici   7,5
Aq. Menthae q. s. ad emulsionis 120,0
Sirup. Amygdalarum   30,0
MDS. Stündlich 1 Eßlöffel.

B. Feste Arzneiformen.

1. Spezies.

Unter Spezies verstebt man gröblich zerkleinerte Pflanzendrogen (concisa zerschnitten, contusa zerstoßen), welche in diesem Zustande aus der Apotheke abgegeben werden, um im Hause erst die Teilung in Einzeldosen und die weitere Zubereitung als kalter oder heißer Teeaufguß, Abkochung, Breiumschlag zu erhalten. Die hierbei üblichen Maße sind: für die Spezies der mäßig gehäufte Teelöffel = 1,5—2,0 und für das Wasser der Tassenkopf = 100,0. Selbstverständlich eignen sich zu dieser Verordnungsweise nur schwach wirkende Drogen. Bei diesen sollte sie aber die Regel bilden, da das Medikament, besonders bei öfterer Wiederholung, viel billiger zu stehen kommt als das aus der Apotheke fertig bezogene Infus oder Dekokt.

Die nötigen Corrigentia müssen mit den Spezies gut mengbare Beschaffenheit haben, am besten also selbst zerkleinerte Pflanzenteile sein, wie Süßholz oder aromatische Rinden, Blätter und Früchte.

Die Anweisungsformel ist M. fiant (f.) species. DS. Wird dem D. nichts hinzugefügt, so wird in Papiersäckchen abgegeben. Bei Drogen mit flüchtigen Stoffen (ätherischen Ölen) ist es zweckmäßiger, um das rasche Ausriechen zu verhindern, in Pappschachtel zu verordnen und daher zu schreiben: M. f. spec. D. ad scatulam.

<table>
<tr><td>

I.

℞

Radicis Valerianae
Herbae Melissae ana   20,0
M. f. spec.
D. ad scatulam.
S. 2 Teelöffel mit 1 Tasse kaltem
   Wasser 2 Stunden ziehen lassen.
   [Mazerations-Spezies.]

</td><td>

II.

℞

Fructuum Juniperi   20,0
— Foeniculi   10,0
Rad. Liquiritiae   15,0
M. f. spec.
DS. 1 Teelöffel mit 1 Tasse heißen
   Wassers zu übergießen.
   [Infusions-Spezies.]

</td></tr>
<tr><td>

III.

℞

Lichenis island.   50,0
Rad. Althaeae
   — Liquiritiae āā   25,0
M. f. spec.
DS. 3 Eßlöffel mit 3 Tassen
   Wasser auf zwei einzukochen
   und morgens und abends
   1 Tasse zu trinken.
   [Dekokt-Spezies.]

</td><td>

IV.

℞

Specierum emollient.   30,0
DS. Mit Wasser oder Milch
   zu dickem Brei zu verkochen
   und zwischen Leinwand
   eingeschlagen aufzulegen.
   [Kataplasma-Spezies.]

</td></tr>
</table>

2. Pulver.

Die Pulver (pulvis, der Staub) sind eine sehr zweckmäßige und, sofern es nicht abgeteilte Pulver sind, auch billige Arzneiform. Nach dem Grade der Zerteilung unterscheidet man grobe und feine Pulver (pulvis grossus und pulvis subtilis). Unter Pulver ohne nähere Bezeichnung werden immer letztere verstanden. Für Haut und Schleimhäute bestimmte Pulver müssen ganz besonders fein (subtilissime) pulverisiert sein um mechanischen Reiz nicht aufkommen zu lassen.

In Pulverform können nicht bloß die meisten festen Substanzen, sondern auch viele weiche und selbst flüssige Körper gebracht werden, wenn man sie mit einer entsprechenden Menge eines indifferenten Pulvers verreibt. Weiche (narkotische) Extrakte z. B. werden in trockene umgewandelt durch Vermischung mit gleichen Teilen Süßholzpulver (Ph. G.) oder Milchzucker (Ph. A.). Ätherische Öle können als Pulver (Elaeosacchara) verabreicht werden, wenn man einen Tropfen derselben mit 2 g Rohrzucker, also der nahezu hundertfachen Menge verreibt.

Die Pulver dienen sowohl zum äußerlichen wie innerlichen Gebrauche.

Die *äußerlich gebrauchten Pulver* werden je nach ihrer Verwendung als Streupulver, Zahnpulver, Schnupfpulver usw. unterschieden. Zur häufig erforderlichen Verdünnung durch einen indifferenten Stoff wird meist Lycopodium, Bärlappsamen (die fettreichen Sporen von Lycopodium clavatum), Amylum oder Talcum (kieselsaure Magnesia) genommen. Als Geruchscorrigens dient, wenn nötig, das Pulver einer aromatischen Pflanzendroge, z. B. von Rhizoma Iridis, Veilchenwurzel.

Lycopodium zeichnet sich durch *Unbenetzbarkeit* für Wasser und durch *hohe Gleitfähigkeit* (leichte Beweglichkeit infolge der geringen Adhäsion der einzelnen Körner zueinander) aus. Es breitet sich daher beim Aufstreuen mit großer Leichtigkeit fast wie eine Flüssigkeit zu sehr dünner, nicht klumpig werdender Schicht aus.

Künstliches Gleitpulver (pulvis fluens) besteht aus einer Mischung zweier Körnersorten, einem Grobkorn und einem Feinkorn. Als Grobkorn benutzt man Kartoffelstärke, die mit einer Lösung des sehr harten Karnaubawachses der brasilianischen Wachspalme in Äther getränkt ist und nach der Verdunstung des Äthers die Körnchen mit einer feinen, wasserdichten Hülle umgibt. Sie werden mit den feinen Körnchen von Magnesiumkarbonat in genau so berechneter Menge gemischt, daß die großen Stärkekörner durch das feinkörnige Magnesiumkarbonat gerade so weit getrennt sind, daß erstere auf letzteren wie auf einem Kugellager frei laufen können.

Die Verordnung der *innerlich gebrauchten Pulver* geschieht entweder im ganzen in Schachtel (scatula) oder Papiersack (plaga), oder bereits in der Apotheke in Dosen abgeteilt.

Auf erstere Art, als sogenannte *Schachtelpulver*, verordnet man Stoffe, welche nicht stark wirken, deren Dosierung daher dem Kranken überlassen werden kann. Das übliche Maß hierzu ist der gestrichene Teelöffel, der von einem Pflanzenpulver etwa 1,5, von einem Salze das Doppelte und mehr faßt. Die Angabe „messerspitzenweise" ist sehr ungenau und kann nur einigermaßen begrenzt werden, wenn der Arzt die Zeit vorschreibt, in der das ganze Pulver verbraucht sein soll.

Ɽ		Ɽ	
Zinci oxydati	5,0	Bismuthi subnitrici	10,0
Lycopodii	45,0	Sacchari	40,0
M. f. pulvis		M. f. pulv.	
DS. Streupulver.		DS. 3 mal täglich ½ Teelöffel.	

Als *abgeteilte Pulver* müssen alle stark wirkenden Stoffe verordnet werden. Zwei Schreibweisen sind hierfür üblich. Man bestimmt entweder das Gewicht des ganzen Pulvers und gibt an, in wieviel Teile es geteilt werden soll, was in praxi häufig, jedoch vorschriftswidrig statt mit der Wage, nach dem Augenmaß geschieht (Dividiermethode), oder man bestimmt die Einzeldosis und gibt an, wie oft diese ausgewogen werden soll (Dispensiermethode).

Die Abgabe erfolgt in den bekannten satinierten Papierkapseln oder bei hygroskopischen Substanzen in Paraffinpapier (Charta paraffinata).

Mit der Hand gefalzte Kapseln sind zum Einfüllen der Pulver geeigneter, weil sie sich auf Druck leichter öffnen lassen als die maschinell hergestellten, bei denen die Versuchung, das durchaus unstatthafte Aufblasen mit dem Munde zu Hilfe zu nehmen, nahe liegt.

<table>
<tr><td colspan="2" align="center">℞</td><td colspan="2" align="center">℞</td></tr>
<tr><td>Hydrargyri chlorati</td><td>1,0</td><td>Hydrargyri chlorati</td><td>0,1</td></tr>
<tr><td>Sacchari Lactis</td><td>4,0</td><td>Sacch. Lactis</td><td>0,4</td></tr>
<tr><td>M. f. pulv. Divide in partes</td><td></td><td>M. f. pulv.</td><td></td></tr>
<tr><td>aequales No. X.</td><td></td><td>D. tal. dos. No. X.</td><td></td></tr>
<tr><td>DS. 4 mal täglich 1 Pulver zu nehmen.</td><td></td><td>S. 4 mal täglich ein Pulver zu nehmen.</td><td></td></tr>
<tr><td align="center">(Dividiermethode.)</td><td></td><td align="center">(Dispensiermethode.)</td><td></td></tr>
</table>

Die abgeteilten Pulver sollen, um bequem genommen werden zu können, eine Größe von ungefähr 0,1—1,0 besitzen. Stark wirkende Körper müssen daher auf diese Größe durch Vermischung mit einem indifferenten, gleichzeitig als Corrigens dienenden Stoffe gebracht werden. Hierzu dient gewöhnlich Zucker (Saccharum), bei hygroskopischen Substanzen Milchzucker (Sacch. Lactis), bei scharfen Stoffen das einhüllende Gummipulver (Pulvis gummosus). Das Nehmen geschieht im Teelöffel mit etwas Wasser.

3. Pillen.

Pillen, pilulae (Diminutivum von pila, der Ball) sind Kügelchen vom Gewichte 0,1—0,2, welche auf der Pillenmaschine aus einem knetbaren Teige (massa pilularum) geformt und zur Verhütung des Zusammenklebens mit einem Pulver bestreut werden. Hierzu dient gewöhnlich Lycopodium. Wünscht man ein anderes Pulver, das gleichzeitig geschmack- und geruchverbessernd sein soll, so muß dies auf dem Rezepte mit Consperge (C.) vermerkt werden, z. B. C. pulvere Cinnamomi. Die Verschreibung geschieht ähnlich wie bei den Pulvern nach der Dividiermethode, d. h. es werden die Gesamtmengen der Mittel bezeichnet und angegeben, wie viele Pillen daraus geformt werden sollen. Man bemüht sich hierbei, auf die Grundzahl der Arzneitaxe (50 Stück Ph. G., 30 Ph. A.) oder ein Vielfaches derselben abzurunden.

Die Pillen sind eine sehr haltbare, bei längerem Gebrauche billige Arzneiform. Die Dosierung der Mittel ist genau, ihr besonderer Geschmack wird völlig verdeckt. Der Zerfall der Pillen im Magen und Darme vollzieht sich zwar etwas langsam, doch sicher. Fehlerhaft bereitete, sehr harte Pillen hingegen können den Verdauungskanal unverändert durchwandern oder zu Vergiftung Veranlassung geben, wenn bei plötzlich veränderten Bedingungen alle auf einmal sich lösen. Kleine Kinder und manche Erwachsene vermögen nur sehr kleine Pillen (Granulae) zu schlucken.

Die Verordnung gestaltet sich am einfachsten für die *Fälle, wo das Arzneimittel* $^1/_{10}$—$^1/_5$ *des Gewichtes der Pille, also ca. 0,01—0,02 auszumachen hat.* Solche Stoffe braucht man nur, gleichgültig, ob sie fest, weich oder flüssig sind, mit einer guten, indifferenten Pillenmasse zu mischen, um sie ohne weiteres formen zu können.

Empfehlenswerte Pillenmassen hierzu sind u. a.:

1. **Gleiche Teile eines indifferenten Pflanzenpulvers und zugehörigen dicken Extraktes,** z. B. Radix Liquiritiae und Succus Liquiritiae dep. (Extractum Liquiritiae Ph. A.) oder Radix und Extractum Taraxaci.

2. **Feingeschabte Natronseife** (*Sapo medicatus, †Sapo medicinalis) mit etwas Gummischleim oder Spiritus, gewöhnlich nur bei Harzen und Abführmitteln gebräuchlich.

3. **Bolus alba, weißer Ton,** mit Wasser oder, um das zu starke Eintrocknen zu verhüten, mit einem Gemische aus gleichen Teilen Wasser und Glyzerin (Aq. glycerinata) angemacht, für Mittel), welche mit organischen Stoffen sich zersetzen, z. B. Silbernitrat.

<table>
<tr><td colspan="2" align="center">℞</td><td colspan="2" align="center">℞</td></tr>
<tr><td>Pilocarpini hydrochlorici</td><td>0,3</td><td>Argenti nitrici</td><td>1,0</td></tr>
<tr><td>Rad. Liquiritiae</td><td></td><td>Bol. albae</td><td>5,0</td></tr>
<tr><td>Extracti Liquiritiae</td><td>ana 1,5</td><td>M. f. ope Aq. glyc. pil. No. L.</td><td></td></tr>
<tr><td>M. f. pil. No. XXX.</td><td></td><td>C. Bol. alb.</td><td></td></tr>
<tr><td>DS. tägl. 1—3 Stück zu nehmen.</td><td></td><td>DS. 3 mal täglich 1—2 Stück.</td><td></td></tr>
</table>

℞

Podophyllini	0,5
Sap. med.	5,0
M. f. ope Spirit. pil. No. L.	
C. pulv. Cinnamomi.	
DS. morgens und abends 2—4 Stück.	

Schwieriger für die Verordnung sind die *Fälle, wo das Mittel das halbe oder ganze Gewicht einer Pille ausmachen soll.* Hierzu ist eine genaue Kenntnis der physikalischen Eigenschaften der Mittel erforderlich, um zu entscheiden, ob das Mittel für sich eine brauchbare Pillenmasse abgibt oder was etwa noch zugesetzt werden muß, um eine solche zu erhalten. Für die Mehrzahl der Fälle reicht man mit folgenden Regeln aus:

Harze, Gummiharze, eingetrocknete Pflanzensäfte (Aloë, Opium), trockene Extrakte sind zerrieben ohne weiteres mit Hilfe von wenig Spiritus zu Pillen formbar, empfehlenswert aber ist es, um das Zerfallen derselben im Verdauungskanal zu fördern, etwas Pflanzenpulver, das gleichzeitig ein Adjuvans sein kann, hinzuzunehmen, z. B.:

℞

Aloës   5,0 ⎱ M. f. ope Spiritus pil. No. L.
Rad. Althaeae 2,0 ⎰ DS. abends 1—3 Stück zu nehmen.

Dicke Extrakte geben mit dem gleichen Gewichte eines Pflanzenpulvers, das auch ein Adjuvans sein kann, gute Pillenmassen; Pflanzenpulver umgekehrt mit einem dicken Extrakte. Wie Pflanzenpulver verhalten sich kristallisierte Körper, nur ist bei den in Wasser leicht löslichen neben dem Extrakt auch indifferentes Pflanzenpulver (Rad. Liquiritiae) notwendig, die Menge des kristallisierten Körpers muß daher unter dem halben Gewichte der Pille bleiben, Mengenbestimmung des indifferenten Pflanzenpulvers wird dem Apotheker überlassen.

℞	℞
Extracti Hyoscyami	Rad. Ipecacuanhae
Herb. Hyoscyami ana 2,5	Extracti Liquiritiae ana 2,5
M. f. pil. No. L.	M. f. pil. No. L.
DS. 3 stündlich 2 Stück.	DS. 2 stündlich 1 Stück z. n.

℞

Ammonii chlorati   5,0 ⎫ Consp. pulv. Rhiz. Iridis.
Rad. et Extracti Liquiritiae q.s. ⎬ DS. 4 mal täglich 1—2 Stück.
ut. f. pil. No. C.   ⎭

Dünne Extrakte, Balsame und ätherische Öle müssen durch Zusammenschmelzen mit etwas Wachs (dem halben oder ganzen Gewichte) erst zur Konsistenz von dicken Extrakten gebracht werden, worauf sie wie diese behandelt, d. h. mit dem gleichen Gewichte eines indifferenten oder die Wirkung unterstützenden Pflanzenpulvers zu Pillen geformt werden. Der Zerfall der Pillen im Darme wird durch diesen Wachszusatz allerdings stark beeinträchtigt.

℞

Extr. Cubebarum   ⎪ M. f. pil. No. C.
Pulv. Cubebarum   ana 10,0 ⎪ DS. 3 mal täglich 5 Pillen zu nehmen.
Cerae   5,0 ⎪

Boli, Bissen unterscheiden sich von den gewöhnlichen Pillen durch ihre Größe. Sie haben das Gewicht von 0,5 bis 1,0 und darüber und werden bei Mitteln gewählt, welche in großen Dosen verordnet werden müssen. Man gibt ihnen, um das Schlucken zu erleichtern, gerne eine ovale Form und läßt ihre Konsistenz etwas weicher sein als bei gewöhnlichen Pillen.

3*

4. Kapseln.

Arzneimittel, welche erst in einer bestimmten Abteilung des Verdauungskanals in Freiheit gelangen sollen, läßt man in Kapseln einschließen und in toto mit Hilfe von etwas Wasser hinabschlucken, was den meisten Personen, abgesehen von kleinen Kindern, keine besonderen Schwierigkeiten macht.

A. Kapseln, welche *schon im Magen* gelöst werden, verwendet man zur Einschließung schlecht schmeckender Arzneimittel:

I. **Capsulae amylaceae, Oblatenkapseln,** für feste, in Pulverform abzugebende Arzneimittel. Da Kapseln über 0,5 Inhalt schwer als ganzes zu schlucken sind, reduziert man das Pulverkonstituens oder Corrigens oder läßt es ganz weg. Ein billiger Ersatz des Einschließens in Oblatenkapseln ist das vom Patienten oder seiner Wartung vorzunehmende Einschlagen in angefeuchtete Oblaten.

R	R
Pulv. Chinini hydrochlorici 0,5	Pulv. Chinini hydrochl. 0,5
D. tal. dos. No. X ad caps.-amylaceas.	D. tal. dos. No. X.
S. 1 Pulver vor dem Anfall (Malaria) zu nehmen.	S. 1 Pulver in Oblate eingeschlagen vor dem Anfalle zu nehmen.

2. **Capsulae gelatinosae, Leimkapseln,** für flüssige Arzneimittel, wie Äther, Terpentinöl, Copaivabalsam, Rizinusöl, Extractum Filicis. Es sind Hohlformen, welche aus verflüssigter Gelatine gegossen werden und bereits gefüllt in zwei verschiedenen Arten in den Handel kommen: runde, harte Kapseln, auch Perlen genannt, von 0,05 bis 0,5, und ovale, durch Zusatz von Glyzerin elastisch gemachte von 1,0—10,0 Inhalt. Letztere sind gemeinhin leichter zu nehmen und lösen sich auch rascher im Magen als erstere.

B. Kapseln, welche nicht vom Magensafte, sondern erst vom Bauchspeichel gelöst werden, so daß das Medikament *erst im Dünndarm* in Freiheit gelangt, werden gebraucht, um den Magen zu schonen oder die Wirkung auf den Darm zu konzentrieren:

3. **Capsulae glutoidae und geloduratae, Glutoidkapseln** sind Leimkapseln, welche durch Einwirkung von wässeriger oder alkoholischer Formaldehydlösung gegen den Magensaft resistent gemacht worden sind, so daß sie erst vom Bauchspeichel gelöst werden. Sie sind zuverlässiger als die früher gebrauchten, aus einer Lösung von Hornstoff in Essigsäure hergestellten Keratinkapseln. Je nach der Dauer der Einwirkung kann man Kapseln verschieden großer Resistenz erhalten. Kapseln schwacher Här-

tung wählt man, wenn man nur haben will, daß das Mittel den Magen ungelöst passiert, Kapseln stärkerer Härtung, wenn das Mittel vor der Lösung tiefer in den Darm geführt werden soll. Mit leicht in Speichel oder Harn nachweisbaren Stoffen (Jodoform) gefüllt, können sie auch zu klinisch-diagnostischen Zwecken, z. B. zur Prüfung der Pankreasfunktion, verwendet werden. Belästigung des Magens oder unveränderter Abgang nicht selten.

Bei der Verordnung von Leim-, Horn- und Glutoidkapseln ist zu berücksichtigen, daß sie nur fabrikmäßig, in gefülltem Zustande hergestellt werden und in den Handel kommen. Man muß sich also an die beim Apotheker vorrätigen gangbaren Sorten halten. Kennt man den Gehalt der Kapseln, so verschreibt man nach I., andernfalls nach II.

<table>
<tr><td>I.</td><td>II.</td></tr>
<tr><td>℞</td><td>℞</td></tr>
<tr><td>Balsami Copaivae
Extracti Cubebarum ana 0,3
D. tal. dos. No. XII ad
   capsul. gelatinos.
S. 3 mal täglich 1 Kapsel zu nehmen.</td><td>Olei Ricini   30,0
D. ad capsul. gelatinos. elastic.
S. die Hälfte der Kapseln auf
   einmal zu nehmen.</td></tr>
</table>

Die für magistrale Verordnungen vom Apotheker in Vorrat gehaltenen, leeren Capsulae gelatinosae operculatae, Deckelkapseln kommen selten zur Anwendung.

5. Pastillen.

Die Pastillen oder Tabletten finden wegen ihrer praktischen, kompendiösen Form vielfache Anwendung:

1. *Zu innerlicher Verabreichung.* Ist die Menge des in einer Pastille unterzubringenden Arzneimittels nur klein, so verarbeitet man sie (analog wie bei den Pillen) mit passenden indifferenten Konstituentia zu einem Teige (Paste), aus dem dann die einzelnen Pastillen mittels eines geeigneten Instrumentes (Pastillenstecher) zu runden oder länglichen Täfelchen von 0,1—1,0 Gewicht ausgestochen werden. Solche Konstituentia sind Zuckerpulver mit einigen Tropfen Wasser und ca. 2 % Traganth als Bindemittel oder Zucker mit gleichem Teile geschmolzener Massa Cacao.

Ist die Menge des Arzneimittels größer, so benützt man die Erfahrung, daß alle pulverisierbaren Drogen und sonstigen festen Substanzen durch Kompression in geeignet konstruierten Pressen zu Tabletten sich formen lassen. Bei leicht in Wasser löslichen Mitteln kann die ganze Tablette daraus bestehen. Schwer lösliche, wie Trional, Aspirin können durch die Kompression so schwer angreifbar werden, daß sie unverändert abgehen, wenn nicht leicht lösliche oder quellbare Stoffe (Zucker bzw. Stärke, Gelatine) als Auflockerungsmittel beigegeben werden.

Zur Prüfung legt man eine Pastille in Wasser von 37° und schwenkt zeitweilig gelinde um: der Zerfall muß mnerhalb einer halben Stunde eingetreten sein.

Manche Mittel konnen nicht ohne weiteres zu Pastillen gepreßt werden. Man muß sie vorher granulieren, indem man sie mit Spiritus oder verdünnter Zuckerlösung durch ein Sieb von 2 mm Maschenweite treibt. Die so erhaltenen, rasch getrockneten Granula lassen sich bequem dosieren und komprimieren.

Die Verordnung erfolgt nach der Dispensier- oder Dividiermethode.

2. *Zu subkutaner Injektion.* Kleine durch Kompression hergestellte Tabletten (Tabloids) eignen sich im Notfalle, bei Verzicht auf Sterilisation zur raschen Herstellung von Lösungen für subkutane Injektion. Man bringt sie direkt in den Zylinder der Subkutanspritze und saugt die nötige Menge Wasser hinzu, worauf sofort Lösung erfolgt und die Injektionsflüssigkeit gebrauchsfähig ist. Die Tabloids werden in Fabriken hergestellt, liegen daher außer dem Bereich magistraler Verordnung. Zahlreiche Arten derselben befinden sich im Handel.

3. *Zur Bereitung von Wundwässern.* Ein Beispiel hierfür sind die offizinellen Pastilli Hydragyri bichlorati aus gleichen Teilen Sublimat und Kochsalz, durch Kompression verbunden.

Rezept-Beispiele.

℞		℞	
Morphini hydrochlorici	0,1	Ferri carbon. sacch.	1,0
Tragacanthae	0,2	Sacchari	
Sacchari	9,0	Massae Cacao	‾aa 4,5
M. f. l. a. pastilli No. X.		M. f. l. a. pastilli No. X.	
DS. 1—2 Stück täglich zu nehmen.		DS. 3 mal täglich 1 Stück.	

℞		℞	
Flor. Koso	1,0	Antipyrini	5,0
F. compressione tabletta.		F. compressione tablettae No. X.	
D. tal. dos. No. X.		DS. bei Kopfschmerz 1 – 3 Stück	
S. morgens nüchtern zu nehmen.		zu nehmen.	

℞		℞	
Trionali		Opii	0,05
Natrii bicarbonici		Sacchari	
Sacchari	ana 10,0	Cacao tost.	‾aa 0,5
M.f. compressione tablettae No.XX.		M. f. compr. tabletta.	
DS abends 1 Stück zu nehmen.		D. tal. dos. No. X.	
		S. 1—2 Stück zu nehmen.	

<table>
<tr><td align="center">℞</td><td align="center">℞</td></tr>
</table>

Tablett.			„Compretten"	
Aspirini	0,5		Kalii jodati	0,5
No. X.			No. X.	
DS. 1—2 Stück zu nehmen.			DS. 3 mal tägl. 1 Stück.	
(Verordnungsbeispiel von Fabrikstabletten.)			(Beispiel für die Verordnung der komprimierten Tabletten der Firmen Merk—Böhringer—Knoll).	

℞

Tablett. ad inject. subcut.

Apomorphin. hydrochlor.   0,01

No. V.

DS. c. f. zu Händen des Arztes.

6. Suppositoria.

Suppositoria (Arzneimittelträger) sind rundliche oder zylindrische Gebilde, welche aus einem leicht schmelzbaren, indifferenten Stoffe und dem Arzneimittel gefertigt sind, mit der Bestimmung in eine Körperöffnung (Schleimhautkanal oder Fistelgang) eingeführt, zu zerfließen und diese Orte der Wirkung des Medikaments auszusetzen.

Am meisten gebraucht werden die kegelförmig gestalteten *Suppositoria analia,* auch Suppositoria schlechtweg oder Stuhlzäpfchen genannt.

Suppositoria vaginalia werden gewöhnlich kugelig geformt und dann auch Globuli vaginales genannt.

Die für die Harnröhre und ähnliche Kanäle bestimmten *Suppositoria urethralia* besitzen eine zylindrische Form, ähnlich einer dünnen Kerze, und heißen daher auch Cereoli, Bacilli, Styli oder Bougies.

Ihr Ersatz sind die *Anthrophore*, mit einer Kautschukschicht überzogene Metallspiralen, welche vor dem Gebrauche mit einer Salbe oder einem medikamentösen Leime bestrichen werden.

Spuman, eine zu Stäbchen (Styli) geformte Masse, welche zu Kohlensäure-Entwicklung unter starker, anhaltender Schaumbildung (durch Saponine?) Veranlassung gibt, soll nach den Angaben des Patentinhabers die Wirkung zugemischter Arzneikörper auf Schleimhäute umfassender gestalten, als es durch Spülungen möglich ist.

Die Herstellung der nach der Dispensier- oder Dividiermethode verordneten Suppositoria kann nach drei Methoden erfolgen:

Bei der *Preßmethode* wird das Arzneimittel mit fein geschabter Kakaobutter (Oleum Cacao) gemengt und kalt in geeignete Formen gepreßt. Diese Methode ist für alle Suppositorienarten geeignet; die beiden folgenden nur für Anus und Vagina. Bei der *Gußmethode* wird eine Mischung des Medikaments mit geschmolzener Kakaobutter oder mit heißem Wasser und Glyzerin verflüssigter

Seife, Agar-Agar oder Gelatine in passende Formen gegossen. Bei der *Füllmethode* schließt man das flüssige oder gelöste Medikament in vorrätig gehaltene, aus Kakaobutter oder Gelatine gefertigte Hülsen (glumae suppositoriae cacaotinae oder gelatinosae) ein. Sie ist die wirksamste Form, weil das Mittel nahezu rein, d. h. unvermengt mit dem geschmolzenen Consttuens an das Gewebe gelangt.

Preßmethode:

R		R	
Acidi tannici	1,0	Extr. Belladonnae	0,4
Opii	0,5	Ol. Cacao	40,0
Ol. Cacao	3,0	M. f. comp. suppositoria vagi-	
M. f. compressione suppositorium		nalia (globuli) No. X.	
anale D. tal. dos. No. V.		DS. nach Bericht.	
S. 3 mal täglich 1 Zäpfchen			
bei Mastdarmkatarrh.			

R			
Protargoli	0,5	M. f. supp. ureth. No. X.	
Ol. Cacao	9,5	long. cm. 10,0, diam. cm. 0,4	
		DS. nach Bericht.	

Gußmethode:

R		R	
Sapon. stearinati		Ichthyoli	5,0
Aq. aa	2,0	Gelatinae albae	15,0
Glycerini	18,0	Glycerini	30,0
M. leni calore, f. supp. anal. No. VI.		Aq.	40,0
DS. nach Bericht.		M. f. l. a. supp. vagin. No. VI	
† Suppositoria Glycerini *).		DS. nach Bericht.	

R			
Jodoformii	1,0		
Gelatinae		M. f. supp. urethral diam. cm. 0,2 No. X.	
Aquae		DS. Bacilli Jodoformii elastici.	
Glycerini aa	3,0		

Füllmethode:

R		R	
Atropini sulf.	0,0005	Kal. jodati	0,3
Aquae	2,5	Aq.	3,0
M. D. tal. dos. ad glumas		M. D. tal. dos. ad glumas suppo-	
suppositorias cacaotinas anales		sitorias gelatinosas vaginales	
No. V.		No. V.	
S. nach Verordnung.		S. nach Verordnung.	

---

*) Sie wirken um so prompter, je tiefer sie eingeführt werden. Kurz aufeinander folgender Gebrauch ist kontraindiziert, weil durch die lokale Reizung der Bildung von Hämorrhoiden Vorschub geleistet wird.

C. Weiche Arzneiformen.

1. Electuaria, Latwergen.

Latwerge (korrumpiert aus Electuarium, electus, auserwählt) ist eine Arzneiform musartiger Konsistenz, welche durch Verrühren von pulverigen Arzneimitteln mit Honig, Sirupen oder, wenn abführend gewirkt werden soll, mit Fruchtmusen (Pulpa Tamarindorum, Pulpa Prunorum) hergestellt wird. Die Haltbarkeit ist gering, denn häufig stellt sich schon nach 1—2 Tagen Gärung ein. Durch Erhitzen im Wasserbade nach dem Mischen kann ihr Eintritt verzögert werden.

℞

Fol. Sennae pulv.	5,0	M. f. electuarium.
Sirup. simpl.	20,0	DS. 1—2 Teelöffel.
Pulp. Tamarind. dep.	25,0	(Electuarium e Senna der Ph. G.)

Latwergen aus anderen Arzneimitteln werden, diesem Beispiel folgend, in der Weise ordiniert, daß sie, wenn sie pulverisierbar sind, an Stelle der Folia Sennae, wenn flüssig, ganz oder teilweise an Stelle des Sirup treten.

2. Unguenta, Salben.

Salbe nennt man eine weiche, bei Körpertemperatur schmelzende Masse, welche bestimmt ist, auf eine Körperoberfläche (Haut, Schleimhaut) eingerieben oder sonstwie aufgetragen zu werden. Den Hauptbestandteil jeder Salbe bildet die sogenannte Grundlage, ein möglichst indifferenter Körper oder ein Gemenge von solchen, welches die erwähnten physikalischen Eigenschaften einer Salbe besitzt. Sie kann schon allein für sich gewisse therapeutische Aufgaben erfüllen, z. B. als Deck- und Verbandsalbe. Gewöhnlich aber werden ihr zur Erreichung von speziellen örtlichen oder resorptiven Heilzwecken Arzneimittel zugemischt. Der Zusatz erfolgt meist im Verhältnisse von 1 : 10 oder 1 : 5. Unlösliche Stoffe, z. B. Metalloxyde, werden der Salbengrundlage in feinster Verreibung mit Fett beigemengt. In Wasser lösliche Stoffe werden zuvor in wenig Wasser gelöst und befinden sich dann in der Salbe in einer Art Emulsion. In der Salbengrundlage lösliche Stoffe können ihr unmittelbar beigemischt werden.

Bei der *Verordnung* der Salben wird die Dosierung gewöhnlich dem Kranken überlassen, indem nur auf der Signatur die ungefähre Größe bemerkt wird. Nur stark wirkende Salben (graue Quecksilbersalbe) müssen in abgeteilten Dosen verabfolgt werden. Dieselbe kommt hierfür auch in graduierten Gelatinedärmen in den Handel.

<table>
<tr><td align="center">℞</td><td align="center">℞</td></tr>
<tr><td>

Bismuthi subgallici 1,0
Adipis benzoati 9,0
M. f. ung.
DS. täglich zweimal ein bohnen-
großes Stück einzureiben.

</td><td>

Ung. Hydrargyri cinerei 3,0
D. tal. dos. No. X ad chart. pa-
raffin.
S. täglich 1 Päckchen n. Bericht
zu verbrauchen.

</td></tr>
</table>

Man teilt die Salben nach ihrer Grundlage ein in:

I. Fettsalben. Einige von der Natur gelieferte Fette besitzen bereits die für eine Salbe nötigen Eigenschaften, so namentlich das vielgebrauchte Schweinefett, ***Adeps suillus, †Axungia porci.** Vermöge seiner großen Geschmeidigkeit dringt es sehr leicht in die Epidermis ein und ist daher sehr geeignet als Grundlage für Einreibesalben. Ein Nachteil ist seine sehr rasche Zersetzung (Ranzigwerden), namentlich zur Sommerzeit. Sie wird durch Zusatz von 2 % Benzoe (Kap. V) etwas aufgehalten: ***Adeps benzoatus,** Benzoeschmalz. *Konsistentere Fettsalben* erhält man durch Zusammenschmelzen von Fetten mit Wachs: ***Unguentum cereum, Wachssalbe,** aus 7 Erdnußöl und 3 gelbem Wachs, ist eine brauchbare, wenig zur Zersetzung neigende Decksalbe, **†Unguentum simplex** besteht aus 80 % Schweineschmalz und 20 % weißem Wachs.

***†Oleum Olivarum,** Olivenöl. Die kalt aus den frischen Oliven gepreßte Sorte ist das Tafelöl, das weniger sorgfältig gewonnene Produkt geht unter dem Namen Baumöl. Olivenöl beginnt schon bei 10° weiße, kristallinische Flocken auszuscheiden und erstarrt bei 0° zu einer salbenartigen Masse.

***Oleum Arachidis,** Erdnußöl, ein durch Auspressen der geschälten Samen von Arachis hypogaea gewonnenes, hellgelbes, milde schmeckendes Öl. Dient in Ph. G. als Ersatz des teureren Olivenöls.

***†Oleum Sesami,** Sesamöl. Aus dem Samen von Sesamum orientale, einer Kulturpflanze südlicher Länder, ausgepreßtes, blaßgelbes, nahezu geruchloses Öl von mildem Geschmack. Ersatz des teuren Olivenöls.

***†Oleum Amygdalarum,** Mandelöl. Durch kaltes Auspressen der süßen und bitteren Mandeln gewonnen; bleibt noch bei — 10° flüssig.

***†Oleum Cacao, Butyrum Cacao,** Kakaobutter aus dem schwach gerösteten und enthülsten Samen des Kakaobaumes, gelblich weiß, vom angenehmen Geruch des gerösteten Kakao. Bei gewöhnlicher Temperatur fest und mittels Reibeisen zu gröblichem Pulver schabbar, bei 30—35° flüssig werdend.

***†Sebum ovile,** Hammeltalg, wird weichen Fetten zugeschmolzen, um sie konsistenter zu machen. Schmelzpunkt 47—50°.

Cera flava, gelbes Wachs, Schmelzpunkt 64°, und das daraus durch Bleichen an der Sonne erhaltene ***†Cera alba, weißes Wachs,** von 1° höherem Schmelzpunkt sind im wesentlichen ein Gemisch von freier Cerotinsäure und Palmitinsäure-Myricylester.

Für die Ausrüstung in heißen Gegenden (Schiffsapotheken) dürfen in den Salben das Schweineschmalz, das Öl oder das Vaselin bis zu einem Drittel ihres Gewichtes durch Wachs oder Ceresin ersetzt werden (Ph. G.)

2. Glyzerinsalben. *†Unguentum Glycerini, durch Erwärmen von 1 Weizenstärke, 1 Wasser und 9 Glyzerin hergestellt, ist eine gallertige, haltbare Salbe, welche besonders als Decksalbe gebraucht wird an Orten, wo die durch das Mucilaginosum (die gequollene Stärke) allerdings gemilderte reizende Wirkung des Glyzerins außer acht gelassen werden kann. Wasserlösliche Arzneimittel lassen sich mit ihr gut verbinden, unlösliche hingegen nicht.

*†**Glycerinum, Glyzerin,** $C_3H_5(OH)_3$, süße, wasseranziehende, sirupartige Flüssigkeit, macht in ungefähr 10 facher, nicht mehr reizender Verdünnung mit Wasser die Haut geschmeidig und wird auch sonst als *Konstituens für Salben, Pinselsäfte* usw. viel gebraucht. Es wirkt etwas antiseptisch. Als Vehikel für Antiseptica eignet es sich aber nur dann, wenn das Antisepticum ebenso oder noch leichter in Wasser resp. Wundsekret löslich ist wie in Glyzerin, andernfalls bleibt es im Glyzerin, ohne mit den Bakterien in Berührung zu kommen. Die *örtlich reizende Wirkung* des konzentrierten Glyzerins macht sich besonders auf Schleimhäuten geltend und wird therapeutisch ausgenützt: 2—3 g als Klysma oder Suppositorium appliziert, lösen binnen wenigen Minuten eine kräftige Peristaltik des Mastdarmes aus, wovon bei *Verstopfung,* welche auf Trägheit des Dickdarmes beruht, Anwendung gemacht wird. In analoger Weise bewirkt Glyzerinapplikation in den Cervikalkanal Uteruskontraktionen und kann deshalb zur *Einleitung von Abortus, resp. Frühgeburt* benützt werden. Verwendung größerer Mengen ist zu vermeiden, da selbe, in das Blut aufgenommen, starke Hämoglobinauflösung erzeugen.

3. Paraffinsalben. Das Gemisch von Paraffinen (Kohlenwasserstoffen der Methanreihe), welches bei der bei 300⁰ abgebrochenen Destillation des rohen Petroleums in Gestalt einer weichen bei ca. 40⁰ schmelzenden Masse zurückbleibt, kommt nach der Reinigung mit rauchender Schwefelsäure als *†**Vaselinum flavum** oder gebleicht als *†**Vaselinum album** in den Handel. Die Paraffine sind ausgezeichnet durch große chemische Indifferenz, wie ihr Name (parum affinis) besagt. Aus diesem Grunde eignen sich diese, auch noch auf andere Weise, z. B. aus der Schwelkohle der Braunkohlenlager, gewonnenen „Mineralfette" zur Herstellung von haltbaren, reizlosen Salbengrundlagen, falls sie von den zu ihrer Reinigung verwendeten Chemikalien durch Waschung vollständig befreit sind. Durch fortgesetzte Destillation oder durch Abkühlung können die Vaseline zerlegt werden in einen flüssigen

Anteil, *†**Paraffinum liquidum,** und einen festen, bei ca. 70⁰ schmelzenden Teil, dem ***Paraffinum solidum,** auch *Ceresin* genannt, wenn es aus einem in Galizien u. a. O. vorkommenden Mineral, dem Erdwachs (Ozokerit), dargestellt wird.

Die pharmakologische Indifferenz der Paraffine gilt genau genommen nur für die ganz reinen Präparate. Gewöhnliches gelbes Vaselin, Hunden oder Kaninchen in die Haut eingerieben, gelangt in die verschiedensten Organe und Körperhöhlen und ruft dort Bindegewebswucherungen hervor. Noch stärker ist diese *Anregung von Bindegewebsneubildung* gewissen mineralischen, aus Braunkohlenteer gewonnenen Schmierölen, welche ungesättigte, partiell hydrierte Kohlenwasserstoffe enthalten, eigen. Ein Präparat derselben wird als „*granulierendes Wundöl*" *(Granugenol)* zur Schließung von Wunden, Fistelgängen usw. verwendet.

Paraffinum liquidum dient auch als *Vehikel für subkutane Injektionen von Arzneimitteln,* P. solidum zur *Anlage von Prothesen.* Beide Anwendungen haben wiederholt zu tödlichen Lungenembolien geführt, wenn die Injektion dieser schwer emulgierbaren Stoffe aus Versehen in eine Vene erfolgte.

Paraffinum liquidum wirkt abführend und wird z. T. auch resorbiert.

Benzin heißt der zwischen 80—100⁰ übergehende Teil des Petroleumdestillats. Es wird zur Ablösung von Pflastern und Beseitigung von Salbenresten gebraucht. Dasselbe leistet der nicht feuergefährliche Tetrachlorkohlenstoff.

Petroleum schlechtweg ist der zwischen 150—200⁰ übergehende zur Beleuchtung dienende Teil des Rohpetroleums. Es erzeugt, innerlich oder parenteral (Lunge, Haut) in Gaben von ca. 30,0 aufgenommen analog dem Benzin, zentrale Lähmung (das Zykloparaffine enthaltende galizische und kaukasische Petroleum auch Krämpfe und Blutungen in der Lunge und Niere infolge seiner Ausscheidung an diesen Orten). In der Tierheilkunde wird es bei Dermatosen viel gebraucht.

Benzol aus dem Steinkohlenteer bewirkt durch Schädigung der blutbildenden Organe (Knochenmark, Milz und Lymphdrüsen) eine starke *Verminderung der Leukocyten* im Blute, was zuerst gelegentlich einiger Vergiftungen erkannt wurde und jetzt therapeutisch bei *Leukämien* ausgenutzt wird, 0,5 mehrmals täglich in Kapseln bis zu 5,0 pro die. Noch höhere Dosen, enteral oder durch Einatmung aufgenommen, wirken durch zentrale Lähmung giftig.

4. Wollfettsalben. Das beim Auskochen der rohen Schafwolle mit Wasser gewonnene Fett war unter dem Namen Ösypus ein sehr geschätzter Toilettenartikel des Altertums. Im Mittelalter geriet es allmählich in Vergessenheit. Neuerdings wird es, durch Zentrifugieren oder Schlämmen gereinigt, auf Veranlassung von Liebreich als **Lanolinum** (lanae oleum) oder **Adeps Lanae** in zwei Formen in den Handel gebracht: Das wasserfreie Präparat Lanolinum anhydricum, *†Adeps Lanae anhydricus ist eine schwach riechende, hellgelbe, bei ungefähr 40⁰ schmelzende Masse von sehr zäher Beschaffenheit; das daraus durch Einkneten von 25 % Wasser erhaltene wasserhaltige Präparat *Lanolinum, †Adeps Lanae hydrosus ist weniger zähe und daher leichter

einreibbar, namentlich wenn es noch einen Zusatz eines schmieg-
sameren Fettes erfährt. Im Lanolinum der Ph. G. ist dieser Zusatz bereits in Gestalt von 13% Paraffinum liquidum erfolgt.

Das Wollfett unterscheidet sich chemisch von den gewöhnlichen
Fetten wesentlich dadurch, daß es aus Alkoholen hoher Kohlenstoff-
zahl (Cholesterin, Metacholesterin, Cerylalkohol) und deren Estern
mit Fettsäuren besteht, während die gewöhnlichen Fette Fettsäure-
ester des Glyzerins sind. Daraus resultieren zwei sehr bemerkenswerte
Eigenschaften des Wollfettes, resp. Cholesterinfettes: seine geringe
Neigung zu Zersetzung, indem es selbst von Alkalien bei gewöhnlicher Temperatur nicht verseift wird, und sein Vermögen,
eine große Menge von Wasser (nahezu das Dreifache
seines Gewichtes) zu feinsten Tröpfchen emulgiert in
sich aufzunehmen. Letzteres ist zwar nicht allein dem Wollfett
eigen, sondern findet sich in beschränkterem Maße auch bei einigen
gewöhnlichen Fetten, dem Schweinefett und der Butter, oder kann
den Vaselinen künstlich durch Zusatz gewisser hochmolekularer
Alkohole (s. Kap. XXIX, Vasenole) erteilt werden. Die Vereinigung
beider Eigenschaften hingegen ist selten zu finden, und sie ist es daher auch, welche dieses „natürliche Hautfett" als reizlose, leicht eindringende Salbengrundlage für medizinische wie für kosmetische
Zwecke sehr geeignet macht.

*Unguentum molle besteht aus gleichen Teilen Vaselin und Lanolin, *Ung.
Paraffini (Ung. durum) aus 5 Paraff. liquid., 4 Ceresin, 1 Lanolin.

Kühlsalben, Unguenta refrigerantia, Cold-Cream sind Mengungen von
Fetten mit Wasser, welche durch beständige Verdunstung des letzteren Kühlung
der Haut bewirken. Das offizinelle, aus Mandel- oder Sesamöl und Wallrat
(Palmitinsäureester des Cetylalkohols) hergestellte *†Unguentum leniens enthält
nur 15—25% Wasser. Größere Mengen Wasser enthalten die mit Lanolin oder
ähnlicher Salbengrundlage bereiteten Kühlsalben. Wird statt des gewöhnlichen
Wassers Aqua Calcariae oder Aqua Plumbi genommen, so erzielt man Mischungen,
welche sowohl kühlend wie adstringierend wirken und bei Verbrennungen und
Ekzemen sehr brauchbar sind, z. B. ℞ Adip. Lanae anhydr. 30,0, Aq. Plumbi 60,0,
M. f. ung., DS. Unguentum refrigerans Plumbi.

Salbenmulle, Unguenta extensa (Unna), sind mit Salbenmasse sehr dünn
bestrichene, lockere Baumwollgewebe (Musseline). Sie schmiegen sich der Haut
gut an und ermöglichen eine genaue Begrenzung der Arzneiwirkung.

Salbenstifte sind durch Zusatz eines festen Fettes zu Stiften geformte
Salben, *zur Bestreichung zirkumskripter Dermatosen* nach Unna sehr geeignet.

Cerata nennt man Fettgemische steiferer Beschaffenheit, so daß sie zu Stücken
zerschneidbar sind. †Ceratum Cetacei, sog. Lippenpomade, zum Bestreichen auf-
gesprungener Lippen, besteht aus gleichen Teilen Wallrat (Cetaceum), Sesamöl und
weißem Wachs, †Ceratum fuscum aus Bleipflaster, gelbem Wachs und Schweinefett.

Linimenta sind sehr weiche oder völlig flüssige Salben, hergestellt durch Mischungen von Olivenöl oder weingeistigen Seifenlösungen mit flüssigen Arzneimitteln. **Lanolimentum leniens** (Ph. A. E.) besteht aus je 50 Adeps Lanae und Vaselin und je 25 Aqua Aurantii florum und Aqua Rosae. Das Rezept des für Ekzeme usw. brauchbaren **Lanolimentum Boroglycerini** lautet: ℞ Acid. borici 1,0, Glycerini 4,0, Aquae, Ceresini aa 20,0, Paraff. liq. 50,0, Lanolini 5,0, Ol. Bergamotti, Ol. Citri aa 0,5. M. f. linimentum.

3. Emplastra, Pflaster.

Pflaster nennt man knetbare, bei Körpertemperatur erweichende Massen, welche auf der Haut mehr oder weniger fest zu haften vermögen. Sie werden, in Stängelchen ausgerollt, vorrätig gehalten und nach Verordnung des Arztes auf Leinwand, Leder und ähnlichen Stoffen in dünner Schicht aufgestrichen. Die Industrie hat diese Handarbeit der Apotheker gegenwärtig weit überholt, es sind jetzt aus vortrefflichem Materiale sehr gleichmäßig ausgestrichene Pflaster unter dem Namen Emplastra extensa oder Sparadraps im Handel.

Die Pflaster haben zum Teil nur den Zweck, als Schutz-, Deck- und Heftpflaster zu dienen. In diesem Falle bestehen sie bloß aus einem Gemenge von möglichst indifferenten Stoffen von den erforderlichen physikalischen Eigenschaften. Werden dieser Grundlage Arzneistoffe zugesetzt, dann entstehen die eigentlichen Arzneipflaster.

Nach der Grundlage teilt man die Pflaster folgendermaßen ein.

I. Harzpflaster sind Mischungen von Harzen mit Wachs und ähnlichen Stoffen. Sie kleben gut, reizen aber alle die Haut. Für sich allein werden sie daher nur angewandt, wenn Hautreizung beabsichtigt ist. Die Harze mit geringster Hautreizung sind das Geigenharz (Kolophonium) aus dem Terpentin und das Dammarharz der südindischen Dammarfichte.

2. Bleipflaster heißen die Bleisalze hoher Fettsäuren, wie sie durch Verseifen der Fette mit Bleioxyd oder Bleikarbonat erhalten werden. Sie wirken schwach adstringierend, sind daher reizlos, kleben aber schlecht.

Blei-Harzpflaster sind Mischungen der beiden vorausgegangenen Pflasterarten, welche die Vorzüge beider — Klebekraft und Reizlosigkeit — durch Aufhebung der Reizung des Harzes durch das adstringierende Blei zu vereinigen suchen. Das *†Emplastrum adhaesivum, Heftpflaster, ist ein solches Pflaster, erreicht indes nicht die Vorzüge der Kautschukpflaster.

3. Kautschukpflaster (Collemplastra) verdanken ihre ausgezeichnete Klebekraft neben Reizlosigkeit der Verwendung von Kautschuk und Lanolin. Eine Auflösung dieser Stoffe in Benzin wird auf Baumwollenstoff (Schirting) ausgestrichen und getrocknet. Zu

Verbandzwecken dient das **†Collemplastrum adhaesivum,** Kautschuk-heftpflaster, und das mit 20% Zinkoxyd versetzte ***Collemplastrum Zinci,** Zinkkautschukpflaster (Leukoplast). Es ist reizloser als das vorige, daher noch für ziemlich empfindliche Haut geeignet, bleibt jedoch weniger lange haften, weil die oberflächlichen Epidermis-schichten durch die adstringierende Wirkung des Zinkoxyds all-mählich sich ablösen. Außerdem sind noch viele andere medika-mentöse Kautschukpflaster im Handel.

Brüchig gewordenes Heftpflaster wird wieder gutklebend, wenn man den Boden eines verschließbaren Pulverglases mit einer Mischung von Chloroform und Benzol $\overline{aa}$ und etwas Kreide belegt und die darin aufgehängte Spule 1—2 Tage den daraus aufsteigenden Dämpfen aussetzt.

Durch Auftragen der Kautschukpflastermassen auf fein-faserigen Baumwollenstoff (Mull), der durch Aufstreichen und Ver-dunstenlassen einer Guttaperchalösung undurchlässig gemacht ist, erhält man die **Guttapercha-Pflastermulle** (Guttaplaste) nach Unna (Beiersdorf, Hamburg). In ihnen ist die, allen Pflastern mehr oder weniger eigene Undurchlässigkeit auf das höchste Maß gebracht. „Die Diffusionsbedingungen der Hornschicht werden hierdurch ganz neue, weitaus günstigere. Die Hornschicht quillt im Überschusse des feuchten, warmen Hautdunstes und nähert sich einer Schleim-hautoberfläche, das Eindringen von Arzneimitteln erleichternd."

Die Arzneizusätze können 50—70% betragen, ohne daß die ausgezeichnete Klebekraft beeinträchtigt wird. Die Applikation geschieht nach Entfernung der Schutzgaze durch einfaches Auf-legen ohne vorherige Erwärmung.

Einige Mittel, welche den Pflastern ähnliche Aufgaben zu leisten haben, mögen hier angereiht werden.

Englisches Pflaster, †Tela sericea adhaesiva, wird durch Aufstreichen von Fischleim auf Seide erhalten.

***†Collodium** ist der durch kurzdauernde Behandlung von gereinigter Baumwolle mit Salpetersäure erhaltene Salpetersäureester der Zellulose (im wesentlichen Zellulosedinitrat), gelöst zu 4% in Ätherweingeist. Nach dem Ver-dunsten des Lösungsmittels bleibt es als zartes, sich stark zusammenziehendes Häutchen zurück. Das leichte Rissigwerden kann durch Zusatz von 3% Rizinusöl vermieden werden. Das Präparat führt dann den Namen ***†Collodium elasticum.** Festes Collodium in Tafelform, in einer Mischung von 1 Alkohol 3 Äther löslich, ist unter dem Namen **Celloidin** im Handel. Durch länger dauernde Einwirkung der Salpetersäure entsteht die Schießbaumwolle (Zellulose-pentanitrat).

***†Traumaticin** hat man die Auflösung von 1 Guttapercha in 9 Chloroform genannt. Es liefert nach dem Aufpinseln ein sehr elastisches, fest anhaftendes, sich nicht zusammenziehendes Häutchen.

Filmogen ist eine Lösung von Nitrozellulose in Aceton und dient als Vehikel für eine große Zahl von Hautmitteln. Auf die Haut gestrichen, erstarrt es zu einem unlöslichen, sehr zarten Häutchen.

Gaudanin ist eine Auflösung von Paragummi in formaldehydhaltigem Äther oder Benzin genannt worden. Die Haut des Operationsfeldes wird in weitem Umfange damit bestrichen, damit das bei der Verdunstung sich bildende Häutchen die Abgabe von Keimen in analoger Weise wie die Gummihandschuhe des Operateurs hintanhält. Auch zur prophylaktischen Behandlung von Mastitis sehr brauchbar.

Gelanthum ist ein aus Gelatine, 5,0 Glyzerin, 2,5 Traganth und 90 Wasser bereiteter *wasserlöslicher Hautfirnis,* der auf der Haut zu einer glatten, nicht klebenden Decke eintrocknet und Beimengung der meisten Medikamente in starkem Prozentsatz verträgt. Um Schimmelbildung zu verhüten, kann man Benzoesäure in nicht hautreizender Menge (0,3"/₀) zusetzen lassen.

Mastisol, Auflösung von Mastixharz in Benzol, *Transport-Wundverbandmittel.* Es wird um die Wundränder aufgepinselt (mechanische Immobilisierung der Bakterien) und nach ¹/₂ Minute, wenn die Masse klebrig geworden, ein steriler Wundbausch aufgedrückt.

Viscin heißt der aus der Mistel (Viscum album) hergestellte, gereinigte Vogelleim, ein billiges Ersatzmittel des Kautschuks.

4. Pastae.

Pasta heißt eine Arzneiform von teigiger Konsistenz zu vorwiegend äußerlichem Gebrauche. Die wichtigsten Arten waren früher die *Zahnpasten* und *Ätzpasten.*

Heutzutage hat eine dritte Art, die *Hautpasten,* große Bedeutung in der Dermatologie, besonders bei der Behandlung der Ekzeme gewonnen, an Stelle der Salben, welche leicht reizend wirken und die Sekrete nicht absorbieren. Am meisten in Gebrauch sind die „Fettpasten", hergestellt durch Verrühren eines indifferenten oder nahezu indifferenten, große Mengen von Wasser (bis zu 50"/₀) in seine Poren aufnehmenden Pulvers (Zincum oxydatum, Amylum, Bolus, Talcum, Magnesium- und Calcium carbonicum) mit gleichen Teilen eines weichen, fettigen Bindemittels (Vaselinum flavum, Lanolin). Das zugesetzte Arzneimittel kann fester oder flüssiger Beschaffenheit sein. Ist es fester Konsistenz, dann tritt es entsprechend seiner Menge als Ersatz des indifferenten Pulvers ein, ist es flüssiger, so vertritt es einen Teil des fettigen Bindemittels. Offizinell sind ***†Pasta Zinci** (Lassarsche Paste), aus Zincum oxydatum, Amylum Tritici āā 25,0 und 50,0 Vaselinum flavum bestehend, und ***†Pasta Zinci salicylata,** aus 2,0, Acidum salicylicum 23,0 Zincum oxydatum, 25,0 Amylum Tritici und 50,0 Vaselinum flavum zusammengesetzt. Erstere wirkt für sich adstringierend, austrocknend und ist Grundlage für viele andere Arzneipasten, letztere dient vorwiegend als Schälpaste.

Beispiele von Hautpasten mit anderen Bindemitteln sind in den nachstehenden Rezepten zu finden.

℞

| Zinci chlorati | 5,0 |
| Rad. Althaeae | 10,0 |

M. f. ope Aquae pasta.
DS. Ätzpaste.

℞

Calc. carbon. praecip.	30,0
Sap. medic.	10,0
Ol. Menth. pip.	0,5

M. f. op. Glycerini pasta.
DS. Zahnpasta.

℞

Sulfur. subl.	10,0
Zinci oxyd.	15,0
Amyli	
Lanolini	
Vaselini	ana 25,0

M. f. pasta.
DS. äußerlich.

℞

Resorcini	20,0
Zinci oxydati	
Amyli Oryzae ana	15,0
Vaselini	50,0

M. f. pasta.
DS. äußerlich.
(Gegen Psoriasis.)

℞

Zinci oxydati	
Cretae	aa 30,0
Olei Lini	
Aq. Calcariae	aa 20,0

M. f. pasta.
DS. Kühlpaste.
(Kühlend, langsam austrocknend, auch schmerzlindernd durch das alkalische Kalkwasser.)

℞

Zinci oxydati	
Lanolini	
Olei Olivar.	ana 5,0

M. f. pasta.
DS. äußerlich.
(Gegen Lidrandekzeme.)

℞

Calcii carbonici praecipit.	40,0
Zinci oxydati	
Mucil. Gummi arab.	aa 20,0
Aquae Calcariae	
Glycerini	aa 10,0
Thymoli	0,1

M. f. pasta.
D. ad tubam.
S. nach Verordnung.
(Stark austrocknende Paste zur Trockenlegung bei Ekzemen, Überdeckung von Salben und Fettpasten usw.)

℞

Zinci oxydati	20,0
Mucil. Gummi arab.	
Glycerini	aa 10,0

M. f. pasta.
D. ad tubam.
S. nach Verordnung.
(Austrocknend bei Rhagaden, Schrunden usw.)

℞

| Bol. albae | |
| Glycerini | aa 25,0 |

M. f. pasta.
DS. äußerlich.
(Ersatz für erweichende Kataplasmen.)

℞

Boli albae	25,0	M. f. pasta.
Glycerini	20,0	DS. (zur Resorptionsbeförderung hartnäckiger
Ichthyoli	5,0	Infiltrate bei Furunkulose).

℞

Zinci oxydat.	24,0
Terrae siliciae	4,0
Ol. Oliv. benzoati	12,0
Adipis benzoati	60,0

M. f. pasta.
DS.
(Gebraucht wie die offizinelle Zinkpaste.)

℞

Zinci oxydati	14,0
Sulf. praecip.	10,0
Terrae siliciae	4,0
Ol. Oliv. benzoati	12,0
Adip. benzoati	60,0

M. f. pasta.
DS.
(Gegen seborrhoische Ekzeme, im Gesicht mit dem kosmetischen Zusatz von 1,0 Zinnober [Cinnabaris.])

Terra silicea (Kieselgur, Infusorienerde) wirkt stark wasseranziehend und Fette bindend.

5. Leime.

Für Hautstellen, welche nicht stark sezernieren, sind die Glyzerinleime von Unna den Pasten manchmal vorzuziehen. Sie wirken fettaufsaugend und lassen wie die Pasten, im Gegensatz zu den Salben und Pflastern, die Hautsekrete durch. Bei der Applikation wird der Leim im Wasserbade geschmolzen, aufgerührt und mit einem Pinsel aufgetragen. Er erhärtet beim Erkalten alsbald zu einer festhaftenden, elastischen Kruste, die durch Waschen mit Wasser wieder entfernt werden kann.

℞

Gelatinae albae	15,0
Glycerini	30,0
Aquae	45,0
Zinci oxydati	10,0

M. leni calore.
DS. Gelatina Zinci dura für Sommer.

℞

Gelatinae albae	15,0
Glycerini	30,0
Aquae	50,0
Zinci oxydati	10,0

M. leni calore.
DS. Gelatina Zinci mollis für Winter.

Spezielle Arzneimittellehre
und
Arzneiverordnungslehre.

Erstes Kapitel

Mucilaginosa. Einhüllende Mittel.

Schleimige Stoffe, Stärke, Gummi, Pflanzenschleime usw. finden als *reizabhaltende und resorptionshemmende Mittel* seit alters her vielfache empirische Anwendung. Dieselbe hat in neuerer Zeit auch experimentelle Begründung gefunden: Taucht man die Zehen eines Reflexfrosches in eine schwache Säurelösung, so erfolgt alsbald Heraushebung des Beines mit den bekannten Abwehr-(Wisch-)-Bewegungen. Nach Zugabe eines Mucilaginosums geschieht dies entweder gar nicht oder erheblich verspätet, womit die Reizabhaltung erwiesen ist. Auch der Schmerz, welchen reizende Stoffe in einer Hautschnittwunde hervorrufen oder die Entzündung, welche Senföl auf einer Schleimhaut erzeugt, ist bei Gegenwart von Mucilaginosa viel geringer. Die Resorptionshemmung wird u. a. durch folgenden Versuch am Menschen anschaulich: Ein Liter Wasser, morgens getrunken, erscheint nahezu vollständig in den folgenden fünf Stunden im Harn, von einer schleimhaltigen Flüssigkeit nicht mehr als die Hälfte bis zwei Drittel. Da die Mucilaginosa im Darm nicht, wenigstens nicht unverändert, resorbiert werden, kann es sich hierbei nicht um eine Wirkung nach der Resorption handeln, sondern um eine örtliche, eine Resorptionshemmung.

Die Erklärung für dieses Verhalten der Mucilaginosa muß in der physikalischen Konstitution ihrer Lösung gesucht werden. Die Eigenschaft derselben, fadenziehend zu sein, zu opaleszieren, zu schäumen und gallertartig zu erstarren, deutet auf einen gewissen Zusammenhang ihrer Moleküle und Molekülgruppen (Micellen) untereinander, derart, daß andere, gleichzeitig mit ihnen gelöste Körper (Arzneistoffe) gewissermaßen

netzartig von ihnen umfangen (eingehüllt) werden. Diese
Vorstellung steht, rein bildlich genommen, mit den Lehren der
physikalischen Chemie nicht in Widerspruch, denn man kann es
als sichergestellt betrachten, daß die meisten kolloidalen Flüssigkeiten keine wahren Lösungen sind, sondern feine Suspensionen,
in denen der Schleimstoff mit ungeheurer Oberflächenentwicklung
verteilt ist. Man darf sich indes nicht vorstellen, daß durch solche
Einhüllung die Bewegung der einzelnen Moleküle und Ionen der
darin in wahrer Lösung befindlichen kristalloiden Körper in besonders starker Weise gehemmt wird, denn Diffusion, elektrische
Leitung und chemische Reaktion gehen in solchen schleimigen
Flüssigkeiten, selbst wenn sie zur Gallerte erstarrt sind, meist mit
nicht erheblich geringerer Geschwindigkeit vor sich wie in einfach
wässerigen Lösungen. Das „Maschennetz" ist hierzu offenbar nicht
fein genug. Wohl aber wird die Bewegung größerer Massen
(ganzer Schichten) der Flüssigkeit erheblich erschwert, denn der
Widerstand, welcher sich dieser Art von Bewegung entgegenstellt,
die innere Reibung, nimmt bei Anwesenheit, von Mucilaginosa
sehr bedeutend zu. In der durch schleimige Stoffe bewirkten Suspension sichtbarer ungelöster Teilchen, den Emulsionen, kommt
diese Erhöhung der inneren Reibung instruktiv zur Anschauung.
Diese Bewegungen ganzer Flüssigkeitsabschnitte, veranlaßt durch
Temperaturdifferenz, mechanische Erschütterungen und ähnliches
(akzidentelle Strömungen) sind biologisch ebenso wichtig wie die
Bewegungen der einzelnen Moleküle und Ionen. Wäre der Organismus auf diese allein angewiesen, so würde z. B. die Aufnahme
von Nahrungs- und Arzneistoffen eine ganz ungenügende sein,
denn Mischung und Austausch von Stoffen lediglich durch Diffusion
geschieht bekanntlich sehr langsam. Durch die Bewegungen der
ersten Art hingegen werden die genannten Stoffe in rascher Folge
an die resorbierende Schleimhautfläche gebracht. Die Mucilaginosa
aber verzögern diese Bewegungen und wirken dadurch reizabhaltend und resorptionshemmend. Man gebraucht sie:

1. *Als Geschmackscorrigentia für scharfe, namentlich saure
Stoffe.* Eine Säurelösung, ein Fruchtsaft z. B., schmeckt viel
milder, wenn reichlich schleimige Stoffe zugegen sind, weil die
Säuremoleküle am massenhaften Vordringen zu den Geschmacks-
nervenendigungen und damit am Erregen einer intensiven Geschmacksempfindung verhindert werden. Die Mucilaginosa wirken
also ganz anders wie die spezifischen Corrigentia (Zucker und Gewürze), bei deren Anwendung der unangenehme Geschmack wohl

zustande kommt, aber durch den stärkeren, angenehmen dieser Corrigentia überboten wird.

2. *Als reizmildernde Mittel bei katarrhalischen und toxischen Entzündungen des Verdauungs- und Respirationstraktus.* Am ausgesprochensten ist die Wirkung auf die Mund- und Darmschleimhaut. Schon 10 prozentige Gelatine, bei gelinder Wärme geschmolzen und eßlöffelweise genommen, ist ein gutes Antidiarrhoicum, noch mehr die Pflanzenschleime und Gummiarten, welche nur langsam und unvollständig in resorptionsfähige Körper umgewandelt werden und daher ihre reizabhaltende Wirkung noch in den tieferen Darmabschnitten entfalten können. Auf die Schleimhaut der Atmungswege erstreckt sich die Wirkung direkt nur auf Rachen und äußere Teile des Kehlkopfs und nur mittelbar (reflektorisch) auf die tieferen Abschnitte.

3. *Als Mittel, die Resorption sonst leicht aufsaugbarer Körper zu verzögern* Durch Versuche an Menschen und Tieren ist festgestellt, daß die Resorption von Wasser, Salzen, Zucker, Peptonen und Arzneistoffen im Magen und im Darm durch schleimige Stoffe erheblich gehemmt wird. Therapeutisch wird dies besonders dann ausgenützt, wenn es gilt, Arzneimittel, welche auf den Darm wirken sollen (Abführmittel, Adstringentia, Antiseptica), an der vorzeitigen Resorption zu hindern und so tiefer in den Darm hinabzuführen. Die Mucilaginosa können anderseits auch schädlich wirken dadurch, daß sie Nahrungsstoffe an der Resorption verhindern, so daß selbe bakterieller Zersetzung anheimfallen. Darauf beruhen die Darmstörungen nach Aufnahme von Nahrungsmitteln, welche reich an unverdaulichen kolloidalen Stoffen sind. Die in der Praxis häufig zu findende Bevorzugung von Extrakten gegenüber reinen Stoffen bei verschiedenen örtlichen Anwendungen ist auf die Gegenwart von Schleimstoffen zurückzuführen; dieselben halten den wirksamen Stoff länger am Orte fest, wo seine Wirkung gewünscht wird.

4. *Zu Breiumschlägen, Kataplasmen,* um eine „Erweichung und Entspannung" entzündeter Haut- und Schleimhautpartien herbeizuführen. Die Mucilaginosa verhindern die rasche Verdunstung des Wassers und damit die Abkühlung. Sie wirken also wie die Bedeckung eines Warmwasserumschlages mit Kautschukpapier. Unter dem Einfluß dieser feuchten Wärme erfolgt eine Erhöhung des Blut- und Lymphstromes in der Umgebung der entzündeten Stelle, also die Ausbreitung der Reaktion, welche vom Organismus im Zentrum der Entzündung bereits eingeleitet

ist. Leukocytenanhäufung wird dadurch nachweislich verhindert oder, wenn sie schon zustande gekommen ist, beseitigt (Schäffer) und der abnorm hohe osmotische Druck, welcher in den entzündeten Zellen durch die Zertrümmerung der großen Eiweißmoleküle in zahlreiche Spaltungsprodukte entstanden ist, durch deren raschere Ausfuhr gemildert (Koranyi).

a) Stärkearten.

*†**Amylum Tritici, Weizenstärke,** und andere Stärkesorten des Handels. Die Stärke ist in kaltem Wasser unlöslich und daher passendes, indifferentes Verdünnungsmittel für *Streupulver.* Mit heißem Wasser quillt sie zu einer schleimigen Masse, dem bekannten Stärckekleister auf, der geeignet ist zur *Herstellung von Pasten* bei Hautkrankheiten und als Adjuvans und Constituens für *Arznei-Klysmen,* deren längeres Verweilen im Darme man durch möglichste Abschwächung der peristaltikauslösenden Reize sichern will. Wird ein solches Klysma im Hause bereitet, so unterlasse man nicht anzugeben, daß das Stärkemehl, ½—1 Eßlöffel voll, zunächst mit etwas kaltem Wasser angerührt und sodann in die nötige Menge kochenden Wassers, 1—2 Tassen, unter fleißigem Umrühren allmählich eingetragen werde, denn nur auf diese Weise erhält man eine gleichmäßig gequollene Masse. Innerlich wird Stärke, resp. Kleister des faden Geschmackes wegen nicht verwendet, außer etwa als Antidot bei Vergiftung mit Jod, mit welchem sie sich zu blauer Jodstärke vereinigt. Hingegen sind **Abkochungen stärkehaltiger Samen,** besonders von Reis, Gerste, von den äußeren, harten Schalen befreiter Hafer (Hafergrütze), nicht zu verwechseln mit Hafermehl, das nur das Innere des Korns enthält, als reizmildernde und ernährende *Schleimsuppen bei Durchfällen* der Kinder und Personen mit empfindlichem Darmkanal sehr beliebt.

*†**Amylum Oryzae, Reisstärke,** wird ihres feineren Kornes halber bei der Verwendung von Streupulvern (Puder) in der Dermatologie bevorzugt.

b) Gummiarten.

***Gummi arabicum,** †**Gummi Acaciae, arabisches Gummi,** ist der aus Rissen der Rinde von Acacia Senegal (Acacia Verek) des oberen Nilgebietes und Senegambiens ausfließende, zu Knollen erhärtete Saft, im wesentlichen eine sauer reagierende Verbindung von Arabin mit Kalk. Seine Eigenschaft als Klebemittel ist bekannt und findet auch in der Arzneibereitung ausgedehnte Verwendung *zur Herstellung von Pillen, Pastillen, Bacilli*. Ferner dient es als *Constituens für schwere, rasch zu Boden sinkende Pulver und für Emulsionen*. Seine eigentliche medizinische Verwendung aber findet es als einhüllendes, reizmilderndes Mittel bei *katarrhalischen Zuständen, besonders des Darms, und bei Verordnung scharfschmeckender Stoffe*. Bei *Vergiftungen* ist es neben Milch das am raschesten beschaffbare Mucilaginosum. Gebräuchliche Formen sind: *†Pulvis gummosus, Gummipulver, eine Mischung von gleichen Teilen Gummi, Rad. Liquiritiae und Zucker; der mit 2 Teilen Wasser hergestellte Gummischleim *†Mucilago Gummi arabici, als Bestandteil von Mixturen und Emulsionen, und die eßlöffelweise zu nehmende †Mixtura gummosa, eine Lösung von 10 Gummi, 5 Zucker in 135 Wasser.

Pasta gummosa, Gummipaste (Ph. A. E.), ist ein aus Gummi, Zucker, Eiweißschaum und Orangenblütenwasser hergestelltes volkstümliches Hustenmittel.

*Tragacantha, Traganth, eine aus Astragalusarten in gleicher Weise wie arabisches Gummi gewonnene Gummiart wird als *Klebemittel für Pastillen* gebraucht und gibt in Mischung mit Glyzerin und Wasser ein gutes *Gleitmittel für Katheter*.

c) Pflanzenschleime.

*†Radix Althaeae, Eibischwurzel, von Althaea officinalis, Südeuropa, enthält gegen 37 % Pflanzenschleim, ebensoviel Stärke und etwas Zucker. Geschätztes Mittel, wie sein Name (von ἄλδω, ich heile) besagt, besonders *bei Katarrhen der Luftwege und des Rachens* innerlich und zum Gurgeln als Dekokt 10—15 : 200 oder besser als Mazerationsaufguß, weil in diesen nur der Schleim und nicht auch die Stärke übergeht. Man kann ihn im Hause bereiten, indem man die zerschnittene Wurzel mit kaltem Wasser übergießt und 1 Stunde ziehen läßt.

*Tubera Salep, †Radix Salep, Salep. Die Knollen verschiedener einheimischer Orchideen, noch reicher an Schleim als vorige Droge (43 %), nebst Stärke (27 %) und etwas Zucker. Zeitweise gerühmt als Mittel *gegen Darmkatarrhe* (Durchfälle), am besten in Form des *Mucilago Salep, Salepschleim, 1 Teil pulverisierten Salep mit 10 Teilen kaltem Wasser geschüttelt, dann 90 Teile kochendes Wasser hinzugefügt und bis zum Erkalten geschüttelt. Konzentriertere Mischungen erstarren beim Erkalten zu Gallerte.

*†Semen Lini, Leinsamen. Sie sind reich an Schleim und Öl. Innerlich werden sie nur in der Tierheilkunde angewandt, äußerlich dienen sie mit Wasser oder Milch zu Brei gekocht *zu Kataplasmen*.

Noch zweckmäßiger ist hierzu der zerriebene, bei der Gewinnung des Leinöls abfallende Preßkuchen **†Placenta seminis Lini.

†Species pectorales, **Brusttee**, sehr beliebt als Teeaufguß, 1 Teelöfiel auf 1 Tasse, *bei Husten und Brustkatarrhen.*

†Species emollientes, **erweichende Kräuter**, mit Milch oder Wasser gekocht, *zu Breiumschlägen.*

Die Species pectorales sind nach Ph. G. zusammengesetzt aus: 8 Eibischwurzel, 3 Huflattichblätter (von Tussilago Farfara), 2 Wollkrautblumen (Verbascum phlomoides) nebst 3 Rad. Liquiritiae, 2 Fruct. Anisi und 1 Rhiz. Iridis; nach Ph. A. aus 42 Eibischblätter, 10 Eibischwurzel, 10 Wollkrautblumen, 10 Rollgerste, 30 Rad. Liquiritiae und je 2 Malvenblüten (von Malva silvestris), Klatschrosenblüten (Papaver Rhoeas), Wollkrautblüten und Sternanis (Fructus Anisi stellati).

Species emollientes haben in beiden Arzneibüchern nahezu dieselbe Zusammensetzung: gleiche Teile Eibischblätter, Malvenblätter, Leinsamen, nebst Herba Meliloti, wozu in Ph. G noch Flores Chamomillae treten.

†Species Althaeae, Eibischtee, Gemenge von 11 Eibischblätter, 5 Eibischwurzel, 1 Malvenblüten und 3 Süßholzwurzel. *Gebraucht wie Brusttee.*

*Carrageen, †Alga Carragen, irländisches Moos. Algenarten des Atlantischen Ozeans, enthalten gegen 80% Schleim, daher die Abkochung beim Erkalten gelatiniert. Sie kann bei Massige als Ersatz des Fettes dienen. Ähnliche Zusammensetzung und Eigenschaften haben die in der Bakteriologie als Agar-Agar bekannten Algen Ostindiens.

*†Semen Foenugraeci, Bockshornsamen, von Trigonella foenum graecum Papilionacee der mittelländischen Küste, in der Tierheilkunde ähnlich den Leinsamen benutzt.

Zweites Kapitel.

Saccharina.   Versüßungsmittel.

Die Zuckerarten haben nur eine schwache pharmakodynamische Wirkung. Nur in konzentrierter Lösung rufen sie *leichte örtliche Reizung* herbei. Darauf beruht die populäre Verwendung von Rohrzucker als Schnupfpulver bei Stockschnupfen, die Reifung von Furunkeln und Zahngeschwüren durch aufgelegte Honigpflaster, durchschnittene Rosinen oder Feigen, die gleichzeitig als Kataplasmen wirken, sowie die abführende Wirkung des Milchzuckers, Honigs und gewöhnlichen Zuckers. Die desinfizierende Wirkung des auf Wunden gestreuten Zuckers beruht hauptsächlich auf der Verdrängung der Fäulnisbakterien infolge Begünstigung der Ansiedlung gutartiger Formen.

Die ausgedehnteste Anwendung finden die Saccharina als *Geschmackscorrigentia und Constituentia* von Arzneien.

†Saccharum, Zucker, Rohr- oder Rübenzucker, dient in Substanz als *Corrigens und Constituens für Pulver und Pastillen,* während die *Sirupi (†Syrupi) zur Korrektion von flüssigen Arzneiformen benützt werden. Es sind konzentrierte Auflösungen von Zucker (60 Teile) in Wasser (40 Teile). Wird destilliertes Wasser genommen, so erhält man den Sirupus simplex; wird hingegen ein wässeriger Auszug aus einer Pflanzendroge benützt, so entstehen die zusammengesetzten Sirupe, welche den Geschmack des Zuckers und der entsprechenden Droge besitzen. Sie werden den Arzneien in Mengen von 20—30 auf 150—200 Gesamtflüssigkeit zugesetzt. Man mache von ihnen nicht unnötigen Gebrauch, da vielen Personen, namentlich Männern, der Geschmack der Arznei dadurch oft nur widerlicher wird. Auch beeinträchtigen sie als gute Pilznährstoffe sehr die Haltbarkeit der Arzneiflüssigkeiten. Man kann die Sirupe nach ihren Eigenschaften in folgender Weise einteilen:

Indifferente: **Sirupus simplex**, weißer Sirup.

Einhüllende: **Sirupus Althaeae**, Eibischsirup; **Sirupus Amygdalarum** (amygdalinus), Mandelsirup.

Aromatische: **Sirupus Menthae,** Pfefferminzsirup; **Sirupus Cinnamomi,** Zimtsirup.

Aromatisch-Bitterliche: **Sirupus Aurantii (corticis),** Pomeranzenschalensirup.

Säuerliche: **Sirupus Rubi Idaei,** Himbeersirup.

Die Ph. G. führt außerdem noch den wohlschmeckenden, nahezu als indifferent zu bezeichnenden **Sirup. Liquiritiae,** Süßholzsirup, und den Kirschensirup, **Sirup. Cerasorum;** die Ph A. die Fruchtsirupe: **Syrup. Ribium** (aus Johannisbeeren), **Syrup Mororum** (aus Maulbeeren) und den aromatischen Syrupus Aurantii florum (Syrupus Naphae).

Außerdem führen noch beide Pharmakopöen **Sirupe mit Auszügen aus stark wirkenden Drogen:** narkotische, abführende, brechenerregende usw. Ihre Anwendung ist auf die Kinderpraxis zu beschränken, wo solche stark versüßte sirupöse Mixturen auch Linctus, Lecksaft genannt, nicht zu umgehen sind. Die Gewohnheit, sie bei Erwachsenen als Adjuvantia und gleichzeitig Corrigentia entsprechenden Mixturen und Infusen zuzusetzen, ist nicht empfehlenswert, da man diese Zwecke einfacher und billiger durch die Wahl einer etwas größeren Dosis des Hauptmittels und eines gewöhnlichen Sirups erreicht.

*†Elaeosacchara, Ölzucker, werden durch Verreiben von 1 Tropfen eines ätherischen Öles mit 2 g Zuckerpulver hergestellt. Die bekanntesten sind **Elaeosaccharum Cinnamomi, Citri, Foeniculi, Menthae** mittels Zimt-, beziehungsweise Zitronen-, Fenchel-, Pfefferminzöl bereitet. Sie besitzen den Geschmack und Geruch dieser Öle und dienen als *Corrigentia für Pulver,* und auch für Flüssigkeiten 8 - 10 : 150—200 analog dem beliebten mit Vanille aromatisierten Zucker.

*†Saccharum Lactis, Milchzucker. Wird an der Luft weniger leicht feucht als Rohrzucker, daher als *Constituens für wasser-*

anziehende Pulvermischungen geeignet; als Corrigens der geringen Süße wegen nicht zweckmäßig. Besitzt in größeren Mengen (30—50 g) *diuretische Eigenschaften* und wird auch als *leichtes Abführmittel* teelöffelweise bei Kindern gegeben.

***†Mel depuratum, gereinigter Honig,** ist wie der rohe Honig, †Mel crudum im wesentlichen eine konzentrierte Lösung von Traubenzucker und Invertzucker (Fruchtzucker) nebst Spuren von ätherischen Ölen, welche je nach den Pflanzen, von denen die Bienen ihn sammelten, verschieden sind und den besonderen Geruch und Geschmack bedingen. Manche Personen werden nach seinem Genusse von Nesselsucht befallen. In sehr seltenen Fällen, wenn von Giftpflanzen stammend, soll er auch wirkliche Vergiftung veranlassen können. Als Honig wird häufig ein Kunstprodukt ausgegeben, durch Säuren verzuckerte dextrinhaltige Stärke. Solche Ware wirkt verdauungsstörend wie Kunstweine (vgl. diese). Honig wird gebraucht als *leichtes Abführmittel.* Als Constituens zu Latwergen und als Zusatz zu Mundwässern ist er wenig zweckmäßig, da solche Medikamente wegen der bereits vollzogenen Invertierung noch rascher in Gärung geraten als die mit Sirup versetzten. Gleiche Verwendung findet der mit Rosenblütenwasser versetzte und eingedickte, gereinigte Honig *†Mel rosatum, Rosenhonig. Ph. A. führt auch noch den Oxymel simplex, Sauerhonig, eine Mischung von 1 Essigsäure mit 99 gereinigtem Honig. Mel boraxatum (Ph. A. E.) ist eine Auflösung von 5 Borax in 95 Rosenhonig, zu Mundwasser und Pinselsäften gebraucht, vgl. Borsäure.

***†Radix Liquiritiae, Süßholz,** die geschälte Wurzel der in Südeuropa einheimischen Glycyrrhiza glabra, einer auch in Süddeutschland anbaubaren Papilionacee. Enthält das auch in anderen Pflanzen vorkommende saure Saponin Glycyrrhizin, welches im Verein mit Traubenzucker den eigentümlichen, nachhaltig süßen Geschmack der Droge bedingt. Die Wurzel wird viel gebraucht als *Versüßungsmittel für Species und Constituens für Pulver und Pillen,* nicht minder auch ihre eingedickten wässerigen Auszüge, der ***Succus Liquiritiae depuratus** aus dem in Stangen gegossenen Lakritzensaft des Handels oder das direkt aus der Wurzel hergestellte **†Extractum Liquiritiae** als *Constituens für Pillen und Corrigens für salzige Mixturen.*

Lakritzensaft und andere Süßholzpräparate stehen *in der Volksmedizin als Mittel gegen Brustkatarrhe* (Expectorantia) in großem Ansehen.

Ph. A. E. hat diesem Umstande auch noch durch Beibehaltung zweier populärer Hustenmittel, der Pasta Liquiritiae flava (aus Gummipaste, Süßholzextrakt und Vanillezucker) und Pasta Liquiritiae pellucida (aus Süßholzauszug, Gummi, Zucker, Orangenblütenwasser), beide in Täfelchen zerschnitten, Rechnung getragen.

***†Pulvis Liquiritiae compositus,** Kurella's Brustpulver (Purgans und Expectorans) und *Elixir e succo Liquiritiae, Brustelixir, werden in Kap. XII u. XIII besprochen werden.

Pulvis pectoralis (Ph. A. E.) besteht aus 2 Extractum Dulcamarae (siehe Solanin), je 10 Amylum und Rad. Liquiritiae, je 20 Gummi Acaciae und Extractum Liquiritiae und 38 Saccharum.

†Radix Graminis, die zuckerreiche Queckenwurzel von Triticum repens dem bekannten Ackerunkraut, ist in Abkochungen Volksmittel bei Krankheiten der Brust- und Unterleibsorgane. Ist in den Species puerperales, Kindbetttee Ph. A. E. enthalten, neben zahlreichen Mucilaginosa (Althaea, Melonensamen usw.). Das honigartige †Extractum Graminis wird manchmal noch als Pillenconstituens gebraucht.

Fructus Ceratoniae, Johannisbrot, Bockshorn. Die getrockneten Früchte von Ceratonia Siliqua, einem in Kleinasien und Nordafrika wildwachsenden und in den Ländern des Mittelmeeres kultivierten kleinen Baume aus der Familie der Caesalpinaceae. Reich an Zucker, im unreifen Zustande auch an Gerbsäure; der eigentümliche Geruch ist durch Buttersäure bedingt.

†**Saccharin** ist das synthetisch dargestellte, zuerst von Fahlberg und List in den Handel gebrachte Anhydrid der Orthosulfimidbenzoesäure, $C_6H_4\langle{}^{CO}_{SO_2}\rangle NH$. Ein weißer, kristallinischer, in Wasser schwer löslicher Körper, ausgezeichnet durch seinen süßen Geschmack, der bei den neueren, von der nicht süßschmeckenden Para-Verbindung gereinigten Handelssorten noch in Verdünnungen von über 1 : 100000 deutlich ist, während Lösungen von Rohrzucker im Verhältnis von 1 : 300 schon keinen süßen Geschmack mehr erkennen lassen. Saccharin ist also ungefähr 500 mal süßer als Rohzucker und der süßeste bisher bekannte Körper. Diese Eigenschaft verschaffte ihm auch seinen Namen, während er seiner chemischen Konstitution nach von den Kohlehydraten weit entfernt ist. Mit Alkalien, schon mit kohlensauren, verbindet sich das Saccharin zu leichtlöslichen, ebenfalls süßschmeckenden Salzen. Das „Saccharin leicht löslich" des Handels ist das Natronsalz.

Von besonderen Wirkungen des Saccharins auf die Verdauung und auf die inneren Organe ist nichts bekannt geworden, abgesehen von der Anregung der HCl-Sekretion im Magen (Kontraindikation bei Hyperazität). Es wird rasch, unverändert durch den Harn ausgeschieden.

Eine wesentliche Bedeutung in der Arzneiverordnung als Corrigens hat es bisher nicht erlangt; als Ersatz für Sirupe in den flüssigen Arzneiformen würde es zweckdienlich sein, weil es als nicht gärungsfähige Substanz die Haltbarkeit derselben nicht beeinträchtigt, sondern umgekehrt als aromatische und darum auch antiseptische Substanz diese nur erhöhen könnte.

Größeren Wert besitzt das Saccharin als *Gewürz- und Genußmittel für Diabetiker,* welchen der Genuß von süßen Speisen und Getränken bisher nahezu versagt war, da andere Versüßungsmittel außer Kohlehydraten nicht bekannt waren. Jetzt können Saccharinpastillen zum Versüßen von Kaffee, Tee usw., 1 Stück für die Tasse, 0,05 schwer, 0,01 Saccharin enthaltend, sehr gut verwendet werden. Ähnliche Dienste leistet es auch bei diätetischen Kuren *für Fettleibige.* Als Ersatz des Zuckers zur Versüßung von Arzneien bei Darminfektionen der Kinder ist es ebenfalls sehr brauchbar.

Eine besondere Stellung unter den Geschmackscorrigentia haben die *Mittel, welche zwar selbst nicht charakteristisch schmecken, aber die peripheren Enden der Geschmacksnerven lähmen.* Am bekanntesten sind die Folia Gymnemae von Gymnema silvestris, Asclepiadeae, einer Schlingpflanze Afrikas. Nach dem Kauen dieser Blätter wird die Empfindung für Bitter und für Süß auf zwei Stunden aufgehoben. Das Wirksame ist die in ihnen enthaltene Gymnemasäure. Ähnliches bewirken die Folia Eriodictyonis californici; ein aus ihnen hergestellter Sirup wird in Amerika zur Korrektion flüssiger Arzneien verwendet.

Drittes Kapitel.

Aromatische Gewürze.

(Terpene.)

Pflanzen von würzigem Geschmack oder Geruch haben von jeher die Aufmerksamkeit der Menschen als Heilmittel auf sich gezogen. Die Arzneibücher enthalten noch heute eine große Anzahl derselben, obgleich viele nur mehr als Volksmittel und Küchengewürze Bedeutung haben.

Die *Ursache des Geruches und Geschmackes, wie auch der sonstigen Wirkungen sind die ätherischen Öle,* welche sich bei der Destillation der Pflanzen mit Wasser verflüchtigen und in der Vorlage zu öligen Tropfen verdichten. Mit den fetten Ölen haben sie nichts gemein. Sie sind vielmehr fast ausschließlich Gemenge von Terpenen, denen manchmal auch noch Stoffe der Kampferreihe beigemischt sind. Beides sind hydrierte zyklische Verbindungen, welche vom Benzolabkömmling Cymol, $CH_3C_6H_4CH(CH_3)_2$ sich ableiten.

Örtlich wirken sie auf Haut und Schleimhäute *reizend,* in größeren Dosen *entzündungerregend,* sowie mehr oder weniger stark *antiparasitär.*

Nach der Resorption wirken große Dosen auf das zentrale Nervensystem, und zwar gewöhnlich zunächst erregend und dann lähmend; kleine Dosen hingegen machen sich erst nach ihrer Versammlung an den Ausscheidungsstätten bemerkbar, indem die *Absonderung der Bronchialschleimhaut und der Niere angeregt* und das Sekret gleichzeitig etwas desinfiziert wird. Die Wirkung auf die Niere steigert sich leicht bis zur Kongestion und Entzündung.

Nach Aufnahme dieser Mittel in das Blut ist die *Zahl der zirkulierenden Leukocyten vermehrt* und sind die durch intrapleurale Aleuronatinjektionen erzeugbaren zellenreichen *Exsudate an Menge bedeutend vermindert* (Pohl). Auf diese „antiphlogistische" Wirkung ist wohl die von Klingmüller eingeführte Behandlung von Hautentzündungen, Gonorrhoe, Bronchitis putrida durch wöchentlich wiederholte intramuskuläre Injektionen 20prozentiger öliger Lösungen zurückzuführen.

Je nach den besonderen, durch die Zusammensetzung bedingten Eigenschaften treten bei den einzelnen ätherischen Ölen bald diese, bald jene Wirkungen in den Vordergrund. Die therapeutische Anwendung wird dadurch bestimmt. Eine scharfe Trennung in dieser Hinsicht aber hat nicht statt; vielfach geben auch Herkommen und Überlieferung den Ausschlag.

Die hauptsächlich als Hautreizmittel, Antiseptica, Expectorantia oder Diuretica angewandten Mittel bleiben späteren Kapiteln überlassen.

Hier sollen nur die vorzugsweise als Geruchs- und Geschmacks-Corrigentia und Reizmittel für den Verdauungskanal, also als Gewürze benützten Mittel besprochen werden.

a) Geruchs- und Geschmacks-Corrigentia.

Die meisten dieser aromatischen Stoffe sind zunächst beliebt als *Riechmittel,* um indirekt erregend auf das Sensorium bei Ohnmacht und Schwächezuständen einzuwirken. Sie haben ferner eine große Bedeutung für Gesunde und Kranke *zur Würzung der Speisen und zur Herstellung von Genußmitteln.* Die individuellen Neigungen sind sehr verschieden, das Bedürfnis für mannigfaltige Mischung und für Abwechslung lebhaft, die Zahl der im Gebrauch befindlichen Stoffe daher groß. Eine weit geringere Anzahl hingegen ist ausreichend für ihre Verwendung als *Corrigentia des Geruches und Geschmackes von Arzneien.*

Als *Corrigentia zum innerlichen Gebrauche* dienen vorzugsweise:

*†**Cortex Cinnamomi, Zimt,** die Rinde des auf Ceylon kultivierten Zimtbaumes Cinnamomum ceylanicum, welche das wesentlich aus Zimtaldehyd, †Cinnamalum bestehende *Oleum Cinnamomi enthält. Die Rinde dient zur Korrektion von Species, Pulvern, das Öl zur Herstellung von Ölzuckern; viel gebraucht ist auch der *†**Sirupus Cinnamomi** als Corrigens für bittere oder sonst widerlich schmeckende Mixturen und die *†**Aqua Cinnamomi,** wenn man Corrigens und Constituens in eins vereinigen will. *†**Tinctura Cinnamomi** ist volkstümliches Emenagogum und Abortivum.

*†**Folia Menthae piperitae,** Pfefferminzblätter, enthalten das an

Pfefferminzkampfer reiche *†**Oleum Menthae piperitae,** das durch seinen eigenartigen kühlenden Geschmack sich auszeichnet. Schüttelt man damit Zuckerplätzchen im Verhältnis von 1 Öl zu 100—200 Zucker, so erhält man die Rotulae Menthae piperitae, Pfefferminzplätzchen Ph. A. E., beliebt als Erfrischungsmittel und auch zur Beseitigung des Nachgeschmackes von Arzneien sehr brauchbar. Der Pfefferminzgeist, *†Spiritus Menthae piperitae, durch Auflösen von 1 Oleum in 9 Spiritus oder direkt durch Destillation der Blätter mit Weingeist hergestellt, dient tropfenweise auf Zucker genommen ebenfalls als Belebungs-mittel und als zweckmäßiger Zusatz zu Mundwässern. *†**Sirupus Menthae piperitae** und *†**Aqua Menthae piperitae** werden in gleicher Weise verwendet wie die entsprechenden Präparate der Zimtrinde.

***Cortex Aurantii Fructus,** †**Pericarpium Aurantii, Pomeranzen-schale,** von Citrus vulgaris, enthält das †Oleum Aurantii pericarpii und Bitterstoffe, weshalb sie auch den Amara bei-gezählt werden könnte. Der aus ihr hergestellte *†**Sirupus Aurantii (corticis)** ist sehr geeignet zur Korrektion bitterer und sonstwie übelschmeckender Mixturen. *†Tinctura Aurantii wird als Stomachicum verwendet.

*†Oleum Citri, Zitronenöl aus *†Cortex Fructus Citri, Zitronenschalen, ist in Form von Ölzucker (Elaeosaccharum Citri) sehr feines Corrigens für Mixturen.

Vornehmlich zu *äußerlichem Gebrauche* als Geruchscorri-gentia werden verwendet:

*†**Oleum Rosae, Rosenöl,** aus den Blüten (Flores Rosae) in Bulgarien, neuerdings auch in Sachsen gezogener Rosenarten, sehr teuer, aber auch sehr ausgiebig, indem ein Tropfen schon genügt, um 1 l Wasser den charakteristischen Geruch zu verleihen. Dieses Rosenwasser, *†**Aqua Rosae,** dient *als Constituens für äußer-lich gebrauchte Solutionen,* das Öl *zur Parfümierung von Salben.*

***Rhizoma Iridis,** †**Radix Iridis, Veilchenwurzel,** von mehreren Irisarten Südeuropas. Der angenehme, veilchenartige Geruch, welcher der getrockneten Wurzel eigen ist und vom Keton Iron, $C_{13}H_{20}O$ herrührt, gab die Veranlassung zu ihrer vielfachen An-wendung als *Corrigens für Species, Zahnpulver* und als *Con-spergens für Pillen,* auch als Kaumittel (speichelziehendes Mittel) beim Zahnen der Kinder.

*†**Herba Meliloti, Steinklee,** verdankt seinen angenehmen, an frisches Heu erinnernden Geruch dem in vielen Pflanzen (Waldmeister) vorkommenden **Cumarin.** Wird *zur Geruchskorrektion von Species und Pflastern* verwendet.

b) *Magenmittel, Stomachica.*

Die aromatischen Gewürze erzeugen, in den leeren, ruhenden Magen gelangt, allgemeine Reizung. Die Folge davon ist *Hungergefühl, Hyperämie, Sekretion und zuweilen auch Peristaltik.* Die Erwartung, daß dadurch die normale Verdauung erheblich gefördert werde, hat sich indes nicht als zutreffend erwiesen, offenbar, weil der normale Magen bereits ohne diese Reizmittel die Verdauungsarbeit in kürzester Zeit und vollständigster Weise erledigt. Hingegen ist der Nutzen dieser Stoffe *bei ungenügender Leistung des Magens,* wie sie bei Überladung, insbesondere mit fettreichen Speisen, bei reichlicher Ernährung in der Rekonvaleszenz und bei leichteren Erkrankungen seiner Schleimhaut statt hat, unbestreitbar. Sehr auffallend ist ferner die *Förderung der Resorption der Nahrungs- und Arzneistoffe.* Die Aufsaugung der Nahrungsstoffe im Magen erreicht überhaupt erst bei Anwesenheit dieser Gewürze und anderer Magenreizmittel (Kochsalz, Alkohol, Senf, Pfeffer) eine nennenswerte Größe (Brandl). Der Magen wird hierdurch entlastet, die namentlich bei verminderter Salzsäuresekretion leicht eintretende Gärung des Mageninhaltes infolge Entziehung des gärungsfähigen Materials unterdrückt und vielleicht auch ein direkter nutritiver Einfluß auf die Magenschleimhaut infolge ihrer reichlichen Durchtränkung mit den zur Resorption gelangten Nahrungsstoffen ausgeübt. Die Förderung der Resorption von Arzneimitteln im Magen ist besonders für deren rasch eintretende Wirkung wertvoll, weil nunmehr die Resorption nicht erst nach dem Übertritte in den Dünndarm in stärkerem Grade erfolgt, sondern schon im Magen einsetzt.

Die Mittel werden meist zu mehreren vereint verordnet. Als Pulver oder, sehr beliebt, als ***†Tinctura aromatica,** 20—30 Tropfen.

Nach ihrer Zusammensetzung ist letztere ein Auszug aus 5 Zimtrinde, 1 *†Gewürznelken (die Blüten des in den Tropen viel angepflanzten Baumes Caryophyllus aromatica), 1 *†Cardamomen (Früchte des malabarischen Elettaria Cardamomum), 2 *†Rhizoma Zingiberis, Ingwer und 1 *†Rhizoma Galangae, Galgantwurzel oder †Rhizoma Zedoariae, Zitwerwurzel (von Zingiber officinalis, Alpinia officinalis und Curcuma Zedoariae, Ostindien) mit 50 Weingeist, der die Wirkung unterstützt. Die vier letztgenannten Drogen enthalten neben ätherischen Ölen auch eigenartige Stoffe von brennend scharfem Geschmacke und spezifisch reizender Wirkung, in der älteren Medizin als Acria, scharfe Stoffe, bezeichnet.

In diese Gruppe gehören ferner

***†Fructus Capsici,** Paprika, spanischer Pfeffer, von Capsicum annuum, Solanee Kulturpflanze der wärmeren Länder, mit der auch als Hautreizmittel verwendeten *Tinctura Capsici.

†Fructus Piperis nigri, die unreifen Beeren eines in den Tropen vielfach angebauten Schlingstrauches; die weißen ausgereiften Samenkörner sind von milderem Geschmacke.

Orexin, Phenyl-Dihydrochinazolin, $C_{14}H_{12}N_2$, von Penzoldt bei fehlender Eßlust (Anorexie) empfohlen, des anhaltenden brennend scharfen Geschmacks wegen als unlösliche, erst im Magen zerfallende Gerbsäureverbindung, Orexinum tannicum, 0,3 in Oblate 2—3 Stunden vor dem Mittagessen mit einer Tasse Fleischbrühe. Erbrechen nicht selten.

Cotoin, Methyläther des Trioxybenzophenons, $C_{14}H_{14}O_4$, scharf schmeckender Körper aus der Cotorinde, in Bolivien Volksmittel bei chronischen Durchfällen, wirkt erschlaffend auf die glatte Muskulatur und erweiternd auf die Gefäße ds Darms, wodurch Ernährung und Neubildung des Epithels begünstigt wird Es ist kontraindiziert bei Durchfällen Typhöser, da durch die Hyperämie Darmblutungen begünstigt werden können; 0,1—0,3 3mal täglich.

c) Blähungtreibende Mittel, Carminativa.

Aromatische Gewürze stehen seit langer Zeit im Rufe, die durch abnorme Gasansammlungen im Darme erzeugten Blähungen zu beseitigen. Die frühere Annahme, daß dies durch Anregung der Darmbewegungen geschehen, ist zweifelhaft geworden, nachdem neuere Tierversuche meist keine Erregung, sondern umgekehrt eine Herabsetzung der Darmbewegungen ergeben haben. Die Wirkung der Carminativa würde demnach in der Hauptsache in einer Lösung von Darmkrämpfen durch Herabsetzung des Tonus der Muskulatur, wodurch die Weiterschaffung angesammelter Gase ermöglicht wird, bestehen. Daneben dürfte aber auch die allgemeine Reizung, welche diese Mittel ähnlich wie im Magen, so auch im Darm ausüben und in Anregung der Sekretion und Resorption sich äußert namentlich in Schwächezuständen des Darmes, wo die ungenügende Verarbeitung und der lange Aufenthalt des Inhalts der Entwicklung von Gärungsgasen Vorschub leistet, neben einem gewissen Grad von antiseptischer Wirkung von Einfluß sein.

Lange fortgesetzter Gebrauch ist für den Darm noch weniger rätlich als für den Magen, eine Schädigung seiner Schleimhaut (Katarrh) erfolgt nachweislich schon bei sehr geringen Mengen dieser Mittel. Bei bestehender Entzündung ist die Kontraindikation sofort gegeben.

Die am häufigsten in Gebrauch gezogenen Drogen sind die bereits genannten ***†Folia Menthae piperitae,** die zitronenähnlich riechenden ***†Folia Melissae** der Melissa officinalis, Südeuropa, die stark aromatisch riechenden ***†Flores Chamomillae, Kamillen,** von der einheimischen Matricaria Chamomilla und die Samen der bekannten, angebauten Umbellifere *†**Fructus Foeniculi,** Fenchel, mit dem *†Oleum Foeniculi. Sie werden, häufig zu mehreren zusammen als *Species zum Teeaufguß,* 1 Teelöffel auf 1 Tasse Wasser verordnet. Beliebt sind auch die aus ihnen hergestellten destillierten Wässer, insbesondere *†**Aqua Foeniculi,** Fenchelwasser, als Zusatz zu karminativen und expektorierenden Mixturen. Eine durch Ol. Foeniculi verstärkte, mit dem fünffachen Wasser verdünnte Tinct. Foeniculi ist das im Volke zur sog. Stärkung der Augen beliebte Romershausensche Augenwasser.

Weiter sind zu nennen *†**Fructus Anisi, Anis,** von Pimpinella Anisum, *†**Fructus Carvi, Kümmel,** von Carum Carvi mit den sauerstoffhaltigen Anteilen ihrer ätherischen Öle Anethol und Carvon, beide dem Fenchel ähnlich, und das aus mehreren der genannten und anderen ähnlichen Drogen hergestellte †Windwasser, Aqua carminativa.

Wenig gebraucht oder nur als Volks- und Küchenmittel in Verwendung sind folgende aromatische Drogen und Präparate:

*†**Acetum aromaticum,** aromatischer Essig, eine Auflösung der ätherischen Öle von Lavendel, Pfefferminz, Rosmarin usw. (Ph. G.) oder ein Auszug dieser Drogen (Ph. A.). Bei letzterer Bereitungsart kommen in das Präparat auch nichtflüchtige Stoffe hinein, infolgedessen es auf Haut resp. Wäsche nicht glatt verdunstet, sondern Flecken hinterläßt. Innerlich zu 5,0—10,0 als Erfrischungsmittel und äußerlich als Riechmittel, Waschmittel und Zusatz von Mundwässern verwendet.

†Aqua aromatica spirituosa, Schlagwasser, geistiges Destillat zahlreicher aromatischer Drogen. Volksmittel, innerlich als Belebungsmittel, äußerlich zu Einreibungen.

†**Aqua Aurantii Florum,** Aqua Naphae, Orangenblütenwasser, welches das †Oleum Aurantii Florum enthält, Constituens und Corrigens für Mixturen.

†Aqua Melissae, Melissenwasser, wässeriges Destillat aus Melissenblättern.

*Crocus, †Flores Croci, Safran, die Blütennarben von Crocus sativus, Volksabortivum.

†Flores Chamomillae Romanae, Römische Kamillen von Anthemis nobilis, Südeuropa, den gemeinen Kamillen ähnlich.

†Fructus Anisi stellati, Sternanis, von Illicium anisatum, Baum des südlichen Chinas (Magnoliaceae), ähnlich wie Anis, nicht zu verwechseln mit den ähnlichen, sehr giftigen Sikkimifrüchten von Illicium religiosum (Japan), welche einen pikrotoxinartigen Stoff enthalten. Carminativum und Expectorans.

†Fructus Coriandri und Fructus Anethi, Dill sind Küchengewürze.

†Fructus Vanillae, Schoten von Vanilla planifolia (Orchidee) mit der †Tinctura Vanillae enthalten das auch technisch dargestellte kristallisierende Vanillin.

*Radix Pimpinellae, Bibernellwurzel mit *Tinctura Pimpinellae der einheimischen Umbellifere Pimpinella Saxifraga und magna. Von eigentümlichem Geruch und scharfem Geschmack, Expectorans und Mundwasserzusatz.

†Radix Pyrethri, Bertramwurzel, von Anacyclus Pyrethrum (Compositae). Schmeckt beim Kauen sehr scharf, brennend und wirkt dadurch als

speichelziehendes Mittel (Sialagogum). Die Speisen werden reichlich mit Speichel durchtränkt, aus dessen Karbonaten dann durch die Magensalzsäure die zur Zersprengung der Nahrungspartikel wichtige Kohlensäure entwickelt wird.

Ist nicht zu verwechseln mit den Flores Pyrethri, den noch nicht entfalteten Blüten von Chrysanthemum roseum (Persien) und Chrysanthemum cinerariaefolium (Dalmatien), die das bekannte Insektenpulver (zur Tötung von Flöhen, Fliegen, Mücken, Schwaben usw.) liefern; letztere, insbesondere die wildwachsenden, sind wirksamer. Eine Tinktur (1 : 10) mit 9 Teilen Wasser verdünnt, eingerieben ist ein gutes, ca. 8 Stunden vorhaltendes Schutzmittel gegen Mücken.

*†Semen Myristicae, Muskatnuß, die Frucht von Myristica fragrans, Baum auf den Molukken. Das aus dem Samen ausgepreßte Gemenge von Fett, ätherischem Öl und Farbstoff führt den Namen *Oleum Nucistae oder †Ol. Myristicae expressum, Muskatbutter; mit Wachs und Erdnußöl zusammengeschmolzen liefert es das *Ceratum Nucistae, Muskatbalsam; es wird auf Leinwand gestrichen und als hautreizendes (ableitendes) Mittel bei Krämpfen, Koliken usw. auf den Unterleib gelegt. Das ätherische Öl des Samenmantels, der sog. Muskatblüte (†Arillus Myristicae, Macis) heißt *†Ol. Macidis. Vergiftungen mit Muskatnuß (1—3 St.), unter narkotischen Erscheinungen verlaufend, sind namentlich in England und Nordamerika, wo das Mittel als Emmenagogum und Abortivum gebraucht wird, nicht gerade selten.

*†Spiritus Anisi und Spiritus Carvi, Anis- und Kümmelgeist, Carminativa und Hautreizmittel.

*Spiritus Melissae compositus, †Spiritus aromaticus, Karmelitergeist, aus Melissenblättern und einer Reihe anderer Gewürze bereitet, innerlich zu 20—50 Tropfen als Carminativum, äußerlich zu Einreibungen und als Riechmittel bei Hysterie.

Spiritus coloniensis, Kölnisches Wasser. Ein Ersatz desselben wird aus Lavendelöl 0,5, Orangenblütenöl 0,7, Bergamottöl, Zitronenöl a̅a̅ 1,0, Weingeist ad 100,0 bereitet.

†Tinctura Chamomillae, Stomachicum und Carminativum.

Rezept-Beispiele.

℞	℞
Corticis Cinnamomi	Fol. Menthae pip.
Fruct. Cardamomi	— Melissae
Rhiz. Zingiberis ana 10,0	Flor. Chamomillae ana 10,0
M. f. pulv.	M. f. spec.
DS. messerspitzenweise.	DS. 1 Teel. auf 1 Tasse heiß. Wasser.
[Stomachicum.]	[Carminativum.]

℞	℞
Cort. Cinnamomi	Flor. Chamomillae
Fol. Menthae pip. ana 10,0	Fruct. Foeniculi ana 10,0
Herbae Centaurii min. 20,0	Rad. Althaeae
M. f. spec.	— Graminis
[Species stomachicae, Magentee	— Liquiritiae ana 20,0
Ph. A. E.]	[Species carminativae Ph. A. E.]

Viertes Kapitel.

Amara, Bittermittel.

Die Alkaloide sind bekanntlich alle mehr oder weniger durch bitteren Geschmack gekennzeichnet. In noch höherem Grade aber besitzen denselben gewisse indifferente, stickstofffreie Substanzen meist noch unbekannter Konstitution, welche in verschiedenen Pflanzen sich finden und unter der Bezeichnung Bitterstoffe zusammengefaßt werden. Sie stehen seit langer Zeit im Rufe, den Appetit anzuregen, die Verdauung zu befördern und die Ernährung zu heben, und finden darum vielfach Anwendung bei *Dyspepsie, Blutarmut* und *herabgekommener Ernährung,* wo sie einen wesentlichen Teil des Heilplanes, der sog. tonisierenden Behandlung, bilden.

Die pharmakologische Begründung begegnete großen Schwierigkeiten. Die früheren Untersucher kamen entweder zu ganz negativen Ergebnissen oder erzielten nur Wirkungen bei einzelnen dieser Stoffe und nur bei sehr hohen Gaben.

Erst in neuester Zeit vermochte man den Bitterstoffen eine eigenartige Rolle zuzuweisen und deren empirische Anwendung bis zu einem gewissen Grade zu einer rationellen zu gestalten. Solche *experimentell gefundene Wirkungen* sind:

1. Nach schon länger bekannten, aber wegen Mangels einer Erklärung wenig gewürdigten Beobachtungen wird *durch oral dargereichte Bittermittel und Gewürze die Zahl der weißen Blutkörperchen im Blute vermehrt.* Nach Hofmeister und Pohl hat dies seinen Grund in der verstärkten Ausfuhr dieser Zellen aus dem lymphoiden Gewebe des Darmes, womit vielleicht auch ein zellulärer Nährstofftransport verbunden ist.

2. Gleichzeitig mit der Nahrung gegebene Bittermittel wirken ungünstig auf die Magenverdauung; *eine halbe Stunde vorher gereicht, steigern sie die Magensaftsekretion und beseitigen* das durch periodische Kontraktionen des leeren Magens verursachte *Hungergefühl.*

3. In Darmfisteln eingebracht werden *Sekretion und Resorption im Darm erhöht,* jedoch *nicht sofort, sondern nach einer Stunde,* selbst wenn das Mittel inzwischen wieder aus der Darmfistel entfernt ist. Die Erhöhung hält über vier Tage an, im Gegensatze zu den Gewürzen, welche sofort wirken, aber keine Nachwirkung besitzen (Jodlbauer).

Die gebräuchlichsten **Verordnungsformen** sind die kalt oder heiß angefertigten wässerigen Auszüge (Bittertee, 5:100, tassenweise), die durch Mazeration hergestellten Bitterweine und die offizinellen spirituösen Tinkturen 1:10 (20—40 Tropfen). Die ebenfalls offizinellen Extrakte werden gewählt, wenn Bitterstoffe mit Eisen und anderen „Tonica" zu Pillen geformt werden sollen. Die Verabreichung soll einige Zeit, 1/2—1 Stunde, vor der Mahlzeit geschehen.

Althergebrachterweise teilt man die Bittermittel ein in Amara pura, welche nur Bitterstoffe, Amara aromatica, welche Bitterstoffe und ätherische Öle, und Amara mucilaginosa, welche Bitterstoffe und Pflanzenschleim enthalten.

a) Amara pura.

*†**Radix Gentianae**, Enzianwurzel, von verschiedenen, großen Enzianarten des Gebirges. Enthält den kristallisierbaren, glykosidischen Bitterstoff Gentiopikrin, eine Spur ätherisches Öl und reichliche Mengen von Zucker (12—15 %). Sie ist darum gärungsfähig. Das geistige Destillat, welches das ätherische Öl enthält, ist der bekannte „Enzian". Das dicke *†**Extractum Gentianae** ist ein beliebtes Pillenconstituens; die *Tinctura Gentianae** und noch mehr die *†**Tinctura amara,** welche aus Enzian, Pomeranzenschale und einigen anderen Bittermitteln hergestellt wird, sind die beliebtesten bitteren Tinkturen.

*†**Herba Centaurii (minoris), Tausendgüldenkraut,** mit †Extr. Centaurii minoris von der einheimischen Gentianacee Erythraea Centaurium. Geschätztes Bittermittel des Volkes, Bestandteil der Tinctura amara.

*†**Lignum Quassiae, Bitterholz,** mit dem trocknen †Extractum Quassiae, von zwei auf den Antillen einheimischen Bäumen Quassia amara und Picraena excelsa. Enthält den kristallisierbaren Bitterstoff Quassiin. Der wässerige Auszug wird auch zum Vergiften von Fliegen gebraucht.

*Cortex Simarubae, die ältere Wurzelrinde von Simaruba amara, stattlicher, in Guyana einheimischer Baum. Enthält Bitterstoffe und ist nach älteren und neueren Erfahrungen gegen Amöbenruhr wirksam. Verordnung als Dekokt 10,0:150,0 eßlöffelweise oder als *Extractum Simarubae fluidum 1/2 teelöffelweise.

*Radix Taraxaci cum Herba, †Folia et Radix Taraxaci, Löwenzahn** mit *†Extr. Taraxaci von der einheimischen Komposite Taraxacum officinale. Enthält den kristallisierbaren und in Wasser löslichen Bitterstoff Taraxacin.

Der aus der jungen, vor der Blüte gesammelten Pflanze und anderen ähnlichen (Kresse, Schafgarbe, Bitterklee usw.) ausgepreßte **Kräutersaft,** Succus herbarum recenter expressus, wurde früher viel zur Vornahme sog. Frühjahrskuren (Maikuren) verwendet, indem 20—100 g desselben morgens nüchtern, für sich oder mit Milch (Molken) vermischt, unter entsprechender Diät und Bewegung einige Wochen lang getrunken wurden. Gegenwärtig nur mehr in einigen Kurorten und im Volke üblich. Die genannten jungen Pflanzen sind außerdem reich an pflanzensauren Salzen, werden daher auch als Amara salina bezeichnet und *wirken zugleich als gelinde Abführmittel und Diuretica,* ähnlich wie entsprechende Mineralwässer, durch welche sie daher auch jetzt größtenteils verdrängt sind.

*†Folia Trifolii fibrini, Bitterklee, mit *†Extractum Trifolii fibrini, von der einheimischen Gentianacee Menyanthes trifoliata, Bestandteil der Tinctura amara.

*Herba Cardui benedicti, Kardobenediktenkraut mit Extr. Cardui benedicti von der südeuropäischen Komposite Cnicus benedictus. Überflüssig.

b) Amara aromatica.

***†Herba Absinthii, Wermut,** von der einheimischen Komposite Artemisia Absinthium, enthält den kristallisierbaren Bitterstoff Absinthin und ein wesentlich aus Absinthol bestehendes ätherisches Öl. Letzteres gilt als Ursache der epileptiformen Krämpfe, welche infolge des habituellen Genusses des in Frankreich sehr beliebten Absinthlikörs neben Symptomen von chronischem Alkoholismus beobachtet werden. An Stelle der einfachen *Tinctura Absinthii führt Ph. A. die Tinctura Absinthii composita, welche noch einige andere Bittermittel der Klasse a und b enthält.

***†Rhizoma (Radix) Calami, Kalmuswurzel,** mit *†Extractum Calami, *†Tinctura Calami und *Oleum Calami von Acorus Calamus, einer asiatischen, nunmehr in ganz Mitteleuropa an sumpfigen Orten verwildert zu findenden Aroidee, von bitterem und gleichzeitig stark aromatischem ingwerähnlichen Geschmack, in der Volksmedizin besonders geschätzt und früher auch zu hautreizenden Bädern verwendet.

†Glandulae Lupuli, Hopfenmehl, die von den Fruchtzapfen des Hopfens, Humulus Lupulus, durch Sieben getrennten Drüschen. Ein grünlich gelbes Pulver von durchdringendem, eigentümlichem Geruch und gewürzhaftem, bitterem Geschmack. Sein Bitterstoff (Humulon und Lupulon) ist nach Dreser, direkt dem Blute einverleibt, sehr giftig, per os aufgenommen hingegen auch in großen Gaben unwirksam, weil er rasch im Organismus zerstört wird. Infolgedessen erzeugt er auch in Form von Bier, in welchem er überdies bereits größtenteils in ungiftige Derivate umgewandelt ist, keine Vergiftungserscheinungen. Früher in Pulvern zu 0,5 auf Empfehlung nordamerikanischer Ärzte hin im Gebrauch gegen Erregungszustände der Sexualsphäre (Pollutionen). Als Tee volkstümliches Schlafmittel.

*†Cortex Cascarillae, Cascarillrinde, mit *Extractum Cascarillae und †Tinctura Cascarillae von der baumartigen Euphorbiacee Croton Eluteria, Westindien. Enthält ätherisches Öl, Bitterstoff (Cascarillin) und Gerbstoff, wirkt also auch adstringierend.

*Elixir Aurantii compositum, Pomeranzenelixir, ist der Auszug von Pomeranzenschalen mit Xereswein, in welchem Enzian-, Bitterklee-, Wermut- und Cascarillenextrakt aufgelöst sind. Von ähnlicher Zusammensetzung ist die Tinctura stomachica Ph. A. E. Beide teelöffelweise.

Elixir ist eine veraltete Bezeichnung für sehr zusammengesetzte Mixturen. Die genannten Kompositionen, welche ihrem Namen alle Ehre antun, wurden für besonders wirksam gehalten.

†Herba Millefolii, Schafgarbe, von der einheimischen Achillea Mille- folium. Nur mehr als Volksmittel im Gebrauch.

†Species amaricantes, Bittertee, sind zusammengesetzt aus Wermut- kraut, Tausendgüldenkraut, Orangenschalen je 20, Bitterklee, Kalmuswurzel, Enzianwurzel je 10, Zimtrinde 5. In Aufgüssen 1 Eßlöffel auf 1 Tasse Wasser oder Wein, beliebtes Volksmittel.

c) Amara mucilaginosa.

*Radix Colombo, †R. Calumba, Colombowurzel, von Jatrorrhiza palmata, einem Schlingstrauche Ostafrikas. Sie enthält das auch in anderen Pflanzen verbreitete, angeblich stopfend wirkende Alkaloid Berberin, ferner einen Bitterstoff (Columbin) und große Mengen von Stärke (33 $^0/_0$) und anderen Schleimstoffen, wodurch das Mittel die Eigenschaft eines Amarum und Mucilagino- sum vereinigt und sich in *Form von Dekokten* 10 : 150 oft sehr wirksam *gegen chronische Darmkatarrhe und Durchfälle* zeigt.

†Extractum Calumbae ist ein weingeistiger, zur Trockne verdampfter Auszug der Wurzel, der infolge dieser Herstellungsart nur mehr den Bitterstoff enthält.

*†Lichen islandicus, isländisches Moos, eine Flechte der Gebirge und Heidemoore Mittel- und Nordeuropas (Cetraria islandica). Enthält als Bitterstoff die kristallisierbare Cetrarsäure $C_{20}H_{18}O_9$, deren Natronsalz wasserlöslich ist, und in großer Menge eine eigenartige Stärke (Lichenin). Konzentrierte Dekokte er- starren deshalb beim Erkalten zu einer Gallerte. Steht im Volke noch im Rufe als Heilmittel bei Schwindsucht und ist nach der Entbitterung durch Ausziehen mit verdünnter Alkalikarbonatlösung ein brauchbares, kohlehydratreiches Nahrungsmittel.

†Herba Galeopsidis, Hohlzahnkraut. Unter dem Namen Liebersche Brustkräuter oder Blankenheimer Tee Volksmittel gegen Auszehrung.

<table>
<tr><td>℞</td><td>℞</td></tr>
<tr><td>Rad. Gentianae</td><td>Rad. Gentianae</td></tr>
<tr><td>Herb. Absinthii</td><td>Rhiz. Calami   ana 10,0</td></tr>
<tr><td>Cort. Fruct. Aurantii   ana 10,0</td><td>Cort. Cinnamomi   5,0</td></tr>
<tr><td>M. f. spec.</td><td>M. f. spec.</td></tr>
<tr><td>DS. 1 Eßlöffel mit 2 Tassen heißen Wassers aufzugießen und tagsüber zu verbrauchen.</td><td>DS. mit 1 Flasche Rotwein 1 Tag stehen lassen und 2mal täglich ein Weinglas zu nehmen.</td></tr>
</table>

℞

Decocti Rad. Colombo   (10,0) 130,0
Sirup. Cort. Aurantii   20,0
MDS. 1—2 stündlich 1 Eßlöffel.

Anhang.
Cortex Condurango.

Die **Condurangorinde,** von Gonolobus Condurango, einem Kletterstrauch der Anden, ursprünglich gegen Magenkrebs empfohlen, wird von vielen als *„Stomachicum"* geschätzt und mag darum bis zur näheren Aufklärung ihrer Wirkungsweise hier Platz finden. Das in ihr enthaltene Glykosid Condurangin setzt wie Uzaron (Kap. XXIX) die Peristaltik herab durch Erregung des Sympathicus; die Erregbarkeit des Vagus bleibt erhalten.

Die zweckmäßigsten Verordnungsformen sind das *†**Extractum Condurango fluidum,** 20—40 Tropfen und *†**Vinum Condurango,** Mazerat von 1 Rinde mit 10 Xeres- oder Marsalawein, likörglasweise, eine Stunde vor der Mahlzeit. Die ebenfalls angewandten Dekokte (10 : 200) enthalten das in der Hitze sich gallertartig ausscheidende Condurangin nur dann, wenn sie kalt nach halbtägigem Stehen koliert werden.

Fünftes Kapitel.

Hautreizmittel.

Stoffe, welche auf der Haut *sensible Erregung mit Hyperämie oder Entzündung* hervorrufen, nennt man Hautreizmittel. Außer den physikalischen (mechanischen, thermischen, elektrischen), wie sie namentlich die Hydro- und Elektrotherapie verwendet, gibt es auch viele chemisch wirkende, mit denen sich die Arzneimittellehre zu befassen hat. Alter Übung gemäß teilt man sie in *zwei Grade:* hautrötende *(Rubefacientia)* und entzündungserregende *(Vesicantia* und *Pustulantia).* Diese Einteilung ist indes weder scharf, noch auch das Wesen der Wirkung völlig umschließend.

Hautreizend wirken zunächst alle *Ätzmittel, d. h. alle Stoffe, welche auf gewöhnliche chemische Weise, durch starke Affinitäten, das Gewebe verändern.* Werden sie in solchen Verdünnungen auf die Haut gebracht, daß nur die empfindlichsten Elemente, die Nervenendigungen und Gefäße, in vorübergehender, leichter Weise betroffen werden, so spielen sie die Rolle von Rubefacientia. Eine derartige Wirkung ist der erste Grad der Ätzung und wird am leichtesten mit den flüchtigen Mitteln dieser Art, den lipoidlöslichen Halogenen (Jod), Säuren (Kohlensäure, Ameisen- und Essigsäure) und Alkalien (Ammoniak) erreicht und festgehalten.

Rubefacientia durch ihre Salzwirkung sind ferner *die neutralen Salze der Alkalien.*

Hautreizend in verschiedenem Grade wirken endlich zahlreiche, vorwiegend flüchtige *organische Stoffe,* welche im chemischen Sprachgebrauche als indifferent gelten und von denen wir annehmen, daß sie auf molekular-chemische Weise wirken.

Alle diese Stoffe wirken natürlich auch an anderen Orten, z. B. den Schleimhäuten (Verdauungskanal), in ähnlicher Weise reizend und entzündungserregend, daher manche von ihnen auch als Gewürze, Abführmittel oder gastroenteritische Gifte eine Rolle spielen.

Die **Anwendung** *der Hautreizmittel* ist uralt und steht auch heute noch mit Recht in hohem Ansehen. Außer *auf die Haut selbst,* auf deren Ernährung und Funktionen, sucht man mit ihnen auch *auf entfernte Organe* einzuwirken. Die Annahme eines Einflusses auf innere Organe ist insofern berechtigt, als die Haut durch das Gefäßsystem und zahlreiche sensible Nerven- und Reflexbahnen mit denselben in Verbindung steht. Die Erklärung aber ist schwierig und mit den heutigen physiologischen Kenntnissen nicht völlig zu geben.

Nach alter Anschauung können durch diese Mittel schlechte Säfte und stockendes Blut aus inneren Organen abgeleitet werden. Man nannte sie daher *Derivantia, ableitende Mittel.*

Trifft ein Hautreiz den ganzen Körper, so füllt sich die Haut mit so viel Blut, daß eine Anämie der inneren Organe entsteht. Zweifelsohne können dadurch *Kongestionen und Entzündungszustände innerer Organe,* bei wiederholter Anwendung (Bäder) wohl auch *Ernährungsstörungen* (Exsudationen, Neubildungen), *chronische Vergiftungen und konstitutionelle Krankheiten* beeinflußt werden.

Die Wirkung von Hautreizen geringen Umfanges hingegen, wie sie für *neuralgische und rheumatische Zustände, chronische Entzündungen und Entzündungsresiduen* durch hautrötende Einreibungen, Jodpinselungen, Alkoholverbände, Vesikatore und Fontanellen, auf benachbarte und darunterliegende Hautstellen geübt und des öfteren auch bewährt befunden wird, auf eine solche Umschaltung des Blutstroms zurückführen zu wollen, wäre nur dann vielleicht zulässig, wenn beide Orte einem und demselben kleinen Gefäßgebiete angehörten. In der Mehrzahl der Fälle aber sind die zuführenden Arterien verschieden und wird daher die für die hyperämisierte, gereizte Hautstelle nötige kleine Blutmenge dem ganzen Körper entnommen, so daß der auf das erkrankte Gebiet treffende Anteil verschwindend und darum ohne

Bedeutung ist. Tatsächlich handelt es sich bei diesen partiellen Hautreizen gar nicht um eine Anämie der darunterliegenden Gewebe und Organe, sondern umgekehrt um eine *bis in beträchtliche Tiefe sich fortpflanzende Hyperämie und Hyperlymphie,* wie u. a. von Schäffer experimentell nachgewiesen ist. Hyperämie aber ist eines der allerwichtigsten Selbstheilmittel des Organismus (Bier).

Neben diesen Gefäßwirkungen haben allgemeine Hautreize (Bäder, Einreibungen, Waschungen) und partielle (Senfteig) vermittels der Nervenbahnen auch einen Einfluß auf das Gehirn und die Zentren für Atmung, Gefäße und Herz, wovon man zur *Rückführung des Bewußtseins, Beförderung der Atmungs- und Kreislaufstätigkeit bei Ohnmachten und Kollaps* häufig Gebrauch macht.

Beim Volke stehen heiße Fußbäder mit Senfmehl zur Beförderung der **Menstruation** und Hervorrufung von **Abortus** (analog der Reizung der Brustwarzen) in Ansehen. Umgekehrt sollen kalte Fußbäder menstruationshemmend, resp. verzögernd wirken. Man wird daher auch reflektorische Beziehungen nach diesen Richtungen anzunehmen haben.

Wieweit auch **Wärmeregulierung** und **Stoffwechsel** durch Hautreize reflektorisch beeinflußt werden können, und welche Beziehungen zwischen den Hautreizen („Bäderreaktion“) und der Reizkörpertherapie (Kap. XXVII) bestehen, harrt noch der abschließenden Untersuchung.

a) Halogene, Säuren und Alkalien.

In der Gruppe der Halogene, Chlor, Brom, Jod, ist nur das letztere, mildeste brauchbar. Pinselungen mit ***†Jodtinktur, Tinctura Jodi,** einer Lösung von 1 Jod in *10 oder †15 Weingeist, sind sehr geeignet, um *Haut- oder Schleimhautstellen beschränkten Umfangs in einen anhaltenden, einer oberflächlichen Entzündung nahekommenden Reizzustand zu versetzen.*

Nach der Verdunstung des Alkohols hinterbleibt ein brauner Fleck, und die Epidermis schält sich nach einigen Tagen in braunen Lamellen ab. Durch Wiederholung der Pinselung kann die Reizung nach Belieben verstärkt und verlängert werden. Für Schleimhäute ist eine Verdünnung der Tinktur mit 1—2 Teilen Alkohol geeigneter, weil milder.

Unter den **Säuren** sind die Mineralsäuren zu stark mit Ausnahme der lipoidlöslichen **Kohlensäure,** welche allein oder in Verbindung mit Salzen *das Wirksame vieler Mineralwässer* bildet und nach ihrem geologischen Ursprung das letzte Lebenszeichen vulkanischer Tätigkeit darstellt. Man unterscheidet **einfache Säuerlinge**, welche im wesentlichen nur Kohlendioxyd (über 1 g in 1 kg Wasser) enthalten und **alkalische, muriatische oder salinische Säuerlinge**, wenn sie daneben Natriumhydrokarbonat, resp. Kochsalz oder Natriumsulfat als wirksame Bestandteile besitzen.

Besteigt man ein kohlensäurehaltiges Bad von 28—32° C, also unterhalb des Indifferenzpunktes (34—36°), d. h. der Wassertemperatur, die keine Temperaturempfindung und damit weder Kälte- noch Wärmereiz auslöst, so tritt zunächst die Kältewirkung ein: man hat ein ausgeprägtes Gefühl von Kühle, die Haut wird deutlich blaß und zeigt die als Gänsehaut bekannte Kontraktion ihrer glatten Muskelfasern. Sehr bald aber wird die Haut von einem Polster von Gasbläschen bedeckt und die Kohlensäurewirkung setzt ein: Man hat ein intensives Wärmegefühl von eigentümlich prickelndem Charakter und die Haut bekundet die eingetretene Gefäßerweiterung in der deutlich gewordenen Rötung. Hieraus resultiert eine Entlastung des Kreislaufs innerer Organe, die unter Pulsvolumvergrößerung, Pulsverlangsamung und zumeist auch Blutdruckssenkung namentlich bei Herzinsuffizienz durch den kurgemäßen Gebrauch von Kohlensäurebädern (Nauheim) zu schätzenswerten Erfolgen führt.

Die ganze örtliche Kohlensäurewirkung setzt sich hauptsächlich aus zwei Faktoren zusammen: dem spezifisch chemischen Reiz auf die Hautgefäßdilatatoren und Temperaturnerven und der allen Gasen zukommenden Eigenschaft, schlechte Wärmeleiter zu sein. Der Gasmantel, der die Haut umgibt, wirkt als thermischer Isolator. Darum werden sowohl sehr kühle, wie sehr warme CO_2-Bäder leichter ertragen als gleichtemperierte gewöhnliche Wasserbäder.

Außerdem ist auch mit einer resorptiven Wirkung der Kohlensäure zu rechnen. Ein Teil der im Badewasser gelösten und aus ihm abdunstenden Kohlensäure gelangt nämlich durch die Haut und noch mehr durch die Lunge in das Blut und erhöht dessen CO_2-Spannung, bei einem Gehalte der über der Badewanne stehenden Luft von 1°/o CO_2 schon so weit, daß das Atemzentrum darauf mit einer deutlichen Vergrößerung des Atemvolums antwortet.

Künstliche Kohlensäurebäder, durch Zusatz von kohlensaurem Natron und einer Säure oder einem sauren Salz hergestellt, erreichen nicht die Wirksamkeit der natürlichen Bäder, weil die CO_2 sich nicht so feinblasig und nachhaltig entwickelt.

Von organischen, flüchtigen, lipoidlöslichen Säuren sind am meisten gebraucht die **Essigsäure**, welche in 4—5 prozentiger Verdünnung als **Essig** in jedem Hause zu haben ist. Übergießungen und Waschungen rein oder mit gleicher Menge Wasser verdünnt, sind sehr brauchbar, um einen *allgemeinen, nicht zu nachhaltigen Hautreiz bei Schwächezuständen und Fieber* zur Anregung des Nervensystems und der Hauttätigkeit hervorzurufen. Sie wirken stärker als die Salzbäder, aber schwächer als die organischen Hautreizmittel, deren Anwendung in so großer Ausdehnung überdies auch wegen Gefahr einer Vergiftung durch Resorption häufig nicht rätlich wäre. Noch stärker reizend als Essigsäure ist **Ameisensäure.** Die bekannte Wirkung der Ameisen, Mücken und Brennesseln beruht neben Giftstoffen noch nicht näher bekannter Konstitution auf ihrer Anwesenheit. Die Ameisenbäder, bereitet durch Einhängen eines Beutels zerquetschter Waldameisen in das Badewasser, waren früher volkstümlich gegen Rheumatismen, gegenwärtig ist es nur mehr der zu Einreibungen verwendete Ameisenspiritus, ***†Spiritus Formicarum**, welcher nach Ph. G. eine Mischung von 4 % Ameisensäure mit Weingeist ist, nach Ph. A. durch Destillation von Waldameisen (Formica rufa) mit Weingeist dargestellt wird.

Zur Haltbarmachung von Obstmusen wird Ameisensäure wegen der geringen Giftigkeit kleiner Gaben analog Natriumbenzoat vom Reichsgesundheitsamt empfohlen.

Moorbäder vereinen als allgemeine Kataplasmen den Effekt der feuchten Wärme mit der hautreizenden resp. adstringierenden Wirkung der in ihnen enthaltenen chemischen Stoffe (Ameisensäure, Huminsäuren, Tonerde- und Eisensalze) und wirken vielleicht auch mechanisch durch Druck, da sie schwerer als Wasser sind.

Als Massenkataplasmen wirken auch die **Schlammbäder,** die an einzelnen Küstenorten gebraucht werden, und die Bäder und Einpackungen mit Fango, dem in den heißen Schwefelquellen von Battaglia (Oberitalien) sich absetzenden Schlamme, dgl. der dem Erdinnern entströmende Schlamm des Schwefelbades Pistyan.

Unter den **Alkalien** werden zu starker, anhaltender Reizung der Kaliseifenspiritus (Kap. VII 4), zu mäßiger, vorübergehender, z. B. *zu hautreizenden Einreibungen bei Rheumatismen* das **Ammoniak** verwendet. Es erregt nach Grützner die sensibeln Nervenelemente in geradezu spezifischer Weise. Dabei dringt es wegen seiner Flüchtigkeit und Lipoidlöslichkeit rasch ein, verläßt den Wirkungsort aber auch rascher, so daß es nicht so leicht zu stärkerer chemischer Veränderung desselben wie durch die fixen Alkalien kommt. Man wendet es an in Form des ***†Linimentum ammoniatum, flüchtiges Liniment,** aus 1 Ammoniakflüssigkeit und 4 Olivenöl oder Erdnußöl gemischt (wobei eine teilweise Verseifung des Öles eintritt), oder des leicht schmelzbaren

***†Linimentum saponato-camphoratum, Opodeldok,** aus Seife, Ammoniak, Kampfer, Weingeist, Rosmarinöl und Thymian- oder Lavendelöl hergestellt.

Ph. G. führt außerdem die entbehrlichen *Linimentum ammoniato-camphoratum und *Spiritus saponato-camphoratus, flüssiger Opodeldok, deren Zusammensetzung bereits in genügender Weise durch die Namen ausgedrückt ist.

b) Salze.

Die neutralreagierenden Salze der Alkalien bewirken örtliche Reizung, die schwer diffundierenden (Natriumsulfat) nur schwach, die leicht diffundierenden (Natriumchlorid) viel stärker. Die nur schwache Reflexaktion beim Eintauchen der Zehen eines dekapitierten Frosches in eine Natriumsulfatlösung und der geringe therapeutische Erfolg mit Glaubersalzbädern lehren dies in unzweideutiger Weise. Die Salze der einbasischen Säuren (Chlornatrium) dringen viel leichter in die Epidermis ein und bleiben mehrere Tage hier haften (Dauerwirkung). Sie erzeugen dabei vielleicht eine elektrische Spannungsdifferenz zwischen diesen nun salzreich gewordenen Schichten und den tieferen, in welchen die sensibeln Nerven endigen, wodurch erregende elektrische Ströme erzeugt werden. Ein Vordringen bis in diese tiefen Schichten und damit eine unmittelbare Wirkung auf die Nervenenden ist kaum anzunehmen, denn dann müßte auch Resorption dieser Salze eintreten, die in nachweisbarer Menge nicht statthat.

Verdünnte Salzlösungen (2—4 $^0/_0$) sind sehr geeignet, um *als Bäder die Körperoberfläche einer mäßig starken ohne Schädigung der Haut täglich wiederholbaren Reizung zu unterwerfen.* Ihre Indikationen sind hauptsächlich: *Rheumatische, gichtische und skrofulöse Erkrankungen, Neuralgien (Ischias), chronische Anämien, einzelne Herzaffektionen, Hautkrankheiten und Frauenleiden (Amenorrhoe, Fluor albus usw.).* Sie finden sich vielfach in der Natur in gebrauchsfertigem Zustande. **Seebäder** sind im wesentlichen Kochsalzlösungen von 2—4 $^0/_0$, deren Reiz noch durch die niedere Temperatur und den Wellenschlag erhöht wird. Auch viele **Kochsalzquellen,** d. h. Wässer, in denen Chlor- und Natriumionen (über 1 g in 1 Kilo) als vorwiegende Bestandteile enthalten sind, besitzen bereits die richtige Konzentration, andere müssen durch Zusatz von Salz oder Wasser erst hergerichtet werden. Die in vielen dieser Wässer absorbierte Kohlensäure trägt zur Erhöhung der Wirkung beträchtlich bei. **Bäder im Hause** lassen sich leicht mit käuflichem Seesalz oder ähnlichen Rohartikeln, 4—6 kg auf ein Vollbad von 200 l herstellen.

Vielfach werden hierzu auch die im Handel befindlichen Mutterlaugen namhafter Badeorte verwendet. Sie wirken meist stärker als eine gleich konzentrierte Kochsalzlösung. Die Mutterlaugen, aus denen das Kochsalz ja größtenteils auskristallisiert ist, sind konzentrierte Lösungen der übrigen, in der ursprünglichen Sole an Menge zurücktretenden Bestandteile, Chlorcalcium und namentlich die die Hautnerven viel stärker angreifenden Kalisalze (s. Kap. VII Ionenwirkungen). Beim Eintauchen der Haut in derartige konzentrierte Lösungen fühlt man sehr bald einen stechenden Schmerz. Man braucht daher von diesen Laugen zur Bereitung eines Bades meist nicht mehr als von trockenem Kochsalz. Die in den Solen vielfach enthaltenen kleinen Mengen von Jodiden, Bromiden und Lithiumsalzen kommen bei diesem äußerlichen Gebrauche kaum in Betracht, da von ihnen höchstens Spuren durch die Epithelien der Talg- und Schweißdrüsen resorbiert werden.

Die bekanntesten **Kochsalzquellen** sind:

I. Schwache Kochsalzwässer mit 0,1—1,5% Kochsalz resp. Cl- u. Na-Ionen und meist beträchtlichen Mengen von Kohlensäure, die schwächeren *auch zu Trinkkuren* (chronische subacide Magenkatarrhe, Darm- u. Bronchialkatarrhe) geeignet.

a) Kochsalzthermen: Wiesbaden (69°), Soden (36°), Baden-Baden (69°), letzteres mit nur 0,2% NaCl und daher den indifferenten Thermen oder Wildbädern nahestehend.

b) Kalte Kochsalzquellen: Tölz (Krankenheil), Kissingen mit viel CO_2, z. T. auch Bittersalz, Cannstatt, Dürkheim mit großem Arsengehalt, Homburg, Kreuznach, Münster am Stein, Salzuflen und viele andere.

II. Starke Kochsalzwässer (Solen) mit 1,5—25 % Kochsalz bzw. Cl- u. Na-Ionen.

a) Thermalsolen: Nauheim, Oeynhausen. Beide mit 30° Wärme, 3% ClNa 1—2% Cl_2Ca und viel CO_2.

b) Kalte Solen: Reichenhall, Berchtesgaden, Aibling, zugleich Moorbad, Kreuth, Hall, Ischl, Gmunden, Aussee und viele andere; Sodental (Spessart) und Suderode (Harz) mit relativ viel $CaCl_2$, ca. 5%/oo.

Die **Berechnung der analytisch ermittelten Einzelbestandteile eines Mineralwassers** auf Salze *(Salztabelle)* ist nicht der Ausdruck der wahren Zusammensetzung des Wassers. Da zufolge den Bestimmungen des Gefrierpunkts und der elektrischen Leitfähigkeit die der elektrischen Dissoziation fähigen Bestandteile der Mineralwässer zu 80—90% zu Ionen zerlegt sind, ist es nach dem Vorgange des vom Reichsgesundheitsamte herausgegebenen Deutschen Bäderbuches richtiger, die Wässer als vollständig dissoziiert anzusehen und auf Ionen zu berechnen. Diese *Ionentabelle* enthält in 3 Vertikalspalten für 1 Kilogramm des Wassers die Anionen (Säurereste) und Kationen (Metalle), in der 1. in Grammen, in der 2. in Millimol oder, besser bezeichnet, in Milligramm-Ion (der tausendste Teil eines Gramm-Ions, das ist so viel Gramm, als das Ionengewicht Einheiten zeigt), in der 3. in Milligramm-Äquivalenten oder Millival (1 Val = soviel Gramm als der Quotient aus Ionengewicht und Wertigkeit des Ions Einheiten zeigt). Die 2. Spalte gibt die Konzentration der Lösung an Ionen an, die 3. die Konzentration an Äquivalenten, nach denen die Ionen zu chemischen Verbindungen sich vereinigen. Für die einwertigen Ionen fallen sie zusammen, für die zwei- und dreiwertigen ist das Milligramm-Äquivalentgewicht die Hälfte resp. ein Drittel.

Anhang: Wildwässer.

Den Gegensatz zu den Salzwässern bilden die „weichen Wässer". Sie sind arm an Kohlensäure und an Salzen, daher reizlos und bewirken auf der Haut anscheinend nichts weiter als eine Quellung und Erweichung, welche besonders an der Handinnenfläche und Fußsohle, die keine Talgdrüsen besitzen und daher leichter benetzbar sind, sich bemerkbar macht; die Haut wird voluminöser und legt sich um Platz zu finden in Falten. Hierher gehört zunächst das Regen- und Schneewasser. Dringt dasselbe in den Boden, so nimmt es Kohlensäure auf, löst Calcium- und Magnesiumkarbonat zu Bikarbonat, außerdem auch Calcium- und Magnesiumsulfat, und tritt, durch undurchlässige Gesteinschichten am weiteren Vordringen in die Tiefe verhindert, als mehr oder weniger die Haut spröde machendes „hartes Quellwasser" wieder zutage. Im weiteren Laufe verliert es dann durch Abdunstung seine lösende Kohlensäure und verwandelt sich in das weichere Wasser der Flüsse und Seen, ein Prozeß, der dem Aufkochen des Quellwassers (Kesselsteinbildung) analog ist. Tiefer in das Erdinnere gelangend aber nehmen die Meteorwässer die dort herrschende hohe Temperatur (über 20⁰) an und steigen, wenn sie keine Gelegenheit hatten mit Kohlensäure und Minerallagern in Berührung zu kommen, ungemischt „ἄκρατος", d. h. arm an gelösten Bestandteilen (weniger als 1 g in 1 kg), gewöhnlich auf dem Grunde von Schluchten oder wilden, felsigen Tälern meist der Urgesteine ans Tageslicht empor. Sie heißen daher Akratothermen oder Wildwässer. Den Namen indifferente Thermen führen sie mit Berechtigung nur im chemischen Sinne, nicht im therapeutischen. Dafür zeugt ihre ausgedehnte Anwendung seit vielen Jahrhunderten bei verschiedenen Krankheiten: *Rheumatische und gichtische Erkrankungen der Gelenke, Muskeln und Nerven (Ischias), chronische Gelenksversteifungen, Schmerzen in alten Narben, Arthritis deformans,* chronische *Entzündungen der weiblichen Sexualorgane* (Adnexerkrankungen), *Exsudate, Hautleiden usw.*

Eine befriedigende *Erklärung der Wirkung* aller dieser Wässer steht derzeit außer Bereich der Möglichkeit. Die chemische Analyse gibt hierzu keine Handhabe, und die sonstigen bekannten Faktoren (Loslösung von Familien- und Berufssorgen, streng geregelte Lebensweise, Massensuggestion) sind mehr oder weniger allen Badeorten gemeinsam.

Die Entdeckung der *Radioaktivität* hat nur für einige die gehoffte Erklärung in zureichendem Maße gebracht, denn nur sehr wenige dieser altbewährten Mineralwässer sind in höherem Grade radioaktiv, die übrigen wenig oder gar nicht, wie gewöhnliches Quell- und Gebrauchswasser auch. Die Radioaktivität bildet eben nur eine, bei wenigen Mineralwässern in den Vordergrund tretende Komponente der Gesamtwirkung der Quelle.

Die Quellwässer verdanken ihre Radioaktivität größtenteils der *Emanation,* welche sie bei der Berührung mit Verbindungen radioaktiver Metalle (Radium, Thorium, Actinium) im Erdinnern aufnehmen, daneben häufig auch den Spuren von solchen Salzen selbst, welche in ihnen gelöst sind und dann auch in den Quellsinter übergehen. Im ersteren Falle schwindet die Radioaktivität sehr bald beim Stehen der Wässer infolge Verflüchtigung, im letzteren Falle erneuert sie sich wenigstens teilweise immer wieder.

Die in Lipoiden sehr leicht lösliche Emanation wird vom Organismus aufgenommen wie ein indifferentes Gas, besonders reichlich durch die Lunge bei der Einatmung der über dem Badewasser stehenden Luft, oder bei dem Aufenthalt in eigenen Emanatorien, ferner durch den Darmtraktus beim Gebrauche der Wässer als Trinkkur, in geringerem Grade durch die Haut beim Gebrauche von Bädern und Schlammpackungen, reichlicher bei der subkutanen Injektion von Radium- oder Thoriumsalzlösungen. Sie verläßt ihn größtenteils sehr rasch durch Lunge und Niere. Die radioaktiven Metalle und ihre Emanationen sind bekanntlich in fortwährender Umwandlung begriffen, die auch im Organismus sich fortsetzt. Es entsteht eine Reihe von Zerfallsprodukten von sehr verschiedener Lebensdauer unter Aussendung von Strahlen (α, β und γ), die starke physiologische Wirkung besitzen. Die unmittelbaren Zerstörungen — wie sie bei direkter Bestrahlung von Bakterien und von lebhaft proliferierenden Zellen (Keimzellen der Geschlechtsorgane, Zellen der lymphoiden Gewebe und der pathologischen Neubildungen) ähnlich wie bei Licht- und Röntgenbestrahlung beobachtet und therapeutisch ausgenützt werden — sind bei der in Rede stehenden Aufnahme der Emanation wohl ausgeschlossen. Die erfrischende und bei nervösen Personen meist sehr deutliche sedative Wirkung, die wiederholt behauptete Aktivierung von Enzymen, die Erhöhung der Lösbarkeit harnsaurer Salze und die Steigerung des Purinstoffwechsels, die häufig zu beobachtende Zunahme der zirkulierenden Leukocythen, des Gaswechsels und der Diurese hingegen dürften bei den bisher die meisten Erfolge aufweisenden Leiden: *Arthritis, Rheumatismus, Ischias*, von Bedeutung sein. Für das Statthaben einer Einwirkung spricht schon die *Reaktion zu Beginn der Behandlung* (Erhöhung der Schwellung und Schmerzhaftigkeit). Das „Wetterfühlen", worunter an Rheumatismus erkrankte Personen zu leiden haben, wird gleichfalls als Effekt erhöhten Emanationsgehaltes der Atmosphäre aufgefaßt.

Die *Messung des Emanationsgehaltes* der natürlichen und künstlichen radioaktiven Wässer und der Luft in den Emanatorien geschieht elektroskopisch und wird gewöhnlich in Mache-Einheiten (M. E.) im Liter ausgedrückt. 2670000 M. E. sind gleich 1 Milli-Curie), d. i. der tausendste Teil der Emanationsmenge (1 Curie), die mit einem Gramm Radium sich in radioaktivem Gleichgewichte befindet.

Wildwässer mit hohem Emanationsgehalt sind Gastein, Hauptquelle (133 M. E.), Grabenbäckerquelle (155 M. E.), die Schwefelkochsalztherme Landeck in Schlesien (Frauenbad, 206 M. E.), Badenweiler und Teplitz (10—30 M. E.).

Die übrigen Wildbäder: Wildbad in Württemberg, Schlangenbad in Nassau, Warmbrunn in Schlesien, Johannisbad in Böhmen, Brennerbad, Tüffer, Pfäffers-Ragatz, Bormio, Plombières u. a. haben geringen Emanationsgehalt.

Andere emanationsreiche Mineralwässer sind: die Grubenwässer von Joachimsthal in Böhmen, der an radioaktivem Mineral (Uranpechblende) reichsten Fundstätte (2885 M. E. an der Quellenmündung, 600 M. E. am Ende der Leitung), der Brambacher Sprudel (2200 M. E.), die Büttquelle in Baden-Baden (126 M.E.); Kreuznach, Karlsbad (Mühlbrunnen), Pistyan haben 30—50 M. E., Nauheim, Münster a. St., Soden, Wiesbaden, Kudowa, Marienbad 10—30 M. E. Wässer mit hohem Salzgehalt, insbesondere Sulfatquellen, sind arm, weil die Emanation in solchen Quellen wenig löslich ist.

Einfache kalte Quellen (Akratopegen) nennt man die Wässer, welche arm an festen Bestandteilen und an Kohlendioxyd sind, beides unter 1‰. Sie stehen den gewöhnlichen Brunnenwässern am nächsten. Einige von ihnen aber zeichnen sich angeblich durch eine sehr starke, derzeit unerklärte diuretische Wirkung aus (40—50% mehr, als der aufgenommenen Menge des Wassers entspricht). Hierher gehören die neuerdings erbohrte Auerquelle bei Bissingen nahe Donauwörth, und die schon lange geschätzte Cachotquelle von Evian am südlichen Ufer des Genfer Sees. Die ebenfalls stark harntreibende Wernarzer Quelle von Brückenau in Unterfranken wird, weil sie reich an Kohlendioxyd ist, zu den einfachen Säuerlingen gerechnet.

c) Flüchtige organische Stoffe.

Zahlreiche flüchtige organische Stoffe, insbesondere Alkohol, Kampfer, Terpentinöl und Senföl, wirken als Hautreizmittel. Man fühlt die sensible Erregung als Brennen und sieht die Hyperämie in der Rötung. Bei intensiverer Applikation kann selbst Entzündung erfolgen. Alkohol und Kampfer sollen in anderen Kapiteln besprochen werden, die beiden letzteren hingegen hier, weil sie fast ausschließlich als Hautreizmittel Verwendung finden.

*†Oleum Terebinthinae, Terpentinöl, nennt man das Gemenge von Terpenen, das Pinen $C_{10}H_{16}$ als Hauptbestandteil enthält und aus dem Harzsaft der einheimischen Pinusarten, dem Terpentin *Terebinthina, †Balsamum Terebinthinae durch Destillation mit Wasser isoliert wird. Im Rückstande bleibt das *Colophonium, †Resina Colophonii, Geigenharz, das als Zusatz von Pflastern verwendet wird, in das Destillat geht das Terpentinöl über. Es enthält noch Spuren von Ameisen- und Essigsäure. Durch Destillation über Kalkwasser wird es von diesen befreit und dann *†Ol. Terebinthinae rectificatum genannt. Es ist ein farbloses, in Wasser fast unlösliches Öl von charakteristischem Geruch, welches Harze und Kautschuk zu lösen vermag und mit Fetten mischbar ist. Sein allgemeines pharmakodynamisches Verhalten ist in der Einleitung des III. Kapitels beschrieben, seine Verwendung zu Inhalationen in Kap. XIII.

Bei längerem Stehen an der Luft nimmt es Sauerstoff als Ozonid auf (Ol. Terebinth. peroxydatum) und gibt denselben an leicht oxydable Stoffe wieder ab. Es ist deshalb als Oxydationsmittel bei Phosphorvergiftung (5,0—10,0 in Kapseln) vorgeschlagen worden, steht aber an Ausgiebigkeit der Wirkung dem Kaliumpermanganat entschieden nach. In Berührung mit Wasser und Säuren nimmt es Wasser auf und geht in den kristallisierbaren, in 250 Wasser löslichen Alkohol, das *Terpinum hydratum $C_{10}H_{19}(OH)_3$ über. Es hat geringere örtliche Wirkung und daher gewisse Vorzüge gegenüber seiner Muttersubstanz beim innerlichen Gebrauche als Expectorans und Diureticum, Kap. XIII u. XV.

Anwendung als Hautreizmittel.

1. Als *Einreibemittel* mit Öl 1:3 bei *Neuralgien, Rheumatismus* und *Gicht* und als *Einträufelung zur Aufhellung von Hornhauttrübungen* (Ol. Tereb. rectif., Ol. Olivarum aa).

Die Waldwolle, der noch ein Rest von Terpentin anhaftet, und die käuflichen, mit Terpentinöl und Harzen bestrichenen Gichtpapiere sind Volksmittel zum Einhüllen rheumatischer und gichtischer Glieder.

2. Als *Fichtennadelbäder,* um einen allgemeinen Hautreiz hervorzurufen, zu dessen örtlichen und reflektorischen Wirkungen auch noch eine suggestive treten mag (die durch den Tannenduft geweckte Vorstellung der Durchwanderung eines taufrischen, durchsonnten Bergwaldes). Zur Bereitung der Bäder benützt man entweder frische Tannen- oder Latschenzweige oder die käuflichen Extrakte. Sie müssen reich an ätherischem Öl sein, sonst wirken sie durch ihren Gerbstoffgehalt nicht anders wie Lohbäder.

3. Als *reizende Verbandsalben* zur Reifung von Abszessen, Frostbeulen, schlaffen Geschwüren in Form des *†Unguentum basilicum, Königssalbe, einer Wachssalbe mit 10⁰/₀ Colophonium und Terpentin, und des noch stärkeren *Unguentum Terebinthinae, Terpentinsalbe, aus gleichen Teilen Wachs, Terpentin und Terpentinöl.

Bei der Verordnung des Terpentinöls zu Einreibungen und zu Bädern ist zu beachten, daß es bei übermäßigem Gebrauch von der Haut in genügender Menge resorbiert werden kann, um Vergiftung (Nephritis) zu erzeugen.

Noch viel schärfere ätherische Öle enthalten und entzündend auf Darm, Niere und Genitalorgane wirken die **Abortiva** des Volkes: †Herba Sabinae von Juniperus Sabina, Sadebaum, Sevenkraut; Taxus baccata, Eibe; Thuja occidentalis, Lebensbaum, und Ruta graveolens, Gartenraute. Auch die Zimtrinde (Kap. III) steht im Rufe eines Abtreibungsmittels.

Weitere vornehmlich als Hautreizmittel dienende ätherische Öle und Drogen sind:

†Oleum Caiuputi, ätherisches Öl von grüner Farbe und Geruch nach Cineol, aus den Blättern der baumartigen Myrtacee Melaleuca Leucodendron (ostindischer Archipel) mit der Tinctura Caiuputi composita Ph. A. E., zu hautreizenden Einreibungen, Zahntropfen usw.

†Oleum Juniperi aus den *†Fructus Juniperi, Wacholderbeeren, mit ***†Spiritus Juniperi** und dem †Unguentum Juniperi, aus 1 Wacholderöl, 10 Schweinefett, gelbem Wachs und Wermutextrakt bereitet.

***†Oleum Lavandulae**, das angenehm riechende, stark reizende, ätherische Öl der Blüten von Lavandula vera, Labiatae, deren weingeistiges Destillat, der ***†Spiritus Lavandulae, Lavendelgeist**, zu hautreizenden Waschungen, Einreibungen und als Riechmittel benützt wird.

***†Oleum Lauri, Lorbeeröl**, salbenartige, mit Chlorophyll und ätherischem Öl durchsetzte Fettmasse aus den *†Fructus Lauri, von Laurus nobilis, zu hautreizenden Essenzen, Salben und Pflastern.

***†Oleum Rosmarini,** angenehm riechendes, stark reizendes Öl der Blätter von Rosmarinus officinalis, Rosmarin, wird als Geruchscorrigens und Adjuvans für hautreizende Salben und Pflaster gebraucht, z. B. das *Unguentum Rosmarini compositum bereitet aus je 1 Ol. Rosmarini und Ol. Juniperi auf 28 Fett. Durch Destillation der Rosmarinblätter mit Weingeist erhält man den zu Einreibungen benützten *†Spiritus Rosmarini. Aufgüsse der Blätter werden vom Volke bei Menstruationsstörungen und als Abortivum gebraucht.

***†Mixtura oleosa-balsamica, Hoffmannscher Lebensbalsam**, zu hautreizenden Einreibungen bei Rheumatismus und Neuralgien, ist nach Ph. G. eine Lösung von 4 Perubalsam und je 1 Lavendelöl, Nelkenöl, Zimtöl, Thymianöl, Zitronenöl, Macisöl, Orangenblütenöl in 240 Weingeist; nach Ph. A. eine Lösung von je 2 Perubalsam, Lavendelöl, Zitronenöl, je 1 Nelkenöl, Macisöl, Orangenblütenöl und 5 Tropfen Zimtöl in 500 aromatischem Spiritus. Mit gleichen Teilen Chloroform, Ätherweingeist, Kampfergeist und Kaliseifengeist zusammengemischt, bildet es das Linimentum chloroformiatum (Ph. A. E.).

*†Spiritus Angelicae compositus, geistiges Destillat aus *†Radix Angelicae, Engelwurzel der einheimischen subalpinen Umbellifere Archangelica officinalis), Baldrianwurzel und Wacholderbeeren. Zu Bädern (200—400 g) und Waschungen.

***†Tinctura Arnicae, Arnikatinktur,** Wohlverleihtinktur, weingeistiger Auszug der Blüten (und Wurzeln, Ph. A.) von Arnica montana, der bekannten auf Bergen häufigen Komposite, ätherisches Öl und das harzartige Arnicin enthaltend. Früher innerlich als „Excitans" zu 10—20 Tropfen wegen seiner „resorptionsfördernden und belebenden Wirkung" bei allen Arten von Blutungen empfohlen, äußerlich als *Volksmittel zu hautreizenden Einreibungen und Umschlägen bei Kontusionen und Quetschungen* oder mit gleichen Teilen Wasser verdünnt *zum Verbinden von Wunden* in Verwendung. Erzeugt in größerer Konzentration starke Reizung und Entzündung. Bei manchen Personen genügt hierzu schon die Berührung der Blüten.

†Herba Chenopodii, Mexikanisches Traubenkraut, Jesuitentee, von Chenopodium ambrosioides, hat minzenartigen Geschmack und Geruch. Zu Umschlägen und Kräuterkissen; Volksmittel.

†Herba Majoranae, Majorankraut, von Majorana hortensis, Bestandteil des Pulvis sternutatorius viridis, grünes Nießpulver Ph. A. E.: Herba Majoranae, Herba Meliloti, Flores Lavandulae, Flores Salviae aa 20,0; Rad. Iridis, Sapo med. aa 10,0.

*†Herba Serpylli, Quendel, von Thymus Serpyllum, *Herba Thymi, von Thymus vulgaris, Thymian, mit dem hauptsächlich Thymol enthaltenden *Oleum Thymi und *Herba Origani, von Origanum vulgare, Dosten, wilder Majoran, dienen zu Kataplasmen.

***†Species aromaticae** (pro cataplasmate) sind ein Gemisch von Lavendelblüten, Pfefferminzblättern, Quendel, Thymian, Gewürznelken, Cubeben Ph. G. oder von Lavendelblüten, Pfefferminzblättern, Dostenkraut und Salbeiblättern Ph. A. Auch als Zusatz zu Bädern und zu Wickelungen brauchbar, z. B. 20—30 g (eine Hand voll) mit 1—2 Flaschen Essig gekocht, eine Flanelldecke darein getaucht, ausgerungen und den Kranken hineingewickelt, als starkes Hautreizmittel bei Kollaps.

†Unguentum aromaticum, aromatische, aus Wermutkraut und den ätherischen Ölen von Lorbeer, Wacholder, Pfefferminz, Rosmarin und Lavendel zusammengesetzte Salbe.

†Emplastrum Meliloti, Steinkleepflaster, im wesentlichen aus Herba Meliloti, Cera flava, Colophonium, Ammoniacum, Therebinthina Veneta, Oleum Olivarum hergestellt. Geschätztes Volksmittel zur Zerteilung von Drüsengeschwülsten.

Rezept-Beispiele:

R		R	
Ol. Olivar.	5,0	Liq. Ammoni caust.	10,0
Vitell. ovi	15,0	Ol. Terebinth.	30,0
Aquae	65,0	Spir. camphorat.	210,0
Olei Terebinth.	100,0	M. f. liniment.	
Acidi acet.	15,0	D. S. Kopfwaschwasser.	
M. f. liniment.		[Lotio excitans.]	
DS. äußerlich zu Einreibungen.			
[Vereinfachtes Stokes'sches Liniment.]			

***†Oleum Sinapis, Senföl,** zum Unterschiede von anderen ähnlichen Stoffen Allylsenföl genannt, ist ein flüchtiges Öl von äußerst stechendem Geruch und brennendem Geschmacke. Es bildet sich zu $1/2\,^0/_0$ in den ölreichen Samen des **schwarzen Senfs, *Semen Sinapis** der Crucifere Brassica nigra, beim Zerstoßen derselben mit Wasser durch ein Ferment (Myrosin) aus dem Glykosid Myronsäure:

$$C_{10}H_{18}NS_2O_{10}K \; = \; C_6H_{12}O_6 \; + \; SO_4HK \; + \; C_3H_5CNS$$

Myronsaures Kalium Zucker Kaliumbisulfat Allylsenföl.

Man nimmt diese Zerlegung sehr gut beim Zerkauen eines solchen Senfkornes wahr. Zuerst hat man den öligen Geschmack des unveränderten Samens, nach etwa einer Minute aber macht sich der brennende des abgespaltenen Senföls bemerkbar.

Das Senföl wirkt *an allen Applikationsorten intensiv reizend,* auch besitzt es hervorragende, aber nicht verwendbare antiseptische Eigenschaften. Sein Dampf ruft lebhaftes Husten und Tränen hervor. Im Magen- und Darmkanal erregt es noch in großer Verdünnung Hyperämie und Sekretion, daher die Verwendung der Samen als Gewürz. Eigenartig ist die experimentell erwiesene und bei Acholie vielleicht verwertbare Förderung der Fettresorption. Größere Konzentrationen erzeugen heftige Gastroenteritis. Auf der Haut erfolgt noch bei großer Verdünnung brennender Schmerz und lebhafte Rötung, bei längerer Einwirkung schwer heilende erysipelatöse Entzündung.

Die gewöhnliche Anwendungsform ist der **Senfteig,** der durch Verrühren von Senfmehl mit gleichen Teilen gewöhnlichen Mehles, unter Zusatz von Wasser hergestellt und fingerdick auf Leinwand gestrichen und mit Gaze bedeckt, um das Ankleben der Haare zu verhindern, auf die Haut nach Art eines Kataplasmas gelegt wird. Man läßt ihn je nach der Empfindlichkeit der Haut und der gewünschten Stärke des Reizes $1/2$ bis 1 Stunde liegen. Länger würde wegen der weitergehenden Wirkung nicht rätlich sein. Schon bei dieser kurzen Einwirkungsdauer bleibt die Applikationsstelle häufig für längere Zeit durch stärkere Pigmentierung kenntlich. Das Senfmehl muß von guter Beschaffenheit sein, mit Wasser befeuchtet, sofort den charakteristischen Geruch entwickeln. Einmal feucht gewordenes ist oft schon ganz zersetzt. Das zum Anrühren verwendete Wasser sei lau, weil die Abspaltung bei höherer Temperatur begünstigt wird, aber nicht heiß, weil dadurch das Ferment zerstört wird.

Ein bereits fertig hergestelltes Senfkataplasma von etwas

schwächerer Wirkung ist das zuerst von Rigollot angegebene **†Senfpapier, Charta sinapisata,** das durch Aufleimen von entöltem Senfmehl auf Papier hergestellt wird. Es wird mit der bestrichenen Seite nach vorausgegangenem Befeuchten mit Wasser auf die Haut gelegt. Gutes Papier muß hierbei sofort den charakteristischen stechenden Geruch entwickeln.

Senfwassereinwickelungen empfiehlt Heubner bei Kapillarbronchitis. Man verrührt in einer Schüssel $1/_2$ Kilo Senfmehl mit $1^1/_2$ Liter lauwarmen Wassers, bis der Geruch des entwickelten Öles in starker Weise sich geltend macht. Nun wird ein leinenes Tuch eingetaucht und ausgerungen, das Kind darin eingeschlagen und mit einer wollenen Decke so umwickelt, daß der Dampf nicht an Nase und Augen dringen kann. Nach 10 bis 15 Minuten nimmt man den Wickel ab, reinigt den hochroten Körper von haftengebliebenen Mehlresten durch warme Abwaschung und appliziert einen lauwarmen Wickel, in welchem das Kind dann 1—2 Stunden verbleibt.

Senfbäder, bereitet durch Zusatz von Senfmehl 100—200 g zu einem Vollbad sind gegenwärtig wenig mehr üblich. Hand- oder Fußbäder, aus 2—3 Händen voll Senfmehl und Kochsalz mit 2—3 Eßlöffeln Pottasche und warmem Wasser bereitet, stehen im Rufe, Aderhauterkrankungen und die maligne Form der rapid fortschreitenden Kurzsichtigkeit günstig zu beeinflussen. Man verordnet sie am besten unmittelbar vor dem Zubettgehen unter allmählichem Zugießen von heißem Wasser so lange, als es ertragen wird. Nach 5—10 Minuten werden die Hände resp. Füße für einen Augenblick in kaltes Wasser getaucht, sodann kräftig frottiert und in ein Wolltuch gehüllt.

†Spiritus Sinapis, Senfgeist, eine Auflösung von 1 Senföl in 49 Weingeist, dient hie und da zu hautreizenden Einreibungen.

Dem Allylsenföl ähnliche Stoffe sind enthalten in den Zwiebeln, dem Meerrettich und dem Knoblauch. Der aus dem Löffelkraut hergestellte Spiritus Cochleariae ist noch als Zusatz zu Mundwässern üblich.

Weißer Senf, die Samen der einheimischen Crucifere Sinapis alba spalten ein nicht flüchtiges, weniger stark reizendes Öl ab. Er hat daher mildere Wirkung als der schwarze Senf.

d) Harze und Gummiharze.

Harze sind ein Sammelbegriff für sehr kompliziert zusammengesetzte Gemische von Stoffen der aromatischen Reihe (Säuren Ester, Alkohole usw.). Sie sind im Pflanzenreiche sehr verbreitet, in Terpenen (ätherischem Öl) gelöst. Je nach dem Reichtum an diesen bleiben sie nach der Gewinnung dickflüssig und führen dann den Namen Balsame oder erstarren zu amorphen, glasglänzenden, spröden Massen, den Hartharzen.

Gummiharze nennt man die erhärteten Emulsionen von Balsamen (Harzen und Terpenen) in gummiartigen Stoffen.

Beide dienen als *Klebemittel zur Herstellung von Pflastern* und ähnlichen Arzneiformen. Sie sind indes für die Haut keineswegs indifferent, sondern reizen dieselbe ohne Ausnahme, einige so stark, daß sie mit Vorliebe als Zusatz zu hautreizenden, sog. maturierenden Pflastern gebraucht werden.

*Colophonium, †Resina Colophonii, Kolophonium, das aus Abietinsäureanhydrid bestehende Harz des gemeinen Terpentins, wurde bereits bei diesem erwähnt. Durch trockene Destillation entsteht das †Oleum Resinae empyreumaticum, Harzöl, Bestandteil des Collemplastrum adhaesivum.

*Dammar, †Resina Dammar, das Harz (malaiisch Dammar) von Dipterocarpaceen-Gattungen, hohen, der Edeltanne gleichenden Koniferen Südindiens Bestandteil des Emplastrum adhaesivum.

†Resina Draconis, Drachenblut, Harz der Früchte ostindischer Palmen, zum Färben von Pflastern und Zahnpulvern verwendet; gibt mit Terpentinöl und Wallrat zusammengeschmolzen eine geronnenem Blute ähnliche Masse, die in einem dünnwandigen Glasgefäße aufbewahrt in Handwärme flüssig wird (Wunder des heiligen Januarius am Gedächtnistage (15. Sept.) in der nach ihm benannten Kathedrale in Neapel dem gläubigen Volke vorgezeigt).

†Resina Elemi, Elemiharz, von mehreren nicht genauer gekannten Bäumen der Philippinen. Wird manchmal zur Herstellung von Pflastern und Salben benutzt.

†Resina Mastix, Mastix, von Pistacia Lentiscus, einem auf Chios kultivierten Baume. Bestandteil des „Mastisols“, des †E. Cantharidum perpetuum und E. oxycroceum.

†Resina Sandaraca, Sandarak, das Harz von Callitris quadrivalvis, Konifere Nordafrikas. Bestandteil von Collemplastra und Räucherpulvern.

*Benzoe, †Resina Benzoe, heißt das Harz, das aus Rindeneinschnitten von Styrax-Arten, Siam, gewonnen wird. Es enthält Benzoesäure und Vanillin, dem es den angenehmen Geruch verdankt. Die daraus dargestellte *†Tinctura Benzoes wird viel verwendet als *Geruchscorrigens* von Salben, Pomaden und anderen kosmetischen Artikeln. Früher auch als *Expectorans* und Verbandmittel für schlecht heilende Wunden gebraucht.

*Ammoniacum, †Gummiresina Ammoniacum, Ammoniakgummi, Ammoniakgummiharz, der erhärtete Milchsaft (Gummisaft) von Dorema Am moniacum, einer Umbellifere Persiens, dient zu *hautreizenden Pflastern.*

*Galbanum, †Gummiresina Galbanum, Mutterharz, der erhärtete Milchsaft von Ferula galbaniflua, Umbellifere Persiens. Eines der ältesten Heilmittel, wie voriges früher innerlich als Expectorans, ähnlich wie die Balsame, jetzt nur mehr als *Zusatz für hautreizende Pflaster* verwendet, z. B *Emplastrum Lithargyri compositum, Gummipflaster, vgl. Bleipflaster, und †Emplastrum oxycroceum, harziges Safranpflaster aus Ammoniakgummi, Galbanum Colophonium, Terpentin, Weihrauch, Mastix, Safran und gelbem Wachs zusammengesetzt.

†Gummiresina Olibanum, Weihrauch, Gummiharz mehrerer zur Gattung Boswellia gehörigen Bäume Arabiens und des Somalilandes. Bekanntes Räucherungsmittel. Auch als Zusatz zu Pflastern gebraucht.

*Myrrha, †Gummiresina Myrrha, Myrrhe, das eingetrocknete Gummiharz von Commiphora-Arten, Bäume Arabiens und Abessiniens. Seit den ältesten Zeiten geschätztes Räucherungsmittel, Gewürz und Heilmittel zu 0,3—1,0 in Pulvern und Pillen (Stomachicum, Expectorans und Emenagogum). Jetzt nur mehr äußerlich in Form der *†Tinctura Myrrhae 1:5 als milde reizendes Mittel bei schlecht heilenden Geschwüren und Wunden, zum Bepinseln gelockerten Zahnfleisches und als Zusatz *zu Mundwässern.*

*Asa foetida, Gummiresina Asa foetida, Asant, Stinkasant, eingetrockneter Milchsaft von Ferula scorodosma und Ferula Narthex, Hochasien, von ekelhaftem, an Knoblauch erinnerndem Geruch. Enthält zwei, anscheinend wirkungslose, ätherische, schwefelhaltige Öle. In Form von Tinkturen *gegen Hysterie* gebraucht wie Castoreum; in Pillenform als blähungtreibendes Mittel.

e) Kantharidin und Krotonöl.

Außer den flüchtigen vermögen auch manche nicht flüchtige, spezifisch reizende, scharfe Stoffe (Acria) die Epidermis zu durchdringen. Sie wirken langsamer, aber anhaltender und intensiver als die flüchtigen. Als Folge erscheint eine *Entzündung mit Pustel- oder Blasenbildung*, welche bei nicht zu langer Einwirkung des Mittels auf die Oberfläche der Cutis beschränkt bleibt und, von etwas Pigmentierung abgesehen, ohne bleibende Veränderung zu hinterlassen, wieder heilt.

*†Oleum Crotonis, Krotonöl, dunkelgelbes Öl, von dem schon ein Tropfen auf der Haut eine *pustulöse Entzündung* (kleine, getrennt bleibende, zuerst mit Serum, dann mit Eiter gefüllte Bläschen) hervorruft. Es wird, mit gleichen Teilen Olivenöl verdünnt, zu *derivierenden Einreibungen* zuweilen verwendet. Seine Anwendung als Abführmittel wird in Kap. XII besprochen werden.

*†Cantharides, Spanische Fliegen, eine durch ganz Süd- und Mitteleuropa verbreitete, auf Eschen und Liguster lebende, glänzend grüne Käferart, Lytta vesicatoria.

Der wirksame Stoff, der zu $^1/_2 °/_0$ in verschiedenen Teilen ihres Leibes, besonders im Abdomen enthalten ist, ist das in Alkohol, Äther und Fetten lösliche, kristallisierbare Säureanhydrid Cantharidin, $C_{10}H_{12}O_4$.

Auf der Haut erzeugen Bruchteile eines Milligramms dieser Substanz oder einer entsprechenden Menge von Kanthariden unter lebhaftem Brennen und starker Rötung eine *exsudative Entzündung des Papillarkörpers*, so daß die Oberhaut in Bläschen abgehoben wird, die bald zu einer einzigen Blase von der Größe der Applikationsstelle zusammenfließen. Nach ihrem Anstechen fließt Cantharidin enthaltendes Serum aus, und die Stelle verheilt nach einigen Tagen. Bei längerer Anwesenheit hingegen erzeugt das Cantharidin tiefergehende, eiterige Entzündung.

Ähnliche, nur *noch heftigere Entzündung zieht die innerliche Aufnahme der Kanthariden nach sich,* falls deren Menge 0,05 (0,15!) überschreitet.

Resorption findet sowohl vom Darmkanal, wie auch von der Haut aus statt. Bei der Ausscheidung erfolgt *Reizung der Niere und der Harnwege,* welche zunächst zur Vermehrung der Harnmenge, öfterem Drange zum Urinieren und zu Erektionen Veranlassung gibt. Durch letzteres kamen die Kanthariden in den Ruf eines Aphrodisiacum. Sie finden sich daher noch jetzt in entsprechenden Geheimmitteln und haben schon wiederholt gefährliche und selbst tödliche Vergiftung erzeugt, denn die genannten Erscheinungen sind nur der Anfang einer allgemeinen heftigen Entzündung der Niere (Glomerulonephritis) und Harnwege.

Die *Nephritis nach Cantharidin* tritt bei Kaninchen nur auf, wenn *sauer reagierender Harn* abgesondert wird, eine Beobachtung, welche die Zweckmäßigkeit der in der Therapie der Nierenentzündungen des Menschen seit jeher eingehaltenen Verordnungen (Pflanzenkost, alkalische Wässer) instruktiv beleuchtet (Ellinger).

Die **Anwendung** *der Kanthariden als starkes Hautreizmittel in Form von Pflastern* war früher weit häufiger als jetzt. Kleinere, von Mark- bis Talergröße, hinter das Ohr, verordnete man bei rheumatischen Zahnschmerzen, streifenförmige wurden längs des Verlaufes eines rheumatisch affizierten Nerven aufgelegt, handtellergroße, um Exsudate zur Resorption zu bringen, oder kupierend auf akute Entzündungen (z. B. kruppöse Pneumonie) einzuwirken.

Zur Setzung einer mäßigen, mehr erythematösen als exsudativen Entzündung dient das ***†Emplastrum Cantharidum perpetuum,** Zugpflaster, ein grünlich-schwarzes, ziemlich gut klebendes Pflaster aus Colophonium, Terpentin, Wachs, Euphorbium und 10% Kanthariden zusammengesetzt. Es wurde nicht selten wochenlang getragen.

Kräftiger wirkt das ***†Emplastrum Cantharidum ordinarium,** Blasenpflaster aus Wachs, Olivenöl, Terpentinöl mit 25% Kanthariden. Es zieht nach 6—10 Stunden eine Blase. Ihre Bildung kann wesentlich befördert werden, wenn man das Eindringen des Cantharidins durch vorheriges Einreiben der Hautstelle mit Öl erleichtert. Da das Pflaster, um es leicht wieder abnehmen zu können, nur geringe Klebefähigkeit besitzt, muß es durch kreuzweise gelegte Heftpflasterstreifen befestigt werden oder direkt auf ein Heftpflaster unter Freilassung eines Randes gestrichen werden. Ohne weiteres applizierbar ist das ***Collodium cantharidatum,** Kantharidencollodium, eine grüne dickliche Flüssigkeit, welche durch Ausziehen von Kanthariden mit Äther und Zumischen von Collodium erhalten und auf die Haut mit einem Pinsel aufgetragen wird. Nach der Verdunstung des Äthers hinterbleibt ein dünnes, grünliches Häutchen, unter dem sich die Blase in der Ausdehnung der bestrichenen Stelle erhebt. Die durch eines dieser Präparate erzeugte Blase wird angestochen, entleert und antiseptisch verbunden.

In früherer Zeit suchte man auch häufig die Entzündung auf Tage und Wochen zu verlängern durch Verwandlung der Blasenwunde in eine Fontanelle (Eiterquelle). Zu diesem Zwecke wurde die abgehobene Epidermis entfernt und die Hautstelle von Zeit zu Zeit mit Eitersalben (*Ung. Cantharidum, *Oleum Cantharidum) eingerieben. Diese Behandlung erforderte viel Aufmerksamkeit, um die Ausbreitung der Entzündung in die Umgebung (Erysipel) oder die Folgen der Resorption des Cantharidins hintanzuhalten.

*†Tinctura Cantharidum aus 1 Kanthariden und 10 Weingeist diente früher zu innerlichem Gebrauche (0,5 (1,5)!), gegenwärtig noch manchmal zu hautreizenden Einreibungen und als Zusatz zu haarwuchsbefördernden Mitteln, z. B.:

R

Tinct. Cantharid.	
Mixt. oleos. balsam.	ana 10,0
Glycerini	3,0
Spirit. ad	150,0
MDS. mit Schwämmchen einzureiben.	

Weitere hautrötende und blasenziehende Acria sind:

*Tinctura Capsici, Spanischpfeffertinktur. Spirituöser Auszug von Fructus Capsici (Paprika), das Capsicin enthaltend. In Form von Einreibungen als Hautreizmittel und Haarwuchsmittel.

†Liquor Capsici compositus, spirituöser Auszug von Piper nigrum, Fructus Capsici, versetzt mit Kampfer, ätherischen Ölen, Ammoniak und Seife. Zu schmerzstillenden und ableitenden Einreibungen als Ersatz des bekannten Arcanums „Painexpeller".

*Euphorbium, †Gummiresina Euphorbii, ist das gelbliche Gummiharz der marokkanischen Euphorbia resinifera. Es enthält das Säureanhydrid Euphorbin und ist Bestandteil des Emplastrum Cantharidum perpetuum.

Zu ihnen gesellt sich das Mezerein der Seidenbastrinde, der leicht zersetzliche Anemonenkampfer, im frischen Safte der Ranunculus- und Anemonenarten (R. sceleratus, A. Pulsatilla, Küchenschelle), von Simulanten bisweilen zur Erzeugung von Hautausschlägen benützt, das blasenziehende, ölartige Cardol aus den Früchten von Anacardium occidentale, sog. Elephantenläusen, das Dermatitis erzeugende „Primelgift" der Drüsenhaare von Primulae obconica, dgl. der Harzsaft des nordamerikanischen Giftsumachs Rhus aromatica und toxicodendron, die Gartenraute (Ruta graveolens) und die scharfen Stoffe mancher Käferarten, z. B. des Maiwurms, Meloe majalis s. vesicatorius, der im Mai und Juni an Feldrändern und Wiesen sich findet und bei Berührung einen gelben Saft von beträchtlicher blasenziehender Kraft abgibt.

Sechstes Kapitel.

Adstringentia.   Zusammenziehende Mittel.

Die Veranlassung zur Aufstellung dieser Gruppe gab die Zusammenziehung und Trockenheit, welche diese Stoffe an den Applikationsstellen — in besonders fühlbarer Weise in der Mundhöhle —
hervorrufen. Die Erklärung suchte man früher in einer Kontraktion
der Gefäße, welche diese Stoffe bewirken sollen. Eine solche Wirkung kommt allerdings im Erblassen der Gewebe mehr oder
weniger stark zum Ausdruck. Sie kann indes nicht die alleinige
Ursache sein, denn Adrenalin, dieses eminent kontrahierende
Mittel (Kap. XIX), ist kein Adstringens. Das Wesen der durch
Adstringentia gesetzten Zustandsveränderung ist vielmehr in
einer *oberflächlichen Verdichtung des gesamten Gewebes* durch
physikalisch-chemische Vorgänge zu suchen (Schmiedeberg).

In gewissem Grade geschieht dies schon durch *fein verteilte,
unlösliche Pulver,* wenn sie die Oberfläche der Gewebe überziehen und durch Adsorption gelöste Eiweißstoffe und andere
Kolloide zur Fällung bringen: **Bolus alba, Talcum, basische Wismutsalze.** Auch das **Kalkwasser** ist schon darum ein gutes Adstringens, weil es zu einem Niederschlage von Kalkkarbonat durch
die Kohlensäure der Gewebe Veranlassung gibt. Vollkommener aber
wird diese Verdichtung erreicht durch *Stoffe, welche die gewebebildenden Elemente Epithelien, Bindegewebe, Lymph- und Blutgefäße, Nervenenden verändern, indem sie mit ihnen unlösliche,
derbe Verbindungen, zunächst nach Art einer Adsorption (Flächenanziehung), eingehen.* Nur diese „gerbenden“ Mittel rechnet man
daher gewöhnlich zu den Adstringentia. Es sind die **Salze der Tonerde, viele Salze der schweren Metalle und die Gerbsäuren.** Sie alle
besitzen die gemeinsame Eigenschaft, Eiweißkörper, Schleim, Leim
usw. unter Bildung entsprechender Metallalbuminate, resp. Tannate
zu fällen. Auch die durch **Kalksalze** (Kap. VII) gebildeten Albuminate zeichnen sich vor den anderen Alkalialbuminaten durch geringe
Löslichkeit aus. Die gleichen Reaktionen vollziehen sich auch an den
Geweben und führen hier sowohl zu einer Erhöhung der Konsistenz
der bereits geformten Teile, als auch zur Einlagerung neuer fester
Teilchen in die Zwischenräume. Die Folge von beiden ist Verdichtung des Gewebes. Damit diese aber zur Adstringierung führt,
muß sie auf die Oberfläche des Gewebes beschränkt bleiben und
die Form eines äußerst feinen Überzuges annehmen. Geht die

Umwandlung tiefer, stört sie das Gefüge der Zellen, oder hebt sie es ganz auf, dann kommt es zur Ätzung. Welche von diesen beiden Wirkungen eintritt, hängt neben der Reaktion und den besonderen Eigenschaften des Mittels wesentlich ab von der Menge, bzw. Konzentration, in der es angewandt wird. In praxi wird die Adstringierung häufig eingeleitet durch die rasch vorübergehenden Anfänge der Ätzung (starke sensible Erregung, Hyperämie, Sekretion), Adstringierung und Ätzung durch eiweißfällende Mittel sind mithin in vielen Beziehungen verwandte, zum Teil nur graduell verschiedene Zustandsveränderungen des Gewebes, und alle Adstringentia sind daher von einer bestimmten Konzentration an, die für jedes von ihnen verschieden ist, auch Ätzmittel.

Umfassende experimentelle Untersuchungen über das Wesen der Adstringierung sind noch ausständig. Vorerst ist nur bekannt, daß die Tätigkeit der Hautdrüsen des Frosches unterdrückt (Hofmeister), das Resorptionsvermögen der Darmschleimhaut bei Hunden durch Adstringentia erheblich herabgesetzt wird (Gebhart) und Algenzellen die Fähigkeit, Wasser und Kohlensäure aufzunehmen, verlieren (Fluri).

Anwendung. 1. *Als örtliche Adstringentia* hauptsächlich *bei Entzündungen der äußeren Haut und der Schleimhäute.* Hierbei wird in mehrfacher Weise der Entzündung entgegengewirkt:

Zunächst steht die durch die chemische Einwirkung erzeugte *Verdichtung* und *Trockenlegung der Gewebsoberfläche* in unmittelbarem *Gegensatz zu der durch die Entzündung gesetzten Schwellung des Gewebes,* infolge der erhöhten Vaskularisation, Leukocytenansammlung und Hypersekretion.

Der daraus sich ergebende direkte Einfluß auf die Entzündung wird indes nur geringe Tiefe haben können und daher ein größeres Gewicht auf den Umstand zu legen sein, daß die oberflächliche Verdichtung zugleich eine *Schutzdecke zur Abhaltung der die Entzündung bedingenden oder unterhaltenden Reize* bildet, wodurch der Fortgang der Entzündung gehemmt und dem erkrankten Gewebe eine wesentliche Bedingung zu seiner Heilung — die Ruhe — gewährt wird.

Die entzündlichen cytolytischen Fermente und die bei jeder Zellnekrose auftretenden phlogogenen Stoffe werden gefällt.

Schließlich ist die Schleimhaut durch die chemische Umsetzung, welche ihre Oberfläche erfahren hat, ein *schlechter Nährboden für Bakterien,* die häufigen Erreger der Entzündung, geworden. Bekanntlich widersteht gegerbtes Bindegewebe (Leder) sehr lange der Fäulnis und von den Metallalbuminaten gilt Ähnliches. Diese Wirkung ist oft nachhaltiger als jene gelöster Antiseptica, weil diese bald fortgespült und resorbiert werden. Die Möglichkeit, durch frische Infektion entstandene Schleimhautkatarrhe mit konzentrierten Adstringentien zu kupieren, beruht neben der direkten antiseptischen Wirkung jedenfalls auf dieser Veränderung des Nährbodens.

Die Erfolge gestalten sich verschieden, je nach der Beschaffenheit des Applikationsortes. So sind die Adstringentia auf der unversehrten Haut wirkungslos oder bringen es höchstens bei längerer Einwirkung zu einer leichten Schrumpfung, wogegen gute Erfolge zu erzielen sind an *Hautstellen, wo die Epidermis verändert oder ganz verloren* gegangen ist und nässende Ekzeme sich eingestellt haben. Sehr deutlich ist die Wirkung *an normalen und entzündeten Schleimhäuten,* soweit direkte Applikation möglich ist. Viel weniger sicher ist sie hingegen, wo ein Transport des Mittels stattfinden muß, wie im *Verdauungskanal,* weil die Verdünnung, Resorption und vorzeitige Bindung nicht immer genügend große Mengen an die hilfsbedürftige Stelle gelangen lassen. Am leichtesten sind die Folgen chronischer Darmkatarrhe, die Durchfälle, zu stopfen, seltener hingegen Blutungen.

Nach der Resorption ist eine adstringierende Wirkung nicht zu erwarten. Bei vielen Adstringentien findet überhaupt keine nennenswerte Aufsaugung statt, bei anderen ist sie nur durch den Umstand möglich, daß die an den Applikationsorten gebildeten Verbindungen mit Eiweiß im Überschusse desselben löslich sind. Die Adstringentia können im Blute nur als Albuminate zirkulieren, also in einer Form, welche die F o l g e der bereits stattgehabten Adstringierung ist und jede weitere Wirkung dieser Art ausschließt. Nur den Kalksalzen kommt nach Kap. VII, Anhang, eine Art adstringierender Fernwirkung zu.

2. *Als Styptica, blutstillende Mittel* bei kapillaren Blutungen und Blutungen größerer Gefäße, wenn das verletzte Gefäß nicht erreicht und unterbunden werden kann, und auch die Kompression und Kälteapplikation nicht ausführbar ist (Blutungen per diapedesin und per rhexin).

Örtlich an der Applikationsstelle leisten dies in bescheidenem Grade auf mechanische Weise f e i n v e r t e i l t e F a s e r n, die volkstümlichen Spinnweben, der noch nicht mit Salpeter imprägnierte Feuerschwamm und die Spreuhaare ostindischer Baumfarne (Penawar Djambi), †Paleae haemostaticae. Ausgiebiger wirken die eigentlichen Adstringentia durch ihre Eigenschaft, sich mit dem Eiweiß unlöslich zu verbinden. Dadurch werden zunächst die Gefäßwände so verändert, daß das Blut schon dadurch Neigung erlangt, als Gerinnsel, an ihnen sich festzulegen, und weiter das austretende Blut, zunächst die Blutplättchen zur Koagulation gebracht, die verletzten Gefäße also wie mit Pfröpfen verschlossen. Damit die Gerinnsel genügend ausgedehnt und fest sind, muß die Konzentration der Mittel etwas größer sein, als zur bloßen Adstringierung nötig wäre. Die chemische Veränderung der Umgebung wird dadurch ebenfalls eine größere, wodurch die Heilung der Wunde sehr erschwert wird. Aus diesem Grunde macht man von diesen chemischen Styptica nur selten Gebrauch.

Nach der Resorption ist eine derartige mechanisch-styptische Wirkung aus den schon bei Besprechung der Möglichkeit einer adstringierenden Fernwirkung angeführten Gründen ausgeschlossen. Nur die die Gerinnung und die Abdichtung der Gefäßwände fördernden Kalksalze bilden eine Ausnahme. Die frühere innerliche Verordnung bei Lungenblutungen, Nierenblutungen usw. war aber dennoch nicht ganz ungerechtfertigt, denn die chemische Reaktion auf die Eiweißstoffe des Applikationsortes bewirkt nach v. d. Velden eine Verschiebung des Gleichgewichtszustandes der Komponenten des Gerinnungsaktes im ganzen zirkulierenden Blute im Sinne einer Erhöhung der Gerinnungsfähigkeit desselben.

Weitere Styptica sind:

Kochsalz, ein altes Volksmittel, erzeugt in Gaben von 5 g per os innerhalb weniger Minuten eine ca. 1 Stunde anhaltende Erhöhung der Gerinnungsfähigkeit des Blutes, die durch weitere Gaben verlängert werden kann. In gleicher Weise tun dies 3 g Bromkalium oder Bromnatrium, welche den Vorteil haben, gleichzeitig beruhigend zu wirken. Will man sehr rasch eingreifen oder örtliche Reizung vermeiden (bei Magen- und Darmblutungen), so injiziert man 2—5 ccm einer 10proz. Kochsalzlösung intravenös. Durch diese „Übersalzung" des Blutes wird nach v. d. Velden das osmotische Gleichgewicht zwischen Blut und Geweben (Reticulumzellen der Leber, Milz und Lymphdrüsen) verändert und eine vermehrte Zufuhr von Thrombokinase und von Flüssigkeit in das Blut bewirkt. Folge der ersteren ist erhöhte Gerinnungsfähigkeit, Folge der letzteren Zunahme der Diurese. Zusatz von 0,02 % Calciumchlorid erhöht die Gerinnbarkeit durch Förderung der Abspaltung des Thrombins aus dem Fibrinogen. In ganz analoger Weise wirkt **Aderlaß,** bei dessen Wiederholung auch die Durchlässigkeit der Gefäßwände vermindert wird, wie Experimente mit ins Blut eingespritzten Stoffen (Jodnatrium, Ferrocyannatrium) dargetan haben. Die Übung der älteren Ärzte, exsudative Entzündungen mit Aderlaß zu behandeln, erscheint hierdurch berechtigt. Ein unblutiger Ersatz des Aderlasses ist das volkstümliche **Binden der Glieder,** z. B. beider Oberschenkel hoch oben eine halbe Stunde lang.

Gelatine, in China als *örtliches Haemostaticum* seit dritthalb Jahrtausenden bekannt, wird *für innere Organe in Form subkutaner Applikation* empfohlen. Man injiziert 10—40 ccm einer 10proz. Lösung. Auf sorgfältige Sterilisierung im Dampfstrom ist das größte Gewicht zu legen wegen des Vorkommens von Tetanuskeimen in der käuflichen Gelatine. Die „Gelatina sterilisata pro injectione" von E. Merck erfüllt diese Forderung. Die Förderung der Gerinnung dürfte hauptsächlich auf Beschleunigung der Gerinnung und Vermehrung des Fibrinogengehaltes beruhen. Sie ist nicht der Gelatine allein, sondern vielen Proteinkörpern, z. B. denen der Milch eigen. Der Kalkgehalt scheint dabei eine Rolle zu spielen. Die Förderung der Gerinnung ist experimentell erwiesen: Blut wird für viele Stunden ungerinnbar durch Injektion von Hirudin, einer von den Speicheldrüsen des Blutegels abgesonderten Substanz, die ihm dazu dient, das angesaugte Blut flüssig zu erhalten, und schuld an der oft hartnäckigen Nachblutung nach Blutegelbiß ist. Nach einer subkutanen Gelatineinjektion wird es wieder gerinnungsfähig.

Koagulen Kocher-Fonio, Extrakt aus Blutblättchen, durch Zuckerzusatz in haltbare feste Form gebracht. Man spritzt die 10prozentige wässerige, frisch dargestellte und durch kurzes Aufkochen sterilisierte, trübe Lösung auf die Wundfläche. Die in ihm enthaltene Thrombokinase (Cytozym), welche mit dem von den flüssigen Bestandteilen des Blutes gelieferten Thrombogen (Serozym) bei Anwesenheit von Kalksalzen Thrombin erzeugen, ist nach Fischl auch in verschiedenen Organextrakten, insbesondere in jenen der Lunge, enthalten und kommt unter dem Namen „Clauden" als rotbraunes Pulver in Ampullen gebrauchsfertig in den Handel. Anwendung nur örtlich, besonders bei parenchymatösen und venösen Blutungen; intravenöse ist nach Tierexperimenten gefährlich wegen der intensiv und schnell einsetzenden Gerinnungserscheinungen in Venen und rechtsseitigen Herzhöhlen.

Fibrin (E. Merck) im Vakuum bei niedriger Temperatur getrocknet, als Pulver auf die blutende Stelle gedrückt, wird zur Blutstillung empfohlen. Zu 0.3 in 10 ccm physiol. Kochsalzlösung aufgeschwemmt, ist es nach Bergel subperiostal zur Anregung der Kallusbildung sehr brauchbar.

Brennessel und Hirtentäschelkraut, als Tee oder Fluidextrakt (30 bis 40 Tropfen) Volksmittel bei Blutungen, mag bis auf weiteres hier angeführt sein.

Die durch Gefäßkontraktion wirkenden Styptica sind in Kap. XIX u. XX behandelt.

a) Salze der Tonerde.

Die Salze der Tonerde wirken örtlich vermöge ihrer Eigenschaft, mit Eiweiß schwerlösliche Albuminate zu bilden, *adstringierend,* durch Veränderung des Nährbodens *antiseptisch* und bei stärkeren Konzentrationen *ätzend.* Eine merkbare Aufsaugung im Darme findet nicht statt, so daß der Gebrauch von Feldflaschen und Kochgeschirren aus Aluminium unbedenklich ist. *Subkutan* in Form von Eiweiß nicht koagulierenden Doppelsalzen (Aluminium-Natrium tartaricum) aber bewirken schon 0,02—0,1 Aluminiumoxyd pro Kilo Tier eine langsame, in einigen Wochen tödlich endigende *Vergif-*

tung unter dem ausgesprochenen Bilde einer akuten Bulbär-
paralyse.

Als **Adstringens** dient vorzugsweise:

***†Alumen, Alaun,** in 10 Wasser mit saurer Reaktion und süß-
lichem, zusammenziehendem Geschmack lösliches Doppelsalz
$(SO_4)_2$ KAl $+ 12 H_2O$. Innerlich in Pulvern zu .0,3 einmalig bis 3,0
im Tage wirkt es leicht, namentlich bei längerem Gebrauche, ätzend,
Appetitlosigkeit und Magen-Darmkatarrhe erzeugend, weshalb ihm
hierfür das in gleichen Dosen zu verordnende Tannin vorgezogen
wird. Äußerlich hingegen wird es viel gebraucht, besonders in
Lösungen 0,5—1,0 % zu *Einträufelungen bei Conjunctivitis, als
Gurgelwasser bei Angina, zu Inhalationen bei chronischem Rachen-
und Kehlkopfkatarrh und zu Injektionen bei Gonorrhoe und Cystitis;* ferner in *Pulverform* mit tanninhaltigen Mitteln zum *Einblasen in den Kehlkopf* und die *Nasenhöhle.* In zugeschliffenen
Kristallen oder als Stift gegossen dient es als *gelindes Ätzmittel.*

Als **Antisepticum** wird gebraucht:

***Liquor Aluminii acetici, †Aluminium aceticum solutum,** eine
ungefähr 8 prozentige wässerige, kolloide Lösung der basisch essigsauren Tonerde, von süßlich zusammenziehendem Geschmack und
saurer Reaktion. *Mit Wasser verdünnt* ist sie *ein vielgebrauchtes,
nahezu reizloses Verbandmittel* bereits septisch und gangränös
gewordener Wunden, auch für Irrigationen und feuchtwarme Ver-
bände geeignet. 12,5 Teile Liquor mit 87,5 Teilen Wasser
(Liq. Alum. acet. 12,5, Aq. ad 100,0) gibt die am meisten gebrauchte 1 prozentige Tonerdelösung; 25 Liquor mit 75 Wasser
die 2 prozentige. Sie müssen frisch bereitet sein; ältere werden
infolge Ausscheidung von basisch essigsaurer Tonerde unter Freiwerden von Essigsäure bald unbrauchbar.

***Liquor Aluminii acetico-tartarici, Liquor Alsoli,** eine annähernd 50 prozentige
wässerige Lösung von essigweinsaurer Tonerde, ist in 50—100 facher Verdünnung
gleichfalls ein beliebtes *Antisepticum und Adstringens* zu Umschlägen, Verbänden, Spülungen und Injektionen; auch mit Bolus in feste Form gebracht,
als Streupulver verwendbar.

Anhang: Adsorbentia.

***†Bolus alba, Argilla,** weißer Ton, ist im wesentlichen wasser-
haltige kieselsaure Tonerde $2 SiO_2 Al_2O_3 + 2 H_2O$, durch Verwitterung
von Feldspat gebildet, in reiner Form *Kaolin,* Porzellanton genannt. Sie ist in Wasser ganz unlöslich, besitzt aber infolge ihres

großen Porenvolums die *Fähigkeit, viel Wasser zu einer knetbaren Masse aufzunehmen* und *Eiweißkörper, Fette* (daher Fettfleckenreinigungsmittel), *Enzyme, Toxine und Mikroben zu adsorbieren.* Auf diesen Eigenschaften beruht ihre Verwendung für *austrocknende Hautpasten, antineuralgische und antirheumatische Kataplasmen* (Lehmumschläge), für adstringierend-antiseptische *Wundverbände,* für Einblasepulver bei der *Trockenbehandlung des Fluor albus* und als porenverstopfendes *Adstringens bei Brechdurchfall und Adsorbens bei Vergiftungen.* Man verordnet 100 g, allmählich in kleinen Portionen in der doppelten Menge Wasser verrührt, auf einmal zu nehmen. Die harten tonerdehaltigen Kotballen machen mitunter große Beschwerden und geben zuweilen auch zur Bildung von Bolussteinen Veranlassung.

. Die Prüfung des Adsorptionsvermögens, das je nach der Sorte wechselnd ist und beim Erhitzen (Sterilisieren) stark zurückgeht, wird durch Schütteln von 2,5—5,0 mit 100 ccm 0,1 prozentiger, wässeriger Methylenblaulösung 1 Minute lang ausgeführt. Nach dem Absitzen muß die überstehende Flüssigkeit sich vollständig entfärbt zeigen. Tierkohle wird in gleicher Weise geprüft, bei guten Sorten genügen hier schon 0,1 zur völligen Entfärbung.

Carbo medicinalis, aus Blut oder geeigneten pflanzlichen Ausgangsstoffen (E. Merck) hergestellt schwarzes, sehr leichtes Pulver, der *†Carbo Ligni depuratus, Holzkohle an Wirksamkeit überlegen, hat wie der Ton, zum Teil in noch stärkerem Grade, das bei diesem näher bezeichnete Adsorptionsvermögen. Man verwendet die Tierkohle so früh wie möglich, zu 1—2 Eßlöffel in Oblaten oder als Kompretten à 0,25 mehrmals täglich als rasch wirkendes *Adsorbens bei infektiösen Magendarmstörungen,* übermäßigen Darmgärungen, Ruhr und Meteorismus, zur Bekämpfung der durch die Adsorption der Magensalzsäure hervorgerufenen Hypoazidität des Magens mit 20 Tropfen Acid. hydrochlor. dilut. zusammen. Bei *Vergiftungen,* durch ein kristalloides Gift ist die Bindung im Gegensatz zu den kolloiden Giften im Organismus allmählich lösbar (reversibel). Es muß daher ein Abführmittel nachgegeben oder dieses gleichzeitig verabreicht werden (z. B. 3 Eßlöffel Kohle mit ¼ l Bitterwasser aufgeschwemmt in 2 Portionen zu nehmen). Auch als Verbandmittel stark infizierter eitriger Wunden ist die Kohle brauchbar.

†Pulvis dentifricius niger, schwarzes Zahnpulver, aus gleichen Teilen Holzkohle, Chinarinde und Salbeiblättern zusammengesetzt, ist im Prinzipe zur Mund- und Zahnpflege ganz geeignet, vorausgesetzt daß die dabei verwendete Holzkohle nicht das Email angreift und durch Eindringen von spitzen Kohleteilchen eine Tätowierung des Zahnfleisches verursacht.

Kieselsäure ist resorbierbar und wird durch Niere und Darm ausgeschieden. Sie findet sich in verschiedenen Organen, besonders das in Neubildung begriffene

Bindegewebe ist relativ reich daran, was auf nähere Beziehungen beider hindeutet und möglicherweise auch zur Förderung der Abkapselung und Vernarbung tuberkulöser Herde, die Heilung von Hautkrankheiten, Knochenbrüchen usw. von Bedeutung ist. Auch die anscheinend sichergestellte Zunahme der Leukocyten des Blutes nach Kieselsäureaufnahme kann von Bedeutung sein. Der volkstümliche Gebrauch gewisser kieselsäurereichen Pflanzentees, z. B. des Schachtelhalms (Equisetum arvense), des Hohlzahnkrautes (Herba Galeopsidis) und des Vogelknöterichs (Polygonum aviculare), dann der kieselsäurereicheren Mineralwässer erscheint damit in neuer Beleuchtung. Versuche könnten auch mit dem Natronsalze der Kieselsäure, das „neutralisiert", d. h. mit einer ungiftigen Säure versetzt, um das bei der hydrolytischen Umsetzung des Salzes mit Wasser sich bildende ätzende Natriumhydroxyd zu binden in den Handel kommt, unternommen werden. Intravenöse Injektionen 2 ccm 1 proc. Lösung 3 mal wöch. werden bei Arteriosclerose (Angina pectoris) empfohlen. Unreines Natronsalz in Lösung dient als W a s s e r g l a s (Liquor Natrii silicici, etwa 35 %ig) zu immobilisierenden Verbänden. Fein verteilte Kieselsäure, z. B. Kieselgur (Infusorienerde), besitzt auch großes Wasseraufsaugungs- und Adsorptionsvermögen und kann daher wie Bolus alba und andere austrocknende Pulver verwendet werden.

*†A l u m i n i u m s u l f u r i c u m, schwefelsaure Tonerde, wirkt noch stärker antiseptisch und adstringierend als Alaun, dient indes gegenwärtig nur zur Bereitung des Liq. Aluminii acetici.

*†A l u m e n u s t u m, durch Erhitzen seines Kristallwassers beraubter Alaun, hat wegen seines hohen Gehaltes an Tonerde und seiner großen Begierde, Wasser anzuziehen, die stärkste Wirkung. Er dient manchmal für sich als leichtes Ätzmittel zum Einstreuen bei Caro luxurians und in gehöriger Verdünnung mit indifferenten Pulvern als adstringierendes Augen-, Schlund- und Kehlkopfpulver.

℞		℞	
Aluminis		Aluminis	2,0
Catechu	ana 10,0	Aq. Salviae	278,0
M. f. pulv.		Melis dep.	20,0
DS. zum Einblasen in den Kehlkopf.		MDS. Gurgelwasser.	

℞		℞	
Aluminis	1,0	Liq. Alum. acet.	30,0
Aq. ad	150,0	Glycerini	
MDS. zur Einspritzung in die Harnröhre.		Spirit.	aa 15,0
		Aq.	240,0
		MDS. Waschmittel.	
		[Bei Wundsein kleiner Kinder.]	

b) Salze der schweren Metalle.

Alle löslichen Salze der schweren Metalle sind stark wirkende Mittel sowohl örtlich wie resorptiv.

Örtlich wirken sie adstringierend und ätzend. Beides beruht auf ihrer Eigenschaft, mit Eiweißkörpern und anderen gewebebildenden Stoffen sich umzusetzen. Entstehen schwerlösliche Metallalbuminate und bleibt die Umsetzung auf die Oberfläche beschränkt, dann findet Adstringierung statt, greift sie in die Tiefe, dann kommt es zur eigentlichen Ätzung. Häufig hat auch beides gleichzeitig statt: Ätzung im Mittelpunkte und Adstringierung in der Umgebung. Bemerkenswert ist auch eine Art von Gewöhnung: Bei wiederholter Anwendung werden Konzentrationen ertragen, die im Anfang sicher ätzend gewirkt hätten.

Für die Art der Wirkung bestimmend ist die Konzentration des Mittels und die chemische Zusammensetzung, wobei beide Komponenten, das Metall sowohl wie die Säure, in Betracht kommen.

Das *Blei wirkt in allen seinen Verbindungen vorwiegend adstringierend, das Quecksilber ätzend, die übrigen Metalle stehen dazwischen.* In ihrer Verbindung mit organischen Säuren (Essigsäure) tendieren sie mehr zur Adstringierung, mit anorganischen Säuren, zumal mit Salzsäure und Salpetersäure, mehr zur Ätzung. Es ist anzunehmen, daß eine Acidalbuminbildung, bei den Sauerstoffsäuren, Salpetersäure, Chromsäure vielleicht auch eine Oxydation, an der Ätzung beteiligt ist.

Antiseptische Wirkung kommt den Metallen zunächst wegen ihrer Eigenschaft als Ätzmittel zu; außerdem sind „spezifische" Wirkungen anzunehmen, so namentlich beim Quecksilber und Silber.

Resorptiv sind die Metalle *Nerven- oder Muskelgifte.* Einige verursachen auch *Untergang roter Blutkörperchen* und *fettige Degeneration der Leber.* Außerdem wirken alle bei ihrer Ausscheidung *entzündend auf die Niere,* mehrere auch *auf die Mund- und Dickdarmschleimhaut.*

Sie haben auch das Vermögen, als Katalysatoren zu wirken. Ohne im Endprodukt der Reaktion zu erscheinen, beschleunigen sie sonst langsam verlaufende chemische Vorgänge. Kleine Mengen von Gold z. B. steigern bei Seeigeleiern die Sauerstoffaufnahme und Kohlensäureabgabe in Ruhe und noch mehr bei der Furchung (70%).

Die resorptive Wirkung eines Metalles ist immer die gleiche, unabhängig von der Form (Salzart), in der es dargereicht wird, vorausgesetzt, daß die Verbindung zu Metall-Ionen dissoziierbar ist. Metallorganische Verbindungen z. B. Bleitriäthyl, Protargol, Quecksilberglykokoll, in denen das Metall in komplexer Form enthalten ist, haben eigenartige Wirkung und geben die Ionenwirkung des Metalls erst, wenn sie im Körper zu dissoziierbaren Verbindungen sich umgesetzt haben.

Bei gewöhnlichen Metallsalzen erscheinen zunächst infolge Bildung von Metallalbuminaten am Applikationsorte die beschriebenen örtlichen Wirkungen, und dann erst allmählich durch Überführung derselben in lösliche (komplexe) Verbindungen bei späterer Rückkehr zu ionisierbarer Form die resorptiven Wirkungen. Bei *Anwendung von Verbindungen, welche Eiweiß nicht fällen*, Metallalbuminaten, Doppelverbindungen mit organischen Oxysäuren, z. B. zitronensaures Eisenoxydulnatron, weinsaures Kupferoxydnatron, fehlen diese lokalen Wirkungen und treten die resorptiven rein hervor.

Vom *Unterhautzellgewebe, von Wunden* und anderen epithellosen Orten *werden alle Metalle aufgesaugt,* und können daher auch alle resorptive Vergiftung erzeugen.

Vom Verdauungskanal aus treten regelmäßig *nur Quecksilber und Blei,* bisweilen auch Chrom, Kupfer und Wismut, in giftigen Mengen in das Blut über, die meisten übrigen entweder gar nicht oder in minimalen Mengen, welche es höchstens zu therapeutischer Wirkung bringen, ganz gleichgültig, in welcher Form sie dargereicht werden, ob als gewöhnliche Salze oder als Metallalbuminate. Das Hindernis für den Übertritt bildet in vielen Fällen das Epithel. Erst wenn so große Mengen dieser Metalle in den Darm gelangen, daß diese Schutzdecke entzündet oder stellenweise völlig zerstört wird, dann können auch von diesen Metallen zu resorptiven Giftwirkungen genügende Mengen aufgesaugt werden.

Außerdem besitzt die Leber die Eigenschaft, die resorbierten und durch das Pfortaderblut ihr zugeführten Metalle zurückzuhalten.

Die örtlich als Adstringentia und Cauteria verwendeten Metalle werden im folgenden abgehandelt werden, das auch resorptiv verwendbare Eisen und Quecksilber im Anschlusse an die Stoffwechselgifte Jod, Arsen, Phosphor in Kap. XXIV und XXV.

Blei, Plumbum, Saturnum.

Örtlich wirken die Bleiverbindungen *fast ausschließlich adstringierend* und nur in hohen Konzentrationen auch ätzend, daher auch erst verhältnismäßig große Mengen (mehrere Gramm) von Bleiacetat (Bleizucker) $Pb(C_2H_3O_2)_2 + 3\,H_2O$ oder anderen löslichen Bleisalzen, innerlich aufgenommen, Gastro-Enteritis zu erzeugen vermögen.

Resorptiv stellen sich Wirkungen gemeinhin erst bei lange fortgesetzter Aufnahme ein, halten aber dafür um so länger an, indem das Blei infolge seiner geringen Löslichkeit auch in alkalischen eiweißhaltigen Flüssigkeiten nur langsam resorbiert, noch langsamer aber durch die Mundhöhle, Darm und Niere wieder ausgeschieden wird. *Akute Vergiftung, unter Stomatitis, Enteritis, Nephritis*, also dem gewöhnlichen Bilde resorptiver Metallvergiftung, verlaufend, ist daher sehr selten und nur in wenigen Fällen von sehr ausgedehnter Anwendung von Bleipräparaten auf mazerierte Hautflächen beobachtet worden. Um so häufiger ist die *chronische Vergiftung,* indem das Blei selbst in seinen wasserunlöslichen Formen (metallisches Blei und Schwefelblei), durch Vermittlung des Sauerstoffs und der Fettsäuren in lösliche Salze umgewandelt, resorbiert wird und die Gelegenheit hierzu bei der weiten Verbreitung und der vielfachen Benutzung des Bleies in den Gewerben und im Hause (Lettern, Bleifarben, Glasuren, Schminken, Haarfärbemittel usw.) häufig gegeben ist. Die wichtigsten Erscheinungen der chronischen Bleivergiftung bilden der diagnostisch wertvolle *Bleisaum,* blaugraue Verfärbung infolge Umwandlung des in der Ausscheidung begriffenen Bleis in Schwefelblei durch den aus der Mundhöhle in die Schleimhaut diffundierenden Schwefelwasserstoff, die *Bleikachexie* mit der frühzeitig auftretenden *Blutkörperchenveränderung* (basophile Körnelung) und der später folgenden *Schrumpfniere* und die spezifischen Bleikrankheiten: die *Colica saturnina,* die *Arthralgia saturnina,* die gewöhnlich auf das Radialisgebiet lokalisierte *Bleilähmung* und die in epileptiformen Anfällen und anderen nervösen Erscheinungen sich äußernde *Encephalopathia saturnina.* Von Augenerkrankungen sind beachtenswert die nicht selten zur Erblindung führende Neuritis optici und die chronische Ophthalmoplegie.

Die Bleikolik kann in akuter Weise an Tieren durch Injektion von Bleitriäthyl, das im Organismus alsbald in eine ionisierbare Verbindung umgewandelt wird, hervorgerufen werden, sie besteht im wesentlichen in einem Krampf der Darmmuskulatur infolge Erregung ihrer nervösen Elemente, welche durch Atropin und Opium beseitigt werden kann. Im Gegensatz zu Peritonitis ist Berührung des Leibes nicht schmerzhaft.

Anwendung findet das wasserlösliche Plumbum aceticum (0,1!) neuerdings als *Adstringens bei Durchfällen und Darmblutungen* (Phthisis, Typhus, Ruhr) wieder mehr Beachtung.

Das Hauptanwendungsgebiet des Bleies aber ist die Haut. Hier leistet es, in Form von Lösungen, Salben oder Pflastern appliziert, Vorzügliches, bei *Exkoriationen, nässenden Ekzemen, Verbrennungen, Decubitus, übermäßigen Sekretionen, schlecht heilenden Wunden.* Unter der sich bildenden Decke von Bleialbuminat trocknen und heilen selbst stark nässende oder eiternde Hautstellen oft überraschend schnell.

Zu Waschungen und Umschlägen bedient man sich der ***Aqua Plumbi, †Aqua plumbica, Bleiwasser,** das ca. 1 % basisch essigsaures Blei enthält. Es zieht leicht Kohlensäure aus der Luft an und wird trübe, indem der wirksame Bestandteil als kohlensaures Blei ausfällt. Es ist daher vor dem Gebrauch umzuschütteln. Von ihm nur durch den Zusatz von 5 % Weingeist verschieden ist die †Aqua Goulardi, Goulardsches Wasser.

Die Herstellung des Bleiwassers erfolgt durch Mischung von 49 Teilen Wasser mit 1 Teil *Liquor Plumbi subacetici (†Plumbum aceticum basicum solutum), Bleiessig, der aus 3 Bleiacetat, 1 Bleioxyd und 10 Wasser bereitet wird.

Zur Herstellung ex tempore bei Expeditionen ist ein kristallisiertes Bleisubacetat in komprimierter Form im Handel.

Bei Verletzungen und *Erkrankungen der Hornhaut* sind Bleiwässer und Bleisalben *kontraindiziert,* da durch Bildung von unlöslichen Bleiverbindungen dauernde Trübungen der Hornhaut entstehen können. Ammoniumtartaratbäder wirken aufhellend, analog wie bei den Trübungen durch Kalk, Alaun, Zink und Kupfer.

Die gebräuchlichsten *Salben* sind: ***Unguentum Plumbi, †Ung. Plumbi acetici,** Bleisalbe aus 1 Bleiessig und 9 Teilen eines Gemisches von Ceresin, flüssigem Paraffin und Wollfett (***Unguentum durum**) Ph. G. oder aus 1 Bleiacetat mit Vaselin und Wollfett ana Ph. A. Ihr nahezu gleichwertig ist ***Unguentum Cerussae, †Ung. Plumbi carbonici,** Bleiweißsalbe aus Bleikarbonat (Cerussa) und Paraffinsalbe (Ph. G.) oder Bleikarbonat, Vaselin und Bleipflaster (Ph. A.). Gegen chronische, nässende Ekzeme hat sich besonders die **Hebrasche Salbe, *Unguentum Diachylon, †Ung. Plumbi oxydati** bewährt. Sie wird durch Zusammenschmelzen von gleichen Teilen Bleipflaster und Olivenöl (Ph. G.) oder 1 Bleioxyd mit je 2 Schweinefett und Sesamöl (Ph. A.) hergestellt.

*Ung. Cerussae camphoratum, Bleiweißsalbe, mit 5 % Kampfer wirkt adstringierend und gleichzeitig reizend. Zur Reifung von Abszessen, Geschwüren

*Ung. Plumbi tannici, Ung. ad decubitum (Ph. A. E.), ist Bleisalbe mit 5 % Gerbsäure.

Unter den *Pflastern* wird ***Emplastrum Cerussae, †E. Plumbi carbonici, Bleiweißpflaster,** ein weißes, nicht klebendes Pflaster aus Bleipflaster und Cerussa hergestellt, bei Exkoriationen und Decubitus häufig gebraucht.

*Emplastrum Lithargyri, †E. Plumbi simplex, E. Diachylon simplex, Bleipflaster, durch Verseifen von Schweinefett und Sesamöl mit Bleioxyd (Lithargyrum) hergestellt, dient zur Bereitung von Bleisalben und Pflastern.

Emplastrum domesticum (Ph. A E.) ist Bleipflaster mit Zusatz von etwas Kampfer, Olivenöl und Perubalsam. Emplastrum ad rupturas, Bruchpflaster (Ph.) A. E.) besteht aus Bleipflaster, Geigenharz, Wachs, Terpentin, Drachenblutharz und Eisenoxyd.

*†**Emplastrum saponatum**, Seifenpflaster, ist Bleipflaster mit 5% Seife und 1% Kampfer; gelbliches, wenig klebendes Pflaster. Es wirkt reizend und erweichend auf die Epidermis und wird *zur Erweichung und Abstoßung harter Hautstellen* (Schwielen, Hühneraugen) und bei Eiterungen, welche man zum Durchbruch bringen will, verwendet.

*†**Emplastrum saponatum salicylatum** wirkt vermöge des Gehaltes an Salicylsäure (10%) *noch stärker* auf Horngewebe.

***Emplastrum Lithargyri compositum, †E. Plumbi compositum**, Gummipflaster, ist einfaches Bleipflaster mit Zusatz der Hautreizmittel: Ammoniakgummiharz, Geigenharz und Terpentin, gelbbräunliches, stark klebendes Pflaster, vom kräftigen Geruche des Ammoniakgummiharzes. *Zum Zeitigen von Abszessen, Furunkeln, Panaritien* und ähnlichem viel gebrauchtes „Zugpflaster".

*Emplastrum fuscum camphoratum,†Empl.Plumbi hyperoxydati, Mennigpflaster, durch Verseifen von Olivenöl mit Mennig (Bleisuperoxyd) unter Zusatz von 1% Kampfer hergestelltes, schwarzbraunes, mäßig hautreizendes Pflaster. Unter verschiedenen Namen (Mutterpflaster, Nürnberger Pflaster) als Geheimmittel und Allheilmittel verkauft.

Zincum, Zink.

Örtlich wirkt das Zink *adstringierend oder ätzend* je nach Konzentration und Salzart.

Resorptiv führt es zu *Lähmung der Muskeln des Skeletts und des Herzens und zu Nierenentzündung.* Vom Darmkanal aus sind diese Wirkungen nicht zu erhalten, weil nur geringfügige Mengen resorbiert werden.

Als **Adstringens** wird Zink häufig gebraucht für Haut und Schleimhäute, vom Verdauungskanal abgesehen, den es zu leicht ätzend beeinflußt:

*†**Zincum oxydatum**, Zinkoxyd, dient *für die Haut,* wo es bei *nässenden Ekzemen und Exkoriationen* ähnliche Dienste leistet wie die Bleipräparate. Man verwendet es als austrocknendes, porenverstopfendes, adstringierendes Streupulver mit Talcum 1:10; als *†Unguentum Zinci (oxydati), 1 Zinkoxyd, 9 Schweineschmalz; oder *†Pasta Zinci aus 1 Zinkoxyd, 1 Amylum, 2 Vaselin und Gelatine Zinci, die wegen der festhaftenden Deckenbildung besonders geschätzt ist und in der allgemeinen Arzneiverordnungslehre bereits zur Sprache kam.

*†**Zincum sulfuricum**, Zinksulfat, $ZnSO_4 + 7 H_2O$ ist das Adstringens *für Schleimhäute.* Seine Lösung im Wasser 1:100 gebraucht man zu Injektionen bei *Gonorrhöe* und *Vaginalkatarrh,* seine Lösung in 0,01 prozentiger Sublimatlösung 0,2:100 zur

Ausspritzung bei *Katarrh des Tränensacks* und als Einträufelung bei *Conjunctivitis*. Bei Verletzungen der Hornhaut ist es kontraindiziert aus gleichem Grunde wie die Bleiwässer.

Als **Ätzmittel** bei tiefergelegenen *Lupusknötchen, Pigment-* und *Angiosarkomen,* inoperabel gewordenen *Karzinomen* und als *Desinficiens für septische Wunden* dient das *†**Zincum chloratum, Zinkchlorid,** $ZnCl_2$, leicht lösliches, zerfließendes Salz. Der von ihm erzeugte Ätzschorf ist im Gegensatze zum Silbernitrat-Schorf weich und zerfließlich, die Ätzung daher tief und umfassend, doch immerhin genügend begrenzt. Normale Epidermis wird nur langsam angegriffen. Nach Abstoßung des Ätzschorfes bleibt eine reine rasch heilende Wunde zurück.

Zur **Ätzung** kleiner Stellen gebraucht man das Mittel als *Stift,* zur Beschränkung der Zerfließlichkeit mit gleichen Teilen Salpeter zusammengeschmolzen. Auf Stellen etwas größerer Ausdehnung trägt man es als *Pasta* auf, d. h. mit der doppelten Menge Eibischwurzelpulver und etwas Wasser zu dickem Teige angerührt. Schleimhautkanäle ätzt man mit *Tampons,* welche in *50prozentige Lösung* getaucht und ausgedrückt sind.

Zur **Desinfektion** von Wunden, Fistelgängen, veralteten Fußgeschwüren nimmt man *8prozentige Lösung.* Das Mittel wirkt durch die Ätzung desinfizierend, indem es insbesondere den Nährboden zu schwer angreifbarem Zinkalbuminat verändert.

Vergiftungen durch Resorption des Zinkalbuminates, rasch oder allmählich (schleichende Nephritis), sind nach intrauterinen Ätzungen, Ausspülungen größerer Abszeßhöhlen usw. wiederholt beobachtet worden. Erst Lösungen von 0,2 % sind als ungefährlich zu betrachten. In sehr kleinen Mengen ist es von der Nahrung aus fast regelmäßiger Bestandteil der Organe. Einatmung des Dampfes seiner Legierungen (Messing) beim Gießen seiner geschmolzenen Legierungen (Messing) in Formen rufen bei vielen Personen 5—6 Stunden nachher einen heftigen Fieberanfall, das „Gießfieber", hervor.

Als „Nervinum" gegen Neuralgien, Epilepsie und andere Krampfformen wurde früher Zink gegeben, man bezeichnete es sogar als Narcoticum minerale. Eine Wirkung dieser Art ist wegen der geringfügigen Resorption nicht wahrscheinlich, die klinische Erfahrung ist über seinen Nutzen ebenfalls zu keinem sicheren Ergebnis gelangt. Man gab es als Oxyd, da dieses noch am längsten ohne Magen-Darmkatarrh zu erzeugen, genommen werden kann, oder als valeriansaures Zink, weil man diese Säure für den wirksamen Bestandteil der in gleichen Krankheiten gebrauchten Radix Valerianae hielt. Beides in Pulvern zu 0,03—0,3 mehrmals täglich.

†Zincum aceticum, Zinkacetat, wirkt wie Zinksulfat, nur etwas milder; ist wenig in Gebrauch.

†Zincum sulfocarbolicum, karbolschwefelsaures Zink, farblose, in Wasser lösliche Kristalle mit 62,8% Zink. Adstringens und Desinficiens. In 1prozentiger Lösung als Verbandmittel und zu Injektionen.

Rezept-Beispiele.

℞			℞	
Zinci oxydati			Zinci chlorati	5,0
Talci			Rad. Althaeae	10,0
Glycerini		aa 20,0	Glycerini	
Aquae		· 60,0	Aquae	aa 4,5.
MDS. zum Einpinseln nach gutem			M. f. l. a. pasta.	
Umschütteln.			DS. Ätzmittel.	
[„Schüttelpuder" bei Intertrigo.]				

℞

Zinci sulfurici	2,5
Ammon. chlorati	1,0
solve in	
Aquae	445,0
adde	
Camphorae	1,0
solutae in	
Spiritus Vini dil.	50,0
adde	
Florum Croci	0,5

macera saepius agitando per 24 horas, tum filtra.
DS. zur Einträufelung bei Bindehautkatarrh.
[†Collyrium adstringens luteum.]

Cuprum, Kupfer.

Die Kupferverbindungen stehen chemisch wie pharmakologisch *dem Zink sehr nahe.* Sie wirken wie diese *örtlich adstringierend-ätzend und resorptiv lähmend auf die quergestreifte Muskulatur und das Herz.* Außerdem sind *Entzündungen der Ausscheidungsstätte (Niere)* und Verfettungen verschiedener Organe, besonders der Leber, beobachtet.

Akute Kupfervergiftung ereignet sich bisweilen beim Stehenlassen von Speisen in Geschirren aus Kupfer oder Messing. Es bildet sich milchsaures oder essigsaures Kupfer (Grünspan); in inniger Mischung mit dem Speisenbrei in den Magen gelangt, erregen sie nicht sofort Erbrechen, wie die in reiner Form aufgenommenen Kupfersalze, so daß Vergiftung die Folge sein kann. Gekupferte Gemüsekonserven, in denen das Kupfer als schön grün gefärbte Verbindung mit einem beim Kochen des Gemüses sich bildenden Zersetzungsprodukte des Chlorophylls enthalten ist, sind nach den bisherigen Erfahrungen als unschädlich anzusehen, weil das Kupfer darin als unlösliche, komplexe Verbindung enthalten und sein Gehalt (0,01 bis 0,02 in 1 kg Konserve) überhaupt nur gering ist.

Echte, d. h. nicht durch begleitende andere Metalle verursachte chronische Kupfervergiftung bei Menschen ist mit Sicherheit nicht bekannt. Die bei Professionisten zuweilen auftretende Grünfärbung der Haare (fettsaures Kupferoxyd) kommt wohl nur äußerlich zustande und ist unschädlich. In der niederen Tierwelt (Mollusken) ist organisch gebundenes Kupfer ein normaler Körperbestandteil von physiologischer Bedeutung.

Zur **Anwendung** kommt nur ***†Cuprum sulfuricum, Kupfervitriol,** blaue, in Wasser leicht lösliche Kristalle, $CuSO_4 + 5 H_2O$. Er wird, *in zugeschliffenen Kristallen* oder mit gleichen Teilen Salpeter und Alaun zum *Lapis divinus,* *Cuprum aluminatum zusammengeschmolzen, *bei chronischer granulöser Conjunctivitis und Papillarhypertrophie der Bindehaut* gebraucht, indem das umgestülpte Lid damit bestrichen wird.

Die Verwendung als Emeticum und Antidot bei Phosphorvergiftung ist in Kap. X behandelt Über seine Brauchbarkeit als katalytisches Mittel liegen noch keine ausreichenden Erfahrungen vor.

Argentum, Silber.

***†Argentum nitricum, Silbernitrat, salpetersaures Silber,** $AgNO_3$, kommt in zwei Formen in den Handel, kristallisiert und in Stäbchen gegossen. Letztere ist vorzuziehen, weil frei von salpetersäurehaltiger Mutterlauge. Es ist ein in Wasser sehr leicht lösliches Salz, das am Licht und noch mehr in Berührung mit organischen Substanzen rasch zu metallischem Silber reduziert wird. In Mischung mit Pyrogallol dient es daher als Haarfärbemittel. Hände, Wäsche und andere Gegenstände bekommen ebenfalls leicht schwarze Flecken, die durch Waschen mit konzentrierter Cyankaliumlösung oder Abreiben mit einem befeuchteten Kristall von Jodkalium entfernt werden können.

Die *örtliche Wirkung* ist *adstringierend* oder *ätzend* je nach der Konzentration der Lösungen, die Grenze ist ungefähr 1 Prozent. Gegenmittel gegen die Ätzung nach Verschlucken abgebrochener Höllensteinstifte beim Touchieren des Rachens ist Trinken von Kochsalzlösung, wodurch Chlorsilber gebildet wird.

Resorption findet von allen Orten, namentlich auch vom Darmkanal aus, statt, da das gebildete Silberalbuminat in Kochsalz etwas löslich ist. Das Aufgenommene wird aber alsbald reduziert, und das Silber lagert sich in feinen Körnchen im Corium, in der Conjunctiva und im Bindegewebe der inneren Organe ab, so daß bei fortlaufendem Gebrauche, nach ungefähr 30 g, eine charakteristische schiefergraue Haut der Färbung und Schleimhäute eintritt, die man als *Argyrie* bezeichnet. Sie hat keine weiteren Folgen, bleibt aber zeitlebens bestehen.

Auf der Cornea und Conjunctiva, besonders auf der unteren Übergangsfalte, kann sie auch bei örtlicher Anwendung von Silberlösungen auftreten. Lösung von Natriumthiosulfat wird zur Aufhellung empfohlen.

Bei Tieren erzielten monatelange Fütterungen *aufsteigende Lähmung* und *Nierenentzündung*.

Die **Anwendung** des Silbernitrats ist nahezu ausschließlich *eine örtliche.*

1. *Als Adstringens* wird es in Lösungen von 0,1—0,5% zu *Einpinselungen, Injektionen, Einträufelungen* viel gebraucht, bei *Katarrhen aller Schleimhäute,* namentlich des Rachens, Kehlkopfs, der Conjunctiva, Harnröhre und Vagina, sobald die akuten Erscheinungen abgelaufen sind. Innerlich gab man solche Lösungen eßlöffelweise früher gegen dieselben Zustände, gegen welche man jetzt mit Wismutsubnitrat vorgeht (Kardialgie, Ulcus ventriculi und chronische Diarrhöen).

2. *Als Desinficiens,* speziell bei *Gonokokkeninfektion,* sind 1—2prozentige Lösungen zur Instillation und 0,1—0,5prozentige zu Injektionen von guter, durch die neuen organischen Silberpräparate nicht übertroffener Wirkung.

3. *Als Ätzmittel* findet es ebenfalls vielfache Verwendung bei kleineren *Neubildungen* (Warzen, Kondylomen), *Geschwüren,* besonders *Ulcus cruris, Decubitus, Granulationen, wunden Brustwarzen, kleinen Blutungen,* z. B. durch Blutegelbiß, und zur *Abortivbehandlung akuter Schleimhautkatarrhe.* Der Ätzschorf ist zuerst weiß infolge Bildung des Silberalbuminates, später schwarz durch Reduktion und hat eine sehr feste Konsistenz. Die mit kurz dauerndem Schmerze verbundene Ätzung ist daher scharf begrenzt und nur geringen Umfanges. An der Grenze, wo nur wenig Silbersalz hingelangt, geht die Ätzung in Adstringierung und nutritive Reizung (Granulationsförderung) über, wodurch die Tendenz zur Heilung in sehr erwünschter Weise gefördert wird. Bei eitriger Conjunctivitis, Blennorrhoe und Trachom empfiehlt sich, auf die

Aufpinselung eine Spülung mit physiologischer Kochsalzlösung folgen zu lassen zur besseren Begrenzung der Wirkung.

Die Applikation geschieht, je nach dem Orte und dem gewünschten Grade, teils in frisch bereiteten resp. gut verwahrten *Lösungen* und Salben, teils in Substanz als *Stift*. Erstere werden gewöhnlich 2—10 prozentig genommen; als Prophylacticum der Augenblennorrhoe, ein Tröpfchen einer 1 prozentigen Lösung. Von letzteren verwendet man Lapis infernalis, Höllenstein, der aus Argentum nitricum fusum, und Lapis mitigatus, der aus einer Schmelze *†Arg. nitricum (1) cum Kalio nitrico (2) besteht.! Letzterer ist leichter zuspitzbar (mit angefeuchteter Watte) und von milderer Wirkung.

Eine resorptive Wirkung durch innerliche Darreichung wird beabsichtigt bei *Tabes dorsalis*, sie ist indes höchst zweifelhafter Natur. Die Gaben sind Pillen mit Bolus alba zu 0,01 dreimal täglich, allmählich steigend bis zur Maximaldosis 0,03 (0,1)!, jedoch wegen Gefahr des Eintritts von Argyrie nicht länger als 6 Wochen fortzubrauchen.

℞

Argenti nitrici		0,3	M. f. ung.
Balsami peruv.			DS. nach Bericht.
Zinci oxydati	aa	3,0	[Sog. Schwarzsalbe
Vaselini flav.		30,0	gegen Unterschenkelgeschwüre.]

Protargolum, *†Argentum proteïnicum, Albumosesilber, ist ein braungelbes, wasserlösliches Pulver, welches das Silber zu ca. 8 % in einer komplexen Bindung mit Eiweiß enthält, aus der es langsam ionisierbar ist. Seine Lösungen wirken deshalb weder adstringierend noch ätzend, wohl aber noch *desinfizierend*, speziell *gegen Gonokokken* unter Schonung des Epithels. Dies gilt indes nur, wenn sie frisch und mit kaltem Wasser bereitet sind (daher die Vorschrift: solutio frigide et recenter paranda). Zahlreiche weitere komplexe Silberverbindungen sind in Kap. XXIX einzusehen.

Man verwendet das Mittel in Form von Bougies zu 0,05, in Form prolongierter Injektionen ¼—1 prozentiger Lösungen und als Einträufelung ins Auge (1 prozentige Lösung) zur Verhütung der Blennorrhoe Neugeborener.

***Argentum colloidale, Collargol,** kolloidales Silber. Das offizinelle Präparat wird durch Reduktion von Silbersalzlösungen erhalten und besteht aus 75 % Silber mit 25 % Eiweiß als Schutzkolloid, das durch seine einhüllende Wirkung das Zusammenballen der Silberteilchen verhindert, die disperse Phase also dauerhafter gestaltet. Es bildet bläulich-schwarze, metallisch

glänzende Blättchen, welche sich in Wasser zu einer dunkelgrün-
braunen, im durchfallenden Lichte rotbraunen Flüssigkeit zer-
teilen. Es darf keine Reste von nicht reduziertem Silbersalz
(Silberionen) enthalten und seine Lösung muß frisch bereitet,
filtriert oder zentrifugiert sein. In älteren Lösungen ballen sich die
Collargolteilchen leicht zu Flocken zusammen und erzeugen dann
tödliche Embolien (Lungenödem, Nephritis). Von diesen Übel-
ständen freier sind die durch elektrische Zerstäubung von Silberdraht
unter Wasser erhaltenen Präparate (Electrargol, Fulmargin), welche
in gebrauchsfertigen Ampullen in den Handel kommen. Das
Collargol wird von Credé zur *Behandlung von septischer All-
gemeininfektion (Septicaemie), Entzündungen (Lymphangitis, Phlegmone, Panaritium), Erysipel usw*. empfohlen. Man injiziert intravenös 2—5 ccm einer 2prozentigen Lösung. Von subkutaner
oder analer Verabreichung ist nicht viel zu erwarten, da der größte
Teil des Silbers schon an der Applikationsstelle ausgeflockt wird;
auch Einreibungen mit *Unguentum Argenti colloidalis,
Silbersalbe, 15% kolloidales Silber in Wasser verrieben und mit
Benzoeschmalz gemischt, sind wohl nur von lokaler Wirkung
(Granulationsanregung bei schlecht heilenden Wunden).

Zur *Erklärung der therapeutischen Wirkung* wird die experimentell nachgewiesene adsorptive Bindung von Toxinen und anderen Giften, welche
den kolloidalen Metallen vermöge ihrer außerordentlich großen Oberflächenentwicklung zukommt, herangezogen. In der Tat gelang es, die Wirkung mehrerer
Gifte bei Tieren durch eine intravenöse Injektion von sehr fein verteilten kolloidalen Metallen herabzudrücken Eine andere Eigenschaft kolloidaler Metalle ist
die katalytische Beschleunigung von chemischen Prozessen. Ob
selbe im Organismus, z. B. in Form einer Zunahme bakterieller Abwehrvorrich-
tungen, sich geltend machen kann, ist derzeit nicht ermittelt. Weitere Wirkungen
des Collargols — zunächst eine antibakterielle — beruhen auf der Entstehung
komplexer Silberverbindungen, die zum allmählichen Auftreten von Silberionen
Veranlassung geben. Daß selbe im Organismus sich bilden, ist durch die Beobachtung typischer Silbervergiftung bei Fröschen erwiesen. Sie tritt sehr spät
(1—6 Wochen nach der Injektion) auf, weil es längere Zeit dauert, bis eine hinreichende Anzahl von Silberionen sich aufgespeichert hat. Bei Säugetieren erfolgt
keine Vergiftung, weil hier alsbald ein Ausscheidungsmechanismus einsetzt, den
der Organismus häufig benützt, um sich körperfremder Stoffe, die auf dem
Diffusionsweg nicht entfernbar sind, zu entledigen: der Transport durch Zellen,
insbesondere durch die weißen Blutkörperchen. Leukocytose ist daher bei Säugetieren eine konstante Folge der Collargoleinspritzung. Temperatursteigerung
(Schüttelfrost) ist eine weitere nach Injektion von Collargol oder anderen körper-
fremden Stoffen eintretende Wirkung. Vgl. Proteinkörpertherapie (Reizkörpertherapie) Kap. XXVII bei Tuberkulin.

Aurum, Gold. Aurum-Kalium cyanatum, Kaliumgoldcyanür, $KAu(CN)_2$, hemmt
das Wachstum von Tuberkelbazillen noch vollständig im Verhältnis von

1 : 2 Millionen (kolloidale Goldlösung noch in 1 : 1 Million). Im Organismus wirkt es wohl nicht ätiotop, sondern (neben Freiwerden von Schutzstoffen) zersetzend auf das tuberkulöse Gewebe, also nosotrop durch katalytische Steigerung der Oxydationsvorgänge. Schon beim Normalen wird die dunkle Pigmentierung der Haut unter dem Einfluß des Sonnenlichtes, welche nach v. Fürth auf Oxydation cyklischer Eiweißspaltprodukte zu Melaninen beruht, nach Zufuhr von Goldpräparaten merklich beschleunigt. Kaliumgoldcyanür wird versuchsweise zu 0,02—0,03 intravenös gegeben. Bei größeren Dosen kommt die Wirkung des Blausäurekomponenten zur Geltung. Ein weniger giftiges Präparat ist das Aurocantan (Verbindung mit Kantharidinaethylendiamid) und noch mehr das von Feldt und Spieß eingeführte neutral-wasserlösliche Natriumsalz einer komplexen Amino-Aurophenol-karbonsäure (50% Goldgehalt), braungelbes, luft- und lichtempfindliches Pulver, das als „Krysolgan" von den Höchster Farbwerken in den Verkehr gebracht wird. 0,01 – 0,05—0,3 intravenös in 10 prozentiger Lösung bewirken nach 1—2 Tagen spezifische Reaktion der tuberkulosen Herde: Rötung, Schwellung mit folgender Einschmelzung des entarteten Gewebes und Heilung durch Bildung narbigen Bindegewebes (vgl. Tuberkulin und Proteinkörpertherapie Kap. XXVII).

Bismutum, Wismut.

*†**Bismutum subnitricum, basisches Wismutnitrat, Magisterium Bismuti**, $NO_3Bi(OH)_2$, scheidet sich durch Hydrolyse als weißes, nahezu geschmackloses, schwer lösliches, mikrokristallinisches Pulver ab, wenn man eine konzentrierte Lösung von Wismutnitrat $Bi(NO_3)_3$ mit Wasser verdünnt.

*†**Bismutum subgallicum,** basisch gallussaures Wismut, **Dermatol,** $C_6H_2(OH)_3 \cdot COOBi(OH)_2$ ist ein zitronengelbes, amorphes, unlösliches Pulver.

Örtlich wirken diese Wismutsalze *adstringierend* und *antiseptisch.* Fleisch, damit eingerieben, widersteht mehrere Tage der Fäulnis, Nährgelatine mit Zusatz von 10% des Pulvers läßt lange keine Vegetation an den Impfstichen aufkommen. Die adstringierende Wirkung könnte allenfalls noch rein mechanisch erklärt werden durch die Verstopfung der Poren und Kanäle, welche das feine Pulver bewirkt, ähnlich wie die als Styptica gebrauchten Volksmittel: Erde und Spinnweben. Zur Erklärung der antiseptischen Wirkung reicht dies aber nicht aus. Man muß annehmen, daß das Wismut an den Applikationsstellen Bedingungen zur Lösung in dem Grade findet, daß wohl Adstringierung und Desinfizierung, nicht aber Ätzung erfolgen kann.

Resorption von Wismut in erheblicheren Mengen, so daß *Vergiftung* unter *Entzündung der Ausscheidungsorte: Nephritis, ulzeröse Stomatitis und Kolitis,* ganz ähnlich wie bei Quecksilbervergiftung, eintritt, ist *von Wunden und ausgedehnten exkoriierten Hautstellen aus* bei Anwendung von Wismutstreupulvern, -Salben und -Brandbinden wiederholt vorgekommen. Zahnfleischrand und Dickdarm zeigen *Schwarzfärbung,* indem das in der Ausscheidung begriffene Wismut durch den an diesen Orten sich entwickelnden Schwefelwasserstoff in Schwefelwismut umgewandelt wird.

Vom Verdauungskanal aus sind derartige Vergiftungen selten beobachtet worden, weil eine Resorption des Metalles über Spuren hinaus nur dann statthaben kann, wenn das Schleimhautepithel in großer Ausdehnung nicht mehr unversehrt ist.

Relativ *häufiger* sind *Vergiftungen durch Resorption von Nitrit* bei diagnostischer Verwendung des Wismutsubnitrates (Röntgendurchleuchtung) vorgekommen, indem seine Salpetersäure durch die Tätigkeit gewisser, nur bisweilen im Darm enthaltener Bakterien zu salpetrige Säure reduziert wurde und *Methaemoglobinaemie* erzeugte. Sie werden vermieden, wenn statt des Wismutnitrats Bismutum carbonicum oder eine andere unlösliche, salpetersäurefreie Metallverbindung, 30 g auf 100—200 g Kartoffelbrei, genommen wird.

Anwendung. 1. Als *Adstringens der Haut* bei nicht infizierten oder stark sezernierenden *Wunden, Hautentzündungen* und *Verbrennungen* dient hauptsächlich das D e r m a t o l in Form von Streupulvern und Salben. Die käuflichen Brandbinden sind mit Bismutum subnitricum imprägniert.

2. Als *Adstringens des Verdauungsstraktus* wird meist B i s - m u t u m s u b n i t r i c u m gebraucht, und zwar

a) bei *Kardialgien* (Magenkrämpfen), insbesondere jenen, welche durch ü b e r m ä ß i g e S a l z s ä u r e p r o d u k t i o n verursacht sind, wird das Mittel in Pulvern zu 1,0—2,0 allein oder mit Magnesia usta als Säuretilger vermischt ½ Stunde nach der Mahlzeit mit Erfolg gegeben.

b) Bei *Ulcus ventriculi* ordiniert man 1,0—2,0 als Pulver oder noch wirksamer 10—20 g, in 150—200 lauem Wasser suspendiert, morgens nüchtern und läßt den Kranken nachher ½ Stunde eine derartige Lage einnehmen, daß der größere Teil des Wismuts auf der erkrankten Stelle zur Ablagerung kommt. Nach 2—3 Wochen des Gebrauches meist sehr auffällige Besserung.

c) Bei *chronischen Diarrhöen* auf katarrhalischer wie ulzeröser Grundlage (Darmtuberkulose) ist seine Wirkung ebenfalls nicht selten unbestreitbar und die Ordination zu 10,0—20,0 pro die, in halbstündigen Teildosen zu 5,0, auch mit Opium kombiniert, ganz gerechtfertigt. Das Wismut erscheint in den Fäzes als schwarzes Schwefelwismut in Kriställchen, welche Häminkristallen ähnlich sind. Durch diese Bindung des Schwefelwasserstoffs wird einer der wirksamen Reize für die Darmperistaltik ausgeschaltet und die dem Mittel als Adstringens zukommende stopfende Wirkung erhöht.

Bei Amöben- und Bazillenruhr und ruhrähnlichen Darmerkrankungen wird Jeine Kombination von 'Bismutum subnitricum mit Karlsbadersalz warm empfohlen: je 1 Teelöffel Salz in 300 warmem Wasser morgens und abends und 6—10 Dosen von je 0,3 Bismutsubnitrat tagsüber. Auch zur Injektion 5,0 : 100 Wasser bei chronischer Gonorrhoe im schleimigen Stadium empfohlen.

*†Bismutum subsalicylicum, basisches Wismutsalicylat, basisch salicylsaures Wismutoxyd, ebenfalls ein in Wasser unlösliches, geschmackloses Pulver, besitzt die nach der Spaltung manifest werdende Wirkung der beiden Komponenten, die adstringierende des Wismut und die antiseptische der Salicylsäure. Bei Hypersekretion und abnormen Gärungen des Magen-Darmkanals in Pulvern von 0,5—1,0 oder bei Kindern 2,0, Sirup spl. 10,0, Aq. ad 100,0 2 st. 1 Teelöffel.

Stannum, Zinn, steht toxikologisch dem Wismut nahe. Es gehört zu den Metallen, deren Salze vom Verdauungskanal nur in Spuren resorbiert werden, infolgedessen der Gebrauch von verzinnten Geschirren auch unschädlich ist, vorausgesetzt, daß der Bleigehalt nicht mehr als 1 /o beträgt. Von anderen Orten, auch von der Haut aus, wird Zinn resorbiert und wirkt dann giftig wie alle Metalle, insbesondere lähmend auf das zentrale Nervensystem.

℞

Bismuti subgallici	10,0	DS. Streupulver.
Talci	40,0	[Pulvis adspersorius cum Bis-
M. f. pulv.		muto subgallico Ph. A. E.]

c) Gerbsäure und gerbsäurehaltige Mittel.

Die Gerbsäuren sind in Pflanzen (Wurzeln, Rinden, Blättern und Früchten) weitverbreitete Stoffe. Nach ihrer chemischen Konstitution sind sie zumeist als esterartige Verbindungen von Glykose mit Gallussäure (Trioxybenzoesäure) anzusehen.

Die gewöhnliche, offizinelle Gerbsäure, *†Acidum tannicum, Tannin, wird aus den Galläpfeln (*†Gallae) dargestellt, den Auswüchsen, welche durch den Stich der Gallwespe beim Einlegen der Eier an jungen Eichentrieben veranlaßt werden. Sie ist ein gelbliches, lockeres, in Wasser, Weingeist und Glycerin leichtlösliches Pulver. Die wässerige Lösung schimmelt leicht, mit Eisenoxydsalzen gibt sie die als Tinte bekannte blauschwarze Flüssigkeit, andere Gerbsäuren geben dunkelgrüne Färbung.

Alle Gerbsäuren haben einen charakteristischen herben, zusammenziehenden Geschmack und sind ausgezeichnet durch die Eigenschaft, bei schwach saurer, neutraler und sehr schwach alkalischer Reaktion mit den gewebebildenden Substanzen sehr kohärente, in Wasser unlösliche Adsorptionsverbindungen zu bilden. Eiweiß, Leim,

Schleim usw. werden daher durch sie gefällt, Bindegewebe wird in Leder umgewandelt. Auch Alkaloide und mehrere Schwermetalle werden aus ihren Lösungen als schwerlösliche Tannate ausgefällt. Auf diesen Reaktionen beruht die Wirkung der Gerbsäure und ihrer Drogen, worüber das Allgemeine in der Einleitung dieses Kapitels erörtert wurde, so daß nur mehr die besonderen Verhältnisse der Anwendung zu erledigen sind.

1. Anwendung als Adstringens.

a) Gute Erfolge, meist besser als durch die Metallverbindungen mit anorganischen Säuren, welche bei der Reaktion freigeworden leicht ätzend wirken, erzielt man *an wunden Hautstellen und entzündeten Eingängen der Schleimhautkanäle,* welche unmittelbarer Applikation zugänglich sind. Die Verordnungsformen müssen verschieden gewählt werden, je nach dem Orte. *Pulver,* häufig in Verbindung mit Borsäure 1 : 3, dienen zum Aufstreuen auf Wunden und zum Einblasen resp. Einstäuben in Auge, Nase und Kehlkopf; *Salben* 1 : 5 verwendet man bei Dekubitus, *Suppositorien und Bougies* für Anus, Vagina und Urethra.

Wässerige Lösungen 1—2 : 100 eignen sich zu Inhalationen und Injektionen, z. B. in die Harnröhre und den Mastdarm, viertel- und halbprozentige auch zu Augentropfen. In *Mund-* und *Zahnwässern* werden sie häufig ersetzt durch einen Aufguß von *†**Folia Salviae, Salbeiblättern** (von Salvia officinalis, Gerbsäure und ätherisches Öl enthaltend), oder durch *†**Tinctura Ratanhiae,** den dunkelroten, weingeistigen Auszug der an Gerbsäure reichen *†Radix Ratanhiae von Krameria triandra, Peru), welche man zu ¹/₂ bis 1 Teelöffel einem Glase Wasser zusetzt oder auch direkt zum Bepinseln gelockerten Zahnfleisches benutzt. In gleicher Weise kann auch *† **Tinctura Catechu** aus *† Catechu, dem trockenen Wasserextrakte ostindischer Acaciaarten oder Tinctura Tormentillae aus dem Rhizom der einheimischen Potentilla silvestris, Blutwurzel, gebraucht werden.

Tinctura gingivalis, Mundwasserzusatz (Ph. A. E.), ist ein Auszug von je 25 Ratanhiawurzel, Zimt, Gewürznelken, Sternanis, je 10 Cochenille und Guajakharz mit 1000 Weingeist, dem nach der Filtration Pfefferminzöl und etwas Chloroform, Thymol und Anethol zugesetzt sind.

Weingeistige Lösungen 1—2 : 10 oder der gleichwertige, bräunliche Auszug der Galläpfel, die *†**Tinctura Gallarum,** finden Verwendung bei Frostbeulen. *Lösungen in Glyzerin* 1 : 5 sind geeignet als Pinselsaft bei Exkoriationen, solche in *Kollodium* (Collodium stypticum) bei Blutungen.

b) Unsicherer ist der Erfolg *im Darmkanal als Stopfmittel bei Diarrhöen.* Freie Gerbsäure, 0,1—0,5, ist am wenigsten geeignet, weil sie den Magen irritiert und zu früh resorbiert wird. Besser ist es, das Mittel in Formen nehmen zu lassen, aus welchen es erst spät in Freiheit gelangt. — *Pillen* und *Glutoidkapseln* — oder *gerbsäurehaltige Drogen und Extrakte,* in denen die beigemischten Schleimstoffe die Auslaugung verzögern, z. B. *†Ca techu,* 0,5—1,0 in Pillen und Pastillen, *†Radix Ratanhiae und †Extractum Ratanhiae. Ihre Stelle ersetzen oft zweckmäßig **gerbsäurehaltige Nahrungs- und Genußmittel,** wie Heidelbeeren (Fructus Myrtilli) und Preißelbeeren oder die in Rußland als antirheumatisches Volksmittel gerühmte Abkochung der Preißelbeerenblätter, ferner Rotwein, welcher bis zu 4 g Gerbsäure im Liter, in einem Deziliter mithin die Arzneigabe enthalten kann, sowie das beliebte Volksmittel bei Diarrhöen der Kinder, der Eichelkaffee, ein Aufguß gerösteter Eicheln, †Semen Quercus tostum, welche Gerbstoff, in Dextrin umgewandelte Stärke und fettes Öl enthalten.

Herstellung eines wie Pumpernickel schmeckenden Brotes aus Eicheln geschieht nach folgender Vorschrift: Die Eicheln werden von der Spitze aus halbiert, mit kochendem Wasser, dem man einen „Schuß“ Essig zugefügt hat, übergossen, 24 Stunden stehengelassen, dann gut abgespült, auf der Herdplatte getrocknet und zu feinem Pulver zermahlen.

Am vollkommensten wird der oben bezeichnete Zweck erreicht durch *unlösliche Tanninverbindungen,* welche nach Angabe von H. Meyer von den alkalischen Darmsäften unter Freiwerden des Tannins allmählich zerlegt werden. Von Präparaten dieser Art wird gegenwärtig am meisten verwendet das ***†Tannalbin,** dargestellt durch mehrstündiges Erhitzen von Tannin mit Eiweiß, 50% Tannin enthaltend, das ***Tannigen,** Acetylester der Gerbsäure, 80% Gerbsäure enthaltend, und das ***Tannoform** (Methylenditannin), ein Kondensationsprodukt aus Tannin und Formaldehyd. Sie wirken vorzüglich bei Diarrhöen, die auf entzündlicher Reizung der Darmschleimhaut beruhen. 0,5—1,0—2,0 mehrmals täglich in Pulvern oder Pastillen. Bei dem zuletzt genannten Präparate kommt die Wirkung des wieder abgespaltenen Formaldehyd hinzu. Es wird auch äußerlich mit 2—3 Teilen Talk vermischt als austrocknendes und desinfizierendes Pulver viel verwendet.

Die *Resorption* der Gerbsäure erfolgt in Form ihres Spaltungsproduktes, der Gallussäure. Sie ist eine sehr vollständige, denn die Fäzes enthalten gewöhnlich weder Gerbsäure noch Gallussäure. Im Blute wird die Gallussäure fast vollständig verbrannt, nur Spuren erscheinen im Harn. Da die Gallussäure nicht mehr adstringiert, sind adstringierende resp. styptische Gerbsäure-Wirkungen auf innere Organe (Lunge, Niere) nicht mehr möglich.

Es können daher auch die Heilerfolge bei *Blasenkatarrhen* nach Darreichung von Abkochungen der *†**Folia Uvae ursi, Bärentraubenblätter**, von Arctostaphylos uva ursi, einer Ericacee unserer Gebirge, wohl nicht auf eine Adstringierung durch die Gerbsäure dieses Mittels zurückgeführt werden, sondern sind eher der desinfizierenden Wirkung zweier Spaltungsprodukte, dem Pyrogallol aus der Gerbsäure und dem Hydrochinon (Dioxyphenol) aus dem Glykosid Arbutin zuzuschreiben. Beide erscheinen im Harn als gepaarte Schwefelsäuren und werden bei alkalischer Reaktion (Cystitis!) gespalten und zu grünschwarzen Produkten oxydiert. Die Kranken sind von dem möglichen Auftreten dieser dem „Karbolharn" analogen *Harnfärbung* in Kenntnis zu setzen.

2. *Anwendung als Antidot.*

Der Gebrauch der Gerbsäure und gerbsäurehaltigen Drogen bei *Alkaloid-, Metall- und Brechweinsteinvergiftungen* beruht auf der Fällung dieser Gifte als Tannate. Da diese Verbindungen nicht ganz unlöslich sind, die Aufsaugung daher nur verzögert, nicht aber völlig aufgehoben wird, hat der Gabe alsbald die Entfernung durch Brech- und Abführmittel zu folgen, wobei zu erinnern ist, daß erstere, per os gegeben, selber durch Gerbsäure gefällt werden, daher nur das subkutan applizierbare Apomorphin angezeigt erscheint. Die Verordnung der Gerbsäure in *Pulver oder Lösung* ist hier zweckmäßiger, damit das Mittel alsbald im Magen zur Wirkung gelangt. Auch wird empfohlen, es mit Natriumbikarbonat zu kombinieren, um der lösenden Wirkung der Magensalzsäure auf das gebildete Alkaloidtannat entgegenzutreten. Im Notfall hilft man sich mit *gerbsäurehaltigen Stoffen des Haushalts,* starken Abkochungen von Tee oder von Baumrinden.

Selten gebrauchte, gerbsäurehaltige Drogen sind:

*†**Cortex Quercus**, Eichenrinde. Zu adstringierenden Bädern, Gurgelwässern und bei Alkaloid-Vergiftungen, in Dekokten 10 : 100.

*†**Extractum Hamamelidis fluidum**, aus der Rinde der Hamamelis Virginiana, enthält eine eigenartige, sehr leicht zu Gallussäure spaltbare Gerbsäure und wird innerlich zu $^1/_2$—2 Teelöffel mehrmals täglich bei Diarrhöen und insbesondere in Minimal-Klysmen bei Hämorrhoidalblutungen gebraucht.

*Folia Juglandis, Blätter des Nußbaumes, Juglans regia, früher als Tee gegen Skrofulose in Gebrauch.

†Lignum Haematoxyli, Blauholz von Haematoxylon Campechianum, Westindien, als Dekokt 10 : 100 bei Durchfällen gebräuchlich.

Rezept-Beispiele:

℞		℞	
Acidi tannici	3,0	Tannalbin	
Mucil. Gummi arab. q. s.		Cacao saccharati	aa 6,0
ut f. pil. No. XXX.		Corticis Cinnamomi	1,0
DS. 3stündlich 1 Pille.		M. f. compress. pastilli No. XX.	
		DS. 4—8 Stück täglich.	

℞		℞	
Acid. tannici	5,0	Decoct. Fol. Uvae Ursi	180,0
Ol. Cacao	15,0	Sirup. Cort. Aurantii	20,0
M. f. globuli No. V.		MDS. 2stündlich 1 Eßlöffel.	
DS. Vaginalkugeln.			

℞

Infus. Fol. Salviae (10,0)	200,0	MDS. mit 1—2 Teilen
Spirit. Cochleariae	50,0	Wasser verdünnt als Zahn-
Acid. borici	10,0	wasser.

Siebentes Kapitel.

Cauteria, Ätzmittel. Säuren und Alkalien.

Ätzmittel im klinischen Sprachgebrauche sind *Agentien, welche Zerstörung des Gewebes an der Applikationsstelle auf gewöhnlichem chemischem Wege bewirken*, zum Unterschiede von den nekrotisierenden Mitteln, welche den Zelltod durch feinere molekulare Veränderungen ohne sofortige Auflösung ihrer Struktur zustande bringen (Arsenverbindungen, organische Desinficientia, Acria usw.). Das zerstörte Gewebe bildet mit dem Ätzmittel eine Masse, welche man Ätzschorf nennt.

Diese Ätzung ist indes nur der Gipfelpunkt ein und derselben Art von chemischer Veränderung, welche in ihren leichteren, reversiblen Graden zu sensibler Reizung und Hyperämie und weiter zu Entzündung führt und mit Ätzung im therapeutischen Sinne, das ist Ätzung mit Substanzverlust, endigt (Schmiedeberg). Die therapeutische Anwendung der beiden ersten Grade von Ätzung wurde zum Teil bereits bei den Hautreizmitteln behandelt; es bleibt daher in dieser allgemeinen Einleitung nur der dritte Grad zu besprechen übrig.

Alle *Stoffe mit starken chemischen Verwandtschaften* zu den gewebebildenden Substanzen sind Ätzmittel, mithin alle *Halogene,*

8*

Oxydationsmittel, Säuren, Alkalien und Salze der schweren Metalle.

Vom praktischen Gesichtspunkte aus zerfallen sie in *zwei Gruppen:* in solche, welche die Eiweißkörper zur Fällung bringen, und in solche, welche sie auflösen. Im ersteren Falle ist der Ätzschorf fest und setzt dem Vordringen des Ätzmittels bald eine Grenze, die Ätzung ist daher scharf begrenzt und wenig ausgebreitet. Im zweiten Falle ist der Ätzschorf weich, zerfließlich, und die Ätzung verbreitet sich weit und ohne scharfe Grenze über die Applikationsstelle in das Gewebe.

In der *nächsten Umgebung des Ätzschorfes,* wohin das Mittel nur mehr in geringer Konzentration gelangt, bilden sich *die beiden ersten Grade der Ätzung* aus und führen, unterstützt durch die nach gleicher Richtung wirkenden Zerfallsprodukte des abgetöteten Gewebes, die reaktive Entzündung herbei, welche den Ätzschorf vom normalen Gewebe abgrenzt und die Wunde unter Narbenbildung schließlich zur Heilung bringt.

Der frühere häufige Gebrauch der Ätzmittel ist meist durch das Messer verdrängt. Dasselbe arbeitet rascher, eleganter und hinterläßt nur eine lineare Narbe, welche im Gegensatz zu den strahligen, derben Narben nach Ätzmitteln weder entstellt, noch funktionell behindert.

Die *Anwendung* beschränkt sich daher heutzutage auf die *Eröffnung von Abszessen* und *Exstirpation kleiner Neubildungen* bei messerscheuen Personen, auf die *Injektion in Geschwülste, Fistelgänge und Cysten, Reinigung von Wunden oder Geschwürsflächen* mit konsekutiver Anregung frischer Granulationsbildung, *Beseitigung allzu üppiger Granulationen* und auf die *Zerstörung von Tiergiften und Bakterien.*

Die Ätzung ist bei den meisten Mitteln mit starken *Schmerzen* verbunden. Man sucht sie durch vorausgehende Anwendung von Kokain oder Äthylchlorid zu mildern. Das Anästheticum dem Ätzmittel selbst zuzusetzen, ist hingegen meist nutzlos, weil die Anästhesierung später eintritt als die Ätzung.

An dieser Stelle sollen bloß die Wirkungen der Säuren und Alkalien, soweit sie durch die Eigenschaft als Säure oder Alkali (Wasserstoff- oder Hydroxyl-Ionen) bedingt sind, besprochen werden. Die sonstigen, praktisch verwendeten Ätzmittel: Jod, Arsenik, Chlorzink, Silbernitrat, Sublimat und Karbolsäure, sind an anderen Orten aufzusuchen.

A. Säuren.

Die den wasserlöslichen Säuren gemeinsamen Wirkungen beruhen hauptsächlich auf den beiden Eigenschaften: *die Alkalien zu neutralisieren und mit Eiweiß- und ähnlichen Stoffen sich zu Acidalbuminen zu verbinden.*

Die Wirkung ist bei den meisten anorganischen Säuren nahezu proportional dem Dissoziationsgrade resp. der Konzentration der H-Ionen, bei anderen, Kohlensäure, Borsäure, Essigsäure, merkbar höher. Man erklärt sich dies durch die größere Zellpermeabilität, (Lipoidlöslichkeit) dieser Säuren, wodurch selbe befähigt sind rasch in die Zellen einzudringen. Analoge Verhältnisse bestehen unter den Alkalien beim Ammoniak.

Den praktischen Zwecken dürfte folgende Übersicht Genüge leisten.

I. Die verdünnten Säuren als örtliche Reizmittel.

1. Als *Hautreizmittel.* Hierzu eignen sich besonders die flüchtigen, lipoidlöslichen Säuren, die Kohlensäure, Ameisensäure und Essigsäure, deren Anwendung bereits bei den Hautreizmitteln besprochen wurde.

2. Als *Genußmittel und durstlöschende Mittel.* Die stark verdünnten Säuren erregen in der Mundhöhle eine angenehme Geschmacksempfindung und mindern schon hier das Durstgefühl. Außerdem sind sie das beste Mittel, um größere Mengen von kaltem Wasser dem Körper dauernd einzuverleiben, indem sie selbes für den Magen ertragbar machen und seine Resorption befördern.

Saure Getränke spielen daher in der Therapie eine große Rolle. Was hierzu genommen wird, ob natürliche *Fruchtsäfte* oder künstliche *Limonaden* oder kohlensaure Wässer, *Säuerlinge,* ist zunächst Geschmackssache. Die geringste Schleimhautreizung macht die Milch- und Phosphorsäure, dann die Zitronen- und Weinsäure. Zu beachten bleibt, daß alle Säuren, andauernd und im Übermaße aufgenommen, Magen-Darmkatarrhe mit vermindertem Appetit und verminderter Ausnutzung der Nahrung erzeugen können, wie z. B. die Unsitte des Essigtrinkens junger Mädchen zur Erzielung einer interessanten blassen Gesichtsfarbe dartut, und daß die bei der Resorption aus dem Natriumbikarbonat gebildeten Natriumsalze der unverbrennlichen anorganischen Säuren, die Blutalkaleszenz dauernd herabsetzen und die Azidität des Harns erhöhen. Als unschädlich gilt nur die Kohlensäure, doch sollen nach den Erfahrungen angesehener Brunnenärzte die kohlensäurereichen

Wässer das Auftreten von Kongestionen und Blutungen, namentlich bei Atheromatösen begünstigen. Schwere Lungenblutungen beobachtete man auch nach dem übertriebenen Gebrauche der sog. Zitronenkur, vielleicht infolge von Kalkentziehung.

Eine natürliche Limonade wird aus dem Saft einer Zitrone oder 25 ccm käuflichem Succus Citri mit 25 Zucker ad 500 Wasser angefertigt.

Zu künstlichen Limonaden mit Sirupus Rubi Idaei und Mucilago Gummi arabici eignen sich:

*†**Acidum phosphoricum, Phosphorsäure,** 25 resp. 20 % H_3PO_4 enthaltend, ist diejenige Mineralsäure, welche vom Magen am längsten ertragen wird, verdünnt in Tropfen zur Appetitanregung und als Getränk zur Durstlöschung 1,0:250,0.

*Mixtura sulfurica acida, †Liquor acidus Halleri, Hallersches Sauer, erhalten durch Eintragen von 1 konzentrierter Schwefelsäure in 3 Weingeist, wobei Äthylschwefelsäure, $C_2H_5OSO_2OH$, gebildet wird. 5—10 Tropfen in Zuckerwasser oder 5 zu 95 Himbeersirup als Mixtura pro potu acido Ph. A. E., zum Gebrauche mit Wasser zu verdünnen.

*†Acidum hydrochloricum dilutum, verdünnte Salzsäure, 12,5 % HCl enthaltend, 1,0 : 200,0.

*†**Acidum lacticum, Milchsäure,** wegen ihrer geringen Reizwirkung auf den Magen sehr geeignet, 0,5—1,0 : 200,0.

*†**Acidum tartaricum, Weinsäure,** säulenförmige, in Wasser leicht lösliche Kristalle, 0,5—1,0 : 200,0.

*†**Acidum citricum, Zitronensäure,** prismatische, in Wasser und Weingeist leicht lösliche Kristalle 0,5 : 200,0.

Kohlensaure Getränke liefern:

*†**Pulvis aërophorus** (anglicus), **englisches Brausepulver,** enthält 2,0 Natriumbikarbonat in einer blauen und 1,5 Weinsäure in einer weißen Papierkapsel. Man löst zuerst den Inhalt der weißen Kapsel in einem Glase Zuckerwasser, schüttet dann den Inhalt der farbigen hinzu und trinkt während des Aufbrausens.

Empfehlenswert ist auch eine Mischung von 25,0 Natriumbikarbonat, 24,0 Weinsäure, 50,0 Zucker und 1 Tropfen Oleum Citri. Vor Feuchtigkeit geschützt aufzubewahren. 1 Teelöffel auf 1 Glas Wasser. Die Mischung ist auch ein *zweckmäßiges Vehikel für Arzneimittel,* namentlich Morphin, Chinin, Eisen.

***Potio Riverii,** Rivierescher Trank, nach Prof. Rivière, †Montpellier 1655. 4 Teile Zitronensäure werden in 190 Wasser gelöst, 9 Teile Natriumkarbonat in kleinen Kristallen zugefügt und das Glas sofort verschlossen oder nach Ph. A. E.: Kalium carbonicum 4 werden in 80 Wasser gelöst, Zitronensäure 3,3 und Sirup. simplex 15,0 hinzugefügt. Eßlöffelweise.

Rezept-Beispiele.

℞		℞	
Acidi hydrochlorici dil.	1,0	Acidi phosphorici	10,0
Macerati Rad. Althaeae	170,0	Aquae	30,0
Sirup. Rubi Idaei	29,0	Sirup. Rubi Idaei	60,0
MDS. 2 stündlich 1 Eßlöffel.		MDS. 1 Teelöffel voll in einem Glase Wasser mehrmals täglich zu nehmen.	

Ŗ		Ŗ	
Acidi citrici	5,0	Acidi citrici	10,0
Mucilag. Gummi arabici	45,0	Elaeosacchari Citri	4,0
Sirup. simpl.	150,0	Sacchari	86,0
MDS. die Hälfte mit 1 Liter Wasser zu mischen als Getränk.		M. f. pulv. D. ad vitrum S. 1 Teelöffel voll mit Wasser zur angenehmen Säure zu verdünnen. [Limonadenpulver.]	

3. *Zur Anregung der Magenfunktion* bei leichten Störungen, sog. Magenverstimmungen, und bei chronischen, subaciden Katarrhen findet die auch bei alkalischer Reaktion wirkende **Kohlensäure** häufig ein günstiges Anwendungsgebiet. Es wird insbesondere die Schleimhaut im Magen und Darm hyperaemisiert, die Resorption des Wassers gefördert, die Entleerungszeit des Mageninhalts gekürzt und die Salzsäureabsonderung in mäßigem Grade angeregt. Den anderen Säuren geht dieses letztere Vermögen vollständig ab (Pawlow). Auch eine eventuell eintretende leichte Anästhesierung der sensibeln Magennerven kann unter Umständen in Betracht kommen.

Zu einmaligem Gebrauche bedient man sich gewöhnlich der **Brausepulver.**

Zu längerem Gebrauche geeignet sind **reine Säuerlinge** d. h. Mineralwässer, welche Kohlensäure als Hauptbestandteil führen (bei voller Sättigung 100 Volumprozent, das ist nahezu 2 g im Liter) oder **schwache alkalische Säuerlinge,** welche daneben noch kleinere Mengen von Natriumbikarbonat und etwas Kochsalz enthalten.

Von diesen natürlichen Tafelwässern unterschieden sind die künstlichen Tafelwässer, sog. Soda- oder Selterswässer, aus destilliertem oder gutem Brunnenwasser durch Einpressen von Kohlensäure hergestellt. Sie sind weniger bekömmlich als die natürlichen, weil ihre Kohlensäure im Magen rasch entweicht und keine Garantie für Keimfreiheit besteht.

Eine Mittelstellung als Halbfabrikate nehmen die enteisenten natürlichen Säuerlinge (z. B. Apollinaris) ein. Ihr Eisengehalt beeinträchtigt den Geschmack und gibt zu Ausscheidungen in der Flasche Anlaß. Man beseitigt ihn daher, indem man reine oder ozonisierte Luft durch das Wasser leitet, wodurch unlösliches Ferrihydroxyd sich bildet, und ergänzt die dabei verlorengegangene Kohlensäure durch Einpressen neuer Gasmengen.

Eine besondere Rolle im Verdauungskanal spielt die **Salzsäure,** weil sie die natürliche, bei der Magenverdauung tätige Säure ist. Bei *Dyspepsien, welche durch Mangel an Salzsäure gekennzeichnet sind,* ist die Darreichung dieser Säure von entschiedenem Erfolge, ob nur durch Ersatz der fehlenden Magensäure oder auch durch Anregung der Magensäuresekretion ist nicht sicher ermittelt, es ist daher vorerst angezeigt, sie in einer Konzentration zu geben, daß dadurch wenigstens einigermaßen die normale Säuresekretion ersetzt wird. Hierdurch wird zugleich einer weiteren Funktion der Magensalzsäure nachgeholfen, d. i. *Bakterien zu töten oder wenigstens in ihrem Wachstum zu hemmen* und so Gärungen und vielleicht auch Infektionen zu unterdrücken. Typhusbazillen werden bei 0,2% getötet, Cholerabazillen bei noch geringerer Konzentration. Die *Auslösung des periodischen Pylorusverschlusses,* welcher durch die Berührung des aus dem Magen austretenden sauren Mageninhalts mit der Duodenalschleimhaut hervorgerufen wird, wird durch die Salzsäurebeigabe verstärkt, die Aufenthaltsdauer und damit Verdauung im Magen gefördert.

Verordnungsweise: 2,0 (40 Tropfen) von *†**Acidum hydrochloricum dilutum,** verdünnter Salzsäure, welche 12,5% HCl enthält, oder 1,0 (20 Tropfen) des doppelt so starken ***Acidum hydrochloricum,** †**Acid. hydrochl. concentratum** auf ein Glas Wasser (100 ccm) kommt dem Gehalt eines normalen Magensaftes an Säure (0,25%) annähernd gleich. Von einer solchen Flüssigkeit läßt man in den ersten Stunden nach der Mahlzeit alle $^1/_4$—$^1/_2$ Stunden ein halbes Glas nehmen, am besten, um das Stumpfwerden der Zähne zu verhüten, mittels eines gebogenen Glasrohres, wie es bei Eisenwässern üblich ist.

Acidolpastillen enthalten das Chlorid von Betain, welches durch Wasser hydrolytisch unter Freiwerden von Salzsäure dissoziiert wird, weil Betain nur eine schwache Base ist. Empfohlen als bequeme Form der HCl-Dispensation. 1 Pastille enthält 0,6 Betainchlorid und entspricht ca. 10 Tropfen Acidum hydrochloricum dilutum. Nur in Wasser gelöst zu nehmen, da es, erst im Magen sich lösend, ätzend wirkt wie konzentrierte Salzsäure.

4. *Zur Erregung der Pankreassekretion.* Der in den Darm gelangende saure Mageninhalt bewirkt in dessen Schleimhaut die *Bildung des Sekretins,* das durch innere Sekretion (Kap. XXVI) in die Zirkulation gelangt und die Bauchspeicheldrüse zur Sekretion anregt. Alle Säuren wirken in dieser Weise. Der Genuß sauren Gemüses gegen Schluß einer Mahlzeit ist darin begründet, und der Arzt hat es in der Hand, auf die Tätigkeit dieses so verborgenen Organes durch Säuredarreichung anregend oder durch Abstumpfung der Magensäure mittels Alkalien beschränkend einzuwirken. Da die Magensaftsekretion nur durch Kohlensäure, nicht durch andere Säuren angeregt wird, kann durch Darreichung saurer Speisen (z. B. gestockter Milch) der Schwerpunkt der Verdauungstätigkeit vom Magen auf den Darm verlegt werden (Pawlow).

Auch die *Gallenabsonderung* wird vom Duodenum aus durch Säuren (Salzsäure) angeregt, die Sekretion der Schleimdrüsen dagegen gehemmt.

5. Zur *Erregung von Peristaltik* bei Verstopfungen sind die in Obst, Fruchtmusen in schwer resorbierbarer Form enthaltenen Pflanzensäuren besonders geeignet (Kapitel XII).

II. Die konzentrierten Säuren als Ätzmittel.

***†Acidum nitricum fumans, rauchende Salpetersäure,** eine rotbraune, erstickende Dämpfe von Stickstoffperoxyd ausstoßende Flüssigkeit, 86% Acidum nitricum enthaltend. Die Salpetersäure fällt das Eiweiß schon bei sehr geringer Konzentration unter Gelbfärbung (Nitrierung) und löst es erst bei großer wieder auf. Infolge dieser Eigenschaft ist sie ein sehr empfindliches Reagens für Eiweiß und ein *Ätzmittel, das durch festen Ätzschorf und scharfe Begrenzung der Ätzung sich auszeichnet.* Sie wird durch Betupfen mit einem in die Säure getauchten Glasstabe oder Glaspinsel vollzogen oder als sog. feste Salpetersäure (gallertige Masse, durch Aufträufeln der Säure auf Watte erhalten) verwendet. Die Schmerzen sind intensiv, aber nicht anhaltend.

***†Acidum chromicum, Chromsäure,** purpurrote, zerfließliche Prismen. Die Säure geht mit Eiweiß und Leim gelbgefärbte, schwer lösliche Verbindungen ein. Infolgedessen ist die durch sie bewirkte *Ätzung scharf begrenzt.* In konzentrierter Lösung oder in Substanz an den Kopf einer Sonde angeschmolzen wird sie namentlich im Nasenrachenraum und im Kehlkopf, wo die flüchtige Salpetersäure nicht anwendbar ist, zur Beseitigung von Wucherungen und Neubildungen gebraucht. Sehr zu beachten ist die hochgradige *Giftigkeit,* da die Säure, an Alkali gebunden, resorbiert wird und schon in kleinen Mengen Nieren- und Darmentzündungen erzeugen kann.

***Acidum trichloraceticum,** Trichloressigsäure, CCl_3COOH. Zerfließliche, leicht in Wasser lösliche Kristalle. Das Mittel besitzt in noch erhöhterem Maße als die Essigsäure das *Vermögen, Hornsubstanz zu erweichen und zu lösen.* Man benützt daher ihre konzentrierte wässerige Lösung, ähnlich wie die Salicylsäure, zur *Entfernung von epithelialen Wucherungen und Neubildungen* (Hühneraugen, Warzen, Muttermale). Der weiße Schorf trocknet bald zu einer braunen Kruste ein, welche nach einigen Tagen abfällt, worauf das Verfahren, wenn nötig, wiederholt wird. Bei *Verwendung auf Schleimhäuten* (Nasen- und Rachenhöhle) ist Vorsicht geboten. Die Trichloressigsäure greift nämlich auch andere Gewebsarten energisch an, und da ihre Verbindung mit Eiweiß löslich ist, kann die Ätzung leicht eine unerwünscht tiefe werden.

Verdünnte Essigsäure (Essig 4—6prozentig) dient im Volke als Stypticum. Bei direkter Applikation (Wunden, Nasenschleimhaut) mit Erfolg, da Säuren die Gerinnung des Blutes befördern. Konzentrierte Essigsäure (Eisessig) 96prozentig aus einem weithalsigen Pulverglas durch die Nase eingeatmet, kann mit Vorteil zur reflektorischen Anregung von Sensorium, Atmung und Kreislauf dienen, weil sie unschädlicher als der zu gleichem Zwecke verwendete Liquor Ammonii caustici ist.

***†Acidum lacticum, Milchsäure,** eine sirupöse Flüssigkeit, wird *zur Ätzung von tuberkulösen Kehlkopfgeschwüren* empfohlen. Die Schmerzen sind erheblich und anhaltend. Nur lange fortgesetzte Pinselungen mit allmählich steigenden Konzentrationen (20—80%) haben Erfolg.

Bei *Vergiftungen durch konzentrierte Säuren* (Schwefelsäure, Salzsäure, Salpetersäure, Essigsäure [Essigessenz]) ist die Ätzwirkung ausschlaggebend. In der Mundhöhle und Speiseröhre ist das Epithel weißlich getrübt (Acidalbuminfällung), die Mucosa katarrhalisch entzündet, desgleichen im Magen und Anfang des Dünndarms bei den schwächeren Säuren, bei den stärkeren hämorrhagisch, weil das einschichtige Epithel dem Eindringen der Säure weniger Widerstand entgegensetzt. Dabei ist der Blutfarbstoff in braunschwarzes Säure-Hämoglobin umgewandelt, so daß die Schleimhaut wie verkohlt aussieht. Die durch diese örtlichen Veränderungen verursachten Symptome sind zunächst: intensive Schmerzen, große Druckempfindlichkeit des Unterleibes (Unterschied von Kolikschmerzen) und wiederholtes Erbrechen schleimiger, kaffeesatzähnlicher Massen von stark saurer Reaktion durch Lakmus, welche noch nach 200facher Verdünnung mit Wasser sehr deutlich erkennbar ist, normaler Magensaft nur bis zu 100facher. Im Darme besteht meist Verstopfung, weil starke Entleerung nach oben stattfindet und die Ätzung nicht bis in die tieferen Darmabschnitte hinabreicht. Den Schluß bilden intensiver Kollaps und bisweilen auch allgemeine Peritonitis, falls eine Perforation in die Bauchhöhle noch bei Lebzeiten erfolgte.

Die Behandlung besteht in Bindung der Säure durch Darreichung von Eiweiß (Milch) oder Alkalien (Magnesia usta).

Vergiftungen durch Säuren, deren Anionen spezifische Wirkung haben, die natürlich auch ihren dissoziierten Salzen zukommt, verlaufen entweder so, daß die spezifische Ionenwirkung gegenüber der allgemeinen Säurewirkung (Wasserstoffionenwirkung) völlig dominiert oder doch am Vergiftungsbilde stark beteiligt ist. Beispiele für ersteres sind die Vergiftungen durch Blausäure, Arsensäuren, Salicylsäure, die in anderen Kapiteln besprochen werden sollen, für letzteres die folgenden beiden Säuren:

Schwefelige Säure, deren Anhydrit SO_2 beim Verbrennen von Schwefel sich bildet, ist ein starkes *Ätzmittel, Desinficiens,* insbesondere für Schimmel und Hefepilze, auch Kopfläuse, und *Bleichmittel* vermöge ihrer sauren und reduzierenden Eigenschaften.

Nach der Resorption und Neutralisation zu schwefeligsaurem Alkali wirkt sie lähmend auf Respiration und Zirkulation, erfährt jedoch schnell Oxydation zu schwefelsaurem Salz. Die Verwendung von schwefeliger Säure und ihren Salzen (Präservesalz) zur Konservierung von Nahrungsmitteln, Fleisch usw. ist in Deutschland verboten.

Oxalsäure und **übersaures oxalsaures Kalium** (Kleesalz) wirkt intensiv *ätzend* auf Magen und oberen Darm, nach der Resorption *lähmend auf Herz* und andere Organe infolge Kalkentziehung, sowie bei der Ausscheidung als Calciumoxalat *Nierenkanälchen verstopfend.* Letale Dosis ca. 5,0. Therapie: Zufuhr von Calcium chloratum oder lacticum, um den Zellen das geraubte Calcium zu ersetzen, und Kochsalzinfusion, um die Niere wegbar zu erhalten.

III. Die Säuren als Neutralisationsmittel.

Die Neutralisation größerer Mengen von aufgenommenen Säuren vollzieht sich schon im Verdauungskanale, wenn derselbe abnorme Mengen von Alkali enthält. Wir benutzen daher Säuren, z. B. die in jedem Haus in Gestalt von Essig vorrätige 4—6prozentige Essigsäure, als *Antidot bei Vergiftungen mit Alkalien.*

Unter anderen Verhältnissen wird die Neutralisation erst vollständig im Momente der Resorption durch die Alkalien des Blutes, vorzugsweise durch das Natriumkarbonat desselben. Das weitere Schicksal der nun im Blute als Salz zirkulierenden Säure hängt von der Natur derselben ab. Die Salze der meisten organischen Säuren werden nahezu vollständig zu Natriumkarbonat verbrannt. Der ursprüngliche Gehalt des Blutes an Alkalikarbonat wird dadurch alsbald wiederhergestellt. Die Salze der anorganischen Säuren, der meisten aromatischen Säuren und der substituierten Fettsäuren hingegen sind unverbrennbar und werden unverändert durch den Harn ausgeschieden. Diesem für den Ablauf der chemischen Prozesse im allgemeinen und für den Kohlensäuretransport im speziellen nicht gleichgültigen *Verlust an Alkali* arbeitet der Organismus zunächst dadurch entgegen, daß er die unverbrennlichen Säuren in möglichst saurer Form (als saure Salze) entläßt. Man benützt daher *anorganische Säuren* (ClH, SO_4H_2) *als Mittel, alkalische Reaktion des Harns zu beseitigen* resp. die Acidität zu erhöhen, z. B. bei Oxalurie und Phosphaturie.

Außer dieser Schutzmaßregel besitzt der Fleischfresser noch eine zweite. Die *Harnstoffbildung wird eingeschränkt* und das hierdurch verfügbare Ammoniak zur Neutralisation der Säure benützt. Dem Pflanzenfresser (Kaninchen) fehlt diese Fähigkeit. Er geht daher auch an Alkaliverlust zugrunde. Beim Omnivoren (Mensch) ist sie vorhanden, jedoch in nicht ausreichendem Maße. Massenhafte Bildung von organischen Säuren innerhalb des Organismus, welche bei daniederliegender Oxydation unverändert ausgeschieden werden (β-Oxybuttersäure bei Diabetes mellitus), führen daher zu einem so starken Verlust von Alkalien, daß schwere Störungen und Tod die Folge sind (diabetisches Koma). Bisweilen gelingt es, diese *endogene Säurevergiftung* durch rechtzeitige Zufuhr von Alkalien hintanzuhalten.

Ob eine mäßige Verminderung der Alkalescenz durch fortgesetzte kleine Gaben von unverbrennlichen Säuren zu einer therapeutisch ausnützbaren Herabsetzung der Stoffwechselintensität und damit zu einer Wiederverwendung der Säuren als Temperantia und Antiphlogistica im Sinne der älteren Medizin führen kann, ist fraglich. Die Beobachtung, daß die postmortale Autolyse der Organe, die mit den vitalen Abbauprozessen eine gewisse Verwandtschaft aufweist, durch Alkalien gehemmt, durch Säuren beschleunigt wird, spricht dagegen.

B. Alkalien.

Unter dieser Bezeichnung sollen die alkalisch reagieren- den Verbindungen der Alkali- und Erdmetalle: die **Oxyde, Hydroxyde, Karbonate, Seifen** und **Sulfide** besprochen werden, der Borax findet bei den Antiseptica Erwähnung. Die Wirkung der Alkalien bzw. ihrer Hydroxylionen beruht auf dem Vermögen, *mit den Eiweißkörpern der Gewebe sich zu Alkalialbuminaten umzu- setzen und Säuren zu neutralisieren.*

1. Freie Alkalien.

a) Reiz- und Ätzmittel.

***Liquor Ammonii caustici, †Ammonia, Ammoniakflüssigkeit, Salmiakgeist,** eine 10 prozentige Lösung von Ammoniakgas in Wasser, ist zwar viel weniger zu den wirksamen Hydroxylionen dissoziiert als die Hydroxyde der fixen Alkalien, kommt aber doch der Wirkung dieser nahe, weil es lipoidlöslich ist, mithin leicht in die Zellen eindringt. Es ist, mit Öl resp. Seife ge- mischt, *zu hautreizenden Linimenten* besonders geeignet, indem es einerseits vermöge seiner Lipoidlöslichkeit rasche Wirkung er- zeugt, andererseits wegen seiner Flüchtigkeit nicht so lange haften bleibt, um in intensiver Weise das Gewebe chemisch zu verändern, wie dies bei den fixen Alkalien leicht der Fall ist. Außerdem dient es als volkstümliches *Reizmittel der Nasen- schleimhaut bei Ohnmachten* zur reflektorischen Anregung von Sensorium, Atmung und Kreislauf. Die Anwendung darf nur von kurzer Dauer sein, sonst erfolgen Erstickungszustände wegen Glottis- verschluß analog wie bei Chloroform oder Entzündung der Luftwege (s. Anmerkung). Gleiche Anwendung findet das ebenfalls flüchtige *†Ammonium carbonicum, bekannt unter dem Namen Hirsch- hornsalz, weil es beim Verbrennen von Horn und anderen stickstoffhaltigen tierischen Stoffen sich bildet. Verbrennen von Federn ist daher auch ein beliebtes Ersatzmittel, wenn das reine Produkt nicht zur Hand ist. Auf die Erregung folgt nach Tier- versuchen eine etwa 20 Minuten anhaltende lokale Anästhesie. Das Ammoniak ist ferner ein gutes *Neutralisierungsmittel bei Stichen von Mücken, Bienen* und anderen Tieren mit saurem Giftsekret.

Vorsicht bei der Anwendung als Riechmittel ist am Platze. Die tieferen Luftwege werden zwar zunächst durch das Einsetzen des bei Chloroform näher zu besprechenden, allen reizenden Dämpfen gemeinsamen Hemmungs-reflexes (Verschluß der Glottis usw.) geschützt. Bei etwas länger dauernder Applikation aber setzt die Atmung wieder ein, und es erfolgt dann heftige Entzündung der Luftwege. Es ist sogar ein Fall mit tödlichem Ausgang bekannt geworden.

Alkalivergiftungen unterscheiden sich von den Säurevergiftungen dadurch, daß die verätzten Partien nicht trocken und brüchig, sondern weich und schmierig sind, entsprechend der leichten Löslichkeit ihrer Albuminate. Blutungen resp. Methämoglobinbildung in größerer Ausdehnung sind selten, dementsprechend ist das stark alkalisch reagierende, schleimig-fadenziehende Erbrochene meist nicht sehr intensiv gefärbt. Der letale Ausgang erfolgt akut im Kollaps oder chronisch infolge der in Speiseröhre oder Magen gesetzten Strikturen. Die Behandlung besteht in der Darreichung von Eiweiß (Milch) oder verdünnten Säuren (Essig). Gegen die Strikturen ist das narbenlösende Fibrolysin zu versuchen.

Bei Verätzung der Augenbindehaut durch Ätzkalk wird sofortiges Auswaschen mit konzentrierter Zuckerlösung, wodurch Kalksaccharat sich bildet, empfohlen.

Die Verwendung von Ammoniakalien als Expectorantia ist in Kap. XIII behandelt.

***Kali causticum fusum, †Kalium hydroxydatum,** das in Stängel-chen gegossene Kaliumhydroxyd, KOH, wirkt unter allen Alkalien am stärksten wasserentziehend, auflösend und spaltend auf die Gewebe, selbst auf die sonst so widerstandskräftige Epidermis. Da die gebildeten Alkalialbuminate und sonstigen Umwandlungs-produkte in Wasser leicht löslich sind, setzt der weiche, breiige Ätzschorf dem Vordringen des Mittels wenig Hindernis ent-gegen. Die Ätzung breitet sich daher um das Mehrfache über die unmittelbare Applikationsstelle nach Breite und Tiefe aus, und das Mittel ist darum sehr geeignet *zur umfassenden Ätzung ver-gifteter Wunden nach Bissen von Schlangen und wutkranken Hunden.* Die damit verbundenen Schmerzen sind meist recht anhaltend.

***Calcaria usta, †Calcium oxydatum, Ätzkalk, gebrannter Kalk,** CaO, entsteht durch Glühen von Calciumkarbonat und geht bei Gegen-wart von Wasser unter starker Wärmeentwicklung in Calciumhydr-oxyd über. Infolge der beschränkten Löslichkeit der Kalkalbuminate ist die *Ätzung begrenzter* als bei Ätzkali. Man gebraucht daher Mischungen beider Mittel, wenn man solche Ätzung haben will:

Gleiche Teile Ätzkali und Ätzkalk, zu Pulver zerrieben und mit wenig Alkohol zu einem Teige angerührt, geben die früher zum Eröffnen von Abszessen vielgebrauchte **Wiener Ätzpaste** (Pasta caustica viennensis); 2 Teile Ätzkali und 1 Teil Ätzkalk ge-schmolzen, in Stängelchen gegossen und mit Bleifolie umhüllt, die **Filhose**schen **Ätzstifte.**

Ätzkalk ist auch ein billiges **Desinfektionsmittel** für Massengräber, Latrinen usw.

b) Neutralisationsmittel.

***Aqua Calcariae, †Aqua Calcis, Kalkwasser,** ist die gesättigte Auflösung von Calciumhydroxyd, $Ca(OH)_2$, in Wasser (1 : 800), eine alkalische, durch Kohlensäureanziehung sich trübende Flüssigkeit. Es wirkt *säuretilgend, mucinlösend und adstringierend*, letzteres vermutlich vermöge der Eigenschaft, mit den kolloidalen Stoffen der Gewebe, insbesondere der Gefäßwand, derbe Verbindungen einzugehen und mit der Kohlensäure Niederschläge zu geben, welche die Poren verstopfen und einen schützenden Überzug bilden. Das Kalkwasser ist das einzige Adstringens, welches Schleim löst, während alle anderen denselben fällen. Durch die Vereinigung beider Eigenschaften nimmt es daher eine ganz eigenartige Stellung ein, welche für seine therapeutische Verwendung nicht ohne Belang ist (Harnack).

Äußerlich wird es mit Erfolg angewendet als *austrocknendes Mittel bei Exkoriationen, insbesondere nach Verbrennungen*, in Form von Pasten und Linimenten, z. B. mit Ol. Lini aa, unter teilweiser Verseifung desselben als Linimentum Calcis oder L. contra combustiones (Ph. A. E.). Auch auf kruppöse und diphtheritische Beläge ist es nicht ganz einflußlos, indem damit ausgeführte Gurgelungen, Inhalationen und Pinselungen die Abstoßung dieser Massen durch Lösung der mucinhaltigen Kittsubstanz zu erleichtern vermögen.

Innerlich wird es als *säuretilgendes und stopfendes Mittel bei Darmkatarrhen* zu 50—100 ccm (25 bei Kindern) mehrmals täglich in Milch verordnet und gern genommen.

Magnesia usta, †Magnesium oxydatum, gebrannte Magnesia, MgO, ein weißes, sehr lockeres Pulver, ist in ihrer chemischen Zusammensetzung dem Calciumoxyd analog, wirkt jedoch nicht ätzend, weil sie in Wasser sehr wenig löslich ist. In Säuren dagegen löst sie sich sehr leicht auf. Sie ist darum das beste *Neutralisationsmittel bei abnormer Säurebildung und bei Säurevergiftungen,* besser als die in Wasser unlöslichen, daher ebenfalls nicht ätzenden Karbonate des Calciums und Magnesiums, deren freiwerdende Kohlensäure in größeren Mengen durch Aufblähung des Magens die Herz- und Lungentätigkeit mechanisch behindert oder bei bereits vorhandener tiefer Anätzung eine Ruptur dieses Organs begünstigen kann.

Mit arseniger Säure und deren Salzen bildet die nicht zu stark gebrannte Magnesia das sehr schwer lösliche Magnesiumarsenit, weshalb sie als *Antidot bei Arsenikvergiftung* Verwendung findet.

Magnesia *wirkt abführend* wie ihre Salze; in welche sie durch die im Magen und Darm vorhandenen Säuren (HCl, CO_2, Fettsäuren) übergeführt wird. Lange fortgesetzter Gebrauch kann zur *Bildung von Darmkonkrementen* führen.

Verordnung: Kleine Mengen, wie man sie zur Neutralisierung bei bakterieller Säurebildung nötig hat, werden als *Pulver* 0,1—0,5 mehrmals täglich verordnet, größere Mengen als *Schüttelmixtur* mit Wasser eßlöffelweise, bei Säurevergiftung 10,0 : 200,0, bei Arsenvergiftung 75,0 schwach gebrannten Präparates mit 500,0 warmen Wassers geschüttelt (Antidotum Arsenici albi). Das Magnesiumoxyd quillt alsbald zu einer weichen Gallerte von Magnesiumhydroxyd auf, welches das Gift rasch zu binden die Eigenschaft hat.

2. Kohlensaure Alkalien.

***Natrium bicarbonicum, †Natrium hydrocarbonicum, Natriumbikarbonat, saures kohlensaures Natrium,** $CO(OH)ONa$, in 13 Wasser mit schwach laugigem Geschmack langsam löslich, findet unter den Alkalien zumal in Form der alkalischen Wässer die vielseitigste Verwendung, weil es vermöge seiner schwachen Alkalescenz — es reagiert nur auf Lakmus, nicht auf Phenolphthalein — am wenigsten leicht ätzt und als Natronsalz keine giftigen Eigenschaften besitzt.

Auf der Haut in Form von Bädern wirkt das Natriumbikarbonat *erweichend auf die Epidermis und lösend auf eingetrocknete Absonderungsprodukte;* seine Gegenwart erhöht die dem warmen Wasser eigene weiche, reizlose Beschaffenheit, vorausgesetzt, daß nicht andere Reizstoffe (Kohlensäure, Kochsalz) zugegen sind; in diesem Falle wird gerade durch die Erweichung der Epidermis das Eindringen dieser Reizstoffe gefördert. Auf kleinen Wunden wirkt das Natriumbikarbonat s c h m e r z s t i l l e n d.

Im Verdauungskanal werden zunächst die *Säuren neutralisiert* und der bei Katarrhen häufig vorhandene dicke *Schleimbelag gelöst.* Die *Magensaftsekretion* wird anscheinend *auf doppelte Weise beeinflußt.* Direkt, bei der Berührung mit der Magenschleimhaut, ist sie *vermehrt,* indirekt, vom Duodenum aus, wird sie *gehemmt.* Welcher von beiden Einflüssen vorherrscht, hängt von der Zeit ab, zu der das Bikarbonat verabreicht wird. Mit der Mahlzeit genommen, verweilt es länger im Magen und hat daher Zeit zur

Anregung der Sekretion, welche auch nach der Umsetzung mit der HCl des Magensaftes zu NaCl und CO_2 fortbesteht, da die Stoffe im gleichen Sinne wirken (Indikation bei Subacidität). Vor der Mahlzeit, also nüchtern genommen, gelangt das Bikarbonat wenigstens z. T. rasch und daher unverändert in das Duodenum und wirkt von hier aus sekretionsbeschränkend (Indikation bei Hyperchlorhydrie). Wahrscheinlich ist auch eine Einschränkung der *Bauchspeichelabsonderung* zu erwarten, indem die Produktion des Sekretins, des Hormons für das Pankreas (Kap. XXVI), infolge der Neutralisierung des Duodenalinhaltes zurückgeht. Die im ganzen Darmkanal verbreiteten Schleimdrüsen werden zur Sekretion angeregt. Tiefer in den Darm gelangend, tritt noch die *milde Abführwirkung* hinzu, welche dem Bikarbonat als Peristaltik anregendes Salz vermöge seiner Stellung zwischen den leichter resorbierbaren Chloriden und den schwer resorbierbaren Sulfaten zusteht und seine Verwendungsfähigkeit für *chronische Darmkatarrhe* erhöht.

Nach der Resorption ermöglicht reichliche Zufuhr von Alkalien die Rückkehr des Blutes und der Gewebe zur normalen Alkalescenz, wenn dieselbe durch Alkaliausfuhr infolge abnormer Säurebildung — *Acidosis* — erniedrigt war.

Die normale sog. Carbonat-Alkalescenz d. i. das Säurebindungsvermögen wird kaum merkbar beeinflußt. Dementsprechend findet auch keine nachweisbare Erhöhung des Stoffwechsels im ganzen statt, wohl aber scheint eine Zunahme des Oxydationsvermögens in der Weise einzutreten, daß die Verbrennung von Fett und Kohlehydraten zunimmt (vgl. Borax) und die Abbauprodukte des Eiweißes in höher oxydierter Form zur Ausscheidung gelangen. Dies wird zur Erklärung der erfolgreichen empirischen *Anwendung alkalischer Wässer* bei *Stoffwechselanomalien, Gicht und uratische Diathese, Diabetes, Fettsucht* herangezogen.

Die **Absonderungen** nehmen zu an Menge und Alkalescenz, am deutlichsten jene der Niere. Ihre Wasserabsonderung, die sog. diuretische Wirkung, ist wenigstens bei der gewöhnlichen Aufnahmsform, Trinkkuren mit einfachen alkalischen Wässern, meist nicht erheblich größer als bei Zufuhr der gleichen Menge von Leitungswasser gleichen Kohlensäuregehaltes. Konstanter ist die Veränderung der Reaktion des Harns, die der alkalischen sich annähert oder sie selbst erreicht.

Der *Ablagerung harnsaurer Konkremente* in den Harnwegen (Nephrolithiasis) wird dadurch *zuvorgekommen* und *bereits ge-*

bildete durch Lösung des schleimigen, kolloiden Bindemittels *zum Zerfall gebracht.* Beweis hierfür ist die Beobachtung, daß häufig nach kurzer Zeit des Gebrauches von alkalischen Wässern, insbesondere den erdigen, die Harnsäureausfuhr gesteigert wird und Konkrementbröckel abgehen. Zu beachten ist hierbei, daß bei andauerndem Alkalischhalten des Harns die ungelöst gebliebenen Konkremente auch zu Kristallisationspunkten für eine Auflagerung von erdigen Schichten werden können. Auch *Entzündungen der Niere und Katarrhe der Harnwege* werden durch die Herabsetzung der Acidität des Harnes durch Alkalien vorteilhaft beeinflußt.

Eine *Erhöhung der Alkalescenz und der Menge des Sekretes* der *Atmungsorgane* kann als wahrscheinlich bezeichnet werden. Sie führt zur *Lockerung und Lösung der zähen Schleimmassen* bei gewissen chronischen Formen von *Kehlkopf- und Bronchialkatarrh,* möglicherweise auch zu nutritiven Folgen, welche die Rückbildung der erkrankten Schleimhaut zur Norm befördern. Die Trinkkur wird häufig auch mit einer Inhalationskur kombiniert.

Der empirisch gefundene Nutzen der alkalischen Wässer bei *Katarrh der Gallenwege* und bei *Cholelithiasis* dürfte in ähnlichen Einflüssen zu suchen sein. Eine Zunahme der Gallensekretion ließ sich nicht nachweisen.

Die *Pankreassekretion* wird *eingeschränkt* und dadurch vielleicht einer anderen Funktion dieses Organs, der Bereitung eines die Zuckerbildung in der Leber hemmenden Hormons, Vorschub geleistet.

Die *Verordnung* des Natrium bicarbonicum erfolgt bei kleinen Dosen als *Pulver* oder *Pastillen* zu 0,5—1,0 mehrmals täglich. Die †**Pastilli Natrii hydrocarbonici,** sog. **Sodapastillen,** enthalten 0,1 auf 2,0 Zucker.

Auch von den Verdampfungsrückständen der bekannteren alkalischen Quellen, z. B. von Ems, Bilin, Vichy, sind solche im Handel. Sie entsprechen indes nur in grober Annäherung der Salzmischung im Wasser selbst, da durch das Eindampfen wesentliche Bestandteile verändert (unlöslich) werden oder ganz verlorengehen.

Größere Mengen, 15—30 g pro die, wie sie u. a. zur Neutralisierung und Ausschwemmung der β-Oxybuttersäure bei Diabetes notwendig sind, müssen als *Lösung* in *kohlensaurem Wasser* verabfolgt werden. Einen Teil des Bikarbonats kann man zweckmäßig durch Natrium citricum in nicht abführend wirkenden Dosen ersetzen. Es reagiert neutral, ätzt also nicht und wird erst in der Blutbahn (auch des Diabetikers) zu Karbonat verbrannt. Bei drohendem Koma tritt hierzu noch die *intravenöse* oder *subcutane Infusion* einer 4prozentigen Lösung von Natriumbikarbonat. Infusion einer (gleichzeitig gerinnungs-hemmenden) Lösung von 3°/₀ Natrium citricum in physiologischer Kochsalzlösung ist ebenfalls geeignet.

Bei der Sterilisierung der Natriumbikarbonatlösung durch längeres Erwärmen entweicht die Hälfte der Kohlensäure, und die Lösung enthält dann das ätzende Natriumkarbonat. Sie muß in diesem Falle nach dem Erkalten durch Einleiten von Kohlensäure zu Bikarbonat restituiert werden.

Zu längerem Gebrauche, zu Trinkkuren, Inhalationen und Bädern eignen sich **die alkalischen Mineralwässer**, von denen 4 Arten zu unterscheiden sind:

Die **reinen alkalischen Wässer** enthalten als wesentliche Bestandteile die Ionen des Natriumhydrokarbonats, 1,0—4,0 in 1 kg. Überschreitet die Menge des freien Kohlendioxyds 1 g pro kg, so nennt man sie alkalische Säuerlinge.

Die bekanntesten sind:

Bilin in Böhmen, Fachingen im Lahntal, Gießhübel bei Karlsbad, Neuenahr in Rheinpreußen (warm), Salzbrunn und Ober-Salzbrunn in Schlesien, Selters in Hessen-Nassau, wird nur versandt, Vichy in Frankreich (warm), es enthält auch Kalk- und Magnesiakarbonat, ungefähr 0,5 °/₀₀, und kann daher auch einigermaßen die Indikationen der erdigen Wässer erfüllen. Wegen der starken Alkalescenz (4—5 °/₀₀ Natriumhydrokarbonat) erzeugt es bei längerem Gebrauche nicht selten Ernährungsstörungen (Kachexie).

Die **alkalisch-erdigen Wässer** enthalten als Anionen ebenfalls Hydrokarbonat (HCO_3), wogegen als Kationen Calcium und Magnesium vorwalten; führen sie außerdem über 1,0 freies Kohlendioxyd pro Kilo, so nennt man sie erdige Säuerlinge. Sie erfüllen außer den allgemeinen Indikationen der alkalischen Wässer noch die bei den kohlensauren Erden zu erwähnenden Spezialindikationen für Krankheiten der Harnorgane. Am besuchtesten ist Wildungen (Fürstentum Waldeck), Helenenquelle mit je 1,5°/₀₀ Calcium- und Magnesiumhydrokarbonat, je 1,0°/₀₀ Natriumhydrokarbonat und Natriumchlorid, Georg Viktorquelle mit 0,8°/₀₀ Calcium-, 0,6°/₀₀ Magnesium- und 0,07°/₀₀ Natriumhydrokarbonat.

Künstliche Mineralwasser-Salze alkalisch-erdiger Wässer (Sandow in Hamburg) werden wegen ihrer relativen Billigkeit viel verordnet und häufig als vollwertiger Ersatz der natürlichen Wässer angesehen. Letzteres ist indes keineswegs zutreffend. Im natürlichen Wasser sind alle Salze, auch jene der alkalischen Erden, als Bikarbonate gelöst enthalten und werden daher vollständig aufgenommen. In den künstlichen Salzgemengen dagegen sind die Erdalkalien als wasserunlösliche Karbonate enthalten. Beim Zusammenbringen mit Wasser gehen nur das Natriumchlorid und Natriumbikarbonat leicht in Lösung, von den Karbonaten der Erdalkalien nur der durch die freie Kohlensäure des Wassers in lösliche Bikarbonate umgewandelte. Der auch bei Verwendung von kohlensäurehaltigem Tafelwasser statt gewöhnlichem Brunnenwasser ungelöst bleibende beträchtliche Rest wird vom Patienten im Glase gelassen. Dadurch gelangt eine Salzlösung in den Magen, in der das Verhältnis der Kationen zueinander gegenüber jenen im natürlichen Wasser in einem therapeutisch sicher nicht gleichgültigen Maße stark verschoben ist. Im so aufgenommenen künstlichen Wasser überwiegen insbesondere die Na-Ionen gegenüber den Ca- und Mg-Ionen, in den natürlichen Wässern ist es umgekehrt. Alle örtlichen und resorptiven dem Ca und Mg zugeschriebenen Wirkungen werden daher bei den natürlichen Wässern stärker hervortreten als bei den künstlichen.

Gipswässer sind eine Abart der alkalisch-erdigen Wässer. Sie enthalten vorwiegend als Anion Sulfat, als Kation Calcium zusammen zu ungefähr 1,5⁰/₀₀, also in kleiner Menge, weil das 'Lösungsvermögen des Wassers für Gips nur gering ist. Nur wenn Kochsalz resp. Chlor- und Natrium-Ionen in relativ größerer Menge zugegen sind (muriatische Gipsquellen), steigt der Gehalt bis zu 5⁰/₀₀. Solche Quellen haben dann, in entsprechender Menge getrunken, besonders ausgesprochene abführende und harntreibende Wirkung. Die besuchtesten Gipswässer sind: Lippspringe (Westfalen) mit 1,4⁰/₀₀ Calciumsulfat, bei phthisischen Zuständen, und Leuk (Wallis), hochgelegene Therme mit 1,5⁰/₀₀, bei Hautkrankheiten (Psoriasis, Furunkulose), gichtischen und rheumatischen Leiden analog den Wildwässern gebraucht.

Die **alkalisch-muriatischen Wässer** enthalten als Anionen vorwiegend Hydrokarbonat und Chlor, als Kationen Natrium; auf Salze berechnet 0,1—0,5⁰/₀ Natriumhydrokarbonat und ungefähr ebensoviel Natriumchlorid. Bei Anwesenheit von viel freiem Kohlendioxyd nennt man sie auch alkalisch-muriatische Säuerlinge.

Von ihnen seien genannt:

Aßmannshausen am Rhein, Ems im Lahntal (warm), König-Ludwig-Quelle bei Fürth, Gleichenberg in Steiermark, Luhatschowitz in Mähren.

Die alkalisch-muriatischen Quellen werden als Expectorantia in Form von Trinkkuren bei Bronchialkatarrhen, beginnenden Phthisen vielfach benützt. Emser Kränchen, mit heißer Milch vermischt, ist ein bekanntes Hausmittel. Warmes Wasser ist an sich schon ein Expectorans, weil sich die Wärme von der Speiseröhre auf die Luftröhre und Lungen fortpflanzt. Außerdem iefert es das Material zur Sekretbildung. An vielen Kurorten sind auch Kabinette zur *Inhalation der zerstäubten Wässer* eingerichtet. Die Wirkung ist einer „Waschung der Luftwege" durch indifferente (isotonische) alkalische physiologische Kochsalzlösung (Ringersche Lösung) nahekommend. Die Schleimhäute werden von den ihnen anhaftenden Sekreten gereinigt, ohne daß das Epithel geschädigt wird. Auch *Katarrhe und Exsudationen der weiblichen Genitalien* werden mit diesen Wässern behandelt.

Die **alkalisch-salinischen Wässer** werden wegen des sie besonders charakterisierenden Gehaltes an Sulfat-Ionen bei den salinischen Abführmitteln besprochen werden.

***†Natrium carbonicum, Soda,** $CO_3Na_2 + 10 H_2O$, reagiert stark alkalisch; Lakmus wird gebläut, Phenolphthalein gerötet. In 6—10prozentiger Lösung ist es bei oberflächlichen *Verbrennungen* zur Schmerzstillung brauchbar. Von Kristallwasser befreit als **Natrium carbonicum siccum** wird es in 1prozentiger Salbe mit Vaselin bei *Verätzungen im Auge* benutzt, um durch seine lösende Wirkung auf Schleim und Bindegewebe Verwachsungen der Bindehaut zu verhüten.

*Kalium bicarbonicum, saures kohlensaures Kalium, wird zu 0,1 bis 0,5 mehrmals täglich als *Diureticum* gegeben, doch zieht man zweckmäßig die neutral reagierenden, erst im Blute verbrennenden pflanzensauren Kaliumsalze (Acetat, Tartarat) vor. Dieselben werden bei den Diuretica behandelt werden.

*†Kalium carbonicum, kohlensaures Kalium, dient manchmal in 1 bis 2 prozentigen Lösungen äußerlich als *Waschwasser* bei verschiedenen Hautkrankheiten.

*†Ammonium carbonicum, kohlensaures Ammonium, dient äußerlich in bereits erwähnter Weise als *Riechsalz* und innerlich zu 0,2—0,4 mehrmals täglich als *Expectorans,* doch werden ihm hierzu mit Recht der neutral reagierende, nicht ätzende Salmiak oder die pflanzensauren Salze (Ammonium aceticum) vorgezogen.

Ammonium tartaricum hat sich in 10 prozentiger genau neutralisierter Lösung — das Salz reagiert infolge von Ammoniakabgabe nicht selten sauer — als Augenbad bewährt zur Aufhellung von Kalk-, Alaun-, Blei-, Kupfer- und Zinktrübungen der Hornhaut.

*†Lithium carbonicum, Lithiumkarbonat, kohlensaures Lithium, in 150 Wasser löslich, gleicht im allgemeinen Verhalten dem Kaliumkarbonat und steht im Rufe, ein *Lösungsmittel harnsaurer Konkremente bei Gicht und Nephrolithiasis* zu sein, weil harnsaures Lithium verhältnismäßig leicht im Wasser (in ca. 370 Teilen) löslich ist. Es ist indes mehr als fraglich, ob wirklich diese Eigenschaft des Lithium und nicht vielmehr seine Wirkung als Alkali und seine Verdrängung der das Ausfallen der Urate im Harn begünstigenden Natrium-Ionen das ausschlaggebende Moment darstellt. Es handelt sich ja hier nicht wie im Reagenzglase um die Umsetzung von Harnsäure und Lithiumkarbonat allein, sondern um die Reaktion zwischen einer ganzen Reihe von Säuren und Basen, welche stets mit der Bildung des schwer löslichsten Salzes ihren Abschluß findet.

Man verordnet das Lithiumkarbonat, da es ähnlich den Kaliumsalzen die Schleimhaut leicht angreift, in kleinen Dosen, 0,1—0,3 mehrmals täglich in kohlensaurem Wasser gelöst oder läßt alkalische Säuerlinge trinken, welche durch eine kleine Beimischung von Lithiumkarbonat (0,1 — 0,3 °/oo) sich auszeichnen Salzschlirf bei Fulda und Elster (Königsquelle) sind die bekanntesten.

In neuerer Zeit sind mehrere organische Basen zur Anwendung gekommen, welche noch leichter lösliche Urate bilden als das Lithium. Es sind das Piperazin, $NH{<}^{CH_2-CH_2}_{CH_2-CH_2}{>}NH$, Lysidin und andere ähnlich gebaute. Der beim Lithium aufgestellte Standpunkt ist auch bei ihnen einzunehmen.

3. Kohlensaure Erden.

Die in den Magen aufgenommenen erdigen Oxyde und Karbonate setzen sich mit der Salzsäure des Magens und den Fettsäuren des Darmes zu entsprechenden Salzen um. Sie werden wie alle *Kalk- und Magnesiaverbindungen nur langsam und unvollständig resorbiert.* Ein Teil dieser Säuren kehrt also nicht mehr in den Körper zurück. Hierdurch wird der Bestand des Körpers an Basen vermehrt und die *Alkalescenz der Gewebe und der Absonderungen nimmt zu.* Insbesondere die Alkalescenz des

Speichels und damit zusammenhängend die bessere Entwicklung und Konservierung der Zähne soll nach Untersuchungen an Schulkindern und Militärpflichtigen mit der Härte des heimatlichen Trinkwassers, d. h. mit seinem Gehalte an Kalk- und Magnesiasalzen, durchaus parallel gehen. Die Ausscheidung des resorbierten Magnesiums geschieht durch Darm und Niere, jene des Kalks größtenteils durch den Darm, und zwar gebunden an Phosphorsäure, welche sonst durch die Niere entlassen werden müßte. In dieser *Entlastung des Harns von sauren phosphorsauren Salzen* liegt wohl hauptsächlich die Erklärung für die *bessere Wirkung der erdigen Wässer bei Nieren-* und *Steinkranken* gegenüber den einfachen alkalischen Quellen, mit dem Nebenvorteil, daß die saure Reaktion des Harnes meist sehr lange erhalten bleibt.

Das Harnsäure-Lösungsvermögen des Harns nimmt zu. Die Harnsäure befindet sich bekanntlich im Harne z. T. frei gelöst in übersättigtem Zustande und z. T. an Basen gebunden. Der erstere Teil wird dem Harn entzogen, wenn er mit kristallisierter Harnsäure geschüttelt wird. Er beträgt bei harnsaurer Diathese bis zu $80\,^{0}/_{0}$, normal gegen $30\,^{0}/_{0}$ der gesamten Harnsäure. Nach Aufnahme von Calciumkarbonat nimmt diese Menge ab, ja es können selbst Teile der zugesetzten Harnsäure gelöst werden, das Harnsäure-Lösungsvermögen also auf die positive Seite umschlagen. In letzterem Falle werden dann auch eingelegte Harnsäure-Konkremente nachweisbar verkleinert.

Der Harndrang (Entleerung des Harns schon bei Füllung der Blase mit 150 ccm, statt 500 unter gewöhnlichen Verhältnissen), der sich nach Gebrauch erdiger Wässer, z. B. der Wildunger Georg-Viktor-Quelle, nicht selten einstellt, soll angeblich auf eine Erhöhung der Peristaltik der Urether beruhen.

Die erdigen Wässer sind auf S. 130, die Kalk- und Phosphorsäurepräparate als Nahrungsstoffe in Kap. XXVIII behandelt.

***†Calcium carbonicum praecipitatum, gefälltes Calcium-Karbonat, gefällter kohlensaurer Kalk,** ist ein feines mikrokristallinisches Pulver, während von den natürlich vorkommenden Calciumkarbonaten der Marmor grobkristallinisch, die Kreide (Creta alba), hauptsächlich aus den Schalen von Foraminiferen bestehend als amorph bezeichnet wird. Gefälltes Calciumkarbonat löst sich leicht in Säure und wirkt daher *säuretilgend,* in größeren Mengen (messerspitzen- oder teelöffelweise) *stopfend* durch Adstringierung und Bindung (Fällung) der Peristaltik auslösenden Fettsäuren des Darminhalts; chronische *Katarrhe des Dünn- und Dickdarms* sind ein besonders empfehlenswertes Indikationsgebiet. Außerdem findet das Präparat, ebenso wie die Kreide, als Constituens für *Zahnpulver* und *Hautpasten* Verwendung.

†Pulvis dentifricius albus, weißes Zahnpulver, besteht aus 40 Calcium carbonicum praecipitatum, 5 Magnesium carbonicum, 5 Radix Iridis und 4 Tropfen Oleum Menthae piperitae.

***†Magnesium carbonicum, basisches Magnesiumkarbonat, kohlensaures Magnesium,** $3\,(MgCO_3)\,.\,Mg(OH)_2\,.\,4\,H_2O$ in Säuren, auch in Kohlensäure lösliches, lockeres Pulver von großem Porenvolum (Wasseraufnahmsvermögen), daher zur Bereitung von Kühlpasten geeignet. Im Verdauungskanal wirkt es *säuretilgend und abführend* wie Magnesia usta.

***†Talcum, Talk,** kieselsaure Magnesia, ist ein weißes, kristallinisches, fettig anzufühlendes, in Wasser unlösliches, sehr feines Pulver. Es wird als *Constituens für Streupulver,* wegen seines Haftvermögens besonders bei Schminkpudern und Fettschminken verwendet und auch als *Antidiarrhoicum* (mechanisches Adstringens) 200 g in Milch verteilt empfohlen.

<table>
<tr><td>℞</td><td></td><td></td></tr>
<tr><td>Talci</td><td>58,0</td><td>DS. weißer Schminkpuder.</td></tr>
<tr><td>Zinci oxyd.</td><td>36,0</td><td>Durch Zusatz von 10,0 Ol. Kakao erhält</td></tr>
<tr><td>Magnes. carbon.</td><td>6,0</td><td>man Fettschminke.</td></tr>
<tr><td>Olei „Millefleurs“ gutt. IV</td><td></td><td>Beide können durch 0,5 Karmin rot gefärbt</td></tr>
<tr><td>M. f. pulvis.</td><td></td><td>werden.</td></tr>
</table>

Anhang.
Ionenwirkungen der Alkalien und Erdalkalien.

Die salzartigen Verbindungen dieser Elemente sind in ihren verdünnten wässerigen Lösungen bekanntlich weitgehend dissoziiert zu Anionen und Kationen. Sie befinden sich, nach der elektrischen Leitfähigkeit des Blutserums zu urteilen, auch in den Gewebssäften in diesem freien, nicht an Eiweiß gebundenen Zustande und bedingen zum größten Teile den osmotischen Druck der Gewebsflüssigkeiten, der mit jenem im Innern der Zellen im Gleichgewicht steht, d. h. isotonisch ist. Er entspricht bei höheren Organismen dem Drucke einer Kochsalzlösung von $0,9\%$. Anionen wie Kationen haben außerdem noch besondere Wirkungen. Die Wirkungen der Kationen sollen im folgenden übersichtlich zusammengestellt werden.

Natriumsalze sind zum tierischen Zelleben unentbehrlich, so verliert z. B. der Muskel seine Erregbarkeit, wenn ihm die Natrium-Ionen durch eine isotonische Rohrzuckerlösung entzogen werden. Natrium-Ionen allein sind anderseits ebenfalls ungenügend; Seeigeleier z. B. gehen in isotonischer Chlornatriumlösung zugrunde und die Durchspülung des Herzens und anderer isolierter Organe mit solcher Lösung ist zur Erhaltung ihrer Leistungsfähigkeit nicht ausreichend, sondern führt zu Lähmung. Es müssen neben den Na-Ionen noch die ebenfalls auf Kolloide quellend wirkenden

K-Ionen und die diesem entgegen auf Kolloide quellungsvermindernden Ca-Ionen in solchen Mengen zugegen sein, daß zwischen ihnen ein antagonistisch-äquilibrierendes Verhältnis besteht.

Das Seewasser z. B. ist im wesentlichen eine Salzlösung, welche die Kationen Na, K, Ca und Mg enthält. Jede dieser Kationen wirkt für sich in der gleichen Konzentration, wie sie im Seewasser enthalten ist, auf eingelegte Seetiere giftig, wogegen ihre Mischung in Gestalt des Seewassers das zum Leben dieser Tiere adäquate Medium darstellt. Ihm analog verhält sich die sehr ähnlich zusammengesetzte zur Überlebendhaltung von isolierten Organen viel gebrauchte Ringer-Lösung, über welche näheres in Kap. XV bei subkutanen und intravenösen Infusionen zu finden ist. Sein NaHCO$_3$ (Gehalt an OH-Ionen) ist nach Schmidt wichtig für die Erhaltung der Vasomotorenerregbarkeit der Gefäße.

Die nach Aufnahme ¦von Kochsalz bisweilen auftretende Temperatursteigerung (Kochsalzfieber) und die zu Ödemen führende Wasserretention in den Geweben ist im wesentlichen als Wirkung der Natrium-Ionen anzusehen, da sie auch nach Darreichung von anderen Natriumsalzen zu beobachten sind.

Kaliumsalze sind radioaktiv und in kleinen Mengen ebenfalls zur Erhaltung der Zelltätigkeit notwendige Bestandteile, wie schon aus dem Umstande hervorgeht, daß Kalium (neben P$_2$O$_5$) in den Zellen in größerer Menge sich findet als in den umgebenden Säften, wogegen diese an Natrium (und Cl) relativ reicher sind. In größerer Konzentration sind die Kaliumsalze giftig, viel stärker als die Natronsalze. Dies zeigt u. a. folgender Versuch: Der Nerv eines Nervmuskelpräparates verliert in einer, der physiologischen Kochsalzlösung isotonischen Chlorkaliumlösung sehr bald seine Erregbarkeit und stirbt schließlich ab. Dementsprechend bewirken die Kaliumsalze als erstes Zeichen der Schädigung *an allen Applikationsstellen intensive Reizung und Entzündung*. Für die äußere Haut lehrt dies die schon in Kap. V erwähnte Erfahrung, daß bei der Verwendung der kaliumreichen Mutterlaugen zu Bädern viel geringere Mengen genommen werden müssen, als von gleich konzentrierten Kochsalzlösungen, und für den Verdauungskanal gibt die praktische Toxikologie manche Belege: Kaliumkarbonat (Pottasche) erzeugt intensivere Verätzung wie Natriumkarbonat (Soda) und die neutralen Kaliumsalze, Kaliumbromid, Kaliumnitrat und Kaliumsulfat rufen in Mengen von 10—15 g schwere, selbst tödliche Magen- und Darmentzündungen hervor, während entsprechende Mengen der

Natronsalze es nur zu leichteren Reizerscheinungen oder zu einer abführenden Wirkung bringen.

Auf das *zentrale Nervensystem* und die *quergestreifte Muskulatur* wirkt Kalium *lähmend*. Ob diesen Wirkungen erregende vorausgehen, wie vielfach angenommen wird, und woraufhin die Kaliumsalze auch als Genußmittel angesprochen werden, ist zweifelhaft. Am *Herz* begünstigen kleine Mengen die zum normalen Ablauf der Funktion erforderliche diastolische Erweiterung, auf welche in größeren Gaben Pulsverlangsamung und schließlicher diastolischer Herzstillstand folgt.

Der Aufnahmsort ist für die Stärke dieser Wirkungen von größtem Einfluß. Bei intravenöser Applikation genügen schon einige Zentigramme auf das Kilogramm Körpergewicht, um tödliche Vergiftung hervorzurufen, bei innerlicher Darreichung hingegen sind viel größere Gaben nötig, so daß bei dieser Art von Aufnahme die Kaliumsalze meistens mehr durch die örtlichen Wirkungen (Gastroenteritis) als durch die resorptiven gefährlich werden. Der Grund für diese auffallende Differenz ist die *rasche Ausscheidung der Kaliumsalze* durch die Niere, welche der Anhäufung bis zu toxischer Wirkung entgegenwirkt.

Ammoniumsalze. Sie *reizen örtlich* ähnlich wie die Kaliumsalze und wirken nach der Resorption erregend auf das zentrale Nervensystem, so daß es zu *Verstärkung der Atmung, Erhöhung des Blutdruckes und allgemeinen Krämpfen* kommt.

Diese Wirkungen zeigen sich indes nur bei direkter Injektion in das Blut in starkem Maße. Bei subkutaner Injektion sind sie nur schwach, bei innerlicher Darreichung gar nicht mehr zu erhalten, weil das Ammoniak unter Hinzutritt der Kohlensäure sehr rasch in Harnstoff umgewandelt wird. Resorption und Entgiftung halten daher soweit Schritt, daß eine Anhäufung zu wirksamer Dosis nicht statthat. Die Anregung von Atmung und Kreislauf durch innerlich gegebene Ammoniakalien erfolgt wahrscheinlich daher nur indirekt durch den Reiz, den sie auf die Schleimhäute ausüben.

Calciumsalze sind konstante Bestandteile aller kernhaltigen Zellen. Den größten Bedarf an Ca für Ersatz und Ansatz hat das Knochengewebe. Die gewöhnliche gemischte Nahrung deckt ihn meist ausreichend, andernfalls stellt sich Osteoporose ein. Rachitis ist nicht Folge ungenügenden Kalkangebotes, sondern ungenügender Kalkassimilation, sondern eine Avitaminose (Kap. XXVIII). Der kompensatorischen Funktion der Calcium-Ionen für die Herztätigkeit wurde schon bei den Natriumsalzen gedacht; sie wirken, entgegen den Kalium- und Natriumsalzen, die *Systole begünstigend,* die Diastole erschwerend. Auf das *Nervensystem* wirken sie *beruhigend,* die Erregbarkeit dämpfend. Belege hierfür

sind die Unterdrückung der bei *Spasmophilie und Tetanie* auftretenden Krämpfe. Sie stehen wahrscheinlich mit relativem Kalk-
mangel infolge Insuffizienz der Epithelkörper (Kap. XXVI) in Zusammenhang und werden während der Dauer einer Kalkdarreichung
unterdrückt.

Die *Kochsalzglykosurie* und das *Kochsalzfieber,* welche bei Tieren und
empfindlichen Menschen (Kindern) nach enteraler und intravenöser Einverleibung
(ähnlich wie nach Adrenalin) auftreten und als Erregbarkeitssteigerung des
sympathischen und wärmeregulierenden Systems infolge der Zunahme der Na-
Ionen oder der relativen Abnahme der Ca-Ionen zu deuten ist, werden durch
Kalkdarreichung prompt beseitigt.

Eine hervorragende Eigenschaft der Ca-Ionen ist ihre *entzündungshemmende Wirkung.* Als *örtliche Wirkung* wurde sie bei
den Adstringentia besprochen. Sie beruht hier zweifelsohne auf
der schon oben berührten Fähigkeit der Ca-Ionen kolloide Stoffe,
vermutlich durch Austausch deren positive Ladungen mit den
negativen des zweiwertigen Calciums zur Verdichtung und Aus-
flockung zu bringen. Auch die *entzündungswidrige und exsudat-
hemmende Wirkung nach der Resorption* hat man, soweit nicht
nach Starkenstein antiphlogistische Wirkungen analog dem Atophan (Kap. XXI) in Frage kommen, als Adstringierung (Abdichtung der Gefäßwände durch Entquellung und Fällung ihrer
Kolloide) aufgefaßt und zur Erklärung der folgenden Beobachtungen und Anwendungen der Kalksalze herangezogen: Die bei
Tieren erzeugte Conjunctivitis nach Senföleinträufelung, die Pleura-
ergüsse nach Injektion von Jodnatrium, dgl. beim Menschen die
Exantheme nach Seruminjektionen und Fischvergiftungen, Heu-
und Jodschnupfen, Exsudatbildungen, Menorrhagien, hämorrha-
gische Diathese, Asthma werden durch Kalkbehandlung wesentlich
abgeschwächt, wobei aber auch zu berücksichtigen ist, daß mit
der Hemmung der Exsudation auch eine solche ihrer Resorption
statthat. Eine Unterstützung dieser entzündungswidrigen Wirkungen
dürfte in der von Hamburger beobachteten Erhöhung der Beweglichkeit und des phagocitären Vermögens der Leukocyten durch
Kalksalze zu sehen sein.

In dieselbe Kategorie von Wirkungen gehört auch die nachgewiesene *Notwendigkeit der Gegenwart von Kalk zur Blut-
und Milchgerinnung.* Fällt man das Calcium aus diesen Flüssigkeiten durch oxalsaures Natron oder Fluornatrium aus, so verlieren sie die Fähigkeit, zu gerinnen, gewinnen sie aber sofort
wieder auf Zusatz von Kalksalz. Kalkpräparate wirken daher als

Styptica besonders in jenen Fällen, wo Kalkarmut des Blutes vorliegt. 10 prozentige Lösung von Calcium chloratum 5—10 ccm intravenös.

Verordnung. Am einfachsten in Tabletten (Kompretten) zu 0,1 Calcium chloratum crystallisatum, $CaCl_2 + 6H_2O = 0.06 CaCl_2$, 1—3 Stück 3 × tgl. (kleine Dosis) oder in konzentrierter, während der Mahlzeit zu nehmender Lösung: 100,0 Calcii chlorati crystallisati, Aq. ad 500,0. 3× tgl. 1—2 Teelöffel oder auch als Calcium lacticum in Mixtur: Calcii lactici, Succi Liquiritiae dep. $\overline{\overline{aa}}$ 10,0, Aq. ad 300,0. 3× tgl. 1 Eßlöffel.

Wünscht man Verstärkung der sedativen Wirkung, z. B. bei Laryngospasmus und Tetanie der Kinder, so gibt man Calcium bromatum 20,0, Succus Liquiritiae dep. 10,0, Aq. ad 300,0. 3× tgl. 1 Kinderlöffel.

Die Wirkung wird wegen der langsamen Resorption aller dieser enteral dargereichten Mittel erst nach 2—3 Tagen bemerkbar.

Rascher zum Ziele führt die parenterale Applikation. Bei subkutaner Injektion des Calciumchlorids kann man, um genügend zuzuführen, in der Konzentration der Lösung nicht unter 5 % gehen; aber schon diese führt zu Nekrose an der Applikationsstelle; Zusatz von 10 % Gelatine verhindert sie durch ihre einhüllende Wirkung nach Art eines Mucilaginosums. Das Präparat ist im Handel unter dem Namen Kalzine (E. Merck) zu haben.

Zu endovenöser Injektion eignet sich 5—10 %ige Lösung der kristallinischen Verbindung Calciumchlorid-Harnstoff, genannt Afenil.

Magnesiumsalze werden im Darme aus der Nahrung langsam resorbiert und durch Kot und Harn ausgeschieden. Starke Wirkungen erfolgen erst bei Anhäufung im Blute von 0,01 % an, die nur bei intravenöser Injektion gut zu erreichen ist. Es erfolgt dann, neben anhaltender Temperaturherabsetzung, eine als *tiefe Narkose* imponierende Erscheinung mit schließlichem Tod durch Atmungslähmung. Der Angriffspunkt hierfür sind die Synapsen, d. h. Berührungsstellen z. B. dem Übergang von Nerv zum Muskel, wo eine Reaktion kolloidchemischer Natur in Form einer Aufquellung der dortselbst befindlichen Kittsubstanz statthaben könnte (Höber), welche bei kleinen Gaben nur die vom Krampf befallene Skelettmuskulatur, im großen auch die Atemmuskulatur, ergreift; Calcium-Ionen, z. B. Injektion von 5 %iger Lösung von Calciumchlorid, hebt die Wirkung sofort durch Entquellung auf (Verdichtung dieser Substanz bis auf das normale Maß). Therapeutische *Anwendung bei Wundstarrkrampf* war von gutem Erfolge. 50—150 ccm einer 3 prozentigen Lösung von Magnesiumsulfat, innerhalb 2 Minuten in eine Vene infundiert, beseitigten den Krampf, beim Wiederauftreten (etwa nach 1 Stunde) darf die Infusion wiederholt werden; die Kanüle kann zu diesem Zwecke liegenbleiben, weil das Magnesiumsulfat gerinnungshemmend wirkt. Langsame Infusion oder subkutane Injektion des Magnesiumsalzes wirkt nicht nachhaltig genug, weil Resorption und Ausscheidung Schritt halten. Einverleibung per os ist unwirksam.

Eine weitere Wirkung des Mg, die schon bei Konzentration von 0,001 % auftritt, also wohl auch bei oraler Aufnahme (Bitterwässer) wenigstens im Pfortaderblute sich erreichen läßt, ist die *Hemmung der Mobilisierung des Leberglykogens.* Ca wirkt hier nicht antagonistisch sondern im gleichen Sinne. Die phagocytäre Wirkung teilen die Magnesiumsalze mit den Kalksalzen.

Baryumsalze sind keine normalen Bestandteile des Organismus. Sie wirken, falls sie in Wasser oder Säuren löslich sind, *stark giftig*, erregen die Krampfzentren des Kopfmarkes (wie Pikrotoxin), wirken auf Herz und Gefäße (wie Digitalis) und kontrahieren die Muskulatur des Darmes (wie Physostigmin). Zur Erreichung letzterer Wirkung wird von den Tierärzten *Baryum chloratum in wässeriger Lösung subkutan bei der Kolik der Pferde verwendet. Baryum carbonicum in Pillen dient als Rattengift. Dosis letalis für den Menschen ist etwa 2,0. Ungiftig ist das in Wasser und Säuren unlösliche Baryumsulfat, das deshalb als Kontrastmittel bei Röntgendurchleuchtung zulässig ist. Ein, eine haltbare Suspension gebendes Präparat (Citobaryum) liefert E. Merck.

Strontiumsalze, insbesondere das mit Lebertran kombinierte Handelspräparat „Vitamulsion", wird bei Knochenerkrankungen zur Anregung der osteoiden Gewebsbildung für die Gruppe der *Ostcoporosen* empfohlen.

Mittel zur Veränderung des Mineralbestandes des Organismus. Die mineralische Zusammensetzung des Organismus, insbesondere das Gleichgewicht der in ihren Wirkungen eben besprochenen Kationen, wird zwar zähe festgehalten, kann aber durch die ärztliche Kunst doch soweit verändert werden, daß eine Umstimmung der Reaktionsweise die Folge ist. Es scheint hierbei weniger auf die absoluten Mengen der zugeführten Kationen als auf ihr gegenseitiges Mischungsverhältnis anzukommen (Wiechowski). Die Mittel hierfür sind die *Mineralwässer,* insbesondere die in mannigfaltiger Mischung vorhandenen muriatischen und alkalischen Quellen, zumal wenn die mit ihnen vorgenommenen Kuren mit entsprechender *Auswahl der Nahrung* (Brunnendiät) kombiniert werden. Fleischnahrung ist arm an Salzen, viel reicher und variabler ist die Pflanzennahrung. Das ganze Gebiet ist experimentell noch wenig bearbeitet. Einige interessante Daten sind indes bereits festgestellt. Kaninchen z. B., mit den an Ca reichen Kohlblättern gefüttert, setzen Ca und etwas K und Mg an, verlieren Na und werden dadurch weniger empfindlich gegen entzündungserregende Mittel und Fieberreize; auch haben sie einen niedrigen Purinstoffwechsel. Umgekehrt verhalten sich Kaninchen, mit dem relativ kalkarmen Hafer gefüttert. Sie geben Ca ab, die Disposition zu Fieber und Entzündung ist gesteigert, der Purinstoffwechsel erhöht.

4. Seifen.

***Sapo medicatus, †Sapo medicinalis, medizinische Seife,** ist eine durch Einwirkung von Natronlauge auf Schweinefett und Olivenöl hergestellte Natronseife.

Äußerlich dient die Seife als bekanntes *Hautreinigungsmittel* vermöge ihrer Eigenschaft, die Epidermis zu erweichen, das Fett zu emulgieren und auf dem gebildeten Schaume den Schmutz abzuführen. Auch ist sie geeignet als *Träger von Arzneimitteln,* weil sie in den beiden, die Hornschicht durchtränkenden Stoffen, dem Wasser und dem Hautfett, gleich gut sich löst. Zur *Reinigung nekrotischer Wunden* eignen sich warme Seifenbäder.

Bei den Verwendungen auf der Haut muß eine stärkere chemische Alteration, eine Lösung oder auch nur eine Entfettung der Hornzellen, vermieden werden. Diese Anforderung erfüllen nur Seifen, denen durch besonderes Verfahren (Zentrifugieren) das freie Alkali entzogen wurde, oder welche noch dazu einen Überschuß von Fett oder Lanolin erhalten haben. Beide Sorten kommen in fester und in flüssiger Form als „zentrifugierte Neutralseifen" und „überfettete Seifen" für sich oder mit Zusatz verschiedener Arzneimittel in den Handel.

Völlig reizlos ist auch genau neutralisierte Natronseife nicht, eine Lösung von 1 : 8000 Wasser reizt noch vorübergehend die Conjunctiva. Die Wirkung ist stärker, als dem Hydrolysierungsgrade der Lösung entspricht. Es scheint demnach auch die Fettsäure an der Wirkung beteiligt zu sein (Dreser).

Innerlich wird Seife als *Pillenconstituens, Neutralisationsmittel* bei Säurevergiftungen (gewöhnliche Hausseife feingeschabt, mit warmem Wasser verrührt), *Notbrechmittel* und als *Seifenklistier* und *Stuhlzäpfchen* zur Anregung der Dickdarmperistaltik gebraucht. Neuerdings wird Olivenöl und ölsaures Natron in Pillen und Lösung als *Cholagogum*, gallentreibendes Mittel, warm empfohlen. Außerdem soll es auch das Cholesterin lösen, resp. dessen Ausscheidung in den Gallenwegen verhindern.

*†**Sapo kalinus, Kaliseife,** und *Sapo kalinus venalis, Schmierseife, durch Verseifen von Leinöl mit Kalilauge hergestellt, erhärtet nicht nach dem Erkalten wie die Natronseife, sondern bildet eine weiche, schlüpfrige Masse, welche vermöge ihres größeren Gehaltes an freiem Alkali und ihrer Eigenschaft als Kalisalz die *Epidermis viel stärker reizt und angreift*. Sie selbst und ihre Auflösung in gleichem Teile Weingeist, der *†**Spiritus Saponis kalini, Kaliseifenspiritus,** dienen in der Dermatologie als *kräftige Reinigungs- und Erweichungsmittel der Hornschicht,* insbesondere zur Vorbereitung der Behandlung mit anderen Mitteln, als *nachhaltiger Hautreiz* bei Skrofulose und wirksames *Hände-Desinficiens*. Ein milderes, auch als Waschmittel der Kopfhaut bewährtes Präparat ist der *†**Spiritus saponatus, Seifengeist,** durch Verseifen von Olivenöl mit alkoholischer Kalilauge hergestellt und in Ph. A. mit Lavendelöl parfümiert.

5. Schwefel, Schwefelwasserstoff und Schwefelalkalien.

Diese drei Mittel gehören insofern zusammen, als sich die *Wirkungen des Schwefelwasserstoffs und der Schwefelalkalien größtenteils decken* und *der Schwefel erst durch seine Umwandlung in Schwefelwasserstoff resp. Schwefelalkalien zur Wirkung gelangt.*

Örtlich wirken die Schwefelpräparate als *Reiz-* und *Ätzmittel,* sie zeichnen sich insbesondere durch ihr großes *Lösungsvermögen für*

Horngewebe aus. Die Wirkung der vorgebildeten Hydrosulfide und Sulfide ist rasch und stark, jene des Schwefels langsam und milde.

Ein gutes Beispiel für die keratolytische Wirkung ist das Calcium hydrosulfuratum, Calciumhydrosulfid, Ca(SH)$_2$, erhalten durch Sättigung von Kalkbrei mit Schwefelwasserstoff. Auf den Pelz eines Kaninchens aufgetragen, sind die Haare nach drei Minuten zu einer leicht abstreifbaren Masse erweicht, ohne daß die Haut selbst schon wesentlich in Mitleidenschaft gezogen wäre. Wegen dieser begrenzten Wirkung ist es das beste *Enthaarungsmittel* (Depilatorium) dieser Gruppe, im Orient mit Schwefelarsen gemischt bekannt unter dem Namen Rhusma. Es kann u. a. zur Entlausung behaarter Körperstellen dienen. Bequemer verwendbar ist das Baryumhydrosulfid, das als trockenes Präparat in den Handel kommt und erst beim Gebrauche mit Wasser zu einem Brei verrührt wird, dgl. die Strontiumverbindung.

Resorptiv sind die Schwefelalkalien resp. der Schwefelwasserstoff *starke Nervengifte*. Schon sehr kleine Mengen rufen *Übelkeit, Schwindel, Atembeschwerden* und starken *drückenden Kopfschmerz* hervor. Größere erzeugen *Krämpfe* oder sofort *Bewußtlosigkeit* und *Tod durch Lähmung des Atmungszentrums*, noch ehe soviel dieser Stoffe aufgenommen ist, daß eine Verbindung derselben mit dem Blutrot zu Sulfhämoglobin in merklicher Menge möglich wäre.

Die *Ausscheidung* erfolgt größtenteils *als Schwefelwasserstoff durch Lunge, Haut und Niere,* indem die Schwefelalkalien schon im Blut durch die Massenwirkung der Kohlensäure eine teilweise Dissoziation erfahren. Nur ein kleiner Teil verbleibt länger im Organismus und wird zu Schwefelsäure oxydiert.

Vergiftungen geschehen am häufigsten durch *Einatmung von Schwefelwasserstoff* aus Kloaken, Abtrittgruben usw. Sie nehmen in diesem Falle meist einen raschen und gefährlichen Verlauf, da das Gift in toto durch das arterielle Blut den Nervenzentren zugeführt wird. Reizwirkungen auf die mit ihm in Berührung kommenden Schleimhäute haben daher auch keine Zeit, sich auszubilden. Bei Resorption vom Darme, von der Haut oder von inneren Fäulnisherden aus hingegen wird es vom venösen Blut aufgenommen und passiert zunächst die Lunge, wo es zum Teil wieder ausgeschieden wird (Claude Bernard). Infolgedessen *Autointoxikationen* schweren Grades durch Fäulnisswefelwasserstoff seltener sind, als man von vornherein erwarten möchte. Die *Therapie der Schwefelwasserstoffvergiftung* hat auf die Belebung der Atmung ihr Hauptaugenmerk zu richten, da diese bei der Vergiftung am meisten bedroht ist und die Ausscheidung des Giftes wesentlich durch sie geschieht.

Anwendung.

1. *Äußerlich bei Hautkrankheiten* ist Schwefel ein viel gebrauchtes Mittel zum elektiven Angriff auf das Keratin. Man erreicht damit einmal die Abschälung der Epidermis bis auf eine gewisse Tiefe, genügend, um *Pigmentationen* (Sommersprossen, Leber-

flecke) und abnorme *Abschuppungen* zu beseitigen. Außerdem zeigt er sich nützlich bei verschiedenen anderen, namentlich *parasitären Affektionen,* bei *Acne, Psoriasis,* ohne daß es gegenwärtig möglich wäre, die Wirkung mit Sicherheit auf einfache Vorgänge zurückzuführen. Es scheinen dabei hauptsächlich desinfizierende und reduzierende Einflüsse durch den gebildeten Schwefelwasserstoff im Spiele zu sein, welche nach Unna bei schwacher Einwirkung in einer auf die Oberfläche beschränkten Verdickung und Härtung der Hornschicht (keratoplastische Wirkung), bei starker, in die Tiefe gehender Einwirkung in einer Lösung der jungen Stachelzellen (keratolytische Wirkung) besteht.

Die *Verordnung* geschieht als *Schüttelmixtur, alkoholischätherische Lösung, Salbe, Paste* und *Seife,* unter Zusatz von Alkalien oder alkalischen Erden, falls raschere Umwandlung in die wirksamen Sulfide gewünscht wird. *†**Sulfur depuratum**, ein mikrokristallinisches Pulver, durch Waschen des *Sulfur sublimatum, der sog. Schwefelblumen, mit Ammoniak erhalten, wodurch die bisweilen vorhandenen Spuren von Schwefelsäure und Schwefelarsen entfernt werden, wirkt langsam, rascher der reaktionsfähigere, weil viel feinere, amorphe *†**Sulfur praecipitatum**, gefällte Schwefel, sog. Schwefelmilch, der durch Versetzen von Schwefelalkalien mit Säuren erhalten wird.

Kolloidaler Schwefel mit 20% eiweißartigen Schutzstoffen kommt unter dem Namen Sulfidal in den Handel; er geht im Organismus in elementaren Schwefel über, sehr rasch bei intravenöser Injektion, so daß tödliche Schwefelwasserstoffvergiftung die Folge ist, langsam bei anderen Applikationsarten.

†Calcium oxysulfuratum, in wässeriger Lösung bekannt unter dem Namen Solutio Vlemingkx, war früher Hauptmittel gegen Krätze.

2. Als *mildes Abführmittel* wird Schwefel bei chronischen Obstipationen und Hämorrhoidalleiden gern gebraucht. Man schätzt an ihm besonders, daß er die Verdauung im Magen und Dünndarm nicht stört und der Grad der Wirkung sehr leicht regulierbar ist. Lästig aber fällt er durch den bisweilen starken Geruch nach Schwefelwasserstoff, welchen Flatus, Lungen- und Hautausdünstung nach seinem Gebrauch annehmen. Da der Schwefelwasserstoff nachweislich die Peristaltik anzuregen vermag, so muß man in ihm resp. in den aus ihm im Darme gebildeten Hydrosulfiden die Form erblicken, in der der Schwefel als Abführmittel wirksam ist, wenngleich mit präformiertem Schwefelwasserstoff oder Sulfiden sich eine derartige, therapeutisch brauchbare Wirkung nicht erzielen läßt. Es erklärt sich dies aus dem Umstande, daß kleine Mengen

dieser Mittel zu früh resorbiert werden, größere aber Enteritis und resorptive Vergiftungen erzeugen. Mit dem nur ganz allmählich, speziell an Orten längerer Stagnation (Dickdarm) sich umwandelnden Schwefel ist die gewünschte begrenzte Wirkung bequem zu erreichen.

Der Chemismus der Umwandlung des Schwefels im Darm und auf der Haut ist noch nicht ausreichend klargelegt. Schwefel ist bekanntlich in Wasser so gut wie unlöslich, erst beim Kochen entsteht Schwefelwasserstoff. Die Mengen sind indes nur sehr gering, viel kleiner als jene, welche im Darm sich zu bilden vermögen. Es müssen daher hier noch andere Faktoren wirksam sein. Die früher dafür gehaltenen Alkalikarbonate können es nicht sein, da Schwefel selbst in kochender Sodalösung unlöslich ist, was übrigens aus dem Umstande, daß Sulfide durch Kohlensäure z. T. zerlegt werden, zu erwarten war. Hingegen hat man Anhaltspunkte, daß die Eiweißkörper diese Rolle spielen, wahrscheinlich durch Abgabe des leicht beweglichen Wasserstoffes ihrer Sulfhydrylgruppen an den eingenommenen Schwefel nach der Gleichung 2 (E . SH) + S = ES . ER + SH$_2$ (Heffter). In der durch hohen Schwefelgehalt ausgezeichneten Hornschicht der Haut spielt vielleicht die Sulfhydrylgruppe des Cysteïns die analoge Rolle.

Die *Verordnung* geschieht als Pulver, Sulfur depuratum zu 0,5—1,0 morgens und abends, Sulfur praecipitatum zu 0,1—0,5. Ersterer kann auch als Schachtelpulver abgegeben werden, letzterer aber nur in Dosen abgeteilt, weil er wegen seiner feinen Form viel wirksamer ist und Vergiftung erzeugen kann.

3. Als *Expectorans*. Als Schwefelalkali in kleinen Mengen resorbiert und als Schwefelwasserstoff durch die Lunge ausgeschieden, vermag der Schwefel als hyperämisierender Reiz Bronchialkatarrhe in ähnlicher Weise wie die alkalischen Wässer und die Ammoniakalien günstig zu beeinflussen. Man gibt das unter dem Namen Kurellas Brustpulver bekannte *†Pulvis Liquiritae compositus (vgl. Fol. Sennae) 1/2—1 Teelöffel, worin der Schwefel, durch die Zusatzstoffe geschützt, eine milde Wirkung entfaltet, oder läßt Schwefelwässer trinken.

Die **Schwefelwässer** sind charakterisiert durch ihren Gehalt an Hydrosulfidionen HS′ und, falls CO$_2$ zugegen ist, auch an freiem Schwefelwasserstoff (Geruch nach faulen Eiern). Sie stehen als *Bäder* von altersher gegen *Hautkrankheiten* (chronische Ekzeme, Akne, Psoriasis, Furunkulosis usw.), *Gicht und Rheumatismus, Lues, Blei- und Quecksilbervergiftungen* in hohem Ansehen. Viele von ihnen, namentlich die weniger unangenehm schmeckenden kalten, werden auch *zu Trinkkuren* bei Katarrhen des Rachens und der Atmungswege, bei Stauungen im Pfortadergebiet (sog. abdominaler Plethora) und chronischen Metall-Intoxikationen gebraucht.

Hergebrachterweise teilt man die Schwefelwässer ein in:

Schwefelnatriumwässer mit kleinen Mengen von Natriumhydrosulfid, NaHS. Hierher gehören hauptsächlich die durch hohe Temperatur und hohe Lage ausgezeichneten Pyrenäenbäder (Barèges, Cauterets, Luchon), welche den indifferenten heißen Quellen, sog. Wildbädern, am nächsten kommen; außerdem Pistyán in den Karpathen usw.

Schwefelkochsalzwässer mit Kochsalz und zum Teil auch Natriumhydrokarbonat: Aachen-Burtscheid, Landeck in Schlesien, Baden (Schweiz) Herkulesbad bei Mehadia (Banat), Abano und Battaglia bei Padua, Helouan in Ägypten, sämtlich warme Quellen; Weilbach (Taunus), kalte Quelle. Wiessee am Tegernsee ist eine beim Suchen nach Petroleum erbohrte borsäurehaltige, radioaktive, alkalisch-muriatische Jod-Brom-Schwefeltherme mit beträchtlichen Mengen von frei ausströmenden Kohlenwasserstoffen (CH_4), denen Schwefelwasserstoff beigemischt ist.

Schwefelkalkwässer mit Calciumhydrokarbonat und Calciumsulfat: Baden bei Wien, Schinznach (Schweiz), beide warm; Eilsen (Schaumburg-Lippe), Nenndorf (Kurhessen) und viele andere kalte Quellen.

Bezüglich der Erklärung der Wirkung der Schwefelbäder hat es den Anschein, als ob hier andere Gesichtspunkte maßgebend sein müßten als bei anderen Arten von Bädern, indem es sich hier um einen, wenigstens zum Teil freien, gasförmigen Körper handelt, der, wenn nicht von der Haut, so doch von der Lunge während des Badens resorbiert wird und daher auch direkte Veränderungen in inneren Organen erzeugen könnte. Die kritische Durchmusterung der mit den Schwefelbädern erzielten Heilerfolge ergibt indes, daß solche Vorgänge wohl kaum dabei in Betracht kommen. Man hat die Menge des Schwefelwasserstoffes früher bedeutend überschätzt, indem man bloß nach dem Geruch und den Schwefelablagerungen, welche infolge seiner Zersetzung an den Quellen gebildet werden, urteilte, ohne zu bedenken, daß der Geruchsinn ein sehr feines Reagens ist und diese Niederschläge das Ergebnis vieler Millionen von Litern Wasser sind. In Wirklichkeit beträgt der Gehalt der Schwefelwässer an Hydrosulfidionen (gebundenem Schwefelwasserstoff) nur einige Milligramme bis Zentigramme pro Liter, und an freiem Schwefelwasserstoff enthalten gerade einige der berühmtesten Schwefelwässer (Pyrenäenbäder) nur Spuren dieses Gases; zu den starken, z. B. Aachen, zählt man schon jene, welche einige Kubikzentimeter resp. einige Milligramme pro Liter enthalten, und die allerstärksten besitzen nicht mehr als 30—40 ccm bzw. 30—40 Milligramm. Trotz dieses so außerordentlich verschiedenen Gehaltes an Schwefelwasserstoff werden aber die verschiedenen Schwefelbäder bei gleichen Leiden mit angeblich gleichem Erfolge gebraucht. Wenn dies richtig ist, so muß man auch zugeben, daß der Schwefelwasserstoff das Wirksame dieser Bäder kaum sein kann, daß dieses vielmehr in anderen, wie bei den Wildwässern unbekannten Momenten, und der planmäßigen Kombination anderer Heilmethoden mit den Bädern usw., gesucht werden muß.

Das in einigen ungarischen Bädern (Harkany) und wahrscheinlich auch in manchen anderen Schwefelwässern spurenweise enthaltene Kohlenoxysulfid, COS, ein leicht zu Kohlensäure und Schwefelwasserstoff zerfallendes Gas, hat ebenfalls wohl kaum eine selbständige therapeutische Bedeutung.

Künstliche Schwefelbäder werden aus *Kalium sulfuratum, Schwefelleber, hergestellt. Leberbraune, später grünlich-gelbe, nach Schwefelwasserstoff riechende Stücke. Der innerliche Gebrauch in Pillen zu 0,1 mehrmals täglich unter denselben Indikationen wie jene der Schwefelwässer kann als verlassen bezeichnet werden. Zum äußerlichen Gebrauch wird ein billiges Rohprodukt †K. s. pro balneo abgegeben, 50—100 g für ein Vollbad in Porzellan- oder Holzwanne.

Fanghi di Sclafani nennt man die hellgelbe, vulkanische Erde aus Sizilien. Sie ist von saurer Reaktion und enthält Schwefel in äußerst fein verteilter, vermutlich kolloidaler Form, daneben Erdsulfate [und Reste pflanzlicher und tierischer Herkunft. Dient hauptsächlich zur Behandlung der Acne rosacea. Eine Messerspitze voll, mit etwa 1 Teelöffel Wasser angerührt, wird auf die gerötete Stelle abends aufgetragen und morgens das eingetrocknete Pulver durch feuchtes Abtupfen entfernt.

Thiosinamin, **Allylschwefelharnstoff**, $H_2N . CS . NH(C_3H_5)$, nach Knoblauch riechende, farblose, in Alkohol lösliche Kristalle, mag als schwefelhaltiger Körper einstweilen hier eingereiht werden. Das Mittel wird, zusammen mit Natriumsalicylat, das seine Wasserlöslichkeit ermöglicht, *zur Erweichung und Aufsaugung von Narbengewebe* sowohl bei Narben der äußeren Haut, z. B. nach Verbrennungen, bei Trübungen der Hornhaut wie bei Narben innerer Organe Gelenkankylosen, Strikturen des Oesophagus und der Urethra usw.) mittels Pflastern, subkutanen oder intramuskulären Injektionen oder Kataphorese empfohlen. Die Wirkung zeigt sich meist erst nach mehreren Wochen fortgesetzter Behandlung und beruht anscheinend auf einer serösen Durchflutung und Masseneinwanderung von Leukocyten in das Narbengewebe. Friedberg (Freiburg) A. f. exp. Ph. **89,** 99 fand bei Sehnen in Ringerlösung keine Änderung der Dehnungs- resp. Elastizitätsverhältnisse. Fieberhafte Allgemeinreaktion nach späteren Injektionen, die als Überempfindlichkeit durch das mobil gemachte Narbengewebe gedeutet wird, ist nicht gerade selten. In höheren Dosen ist es ein starkes Respirations- und Stoffwechselgift. Zu Injektionen kommt eine mit dem Namen **Fibrolysin** belegte 10prozentige gebrauchsfertige, bei Zutritt von Licht und Luft leicht zersetzliche Lösung von Thiosinamin (2 Mol.) mit Natriumsalicylat (1 Mol.) in zugeschmolzenen Ampullen aus braunem Glase à 2,3 ccm in den Handel.

Rezept-Beispiele.

℞		℞	
Sulfuris praecip.	120,0	Saponis kalini	32,0
Camphorae	10,0	Axungiae Porci	
Gummi arab.	20,0	Sebi ovilis	
Aq. Calcariae	450,0	Picis liquidae oder Ol. Rusci	
— Rosae	400,0	Sulfuris dep.	ana 16,0
Glycerini	50,0	Calcii carbonici	4,0

MDS. umgeschüttelt abends auf die Haut aufzutragen und morgens wieder abzuwaschen.
[Modifiziertes Kummerfeldsches Waschwasser gegen Comedonen, Akne, Sommersprossen.]

M. f. ung.
DS. an zwei aufeinander folgenden Tagen je 2 mal einzureiben, am dritten ein laues Bad zu nehmen. [†**Ung. sulfuratum**, von Hebra modifiz. Wilkinsonsche Schwefelsalbe, insbesondere gegen Krätze.]

℞		
Sulfuris praecipitati		M. f. pasta.
Kalii carbonici		DS. mittels eines Pinsels aufzutragen
Glycerini		und über Nacht liegen zu lassen.
Aq. Amygd. amar.		[Hebras Schwefelpaste gegen
Spirit.	ana 5,0	Akne.]

<table>
<tr><td align="center">℞</td><td></td><td align="center">℞</td><td></td></tr>
<tr><td>Sulfur. praecipit.</td><td align="right">40,0</td><td>Sulfur. depur.</td><td align="right">30,0</td></tr>
<tr><td>Amyli Oryzae</td><td align="right">50,0</td><td>Tartari depur.</td><td></td></tr>
<tr><td>Rad. Iridis</td><td align="right">10,0</td><td>Fruct. Carvi</td><td align="right">ana 10,0</td></tr>
<tr><td>M. f. pulvis.</td><td></td><td>M. f. pulv.</td><td></td></tr>
</table>

DS.   Jeden 4. Tag abends mittels Wattebausch auf die Kopfhaut einzustäuben und am Morgen mit weicher Bürste und folgendem Abtupfen mit einer Mischung von Ol. Ricini, Spiritus coloniensis a̅a̅ 10,0, Spiritus 180,0 zu entfernen. [Gegen Haarausfall.]

DS. abends 1 Teelöffel zu nehmen. [Abführmittel.]

Achtes Kapitel.

Antiseptica. Desinfektionsmittel.

Der Gebrauch fäulniswidriger Mittel ist uralt, wie die Sitte, das Fleisch zu räuchern und die Leichen zu balsamieren, bekundet. Die ärztliche Anwendung beschränkte sich auf die gelegentliche Desodorisierung übelriechender Wunden und Geschwüre, man glaubte, damit zugleich das Miasma zerstört zu haben.

Eine hohe Bedeutung haben diese Mittel erst seit der Erkenntnis erlangt, daß nicht nur die Wundkrankheiten, sondern auch eine große Anzahl von Erkrankungen innerer Organe verursacht werden durch die Ansiedelung von niederen Organismen, insbesondere Bakterien. Es eröffnete sich hierdurch die Möglichkeit, diese Krankheiten kausal zu behandeln, und zwar in vierfacher Weise: durch die prophylaktische Abhaltung der Organismen vom Körper, durch geeignete Zustandsveränderung der befallenen Organe (des Nährbodens), durch Bindung der produzierten Toxine und durch unmittelbare Wirkung auf die Mikroben. Die Mittel, welche in dieser kausalen (ätiotropen) Weise wirken, sind, soweit sie Bakterien betreffen, Gegenstand dieses Kapitels. Weitere antiparasitäre (parasitotrope) Mittel sollen in den folgenden Kapiteln, die Protozoenmittel beim Chinin und Salvarsan behandelt werden.

Zwei Grade der Wirkung sind zu unterscheiden. Der erste Grad ist die *Lähmung der Bakterien,* d. h. die Hemmung ihrer Entwicklung und ihrer sonstigen Lebensäußerungen während der Anwesenheit des einwirkenden Stoffes. Die Mittel, welche nur diesen Grad bewirken, kann man als Antiseptica bezeichnen, wenn man für die stärker wirkenden Stoffe, welche in höheren Konzentrationen auch den zweiten Grad, die *Tötung der Bakterien,* erreichen, den Namen Desinficientia vorbehalten will. Meist werden indes beide Bezeichnungen als gleichbedeutend gebraucht.

Zurzeit werden unter diesen Bezeichnungen auch viele Mittel eingereiht, welche weniger durch direkte Wirkung auf die Mikroben als durch Wirkung auf den Wundboden (Nährboden) oder das Wundsekret die Heilung befördern. Es sind die bei den Adstringentia besprochene essigsaure Tonerde und die Adsorbentia (Tierkohle, Bolus), die schwerlöslichen Metallpulver (Zinkoxyd, Wismutsalze), ferner leichtlösliche, wasserentziehende Mittel z. B. Rohrzucker, welche durch Veränderung des osmotischen Drucks die Saftströmung erhöhen, die granulationenfördernden Mittel (Paraffinöle, Perubalsam) und die die Gewebsoberflächen intensiv benetzenden, daher auch in der Tiefe wundreinigenden Seifenlösungen (Loewe u. Magnus).

Bei der Anwendung sehr kleiner Dosen von Antiseptica hat man wiederholt beobachtet, daß der lähmenden Wirkung eine erregende, funktionssteigernde vorausgeht. Wenn diese Beobachtungen Verallgemeinerung zuließen, so wäre daraus zu folgern, daß ungenügende Antisepsis schlechter ist als gar keine.

Da es sich bei diesen Wirkungen auf Bakterien um Einflüsse auf Protoplasmagebilde und deren Grenzschicht, die, abgesehen von der sehr widerstandsfähigen Sporenmembran, jenen auf tierische Zellen annähernd wesensgleich sind, handelt, so haben für sie dieselben Anschauungen Geltung, welche über die Wirkungsweise der Arzneimittel und Gifte auf höhere Organismen aufgestellt wurden. Man hat daher zu unterscheiden zwischen Mitteln, welche auf gewöhnliche *atomistisch-chemische Weise* (durch Ionenreaktion), und solchen, welche auf *spezifische Weise* (durch molekular-chemische Vorgänge) wirken.

Die Mittel der ersten Art sind *Stoffe mit starken chemischen Affinitäten,* Halogene, Oxydationsmittel, Säuren, Alkalien, Metallsalze. Sie wirken zerstörend (ätzend) auf alle in ihren Bereich gelangenden Eiweißstoffe und sonstigen gewebebildenden Substanzen, ergreifen daher nicht bloß die Bakterien, sondern in gleicher Weise auch das Substrat. Ihre Anwendung ist darum eine beschränkte. Außer zur Desinfektion der äußeren Haut, welche durch die sehr widerstandsfähige Epidermis geschützt ist, sind sie meist nur an Orten verwendbar, wo gleichzeitig Desinfektion und Ätzung erwünscht ist.

Unter den Mitteln der zweiten Art, den *spezifischen Protoplasmagiften,* hingegen lassen sich unschwer solche auswählen, welche zu den Zellen der Mikroorganismen eine größere Verwandtschaft haben als zu jenen des Wirtes. Solche Stoffe werden in passender Konzentration auf Wunden, Schleimhäute, seröse Überzüge gebracht, die dort befindlichen Mikroorganismen lähmen oder töten, die Zellen der Umgebung aber wenig oder gar nicht angreifen. Ein gewisser Grad von Schädigung, wodurch die Vorgänge bei der Wundheilung beeinträchtigt werden, ist indes wohl immer vorhanden, daher die Chirurgen das aseptische Verfahren bevorzugen und die Verwendung der Antiseptica auf infizierte Wunden beschränken. Wirkung auf Organe nach der Resorption ist wegen der nun eingetretenen Verdünnung des Mittels selbst bei den sehr empfindlichen Nervenzellen seltener zu befürchten, eher eine Schädigung der Ausscheidungsorte wegen der dort erfolgenden Konzentration.

Die Desinfektion aller, direkter Applikation zugänglichen Stellen — also die *örtliche Desinfektion* — ist dadurch ermöglicht. Gesicherte Gebiete hierfür sind die äußere Haut, auf diese mündende Schleimhautkanäle, Wunden, vorausgesetzt, daß die Mikroben in tiefen Taschen, eingehüllt durch Schleim, Blut oder Exsudat, sich nicht vor der Einwirkung in Sicherheit befinden. Die Resorption ist hier meist nicht sehr ausgiebig, so daß das Mittel nicht vorzeitig den Wirkungsort verläßt. Aus gleichem Grunde tritt auch nicht so leicht allgemeine Vergiftung ein, wenngleich bei größerer Ausdehnung der zu behandelnden Fläche dieser Umstand nie aus den Augen gelassen werden darf. Schwieriger ist die Desinfektion von Orten, wo erst ein Transport des Mittels stattfinden muß, z. B. im Darmkanal, weil die Mittel infolge vorzeitiger Resorption in vielen Fällen zu verdünnt an den Wirkungsort gelangen. Die meiste Aussicht bieten hier schwer lösliche und schwer resorbierbare Mittel, insbesondere auch solche, welche erst durch eine chemische Umwandlung zu Desinficientia werden.

Unerreichbar erscheint nach den bisherigen Erfahrungen die *innere Desinfektion für alle Bakterienarten* durch ein und dasselbe Mittel, auch wenn man nicht auf Tötung der Bakterien ausgeht, sondern nur auf Hemmung ihrer Vermehrung und Toxinbildung sich beschränkt. Die Mittel sind entweder zu giftig, so daß sie in ausreichender Konzentration im Innern des Körpers sich nicht versammeln lassen, oder sie werden von dem Eiweiß und anderen Stoffen der Körpersäfte physikalisch oder chemisch derart gebunden, daß das Verteilungsverhältnis für die Bakterienwirkung ein ungünstiges wird. *Gegen einzelne Bakterienarten* dagegen sind *annähernd spezifisch wirkende Mittel* (sog. Halbspecifica), welche eine interne ätiotrope Therapie gestatten, gefunden worden, so das Salvarsan gegen Milzbrand, Rotz und Rotlauf (Kap. XXIII)

und das **Aethylhydrocuprein** (Optochinin) gegen Pneumo-
kokkeninfektion (Kap. XXI).

Als Beispiel, wie sehr die Giftigkeit eines Desinficiens ein Hindernis für
die Erreichung der inneren Desinfektion bildet, sei das stärkste bisher bekannte
Mittel, das Quecksilberchlorid, angeführt. Von ihm genügt eine Konzentration von
1 : 300 000, um das Wachstum von Milzbrand- und anderen Bakterien zu hemmen.
Um diesen schwächsten Grad innerer Desinfektion bei einem Erwachsenen von
75 000 g Körpergewicht durch Sublimatisierung zu erreichen, wären demnach
mindestens 0,25 g Sublimat nötig, selbst unter der nicht einmal zutreffenden Voraussetzung, daß diese Menge im Körper sich gleichmäßig verteilte und un-
gebunden, d. h. nicht in [wenig wirksames Quecksilberalbuminat übergeführt,
bliebe. Die Toxikologie aber lehrt,] daß Vergiftungen mit Sublimat schon bei
0,04 beginnen und bei 0,18 letal endigen können.

Als Beispiel, wie sehr die Bindung an Eiweiß und andere Stoffe die Des-
infektion im Organismus gegenüber Reagenzglasversuchen erschwert, sei das
Tetrabrom-o-Kresol, $C_6Br_4 . CH_3 . OH$ angeführt. Durch die Bromierung wird das
Desinfektionsvermögen des Orthokresols so gesteigert, daß noch Konzentration
von 1 : 180 000 das Wachstum von Diphtheriebazillen hemmt, wogegen die Giftigkeit lange nicht in diesem Maße zunimmt. Man kann daher Tieren ohne
Schaden das Mittel im Verhältnis von über 1 : 2000, also die mehr als 100 fache
Konzentration, welche die Bazillen in vitro tötet, einverleiben. Dessenungeachtet
erliegen solche Tiere, mit Diphtheriebazillen geimpft, ausnahmslos der Infektion.

Eher als durch ein einziges Desinfektionsmittel könnte die aufgestellte Forderung vielleicht erfüllt werden durch *eine Mischung von Antiseptica*, welche
auf die Mikroben in gleicher Weise wirken, von den Zellen des Körpers aber
bald diese, bald jene Art stärker angreifen, so daß ihre Wirkung sich daher
wohl bezüglich der Bakterien, nicht aber bezüglich der Organe des Körpers
summierte.

Im folgenden werden alle als Antiseptica und Desinficientia
gebrauchten Mittel mit Ausnahme des **Jods** und **Jodoforms**,
der **Silber-** und **Quecksilberpräparate** und der **Salicylsäure**, welche anderen Kapiteln (XXII, VI, XXV, XXI) zu-
gewiesen sind, behandelt.

Chlor. Die Halogene Chlor, Brom, Jod suchen mit großer
Begierde ihre Affinitäten durch Verbindung mit Wasserstoffatomen
organischer Substanzen zu sättigen. Sie wirken deshalb zerstörend (substituierend und oxydierend) auf alles Organische und
dadurch auch stark bakterizid.

Am intensivsten wirkt das Chlor; selbst Milzbrandsporen werden
durch seine 0,2 prozentige Lösung in 15 Sekunden getötet. Derartige starke Wirkung kann aber nur eintreten, wenn die Bakterien
ganz freiliegen. Die geringste Bedeckung, ein Häutchen von
Schleim oder Eiweiß, wie sie an Gewebs- oder Schleimhautober-
flächen die Regel bildet, gewährt ihnen Schutz, falls nicht die Einwirkung soweit getrieben wird, daß auch das umliegende Gewebe

erheblich verändert wird. Die therapeutische Verwendung wird durch diesen Umstand sehr eingeschränkt.

Man verwendet, da das Gas nicht handlich und seine halbprozentige Lösung, das Chlorwasser, *Aqua chlorata, †Aqua Chlori, auch im Dunkeln aufbewahrt, wegen Umsetzung zu Salzsäure und Sauerstoff nicht haltbar ist, gewöhnlich den **Chlorkalk, *Calcaria chlorata, †Calcium hypochlorosum,** ein weißliches hygroskopisches Pulver von alkalischer Reaktion, das im wesentlichen aus unterchlorigsaurem Kalk (Calciumhypochlorit) besteht, der chemisch rein als zweckmäßiger Ersatz jetzt im Handel zu haben ist. Schon schwache Säuren, z.B. die Kohlensäure der Luft, setzen daraus die unterchlorige Säure in Freiheit, welche dann sofort in Chlor, Sauerstoff und Wasser zerfällt: $2\,ClOH = Cl_2 + O + H_2O$. Auch Umsetzungen nach der Gleichung: $2\,(ClO)Ca = Cl_2Ca + O_2$ sind denkbar. In gleicher Weise verhalten sich die als Bleichmittel unter dem Namen Eau de Javelle und Eau de Labarraque bekannten Lösungen von Kalium- und Natriumhypochlorit und die zur Berieselung infizierter Wunden vielgebrauchte schwach alkalische, 0,45—0,5 Natriumhypochlorit enthaltende Dakinsche Lösung. Konzentrierte derartige, chlorierend und oxydierend wirkende Lösungen verwendet man zur *Desinfektion der Hände,* verdünnte (0,1—0,5) zu *Umschlägen und Ausspritzungen jauchiger Wunden* und zu *subkutanen Injektionen bei Schlangenbiß und Bienenstich* rings um die getroffene Stelle.

Bei Zusatz von Mineralsäuren zum Chlorkalk wird die Chlorentwicklung reichlich und rasch. Man benützt diese Entwicklung zur *Desinfektion von Räumen.* 0,25 Kilo Chlorkalk, mit 0,35 Kilo roher Salzsäure übergossen, genügen, um pro Raummeter einen anfänglichen Chlorgehalt von 1% zu erzeugen. Man verteilt die Reagentien in mehrere möglichst hoch aufgestellte Schalen, damit das schwere Gas sich nicht am Boden ablagert, und sorgt für genügende Feuchtigkeit, damit es leichter in die Gegenstände eindringen kann. Die Desinfektion bleibt trotzdem aus den oben angeführten Gründen meist nur eine ganz oberflächliche.

Außerdem ist große Vorsicht geboten. Schon *Einatmungen von Luft mit 0,001% Chlor* während einiger Stunden genügen, um Entzündung der Luftwege (Bronchopneumonie) herbeizuführen. Höhere Konzentrationen wirken natürlich in sehr viel kürzerer Zeit. Auch nach überstandener akuter Attacke kann die bleibende Verschließung zahlreicher Luftkanäle durch vernarbendes Exsudat (Bronchiolitis obliterans) das Leben gefährden oder wenigstens dauernde Invalidität zur Folge haben.

Jodtrichlorid, Cl_3J, rotbraunes, äußerst hygroskopisches, scharf riechendes Pulver, wird wegen seiner starken desinfizierenden, das Gewebe aber wenig reizenden Wirkung in 1promilliger Lösung an Stelle von Chlorwasser oder Sublimat, namentlich bei Augenoperationen, viel benützt. Man hält sich eine 10prozentige Stammlösung, da die verdünnte sich sehr bald unter Abgabe von Joddämpfen zersetzt.

Fluoralkalien sind gute Antiseptica und finden deshalb in der Spiritusfabrikation zur Unterdrückung störender Nebengärungen vielfache Verwendung. Versuche mit Fluorverbindungen in therapeutischer Hinsicht sind wegen ihrer erheblichen Giftigkeit nur mit Vorsicht zu unternehmen.

***Kalium˙permanganicum, †Kalium hypermanganicum, übermangansaures Kalium**, $KMnO_4$. Die dunkelvioletten, in 20 Wasser löslichen Kristalle oxydieren energisch alles Organische unter Bildung brauner Manganoxyde. Konzentrierte Lösungen wirken daher ätzend und töten Milzbrandsporen innerhalb eines Tages. Verdünnte (1 : 1400) hemmen bloß die Entwicklung. Sind gleichzeitig organische, namentlich flüchtige Stoffe, z. B. übelriechende Fäulnisprodukte, vorhanden, dann werden diese gewöhnlich noch früher angegriffen, und die Substanz ist verbraucht, ehe sie zu den Bakterien gelangen kann. Die Desinfektion ist dann im besten Falle nur eine sehr oberflächliche und vorübergehende. Das Mittel ist daher weit *mehr ein Desodorans als ein Desinficiens*.

Seine gegenwärtige *Anwendung* erfolgt auch nur mehr in diesem Sinne. 0,1—0,5prozentige Lösungen dienen häufig als Mundwasser, 0,5—1,0prozentige zur *Bespülung von jauchigen Wunden und Geschwüren und zu Injektionen bei Gonorrhoe.* Konzentrierte Lösungen des billigen rohen Handelspräparates sind geeignet zur *Desodorisierung von Nachtstühlen* und ähnlichen übelriechenden Massen in Krankenzimmern.

Als *chemisches Antidot* werden 0,1—0,5prozentige Lösungen zu $^1/_4$—$^1/_2$ l bei *Blausäure-* und *Phosphorvergiftung* trinken gelassen. Bei *Schlangenbiß* werden subkutane Injektionen rings um die getroffene Stelle gemacht.

Die bei dem Manipulieren mit übermangansaurem Kalium an Wäsche und Händen zurückbleibenden braunen Flecke von Manganoxyd sind durch Essig oder Zitronensaft leicht zu entfernen.

Mischungen mit organischen Flüssigkeiten, z. B. Liquor Aluminii acetici, sind unzulässig, weil die Essigsäure allmählich verbrannt und die verschlossene Flasche durch den Druck der entwickelten CO_2 schließlich zertrümmert wird.

Auf Zusatz einprozentiger Salzsäure erhält man einen Strom von Chlor, der zur Desinfektion benutzt werden kann.

***Hydrogenium peroxydatum solutum, †Hydrogenium hyperoxydatum solutum, Wasserstoffsuperoxydlösung,** ist eine Lösung von 3 Gewichtsprozent Wasserstoffsuperoxyd, H_2O_2, in Wasser. Sie ist nur bei Zusatz von etwas Säure (ca. 0,02 °/o) einige Zeit haltbar. Wasserstoffsuperoxyd zersetzt sich nämlich leicht zu Wasser und Sauerstoff, der in statu nascendi kräftig oxydierend wirkt. Es spielt schon in der Natur eine bedeutende Rolle in dieser Hinsicht. Bei

der Selbstreinigung der Flüsse, der sog. Rasenbleiche der Leinwand usw., findet seine intermediäre Bildung statt. Auf Geweben
tritt ebenfalls rasche Zersetzung ein durch das überall vorhandene
Enzym, die Katalase. Hierdurch kommt es in höherer Konzentration zur *Ätzung*, in geringerer, von 3 % abwärts, zu einer *Desinfizierung* für die Zeit, welche diese Zersetzung in Anspruch
nimmt. Noch höher schätzt man die gleichzeitig eintretende
mechanische Reinigung und Blutstillung, indem auf dem sich entwickelnden Sauerstoffschaume alle Unreinigkeiten einer Wunde
oder Schleimhauttasche, Eiterpfröpfe, Blutgerinnsel, Gewebsfetzen
usw. emporgerissen und fortgespült werden. Als desinfizierendes
und desodorisierendes *Mund-* und *Gurgelwasser,* dgl. bei Angina,
Stomatitis ulcerosa, leisten die möglichst säurefreien Präparate ausgezeichnete Dienste. Pigmentierungen der Haut (Sommersprossen)
können damit gebleicht, dunkle Haare in Goldblond verwandelt
werden. Anwendung auf größere Resorptionsflächen
(seröse Häute usw.) ist gefährlich wegen *Gasembolie* infolge stür-
mischer Sauerstoffentwicklung beim Übertritt in das Blut.

Perhydrol ist der Name für die von E. Merck in den Handel gebrachte
reine Wasserstoffsuperoxydlösung von 30 Gew.-Proz., aus der die therapeutisch
verwendeten Verdünnungen hergestellt werden können.

Perhydrit (E. Merck) ist eine krystallisierte Verbindung von Harnstoff mit
Wasserstoffsuperoxyd, durch Zusatz geringer Mengen von acylierten Oxysäuren,
haltbar gemacht. Sie gibt mit Wasser eine kühlend salzig schmeckende Lösung,
aus der H_2O_2 sich leicht abspaltet. Durch Auflösen einer Tablette in 10 ccm
Wasser erhält man eine ungefähr 1 prozentige Lösung. Zur Beschleunigung der
Lösung darf Erwärmung bis zu 35° stattfinden.

Ortizon (Bayer & Co.) ist ein ähnliches Präparat in Form von Wundstiften,
Mundwasserkugeln usw.

Auch andere Superoxyde werden neuerdings als Sauerstoff abgebende
Mittel therapeutisch empfohlen, z. B. Magnesiumperoxyd (Magnesiumperhydrol)
bei Superacidität und Darmkatarrhen 0,5 dreimal täglich und als Zusatz
für Zahnpulver; Zinkperhydrol in 25 prozentiger Salbe als Wund-Desinficiens
zumal für ulzerierende Wunden. Ihre Wirkung beruht auf der Umsetzung in
Wasserstoffsuperoxyd und Metalloxyd. Ersteres wirkt durch die Sauerstoffentwicklung desinfizierend, letzteres entfaltet die dem Metalloxyd eigenen Wirkungen.

Sauerstoff wirkt nicht unbedeutend *desinfizierend,* insbesondere auf anärobe
Bakterien, außerdem reizend, hyperämisierend, die *Heilung atonischer Geschwüre
befördernd,* wenn er mit Stichkanüle, die mit der Sauerstoffbombe verbunden ist,
in die Umgebung einer Wunde, eines Panaritiums oder Furunkels, einströmen gelassen wird, bis ein leichtes Emphysem entstanden ist. Vorsicht wegen des
Hineingeratens in eine Vene ist angezeigt.

Sauerstoffbäder (Ozetbäder) rufen nach Winternitz eine als „Prickeln" angenehm empfundene Erregung der sensibeln Hautnerven und eine rhythmische Kontraktion der Hautkapillaren, ohne wesentliche Veränderung der Blutfüllung (Unter-

schied von den CO_2-Bädern), hervor; sie werden einerseits als „erfrischend", anderseits als „beruhigend, schlafbefördernd" geschildert und sollen namentlich bei Herz- und Gefäßerkrankungen von Vorteil sein. Sie werden hergestellt durch Versetzen des Badewassers mit dem Superoxyd Natriumperborat (300,0 10prozentige Lösung) und Manganverbindungen als Katalysator oder billiger und reinlicher, weil kein dunkelbrauner, schlammiger Niederschlag von Manganoxyden entsteht, mit 1 l 3prozentigem Wasserstoffperoxyd + 0,75 ccm Hepin, einem aus der Leber dargestellten Katalasepräparat. Die O_2-Entwicklung muß andauernd (15—20 Min.) und kleinblasig sein; Herstellung der Bäder durch Einleiten von komprimiertem Sauerstoff ist daher kein wirksamer Ersatz.

Sauerstoffeinatmungen sind, seitdem dieses Gas komprimiert in Stahlbomben, mit Gummibeutel und Respirationsmaske armiert, im Handel sich befindet, bequem vorzunehmen und insbesondere indiziert bei *Insuffizienzen der Atmungs- und Kreislauforgane,* wo der Nutzen hauptsächlich in der Erhöhung des O_2-Gehaltes des Blutplasmas zu bestehen scheint, und bei *Kohlenoxydvergiftung,* wo zugleich die Dissoziation des CO-Hämoglobins gefördert wird.

Ozon wirkt noch stärker desinfizierend als der gewöhnliche Sauerstoff, insbesondere auf Fäulnisbakterien, zugleich aber auch viel stärker reizend auf die Gewebe. Einatmungen ozonhaltiger Luft sind daher nur bei sehr großer, auf Bakterien wirkungsloser Verdünnung zulässig. 1 : 100000 ist noch deutlich riechbar. Das aufgenommene Ozon tritt schon an der Schleimhautoberfläche in chemische Reaktion, so daß eine stärkere Wirkung in entfernten Organen nicht zu erwarten ist. Dasselbe gilt für die angepriesenen Trinkkuren mit „Ozonwasser"; Ozon ist überdies in Wasser fast unlöslich und geht darin bald in gewöhnlichen Sauerstoff über.

***†Kalium chloricum, chlorsaures Kalium, Kaliumchlorat,** $KClO_3$. Weiße Kristalle von fad-salzigem Geschmack, in 16 Wasser löslich. Das trockene Salz gibt an organische Körper schon bei gewöhnlicher Temperatur, bei mechanischen Erschütterungen explosionsartig, seinen Sauerstoff ab. In wässeriger Lösung wird die Chlorsäure nur sehr allmählich frei und zu Chlor und Sauerstoff zerlegt. Die bakterizide Wirkung in vitro ist daher gering (Wachstumshemmung von Milzbrand erst in Konzentration von 1 : 250). Im Organismus kann vielleicht durch Massenwirkung von Säuren (CO_2) die Zerlegung eine raschere sein, vorerst aber bleibt es unentschieden, ob die Anwendung des chlorsauren Kaliums als *Mundwasser* zur Vorbeugung drohender und Behandlung ausgebrochener *Stomatitis mercurialis,* auf spezifischer Desinfektion beruht oder bloß auf allgemeiner Reinhaltung des Mundes, die auch durch andere Mittel (Wasserstoffsuperoxyd oder alkalischer physiologischer Kochsalzlösung) erreichbar ist, so daß man vom weiteren Gebrauche dieser giftigen Substanz, welche namentlich Kindern, die beim Gurgeln aus Ungeschicklichkeit leicht etwas davon verschlucken, gefährlich ist, absehen könnte.

Das Mittel wird nämlich *leicht resorbiert* und größtenteils unverändert durch die Niere entlassen. Auf dem Wege dorthin aber wirkt es als *Blutgift*. Das *Hämoglobin* wird in den Blutkörperchen in *Methämoglobin* umgewandelt, kann allmählich durch die reduzierenden Stoffe daselbst wieder zurückverwandelt werden, in der Mehrzahl der Fälle aber tritt es aus, und die *entfärbten Blutkörperchen werden in gallertartige Massen umgewandelt.* Blut, Organe und Harn nehmen Schokoladenfarbe an, und die Haut erhält eine charakteristische, rauchbraune Verfärbung. Ist die Methämoglobinbildung resp. Auflösung so reichlich, daß der Rest des unveränderten Blutrots die Sauerstoffzufuhr nicht mehr ausreichend unterhalten kann, dann stirbt das Individuum in wenigen Stunden *an innerer Erstickung.* Ist diese Auflösung geringer, so droht der *subakute Tod* infolge *Verstopfung der Nierenkanälchen* durch die Zerfallsprodukte der Blutkörperchen, Auflösung von einigen Prozenten endlich wird vom Organismus, ohne auffällige Symptome zu erzeugen, bewältigt. Das Methämoglobin reicht dann auch nicht hin, um der Haut die charakteristische Färbung zu verleihen oder in den Harn in bemerkenswerter Menge überzugehen. Es wird allmählich zu Gallenfarbstoff umgewandelt.

Die beschriebenen Wirkungen zeigen sich erst bei einer gewissen Anhäufung des Salzes im Blute (über 0,025%). Ob diese erreicht wird, hängt von der absoluten Menge des aufgenommenen Salzes und gewissen begünstigenden Momenten: Konzentration des Salzes, Leere des Magens, Verzögerung der Ausscheidung infolge Nierenerkrankung ab. Sind diese vorhanden, dann können schon 8—10 g bei erwachsenen Menschen und 2—3 g bei Kindern schwere Vergiftung erzeugen.

Methämoglobinämie bewirken noch manche andere Stoffe, zum Teil nach ihrer Umwandlung in die zugehörigen Hydroxylamine: Die Nitrite (Natriumnitrit, Amylnitrit) und Nitrate, durch Reduktion im Darmkanal in Nitrite umgewandelt (Bismutum subnitricum, Nitroglyzerin); das in der Parfümerie gebrauchte Nitrobenzol (Mirbanöl); Anilin nebst Derivaten (Acetanilid, Phenacetin) und die Di- und Trioxybenzole.

Hämoglobinämie (Hämolysis), bei der das Hämoglobin unverändert in das Plasma übertritt, erzeugen 1. Stoffe, welche das osmotische Gleichgewicht der Blutscheiben stören (Wasser, Salzlösungen, Glyzerin); 2. Stoffe, welche Affinität zu den Lipoiden des Stromas besitzen: Narkotica der Methanreihe (Chloroform, Äther), höhere, insbesondere ungesättigte Fettsäuren, z. B. Ölsäure, wenn sie oder ihre Seifen in das Blut in größerer Menge gelangen, so daß sie nicht mehr von dessen Eiweißstoffen gebunden werden können. Sie sind nach Seyderhelm nicht die Ursache der durch Darmparasiten (Botriocephalin, Tänia, Bakterien) erzeugten schweren Anämie, sondern es sind chemisch noch nicht gefaßter Stoffe, die in minimalen Mengen, parenteral zugeführt, intensiv rote Blutkörperchen zerstören. Ihnen schließen sich an die Gallensäuren, die in den nicht abgebrühten oder getrockneten Lorcheln enthaltene Helvellasäure, die Saponine und das Solanin; 3. Ferner seien genannt: Jod, Arsenwasserstoff, Sublimat, Chinin. *Symptome und Folgen* sind im großen und ganzen *die gleichen wie bei den Methämoglobinämie erzeugenden Stoffen,* nur fehlt die braune Verfärbung des Blutes und der Haut, dafür zeigt sich regelmäßig am 2. Tage Ikterus, der zwar bei der ersten Art von Blutgiften auch nicht fehlt, aber durch die Methämoglobinfärbung meist verdeckt ist.

Behandlung. Sauerstoffatmung, damit in Folge Erhöhung des O_2-Partialdrucks auch das Plasma an der O-Versorgung sich beteiligen kann; Kochsalzinfusion nach vorausgegangenem Aderlaß, um die Niere durchgängig zu erhalten.

Die bei der Hämolyse freiwerdenden arteigenen Lipoide sind wenig giftig, die artfremden (Transfusion von Tierblut) lähmen Nervensystem und Atmung (Gottlieb).

*†**Acidum boricum, Borsäure, BO_3H_3.** Schuppenförmige, fettig anzufühlende Kristalle von adstringierend-süßlichem Geschmack, in 25 Teilen kalten Wassers langsam löslich, leicht in warmen.

Mineralsäuren sind zwar kräftige Desinficientia, vgl. Salzsäure im Magen (Kap. VII), in der Wundbehandlung jedoch nicht brauchbar, weil sie konzentriert zu ätzend wirken und verdünnt zu rasch resorbiert werden. Geeignet ist nur die Borsäure. Ihre antiseptischen Eigenschaften sind nicht besonders hervorragend, aber immerhin höher als ihrem Dissoziationsgrade (Konzentration der H-Ionen) entspricht, was zur Annahme nötigt, daß auch das Borsäure-Ion und das undissoziierte Borsäuremolekül an der Wirkung beteiligt sind. Dementsprechend besitzt auch das borsaure Natron antiseptische Wirkung. Die Tötung von Schimmel- und Spaltpilzen erfolgt selbst durch gesättigte Lösung (4%) nur sehr langsam; das Wachstum von Milzbrandbazillen wird erst bei Konzentration von 1 : 100, jenes von Schimmel- und Sproßpilzen (Soor) bei 1 : 400—600 gehemmt.

Was die Borsäure zu einem für viele Zwecke, namentlich bei Anordnungen im Hause, geeigneten Antisepticum macht, sind andere Eigenschaften. Zunächst ist es die bequeme Herstellung der gebräuchlichen (gesättigten) Lösungen, indem man nur anzuordnen braucht, soviel Säure zu nehmen, als in der Kälte sich löst. Dann fällt die Reizlosigkeit ins Gewicht, da selbst konzentrierte Lösungen nur schwach sauer reagieren und Eiweiß nicht fällen, so daß auch die Applikation in Pulverform zulässig ist. Schließlich ist die Substanz nur wenig giftig, obwohl auch dieses seine Grenze hat. Es sind schon mehrfach *Vergiftungen mit tödlichem Ausgang unter Symptomen von Gastroenteritis, Erythemen und Kollaps* bei Ausspritzungen des Magens, Mastdarms und großer Eiterhöhlen

vorgekommen, desgleichen bei einem zweijährigen Knaben bei
4 tägiger Behandlung einer Brandwunde des Unterarmes mit Borsalbe. Anwendung auf ausgedehnte, gut resorbierende Flächen
ist daher zu vermeiden.

Zur Konservierung von Nahrungsmitteln ist Borsäure und Borax
nicht zulässig, weil schon kleine Mengen (0,5) die Ausnützung der Eiweißnahrung
im Darme herabsetzen und das Körpergewicht durch Minderung des Fettbestandes
verringern (Rost). Zudem sind kumulative Wirkungen möglich, da die Borsäure
nur langsam ausgeschieden wird.

Zweckmäßige *Verordnungsformen* sind: *Streupulver* zum Ein-
blasen bei eitrigen Nasen- und Ohrenentzündungen; *wässerige
Lösungen*, 2—3prozentig zur Einträufelung in die Bindehaut und
zum Gurgeln, 3—4prozentig zum Auswaschen von Wunden und
Schleimhauthöhlen, sowie zum Tränken von Gazeverbänden;
Borsalben: *†**Unguentum Acidi borici,** 1 Borsäure, 9 Vaselin, bei
Intertrigo, Erosionen, Verbrennungen, Dekubitus, aufgesprungenen
Händen, in letzterem Falle besonders in Form des käuflichen
1- oder 2prozentigen Boro-Glyzerin-Lanolin (Byrolin).

***Borax, †Natrium boracicum,** $Na_2B_4O_7 + 10H_2O$. Weiße Kristalle,
in ungefähr der gleichen Menge Wasser wie die Säure mit alkalischer Reaktion löslich.

Dieses Salz ist örtlich als *sehr mildes Alkali ähnlich wie
neutrale Seife,* in nahezu gesättigten Lösungen eines der besten
kosmetischen Mittel *zu Haut- und Kopfwaschungen,* auch dient
es *zu desinfizierenden Mundwässern und Pinselsäften* bei Soor
und merkurieller Stomatitis.

Nach der Resorption erhöht es die Oxydation der Fette und
bewirkt bei seiner Ausscheidung durch den Harn *Diurese und
Abstumpfung der sauren Reaktion.* Es kann daher bei harnsaurer Diathese in gleicher Weise verwendet werden wie andere
Alkalien.

Gaben von 10—15 g pro die werden noch gut ertragen, höhere
erzeugen die Borvergiftung.

Natrium tetraboricum, weißes, neutrales Salz, aus gleichen Teilen Borsäure und Borax bestehend, langsam in kaltem, leicht in heißem Wasser löslich.
Es hat die gleichen antiseptischen Eigenschaften wie die Borsäure, aber den Vorteil, daß sich konzentriertere, also wirksamere Lösungen herstellen lassen.

***†Formaldehyd solutus, Formaldehydlösung,** Formol, Formalin.
Farblose, stechend riechende, wässerige Flüssigkeit, Gehalt 35%
Formaldehyd, HCHO. In dieser Verdünnung ist der Formaldehyd
haltbar, in konzentrierter Form wird er rasch zu schwer löslichem und
daher nur begrenzt wirksamem Paraformaldehyd kondensiert.

Formaldehyd ist ein starkes, *durch große Flüchtigkeit ausgezeichnetes, ätzendes Desinficiens*. Er tötet u. a. Milzbrandbazillen noch in Verdünnung von 1 : 20000, Milzbrandsporen in Verdünnung von 1 : 1000 innerhalb einer Stunde. Er ist ein *äußerst reaktionsfähiger Körper*, der mit Eiweißstoffen, Leim, Geweben aller Art Verbindungen eingeht und selbe in eine harte Masse umwandelt (mumifiziert). Er findet darum als härtendes Konservierungsmittel ausgedehnte Anwendung für anatomische Präparate. Auch als Ätzmittel bei Warzen und Condylomen ist es verwendbar. Als Desinfiziens für Wunden ist er ungeeignet und auf Schleimhäuten, z. B. zu Blasen- und Vaginalspülungen, nur in gehöriger Verdünnung brauchbar, 1 ccm = 0,35 HCOH auf 1000 Wasser gibt eine solche Lösung. Bei Angina wird er in Form von Pastillen, angeblich 0,01 Formaldehyd enthaltend, angepriesen, indem man alle Stunden 1 Stück im Munde zergehen läßt. Bei Coryza wird Einlegen käuflicher Formanwatte empfohlen. Die meiste Verwendung findet er auf der resistenten äußeren Haut, insbesondere zur *Niederhaltung lokaler, abnormer Schweißabsonderung* durch oberflächliche Gerbung. Man bepinselt die Hautstellen mit einer Mischung von 100 Formaldehydlösung und 400 Spiritus oder imprägniert die sie bedeckenden Kleidungsstücke (Strümpfe, Handschuhe) mit ihr. Letztere Form ist die mildere, weil der Formaldehyd mit dem Gewebe des Kleidungsstückes anscheinend eine Verbindung eingeht, aus der er sich nur allmählich abspaltet und daher nicht so leicht ätzend wirkt. In analoger Weise wirkt wiederholtes Einpudern mit Tannoform oder Waschungen mit Formaldehydseifenlösung (10prozentig), im Handel als Lysoform bekannt. Letzteres Präparat in 1—2prozentiger, mit Pfefferminzöl aromatisierter Lösung ist auch ein sehr gutes Mundwasser.

Zur *Desinfektion von Wohnräumen und Gebrauchsgegenständen* ist der Formaldehyd wegen seiner Flüchtigkeit sehr geeignet, desgleichen zur Desodorisation, da er sich mit den Riechstoffen sofort chemisch bindet. Gleichzeitige Verdampfung von Wasser ist notwendig, damit der sich niederschlagende Formaldehyd mit ihm eine verdünnte Lösung bilden kann und nicht alsbald in das feste Paraform übergeht.

Vergiftungen durch Formaldehyd per os infolge Verwechselung führen zu Ätzungen der ersten Wege und zu Lähmungserscheinungen des zentralen Nervensystems. Das Mittel wird im Organismus zu Ameisensäure bzw. Kohlensäure oxydiert. Bestes chemisches *Antidot ist Ammoniak,* wodurch der Formaldehyd in Hexamethylentetramin übergeführt wird. Zur Beseitigung der Reizung von Augen und Luftröhre entwickelt man Ammoniakdämpfe, bei Vergiftung per os nimmt man am besten das nicht ätzende Ammonium aceticum. Formaldehyd wird im Organismus größtenteils verbrannt, ein kleiner Teil anscheinend unverändert ausgeschieden, da der Harn nach seiner Aufnahme schwach antiseptische Eigenschaft annimmt.

***Hexamethylentetraminum,** $(CH_2)_6N_4$, bekannter, aber viermal so teuer unter dem wortgeschützten Namen **Urotropin,** wird durch Eindampfen einer ammoniakalischen Formaldehydlösung in weißen Kristallen gewonnen und als Pulver oder Pastillen zu 0,5–1,0 pro dosi, 1,0—3,0 pro die, in 1 Glas Wasser gelöst, gegeben. Die Veranlassung zu seiner Einführung war die Fähigkeit seines Komponenten, mit Harnsäure eine leicht lösliche, komplexe Verbindung (Formaldehydharnsäure) zu bilden. Dementsprechend gab man es zunächst bei harnsaurer Diathese, Pyelitis und Lithurie. Die Erfolge sind nur beschränkt, viel zufriedenstellendere fand man bei *Bakteriurie, Cystitis* und *Scharlachnephritis.* Sie dürften in der Abspaltung von Formaldehyd, insbesondere im sauer reagierenden oder durch Einnahme einiger Gramm Natriumbiphosphat sauer gemachten Harn, ihren Grund haben. Nach zweitägigem Gebrauche des Mittels ist solcher Harn meist schon so steril, daß man nach seiner Aussaat in Bouillon kein Bakterienwachstum mehr erhält. Das Urotropin mit seinen Verwandten, dem auch bei alkalischer Reaktion spaltbaren Hexal und Hippol (Kap. XXIX, 4), ist dadurch das wirksamste Harnantisepticum das wir besitzen. Es erscheint auch in der *Galle* (Anwendung bei Gallensteinleiden), in der *Cerebrospinalflüssigkeit* (Empfehlung bei Meningitis), auf der *Haut* (Behandlung von Dermatiden).

Maximaldosis der Ph. G. 1,0 (3,0)!

***†Acidum carbolicum, Karbolsäure, Phenol,** C_6H_5 OH. Diese Substanz besitzt zwar schwach saure Eigenschaften, indem sie den Wasserstoff des Hydroxyls mit Alkali auszutauschen vermag, ist indes nach ihrer Konstitution keine eigentliche Säure, sondern der einfachst zusammengesetzte Alkohol der aromatischen Reihe; der in der Chemie gebräuchliche Name Phenol wäre daher richtiger.

Die Karbolsäure stellt in reinem Zustande flüchtige, bei **38** bis 40⁰ schmelzende farblose Kristalle dar. Dieselben ziehen begierig Wasser an und bilden mit 10⁰/₀ desselben eine ölige Flüssigkeit, die **verflüssigte oder zerflossene Karbolsäure, *†Acidum carbolicum liquefactum**, welche zur Herstellung der eigentlichen Lösungen benützt wird, was aber nie im Krankenzimmer selbst geschehen soll, da es schon öfter zu tödlichen Vergiftungen durch Verwechselung mit Arzneien zu innerlichem Gebrauche geführt hat.

Die Karbolsäure wurde 1836 von Runge im Steinkohlenteer gefunden und darauf fußend zunächst in England fabrikmäßig aus ihm dargestellt. 1867 erhob sie Lister zum Hauptmittel seines antiseptischen Verbandes. Erst seit dieser Zeit spielt sie eine gewichtige Rolle als Arzneimittel, aus der sie auch durch die neueren Antiseptica nicht völlig verdrängt werden konnte.

Die bisweilen auftretende Rotfärbung der Kristalle ist durch Oxydation zu Chinon, Brenzkatechin verursacht.

Wirkung und Anwendung.

Örtlich wirkt die kristallisierte und die zerflossene Karbolsäure stark *ätzend und nekrotisierend* auf alle Gewebe vermöge ihrer Eigenschaft als allgemeines Protoplasmagift und ihrer Fähigkeit, Eiweiß selbst noch in großen Verdünnungen zu fällen. Man benützt sie daher *zur Ätzung von Geschwüren, von Warzen* und anderen kleinen Neubildungen und betont dabei die nicht nachhaltige Schmerzhaftigkeit, welche wohl dadurch zustande kommt, daß die Nervenendigungen der Wirkung zuerst unterliegen und sehr bald unerregbar werden.

Auch drei- bis fünfprozentige Lösungen wirken noch stark und erzeugen selbst auf der Haut noch *Schrumpfung der Epidermis* mit Gefühl von Pelzigsein, bei längerer Einwirkung Ablösung und tiefgreifende *Gangrän*. Man wendet daher die konzentrierte (5prozentige) Lösung *nur zur Desinfizierung von Instrumenten* an. Sie tötet alle Arten von Bakterien in wenigen Sekunden, nur Sporen (Milzbrand) widerstehen länger und werden erst nach 24 Stunden vollständig vernichtet. Die Wachstumshemmung geht bis zur Konzentration $1:800 = 0,125^0/_0$.

Erst zweiprozentige Lösung fällt Eiweiß nicht mehr stark und schädigt die Gewebe nicht mehr so erheblich, wirkt aber noch völlig genügend antiseptisch, so daß diese Lösung **†Aqua carbolisata, Karbolwasser zur Desinfizierung von Wunden* zulässig und brauchbar ist.

Zusatz von Kochsalz erhöht die antiseptische Kraft, weil die Löslichkeit der Karbolsäure im Wasser dadurch vermindert, der Teilungskoeffizient also für die Bakterien erhöht wird. Umgekehrt verhält sich die *Lösung von Karbolsäure in Öl*, ihre desinfizierende Kraft ist nahezu gleich Null. *Gegenwart von Eiweiß* wirkt infolge Bindung hemmend, jedoch nicht so stark wie bei Sublimat.

Phenolkampfer, ölartige Lösung von 30 Phenol, 40 Kampfer in 10 Alkohol, Mullkompressen, damit getränkt und aufgelegt, werden zur Behandlung von Panaritien, Furunkeln, Phlegmonen, Brandwunden usw. empfohlen.

Resorptiv wirkt Karbolsäure von allen Applikationsorten aus, vom Darmkanal, serösen Häuten, Wunden, Haut und Lunge, da sie als flüchtiger Körper überall leicht aufgesaugt wird.

Kleine Mengen sind bekanntlich normale Produkte der Darmfäulnis und haben keine bemerkbaren Wirkungen.

Größere Mengen erzeugen *Vergiftung* unter Erscheinungen, welche in ihrem Grundcharakter auch vielen anderen aromatischen Verbindungen eigen sind. Nach Vorausgang einzelner *zentraler Erregungssymptome* (beschleunigte Atmung und klonische Krämpfe), welche gewöhnlich nur bei langsamem Verlaufe der Vergiftung ausgeprägt sind, erfolgt *Lähmung des Gehirns und Rückenmarks,* inklusive des *Gefäß- und Respirationszentrums.* Das Herz wird weniger, als es bei manchen anderen aromatischen Stoffen der Fall ist, ergriffen.

Eine schwere Schädigung (Verfettung, Nekrose) erfährt die *Leber.* Ein nicht unbeträchtlicher Teil der aufgenommenen Phenole geht durch die Galle ab. Auch die *Niere* wird angegriffen. Wiederholt sind auch *Bronchopneumonien* unter Ausscheidung von Phenol durch die Lunge beobachtet worden. Vielleicht steht auch der *Nutzen kleiner Gaben von Phenol, Kresol und Teer bei Bronchialkatarrhen und Bronchiektasien* mit dieser Ausscheidung im Zusammenhang.

Das aufgenommene Phenol wird teilweise zu Dioxy- und Trioxyphenol oxydiert. Die diesen Phenolen eigene Methämoglobinbildung ist indes nur selten angedeutet, weil die Phenole mit Schwefelsäure oder Glykuronsäure zu sog. Äthersäuren allmählich sich paaren, z. B. $C_6H_5OH + SO_4H_2 = C_6H_5O . SO_2OH$ (Phenylschwefelsäure) + H_2O. Dieselben sind viel weniger giftig als die freien Phenole. Die Vergiftungssymptome setzen daher erst dann ein, sobald keine Schwefelsäure oder Glykuronsäure mehr zur Verfügung steht. Die Paarung erfolgt wahrscheinlich in der Leber. Hieraus würde sich erklären, warum die Phenole giftiger sind, wenn sie, statt vom oberen Darm, vom Mastdarm, von Wunden oder von der Haut aus resorbiert werden. Im ersteren Falle gelangen sie direkt in den großen Kreislauf, im anderen müssen sie zuerst die Leber passieren.

Die gepaarten Säuren erscheinen sodann an Basen gebunden im Harn. Dort tritt wiederum leicht die umgekehrte Reaktion, die Spaltung, ein, worauf die freien Phenole bei alkalischer Reaktion und Luftzutritt sich rasch zu Huminsubstanzen oxydieren und die *grünschwarze Farbe* des „*Karbolharns*" entsteht.

Hat die *Vergiftung per os* stattgefunden, so ist sie natürlich immer mit *Gastroenteritis* verbunden, welche allerdings häufig infolge des raschen Todeseintrittes sich symptomatisch wenig geltend macht und erst bei der Obduktion aufgedeckt wird.

Zur Behandlung eignet sich Tierkohle oder 5prozentige Lösung von Zuckerkalk (Calciumhydroxyd 30,0, Saccharum 50,0, Aqua 150,0, im Wasserbad zur Trockne verdampft) eßlöffelweise alle 10 Minuten.

Maximaldosis
(für innerlichen, kaum mehr üblichen Gebrauch)

Ph. G.   Ph. A.

0,1 (0,3)!   0,1 (0,5)!

***Cresolum, †Kresolum, Methylphenol,** $CH_3 . C_6H_4OH$. Es entsteht aus dem Phenol durch Substitution eines Wasserstoffatoms durch Methyl. Da dies an drei Orten möglich ist, gibt es auch drei isomere Kresole, die als Ortho-, Meta- und Parakresol unterschieden werden. Sie sind *im bakteriziden und toxischen Verhälten der Karbolsäure sehr ähnlich.* Die früheren Angaben, daß sie stärker desinfizierend und schwächer giftig seien, wurden durch neuere Untersuchungen nur teilweise bestätigt. Unbestritten aber ist der *Vorzug, die Haut weniger stark zu ätzen und zu nekrotisieren.* Letzterer Umstand hat zu ihrer allgemeinen Einführung in die Praxis, insbesondere des niederen Sanitätspersonals (Hebammen), wesentlich beigetragen.

Zur Herstellung der geeigneten Lösungen dient nach Ph. G. das in Seifenwasser lösliche, ölartige *Cresolum crudum aus dem Steinkohlenteer, mit gleichen Teilen Leinölkaliseife versetzt: ***Liquor Cresoli saponatus,** dem **Lysol des Handels** gleichwertig. Beide Präparate sind verdünnt natürlich intensiv giftig und müssen mit Vorsicht aufbewahrt werden. Durch Vermischung mit Wasser wird die ***Aqua cresolica,** Kresolwasser, hergestellt. Sie enthält 5 % Rohkresol und kann noch weiter verdünnt werden, da schon $^1/_2$ bis 1prozentige Lösungen den gewöhnlichen Zwecken der Antisepsis Genüge leisten. Das zu diesen Verdünnungen verwendete Wasser ist am besten destilliertes; stark kalkhaltiges fällt die Seife und damit das Lösungsmittel. Die Gegenwart von Seife in diesen Lösungen bedingt zwar einerseits den Übelstand großer Schlüpfrigkeit derselben, anderseits aber den Vorteil, daß sie die vollkommene Benetzung fettiger Oberflächen (Haut, Gebrauchsgegenstände) vermittelt.

Ph. A. benützt bei der Herstellung der Lösungen das kristallinische Orthokresol, das sich mit 10 % Wasser analog der Karbolsäure zu einem Hydrat, dem **†Kresolum liquefactum,** verflüssigt und bei noch stärkerem Wasserzusatz in demselben sich auflöst. Die **†Aqua cresolica** ist eine solche 2prozentige Lösung.

Sagrotan, ein Gemisch von **Chlorkresol** und **Chlorxylenol** (Dimethylchlorphenol) hat den Vorzug, fast geruchlos zu sein und stärker desinfizierend zu wirken, teils infolge des Eintritts des Chlors, teils infolge der Mischung, die stärker wirkt als die beiden Komponenten für sich.

Phobrol, eine 50%ige Lösung von Cl-m-Kresol, nahezu geruchlos, in 0,5—2,0%iger Verdünnung starkes Desinfiziens.

Das früher verwendete Kreolin des Handels bestand im wesentlichen aus rohem Kresol mit geringem Zusatz von Harzseifen, so daß es im Wasser sich nicht klar löste, sondern nur Emulsionen gab. Im Solveol und Kresotinkresol sind die Rohkresole mit Hilfe von kresotinsaurem Natron gelöst. Paralysol wird die wasserlösliche Doppelverbindung von Kresol-Kresolkalium, $3(C_6H_4CH_3OH \cdot C_6H_4CH_3OK)$ genannt.

Lysolvergiftung kommt häufig vor und nimmt einen ähnlichen Verlauf wie Phenolvergiftung. Hat sie per os stattgefunden, so ist der Magen auszuspülen und hierauf 50 g Öl, Butter oder Eiweißlösung zu geben, zu welchen Stoffen die Kresole große Affinität haben.

***†Kreosotum,** Kreosot, ist ein ölartiges, an der Luft sich gelbfärbendes Gemenge von verschiedenen Phenolen, besonders von Guajakol, $CH_3O.C_6H_4.OH$ und Kreosol, $CH_3O.C_6H_3.CH_3.OH$. Es wurde von Reichenbach 1832 aus Buchenholzteer dargestellt. Der Geruch — ähnlich geräuchertem Fleische — führte ihn auf die Vermutung, in ihm den konservierenden Bestandteil des Rauches gefunden zu haben. Er fand dieselbe durch Versuche bestätigt und gab dieser Tatsache dann im Namen entsprechenden Ausdruck (κρέας, Fleisch und σώζω, erhalte).

Die *örtliche und resorptive Wirkung* des Kreosots ist, entsprechend seiner Zusammensetzung aus Phenolen, *der Karbolsäure ähnlich,* jedoch *weniger stark.*

Als *Desinficiens, Ätzmittel und örtliches Anästheticum* spielt das Kreosot *in der Zahnheilkunde* eine gewisse Rolle.

Gegen *chronische Katarrhe der Luftwege* und *tuberkulöse Erkrankungen* wird es mehrfach sehr empfohlen. Daß es des öfteren bei längerem Gebrauch in großen Dosen Appetit und Allgemeinbefinden hebt, sowie die örtlichen Erscheinungen (Husten und Auswurf) einschränkt, ist wohl zweifellos. Letzteres hängt vermutlich mit dem Umstande zusammen, daß die resorbierten Phenole bei der Ausscheidung ihren Weg zum Teil durch die Lunge nehmen. Eine spezifische Wirkung ist nicht wahrscheinlich. Denn wenn auch Tuberkelbazillen schon in einer Verdünnung von 1:2000 getötet und in solchen von 1:4000 geschwächt werden, so lassen sich solche Konzentrationen auch bei den höchsten zulässigen Gaben nicht einmal an den Ausscheidungsstätten, z. B. der Lunge, geschweige im Innern des Körpers erreichen.

Die *Darreichung* erfolgt am besten als *†**Pilulae Kreosoti, Kreosotpillen,** welche mit Süßholzpulver und Süßholzextrakt oder Glyzerin hergestellt werden und 0,05 Kreosot enthalten. Um Magenstörung nach Möglichkeit zu vermeiden, gibt man sie während der drei Mahlzeiten. Man beginnt mit 1 Stück und steigt bis zu 3×3 am Tage.

Ersatzmittel. Die unangenehmen Nebenwirkungen der Kreosotphenole — der brennend scharfe Geschmack und die leicht eintretende Magenschädigung — sind an ihre Hydroxyle gebunden. Durch Verschließung derselben mit Säureradikalen (Veresterung) erhält man Körper, welche nahezu geschmacklos sind und erst im Darm allmählich zu ihren Komponenten hydrolysiert werden, daher Magen und Darm nur wenig affizieren: *†**Guajacolum carbonicum, Duotal,** $2(CH_3O \cdot C_6H_4 \cdot O)CO$, weißes, kristallinisches, in Wasser unlösliches Pulver, 0,3—0,1 mehrmals täglich, unter letzterem Namen doppelt so teuer, †Kreosotum carbonicum, das Kreosotal des Handels, gelbliche, ölige Flüssigkeit, die zu 0,3—0,5 mehrmals täglich gegeben wird.

Der Wunsch, außer dem wasserunlöslichen Kreosot und seinen Estern auch ein wasserlösliches Präparat zu besitzen, veranlaßte, unter Benutzung eines bei ähnlich gelagerten Fällen bewährten Kunstgriffes (Darstellung einer Sulfosäure) die Einführung des **Kalium sulfoguajacolicum Thiokol,** $CH_3OC_6H_3(OH)SO_3K$, ein in Wasser leicht lösliches Kristallpulver, von schwächerer Wirkung als seine Ausgangssubstanz (wie bei allen Sulfosäuren), daher auch sein Geschmack und seine Magenwirkung erträglich ist. Man gibt es zu 0,5—1,0 mehrmals täglich oder bei Kindern, in Orangensirup gelöst, teelöffelweise. Das **Sirolin** des Handels ist ein solches Präparat, der Syrupus Guajacoli compositus Ph. A. E., aus 10 Kalium sulfoguajacolicum, 40 Wasser, 100 Orangenschalensirup zusammengemischt, ein billiger Ersatz desselben.

Maximaldosen:

	Ph. G.	Ph. A.
*†Kreosotum	0,5 (1,5)!	0,3 (1.0)!
*†Guajacolum carbonicum	1,0 (3,0)!	0,5 (5,0)!
†Kreosotum carbonicum	—	0,5 (0,3)!

*†**Thymolum,** Methylpropylphenol, $C_6H_3(CH_3)(C_3H_7) \cdot OH$. Kampferartige, nach Thymian riechende, große Kristalle. Neben Cymol Hauptbestandteil des Thymianöls. Das Thymol ist dem *Phenol homolog,* aber *örtlich viel weniger reizen*d und auch *resorptiv nahezu 10 mal weniger giftig,* trotzdem jedoch *antiseptisch diesem überlegen,* indem z. B. Milzbrandbazillen und Eiterkokken schon bei Verdünnungen von 1 : 3000 im Wachstum gehemmt werden. Eine Tötung aber kann schwer erreicht werden, weil höhere Konzentrationen als 1 : 1000 wegen der geringen Löslichkeit des Thymols in Wasser nicht möglich sind.

Das Thymol hat deshalb, trotz seiner sonstigen guten Eigenschaften, niemals allgemeine Anwendung als chirurgisches Antisepticum gefunden. Hingegen ist gerade diese Schwerlöslichkeit

eine Eigenschaft, die das Mittel, ähnlich wie das ihm verwandte
Menthol als *Antisepticum und Anthelminthicum des Darmkanals*
bei abnormen Gärungen oder Anwesenheit von Askaris, Anchy-
lostomum, Oxyuris, geeignet macht.

Nur *große Gaben,* 6,0—8,0 pro die in Oblaten, sind wirksam.
Selbst 12 g wurden schon ohne Nachteil verabreicht, wenn thymol-
lösende Substanzen (Spirituosen, Fette) von der Nahrung ausgeschlossen waren.

†*Resorcinum, Resorcin. Farblose, in Wasser leicht lösliche
Kristalle von schwach urinösem Geruch und kratzendem Geschmack.

Unter den drei der Karbolsäure chemisch und pharmakologisch
nahestehenden Dioxybenzolen der Formel $C_6H_4(OH)_2$ (Brenzkatechin, Resorcin, Hydrochinon) ist diese, wie ihr Name
besagt, bei Zersetzung von Harzen häufig erhaltene Substanz am
wenigsten giftig und daher auch am meisten therapeutisch versucht.

Weniger ätzend, aber ebenso *stark antiseptisch* wie Karbolsäure, außerdem bei alkalischer Reaktion Sauerstoff anziehend,
unter Bildung grün-schwarzer Oxydationsprodukte, wird es namentlich bei verschiedenen *Hautkrankheiten* (Pityriasis, Psoriasis, Comedonen, Rosacea, Akne und seborrhoischen Ekzemen) in *Salben*
und *Pasten* 1 : 10 angewandt. Ob die dabei besonders geltend
gemachte Beförderung der Verhornung und Abschälung
der Epidermis auf Sauerstoffentziehung beruht, ist ebenso wie
bei den folgenden „Reduktionsmitteln" unentschieden. 1—5prozen-
tige Lösungen dienen zu Blasenspülungen.

Resorptiv ist Resorcin zwar weniger giftig als Phenol, aber immerhin noch
erheblich genug, daß Ausspülungen des Magens und anderer Körperhöhlen mit
ihm besser unterlassen werden. Eine Zeitlang wurde es auch als Antipyreticum
gebraucht, aber bald wieder verlassen. Maximaldosis Ph. A. 0,5 (5,0)!|

*Pyrogallolum, †Acidum proygallicum, Pyrogallol, Pyrogallus-
säure. Weiße, glänzende, in Wasser leicht lösliche Kristallblättchen. Als Trioxybenzol, $C_6H_3(OH)_3$, dem Phenol nahe verwandt, ist es ausgezeichnet durch seine energische *reduzierende
Eigenschaft.* Mit Alkalien zusammengebracht, zieht es augenblicklich große Mengen Sauerstoff an, sich zu braunschwarzen Humin-
körpern oxydierend. Es wird darum in der Gasanalyse zur
Sauerstoffabsorption und in der Kosmetik als Haarfärbemittel
gebraucht. Bei *Lupus* zeigt es eine selektiv nekrotisierende Wirkung
in der Weise, daß die Knötchen zerstört werden, das normale
Hautgewebe bis auf geringe Entzündung und Schwarzfärbung unverändert bleiben. Tiefe und Nachhaltigkeit der Wirkung wird

freilich oft vermißt. Auch andere *parasitäre Hauterkrankungen,* Favus, Herpes tonsurans, seborrhoische und chronische Ekzeme werden mit Vorteil beeinflußt. Die gewöhnliche Verordnungsform ist 5—10prozentige Salbe mit Vaselin als Grundlage. Bei ausgedehnter Anwendung ist Vorsicht am Platze, da selbst von der Haut aus genügende Mengen resorbiert werden können, um *Vergiftung unter Erscheinungen zentraler Lähmung und Methämoglobinbildung* zu erzeugen. Dunkelfärbung (wie bei jeder Ausscheidung von Phenolen) und Methämoglobingehalt sind die entsprechenden Harnveränderungen.

Ein durch Einwirkung von Luft und Ammoniak hergestelltes braunschwarzes Pyrogallolum oxydatum (Pyraxolin) hat nach Unna den Vorzug, die normalen Hautpartien weder zu schwärzen noch entzündlich zu verändern.

***Chrysarobinum, †Araroba depurata,** oder Goapulver nennt man das gereinigte, gelbe Kristallpulver aus den Markhöhlen der baumartigen brasilianischen Leguminose Andira araroba. Es ist ein Derivat des Anthrachinons, das in Wasser unlöslich ist und bei Gegenwart von Alkali und Luft sich schon auf der Haut *zu Chrysophansäure oxydiert, welche mit Alkalien rote Salze* bildet. Haut und Wäsche werden infolgedessen violett oder braunrot gefärbt (Auswaschen mit Benzin). Das Mittel wird resorbiert und in der Niere wieder ausgeschieden. Erscheinungen von *Nierenentzündung* sind nicht gerade selten; *der Harn wird auf Alkalizusatz rot* und läßt beim Erwärmen rote Flocken fallen. Dieselben Reaktionen treten auch ein nach Aufnahme von Rheum und Senna, welche ebenfalls Chrysophansäure enthalten.

Anwendung findet das Chrysarobin, ähnlich wie die beiden vorausgegangenen Reduktionsmittel Resorcin und Pyrogallol, *bei parasitären Hautkrankheiten* als Salbe mit Vaselin 1—2 : 10. Bei *Psoriasis* wirkt es entschieden am schnellsten, aber auch am stärksten reizend. Entzündungen in der Umgebung der Applikationsstelle sind daher nicht selten, weshalb seine Anwendung im Gesicht (Conjunctivitis) am besten ganz unterlassen wird. Eine beliebte Verordnung ist: Acid. salicyl. 1,0, Chrysarobini, Olei Rusci āā 2,0, Sap. virid., Vaselini āā 2,5.

***Naphthalinum, †Naphthalin,** $C_{10}H_8$, ist ein aus dem Steinkohlenteer dargestellter, durch Verkettung zweier Benzole gebildeter Kohlenwasserstoff. Er bildet weiße, perlmutterglänzende, flüchtige Blättchen von eigentümlichem Geruch und ist fast unlöslich in Wasser, leicht löslich in Alkohol und in Fetten.

Naphthalin ist ein bekanntes *Antiparasiticum des Hauses gegen Motten* und andere Insekten. In der Wundbehandlung und innerlich als Antiparasiticum des Darmes (in Oblaten zu 0,1—0,5 mehrmals täglich) hat es sich wegen seiner nicht seltenen Nebenwirkungen (Brennen in der Harnröhre, Nierenreizung) nicht einzubürgern vermocht. An Kaninchen |verfüttert, erzeugt es typische Nekrose der Linse und Retina.

***Naphtholum, †β-Naphtholum, Beta-Naphthol,** $C_{10}H_7OH$, weiße Kristallblättchen von schwach phenolartigem Geruch, in Alkohol, Fetten und Alkalien löslich. Es ist ein Alkohol, der sich vom Kohlenwasserstoff Naphthalin durch Austausch eines Wasserstoffs durch die Hydroxylgruppe ableitet — in analoger Weise wie das Phenol aus dem Benzol, jedoch mit dem Unterschiede, daß je nach der Stellung des Hydroxyls zwei Körper entstehen, welche durch die Bezeichnung α und β unterschieden werden. Das α-Naphthol ist nicht verwendbar, weil zu giftig.

β-Naphthol wird gebraucht als *Ersatzmittel des Teers bei verschiedenen Hautkrankheiten* (chronische squamöse Ekzeme, Prurigo, Seborrhoe, Akne, Sycosis, Pityriasis, Hyperhidrosis, Scabies) in *Salbenform mit Fetten oder Seifen* 1—10:100. Als *Darmantisepticum* dient β-Naphtholum benzoicum (Benzonaphtholum), das im Darm in seine Komponenten zerlegt wird. Pulver zu 0,5 mehrmals täglich. Da β-Naphthol ebenfalls giftig ist und auch von der Haut aus Krämpfe, zentrale Lähmung, Trübung der Augenmedien und insbesondere leicht Hämoglobinurie und Nephritis hervorruft, ist der Harn während der Behandlung genau auf Eiweiß usw. zu kontrollieren, um beginnende Vergiftung rechtzeitig wahrnehmen zu können.

***†Pix liquida, Holzteer,** ist eine schwarzbraune, dickliche Flüssigkeit, welche bei der trockenen Destillation des Holzes gewonnen wird. Die hierbei überdestillierende Flüssigkeit trennt sich bald in zwei Schichten. Die obere, der Holzessig, ***†Acetum pyrolignosum** (crudum) enthält hauptsächlich Essigsäure, Methylalkohol und Aceton und wird als Desinficiens und Adstringens benützt, die untere — der Teer — ist hauptsächlich eine Mischung verschiedener Phenole und Benzolderivate. Von einer einheitlichen Wirkung kann bei einem solchen Gemenge keine Rede sein.

Äußerlich dient der Teer *in Mischung mit Fetten und Seifen* 1—5:10 als reduzierendes Mittel mit keratoplastischen Eigenschaften *zur Behandlung verschiedener Hautkrankheiten* (schuppige Ekzeme, Psoriasis, Lichen ruber, Scabies) und bei Blepharitis squamosa, abends mit Pinsel eine Mischung mit Spiritus vini $\overline{aa}$ auf die Ränder der geschlossenen Lider aufgetragen.

Innerlich wird er in Frankreich *bei Bronchialkatarrhen in Kapseln oder Pillen* gebraucht.

Der bei zu reichlicher äußerlicher oder innerlicher Anwendung möglichen *Vergiftung* (zentrale Lähmung, Nierenentzündung) geht gewöhnlich eine *Verfärbung des Harns* ähnlich dem Karbolharn voraus und macht auf das Zuviel aufmerksam.

℞		℞	
β-Naphtholi	10,0	Picis liquidae	3,0
Calcii carbon.	5,0	Cerae albae	1,5
Sap. kalini	28,0	Rad. Liquiritiae q. s.	
Axung. Porci	57,0	ut. f. pil. No. LX	
M. f. ung.		C. Pulv. Cinnamomi	
DS. äußerlich.		DS. 3 mal täglich 3—7 Stück	
[†Unguentum Naphtholi compositum.]		[Bei Bronchialkatarrh.]	

Tumenol, Tumenolammonium ($C_{41}H_{51}O_2 . SO_3 . NH_4$) ist eine aus bituminösem Schiefer durch trockene Destillation gewonnene, durch konzentrierte Schwefelsäure sulfonierte (wasserlöslich gemachte) und mit Ammoniak neutralisierte, dunkelbraune, sirupdicke Flüssigkeit von eigentümlichem Geruch. Sie ist ein sehr leistungsfähiges Mittel zur Behandlung der *Ekzeme, ganz besonders jener mit starkem Juckreiz.* Auch besitzt sie eine zur raschen Epithelisierung bei Ulzerationen sehr brauchbare keratoplastische Wirkung. Sie wird als 2—5 prozentige Lösung in Wasser oder als 5—10 prozentiger Zusatz zur offizinellen Pasta Zinci verordnet.

†Oleum Juniperi empyreumaticum (Ol. Cadinum), brenzliges Wacholderöl, Wacholderteer, das Produkt der trockenen Destillation des Holzes von Juniperus oxycedrus, in Südfrankreich gewonnen und dort seit Jahrhunderten Volksmittel, wirkt dem gewöhnlichen Holzteer analog.

†Oleum Betulae empyreumaticum, Ol. Rusci, Birkenteer. Durch trockene Destillation von Wurzel, Holz und Rinde der Betula alba gewonnenes, braunschwarzes Öl von brenzligem, durchdringendem Juchtengeruch, gebraucht wie Pix liquida. Hierher gehört auch das Oleum Fagi empyreumaticum, Buchenteer, aus dem Holze von Fagus silvatica. Tinctura Rusci aetherea (Ph. A. E.) ist aus Ol. Betulae empyr. 26, Äther, Spiritus ana 36, Ol. Lavandulae und Rosmarini ana 1 zusammengesetzt. Linimentum picis Lassar ist eine Mischung von je 40 Buchen- und Birkenteer mit je 10 Olivenöl und verdünntem Weingeist.

Ichthyol. Durch trockene Destillation eines bei Seefeld in Tirol anstehenden, an Petrefakten (Fischen) reichen bituminösen Kalksteins erhält man ein ölartiges Gemenge organischer Verbindungen, ausgezeichnet durch seinen hohen Gehalt an sulfidisch gebundenen Schwefel (10%), das von seinem Erzeugungsorte aus schon lange als Volksmittel vertrieben wurde. Durch Einwirkung konzentrierter Schwefelsäure wird es wasserlöslich gemacht. Es entsteht ein Gemenge von Sulfosäuren, das mit Ammoniak neutralisiert unter dem Namen Ichthyol (d. h. Fischöl) schlechtweg oder **Ammonium sulfoichthyolicum** als „vorsintflutliches Heilmittel" in den Handel kommt. Braune bituminöse Masse von widerlichem, an Merkaptan erinnernden Geruch und Geschmack.

Aus der großen Anzahl darüber vorliegender Publikationen ist vorläufig nur zu entnehmen, daß es auf der Haut reduzierend (keratoplastisch) und auf deren entzündlich erweiterten Gefäße verengernd (antiphlogistisch) wirkt und bei *Rosacea, Urticaria, Furunkulose, Erfrierungen und Verbrennungen, Erysipel,* angeblich auch bei *Sehnenscheiden- und Gelenkentzündungen, Rheumatismen* (hier auch innerlich) gute Erfolge aufweist. Die Gynäkologen verwenden es als *Antisepticum und „Resorbens"* bei der Behandlung von *Uterinexsudaten.* Man verordnet es für die Haut als 10 prozentiges *Kollodium, Salbe oder Paste,* für die Vagina in Form von *Suppositorien* oder von *Tampons,* die mit 10 prozentiger Lösung imprägniert sind. Innerlich gibt man es in *Pillen* oder *Kapseln* zu 0,2 oder zur Verdeckung des widerlichen Geruches und Geschmackes (Aufstoßen) als Ichthalbin (Ichthyolalbumin), ein graubraunes Pulver, das durch mehrstündiges Kochen von Ichthyol mit Eiweiß erhalten wird und erst im Darm (bei alkalischer Reaktion) sich löst resp. in seine Komponenten zerfällt.

Ichthynat (Heyden) ist ein dem Ichthyol ähnliches Präparat, dessen Rohmaterial aus einem „Fischkohlenlager" des Karwendelgebirges am Achensee gebrochen wird. Saurol wird aus am Luganer See anstehenden Schiefern gewonnen.

Im Thiol oder sog. künstlichen Ichthyol ist diesen Mitteln ein Konkurrent erwachsen. Zu seiner Darstellung werden ungesättigte Kohlenwasserstoffe des Braunkohlenteeröls durch Erhitzen mit Schwefel sulfuriert und durch Einwirkung konzentrierter Schwefelsäure (Sulfonierung) in löslichen Zustand übergeführt.

Neuntes Kapitel.

Antiscabiosa und Antiblennorrhoica.

Die hierher gehörigen Mittel werden in der pharmazeutischen Nomenklatur als **Balsame** bezeichnet. Es sind dickflüssige Auflösungen von Harzen in öligen aromatischen Estern oder in Terpenen. Die Antiscabiosa haben ausgesprochene antiparasitäre Wirkung und reihen sich daher naturgemäß den Antiseptica an. Bei den Antiblennorrhoica besteht eine gewisse Wahrscheinlichkeit, daß ihre therapeutische Anwendung wenigstens zum Teil auf dieser Wirkung beruht.

Antiscabiosa.

*†**Balsamum Peruvianum, Perubalsam,** aus Myroxylon balsamum, var. Pereirae, einer baumartigen Papilionacee der mittelamerikanischen Republik San Salvador, ist eine rotbraune, sauer reagierende, dickliche Flüssigkeit von vanilleartigem Geruch, im wesentlichen ein Gemenge von 50—60% Zimtsäure-Benzylester, 10% Zimtsäure und 10% Harz.

Die **Wirkung** des Perubalsams ist *örtlich* mäßig *reizend* und stark *antiparasitär.*

Resorptiv wirkt er bei kleineren Gaben beschränkend auf die Bronchialsekretion und vermehrend auf die Harnabsonderung, bisweilen die Niere bis zur Entzündung reizend. Sehr große Dosen zeigen die toxische Wirkung der aromatischen Stoffe.

Anwendung findet Perubalsam hauptsächlich als *Krätzmittel, Antiscabiosum.* Er tötet bei ausreichender Berührung die Milbe samt den Eiern in einer halben Stunde. Von den vielen anderen antiparasitären Mitteln, welche gegen diese Krankheit angewendet und bewährt gefunden wurden — Schwefel, Petroleum, Teer, Naphthol —, sind Perubalsam und der noch zu erwähnende Styrax die beliebtesten, weil ihre Anwendung einfach, am wenigsten unangenehm und mit geringster Hautreizung und Gefahr resorptiver Vergiftung verbunden ist. Vorsicht, namentlich bei Nierenkranken, ist dennoch sehr am Platze, es sind Nephritiden mit tödlichem Ausgang beobachtet worden.

Der ganze Körper mit Ausschluß des Kopfes wird mit 10,0 bis 15,0 Balsam, mit gleichen Teilen absoluten Alkohols verflüssigt, 1—2mal sorgfältig eingerieben und nach zwei Tagen ein Reinigungsbad genommen.

Perubalsam wird ferner verwendet als gewebsproliferierendes und *epidermisierendes Wundmittel* bei torpiden Geschwüren (Ulcus cruris in Verbindung mit Argentum nitricum als sog. Schwarzsalbe), Dekubitus, wunden Brustwarzen, ferner als *Geruchscorrigens* für Pflaster, Salben, Pomaden.

Perubalsam oder noch besser die in ihm enthaltene **Zimtsäure, Acidum cinnamilicum,** in Form ihres Natriumsalzes **Hetol** genannt, bewirkt nach Landerers Beobachtungen eine auf Leukocyteneinwanderung beruhende *Aufsaugung und Vernarbung tuberkulöser Herde;* der Vorgang ist analog der spontanen Heilung, nur rascher, zumal in frischen Fällen. Man injiziert subkutan, intramuskulär oder intravenös (in die gestaute Medianvene) eine 1—2prozentige wässerige Lösung 2—3mal wöchentlich. In der Regel beginnt man mit 1 mg und steigt allmählich auf 10 mg und mehr, 25 mg bilden nach Landerer die äußerste zulässige Dosis für intravenöse Injektion. Auch bei Entzündungen und Geschwüren der Hornhaut werden subconjunctivale Injektionen dieses Mittels nach vorhergehender Kokaineinträufelung mit Erfolg gebraucht.

℞

Balsami peruviani		15,0
Ol. camphorati		10,0
Tinct. Opii croc.		
Plumbi acet. bas. soluti		
Petrolei	ana	5,0
Adipis Lanae		60,0
M. f. ung.		
DS. Frostbeulensalbe.		

[Unguentum ad perniones Ph. A. E.]

***Styrax, depuratus, †Balsamum Styrax liquidus, Storax,** ist der Balsam von Liquidambar orientalis, einem der Platane ähnlichen Baume Kleinasiens. Er wird durch Auskochen der Rinde mit Wasser gewonnen als graue, zähe, klebrige Masse von angenehmem Geruch. Durch Auflösen in Weingeist und Wiedereindampfen von den zahlreichen eingeschlossenen Wassertröpfchen befreit, nimmt er seine wahre, braune, dickflüssige Beschaffenheit an. Chemisch ist er im wesentlichen ein Gemenge von verschiedenen Zimtsäureestern und Harz. Therapeutisch dient er als wohlfeiler und die Wäsche weniger beschmutzender *Ersatz des Perubalsams* gegen Krätze, 10,0—20,0 für sich oder mit Olivenöl verdünnt.

***†Balsamum tolutanum, Tolubalsam,** wird von Myroxylon balsamum, var. genuinum, einer baumartigen Papilionacee Neu-Granadas gewonnen als braunrote, mikrokristallinische, in Alkohol lösliche Masse, von ähnlicher Zusammensetzung aber feinerem Aroma als der Perubalsam, daher als *Geruchscorrigens* für äußerliche Arzneiformen viel verwendet, innerlich in Pillen zu 0,5 auch als *Expectorans*, in Verbindung mit Kreosot.

Antiblennorrhoica.

Die in diese Gruppe gehörenden Balsamica sind Auflösungen von Harzen in Terpenen oder Terpenalkoholen. Diese Stoffe sind einander chemisch sehr nahe verwandt. Man kann sie sich durch Hydratation, Oxydation, Polymerisierung und Esterifizierung auseinander hervorgegangen denken. Sie sind seit Jahrhunderten als innerliche Mittel bei akuter und chronischer *Gonorrhoea des hinteren Harnröhrenabschnittes* und *Cystitis* im Gebrauche. Die lokale Silbertherapie vermochte sie nicht zu verdrängen. Beide Behandlungsweisen unterstützen sich vielmehr gegenseitig. Rasche Besserung der hervorragendsten Symptome, Linderung der Schmerzen, Beseitigung des lästigen Harndrangs und der Erektionen, Klären des eitrig getrübten Harns werden nicht selten durch sie allein erreicht. Worauf die Wirkung beruht, ist nicht näher bekannt. Man weiß bisher nur, daß sie eine örtliche ist, denn sie erstreckt sich bei Kranken mit Urethrafisteln nur auf die vom Harne bespülten Teile der Schleimhaut. Möglicherweise handelt es sich um eine Exsudationshemmung, analog ihrer Wirkung auf die durch Aleuronatinjektion erzeugten pleuritischen Exsudate (Einleitung zu Kap. III). Wenn direkte Injektionen der emulgierten Balsame in die Harnröhre nur geringen Erfolg haben, so liegt dies entweder daran, daß die injizierten Mittel durch den Harn alsbald wieder ausgespült oder daß sie erst nach der Resorption in die wirksamen Stoffe verwandelt werden. Der eine Komponent der Balsame, die Terpene, wird durch die Oxydation oder Hydratation in Terpenalkohole (Terpenole) und mehrwertige Phenole umgewandelt und als gepaarte Glykuron- oder Schwefelsäuren ausgeschieden. Auch die Harzsäuren, welche im Harn erscheinen, sind mit den im Balsam vorgebildeten Harzsäuren nicht identisch.

Bei der Auswahl zu praktischen Zwecken kommt es wesentlich darauf an, welches Mittel bei gleicher Wirkungsstärke die geringsten Nebenerscheinungen, insbesondere die geringste *Reizung des Magendarmkanals und der Niere,* hervorruft. Klinische Erfahrungen und Experimente haben ergeben, daß die T e r p e n e   a m   s t ä r k s t e n, die T e r p e n a l k o h o l e und die H a r z e am s c h w ä c h s t e n reizend resp. entzündend wirken. Dementsprechend ist das früher viel angewandte, gut wirksame Terpentinöl, das lediglich aus Terpenen besteht, verlassen und der Kopaivabalsam nebst dem Kubebenextrakt, welche ein Gemisch von Terpenen und Harzen sind, durch das fast ausschließlich aus Terpenalkoholen ($C_{15}H_{23}OH$) zusammengesetzte ostindische Sandelöl nahezu verdrängt. Immerhin hat auch seine Anwendung einen normalen Verdauungskanal und eine genaue Überwachung des Harns bezüglich der ersten Anzeichen von Albuminurie zur Voraussetzung.

Bei der Untersuchung d e s H a r n s auf E i w e i ß ist zu beachten, daß eine T ä u s c h u n g unterlaufen kann, indem aus solchen Balsamen bisweilen H a r z - s ä u r e n in hinreichenden Mengen in den Harn übergehen, um bei Anstellung der gebräuchlichen Eiweißreaktionen, namentlich der Salpetersäureprobe, durch die stärkere Säure aus ihren Salzen als leichte Trübung ausgeschieden zu werden und zur Verwechslung mit Eiweiß Veranlassung zu geben. Zusatz von Alkohol zur erkalteten Probe löst die Harzsäureflocken wieder auf.

***†Oleum Santali, Santel- oder Sandelöl.** Blaßgelbes Öl aus dem Holze von Santalum album, Ostindien, von würzigem Geschmacke und durchdringendem, in starker Verteilung rosenähnlichem Geruch, hauptsächlich S a n t a l o l enthaltend. Zu 0,5 in Leimkapseln oder 20—40 Tropfen aus Normaltropfglas in Milch mehrmals täglich; dazu bei Cystitis das Harndesinficiens Hexamethylentetramin (Urotropin) oder Salol $3 \times 0,5$. Die Exspirationsluft nimmt den Geruch nach Santelöl an.

S a n t y l, der ölartige, fast geruchlose Salicylsäureester des Santalols, vereinigt die gonokokkenwidrige Eigenschaft der Salicylpräparate und Balsamica und ist vermöge seiner Eigenschaft als Ester noch reizloser als die Muttersubstanz; er wird im Organismus langsam in seine Komponenten zerlegt. In Kapseln zu 0,4, 3 mal tgl. 2 Stück oder 25—30 Tropfen in Milch.

*†**Balsamum Copaivae, Kopaivabalsam,** ist der aromatische Harzsaft verschiedener Copaifera-Arten des tropischen Südamerika. Sein Geschmack ist scharf und bitterlich, daher er am besten in Kapseln $3 \times 1,0$ gegeben wird. Auftreten von Exanthemen nicht selten.

*Cubebae, †**Fructus Cubebae, Kubeben,** heißen die pfefferähn- lichen Früchte der Cubeba officinalis (Piper Cubeba), einem Kletterstrauche auf Java und Sumatra, Piperaceae. Sie besitzen durchdringend gewürzhaften, etwas bitterlichen Geschmack und enthalten Terpene und Harz, welche auch in das dünne, alkoholisch- ätherische *Extractum Cubebarum, †**Extractum Cubebae,** übergehen. Man gibt es zu 0,5—1,0 mehrmals täglich, häufig in Verbindung mit Kopaivabalsam.

Kava-Kava, die Wurzel von Piper methysticum, wird in ihrer Heimat (Poly- nesien) zur Herstellung eines berauschenden Getränkes und als Mittel gegen Gonorrhoe verwendet. Die wirksame Harzmasse, in Santelöl gelöst, wird neuer- dings in Kapseln zu 0,3 unter dem Namen Kavasantol oder **Gonosan** verordnet. Man rühmt die gute Ertragbarkeit und die bald sich einstellende Unempfind- lichkeit der Harnröhre. Es scheint, daß dabei die schon früher bekannte lokal- anästhetisierende Wirkung des Kavaharzes (Lewin) auch bei dessen Wieder- ausscheidung in den Harnwegen sich geltend macht.

Rezept-Beispiele:

℞	℞
Pulveris Cubebarum 50,0	Olei Santali 0,5
DS. 4 mal täglich ½—1 Teelöffel	D. tal. dos. No. XXX ad caps. gelat.
voll in feuchter Oblate zu nehmen.	S. 3 mal täglich 2 Stück zu nehmen.

℞

Pulveris Cubebarum
Balsami Copaivae
[oder Extracti Cubebarum]   ana 10,0
Cerae flavae q. s.
ut f. pil. No. C.
C. pulv. Cinnamomi.
DS. 3 mal täglich 6 Pillen zu nehmen.

Zehntes Kapitel.

Anthelminthica. Wurmmittel.

Der Darmkanal ist sowohl eine Herberge für Bakterien, wie für größere Parasiten, Cestoden und Nematoden.

Die Entfernung mancher Bakterienarten (Fäulniserreger) ge- lingt bereits durch kräftige Abführmittel. Gegen die Eingeweidewürmer kommt man damit nicht zum Ziele, denn diese schwimmen vermöge ihrer Eigenbewegungen gegen den Strom an oder halten sich mit Saugnäpfen oder Hakenkränzen an den Darmwandungen fest. Man bringt es höchstens bei den Bandwürmern zum Abgang einzelner Glieder, welcher zur Sicherstellung der Diagnose, ehe man die immerhin angreifende Bandwurmkur unternimmt, verwertet werden kann.

Die völlige Entfernung durch Abführmittel gelingt erst, nachdem gewisse, durch die Erfahrung erkannte Stoffe, Anthelminthica, auch Vermifuga genannt, eingewirkt haben. In welcher Weise dies aber geschieht, ist größtenteils noch nicht sicher ermittelt. Im allgemeinen wird jeder Stoff, der ein starkes Gift für das Protoplasma dieser Parasiten ist und dabei die Eigenschaft besitzt, schwer resorbierbar zu sein — damit er dieselben auch erreicht und nicht so leicht Vergiftung des Wirtes setzt —, den Anforderungen an ein Wurmmittel gerecht werden.

Die wirksamen Bestandteile der Granatrinde (Pelletierin), der Arekanuß (Arecolin) und wahrscheinlich auch der Farnwurzel sind solche Stoffe.

Das Pelletierin hebt in Konzentration von 1 : 10000 die Eigenbewegungen von Bandwürmern nach 5 Minuten auf und tötet selbe nach 10 Minuten; Arecolin leistet dasselbe bei Taenia solium in Konzentration 1 : 100000 und bei Distomum hepaticum (Leberegel der Schafe) noch in 1 : 2000000, wirkt also noch stärker als Sublimat auf Bakterien.

Die auch als Anthelminthica gebrauchten Antiseptica, Thymol und Naphthalin, desgleichen das Chloroform wirken zweifellos in gleicher Weise. Der wirksame Bestandteil der sog. Wurmsamen hingegen, das Santonin, das Hauptmittel gegen Spulwürmer, zeigt keine derartige Wirkung auf die Parasiten, im Gegenteil, die Bewegungen der eingelegten Askariden werden durch Erregung ihrer Muskulatur außerordentlich lebhaft und stürmisch, so daß es den Anschein gewinnt, daß gerade dieser Umstand die Parasiten im Dünndarme veranlaßt, aus dem Bereiche des Mittels gegen den Dickdarm zu entfliehen, wo sie dann durch ein Abführmittel vollends herausbefördert werden.

Die Wurmmittel werden bei möglichst geringer Darmfüllung, also *morgens nüchtern* oder nach einem leichten Frühstück gegeben, wobei man das die Kur zu vereiteln drohende Erbrechen durch Verordnung von Rückenlage, Eispillen, Limonaden oder starkem Kaffee hintanzuhalten sucht. Den Schluß bildet nach 3—4 Stunden ein *Abführmittel,* das eine ausgiebige, aber nicht zu flüssige Entleerung bewirken soll, welche den Wurm sicher mit fortreißt (Mittelsalze, Senna oder Rizinus). Langsam wirkende Abführmittel können mit dem Wurmmittel gegeben werden. Die Stuhlentleerung bei der Bandwurmkur soll in ein großes, mit lauwarmem Wasser gefülltes Gefäß geschehen, damit der Wurm, wenn er zunächst nur teilweise heraustritt, suspendiert bleibt und nicht abreißt.

Zu beachten ist schließlich, daß alle Bandwurmdrogen nur in frischem Zustande verwendet werden sollen, da die wirksamen Bestandteile bei längerem Lagern zersetzt werden, und daß sie ferner auch für den Organismus des Wirtes alle mehr oder minder giftig sind. Man vermeidet diese organotrope Wirkung am ehesten, wenn man die Vorkur nicht zu angreifend und den Patienten schwächend gestaltet und mit der Darreichung des Abführmittels, das Wurm und Wurmmittel entfernt, nicht zu lange zögert.

***Rhizoma Filicis, †Radix Filicis maris, Farnwurzel,** Johanniswurzel, der Wurzelstock des bekannten einheimischen Farnkrautes **Aspidium Filix mas,** ist ein sicheres **Mittel gegen die drei Bandwurmarten und gegen Ankylostoma,** wenn es sich im frischen Zustande befindet, d. h. nicht länger als höchstens ein Jahr alt ist und auf dem Bruche noch grüne Färbung zeigt.

Durch Ausziehen mit Äther wird daraus das zumeist gebrauchte, dünne, durch Chlorophyll grün bis braungrün gefärbte ***†Extractum Filicis** (maris) hergestellt.

Vergiftungen, unter Durchfällen, Sehstörungen (ähnlich wie nach Chinin) und Krämpfen verlaufend und mit allgemeiner Lähmung endigend, sind keineswegs selten, zuweilen selbst bei Dosen, welche die jetzt eingeführte Maximaldosis 10,0 nicht überschreiten. Die schweren, zum Teil dauernden Erblindungen betreffen fast ausnahmslos schwer anämische Ankylostomakranke.

Da diese Vergiftungen angeblich besonders häufig nach Verordnung in Verbindung mit Oleum Ricini aufgetreten sein sollen, wobei das Öl, wenn es nicht rasch zu Entleerungen führte, die Resorption des Giftes begünstigt habe, wurde empfohlen, statt Rizinusöl ein anderes Abführmittel zu wählen (Kalomel, Sennainfus, Mittelsalze) und das Mittel nur bei gesunden, kräftigen Personen anzuwenden.

Die gefahrlose *Dosierung* wird sehr erschwert durch die Veränderlichkeit des Mittels. Von der ganz frischen Wurzel und dem frischen Extrakt genügen schon wenige Gramme. Von der gewöhnlichen Apothekerware braucht man meist 20—25 g der Wurzel und 6—10 g des Extraktes, um Erfolg zu haben. Das Extrakt wird in *Gelatinekapseln,* als *Emulsion* oder als *Latwerge* verordnet.

Wurzel und Extrakte enthalten eine Reihe eigenartiger Körper, in denen die Anwesenheit einer oder mehrerer Phlorogluzinbutanongruppen das Charakteristische ist. Darunter scheint das amorphe, in Äther und fetten Ölen lösliche **Filmaron,** $C_{47}H_{54}O_{16}$, das wirksamste zu sein. Es wird gewöhnlich als Filmaronöl (1 Filmaron, 9 Rizinusöl) zu 8,0—10,0 gegeben.

℞		℞	
Extr. Filicis	6,0—8,0	Extracti Filicis	6,0—8,0
emulge cum		Pulpae Tamarindorum dep.	25,0
Mucil. Gummi arab.	12,0	Elaeosacchari Menthae	15,0
adde		M. f. electuarium.	
Sirup. Cort. Aurantii	20,0	DS. morgens nüchtern innerhalb	
Aq. Menthae	10,0	einer Stunde, allenfalls in Ob-	
DS. morgens nüchtern innerhalb		laten zu nehmen.	
$^1/_2$ Stunde zu nehmen, einige			
Stunden darauf ein mittelstarkes		[Nachschicken eines Abführmittels	
Abführmittel.		meist nicht nötig.]	

***† Cortex Granati, die Rinde des Granatbaumes,** Punica Granatum der Mittelmeerländer, ist in frischem Zustande zu 30,0—50,0 ein sehr zuverlässiges und relativ wenig giftiges Bandwurmmittel; bei älteren Rinden, welche größere Dosen 50,0—100,0 erfordern, bewirkt der hohe Gerbsäuregehalt (20%) des üblichen Mazerationsdekoktes, wenn es nicht vorher mit Kreide oder Kalkmilch behandelt wurde, häufig Übelkeit, Erbrechen und Kolikerscheinungen.

Noch höhere Dosen rufen veratrinartige Wirkungen, außerdem Sehstörungen (Nebelsehen, zuweilen selbst akute Erblindung) hervor.

***Extractum Granati fluidum,** 20,0—40,0, auf vier Stunden verteilt, dient als Ersatz der Rinde und ist wirksamer als das †Extractum Granati, das ein gewöhnlicher, die Droge nicht erschöpfender, eingedickter Auszug ist.

Versuche, die Rinde durch ihren wirksamen Bestandteil, das Alkaloid Pelletierin (Punicin), $C_8H_{15}NO$, das neben ähnlichen Basen zu etwa $^1/_2$% in ihr sich findet, zu ersetzen unter Zusatz von Gerbsäure, um es schwer löslich zu machen und seine vorzeitige Resorption zu verhindern, brachten wechselnde Erfolge.

***†Santoninum, Santonin,** $C_{15}H_{18}O_3$, ist das in den Blütenköpfchen von Artemisia maritima (Turkestan), den ***†Flores Cinae, sog. Wurmsamen** oder **Zittwersamen,** neben ätherischem Öl enthaltene Lakton der Santoninsäure, eines Naphthalinderivates. Farblose, bitterschmeckende, in Wasser schwer lösliche Kristallblättchen; *Hauptmittel gegen Spulwürmer* (Ascaris lumbricoides), *auch gegen Oxyuris vermicularis* in Verbindung mit Kalomel und Darmeinläufen von Seifenwasser.

Vergiftungen infolge unrichtigen Gebrauches oder fahrlässiger Aufbewahrung sind zahlreich beschrieben. Sie beginnen mit

Sinnesstörungen, insbesondere mit Violett- und Gelbsehen, infolge Erregung und späterer Lähmung der violettempfindenden Retinaelemente, schreiten zu *Temperaturherabsetzung, Benommenheit,* Zuckungen der Gesichtsmuskeln und allgemeinen *Krämpfen* fort und endigen mit *Lähmung der Atmung.*

Der auf Santoningebrauch gelassene, grünlich-gelbe *Harn* enthält einen Körper, der auf Zusatz von Natronlauge purpurrot wird (besonders am Schaum nach dem Schütteln bemerkbar) und zum Unterschiede vom Harnpigmente nach Rheum und Senna nicht in Äther übergeht. Die Reaktion ist zur Sicherstellung der Diagnose auf Santoninvergiftung sehr brauchbar.

Die *Verordnung* geschieht als *Lösung* in warmem, gezuckertem Olivenöl oder bei größeren Kindern, wo dieses nicht genug abführend wirkt, in Rizinusöl. Auch *Pulver mit Kalomel* oder *†Pastilli Santonini,* Santoninpastillen, welche einen Gehalt von 0,025 Santonin besitzen und auf deren Verabreichung ein Abführmittel zu folgen hat, sind zweckmäßig. Die Dosen für Kinder von 1 bis zu 8 Jahren sind 0,01—0,03 einmalig und 0,06 bis 0,1 im Tage. Die Verabreichung der ersten Dosis erfolgt zweckmäßig früh morgens; sie wird, falls die Diagnose durch Abgang von Spulwürmern sich begründet zeigt, im Laufe des Nachmittags wiederholt, eventuell auf den folgenden Tag ausgedehnt.

Die Verabreichung der sehr widrig schmeckenden Flores Cinae gilt bei manchen Ärzten für sicherer und weniger leicht zu Vergiftung führend. 2,0—4,0 mit 50 Sirup als Latwerge, morgens und abends ein Kaffeelöffel mit nachgeschicktem Rizinusöl oder Kalomel.

℞		℞	
Santonini	0,1	Santonini	0,01
Olei Ricini	15,0	Calomel	0,02
MDS. morgens ein Kaffeelöffel voll,		Sacchari	0,5
gewärmt zu nehmen.		M. f. pulv. Dent. t. dos. No. V.	
		S. morgens in den ersten drei	
		Stunden je ein Pulver zu nehmen.	

Maximaldosen für Erwachsene.

	Ph. G.	Ph. A.
Extractum Filicis	10,0 (10,0)!	—
Santoninum	0,1 (0,3)!	0,1 (0,3)!

Von anderen Anthelminthica seien noch genannt:

*† **Flores Koso, Kosoblüten,** die weiblichen Blüten der baumartigen Rosacee Hagenia abyssinica. Erprobtes Bandwurmmittel der Abyssinier, indes in Europa in dem allein wirksamen, frischen (rotgefärbten) Zustande selten zu haben.

Die wirksamsten Bestandteile dieses und des folgenden Mittels sind jenen der Farnwurzel ähnlich, nämlich ebenfalls Derivate des Phlorogluzins.

Man verordnet sie zu 10,0—20,0 mit warmem Wasser als *Schüttelmixtur* in 2—3 Portionen, der Gebrauchsweise in ihrer Heimat entsprechend, oder in komprimierten *Tabletten*. Nachfolgende Darreichung eines Abführmittels ist meist nicht nötig, da das Mittel selbst in diesem Sinne wirkt.

*†**Kamala** ist der aus Haaren und Drüsen bestehende Überzug der Früchte von Mallotus philippinensis, einer baumartigen Euphorbiacee des südöstlichen Indiens. Ein lockeres, geschmackloses, braunrotes Pulver, das in seiner Heimat, wie auch in Europa als mildes, daher auch bei Frauen und Kindern anwendbares, gleichzeitig abführendes Bandwurmmittel sich erwiesen hat, aber häufig Verfälschungen ausgesetzt ist.

Die *Verordnung* erfolgt als *Boli, Latwerge* oder *Schüttelmixtur* zu 6,0 bis 12,0 bei Erwachsenen, 2,0—5,0 bei Kindern von 5—10 Jahren.

***Semen Arecae, Arekanuß,** die kugeligen Samen von Areca Catechu, einer großen Palme Ostindiens. Sie wird von den Eingeborenen als Arzneimittel und, in die Blätter von Piper Betle eingeschlagen, als Genußmittel (Betelkauen) gebraucht, mit ähnlicher Wirkung wie bei uns das Tabakkauen.

In Europa wird sie zurzeit nur von den Tierärzten als prompt wirkendes und meist für sich allein schon genügend abführendes *Bandwurmmittel speziell für Hunde,* 5,0—20,0, je nach Größe des Tieres, gebraucht.

Der wirksame Bestandteil ist das Arecolin $C_7H_{13}NO$, ein zur Pilokarpin- resp. Nikotingruppe gehöriges Alkaloid, das in Form des *Arecolinum hydrobromicum als Mioticum in der Augenheilkunde und Peristalticum bei der Kolik der Pferde verwendet wird.

Thymol, seiner guten Brauchbarkeit gegen Ankylostoma und Ascaris wurde schon bei den Desinficientia gedacht. 2 stündlich 1,0, 5 mal nacheinander; 2 Stunden nach letzter Dosis 20 g Rizinusöl.

Oleum Chenopodii, ätherisches Öl aus dem nordamerikanischen Chenopodium anthelminthicum, in seiner Heimat viel gebraucht gegen Ascaris und Ankylostoma. 2 stündlich 3 mal hintereinander 16 Tropfen (0,25—0,5) auf Zucker; 2 Stunden nach letzter Dosis 17,0 Rizinusöl + 3,0! Chloroform. Oleum Chenopodii bewirkt in schwachen Konzentrationen Erregung der Wurmmuskulatur wie Santonin, der bei starken Konzentrationen eine Lähmung folgt; das Chloroform verstärkt die Lähmung. Hohe Dosen haben Gehörstörung und selbst tödliche Vergiftung zur Folge.

Die Kürbissamen (von Cucurbita maxima und Cucurbita Pepo) sind zu 120 Stück frisch enthülst und gut zerkaut in verschiedenen Ländern bewährtes Volksmittel gegen Bandwürmer.

Tanacetum vulgare, Rainfarn, Wurmkraut, eine zur Blütezeit gesammelte, einheimische Komposite. Das darin enthaltene ätherische Öl (Tanaceton, identisch mit dem Thujon der Thuja occidentalis) ist stark giftig. Volksmittel gegen Spulwürmer 0,5—2,5, als Pulver oder Infus zweimal täglich.

Wurmmoos, ein Gemenge verschiedener Algen des Mittelmeeres, in Südeuropa Volksmittel gegen Spulwürmer.

Knoblauch, einige Zehen in Milch gekocht, als Klistier empfohlen gegen Oxyuren. Vergiftungen bei zu großen Dosen (Erbrechen, Krämpfe, Kollaps) sind beobachtet.

Gelonida Aluminii subacetici. Tabletten zu 1,0, 3 mal tgl. 1 Stück, gelobt *gegen Oxyuris.*

Butolan (Bayer), Karbaminsäureester des p-Oxydiphenylmethans. Gegen Oxyuren. Pastillen zu 0,5 3mal tgl. 3 Tage lang, sodann ein Abführmittel, nach einer Woche Wiederholung der Kur. Im Darme spaltet sich p-Benzol-phenol ab.

Elftes Kapitel.

Emetica. Brechmittel.

Emetica nennt man die *Mittel, welche durch Erregung des „Brechzentrums" die Entleerung des Magens nach außen veranlassen.*

Die Erregung ist eine direkte, wenn sie durch unmittelbare Einwirkung auf dieses Organ nach Eintritt des Mittels in das Blut erfolgt, oder eine indirekte, wenn sie durch Reizung der sensiblen Vagusendigungen im Magen veranlaßt wird.

Die beim Erbrechen auftretenden Erscheinungen näher zu kennen, ist notwendig für die Aufstellung der Indikationen und Kontraindikationen. *Sie gliedern sich in 3 Phasen.* Den Beginn macht die *Nausea*, charakterisiert durch Schwäche und Übelkeit und durch vermehrte Sekretion in der Mundhöhle, dem Kehlkopf und den Bronchien. Hierauf folgt — eingeleitet durch vermehrte Pulsfrequenz und angestrengte Atmung — der *Brechakt*, bestehend in Pylorusschluß, Füllung des Fundus durch Kontraktion des präpylorischen Teils des Magens, Öffnung der Cardia, Aufsaugung des Mageninhaltes in die Speiseröhre durch eine oder mehrere tiefe Inspirationen bei verschlossener Glottis und Auspressung durch eine forcierte Exspiration mit anfänglicher Beibehaltung des Glottisverschlusses (Bauchpresse). Den Schluß bildet ein mehr oder weniger hochgradiger Erschöpfungszustand, *Kollaps,* mit kleinem Pulse und oberflächlicher Atmung.

Die *Kontraindikationen der Brechmittel* ergeben sich aus diesen Erscheinungen. Die starken, rasch aufeinanderfolgenden Druckschwankungen im Thoraxraum während des Brechaktes — vom stark negativen während der Inspiration zum positiven während der Exspiration bei verschlossener Glottis — lassen ihre Anwendung bei *Phthisikern, die zu Hämoptoe neigen,* bei *Aneurysmatikern* und schweren *Herzkranken* als nicht rätlich erscheinen. Weiter sind zu nennen *Peritonitis, Ileus, drohende Darmperforation, Hernien.* Auch kann die Wirkung der Bauchpresse in den späteren Perioden der *Schwangerschaft* Frühgeburt veranlassen. Der auf den Brechakt folgende Kollaps aber nimmt bei *Personen schwächlicher Konstitution, höheren Alters* usw.

leicht besorgniserregende Dimensionen an. Kinder werden weniger mitgenommen, da sie wegen der Gestalt ihres Magens leicht erbrechen.

Die **Anwendung der Brechmittel** war früher viel häufiger und mannigfaltiger als jetzt. Die Humoralpathologen erwarteten von ihr die Entfernung der Krankheitsstoffe aus dem Organismus in gleicher Weise wie von den Abführmitteln. Die Kontrastimulisten glaubten, durch sie eine „Umstimmung des Körpers“ und damit eine Kupierung akuter Erkrankungen erreichen zu können. Durch sog. Ekelkuren suchte man Gewohnheitstrinkern den Genuß des Weines oder Fettleibigen die Tafelfreuden zu verleiden. Gegenwärtig wendet man die Brechmittel in folgenden Fällen an:

1. *Zur Entleerung des Magens bei Vergiftungen und bei Überladung mit unverdaulichen Stoffen.* Sie wird durch vorausgehende Anfüllung des Magens durch Trinken von warmen Flüssigkeiten bedeutend erleichtert. Sind Brechmittel nicht zur Hand, so führt auch mechanisches Kitzeln des Schlundes oder chemische Reizung des Magens durch sog. Notbrechmittel, 1—2 Eßlöffel Kochsalz oder 1—2 Teelöffel Senf, zum Ziele. Ist *Magenausspülung* ausführbar, so ist sie allen diesen Mitteln unbedingt *vorzuziehen,* weil die Entleerung durch diese gründlicher und im allgemeinen auch schonender, d. h. ohne die Druckschwankungen während des Brechaktes und den Kollaps nach demselben, besorgt wird.

2. *Zur Entfernung von steckengebliebenen Fremdkörpern in der Speiseröhre,* falls chirurgische Hilfe nicht zur Stelle ist und Erstickung droht. Von den eigentlichen Brechmitteln ist aus naheliegenden Gründen hierzu nur das subkutan applizierbare Apomorphin verwendbar, ebenso von den Notbrechmitteln nur die mechanische Reizung des Schlundes.

3. *Zur Entfernung von Fremdkörpern und Exsudatmassen aus Kehlkopf und Trachea.* Die Luftröhre hat zwar mit dem Brechakt nichts unmittelbar zu tun, aber die während der Nausea vermehrte Sekretion lockert die Massen, die starken Respirationsstöße und die Erschütterung während des Brechaktes reißen sie vollends los, so daß sie nunmehr durch den reflektorisch erregten Husten nach außen befördert werden können.

4. *Als Expectorantia.* Man kann mit ziemlicher Sicherheit annehmen, daß während der durch Brechmittel hervorgerufenen Nausea eine Zunahme der Sekretion in der Luftröhre und ihren Verzweigungen statthat. Sie läßt sich auch für sich allein ohne

folgendes Erbrechen erreichen und längere Zeit unterhalten, wenn man die Brechmittel in „refracta dosi“, das ist ungefähr $^1/_{10}$ der brechenerregenden, verabreicht und mehrmals täglich wiederholen läßt. Das so produzierte dünne Sekret erleichtert die Entfernung (Expektoration) der angesammelten, zähen Schleimmassen.

*† **Cuprum sulfuricum, Kupfersulfat, Kupfervitriol.** Blaue, leicht lösliche Kristalle der Formel $CuSO_4 + 5 H_2O$.

Die Salze der schweren Metalle setzen sich an allen Applikationsorten, mithin auch auf der Magenschleimhaut, zu Metallalbuminaten um. Die Folge davon sind Ätzung und auf reflektorischem Wege ausgelöstes Erbrechen. Bei den meisten Metallsalzen erfolgt dieses erst, nachdem die Ätzung zu Entzündung und Zerstörung der Schleimhaut geführt hat, bei den Salzen d[es Kupfers und Zinks hingegen durch *eigenartige Erregung der sensiblen Magennerven* sehr früh, nach 5—10 Minuten, noch ehe sichtbare Veränderungen der Schleimhaut eingetreten sind. Die Hauptmasse dieser Salze wird damit wieder nach außen befördert, der zurückbleibende Rest kann keinen weiteren Schaden anstiften.

Anwendung findet das Kupfersulfat wegen der kurzen Nausea und des geringen Kollapses hauptsächlich als *Brechmittel der Kinder* zu 0,05—0,1 als *Pulver* oder *Lösung*, z. B. bei Kehlkopfkrupp, um durch Entfernung der Membranen Erleichterung zu schaffen oder, wie man früher auch annahm, die Krankheit abzukürzen.

Bei *Phosphorvergiftung* zu 0,1—0,2 wirkt es sowohl als Brechmittel wie als chemisches Antidot, indem es den Phosphor, mit einer dünnen Schicht von Kupfer überziehend, an der Resorption verhindert.

Als Expectorans ist es wegen der kurz dauernden Nausea und der Erzeugung chronischer Magendarmentzündung in fortgesetzt kleinen Gaben nicht zu gebrauchen.

Der Verwendungsweise des Kupfersulfats als *Adstringens* und *Ätzmittel* ist in Kap. VI nähere Erwähnung geschehen.

℞		℞	
Cupri sulfurici		Cupri sulfurici	1,0
Sacchari	ana 0,1	Aquae ad	25,0
M. f. pulv. D. t. d. No. V.		MDS. alle 5—10 Minuten ein Tee-	
S. alle 5—10 Minuten ein Pulver		löffel zu nehmen, bis zur Wirkung.	
in etwas Wasser oder in Oblate			
zu nehmen, bis zur Wirkung.			

*Tartarus stibiatus, †Stibium Kalio-tartaricum, Brechweinstein.** Mit dem Worte Tartarus (alchemistisch-arabischen Ursprungs) bezeichnet man den Niederschlag aus gärendem Wein, der im wesentlichen aus saurem weinsauren Kalium besteht. Dieses Salz hat die Eigenschaft, mit dem Oxyd des Antimons (Stibium) eine Verbindung einzugehen, welche Tartarus stibiatus oder weinsaures Antimonylkalium genannt wird und die Zusammensetzung $C_4H_5O_6$ (SbO) $K + \frac{1}{2}H_2O$ besitzt. Es ist ein kristallisierbares, farbloses, in 17 Teilen Wasser mit widerlich süßlichem Geschmack lösliches Salz.

Für seine Verordnung bemerkenswert ist seine leichte Zersetzlichkeit. Schon ganz verdünnte Säuren zerlegen ihn in einfaches Antimonsalz und Weinstein; Alkalien, selbst Karbonate, in Lösungen über 1 %, fällen daraus Antimonoxyd.

In den Magen gelangt, bewirkt der Brechweinstein in der Regel prompt *Erbrechen*, wie beim Kupfersulfat reflektorisch als Folge der *Erregung der sensiblen Nervenendigungen* der Magenschleimhaut. Der gereichte Brechweinstein ist fast quantitativ im Erbrochenen wiederzufinden. Hierdurch wird es verständlich, weshalb die Aufnahme des Brechweinsteins für gewöhnlich keine weiteren Folgen nach sich zieht. Erst wenn größere Mengen (0,2) auf einmal aufgenommen werden, oder wiederholte kleinere sich folgen, wobei der Magen infolge einer Art von Gewöhnung nicht mehr durch Erbrechen reagiert —, kommt es zu *Entzündung und Nekrotisierung des Magendarmrohrs* und zu resorptiver Vergiftung. Sie ist jener des *Arsenik sehr ähnlich* und, soweit bekannt, nur durch den langsameren Eintritt infolge der viel langsameren Aufsaugung verschieden. Man unterscheidet wie beim Arsen eine akute und eine chronische Vergiftung. Zweckmäßiges Antidot sind gerbsäurehaltige Mittel, welche die Bildung von schwer löslichem Antimontannat veranlassen.

Anwendung. Als *Brechmittel* ist Brechweinstein *nur bei kräftigen, erwachsenen Personen rätlich* wegen der starken voraufgehenden Nausea und der nachträglichen, von Appetitlosigkeit, manchmal auch von Durchfällen begleiteten Erschöpfung. Die nach 5—10 Minuten wirkende Dosis ist 0,1, als *Pulver* oder *Lösung* verabreicht.

Gegen die beliebte Kombination mit Radix Ipecacuanhae kann man geltend machen, daß der Brechweinstein gewöhnlich rascher wirkt als die Ipecacuanhae und diese daher überflüssig ist, oder wenn erst auf sie das Erbrechen erfolgt, durch den Brechweinstein die Nausea unnötig verlängert wird.

Als *Expectorans* wird Brechweinstein gebraucht zu 0,005—0,01 in *Lösung* mehrmals täglich.

***Vinum stibiatum (P. I.)**, **†Vinum Stibii Kalio-tartarici, Brechwein,** ist eine Auflösung von 1 Brechweinstein in 250 Xeres- oder Malagawein und kann zu 10—30 Tropfen als Expectorans und eßlöffelweise (à 0,07 Brechweinstein) als Brechmittel gebraucht werden.

*Unguentum Tartari stibiati, 2 Brechweinstein, 8 Vaselin wurde früher zur Hervorrufung pustulöser Hautentzündung als Derivans gebraucht.

***†Stibium sulfuratum aurantiacum, Goldschwefel,** Sb S₅, ein orangerotes, nur in Säuren lösliches Pulver, das im Magen nur in beschränkter Menge löslich ist, so daß nicht Erbrechen, sondern nur Nausea erzeugt wird. Es wird als *Expectorans* in Pulvern zu 0,05—0,1 (gleich denen des Brechweinsteins als Brechmittel) gegeben.

†Stibium sulfuratum nigrum, Spießglanz, Sb₂S₃, grauschwarzes glänzendes Pulver, in Wasser unlöslich. Als *Augenschminke* schon im Altertum angewandt, sonst obsolet.

℞		℞	
Tartari stibiati	0,2	Tartari stibiati	0,05
Sacchari	2,0	Ammonii chlorati	5,0
M. f. pulv. Div. in partes aeq. No. III.		Succi Liquiritiae dep.	10,0
DS. alle 10 Minuten ein Pulver		Aquae q. s. ad	200,0
bis zur Wirkung.		MDS 2 stündlich 1 Eßlöffel.	
[Brechmittel.]		[Mixtura solvens stibiata, Expectorans.]	

℞

Hydrargyri chlorati
Stibii sulfur. aurant.   ana 0,05
Sacchari   0,5
M. f. pulv. D. dos. No. X.
S. 2—3 mal täglich ein Pulver.
   [Pulvis alterans Plummeri, in der
      Kinderpraxis beliebt.]

***†Radix Ipecacuanhae, Brechwurzel,** von der in feuchten Wäldern Brasiliens wachsenden Rubiacee Uragoga Ipecacuanha kam gegen Ende des 17. Jahrhunderts zunächst als Mittel gegen die Ruhr nach Europa und erlangte bald auch als milde wirkendes Brechmittel weitere Bedeutung.

Ihre wirksamen Stoffe sind die Alkaloide Emetin und Cephaelin.

Es sind Isochinolinabkömmlinge, welche ähnlich den Isochinolinalkaloiden des Opiums (Papaverin, Narkotin und Chelidonin) lähmend auf die glatte Muskulatur, insbesondere jener des Verdauungstraktes, der Bronchien und der Gefäße mit entsprechenden Folgen (blutige Durchfälle, Schwellung und Ekchymosierung der Schleimhäute) bewirken und Protozoen (Amöben, Paramaecien) noch in großer Verdünnung zu töten vermögen.

Spuren der Alkaloide und der Wurzel in Staubform verursachen auf Schleimhäuten (Nase, Rachen, Augenbindehaut) starke Reizung, auch das Erbrechen beruht wenigstens beim Menschen auf Magenwirkung, da es nach parenteraler Verabreichung des Mittels nicht oder erst nach seiner Ausscheidung im Magendarmkanal eintritt.

Anwendung. Als *Brechmittel* zu 0,5—1,0 wird die Ipecacuanha bei schwächlichen Personen an Stelle des Brechweinsteins verordnet, weil Nausea und Kollaps weniger intensiv sind. Sie wirkt nur langsam, selbst wenn sie als Infus statt des nur allmählich auslaugbaren Pulvers gegeben wird.

Als *Expectorans* 0,05—0,1 findet sie mit Recht häufigere Anwendung, weil die langsame, protrahierte, nauseose Wirkung hier von Vorteil ist. Hierzu tritt vielleicht nach Tierexperimenten noch der Umstand, daß die glatte Bronchialmuskulatur gegen die lähmende Wirkung des Emetins besonders empfindlich ist, so daß selbst ihr intensiver, z. B. durch Histamin (Kap. XX) gesetzter Krampf glatt aufgehoben werden kann.

Als *Ruhrmittel* ist sie nur bei der durch gewisse Amöbenformen verursachten Erkrankung wirksam. Die Histolyticaform wird durch Emetin noch in Konzentration von 1:100000 getötet. Derartige Konzentrationen lassen sich namentlich bei subkutaner oder endovenöser Injektion von 0,05—0,1 Emetinum hydrochloricum im Hauptsitze der Infektion (Dickdarmschleimhaut) noch erreichen. Viel resistenter sind die Minutaform und die Dauerformen (Cysten).

*Sirupus Ipecacuanhae (P. I.), Mischung von 1 Tinctura Ipecacuanhae mit 9 Zuckersirup. Teelöffelweise als Expectorans bei Erwachsenen und Brechmittel bei Kindern. Auch als Zusatz zu Arzneien gleicher Bestimmung.

*†Tinctura Ipecacuanhae (P. I.), 1 Brechwurzel auf 10 Weingeist, 10 bis 30 Tropfen als Expectorans, 1 Eßlöffel als Brechmittel, billiger als die entsprechenden Infuse.

†Pastilli Ipecacuanhae bestehen aus 0,1 Brechwurzel und 0,5 Zucker.

℞

Rad. Ipecacuanhae 0,05
Sacchari 0,4
M. f pulv. D tal. dos. No. X.
S. 3—5 mal täglich 1 Pulver.
 [Expectorans.]

℞

Inf. Rad. Ipecacuanhae (3,0) 50,0
DS. alle 5—10 Minuten 1 Eßlöffel
 bei Erwachsenen, 1 Teelöffel bei
 Kindern, bis Erbrechen eingetreten.
 [Emeticum.]

℞

Inf. Rad. Ipecacuanhae (0,5) 180,0
Kalii jodati 3,0
Sirup. simpl. ad 200,0
MDS. 2 stündlich 1 Eßlöffel
 [Expectorans bei asthmatischen Beschwerden.]

*†**Apomorphinum hydrochloricum, Apomorphinhydrochlorid,** ist das jüngste der Brechmittel, 1870 dargestellt durch Erhitzen von Morphin mit Salzsäure:

$$C_{17}H_{19}NO_3 + HCl = C_{17}H_{17}NO_2 . HCl + H_2O$$

Morphin   salzsaures Apomorphin.

Grauweiße Kriställlchen, welche mit Wasser farblose, beim Stehen an der Luft und am Lichte bald d u n k e l g r ü n w e r - d é n d e (thermolabile) Lösungen geben, zunächst ohne erhebliche Einbuße an Wirksamkeit.

Trotz der scheinbar geringfügigen chemischen Änderung hat das Apomorphin fast alle das Morphin charakterisierenden, vielseitigen Wirkungen eingebüßt. In Gaben gleich denen des Morphins ergreift es nur einen einzigen Punkt des Nervensystems, der durch Morphin nur zuweilen erregt wird: das Brechzentrum.

In *größeren Dosen* breitet sich nach Tierversuchen zunächst die Erregung weiter aus, es kommt zu psychomotorischen Erregungen, zu Konvulsionen und schließlich zur Lähmung des Atmungszentrums. Bei Fröschen wird die quergestreifte Muskulatur und das Herz gelähmt.

Das Apomorphin des Handels ist zuweilen mit einem weiteren Einwirkungsprodukt der HCl auf das Morphin, dem Chlormorphid, verunreinigt, das noch viel intensiver giftig, insbesondere auf die Atmung, wirkt als das Morphin selbst.

Anwendung. *Als subkutan applizierbares direktes Brechmittel* hat das Apomorphin viele Vorzüge vor den indirekt wirkenden. Es wirkt noch bei herabgesetzter Erregbarkeit des Brechzentrums, wenn die indirekten Mittel nicht mehr ansprechen. Die Nausea ist kurz, der folgende Kollaps meist nur mäßig, und der Magen wird geschont. Bei steckengebliebenen Massen in der Speiseröhre, bei Vergiftungen, wenn bereits Bewußtlosigkeit und Unvermögen zu schlucken vorhanden ist, oder wenn der innerlichen Darreichung von Brechmitteln heftiger Widerstand entgegengesetzt wird (Selbstmörder und Geisteskranke), ist es das einzig anwendbare. Die Dosen sind 0,005—0,01 für Erwachsene und 0,0005—0,005 für Kinder.

Bei *aufgeregten Geisteskranken und Alkoholikern* wirkt das Apomorphin durch den auf das Erbrechen folgenden Kollaps beruhigend und einschläfernd und kann in diesem Sinne verwendet werden.

Als *Expectorans innerlich* zu 0,001—0,005 ist Apomorphin recht brauchbar vermöge des Umstandes, daß es bei dieser Applikation nur langsam und erst in zehnfach höherer Dosis Erbrechen bewirkt. Man verordnet es in Pillen oder in Lösung. Letztere ganz zweckmäßig unter Zusatz von Acid. hydrochl. dilut, 1,0 : 150,0, wodurch die eingangs erwähnte Zersetzung (Grünfärbung) aufgehalten wird.

℞

Apomorphini hydrochlorici   0,05
Rad. et Succi Liquirit. dep. ana 3,0
M. f. pil. No. XXX.
DS. 2 stündlich 2—3 Pillen zu
nehmen.
[Expectorans.]

℞

Apomorphini hydrochl.   0,05
Aquae   20,0
Sirup. Althaeae   10,0
MDS. 1—2 stündlich 20—40 Tropfen
zu nehmen
[Expectorans.]

℞

Apomorphini hydrochl.   0,05
Aquae   5,0
MD. ad vitrum nigrum.
S. zur subkut. Injektion.

½—1 Pravazsche Spritze
bei Erwachsenen,
$^{1}/_{10}$—½ bei Kindern.
[Emeticum.]

Maximaldosen der Brechmittel.

	Ph. G.	Ph. A.
*†Cuprum sulfuricum	1,0 (1,0)!	0,5!
*†Zincum sulfuricum	1,0 (1,0)!	1,0!
*Tartarus stibiatus / †Stibium Kalio-tartaricum	0,1 (0,3)!	0,2 (0,5)!
*†Apomorphinum hydrochl.	0,02 (0,06)!	0,01 (0,05)!

Zwölftes Kapitel.

Abführmittel. Cathartica.

Abführmittel sind *Stoffe, welche die Darmentleerungen häufiger und flüssiger machen.*

Nach der Stärke ihrer Wirkung bringt man sie in drei Gruppen: *Aperitiva,* welche bloß die Stühle zu normaler Konsistenz und Häufigkeit zurückführen; *Laxantia und Purgantia,* welche breiige bis flüssige Stühle erzeugen, und *Drastica,* welche ganz wässerige Entleerungen mit mehr oder weniger starken Kolikschmerzen und Tenesmen hervorrufen. Diese Einteilung befriedigt nur ein praktisches Bedürfnis, sie ist keine strenge, denn der Grad der Wirkung hängt außer von der Art der Substanz auch von der Dosis ab. Viele Aperitiva werden in großen Gaben zu Drastica und diese umgekehrt in sehr kleinen Mengen zu Aperitiva.

Die Wirkung der Abführmittel beruht größtenteils auf Erhöhung der Peristaltik. Der Stuhl nach Abführmitteln ist im wesentlichen präformierter Darminhalt, der keine Zeit zur Eindickung gefunden.

Früher wurde die Wirkung hauptsächlich auf die Erregung einer wässerigen Transsudation in den Darm zurückgeführt. Versuche mit Einbringung von Abführmitteln in Darmfisteln haben das Stattfinden einer solchen indes nur bei einigen erkennen lassen. Außerdem entspricht die chemische Zusammensetzung der Stühle nach Abführmitteln in qualitativer wie quantitativer Hinsicht der Zusammensetzung normalen Dünndarminhaltes, sie ergibt nichts, was auf eine stärkere Transsudation in den Darm schließen ließe. Die raschere Fortbewegung eines mit einem Kautschukschlauch verbundenen, durch eine Magenfistel in den Darm geführten und mit Wasser gefüllten Kautschukballons nach Abführmitteln jeder Art beweist dagegen zweifellos das Vermögen derselben, die Peristaltik zu erregen.

Die Erregung der Peristaltik ist wohl in allen Fällen *reflektorische Folge der örtlichen Reizung der Darmschleimhaut.* Subkutane Injektionen der wirksamen Stoffe mehrerer Abführmittel (Podophyllin, Senna, Rhamnus, Aloe, Koloquinten) bewirken zwar ebenfalls Durchfälle. Da diese Stoffe aber den Körper durch den Darm verlassen, ist es sehr wahrscheinlich, daß auch bei dieser Applikationsart die Wirkung von der Darmschleimhaut ausgeht, d. h. eine Ausscheidungswirkung ist.

Im allgemeinen erregt jeder örtlich auf atomistisch-chemische oder spezifische Weise oder durch Salzwirkung reizende Stoff auch den Darm und insoweit auch Peristaltik. Zum Abführmittel aber wird er erst, wenn er daneben noch die Eigenschaft besitzt, schwer resorbierbar zu sein, oder durch Beimischung kolloider Stoffe diese Eigenschaft zugeteilt erhält (Schmiedeberg). Denn nur dadurch wird es möglich, daß die örtliche Erregung und ihre Folge, die Peristaltik, den ganzen Darm durchläuft und namentlich auch den Dickdarm erfaßt. Als Beleg für diese Notwendigkeit sei folgende Beobachtung angeführt: Wenn man in den oben besprochenen Ballonversuchen den Ballon ungefähr in die Mitte des Dünndarms fixierte und dann das Abführmittel gab, so erfolgte in der Regel auch bei längerem Zuwarten der Durchfall erst, nachdem der Ballon vom Schlauche aus entleert und damit das Hindernis für das Hinabfließen des Abführmittels in den Dickdarm beseitigt war.

Über die näheren Vorgänge, insbesondere den *Ort des Angriffs*, haben Röntgenaufnahmen bei Tieren und Menschen nach Darreichung einiger Repräsentanten der Hauptgruppen von Abführmitteln folgendes ergeben:

Sennainfus wirkt nur auf den *Dickdarm*, die Peristaltik des Colons gegen das Rectum zu erregend und die normale Antiperistaltik des proximalen Colons, durch welche der Inhalt immer wieder gegen das Coecum getrieben und so durchgemischt und eingedickt wird, aufhebend. Es ist ein „ideales Mittel zur Steigerung der Dickdarmtätigkeit in physiologischer Richtung".

Aloe wirkt ebenfalls auf den Dickdarm, dessen Muskulatur zu starken tonischen Zusammenziehungen (spastischen Einschnürungen) anregend, die durch Kombination mit Belladonna bekämpft werden können.

Rizinusöl wirkt besonders stark auf den *Dünndarm*. Die normalen „Pendelbewegungen", welche den Inhalt durchkneten, mischen und in ausgiebige Berührung mit der resorbierenden Schleimhaut bringen, nehmen erheblich an Stärke zu, ebenso die peristaltischen Wellen, die den Inhalt einer Schlinge als Ganzes kanalwärts verschieben. Die Antiperistaltik des proximalen Colons wurde aufgehoben, eine Erregung des distalen Colons aber fand zunächst nicht statt, weshalb die Defäkation erst nach einigen Stunden erfolgte.

Jalapa und Koloquinten bewirkten *Beschleunigung der Peristaltik des Dünndarms* und des proximalen *Colons* unter Aufhebung der Antiperistaltik und erregten eine starke *Sekretion* von Schleim und sonstiger Flüssigkeit in allen Darmabschnitten; auch schien etwas Erregung der Peristaltik des distalen Colons vorhanden zu sein, so daß die Defäkation nicht lange auf sich warten ließ.

Bittersalz bewirkte die *Beschleunigung der Darmpassage* hauptsächlich sekundär durch die starke *Verflüssigung des Darminhalts*.

Calomel erregte starke Peristaltik im *Dünn- und Dickdarm;* die totale Entleerung des Darms war sehr auffallend.

Die allgemeine Natur des auf die Darmschleimhaut ausgeübten Reizes bedingt nicht bloß Peristaltik, sondern auch *Sekretion, Hyperämie und bei den Drastica, in großen Dosen, heftige Entzündung*. An der Absonderung scheint besonders der Darmsaft und bisweilen auch die Galle beteiligt zu sein; ihr Umfang ist noch nicht genügend festgestellt, aber wahrscheinlich selten so groß, um wesentlich zur Bildung des dünnen Stuhles beizutragen. Die Hyperämie ist bei den Laxantia, Purgantia und besonders den Drastica sehr beachtenswert wegen der sich daraus ableitenden Gegenanzeigen der Abführmittel. Die Schmerzen, welche die Wirkung der stärkeren Abführmittel begleiten, sind zum Teil der Ausdruck der kräftig angeregten Peristaltik, zum Teil Folge der allgemeinen Schleimhautreizung. Steigt selbe bis zur Entzündung, so wird zugleich der Leib gegen Druck empfindlich.

Kontraindikationen sind zunächst alle *Entzündungszustände des Darmes und Peritoneums,* ferner die Zeiten der *Menstruation* und der *Schwangerschaft* wegen Ausbreitung der Hyperämie auf die Beckenorgane. Metrorrhagien, resp. Abort oder Frühgeburt können die Folge dieser Nichtbeachtung sein. Endlich bedingen *Anämie und sonstige Schwächezustände* (Greisenalter) wegen der Ablenkung des Blutstromes zum Darme und der Störung von Verdauung und Resorption gewisse Vorsicht, ganz besonders bei jenen Abführmitteln, welche auf den Dünndarm wirken und längere Zeit verabreicht werden.

Anwendung.

1. Am häufigsten gebraucht man die Abführmittel gegen *Verstopfungen, Obstipationen,* welche ihren Grund in aufgehobener oder verminderter Peristaltik haben und namentlich durch unzweckmäßige Ernährungs- und Lebensweise oder durch chronische Schwächezustände und andere Allgemeinleiden bedingt sind. Man versuche es zuerst mit Massage oder mit veränderter Nahrung, durch Aufnahme von viel Obst, Gemüse, Honig, Schwarzbrot, mit einem Worte mit sogenannten *diätetischen Abführmitteln.* Erst wenn diese nicht Genügendes leisten, gehe man zu den eigentlichen medikamentösen Abführmitteln leichteren Grades, den vorzugsweise *auf den Dickdarm wirkenden Aperitiva* (Anthrachinonderivate, Schwefel) über, betrachte sie aber nur als ein notdürftiges Auskunftsmittel, bis es gelungen ist, die Ursache der Verstopfung zu erkennen und in kausale Behandlung zu nehmen. In vielen Fällen ist dies freilich nicht zu erreichen und bleibt dann nichts übrig, als, aller Bedenken ungeachtet, jahrelang tagtäglich auf künstliche Weise der Stuhlentleerung nachzuhelfen. Manche Personen reichen oft jahrelang mit einer Art Abführmittel aus, bei anderen aber tritt bald Gewöhnung ein. Man muß dann wechseln oder verwendet von vornherein Kombinationen verschiedener Mittel. Hierauf beruht die Beliebtheit der oft sehr komplizierten Kompositionen des Handels.

2. Auch gegen eigentliche *Darmverschließungen* (Ileus) ging man früher gern mit den stärksten Abführmitteln vor. Seitdem man aber die Erfahrung gemacht hat, daß durch diese Mittel schon für sich allein Lageveränderungen des Darmes, z. B. Invagination der Pars sigmoidea in das Rectum, erzeugt werden können, ist man vorsichtiger geworden. Man bevorzugt Wassereinläufe, oder läßt es wenigstens bei milden *Laxantia,* bei denen man keine allzu heftige Peristaltik und keine Erhöhung der etwa bereits vorhandenen Entzündung zu besorgen hat, bewenden.

3. *Reinigung des Darmes von Giften und anderem schädlichen Inhalt* macht ebenfalls häufig die Anwendung von *Laxantia* und *Purgantia,* welche auch *auf den Dünndarm wirken* (Rizinusöl, Kalomel, die darmspülenden Salina), notwendig. Es handelt sich dabei nicht ausschließlich um Stoffe, welche von außen in den Darm gelangt oder durch Fäulnisprozesse entstanden sind, sondern bisweilen auch um Gifte, welche durch die Darmschleimhaut zur Ausscheidung gelangen und an der Wiederresorption verhindert werden sollen, z. B. bei Morphinvergiftung.

Transduodenalspülung geschieht nach Jutte durch eine Lösung von ClNa und Na₂SO₄ āā 9,0 ad 750—1000 Aq. Die Lösung muß hypertonisch sein, damit sie nicht zu rasch resorbiert wird und mittels eigener Sonde direkt in das Duodenum eingeführt werden. Der Magen würde, auch wenn er gegen sie nicht revoltierte, selbe nur absatzweise durch den Pylorus entlassen, wodurch die Massenwirkung verlorenginge.

4. Als sog. *Derivantia.* Da die Wirkung der stärkeren Abführmittel, Drastica, von einem vermehrten Blutzufluß zum Darme begleitet ist, kann man versuchen, durch sie *Kongestionen in anderen Organen zu mäßigen,* also eine Anwendung analog den Hautreizmitteln zu machen, z. B. bei Entzündungen im Auge, Ohr und in den Hirnhäuten.

In früheren Zeiten, solange man die Wirkung der Abführmittel ausschließlich auf das Stattfinden einer Sekretion oder Transsudation in das Darmlumen zurückführte, glaubte man die *Wegschaffung von krankheitserregenden Stoffen* und *von Exsudaten und Ödemen* durch sie befördern zu können. Bezüglich des ersteren Falles, der Beförderung der Ausscheidung schädlicher Stoffe, ist allerdings bekannt, daß manche Gifte ganz oder teilweise statt der Niere den Darm als Ausscheidungsweg wählen und diese Ausscheidung durch darmreizende Stoffe auch gefördert werden kann, z. B. die Ausscheidung des Morphins. Die Beförderung ist indes gemeinhin nicht groß genug, daß es sich verlohnte, in den therapeutischen Maßnahmen besonders darauf Rücksicht zu nehmen. Ähnlich steht es mit dem zweiten Falle, der Beförderung der Aufsaugung abnormer Wasseransammlungen im Körper. Sie wird, wenn überhaupt vorhanden, mehr indirekt durch die Behinderung der Resorption des Wassers aus dem Darm, welche namentlich bei den wasserbindenden Salina sehr ausgesprochen ist, bewirkt.

I. Ätzende Stoffe.
a) Säuren.

Alle Säuren und sauer reagierenden Salze erregen Peristaltik. Daher versetzt man Klistiere häufig zur Verstärkung mit Essig. Vom Munde aus aber führen sie nur ab, wenn sie schwer resorbierbar sind, d. h. wenn sie in Form schwer aufsaugbarer saurer Salze (Tartrate, Citrate) oder in Verbindung mit kolloiden Stoffen (Pektinstoffen, Pflanzenschleimen) und milde abführenden Kohlehydraten aufgenommen werden (Schmiedeberg).

Früchte enthalten häufig derartige Stoffe und wirken darum, in entsprechenden Mengen genossen, als Abführmittel. Den Reichtum des Traubensaftes an saurem weinsauren Kalium zeigt dessen Absetzung als Weinstein bei der Gärung. Die abführende Wirkung bildet neben der diuretischen das Wesen der Traubenkuren. In ähnlicher Weise ist das Sprichwort der Engländer gerechtfertigt: „Eating an apple going to bed, makes the doctor beg his bread."

Konzentrierte Fruchtsäfte und Fruchtmuse wirken in gleicher Weise und sind namentlich als volkstümliche Abführmittel in Gebrauch. Ärztlich am meisten verwendet wird *†**Pulpa Tamarindorum depurata, Tamarindenmus,** aus dem Marke der Schoten der baumartigen Leguminose Tamarindus indica.

Die schwarzbraune, an Zitronen-, Wein- und Apfelsäure reiche Masse wirkt in Gaben von 15,0—30,0 abführend und wird zumal als Vehikel für andere Abführmittel gebraucht, z. B. in der Sennalatwerge und den Tamarinden-Konserven, Pastilli Tamarindorum compositi (Ph. A. E.), welche aus Tamarindenmus, Sennapulver und Zucker hergestellt und mit Kakaomasse überzogen sind.

Weitere Fruchtsäfte und Fruchtmuse sind Pflaumenmus, †Pulpa Prunorum; Holundermus, †Roob Sambuci, Succus Sambuci inspissatus, (30,0 zweimal täglich in Portwein sollen Neuralgien zu heilen imstande sein); Kassienmus, †Pulpa Cassiae Fistulae, aus dem zuckerreichen Marke der Schoten von Cassia Fistula, einer in Ostindien einheimischen, baumartigen Caesalpiniacee.

Kräutersäfte wirken ebenfalls milde abführend. Sie wurden bereits bei den Amara (Kap. IV) besprochen.

b) Alkalien, Schwefel und Salze schwerer Metalle.

Die resorbierbaren alkalischen Salze, *Natriumkarbonat, Natronseife* wirken milde abführend. Dasselbe ist der Fall mit dem erst im Darm zu kleinen Mengen von Schwefelwasserstoff und Schwefelalkali sich umsetzenden *Schwefel.* Die löslichen Metallsalze bewirken Durchfälle zugleich mit Ätzung. Nur bei dem sehr langsam sich lösenden *Kalomel* ist die abführende Wirkung ohne diese Begleiterscheinung, und wird dasselbe als mildes Abführmittel häufig angewendet. Da diese Mittel noch anderweitige Anwendung finden, ist ihre nähere Besprechung anderen Kapiteln zugeteilt.

II. Salze.

Alle Salze sind örtliche Reizmittel, um so mehr, je leichter sie in die Gewebe einzudringen vermögen (vergl. Kap. V, Salze als Hautreizmittel).

Sie *regen daher auch alle mehr oder weniger die Peristaltik an.* Bekanntlich setzt man einem Wasserklistier Kochsalz zu, wenn man die Wirkung desselben verstärken will. *Bei Einverleibung in den Magen* hingegen läßt sich *durch Kochsalz und andere leicht resorbierbare Salze keine Diarrhoe* hervorrufen, außer durch sehr große Mengen, welche bereits starke allgemeine Reizung (Magen-Darmentzündung) erzeugen. **Kochsalzwässer** bei chronischen Magen-Darmstörungen wirken daher nur dann mäßig abführend, wenn sie reich an Salz und an Kohlensäure sind und kalt bei leerem Magen getrunken werden, so daß der Kältereiz von dort aus auf den anliegenden Dickdarm wirken kann. Man gebraucht sie, zumal ihre schwächeren hypotonischen Glieder (Homburg, Kissingen) daher mehr zur *Spülung des Magen-Darmrohres,* zur Beförderung der *Regeneration abgenützter Epithelien, Anregung der Salzsäuresekretion* bei subaziden Magenkatarrhen und dadurch Niederhaltung der Darmfäulnis als zu ausgesprochener Abführwirkung. Bezüglich der Steigerung der Magensaftabsonderung wird angegeben, daß sie nur eintritt, wenn das Kochsalzwasser nüchtern und geraume Zeit, mindestens 1 Stunde, vor der Nahrungsaufnahme verabreicht wird; bei gleichzeitiger Aufnahme wirke es hemmend.

Im Gegensatz dazu stehen die schwer diffusiblen und resorbierbaren Salze (Salina): die Phosphate, Tartrate, Citrate und vor allem die Sulfate. Obwohl sie nach den Versuchen mit dem Kautschukballon den Darm viel schwächer zur Bewegung reizen als Kochsalz, *wirken sie doch schon in kleinen Mengen abführend, weil nur sie die unteren Darmregionen zu erreichen und in Bewegung zu setzen vermögen.* Beleg hierfür ist die Beobachtung, daß das gereichte Natriumsulfat größtenteils im Kot, Kochsalz hingegen im Harn wiedergefunden wird.

Die Eigenschaft dieser Salze, schwer diffusibel und aufsaugbar zu sein, hängt eng zusammen mit dem *Vermögen, eine große Menge Wasser auf molekular-chemische Weise hüllenartig zu binden.* Dasselbe gelangt u. a. auch in der Tatsache zum Ausdruck, daß sie alle mit großen Mengen Kristallwasser auskristallisieren. Sie werden daher *nicht bloß selbst nur langsam resorbiert, sondern halten durch diese Bindung eine große Menge Wasser von der Aufsaugung zurück* (Buchheim). Infolgedessen sind die von ihnen erzeugten Stühle flüssiger und reichlicher als von anderen nur auf die Peristaltik wirkenden Mitteln, und besitzen diese salinischen, auch auf den Darminhalt, nicht bloß auf den Darm selbst wirkenden Abführmittel eine eigenartige, mit den anderen Abführmitteln nur zum Teil sich deckende Wirkung.

Bei Aufnahme sehr konzentrierter Lösung findet auch ein Flüssigkeitserguß in den Magen und oberen Teil des Dünndarms statt infolge der Tendenz des Organismus, die Salzlösung mit dem Blute isotonisch zu gestalten. Diese Flüssigkeit stammt aus dem Blute und führt zu einer vorübergehenden Eindickung desselben. So stieg in einem Versuche an Menschen nach Aufnahme von 21 g Glaubersalz in 20prozentiger, d. i. $1\frac{1}{2}$ molekularer Lösung die Zahl der roten Blutkörperchen von 5 auf 6,8 Millionen (Hay). Für die Therapie kommt diese Wirkung wohl nur selten in Betracht, da die abführenden Salze meist in viel geringerer, nahezu isotonischer Konzentration verabreicht werden. Karlsbader Wasser z. B. enthält nur 0,25 Prozent, Ofener Bitterwasser 5 Prozent abführender Salze. Eine Lösung von 2,4 % SO_4Na_2 ist isotonisch. Auch die bei konzentrierten Salzlösungen nachgewiesene große, bei Gegenwart von Kochsalz noch gesteigerte Erregung der Darmsaftsekretion dürfte praktisch nur ein Nebenmoment in der Gesamtwirkung darstellen.

Die am meisten gebrauchten abführenden Salze sind:

*†**Natrium sulfuricum, Natriumsulfat, Glaubersalz,** Na_2SO_4 + $10 H_2O$, in 3 Teilen Wasser löslich, von salzig-bitterem Geschmack.

*†**Magnesium sulfuricum, Magnesiumsulfat, Bittersalz,** $MgSO_4$ + $7 H_2O$, in 0,8 Wasser mit stark bitterem Geschmack löslich.

Beide Salze erzeugen, das Glaubersalz in milderer Weise, zu 10,0—20,0 g, in 100,0—150,0 kalten Wassers gelöst, nach $^1/_2$ bis 3 Stunden eine oder mehrere wässerige Stuhlentleerungen, gewöhnlich ohne stärkere Kolikschmerzen und Tenesmen. Die gleichzeitig eintretende Hyperämie (stärkere Durchblutung) der Darmschleimhaut ist für mehrere der unten aufgeführten Indikationen wichtig und bringt es wohl auch mit sich, daß erhebliche Störung von Appetit, Verdauung und Resorption nicht eintritt. Ihre Resorption, besonders der Magnesia, ist gering. Die etwa 10 % betragende Zunahme der respiratorischen Sauerstoffaufnahme und der Kohlensäureabgabe ist daher wohl weniger als allgemeine, nach der Resorption sich einstellende Stoffwechselwirkung anzusehen, sondern vielmehr durch den erhöhten Stoffverbrauch infolge der gesteigerten Darmtätigkeit verursacht.

Die offizinellen Salze in oben angegebener Dosis, zur Verbesserung des Geschmacks allenfalls mit etwas Säure (Zitronensaft) versetzt, sind geeignet *zu einmaliger Abführwirkung,* insbesondere wenn es gilt, eine ausgiebige Reinigung und Spülung des Darmkanals zu erzielen.

Ungeeignet sind sie bei Personen mit motorischer Insuffizienz des Magens und bei allen Bettlägerigen. Ihre Lösungen, namentlich wenn sie hypertonisch sind, bleiben nämlich lange in beschwerender Weise im Magen liegen, falls die korrigierende Vorschrift, sie nüchtern zu nehmen und ausgiebige Gehbewegung, welche dem Übertritt der Lösung aus dem Magen in den Darm sehr förderlich ist, darauf folgen zu lassen, nicht durchführbar ist. Auch stärkere Reizzustände (entzündliche und ulzeröse Prozesse am Darme und seiner Umgebung) bilden Kontraindikation.

Außerdem rufen die Salze, namentlich bei wiederholter Anwendung, durch Einschränkung der Magensaft- und Bauchspeichelabsonderung leicht Verdauungsstörungen hervor und hinterlassen oft hartnäckige Verstopfung. Mischungen der abführenden Salze mit Kochsalz und Natriumbikarbonat zeigen diese Übelstände nicht, selbe sind daher geeignet *zu länger dauernder Anwendung (Abführkuren).* Die Natur liefert solche Salzlösungen gebrauchsfertig. Man nennt sie **muriatische Bitterwässer,** wenn sie außer Magnesium- und Natriumsulfat auch noch Kochsalz führen, und **alkalisch-muriatisch-salinische Wässer,** wenn sie neben Natriumsulfat und Kochsalz noch Natriumbikarbonat enthalten. Sie werden bei Befolgung der obengenannten, korrigierenden Vorschriften ohne erhebliche Störung von Appetit, Verdauung und Resorption gut ertragen und sind nach vieljähriger ärztlicher Erfahrung bei verschiedenen Leiden in derzeit nicht näher analysierbarer Weise mit Vorteil verwendbar. Hierher gehören namentlich *Ulcus ventriculi, chronische, mit Verstopfung einhergehende Magenkatarrhe,* dgl. ebensolche *Darmkatarrhe,* wegen der geringen Resorption der Salze auch der tieferen Abschnitte, *Stauungen im Pfortadersystem* (sog. Plethora abdominalis) mit ihren Folgen Meteorismus und Hochstand des Zwerchfells, wobei die obenerwähnte, stärkere Durchblutung des Darmes ausgleichend und ableitend wirkt, ferner die mit diesen Zuständen häufig verbundene exogene *Fettsucht,* wobei Erhöhung des Stoffumsatzes unter Schonung des Eiweißbestandes vielleicht eine Rolle spielt, schließlich *Gallensteinleiden* und *Diabetes.* Gegen letztere beiden hat sich namentlich Karlsbad bewährt. Die Wässer werden am besten an der Quelle selbst gebraucht wegen der leichter durchführbaren geregelten Lebensweise und der sonstigen, schon bei den Wildwässern erwähnten, die Wirkung unterstützenden Momente.

Über die Dosierung können allgemeine Angaben nicht gemacht werden, da selbe bei jeder Quelle verschieden ist je nach dem Mischungsverhältnis und der Konzentration ihrer Salze. Die Temperatur und der Gehalt an Kohlensäure ist mitbestimmend für die Stärke der Wirkung. *Kalte und kohlensäurereiche Wässer sind stärker* als warme und entgaste; auch fehlt ihnen die ausgesprochen schmerzlindernde Wirkung der warmen Mineralwässer auf den Magen. Die nach dem Gebrauche der abführenden Wässer zuweilen hinterbleibende Verstopfung wird auf eine Erregung des hemmenden Sympathicus bezogen, falls er im Zustande großer Reizbarkeit sich befindet.

Einzelheiten über die abführenden Mineralwässer.

Die **Bitterwässer** enthalten als wesentliche Bestandteile Sulfat-Ionen einerseits, Magnesium-, zum Teil auch Natrium-Ionen anderseits. Sie eignen sich aus obengenannten Gründen nur zu kürzerem Gebrauch und werden daher mehr versandt als an der Quelle getrunken. Beim Öffnen solcher Flaschen ist nicht selten ein Geruch nach Schwefelwasserstoff bemerkbar, auf Reduktion der Sulfate beruhend, ein Prozeß, der auch im Darmkanal beim Gebrauch solcher Wässer, nach dem Geruche der Stühle zu schließen, in geringem Umfange eintritt und zur Erhöhung der Peristaltik beiträgt. Die bekanntesten reinen Bitterwässer sind die Ofener Bitterwässer, 22—50 $^0/_{00}$ abführende Salze enthaltend; Püllna, Saidschitz und Seidlitz in Böhmen.

Die **muriatischen Bitterwässer** enthalten Sulfat-Ionen SO_3'', Magnesium-Ionen Mg', z. T. auch komplexe Magnesium-Ionen (HCO_3Mg') und die Ionen des Natriumchlorid: Friedrichshall in Sachsen-Meiningen (ca. 11$^0/_{00}$ Magnesiumsulfat, 13$^0/_{00}$ Kochsalz), Mergentheim in Württemberg (6$^0/_{00}$ Natrium- und Magnesiumsulfat, 12$^0/_{00}$ Kochsalz). Mehrere Quellen von Kissingen.

Die **alkalisch-muriatisch-salinischen Wässer** sind nach ihrem Ionengehalt dadurch charakterisiert, daß die Sulfat-, Hydrokarbonat- und Chlor-Ionen (SO_4'', HCO_3', Cl') einerseits, Natrium-Ionen ($Na^{.}$) anderseits vorwalten. Am meisten verordnet, bei Cholelithiasis und Diabetes fast ausschließlich, wird Karlsbad. Seine zahlreichen heißen Quellen, Sprudel, Mühlbrunnen, Schloßbrunnen, enthalten im Durchschnitt 2,5$^0/_{00}$ Natriumsulfat, 0,1$^0/_{00}$ Kaliumsulfat, 1,8$^0/_{00}$ Natriumbikarbonat und 1,0$^0/_{00}$ Chlornatrium neben viel freier Kohlensäure. Sie stehen in ihrem relativen Kationengehalte jenem des menschlichen Blutserums sehr nahe, ähnlich wie die Quellen von Vichy und der Kreuzbrunnen von Marienbad. *Künstliches Karlsbader Salz, Sal Carolinum factitium, ist eine Mischung dieser Salze; 6 g (1 Teelöffel) in 1 l warmen Wassers oder, um auch etwas freie Kohlensäure zu haben, in „Sodawasser" gelöst, geben eine dem Karlsbader Wasser ähnliche, aber keineswegs völlig gleichwertige Lösung. Natürliches Karlsbader Salz wird in 2 Präparaten versandt: Das ältere „Sprudelsalz", durch Kristallisierenlassen des konzentrierten Wassers gewonnen, besteht fast ausschließlich aus Glaubersalz, weil dieses sich zuerst ausscheidet; das neuere „Quellsalz" wird durch Eindampfen des Wassers unter CO_2-Überleitung bis zur Trockne gewonnen, enthält darum alle seine Bestandteile. Neuerdings wird auch ein Karlsbader Brausepulver, das auch die Kohlensäure des Mineralwassers entwickelt, in den Handel gebracht.

Karlsbad in der Zusammensetzung am nächsten stehen die kalten Quellen von Franzensbad, wogegen jene von Marienbad und Elster doppelt so reich an Glaubersalz sind, also viel stärker abführend wirken. Tarasp (Engadin) hat gleichen Gehalt an Glaubersalz wie Karlsbad, aber dreimal soviel Kochsalz und Natriumbikarbonat. Rohitsch (Steiermark) ist ein schwaches Glaubersalzwasser mit Natriumkarbonat und Spuren von Kochsalz.

Seltener gebrauchte abführende Salze:

*†**Natrium phosphoricum, Natriumphosphat,** $Na_2HPO_4 + 12 H_2O$, von schwach alkalischer Reaktion und salzigem, nicht bitterem Geschmack, wird zu 15,0—30,0 teelöffelweise in Wasser oder Suppe gelöst, als mildes, leicht zu nehmendes Abführmittel bei Kindern gebraucht. Mononatriumphosphat NaH_2PO_4, von angenehmem, säuerlichen Geschmack, kann in Gaben von 1,0 in Tabletten oder in Lösung mit Fruchtsäften zur Phosphorsäure-Zufuhr benützt werden.

***†Tartarus depuratus,** †**Kalium hydrotartaricum, Weinstein, saures wein-saures Kalium,** in ca. 200 kaltem Wasser mit angenehmem, säuerlichen Geschmacke löslich, dient zur Herstellung von säuerlichen Getränken und als mildes, die Salz- und Säurewirkung vereinigendes Abführmittel.

***Tartarus natronatus** †**Kalium Natrio-tartaricum,** Kaliumnatrium-tartrat, Seignettesalz, wirkt ebenfalls milde abführend.

Die Dosen beider Mittel sind 8,0—12,0. Sie werden indes meist nur in Verbindung mit anderen Abführmitteln (Schwefel, Senna) gebraucht.

***Pulvis aerophorus laxans,** †**Pulvis aerophorus Seidlitzensis,** abführendes Brausepulver, Seidlitzpulver, ist zusammengesetzt aus 7,5 (†10,0) Tartarus natro-natus und 2,5 (†3,0) Natriumbikarbonat in einer farbigen, 2,0 (†3,0) Weinsäure in einer weißen Kapsel; durch Lösung des Inhaltes zunächst der weißen, dann der farbigen Kapsel in einem Glase Zuckerwasser wird ein ˉerfrischendes und gleichzeitig milde abführendes Getränk, bei dyspeptischen Zuständen verwendbar, bereitet.

***†Magnesium citricum effervescens, Brausemagnesia,** ist ein Brause-pulver, das im wesentlichen aus Zitronensäure, Magnesiumkarbonat und Zucker besteht. Man löst 1—2 Teelöffel des grobkörnigen Pulvers in einem zur Hälfte mit Zuckerwasser gefüllten Glase und trinkt während des Aufbrausens. †Potio Magnesii citrici effervescens, abführende Limonade, ist eine analoge Mischung in flüssiger Form.

III. Kohlehydrate.

Der abführenden Wirkung des Rohrzuckers, Milchzuckers und Honigs wurde bereits bei den Versüßungsmitteln Kap. II gedacht. Auch das per anum applizierbare, auf Seite 42 bereits behan-delte Glyzerin kann als mehratomiger Alkohol dieser Gruppe beigezählt werden. Es bleibt die ausschließlich als Abführmittel gebrauchte Substanz dieser Gruppe zu besprechen übrig:

***†Manna,** der in Süditalien aus Rindeneinschnitten gewonnene eingetrocknete Saft der Mannaesche, Fraxinus ornus, enthält als wirksamen Bestandteil zu 75—80% das Kohlehydrat Mannit neben Zucker und Gummi. Sie wirkt in 30,0—60,0 milde abführend, wird bei Erwachsenen für sich allein jedoch selten gebraucht, häufiger in der Kinderpraxis teelöffelweise als ***Syrupus Mannae** oder verstärkt als †**Syrupus Sennae cum Manna** und †**Hydromel infantum, Kindermet,** eine Mischung von 3 Teilen Infusum Sennae cum Manna und 1 Teil Syrupus Sennae cum Manna.

IV. Spezifisch wirkende organische Stoffe.
a) Rhabarber, Senna, Faulbaumrinde und Aloe.

Diese vier Mittel bilden insofern eine einheitliche Gruppe, als ihre Peristaltik-erregenden Stoffe Oxydationsprodukte des Anthrachinons sind, um so wirksamer, je mehr Hydroxyl-

gruppen sie enthalten. Am häufigsten findet sich das Trioxy-
methylanthrachinon (Emodin), von dem es, je nach der Stellung
der Hydroxyle, mehrere Isomere gibt:

$$
\begin{array}{ccc}
OH & & CH_3 \\
| & & | \\
C & CO & C \\
\end{array}
$$

HC   C   C   C—OH

HC   C   C   CH

$$
\begin{array}{ccc}
C & CO & C \\
| & & | \\
OH & & H \\
\end{array}
$$

Die Oxyanthrachinone sind in den Drogen größtenteils nicht
frei, sondern mit Zucker zu wenig wirksamen, ätherartigen Verbindungen (Glykosiden) gepaart. Im Darmkanal aber werden sie
unter Wasseraufnahme gespalten und so die Anthrachinone mit
ihren wirksamen OH-Gruppen in Freiheit gesetzt. In analoger
Weise verhalten sich die synthetisch, durch „Verschluß“ einer oder
mehrerer Hydroxylgruppen aus Oxyanthrachinonen erhaltenen
Körper, z. B. der Diacetylester des Trioxyanthrachinons, Purgatin
genannt, das zu 0,5—1,0 ein brauchbares Abführmittel ist.

Die Spaltung im Darme erfolgt sehr allmählich, so daß in gewöhnlichen Gaben die *Wirkung erst im Dickdarm* erheblich ist
und allgemeine sensible Reizung (Kolik) entweder ganz fehlt oder
wie bei Senna nur mäßig ist. Sie sind daher gute *Aperitiva* und
Purgantia. Die Anhäufung zu wirksamer Dosis wird ermöglicht durch die geringe, wenn auch nachweisbare Resorbierbarkeit,
Emodin z. B. erscheint im Harn (Rotfärbung auf Zusatz von Alkali analog dem Chrysarobin Kap. VIII) und in der Milch (abführende Wirkung derselben).

***Rhizoma Rhei, †Radix Rhei, Rhabarber,** die geschälte gelbe
Wurzel verschiedener R h a b a r b e r a r t e n   H o c h a s i e n s , von
bitterem Geschmack und eigentümlichem Geruch, enthält von
beachtenswerten Bestandteilen:

1. Einen nicht näher bekannten B i t t e r s t o f f.
2. R h e u m g e r b s ä u r e.
3. T r i o x y m e t h y l a n t h r a c h i n o n (E m o d i n).

Die drei genannten Stoffe bedingen die eigenartige, bei keinem
anderen Abführmittel in dieser Weise vereinte Wirkung.

Bei k l e i n e n G a b e n, 0,05—0,5, hat der Bitterstoff und die

Gerbsäure das Übergewicht, sie wirken daher als *Stomachicum* und *Antidiarrhoicum.*

Bei größeren 1,0—2,0 erfolgt nach 8—10 Stunden, also nach Aufnahme am Abend in den Morgenstunden, ein weicher Stuhl ohne Nebenerscheinungen (Leibschneiden, Bauchgrimmen) und namentlich ohne Störung von Appetit und Verdauung, welche im Gegenteil im Sinne der Bittermittel gefördert werden. Rhabarber ist daher das bevorzugte *Aperitivum für Rekonvaleszenten und Anämische,* welche häufig mit trägem Stuhlgang zu kämpfen haben. Auch bei habitueller Verstopfung wird er häufig gebraucht, obwohl er bei manchen Personen auf die Dauer versagt und Verstopfung erzeugt. Zur Erzielung stärkerer Wirkung erhöht man nicht die Dosis, sondern kombiniert mit anderen, stärkeren Mitteln.

Die *Verordnung* geschieht in *Pulvern, Pillen und Auszügen,* die zum Teil offizinell sind.

***Pulvis Magnesiae cum Rheo, Kinderpulver** (Hufelands), ist eine Mischung von 10 Magnesiumkarbonat, 7 Fenchelölzucker und 3 Rhabarberwurzel, welche messerspitzen- bis teelöffelweise besonders *in der Kinderpraxis* benützt wird. Es wirkt stomachal durch das Rheum, säuretilgend durch die Magnesia, carminativ durch das Fenchelöl und abführend durch alle drei.

***†Extractum Rhei,** ein gelblich braunes, trockenes Extrakt der Wurzel und etwa doppelt so stark wirkend wie diese, läßt sich mit gleichen Teilen derselben unter Zusatz einiger Tropfen Wasser sehr zweckmäßig in *Pillen* verordnen, 5—10 Stück à 0,1. Behufs stärkerer Wirkung ersetzt man es durch das ***†Extractum Rhei compositum,** eine Mischung von 6 E. Rhei, 2 E. Aloes, 1 Resina Jalapae und 4 medizinische Seife, das zu 2—4 Pillen à 0,15 verordnet wird.

***†Tinctura Rhei vinosa,** 8—10prozentiger, gelb bis braunroter, mit Gewürzen und Zucker versetzter Auszug der Rhabarberwurzel mit Xeres- oder Malaga-Wein, welcher zu ¹/₂ bis 1 Teelöffel als Stomachicum und eßlöffelweise als Abführmittel in Gebrauch ist. ***†Tinctura Rhei aquosa** ist ein wenig haltbares Präparat.

***†Sirupus Rhei** wird als mildes abführendes Mittel teelöffelweise in der Kinderpraxis gegeben; es stellt gewissermaßen eine mit 60% Zucker stark versüßte und verdünnte Tinctura Rhei aquosa dar.

***†Folia Sennae, Sennes- oder Sennablätter,** sind die Blätter des zu den Leguminosen gehörigen Strauches Cassia angustifolia (Arabien und Ostindien).

Die wirksamen Bestandteile dieses bereits von den arabischen Ärzten geführten Mittels fallen zum Teil zusammen mit denen des Rhabarber, der eigentümliche Bitterstoff und die Gerbsäure fehlen.

Senna hat darum *keine stomachalen,* wohl aber *stärker abführende Wirkungen,* die sich bis zu drastischen steigern können. Gaben von 2,0—4,0 erzeugen nach einigen Stunden, unter mäßigen Kolikschmerzen und mäßiger Darmkongestion, einige flüssige Stühle, ohne Verstopfung zu hinterlassen. Bei Verwendung von mit Weingeist „entharzten" Blättern, †Folia Sennae praeparata, sollen die Nebenerscheinungen noch milder sein.

Die Verordnung geschieht als *Infus, Species, Pulver oder Latwerge*.

Die einfachste Form ist der kalte Aufguß, das Infusum Sennae frigide paratum 5,0 : 50,0, 1—3 Eßlöffel, aus der Apotheke verschrieben oder im Hause bereitet, 1 Eßlöffel mit einer Tasse Wasser über Nacht stehen lassen und den Abguß morgens zu trinken. Der bittere Geschmack kann durch Zusatz von Zucker oder Fruchtsaft korrigiert werden.

Im übrigen bieten die Pharmakopöen reiche Auswahl von Präparaten:

*Infusum Sennae compositum, Wiener Trank, ein heiß bereitetes Infus von 10 Sennesblättern, 20 Manna, 10 Kaliumnatriumtartrat auf 100 Kolatur. 1—3 Eßlöffel zu nehmen.

†Infusum Senna cum Manna, mannahaltiger Sennaaufguß, ein kaltes Infus aus 12 Sennesblättern, 15 Manna, 10 Magnesiumkarbonat und 100 Wasser bereitet. Eßlöffelweise.

*Electuarium e Senna, Sennalatwerge, aus 1 Sennesblätter, 4 Syrupus simplex und 5 Pulpa Tamarindorum dep. bereitet; tee- bis eßlöffelweise.

†Electuarium lenitivum, eröffnende Latwerge aus je 1 Sennesblätter und saurem weinsaurem Kalium, je 2 Holundersalse und gereinigtem Tamarindenmus und 4 Pflaumenmus unter Zusatz von gereinigtem Honig bereitet. Tee- bis eßlöffelweise.

Für die Kinderpraxis, teelöffelweise:

*Syrupus Sennae, ein mit Zucker stark versüßter kalter Aufguß von Senna und Fenchel. Bei Verordnung von Syrupus Sennae cum Manna wird nach Ph. G. eine Mischung von Sirup. Sennae und Sirup. Mannae ana verabfolgt.

†Syrupus Sennae compositus (Syrup. Sennae cum Manna), ein aus Sennesblättern, Manna, Zucker und Sternanis bereiteter Sirup.

Zu längerem Gebrauche geeignet:

*Species laxantes, abführender Tee, zusammengesetzt aus 160, mit einer Lösung von 25 Kaliumtartrat und 15 Weinsäure getränkten und getrockneten Sennesblättern, 100 Holunderblüten, 50 Anis und Fenchel, 1 Eßlöffel auf 1 Tasse Wasser.

†Species laxantes, St. Germains abführende Species, aus 50 entharzten Sennesblättern, 25 Lindenblüten, 15 Fenchel, 6 weinsaurem Kaliumnatrium und 4 Weinsäure gemischt.

*†Pulvis Liquiritiae compositus, (Kurellas) Brustpulver, aus 3 Sennesblätter und Süßholzwurzel, 2 gereinigtem Schwefel und Fenchel, 10 Zucker hergestellt. Von milder Wirkung, weil die Zusätze eine stärkere Umwandlung des Schwefels hintanhalten. 1—2 Teelöffel bei Erwachsenen, ¼ Teelöffel bei Kindern in etwas Wasser oder Oblaten. Auch als Expectorans verwendet.

***†Cortex Frangulae, Faulbaumrinde,** vom einheimischen Strauche Rhamnus frangula und ***†Cortex Rhamni Purshianae** von der nordamerikanischen Rhamnus Purshiana (Cascara sagrada) enthalten verschiedene leicht veränderliche Glykoside, aus denen im Darme die wirksamen Anthrachinonderivate abgespalten werden. Die frische Rinde erregt leicht Erbrechen, daher vorgeschrieben ist, daß nur ein Jahr gelagerte Rinde verwendet werde. Die Faulbaumrinden sind *milde, sicher wirkende Abführmittel,* daher auch in der Gravidität brauchbar, am billigsten als *Abkochung in Speciesform,* 1 Eßlöffel zerschnittene Rinde mit 3 Tassen Wasser auf 2 einzukochen und morgens und abends eine Tasse zu trinken.

Beliebt sind auch die beiden Fluidextrakte ***Extractum Frangulae fluidum** und ***†Extractum Cascarae sagradae fluidum** (†Extractum Rhamni Purshiani fluidum). Sie werden zu 1,0—3,0 (20 bis 60 Tropfen) als Aperitivum, 5,0—15,0 (tee- bis eßlöffelweise) als Purgans gegeben.

Die Pastilli Extracti Cascarae sagradae Ph. A. E. enthalten pro Stück ungefähr 2,5 des eingedampften Fluidextraktes.

†Vinum Rhamni Purshiani, Gemisch von 10 Extractum fluidum Rhamni Purshiani mit 5 Syrupus Aurantii corticis und 15 Malagawein; die Dosen sind die dreifachen des Extraktes.

„Regulin" ist der Handelsname für eine Präparation von Agar-Agar mit Zusatz von Extr. aquosum Cascarae sagradae. Es wird in Form brauner Schuppen in den Handel gebracht und tee- bis eßlöffelweise bei chronischer Obstipation empfohlen. Das Agar soll als Mucilaginosum die Resorption hemmen, so daß der Dünndarminhalt voluminöser und gleitbarer in den Dickdarm gelangt und das Absetzen des Stuhles erleichtert wird. Das Agar wird indes durch bakteriellen Abbau rasch unwirksam; andere Mucilaginosa, pulverisierter Traganth oder die billigen Leinsamen, 1—2 Eßlöffel mit etwas Wasser hinabgespült, sind vorzuziehen.

*Syrupus Rhamni catharticae, der mit Zucker versüßte Preßsaft frischer Kreuzdornbeeren (Fructus Rhamni catharticae) wird teelöffelweise manchmal bei Kindern als Abführmittel gebraucht.

***†Aloe** ist der eingedickte Saft der fleischigen Blätter mehrerer Aloearten des Kaplandes. Es sind grünlich-braune, spröde Stücke von bitterem Geschmacke und aromatischem, an Safran erinnerndem Geruch. Durch Ausziehen mit Wasser entsteht das ungefähr doppelt so wirksame ***†Extractum Aloës.** Die Aloe enthält neben anderen Anthrachinonderivaten das kristallisierbare Aloin. Dasselbe scheint erst im Darm eine Spaltung und Oxydation zum wirksamen Prinzip zu erfahren, woraus sich die charakteristische *späte Wirkung* erklärt.

Kleine Gaben, 0,1—0,3, erzeugen nach 8—12 Stunden, also z. B. abends genommen am Morgen, eine gelinde Leibesöffnung, ohne Störungen des Appetits und ohne Gewöhnung nach sich zu ziehen. Sie sind daher ein besonders *in Pillenform bevorzugtes Aperitivum bei habitueller Verstopfung* und bilden das Wirksame in vielen hochgepriesenen Handelsartikeln (Schweizerpillen, Lebenselixieren). Der ärztlich unkontrollierte Gebrauch ist indes nicht unbedenklich, denn kleinere, lange fortgesetzte Gaben können schwer sich zurückbildende Erweiterung der Dickdarmgefäße (Hämorrhoiden) zur Folge haben und größere Gaben wirken drastisch mit hochgradiger Kongestionierung der Beckenorgane und reflektorisch ausgelösten Uteruskontraktionen, weshalb die Aloe auch als *Emmenagogum* und kriminelles *Abortivum* gebraucht wird.

Subkutane Injektion von Aloin (0,15—0,2 in 1,0 Glyzerin) ist ebenfalls von Wirkung, wohl infolge der Ausscheidung in den Dickdarm, wo es nachgewiesen werden kann. Bei Kaninchen wirkt es nicht abführend und geht auch nicht in den Darm über, sondern wird durch die Niere ausgeschieden, dabei tubuläre Nephritis verursachend.

*Tinctura Aloës, Aloetinktur, wird aus 1 Aloe mit 5 Weingeist bereitet.

*Tinctura Aloës composita ist eine vereinfachte Modifikation des alten Elixirium ad longam vitam, bereitet durch Ausziehen von 3 Aloe mit 100 verdünntem Weingeist und Zusatz von Rhabarber, Enzian und einigen Gewürzen.

*Pilulae aloëticae ferratae, Italienische Pillen, aus Aloe und entwässertem Eisensulfat zu gleichen Teilen hergestellt, 3 mal täglich 1—2 Stück, bei Chlorose mit Amenorrhoe.

*Phenolphthaleïnum, Purgen, $C_{20}H_{14}O_4$, ein gelblich weißes, in Alkalien mit roter Farbe sich lösendes Pulver, ist zwar kein Derivat des Anthrachinons, sondern ein solches des Triphenylmethans, schließt sich indes in seinem sonstigen chemischen und physiologischen Verhalten, soweit bekannt, den Oxyanthrachinonen an. Als Indikator für alkalische Reaktion schon lange verwandt, verdankt es seine Einführung einer zufälligen Beobachtung. In Ungarn hatte man angeordnet, den aus Trestern bereiteten Kunstweinen Phenolphthaleïn zuzusetzen, um sie jederzeit als Kunstprodukte nachweisen zu können. Die auf den Genuß solcher Weine regelmäßig sich einstellenden Durchfälle lenkten die Aufmerksamkeit auf dieses Mittel. Es wird in *Tabletten* zu 0,05—0,2 als *Aperitivum* viel gegeben, ist indes keineswegs ungiftig, denn nach größeren Gaben (0,6 innerhalb 24 Stunden) wurden profuse Durchfälle, Herzkollaps, Nierenentzündung mit fast völliger Anurie beobachtet.

Aperitol ist ein Gemenge des Essigsäure- und Isovaleriansäureesters des Phenolphthaleïns; es soll, zu ca. 0,5 verabreicht, weniger leicht Kolikschmerzen verursachen und keine Gewöhnung bei fortgesetztem Gebrauche eintreten lassen.

b) Podophyllin, Jalapa und Koloquinten.

Die wirksamen Bestandteile dieser Drogen sind glykosidische Säureanhydride resp. Harzsäuren noch unbekannter Konstitution, zu deren Lösung und Wirkbarmachung Galle viel beiträgt. Sie wirken motorisch und sekretorisch auf den *Dünndarm und Dickdarm* als *Drastica* und erzeugen in größeren Dosen starke Entzündung mit seröser bis blutiger Exsudation.

***Podophyllinum, †Resina Podophylli,** ist ein gelbes, lockeres Pulver, das aus dem weingeistigen Auszuge der Wurzel von Podophyllum peltatum (Nordamerika) durch Zusatz von Wasser abgeschieden wird. Es enthält neben anderen Stoffen das kristallisierbare Drasticum Podophyllotoxin, $C_{23}H_{24}O_9 + 2H_2O$, das auch bei subkutaner Einspritzung (neben örtlicher Reizung) Durchfälle erzeugt und in größeren Dosen Gastroenteritis sowie Nephritis zur Folge hat.

Podophyllin dient gewöhnlich in kleinen Gaben, 0,01—0,05, für sich oder zusammen mit Extr. Belladonnae, *in Pillenform als Aperitivum bei habitueller Verstopfung,* auch steht es im Rufe eines Cholagogums.

℞

Podophyllini	0,5
Rad. et Extr. Liquiritae	3,0
[oder Sapon. med.]	
M. f. pil. No. XXX.	
DS. abends 1—2 Stück.	

***Tubera Jalapae, †Radix Jalapae, Jalapenknollen, Jalapenwurzel,** von der mexikanischen Convolvulacee Exogonium purga. Das daraus durch Ausziehen mit Weingeist und Eindampfen oder Fällen mit Wasser in ähnlicher Weise wie Podophyllin gewonnene Präparat, ***†Resina Jalapae, Jalapenharz,** ist 4 mal so wirksam. Beide enthalten das in Galle lösliche Säureanhydrid Convolvulin.

Jalapa wird als *kräftiges Drasticum* benützt, um einige stark *wässerige Ausleerungen* zu erzielen oder *hartnäckige Kotstauungen* zu beheben. Bei entzündlichen Zuständen ist es kontraindiziert.

Die Verordnung geschieht, da der wirksame Bestandteil in Wasser unlöslich ist und erst im Darme sich löst, nur *in Pulvern oder Pillen;* die Wurzel zu 0,2—2,0, das Harz zu 0,05—0,5.

R

Resinae Jalapae
Gummi arabici   ana 0,3
Sacchari   0,5
M. f. pulv.
DS. die eine Hälfte des Pulvers und, wenn nach einigen Stunden keine Wirkung sich einstellt, die andere Hälfte zu nehmen.
[Pulvis purgans Ph. A. militaris.]

R

Res. Jalapae
Sap. med.   ana 1,15
Tub. Jalap.   0,75
M. f. pil. op. Spirit. No. XXX.
DS. 2—6 Stück zu nehmen.
[In ähnlicher Zusammensetzung in Ph. G. offizinell als *Pilulae Jalapae.*]

R

Aloës   3,2
Tub. Jalapae   4,5
Fruct. Anisi   0,8
Sap. medic.   1,5
M. f. l. a. pil. No. L.
DS. 1—4 Stück zu nehmen.
[†**Pilulae laxantes,** abführende Pillen der Ph. A.]

*†**Fructus Colocynthidis, Koloquinten,** die geschälte Frucht von Citrullus colocynthis, einer Gurkenart Kleinasiens. Sie enthält das in Alkohol leicht, in Wasser schwer lösliche, sehr bittere Glykosid Colocynthin. Das zur Verordnung zweckmäßigste Präparat ist der weingeistige, zur Trockne verdampfte Auszug, das *†**Extractum Colocynthidis.** 0,01—0,05 desselben in *Pulvern oder Pillen* dienen als *starkes Drasticum* bei Kotstauung, bei entzündlichen Zuständen zu vermeiden. Größere Dosen können schwere *Entzündungen des Darmkanals* mit heftigsten Leibschmerzen und Abgang blutiger Stühle herbeiführen.

*Tinctura Colocynthidis 1,3 (3,0)! entbehrlich.

*Gutti, †**Gummiresina Gutti, Gummigutt,** das Gummiharz von Garcinia Hanburyi, einem in Ceylon einheimischen Baume, bekannt als Malerfarbe, ist ein starkes Drasticum in Dosen wie die Koloquinten, jedoch wenig in Gebrauch. Wirksamer Bestandteil ist die Gambogiasäure. 0,3 (1,0)!

R

Extracti Colocynthidis   0,1
Sacchari   2,0
M. f. pulv. Div. in part. aeq. No. V.
D. ad capsul. amyl.
S. 3 stündlich 1 Pulver bis zur Wirkung.

R

Extr. Colocynthidis   0,1
Sap. medic.   1,0
M. f. ope Spirit. pil. No. X.
DS. 2 stündlich 1—2 Pillen bis zur Wirkung.

Maximaldosen.

	Ph. G.	Ph. A.
Podophyllinum (Resina Podophylli)	0,1 (0,3)!	0,05 (0,2)!
Fructus Colocynthidis	0,3 (1,0)!	0,3 (1,0)!
Extractum Colocynthidis	0,05 (0,15)!	0,05 (0,2)!

c) Rizinusöl und Krotonöl.

Eine gewisse abführende Wirkung kommt schon dem gewöhnlichen fetten Öle, dem Olivenöl, zu, wie dessen Verwendung als Cholagogum und als Klysma bei Verstopfungen und bei Colica mucosa dartut. Eigenartige abführende fette Öle enthalten die Samen zweier nahe verwandter Euphorbiaceen. Zufolge dieser gemeinsamen Abstammung sollen sie zusammen besprochen werden, obgleich sie in der Stärke der Wirkung direkte Gegensätze sind.

***†Oleum Ricini, Rizinusöl,** wird aus den Samen von Ricinus communis ausgepreßt, einer in warmen Ländern und auch bei uns in den Gärten vielfach gezogenen Euphorbiacee. Es ist von blaßgelber Farbe und von zähflüssiger Konsistenz.

Die Samen und die bei der Ölgewinnung zurückbleibenden Preßrückstände sind sehr giftig infolge Anwesenheit des Toxins Rizin, das dem Krotin der Krotonsamen und dem Abrin der Jequirity-Samen nahe verwandt ist (Kobert). In das Öl geht dieser Körper nicht über.

Als Ursache der abführenden Wirkung gilt die Rizinolsäure, welche aus ihrem Glyzerid durch die verseifende Aktion des Bauchspeichels langsam freigemacht wird. Beweis hierfür ist die Beobachtung, daß rizinolsaures Natron in kleinerer Dosis (6,0) wirkt als das Öl (Buchheim, H. Meyer). Der Rest des unzerlegten Öles dient wohl dazu, durch Einhüllung den Reiz zu mildern und durch Schlüpfrigmachen der Wege den Stuhlgang zu fördern.

Anwendung. Rizinusöl ist *eines der wichtigsten Abführmittel.* Es bewirkt in Gaben von 10,0—30,0 = $^1/_2$—2 Eßlöffel sicher .und in kurzer Zeit *durch Erregung der Peristaltik des Dünndarms breiige Stuhlentleerung* ohne Kolikschmerzen und *ohne allgemeine Darmreizung,* so daß es selbst bei entzündlichen Zuständen des Darmkanals und in der Gravidität gegeben werden darf. In dieser Hinsicht wird es von keinem anderen Mittel, selbst nicht vom Kalomel, erreicht. Auf den Dickdarm ist die Wirkung gering, wohl weil per os gegeben nur wenig bis dahin gelangt, denn in Form von Klysmen verordnet, zeigt es sich von erheblicher Wirkung.

Nicht geeignet ist es zu längerem Gebrauche, da es den Appetit nimmt und die Magenentleerung verlangsamt wie alle Fette.

Eine unangenehme Beigabe ist der *widerlich kratzende Geschmack,* der bei manchen Personen Übelkeit und Erbrechen bewirkt. Man umgeht ihn am besten durch Verordnung *in elastischen Leimkapseln,* die überall vorrätig sind, oder durch Zusatz von etwas Essigsäure (Essig). Sonst versäume man wenigstens nicht, das Mittel in erwärmtem Löffel zu reichen, damit es, flüssiger gemacht, in der Mundhöhle nicht lange haften bleibt, und etwas heißen Kaffee, Bier oder Pfefferminzplätzchen nachnehmen zu lassen.

Als Zusatz zu spirituösen Haarwässern ist es, um der austrocknenden Wirkung des Alkohols entgegenzuwirken, besonders dadurch geeignet, daß es in diesem Mittel im Gegensatz zu anderen fetten Ölen gut löslich ist.

*†Oleum Crotonis, Krotonöl,** ein dunkelgelbes, sauer reagierendes Öl aus den sehr giftigen Samen der baumartigen Euphorbiacee Croton tiglium, Ostasien.

Das Öl wirkt schon in sehr kleinen Mengen *heftig reizend und entzündend an allen Applikationsstellen.* Ein Tropfen, in die Haut eingerieben, erzeugt eine pustulöse Entzündung und wenige Tropfen innerlich eine heftige, selbst tödlich endende Enteritis.

Anwendung. Von seiner Wirkung als *Pustulans der Haut* (Kap. V) wird nur selten Gebrauch gemacht. Auch innerlich als *stärkstes Drasticum* zu 0,01—0,05 gibt man es nur im Notfalle bei Kotstauungen, wenn keine entzündlichen Erscheinungen vorliegen.

Maximaldosen der Ph. G. und Ph. A.
0,05 (0,15)!

℞		℞	
Ol. Crotonis	0,05	Ol. Crotonis	0,1
Sacch. Lactis	3,0	— Ricini	50,0
M. f. pulv. Div. in part. aeq. No. III.		MDS. stündlich $^1/_2$—1 Eßlöffel bis	
DS. 2stündlich 1 Pulver bis zur		zur Wirkung.	
Wirkung.			

℞
Olei Crotonis
— Olivarum   ana 5,0
M. exactissime.
DS. äußerlich zur Einreibung (Pustulans).

Anhang.
Cholagoga.

Gallentreibende Mittel werden bei *Cholelithiasis* (Gallensteinkolik) angewandt. Man hofft, durch sie teils die bereits gebildeten Steine leichter herauszubefördern (erhöhter Sekretionsdruck), teils durch Anregung der Schleim‑ sekretion der Gallengänge das Lösungsvermögen zu erhöhen oder den Ent‑ zündungszustand der Gallenwege zu mildern. Nach Versuchen an Gallenfistel‑ hunden ist Sekretionssteigerung der Galle für folgende Mittel erwiesen: Gallen‑ säuren, sie wirken gleichzeitig abführend; eine „Verbindung" von Galle mit Hühnereiweiß wird als Ovogal, grünlichgelbes Pulver, messerspitzenweise jetzt viel gegeben; ebenso die als Agobilin bezeichneten Tabletten aus 0,2 Chol‑ säure, salicylsaurem Strontium und dem abführenden Phenolphthaleïndiacetat. Ihnen zunächst stehen Albumosen und Seifen, insbesondere ölsaures Natron (Eunatrol), ferner Salzsäure und in schwächerem Grade salicylsaures und ben‑ zoesaures Natron. Die Wirkung der so sehr gerühmten Chologentabletten, welche zu 0,1 das Drasticum Podophyllin und zu 0,05 das antiseptische Laxans Kalomel nebst etwas ätherischem Öl enthalten, ist zweifelhaft. Ätherische Öle, besonders Pfefferminzöl, mit Milchzucker zu „Cholaktoltabletten" verarbeitet, werden dreimal tgl. je 4 Stück = zusammen 0,15 Ol. Menthae beim einsetzenden Anfall empfohlen.

Klinisch erprobt, aber in ihrer Wirkungsweise noch nicht aufgeklärt ist Karls‑ baderwasser. Weißer oder schwarzer Rettich ist ein ziemlich altes Volks‑ mittel. ¹/₂ Tasse des ausgepreßten Saftes, steigend bis auf 2 Tassen täglich, 2—3 Wochen lang zu nehmen. Wird auch bei Darm‑ und Brustkatarrhen gebraucht.

Das Durandesche Mittel, eine Mischung von 1 Terpentinöl und 3 Äther, und Oleum camphoratum, 15—20 Tropfen auf Zucker, werden speziell zur Milderung des Kolikanfalls selbst empfohlen.

Emmenagoga und Dysmenorrhoica.

Die monatlichen Blutungen steigernd wirken die als Abortiva gebrauchten ätherischen Öle (Kap. V) und die die Genitalorgane kongestionieren‑ den stärkeren Abführmittel, wie bei Besprechung der Kontraindikationen für diese Mittel bereits erwähnt ist. Aloe steht besonders in diesem Rufe.

Weitere, teils die Menstruation befördernde, teils die dabei [auftretenden Schmerzen mildernde, als Dysmenorrhoica bezeichnete Mittel sind:

Eumenol, Fluidextrakt aus der in China seit mehreren Jahrtausenden als menstruationsregelndes Mittel sehr geschätzten „Tang-Kui"-Wurzel. Es hat sich auch bei uns in Dosen von 1 Pastille oder 1 Teelöffel 3 mal täglich zu Be‑ ginn der Periode gegeben, sowohl bei *Amenorrhoe,* um die Blutung herbeizu‑ führen, wie bei *Dysmenorrhoe,* um die Schmerzen zu beseitigen, bewährt. Über den wirksamen Bestandteil und die Art der Wirkung ist nichts bekannt.

†**Cortex Viburni** von Viburnum prunifolium, amerikanischer Schneeballen‑ baum, wird gewöhnlich in Form des †Extractum Viburni fluidum zu 1,0—4,0 mehrmals täglich als Antispasmodicum, Antiabortivum, Dysmenorrhoicum ge‑ geben.

Mensan, alkoholisches Extrakt aus Haselnüssen, eßlöffelweise.

Weitere Dysmenorrhoica sind: Muskatnuß (Kap. III), Hydrastinin, Stypticin, Hypophysin (Kap. XX) und Antipyrin (Kap. XXI).

Dreizehntes Kapitel.

Expectorantia. Auswurf erleichternde Mittel.

Die Absonderung der Bronchialschleimhaut hat den
Zweck, Fremdkörper (Staub, Bakterien) von der Oberfläche fernzuhalten und mit Hilfe der Flimmerbewegung nach außen zu
schaffen. Sie ist bei Entzündungen bald überreichlich und
dünnflüssig (feuchte Rasselgeräusche, dünner, reichlicher Auswurf), bald spärlich und zähe (trockene Rasselgeräusche, zäh-
schleimiges Sputum). Die Entfernung (Expectoratio) dieser
Massen durch Husten geschieht häufig nur schwierig und verursacht
dem Kranken große Unruhe, Qual und Anstrengung. Die Mittel,
welche diese Entfernung erleichtern, nennt man Expectorantia.

Ihre *Wirkungsweise* ist nur ungenau bekannt. In der Mehrzahl
der Fälle scheint sie in der *Erzeugung einer reichlichen und dünn-
flüssigen Sekretion*, verbunden mit einer *Lockerung und Lösung der
Sekretionsprodukte* zu bestehen, und je nach Umständen sowohl
bei innerlicher Darreichung wie örtlich bei Einatmung des dampf-
förmigen oder zerstäubten Mittels zustande kommen zu können
(„lösende Expectorantia"). In größeren Dosen wirken einzelne
dieser Stoffe (Terpentinöl) sekretionsbeschränkend. Bei anderen
(Benzoesäure) kommt vielleicht auch noch die *Erregung von
Husten* während des Einnehmens oder nach der Ausscheidung
auf die Bronchialschleimhaut in Betracht („kratzende Expectorantia"). Auch die Sekretbeförderung *durch Anregung der Flimmerbewegung und Bronchialperistaltik* liegt im Bereiche der Möglichkeit.

Die Erwartungen bezüglich dieser Mittel dürfen nicht zu hoch
gestellt werden. Oft versagen sie ganz oder wirken nicht nachhaltig genug und werden von indirekten Mitteln — Hautreizen
in Form von Bädern, Übergießungen, Einreibungen — übertroffen,
welche nebenbei noch den Vorzug haben, den Magen in Ruhe
zu lassen.

Viele der hierher gehörigen Mittel haben noch größeren
Wirkungskreis und finden deshalb an anderen Orten ihre genauere
Schilderung.

a) Ätherische Öle.

*†Oleum Anisi (Anethol) und *†Oleum Foeniculi, Anis- und
Fenchelöl, werden meistens in Verbindung mit Ammoniakalien
als *†Liquor Ammonii anisatus und *Elixir e succo Liquiritiae

gegeben. Sie scheinen eine *dünne, reichliche Sekretion* zu erregen und werden bei *Bronchitiden mit zähem Sekret* und trockenen Rasselgeräuschen gebraucht.

*†**Oleum Terebinthinae** und besonders das den Magen weniger irritierende ***Terpinum hydratum** wirken in kleinen Gaben wie die eben genannten ätherischen Öle, in größeren Gaben (20 Tropfen Terpentinöl in Milch oder 0,6 Terpinhydrat in Pulvern oder Pillen, 3mal täglich) *sekretionsbeschränkend und desodorisierend* bei *Bronchitiden mit reichlichem eitrigem Auswurf und putridem Zerfall.* Es scheint sich hierbei hauptsächlich um eine desinfizierende Wirkung zu handeln, welche diese Stoffe *bei ihrer teilweisen Ausscheidung auf der Bronchialschleimhaut* ausüben. Hierfür spricht der nicht selten hervortretende Geruch des Atems nach diesen Stoffen und die klinische Erfahrung, daß durch örtliche Applikation, d. h. *bei Inhalation von Terpentinöl oder des angenehmer riechenden Latschenöls,* †Oleum Pini Pumilionis, und des Limonens noch zuverlässiger *analoge Erfolge* erzielt werden mit dem Vorteil, daß der Magen geschont bleibt. Eine milde Form dieser Therapie ist der *Aufenthalt an Orten mit waldreicher Umgebung,* deren Luft mit den Dämpfen der Koniferenöle geschwängert ist. Intensivere Grade erreicht man durch *Zerstäubung dieser Öle* oder *Verdampfung* aus einem mit kochendem Wasser gefüllten Gefäße (sog. Bronchitiskessel). Die Inhalation kann auch in Kombination mit Kochsalz vorgenommen werden, indem man 100 g 3 prozentiger Kochsalzlösung, der man 1 Eßlöffel einer Mischung von 200 Alkohol und 100 Oleum Pini zugefügt hat, zerstäuben läßt. Nach *Einreibung von Terpentinöl auf die Brust* des Kranken (Stokessches Liniment) oder beim Gebrauch der *Fichtennadelbäder* findet ebenfalls Einatmung statt.

Bei allzu reichlicher Einatmung kann *Vergiftung* durch Resorption erfolgen. Das Schlafen in Zimmern, in welchem blühende Pflanzen gehalten werden, erzeugt bekanntlich Kopfschmerz, das Übernachten in frischgefirnißten Räumen hat sogar in einigen Fällen den Tod zur Folge gehabt.

Oleum Myrtae (Myrtol), das ätherische Öl von Myrtus communis, wirkt in ähnlicher Weise wie Terpentinöl und wird in Gelatinekapseln zu 0,15 zweistündlich *bei putrider Bronchitis und Lungenbrand* gegeben. Der Atem riecht oft sehr auffallend nach dem Mittel.

Oleum Eucalypti (Eucalyptol), sekretionsbeschränkendes ätherisches Öl der Eucalyptusblätter bei Bronchitis phthisica, putrida als Inhalation 10—20 Tropfen der spirituösen Lösung 1:5 mehrmals täglich auf Watte oder innerlich, hier auch in Kapseln. Soll insbesondere den Hustenreiz beseitigen und lange ohne Schädigung der Niere verabreicht werden können. Nach Aufnahme von 20 g und mehr sind Todesfälle beobachtet.

*Herba Thymi 'von Thymus vulgaris, Thymian, mit dem hauptsächlich Thymol enthaltenden *Oleum Thymi und dem namentlich für Kinder geeigneten Syrupus Thymi compositus Ph. A. E. sind Volksmittel bei Bronchialkatarrhen.

*†Species pectorales, Brusttee (Kap. 1 c), enthalten als wirksame Stoffe Muciloginosa, ätherische Öle und Saponine.

Kreosot und Teer wirken anscheinend in ähnlicher Weise wie die Terpene, die Bronchialschleimhaut bei ihrer Ausscheidung desinfizierend; ihre Anwendung wird besonders bei den epidemisch auftretenden *akuten Katarrhen des Herbstes und Frühjahrs* empfohlen. Weiteres über diese Mittel findet sich im Kap. VIII.

b) Nausea erregende Stoffe.

Brechmittel, insbesondere Radix Ipecacuanhae, erregen nach Kap. XI in kleinen Gaben (zirka $^1/_{10}$ der brechenerregenden) mäßige aber anhaltende *Nausea* mit *Vermehrung der Bronchialsekretion.*

Ihnen schließen sich zwei ebenfalls Nausea erregende Mittel an:

*†Radix Senegae, Senegawurzel, von Polygala Senega, Nordamerika, von den Indianern zur Milderung der nach Schlangenbissen auftretenden Atmungsbeschwerden gebraucht und dadurch zuerst bekannt geworden. Sie hat scharf-kratzenden Geschmack und erzeugt häufig Appetitlosigkeit, Übelkeit, selbst Erbrechen, Durchfälle, weshalb sie nur bei normalen Verdauungsorganen und nicht zu lange angewendet werden soll. Auch hohes Fieber und Disposition zu Lungenblutungen gelten als Gegenanzeige.

Die Verordnung erfolgt als *Dekokt* 10,0 : 200,0, 2 stündlich ein Eßlöffel.

*†Sirupus Senegae ist einem stark versüßten, 5 prozentigen Dekokt gleichzusetzen und kann für sich oder als Zusatz zu Mixturen verwendet werden.

*†Cortex Quillaiae, Seifenrinde, von Quillaia saponaria, einem südamerikanischen Baume. Geschmack schleimig, kratzend. Das Mittel wird als Ersatz der Senegawurzel empfohlen, weil es weniger leicht die Nebenerscheinungen verursacht und billiger ist.

Verordnung als *Dekokt* 5,0 : 200,0 eßlöffelweise bei Erwachsenen, teelöffelweise bei Kindern. Auch zu Nasenspülung bei Ozaena geeignet.

Die wirksamen Stoffe dieser Drogen, Sapotoxin und Quillaiasaponin, gehören zur Gruppe der Saponine, amorphe, im Pflanzenreiche viel verbreitete Glykoside von neutraler oder saurer und dann nur in Alkalien löslicher Beschaffenheit. Sie zeichnen sich durch die Eigenschaft aus Paraffine, Harze, Haare und Haut und ähnliche *Stoffe durch Wasser benetzbar zu machen* und, *wie Seife, mit Wasser schäumende Flüssigkeiten zu bilden.* Ihr ältester Ver-

treter, das Saponin, aus der Seifenwurzel, Saponaria officinalis, und die im Süßholz, Spinat, Futter- und Zuckerrüben, Roßkastanie, Efeu, Wollblumen enthaltenen
Saponine sind pharmakodynamisch ziemlich indifferent. Sapotoxin und Quillaiasaponin hingegen sind stark giftig, desgleichen die Saponine von Agrostemma
Githago, Kornrade, dem bekannten Ackerunkraute, von Cyclamen ieuro-
paeum und Paris quadrifolia, Einbeere. Dieselben wirken durch „Ver-
ankerung“ an die Lipoide auf alle Protoplasmagebilde, mit denen sie in Berührung kommen, und erregen daher örtlich an allen Applikationsorten heftige
Reizung und Entzündung. Vom Darmkanal aus ist hauptsächlich Agrostemma-
Saponin giftig, weil es unverändert resorbiert wird; intravenös beigebracht aber bewirken sie alle schon in äußerst geringen Dosen, $\frac{1}{2}$ Milligramm pro Kilo Körpergewicht, eine erst nach einigen Tagen tödlich endende Vergiftung unter Kol-
lapserscheinungen. Größere Dosen erzeugen heftige Krämpfe mit folgender Lähmung und, falls der Tod nicht rasch erfolgt, auch dysenterieartige Darmentzün-
dung und Hämolyse.

Der Gebrauch dieser stark giftigen, den Magen und Darm schädigenden Saponine zur Herstellung von künstlichen Limonaden,
um sie schäumend zu machen und die Kohlensäure länger absorbiert zu halten,
ist unzulässig.

Den Saponinen chemisch und pharmakologisch ähnlich sind die von Faust
dargestellten **Schlangengifte,** das hauptsächlich zentral wirkende Ophiotoxin der
Brillenschlange (Cobra), $C_{17}H_{26}O_{10}$, und das zunächst örtlich als Kapillargift,
dann ebenfalls zentral wirkende Crotalotoxin der Klapperschlange und Kreuz-
otter, $2(C_{17}H_{26}O_{10}) + H_2O$. Diese Körper scheinen im nativen Gifte an Lecithin
oder eiweißartige Substanz gebunden zu sein und in diesem Zustande antigene
Wirkung zu besitzen.

Bienengift ist kompliziert zusammengesetzt, zum Teil dem Crotalidengift
verwandt. Die Ameisensäure in ihm spielt nur eine untergeordnete Rolle.

c) Alkalien, insbesondere Ammoniakalien.

Der Verwendung der **alkalisch-muriatischen Wässer** (z. B. Emser
Kränchen, gemischt mit heißer Milch) und der **Schwefelalkalien**
(Kurellas Brustpulver und Schwefelwässer) wurde bereits in Ka-
pitel VII B 2 und 5 gedacht. Das besonders bei asthmatischen
Beschwerden wirksame **Jodkalium** ist in Kap. XXII behandelt.

Nach klinischen Erfahrungen werden auch die **Ammoniaksalze**
zu den Expectorantia gezählt. Man nimmt gewöhnlich an, daß
kleine Mengen von kohlensaurem Ammonium, welche in der
Blutbahn aus den dargereichten Mitteln durch die Kohlensäure
gebildet werden, *auf der Respirationsschleimhaut zur Ausscheidung gelangen und dort Sekretion und Flimmerbewegung
anregend und schleimlösend* wirken.

***†Ammonium chloratum, Salmiak,** NH_4Cl, weißes, in Wasser
leicht lösliches Kristallpulver, wirkt wegen der neutralen Reaktion
und der Eigenschaft, bei gewöhnlicher Temperatur nicht flüchtig

zu sein, am wenigsten reizend von allen Ammoniakpräparaten und wird daher vom Verdauungskanal am besten vertragen.

Man gibt es zu 0,3—0,5 mehrmals täglich *in Pastillen oder Lösung,* zur Korrektion des scharf-salzigen Geschmackes am besten mit Succus Liquiritiae oder Extractum Liquiritiae, welche zugleich Adjuvantia sind.

Inhalationen von Salmiak, ¹/₂—1 Teelöffel auf einer heißen Platte sublimiert, bringen ebenfalls in manchen Fällen Verflüssigung und leichtere Ausscheidung des Sekretes zuwege.

*Charta nitrata, Salpeterpapier, das ist mit Salpeterlösung getränktes und getrocknetes Filtrierpapier, wirkt angezündet zum Teil ähnlich wegen Bildung von Ammoniumverbindungen.

Die Tabulae Liquiritiae cum Ammonio chlorato Ph. A. E. enthalten 0,1 Salmiak im Stück.

*†**Liquor Ammonii anisatus, anisölhaltige Ammoniakflüssigkeit,** ist eine ungefähr zweiprozentige Auflösung von Ammoniak und Anisöl in Weingeist, welche stark alkalisch reagiert, daher ätzend wirkt und zu Tränen und Husten reizt. Er darf daher nur *in Verdünnung* zu 0,25—0,5 (10—20 Tropfen) pro dosi *in einem schleimigen Vehikel* verabreicht werden. Die dabei eintretende Trübung rührt von der teilweisen Ausscheidung des Anisöles infolge der Verdünnung des Alkohols her.

***Elixir e succo Liquiritiae, Brustelixir,** eine braune, gut zu nehmende Flüssigkeit, aus 1 Liquor Ammonii anisatus, 1 Succus Liquiritiae dep. und 3 Aqua Foeniculi zusammengesetzt, wird teelöffelweise, allenfalls noch mit mehr Fenchelwasser verdünnt, gegeben.

℞		℞	
Ammonii chlorati	5,0	Liq. Ammonii anisati	5,0
Succi Liquiritiae dep.	10,0	Sirup. Althaeae	
Aquae ad	200,0	Aquae	ana 20,0
MDS. 2 stündlich 1 Eßlöffel.		MDS. 3—4 mal täglich 1 Teelöffel.	
[Mixtura solvens.]			

d) Säuren.

*†**Acidum benzoicum, Benzoesäure,** gelbliche, seidenglänzende Nadeln erhalten durch Sublimation aus Benzoeharz, verdankt seine Anwendung wohl nur der stark reizenden, kratzenden Wirkung auf die Schleimhäute, welche zu nachhaltigem Räuspern Veranlassung gibt. Die Benzoesäure ist weniger giftig als die ihr verwandte Salicylsäure. Sie wird in Pulvern zu 0,03—0,3 gegeben. Ihr Natriumsalz kann zur Haltbarmachung von Fruchtmusen verwendet werden.

Lignosulfit, die bei der Zellulosefabrikation aus Holz resultierende Lauge, ist eine bräunliche Flüssigkeit von intensivem Geruch nach schwefliger Säure, welche darin teils frei, teils an Ligninsubstanzen gebunden ist. Das Mittel fand vor mehreren Jahren Anwendung bei *Lungentuberkulose* in nicht zu weit fortgeschrittenem Stadium. In eigenen Inhalatorien oder mittels Zimmergradierwerken zerstäubt, bewirkt seine Einatmung zunächst starke Reizerscheinungen, dann aber entschiedene Einschränkung des Hustens und des Auswurfes vermutlich durch die desinfizierende Wirkung der in ihm enthaltenen Terpene und schwefligen Säure.

e) Alkaloide.

Das sekretionsfördernde Pilocarpin und das hemmende Atropin sind in Kap. XVIII beschrieben.

f) Mucilaginosa.

Dieselben wirken örtlich, reizabhaltend (Kap. I).

Vierzehntes Kapitel.

Diaphoretica. Schweißtreibende Mittel.

Auf der Haut findet fortwährend Wasserabgabe statt. Ist das Bedürfnis hierzu gering, dann geschieht sie physikalisch in Dampfform, und man wird ihrer erst gewahr, wenn die Haut mit einem impermeablen Stoff, z. B. Kautschukpapier, bedeckt wird (Perspiratio insensibilis). Ist das Bedürfnis hingegen groß, dann wird das Wasser sekretorisch in sichtbarer Form als Schweiß auf die Haut ergossen (Perspiratio sensibilis). Sie kann durch Arzneimittel in verschiedener Weise beeinflußt werden. Dieselben haben alle noch anderweitig therapeutische Verwendung und sind daher in anderen Kapiteln ausführlich besprochen. Es folgt hier nur eine übersichtliche Zusammenstellung.

Bedingungen für die Absonderung des Schweißes sind:

1. Erregung der sekretorischen Nerven zentral oder peripher an den Endigungen in den Drüsen.

2. Reichlicher Blutstrom durch die Haut.

3. Ein gewisser Wassergehalt des Blutes.

Erstere Bedingung muß unter allen Umständen erfüllt sein — ohne Erregung keine Sekretion. Letztere beiden sind nur unterstützende, nicht absolut notwendige Momente, wie der durch Kohlensäureanhäufung im Blute trotz daniederliegender Zirkulation erregte „kalte Schweiß" im Kollaps und in der Agonie dartut.

Mittel zur Anregung der Schweißabsonderung sind:

1. *Physikalische Mittel, welche durch Behinderung der Wärmeabgabe die Schweißnerven, peripher und zentral, thermisch erregen,* und zwar in steigendem Grade: Bettwärme, Warmwasserbäder mit nachfolgender warmer Einpackung, Dampfbäder und Heißluftbäder, Sonnen- und Glühlichtbäder.

14*

2. *Arzneimittel, welche die Wirkung dieser Wärmestauung durch Gefäßerweiterung oder Hemmung störender Nerveneinflüsse unterstützen.* Hierher gehören: **Heiße Aufgüsse** aus *†**Flores Sambuci**, Holunderblüten, *†**Flores Tiliae**, Lindenblüten, *†**Flores Chamomillae** oder anderen, ätherische Öle enthaltenden Drogen, 1 Teelöffel auf eine Tasse Wasser. Das Wirksame in ihnen ist hauptsächlich das heiße Wasser. Das ätherische Öl hat den Zweck, durch seinen örtlichen Reiz das sonst Erbrechen erregende warme Wasser ertragbar zu machen und dessen Übertritt in das Blut zu beschleunigen. Hierdurch kommt es zu einer plötzlichen Vermehrung des Blutvolums mit Temperaturerhöhung, welche durch Nachlaß des Tonus gewisser Gefäßprovinzen — mit besonderer Vorliebe der Hautgefäße — beantwortet wird.

Heiße alkoholische Getränke (Glühwein, Grog) verhalten sich in gleicher Weise, wirken aber außerdem durch zentrale Einflüsse direkt erweiternd auf die Hautgefäße und hemmend auf störende Reflexe. Sensible und psychische Erregungen sind bekanntlich auf den Zustand der Haut von großem Einflusse, wie in besonders auffälliger Weise aus den Erscheinungen des Errötens und Erblassens des Gesichts oder der sogenannten Gänsehaut bekannt ist.

*†**Pulvis Doveri** wirkt vermöge seines Gehaltes an Opium ebenfalls hautgefäßerweiternd und zentral beruhigend.

3. *Arzneimittel, welche die Schweißnerven direkt erregen.*

*†**Pilocarpinum hydrochloricum** erregt die Nervenendigungen aller Drüsen wie manche andere Alkaloide. Therapeutisch ist es das brauchbarste, weil bei vorsichtiger Dosierung (0,005—0,015) die Wirkung auf die Sekretion von Schweiß und Speichel beschränkt bleibt und häufig unter ganz ungünstigen Bedingungen noch mächtig hervortritt. Kap. XVIII.

*†**Natrium salicylicum** und ***Acidum acetylosalicylicum** wirken schweißtreibend als Teilerscheinung ihrer antipyretischen Wirkung. Kap. XXI.

†Ammonium aceticum solutum, auch Spiritus Mindereri genannt, eine 15 prozentige wässerige Lösung von essigsaurem Ammoniak erregt das Schweißdrüsenzentrum. Es wird teelöffelweise schweißtreibendem Tee zugesetzt.

Anwendung der schweißtreibenden Mittel. Schwitzkuren erfreuten sich bei der älteren Berufs- und Volksmedizin eines hohen Ansehens als Mittel, krankheitserregende Stoffe aus dem

Organismus zu entfernen. Dieser Glaube wurde namentlich durch die Beobachtung genährt, daß der Nachlaß einer fieberhaften Krankheit von starkem Schweißausbruch, dem „kritischen Schweiß", begleitet ist. Ursache [mit Wirkung des öfteren verwechselnd, wurde die Schweißabsonderung für das Heilende angesehen und ihr Zurücktreten für sehr bedenklich gehalten.

Gegenwärtig werden Diaphoretica angewandt:

1. *Um die eliminierende Tätigkeit der Niere* für Wasser, Kochsalz und Harnstoff *bei Insuffizienz derselben zum Teil zu ersetzen.* 1 g Kochsalz und ebensoviel Stickstoff (ungefähr 12 % der Tagesausscheidung) können auf diese Weise herausgeschafft werden.

2. *Um die Aufsaugung von Ödemen, Exsudaten, Blutergüssen,* auch Glaskörpertrübungen *zu befördern* durch Eröffnung eines neuen Abzugsweges, der die Niere entlastet. Wenn eine solche Flüssigkeitsansammlung die Nierenvenen komprimiert hatte, erfolgt häufig eine Vermehrung der Harnsekretion, statt der unter normalen Verhältnissen eintretenden Verminderung.

3. *Um ableitend zu wirken* bei *Erkältungen, rheumatischen Erkrankungen, Kongestionen* und *Entzündungen* in verschiedenen Organen, z. B. bei den akuten Entzündungen der Augenhäute, insbesondere bei Skleritis, indem man von der wiederholten Anregung der sekretorischen Tätigkeit und der damit verbundenen Hyperämie ähnliche Einflüsse erwartet wie von allgemeinen Hautreizen.

4. *Um anregend auf den Stoffwechsel* und befördernd auf die *Ausscheidung von schädlichen Stoffen und Stoffwechselprodukten* zu wirken. Derartige Einflüsse werden auch heute noch mit Vorliebe zur Begründung der empirischen Anwendung bei *Fettleibigkeit, Vergiftungen, Stoffwechselkrankheiten* usw. herangezogen, ohne daß es bis jetzt gelungen wäre, hierfür eine wissenschaftliche Grundlage zu schaffen.

Die allgemeinen **Kontraindikationen** *für Schwitzkuren* bilden schwere Herz- und Gefäßerkrankungen, die speziellen für Pilocarpin sind in Kap. XVIII einzusehen.

Anhang.

Anthidrotica. Schweißhemmende Mittel.

Gilt es, auf längere Zeit die normale Wasserausscheidung durch die Haut (Perspiratio sensibilis und insensibilis) nach Möglichkeit zu beschränken und auf andere Drüsen, Nieren, Leber zu lenken, so sind diätetische Vorschriften am Platze: kühle

Kleidung, Unterlassen rascher Bewegungen, Vermeiden des Aufenthaltes im Freien bei bewegter Luft usw.

Lokalisierte Schweiße, z. B. Hyperhidrosis pedum, werden mehr durch örtliche, auf die Epidermis wirkende Mittel, z. B. **Salicylsäure, Formaldehyd,** nicht selten kombiniert mit feuchtigkeitaufsaugenden Stoffen wie im Pulvis salicylicus cum Talco behandelt.

Profuse, allgemeine Schweiße, namentlich die für den Heilungsprozeß nicht gleichgültigen, nächtlichen Schweiße der Phthisiker, sucht man, wenn sie allzu lästig und erschöpfend sind, mit schweißsekretionshemmenden Mitteln (Anthidrotica) einzuschränken. Diese Mittel sind:

***†Atropinum sulfuricum** ist in vielen Wirkungen das Gegenstück des Pilocarpins. Es lähmt u. a. die Nervenendigungen aller Drüsen. In Dosen von 0,0005—0,001 bleibt diese Wirkung der Hauptsache nach auf die *Unterdrückung der Schweiß- und Speichelabsonderung* beschränkt, so daß das Mittel als Anthidroticum brauchbar ist, wenngleich die Trockenheit im Munde und Schlunde immer eine lästige Beigabe bildet. Näheres im Kap. XVIII.

***Agaricinum, Agaricinsäure,** ein weißes, in kaltem Wasser und Weingeist schwer lösliches Pulver von schwach saurer Reaktion.

Der Lärchenschwamm (Agaricus albus, Fungus Laricis) war in früheren Jahrhunderten als abführendes und schweißhemmendes Mittel im Gebrauch, geriet aber dann in Vergessenheit. Neuerdings hat man aus ihm verschiedene Harzsäuren und die kristallisierbare, der Zitronensäure homologe Agaricinsäure, $C_{19}H_{36} (OH) (COOH)_3$, dargestellt, ersteren ist die abführende Wirkung eigen, letzterer die schweißhemmende.

Agaricin *wirkt nur auf die Schweißdrüsen,* besitzt also die obenerwähnten störenden Nebenwirkungen des Atropins nicht. Die Wirkung tritt langsam, gewöhnlich erst nach einigen Stunden ein, hält dafür aber bis zu 24 Stunden an. Sie ist auf die Endigungen der Sekretionsnerven gerichtet, denn periphere Reizung des Ischiadicus an der Pfote junger Katzen nach seiner Applikation ist erfolglos. Abgesehen von Magendarmstörungen durch sehr unreine, viel Harzsäure enthaltende Präparate, treten toxische Wirkungen (zentrale Lähmung) erst bei sehr hohen Gaben ein.

Die *Verordnung* erfolgt als *Pulver, Pillen* oder spirituöse Lösung, wenn man die Resorption beschleunigen will. Zu subkutaner Injektion ist es wegen seiner örtlichen reizenden Wirkung ungeeignet.

Größte Einzelgabe 0,1!

℞

Agaricini 1,0
Rad. et Succi Liquiritiae ana 2,0
M. f. pil. No. XXX.
DS. gegen Abend 3—4 Stunden
    vor dem Zubettgehen 1—2 Pillen.

*†**Folia Salviae** werden in kaltem Aufguß 10:100 eßlöffelweise oder als Tinktur, 20—50 Tropfen, 2 Stunden vor dem Einsetzen der Schweiße gegeben. Sie sind auch zur Herstellung eines angenehmen Zahnwassers zu verwenden (s. Adstringentia).

*Acidum camphoricum, Kampfersäure, weiße, nahezu geruchlose, in Wasser schwer lösliche Kristalle. 2,0—4,0 in Oblaten 2—3 Stunden vor dem Schlafengehen sind zuweilen von guter Wirkung gegen die profusen nächtlichen Schweiße der Phthisiker,

Chlorcalcium, 0,1—0,3, in Tabletten ist angeblich von analoger Wirkung. Veronal 0,5 wird gleichfalls empfohlen.

Kochsalz, ca. 4,0, ein gestrichener Teelöffel voll in 100—150 Wasser, als Ersatz des durch den Schweiß erfolgenden, nicht unbeträchtlichen Kochsalzverlustes, soll bei Märschen in drückender Hitze die Schweißsekretion hemmen und das Durstgefühl mäßigen, dessen Stillung durch Wassertrinken bekanntlich neues Schwitzen hervorruft.

Natrium telluricum, tellursaures Natrium, TeO_4Na_2. Weißes kristallinisches Pulver, in Wasser leicht löslich. Wirkt als Anthidroticum in Pulvern zu 0,05, ist jedoch nicht empfehlenswert wegen des durchdringenden, knoblauchartigen, noch monatelang nach dem Gebrauche anhaltenden Geruchs der Exspirationsluft. Das aufgenommene Tellursalz wird nämlich im Körper als Metall aufgespeichert und ganz allmählich in das flüchtige Tellurmethyl, $Te(CH_3)_2$, umgewandelt und ausgeschieden. Der gleiche Geruch tritt auch nach dem Nehmen von Bismutum subnitricum auf, wenn selbes mit Tellur verunreinigt ist.

Thallium aceticum, 0,03—0,1 3mal täglich, wirkt ebenfalls anthidrotisch. Es erzeugt eine nach einigen Tagen einsetzende Alopecia (zirkumskripten oder allseitigen Haarausfall), die auch bei lokaler Applikation an Tieren erscheint. In größeren Gaben ist es giftig ähnlich dem Blei.

Fünfzehntes Kapitel.

Diuretica. Harntreibende Mittel.

Stoffe, welche die *Absonderung eines reichlichen und dünnen Harns* zur Folge haben, nennt man Diuretica oder harntreibende Mittel. Sie dienen vornehmlich folgenden Indikationen:

1. Zur *Verdünnung des Harns,* um bei *Entzündungszuständen der Harnwege* den Reiz, welchen diese Salzlösung ausübt, abzuschwächen und bei *Nephrolithiasis* ihrem Kristallisationsbestreben entgegenzuwirken, oder die bereits gebildeten Konkremente, wenn nicht zu lösen, so doch herauszuschwemmen.

2. Zur *Durchspülung der Organe, zumal der Niere,* um die *Ausscheidung von Giften* und schädlichen Stoffwechselprodukten zu fördern (Organismuswaschung), oder um *Gebilde, welche die Harnkanälchen verstopfen,* herauszuschwemmen.

3. Um *Wasseransammlungen im Körper,* sei es im ganzen (allgemeiner Hydrops), sei es in Teilen (Transsudate), zu beseitigen.

Die genannte Beschaffenheit des Harns läßt sich auf verschiedene Weise herbeiführen. Darum gibt es auch v e r s c h i e d e n e G r u p p e n von Diuretica und v e r s c h i e d e n e A n w e n d u n g s - weisen derselben. Die im folgenden unter a) aufgeführten Mittel erfüllen die Indikation 1 und 2, die Mittel von b) und c) außerdem die Indikation 3.

a) Mittel, welche nur durch vermehrte Wasseraufnahme wirken.

Getränke. Das im Darmkanal resorbierte, überschüssige Wasser wird durch die Haut und Lunge, hauptsächlich aber durch die Niere, unter Erweiterung ihrer Gefäße, wieder entlassen und ist daher besonders geeignet, die Mehrzahl der ebengenannten Indikationen zu erfüllen. Zu der hierzu nötigen fortgesetzten Aufnahme großer Mengen (Trinkkuren) ist indes *gewöhnliches Wasser wenig brauchbar.* Es ist meistens zu arm an Salzen und an Kohlensäure, daher reizlos und nur langsam resorbierbar. So bleibt es denn längere Zeit im Magendarmrohr liegen und hat Zeit, dessen Schleimhaut durch Quellung und Salzentziehung zu schädigen. Die akuten Symptome dieser Schädigung, Übelkeit und Erbrechen, Magenverstimmung, treten bekanntlich nach dem Trinken von abgekochtem Wasser leicht auf (Notbrechmittel). Dasselbe ist der Fall bei Aufnahme größerer Mengen von Natureis (Schnee-, Gletscherwasser), während Kunsteis weniger schädlich ist, weil dieses rasch auskristallisiert und daher noch die Salze des Wassers eingeschlossen enthält.

Es müssen also k o r r i g i e r e n d e Z u s ä t z e gemacht werden, die verschieden zu wählen sind, je nach dem Zwecke, den man durch das Trinken des Wassers verfolgen will. Soll es durst- löschend wirken, also im Körper verbleiben und dessen Wasserverlust ausgleichen, so nimmt man saure Getränke (Kap. VII). Soll es den Körper in Form von Schweiß verlassen, so verordnet man aromatischen, heißen Tee (Kap. XIV). Soll es aber seinen Weg durch die Niere nehmen, so wählt man entweder einfache *Säuerlinge,* die den Vorzug besitzen, keine die Wasserzurückhaltung in den Geweben begünstigenden Natriumionen zu enthalten, oder verordnet, wenn man die Förderung der Bildung von Ödemen durch selbe nicht zu besorgen braucht, *nichtabführende, schwach alkalische und muriatische Wässer* oder *verdünnte Milch,* wenn man gleichzeitig etwas für die Ernährung beitragen will. Die durch die Harnkanälchen zur Ausscheidung gelangenden Salze dieser Wässer, bzw. der den Organismus durch die Glomeruli verlassende Zucker der Milch sorgen als Diuretica dafür, daß das resorbierte Wasser die gewünschte Richtung auch einschlägt. Das auf diese Weise dargereichte Wasser wird bei normaler Funktion der Nieren sehr rasch ausgeschieden. In den der Darreichung folgenden 2 Stunden ist die Harnmenge um eine der aufgenommenen Flüssigkeitsmenge nahezu gleiche oder, bei starker diuretischer Wirkung der Zusätze, auch größere Quantität vermehrt. Bei Gewebsanomalien (erhöhtem Wasserretentionsvermögen) oder Niereninsuffizienz hingegen ist die Ausscheidung verschleppt oder es findet sogar eine völlige Zurückhaltung statt.

Die erhöhte Wasseraufnahme und Wasserausscheidung hat, insbesondere im nüchternen Zustande, eine Vermehrung der Stickstoffausscheidung im Harne für kurze Zeit zur Folge, welche zum kleineren Teil im verstärkten Zerfall von Zelleiweiß zu kleineren Molekeln behufs Ausgleich der osmotischen Druckschwankung ihren Grund hat, zum größeren Teil auf der Ausschwemmung bereits vorgebildeter Umsatzprodukte (Stoffwechselschlacken) mit konsekutiver Förderung der in den Zellen ablaufenden chemischen Vorgänge beruht. Es besteht wohl kein Zweifel, daß diese Wirkung des Wassers beim Erfolge der zur Behandlung innerer Organe vorgenommenen Trinkkuren beteiligt ist.

Wasserentziehung, Durstkur (Schrothsche Kur) hat eine anhaltende Erhöhung des Eiweißumsatzes zur Folge. Der Sauerstoffverbrauch (die Fettverbrennung) bleibt unverändert.

Subkutane und intravenöse Infusionen. Bei ihnen ist im erhöhten Maße darauf zu achten, daß die verwendete Salzlösung das osmotische Gleichgewicht nicht stört, also weder durch zu hohe Konzentration (Hypertonie) Schrumpfung, noch durch zu niedrige Konzentration (Hypotonie) Quellung der Gewebezellen hervorruft. Da die Salze aber physiologisch einen sehr verschiedenen Wert haben, müssen sie außerdem auch in ihrer qualitativen Zusammensetzung der Salzlösung, welche die Zellen umspült, adäquat sein. Der Forderung der physikalischen Isotonie entspricht die sog. physiologische Kochsalzlösung, welche für Säugetiere und Mensch 0,8—0,9 g Kochsalz in 100 Wasser enthält. Sie ist zur Aufrechthaltung der normalen Lebensvorgänge nicht ausreichend, wie in Kap. VII, Ionenwirkungen, bereits dargetan wurde. Sie muß hierzu kleine Mengen von Kalium- und Calcium-Ionen, ferner Natriumbikarbonat zur Aufrechthaltung der optimalen alkalischen Reaktion enthalten. Die *Ringer-Lösung* entspricht dieser Forderung. Sie enthält 0,9 Kochsalz, 0,042 Kaliumchlorid, 0,024 Calciumchlorid, 0,03 Natriumbikarbonat, Wasser ad 100,0.

Dieses Salzgemisch (unter Zusatz von etwas Magnesiumchlorid und Natriumphosphat, um es jenem des Serums noch ähnlicher zu gestalten), wird auf Veranlassung von W. Straub unter dem Namen „Normosal" von dem sächsischen Serumwerk in Dresden in den Handel gebracht. Der pulverige Inhalt einer Ampulle wird in der vorgeschriebenen Menge abgekochten, auf Handwärme wieder abgekühlten Wassers gelöst. Die Lösung kann bis auf 70° erwärmt werden. Darüber hinaus entsteht durch Kalkausscheidung eine Trübung, welche indes nach dem Erkalten in einigen Stunden wieder verschwindet.

Infusionen solcher Lösungen (auch mit gleichen Teilen 10prozentiger Dextroselösung versetzt) zu 1—2 Liter in 15—30 Minuten können sowohl subkutan wie intravenös ausgeführt und nötigenfalls 3—4 mal im Tage wiederholt werden, ohne daß eine Blutdrucksteigerung über die Norm oder sonstige Schädigung zu befürchten ist, denn der Organismus paßt sich ihnen sofort an, indem einerseits durch Nachlaß des Gefäßtonus, besonders im Splanchnicusgebiet, Raum geschaffen wird, andererseits die Lösungen rasch in die Gewebe übergehen. Von dort kehren sie langsam wieder in das Blut zurück, um sodann durch die Nieren ausgeschieden zu werden.

Eine mildere und nachhaltigere Form dieser Infusionen sind **Dickdarmtropfeinläufe**, bei denen die Salzlösung tropfenweise per anum einfließen gelassen wird, so daß im Verlaufe der folgenden Stunden 2—3 l zur Resorption gelangen. Sie haben den Vorteil, daß die Lösung nicht sterilisiert zu sein braucht und das Herz keinen plötzlichen Anforderungen ausgesetzt ist.

Zur Anwendung geeignet sind akute Kollapszustände, zumal solche bei Blutverlusten und bei vasomotorischen Lähmungen, bei denen eine große Blutmenge in das erschlaffte, ausgedehnte Splanchnicus-Stromgebiet angestaut und nach Art einer inneren Verblutung der Zirkulation entzogen wird. Das Herz arbeitet in allen diesen Fällen wie eine leergehende Pumpe. Durch die künstliche Auffüllung des Gefäßsystems hebt sich der tiefgesunkene arterielle Blutdruck und der ganze Blutumlauf; bessere O_2-Versorgung und schnellere Wegschaffung der Stoffwechselschlacken sind die weitere Folge. Die künstliche Auffüllung bleibt länger bestehen als bei normalen Individuen, weil wegen des zunächst tiefstehenden Blutdrucks die Salzlösung langsamer in die Gewebe bzw. in die Niere übertritt.

Gegen die Bluteindickung bei Cholera sind Kochsalzinfusionen ebenfalls von ausgesprochenem, wenngleich nicht nachhaltigem Nutzen.

b) Mittel, welche den Geweben Wasser entziehen.
(Diuretische Salze.)

Im Blute gelöste, für den Organismus nicht verwertbare Stoffe bedürfen zu ihrer Ausscheidung durch den Harn einer gewissen Menge Wassers, welche sie damit dem Organismus entziehen.

Solche „harnfähige" Stoffe werden zum Teil im Körper bei der Zersetzung der Nahrung gebildet. Fette und Kohlehydrate verbrennen nahezu glatt zu Wasser und Kohlensäure, die stickstoffhaltigen Nahrungsmittel hingegen liefern eine größere Menge von stickstoffhaltigen Auswürflingen (Harnstoff, Harnsäure usw.). Konzentrierte eiweißhaltige Kost bei entsprechender Reduktion der Getränke wirkt darum entwässernd auf den Organismus, was beim Training und bei gewissen Stoffwechselkuren bekanntlich benützt wird.

In ähnlicher Weise wirken auch die von außen in das Blut aufgenommenen Salze der Alkalien. Sie erhöhen bei nicht zu großer Wasserzufuhr und allzu raschem Übertritt in die Gewebe seinen osmotischen Druck, zu dessen Ausgleichung Wasser aus den Geweben bis zum normalen Quellungsdruck oder etwas darüber hereingezogen wird. Gleichzeitig wird den Blutkolloiden infolge Verminderung des Quellungsdruckes Wasser entzogen und beides dann durch die Niere mit den Salzen entlassen.

Therapeutisch für die orale Darreichung kommen nur die *leicht resorbierbaren, wenig oder gar nicht abführenden Salze* in Betracht, die Chloride, Nitrate, Bikarbonate und die Salze der Essigsäure, Weinsäure, Apfelsäure, Zitronensäure, die im Organismus zu Karbonaten verbrannt werden.

Die Darreichung solcher vorgebildeten oder erst im Organismus entstehenden *Alkalikarbonate*, resp. die Verordnung von vegetabilischer Diät hat daneben den Vorteil, daß die Harnazidität vermindert wird, ein Punkt, der beim Vorhandensein von Nierenentzündung nach den über Kantharidin und Salicylsäure vorliegenden Erfahrungen sehr wesentlich ist.

Die hergebrachte *Bevorzugung der Kaliumsalze* vor den Natriumsalzen findet ihre Erklärung teils in der den Kaliumsalzen eigenen stärkeren Anregung der Niere, teils in der Umsetzung, welche diese Salze in gewissem Umfange mit dem Kochsalze des Organismus eingehen (Bunge, Schmiedeberg). Hierdurch entsteht die doppelte Menge unverwendbaren Salzes, z. B. nach Darreichung von 1 Kalium nitricum: 1 Natrium nitricum + 1 Kalium chloratum. Auch das Ausbleiben der obenerwähnten, den Natriumsalzen eigenen Wasserretention in den Geweben kann zu dieser Bevorzugung beigetragen haben.

Das mit Recht am häufigsten gebrauchte diuretische Salz ist:

Kalium aceticum, essigsaures **Kalium**, **Kaliumacetat**, ein zerfließliches Salz, das in den Apotheken in wässeriger Lösung zu 33^1/$_3$ % als ***Liquor Kalii acetici, †Kalium aceticum solutum**, zur Dispensation vorrätig gehalten wird.

Das neutral reagierende Mittel wird vom Verdauungskanal am leichtesten von allen Kaliumsalzen vertragen. Nach der Resorption verbrennt es größtenteils zu dem schwerer diffusibeln und daher diuretisch wirksameren Kaliumkarbonat und gelangt in dieser Form, resp. zu Natriumkarbonat und Kaliumchlorid umgesetzt zur Ausscheidung. Der Harn wird neutral oder alkalisch. Die Gaben sind 0,5—1,0 **pro dosi**, 8,0—10,0 **pro die**, wegen der örtlichen, entzündlichen Wirkung nur in Lösung, z. B. Liq. Kal. acet. 30,0, Aq. ad 200,0, 2 stündlich 1 Eßlöffel.

Von anderen diuretischen Salzen sind noch zu nennen:

***† Kalium nitricum, Salpeter,** ein in 4 Wasser unter starker Temperaturerniedrigung lösliches Salz, das wegen dieser Eigenschaft früher irrtümlich für ein Antipyreticum gehalten und angewandt wurde. Als anorganisches, neutral reagierendes Salz ändert es die Reaktion des Harnes nicht, wie es bei dem zu alkalischem Karbonat verbrennenden essigsauren Kalium der Fall ist, und wird daher als Diureticum verwendet, wenn man diese Änderung nicht wünscht. Hierbei ist indes zu beachten, daß es den Verdauungskanal am leichtesten von allen Kaliumsalzen entzündlich affiziert und bei eventueller Reduktion zu Nitrit als auch Blutgift wirken kann.

***†Kalium carbonicum, Kaliumkarbonat,** seiner Zerfließlichkeit wegen wie Kaliumacetat ebenfalls in 33^1/$_3$ prozentiger Lösung als ***Liquor Kalii carbonici, †Kalium carbonicum solutum**, vorrätig gehalten. Es ist infolge seiner stark alkalischen Reaktion nicht direkt anwendbar, sondern nur mit **Essigsäure als Saturation**, d. h. zu Acetat umgewandelt.

***Natrium aceticum, Natriumacetat**, ist ein in Wasser, mit schwach alkalischer Reaktion leicht lösliches Salz. Es kann ohne Schaden in **doppelt bis dreifach größeren Dosen** (15,0—30,0) verabreicht werden als das Kaliumsalz.

Strontium lacticum, milchsaures Strontium. Weißes, kristallinisches Pulver, in Wasser mit neutraler Reaktion löslich. In Solutionen, 10,0 ad 150,0 3 mal täglich 1 Eßlöffel, empfohlen als *Diureticum* und bei *Morbus Brightii*, wo es den Eiweißgehalt des Harns beträchtlich herabsetzt.

c) Mittel, welche auf die Niere wirken.
(Spezifische Diuretica.)

Hierher rechnet man alle diuretischen Mittel, welche weder durch Hydrämie (Wasser- und Salzdiurese), noch durch Beeinflussung des Kreislaufes (Digitalis) oder durch zentrale nervöse Einflüsse wirken und folglich ihren Angriffspunkt in der Niere selbst haben müssen. Die Erweiterung ihrer Gefäße ist durch onkometrische Versuche konstatiert, dürfte aber nicht das allein ausschlaggebende sein, denn diese zeigt sich, wenn auch nicht in so großer Stärke, auch bei der Wasser- und Salzdiurese. Weitere mögliche Angriffspunkte sind: die Glomeruli (Erhöhung der Filtration), die Tubuli contorti (Erhöhung der Sekretion) und die Tubuli recti (Hemmung der Rückresorption). In neuester Zeit wird außerdem auf extra renale Faktoren, die „Vorniere", d. i. die Veränderung des Wasseranziehungsvermögens (Quellungsdruckes) der Eiweißstoffe in Geweben und Blut durch die Diuretica Nachdruck gelegt. Da die Mittel dieses Abschnittes auch noch auf andere Organe wirken, sollen sie hier nur kurz unter Hinweis auf die einschlägigen Kapitel aufgezählt werden. Praktisch kann man vorerst etwa drei Gruppen unterscheiden.

1. **Koffeïn, Theobromin** und **Theophyllin** (Kap. XVII). Diese zur Purinreihe gehörigen Körper zeichnen sich durch sehr starke Wirkung meist ohne bemerkbare Schädigung der Niere aus.

2. **Terpene, resp. ätherische Öle** und zugehörige Drogen (Kap. III u. XV). Ihre Anwendung erfordert Vorsicht, da sie in größeren Dosen die Niere bis zur Entzündung zu reizen vermögen, Diuretica acria der alten Medizin. Am meisten im Gebrauch sind: *†**Fructus Juniperi**, Wacholderbeeren, in Aufgüssen, 1—2 Teelöffel auf eine Tasse heißen Wassers, und *****Succus Juniperi inspissatus, †Roob Juniperi,** Wacholdermus, Wacholdersalse, der zu dünner Extraktkonsistenz eingedampfte Saft dieser Beeren, teelöffelweise für sich oder zu 15,0—30,0 in Mixturen; *****Terpinum hydratum** in Pulvern und Pillen zu 0,1—0,2, 3—6 mal täglich.

Aqua Petroselini, wässeriges Destillat der Petersiliensamen, war früher als Zusatz zu diuretischen Mixturen beliebt.

Diuretica acria tierischen Ursprunges werden derzeit nur vom Volke gebraucht, z. B. Aufgüsse der Ölmutter (Meloe majalis) und der Küchenschabe (Blatta orientalis), sie wirken wie die früher als Diureticum angewandten Kanthariden.

3. ***†Hydrargyrum chloratum** (Kap. XXV). Auch bei dieser „Metalldiurese" ist zu beachten, daß bei zu intensiver oder zu lange fortgesetzter Darreichung die Nieren, besonders die Tubuli, geschädigt werden.

℞		℞	
Liq. Kal. acetici	30,0	Terpini hydrati	5,0
Succ. Juniperi insp.	45,0	Rad. et Succi Liquirit.	q. s.
Aq.	75,0	ut f. pil. No. L.	
MDS. 3 mal täglich 1—2 Eßlöffel.		DS. nach Bericht.	
		[1 Pille = 0,1 Terpinhydrat.]	

d) Holztränke.

Einige Drogen (Hölzer und Wurzeln), welche früher als sog. Holztränke gegen konstitutionelle Leiden, insbesondere *Syphilis und Hautkrankheiten,* viel gebraucht waren und in hohem Ansehen standen, mögen hier besprochen werden. Eine gewisse Wirkung, wenigstens als Unterstützung anderer Heilmethoden, ist ihnen nicht abzusprechen. Dieselbe beruht indes nicht in spezifischer Beeinflussung genannter Krankheiten, sondern in der Durchschwemmung des Körpers mit den hierbei aufgenommenen, sehr beträchtlichen Wassermassen und in der Anregung der Ausscheidungen des Darmes, der Haut und der Nieren.

Diese Mittel werden gewöhnlich zu mehreren zusammen verordnet.

***†Species diureticae, harntreibender Tee**, bestehen aus:

Radix Ononidis, Hauhechelwurzel, der einheimischen
  Leguminose Ononis spinosa, Saponine enthaltend,

Radix Levistici, Liebstöckelwurzel

(Radix Petroselini, Petersilienwurzel Ph. A.)

Fructus Juniperi, Wacholderbeeren

Radix Liquiritiae, als Geschmackscorrigens . . . . .   je 1 Teil
  Teelöffelweise zum Teeaufguß.

***†Species Lignorum, Holztee**, bestehen nach Ph. G. aus:

Lignum Guajaci, Guajakholz, von Guajacum officinale (Antillen), neben Saponinen das zum Nachweis aktiven Sauerstoffs benutzte Guajakharz enthaltend . . . .   5 Teile

Lignum Sassafras, Fenchelholz, das Wurzelholz von
  Sassafras officinale, einem Baume Nordamerikas, enthält das
  fenchelartig riechende ölartige stark giftige Safrol (Allyl-
  brenzkatechinmethylenäther). Es wird zur Parfümierung
  von Seifen benutzt. Das ihm chemisch nahestehende, in
  der Parfümerie viel gebrauchte Heliotropin ist ungiftig. .   1 Teil

  Radix Ononidis . . . .   3 Teile

  Radix Liquiritiae . . . .   1 Teil

Nach Ph. A.:

Lignum Guajaci, Guajakholz

Lignum Juniperi, Wacholderholz, von Juniperus
  communis

Radix Sassafras, das Wurzelholz von Sassafras officinale   je 2 Teile

Radix Bardanae, Klettenwurzel, von der europäischen
  Komposite Lappa vulgaris

Radix Sarsaparillae, von mittelamerikanischen Smilaxarten,
  saponinartige Glykoside enthaltend,

Lignum Santali rubrum, rotes Santelholz, von Ptero-
  carpus santalinus, Ostindien.

  Radix Liquiritiae . . . .   je 1 Teil

2 Eßlöffel mit 6 Tassen Wasser auf 4 einzukochen und morgens die eine
Hälfte warm, die andere kalt im Laufe des Tages zu trinken.

*†Decoctum Sarsaparillae compositum fortius, stärkere Sarsaparillabkochung,
ist ein Mazerationsdekokt aus Rad. Sarsaparillae (100 : 2500) mit Zusätzen von
Sennesblättern (daher abführend), Anis, Fenchel und Süßholz. Es wird
warm zu $\frac{1}{2}$—1 Liter im Tage getrunken.

*† Decoctum Sarsaparillae compositum mitius, mildere Sarsaparillab-
kochung, unterscheidet sich vom starken dadurch, daß die Sarsaparilla auf
die Hälfte reduziert, die Sennesblätter weggelassen und die zugesetzten Gewürze
anders gewählt sind: Zitronen, Kardamomen, Zimt.

Beispiel einer Vorschrift über den Gebrauch dieses Dekoktes in Verbindung
mit dem vorigen ist: morgens $\frac{1}{4}$ Liter starkes Dekokt warm, nachmittags 1 Liter
schwaches kalt zu trinken.

*Decoctum Zittmanni wird wie Decoctum Sarsaparillae fortius be-
reitet, nur mit dem Unterschiede, daß während des Abkochens etwas Kalomel
und Zinnober in einem leinenen Säckchen eingeschlossen beigegeben wird, wodurch geringe Mengen von Quecksilberverbindungen in die Flüssigkeit
übergehen.

*†Herba Violae tricoloris, Stiefmütterchenkraut, Freisamkraut, ist als Tee-
aufguß 10 : 100 bei Ekzemen, Akne empfohlen; Volksmittel bei skrofulösen Leiden.

†Herba Equiseti, Schafthalm, Schachtelhalm, von Equisetum arvense,
Volksmittel (Kneipp), in Aufgüssen 10,0 : 100,0. Reich an Kieselsäure.

†Herba Herniariae, Bruchkraut, von Herniaria glabra und hirsuta, enthält eine cumarinartige Substanz und ein Saponin. In Aufgüssen 10,0 : 100,0 als
Expectorans, Diureticum und Antiblennorrhoicum gebraucht, soll das Zusammenballen von Harnsand zu gröberen Konkrementen erschweren.

†Herba Polygoni, Vogelknöterich, Wegtritt, von Polygonum aviculare, in
Aufgüssen, Volksmittel (Kneipp) bei Steinleiden und Lungenschwindsucht.

Folia Betulae albae, Birkenblätter, im Frühjahr gesammelt und im
Teeaufguß 10 : 100, 2—5 Tassen am Tage getrunken, sollen stark diuretisch wirken.

Sechzehntes Kapitel.

Narcotica der Fettreihe.

(Methanderivate.)

Mit dem Namen Narcotica bezeichnet man die *Stoffe, welche
die Erregbarkeit des zentralen Nervensystems herabsetzen und
Betäubung hervorrufen.*

Die Mittel dieser Gruppe gehören verschiedenen chemischen Klassen an. Einige sind *anorganische Stoffe* (Stickoxydul, Bromsalze). Sie sollen anhangsweise diesem Kapitel beigefügt werden. Andere sind *Alkaloide* und werden im nächsten Kapitel behandelt. Das Hauptkontingent stellen die *Körper der Fettreihe* oder aliphatischen Reihe, womit man die Stoffe bezeichnet, welche sich vom Kohlenwasserstoff Methan, CH_4, ableiten.

Bei den Betrachtungen über den **Zusammenhang von chemischer Konstitution und Wirkung** ist zu beachten, daß eine Änderung der Konstitution auch eine Änderung der physikalischen Eigenschaften des Mittels (Löslichkeitsverhältnisse, Oberflächenspannung) involviert. Letztere aber sind als Vorbedingung für den Wirkungseintritt, d. h. für das Hingelangen des Mittels zum Wirkungsorte, von primärer, ausschlaggebender Bedeutung.

Die **Kohlenwasserstoffe**, Methan, CH_4, Äthan, C_2H_6 usw., sind nahezu unwirksam. Von stärkerer Wirkung sind die ungesättigten Kohlenwasserstoffe, das Pental, $(CH_3)2\,C : CH \,.\, CH_3$, und das Acetylen, $CH : CH$. Im ersteren ist die narkotische Wirkung durch die Bindung von mehreren Alkylen an einem Kohlenstoffatom begünstigt, analog wie beim Amylenhydrat, Veronal und Sulfonal.

Die **Alkohole** mit einem Hydroxyl sind sehr wirksam, bei den wasseröslichen steigend mit der Anzahl der Kohlenstoffatome. Eine scheinbare Ausnahme dieser Regel bildet der **Methylalkohol**, CH_3OH. Seine Giftigkeit ist viel größer als die des nächst höheren Gliedes, des Äthylalkohols, C_2H_5OH. Sie ist indes wahrscheinlich nicht durch ihn selbst bedingt, sondern durch sein Oxydationsprodukt, die Ameisensäure. Diese ist, vorgebildet eingeführt, nicht besonders wirksam, weil sie nicht in die Nervenelemente eindringbar (neurotrop) ist und zu rasch ausgeschieden wird. Ihrer, mehrere Tage im Organismus verweilenden Vorstufe, dem Methylalkohol, ist dies möglich, und die nun folgende intraneurale Oxydation setzt die Vergiftung. Dadurch erklärt sich nach Harnack das späte Auftreten der Symptome und ihre von einer Narkose abweichende Form (Neuritis acuta, Erblindung usw.).

Die **Äther** (Anhydride der Alkohole) sind noch stärker wirksam, z. B. der gewöhnliche Äther (Äthyläther), $C_2H_5 \,.\, O \,.\, C_2H_5$.

Die **Aldehyde**, die ersten Oxydationsstufen der Alkohole, sind ebenfalls gut wirksam, z. B. der gewöhnliche Aldehyd (Äthylaldehyd), CH_3COH, und besonders sein Kondensationsprodukt, der Paraldehyd.

Die **Ketone** wirken schwächer, z. B. Aceton, CH_3OCCH_3.

Die **Säuren** sind nahezu unwirksam, z. B. Ameisensäure, $HCOOH$, Essigsäure, CH_3COOH usw.

Die **Kohlensäure**, CO_2, hingegen ist ein *ausgesprochenes Narcoticum*. 8% der Einatmungsluft (neben genügend Sauerstoff) beigemischt, bewirken rauschartige Zustände, 20% Hypnose, 40% Anästhesie, 70% Asphyxie. Die wohltätige Betäubung, welche sie bei ihrer Anhäufung in Blut und Geweben bei allen dem letalen Ende zugehenden Erkrankungen ausübt, hat ihr mit Recht die Bezeichnung *„Morphin der Agonie"* eingetragen.

Kohlenoxyd, CO, hat nur schwache narkotische Eigenschaft. Es wirkt als *Blutgift* dadurch, daß es eine etwa 200 mal größere Verwandtschaft zum Hämoglobin hat als der Sauerstoff. Von der Konzentration des CO in der Luft von 0,02% aufwärts werden daher steigende Mengen von CO-Hämoglobin gebildet, bis bei Konzentration von 0,2% die tödliche Grenze mit 60—70% Hämoglobin-Bindung erreicht ist. Die ersten Symptome sind Kurzatmigkeit und Kongestion zu Kopf und Haut, so daß man einen Alkoholiker vor sich zu haben glauben könnte, wenn nicht der fehlende Geruch des Atems nach Alkohol eines anderen belehrte. Es folgen Aufregungszustände, Betäubung, schließlich Koma mit daniederliegender Atmungs- und Kreislauftätigkeit, nicht selten unter Zutritt von Lungenödem. Wird der Vergiftete rechtzeitig der CO-Atmosphäre entrissen, sinkt also die Konzentration des CO in der Luft auf Null, dann tritt der umgekehrte Prozeß ein, die Verdrängung des CO aus dem Hämoglobin durch O_2, um so rascher, je höher der Sauerstoffgehalt der eingeatmeten Luft ist. Die Prognose ist vorsichtig zu stellen wegen der Nachkrankheiten, die infolge von Ernährungsstörungen (Stasen) in verschiedenen Organen auftreten können (Hautgangrän, Erweichungsherde im Gehirn, Neuritis, Muskelabszesse usw.). Therapie: O-Einatmung, Kochsalzinfusion.

Die **Ester** (Anhydride eines Alkohols und einer Säure) sind meist wirksam, z. B. Essigester (Essigsäure-Äthylester), $CH_3CO . O . C_2H_5$. Noch mehr gewisse **Säureamide**, z. B. Urethan, Veronal und die durch ein gemeinsames Kohlenstoffatom gekuppelten **Sulfone** (Verbindungen der zweiwertigen Gruppe SO_2 mit Alkylen, z. B. Sulfonal, Trional).

Die **Chlor- und Brom-Substitutionsprodukte** zeichnen sich durch sehr starke Wirkung auf das zentrale Nervensystem, auf Atmung und Zirkulation aus. Durch den Eintritt dieser Halogene werden z. B. die unwirksamen Kohlenwasserstoffe Methan, Äthan zum wirksamen Chloroform, $CHlC_3$, resp. Äthylbromid, C_2H_5Br, und der mäßig wirkende Äthylaldehyd, CH_3COH, zum sehr wirksamen Chloral, CCl_3COH.

Die **Jod-Substitutionsprodukte** und die **Nitrit-** und **Nitratester** stehen abseits von diesen Reihen und haben eigenartige Wirkungen (Kap. XX, XVIII).

Schwefelkohlenstoff, CS_2, bei 46° siedende Flüssigkeit, wirkt narkotisch und erzeugt bei fortgesetzter Einatmung chronische Vergiftung: mannigfaltige nervöse Störungen, maniakalische oder depressive Psychosen, Amblyopie, Faser- und Zelldegenerationen im gesamten Nervensystem.

Arbeiter in Ölfabriken, wo Schwefelkohlenstoff zum Lösen der Fette benutzt wird, und Arbeiter in Gummifabriken, wo er zum Vulkanisieren des Kautschuks Verwendung findet, sind derselben besonders ausgesetzt. Prophylaktische Therapie: gute Ventilation der Arbeitsräume.

Wirkung im allgemeinen. Die Narcotica der Fettreihe lähmen das Protoplasma der Zellen aller Tiere und Pflanzen, wenn sie in genügender Konzentration zu ihm dringen können. Sie sind darum Antiseptica und Antiparasitica und werden zum Teil auch in dieser Richtung praktisch verwendet, z. B. Alkohol und Chloroformwasser, †Aqua chloroformiata (mit 0,5% Chloroform gesättigtes Wasser), als Konservierungsmittel; Chloroform innerlich als Bandwurmmittel.

Bei mehrzelligen Organismen, den höheren Tieren und dem Menschen sind die Wirkungen an den Applikationsstellen und

inneren Organen infolge der sehr verschiedenen Konzentrations-
verhältnisse vor und nach der Resorption sehr verschieden, und
muß darum zwischen örtlichen und resorptiven Wirkungen strenge
unterschieden werden.

Örtlich durchläuft die Wirkung in mehr oder weniger ausgebildeter Weise die drei Stadien: *Reizung, Entzündung, Nekrose.*
Bei den flüchtigen Stoffen (Äther, Chloroform) dominiert zunächst die Wirkung auf die Nervenendigungen, und folgt daher
auf deren Reizung häufig eine ausgesprochene *lokale Anästhesie.*

Resorptiv werden hauptsächlich die Nervenzellen ergriffen in
einer bestimmten Reihenfolge:

Den Anfang macht die *Lähmung des Großhirns.* Das Vermögen
zu empfinden, denken und wollen erlischt, und Schlaf stellt sich
ein, nicht selten unter Vorausgang rauschartiger Erregungszustände, welche meistens als Erregungen aufgefaßt werden,
wahrscheinlich aber nur die Folge einer Art Unordnung der Groß-
hirntätigkeiten sind, indem nicht alle psychischen Zentren gleichmäßig und gleichzeitig von der Lähmung ergriffen werden.

Es folgt Aufhebung der Koordination und *Lähmung des
Rückenmarks,* gekennzeichnet durch das Aufhören der Reflexe
und des Muskeltonus. Allmählich breitet sich die Lähmung
auch auf *das verlängerte Mark* aus. Das Atmungszentrum
wird von allen Substanzen ergriffen, das Gefäßzentrum wird
von einigen Substanzen, z. B. von Äther und Alkohol, im wesentlichen nur soweit erfaßt, daß die Gefäße des Gehirns und der
Haut unter kompensatorischer Verengung des Splanchnicusgebietes
sich erweitern, wogegen bei Chloroform und Chloral alle Gefäßprovinzen, in erster Linie die Eingeweide, an der Lähmung beteiligt sind.

Das *Herz* wird ebenfalls nur von jenen Substanzen, welche
auch auf die Gefäße in hohem Grade wirken, stärker lähmend beeinflußt.

Die *Körpertemperatur* ist infolge der vermehrten Wärmeabgabe
durch die Haut und der verminderten Wärmebildung herabgesetzt.

Der *Tod* erfolgt durch die beschriebenen elektiven Wirkungen
auf die Nervenzellen, ehe noch stärkere Wirkungen auf das Protoplasma anderer Zellarten sich ausbilden können.

Die *Narkose bleibt auf einer bestimmten Stufe* (Hypnose,
Anästhesie) stehen, wenn die Aufnahme des Mittels so gestaltet
wird, daß es sich nur bis zu einer gewissen Konzentration in dem
die Zellen umgebenden Medium anhäufen kann (Einatmung von

dosierten Gemischen oder Versetzen von Wassertieren in Wasser mit bestimmtem Gehalt an Narcoticum); sie geht *vollständig zurück* beim Aufhören der Einatmung des Gemisches oder Zurückversetzen der Tiere in reines Wasser.

Dieses Verhalten deutet darauf hin, daß die Aufnahme des Narcoticums in die Zelle durch *Bildung einer reversibeln, physikalisch-chemischen Verbindung* zwischen den Molekülen des Narcoticums und gewissen Stoffen der Zelle bedingt ist, die wieder auseinandergeht, sobald die Konzentration des Narcoticums im Außenmedium abnimmt. Nach H. Meyer und E. Overton sind diese Stoffe die sog. *Lipoide,* d. h. die fettähnlichen Körper (Cholesterin, Lecithin, Cerebron usw.), welche nach bisheriger Anschauung die Membran der Zelle zusammensetzen und namentlich auch im Inneren der Zellen, zumal der Nervenzellen, in reichlicher Menge enthalten sind.

Die Untersuchungen ergaben nämlich, daß nur jene Derivate des Methans narkotisch wirken, welche mit Fetten sich zu binden, resp. zu lösen vermögen, und ,daß ihre Wirkungsstärke annähernd proportional ist dem. *Teilungskoeffizient* $\frac{\text{Öl}}{\text{Wasser}}$, d. h. dem Verhältnis, in dem sich die Narcotica bei Ausschüttelversuchen wässeriger Lösungen der Narcotica mit Olivenöl in Öl und Wasser, bzw. den Lipoiden der Zelle und dem die Zelle umgebenden wässerigen Medium nach Maßgabe ihrer relativen Löslichkeit verteilen.

Unter der Annahme, daß die Lipoide auch im Inneren der Zelle eine wichtige Rolle spielen, kann dann die Ursache der Narkose selbst in einer Art Entmischung des protoplasmatischen Gefüges gesucht werden (H. Meyer), oder es wird durch die Adsorption der Narcotica an den Zelloberflächen die Grenzflächenspannung, von der das Eintreten der Zellnährstoffe und das Austreten der Zellstoffwechselprodukte abhängt in reversibler Weise herabgesetzt und so eine Ernährungsstörung mit Funktionseinstellung in der Zelle gesetzt, die als Narkose erscheint. Bloße Behinderung der Sauerstoffaufnahme, welche von einigen Seiten angenommen wurde, kann es nicht sein, da auch des Sauerstoffs nicht bedürftige Lebewesen (anaerobe Bakterien) narkotisierbar sind. Es handelt sich eben nicht um die Hemmung einer einzelnen Ernährungsreaktion, sondern um eine solche vieler.

Auch *die örtliche Wirkung* der Narcotica, die lokale Anästhesie, kann als Folge derartiger molekularer Veränderungen aufgefaßt werden. Beim Vergleich der zur zentralen und peripheren Wirkung nötigen Konzentration ergibt sich, daß das zentrale Nervensystem etwa sechsmal empfindlicher ist als das periphere (Gros).

Anwendung im allgemeinen. Während der allgemeine Wirkungscharakter dieser Stoffe derselbe ist, geht die therapeutische Anwendung scheinbar weit auseinander.

Örtlich schon zeigen sich große Verschiedenheiten. Alkohol dient als Haut- und Magenreizmittel, Chloroform hingegen als örtliches Anaestheticum, Chloralhydrat als Vesicans.

Resorptiv sind die Verschiedenheiten noch größer. Alkohol und Äther werden als sogenannte Excitantia und Analeptica gebraucht, Veronal, Sulfonal, Chloral als Sedativa und Hypnotica, Äther und Chloroform als Anaesthetica.

In Wahrheit sind dies alles nur verschiedene Stadien (Grade) ein und derselben Wirkung, zu deren Festhaltung sich bald die einen, bald die anderen Substanzen besser eignen und darum ausschließlich therapeutisch zu diesem Zwecke gebraucht werden. Hierbei sind namentlich die physikalischen Eigenschaften dieser Stoffe, Flüchtigkeit und Löslichkeit, ausschlaggebend.

Die flüchtigen Narcotica z. B. sind als Hypnotica unbrauchbar, weil ihre Wirkung wegen der raschen Ausscheidung sehr vergänglich ist. Gerade dieser Umstand aber macht sie zu sehr gut verwendbaren Anaesthetica, weil die Narkose sich sofort abbrechen läßt, sobald die Operation zu Ende oder Lebensgefährdung im Anzuge ist. Umgekehrt kann eine anästhesierende Gabe der wenig oder gar nicht flüchtigen Mittel wegen der langen Wirkungsdauer leicht gefährliche Folgen haben, wogegen sie in schwächerer Dosis gute Beruhigungs- und Schlafmittel sind.

Die Erkenntnis der Zusammengehörigkeit aller dieser Stoffe ist namentlich bei den Praktikern erst spät zum Durchbruch gelangt. Nur so ist es erklärlich, warum der Äther und das Chloroform als Anaesthetica erst 1846 und 1848 zur Einführung kamen, obgleich ein Repräsentant dieser Gruppe, der Alkohol, schon seit Jahrhunderten in Gebrauch war, und warum nach dieser Zeit wieder 20 Jahre vergingen, bis das von der Chemie schon längst (1831) dargestellte Chloralhydrat als Schlafmittel in der Medizin allgemeine Beachtung fand.

a) Anaesthetica.
Chloroform.

*† Chloroformium, Chloroform, $CHCl_3$, ist eine farblose Flüssigkeit von süßlichem Geruch und Geschmack, welche bei 61⁰ siedet und ein spezifisches Gewicht von 1,489 besitzt. Seine Löslichkeit in Wasser ist gering (1 : 200), viel bedeutender ist sie für Alkohol, Äther und Fette.

Die *Darstellung des Chloroforms* geschieht nach Liebig (1831) durch Zersetzung von Chloral mit Kalilauge: $CCl_3CHO + KOH = CHCl_3 + HCOOK$. Fast gleichzeitig gewann es Soubeiran durch Destillation von Alkohol über Chlorkalk. Beide Darstellungsarten sind heute noch die gebräuchlichsten.

Das *Chloroform enthält nicht selten Verunreinigungen,* welche entweder schon bei der Darstellung sich ihm beimischen oder erst bei der Aufbewahrung aus ihm sich bilden. Sie sind die Ursache sehr vieler schlechten, resp. tödlich verlaufenden Narkosen.

Durch die Darstellung können andere Chlorsubstitutionsprodukte des Methans und Äthans hineingelangen, welche zum Teil noch stärker auf das Herz wirken als das Chloroform. Durch große Reinheit ausgezeichnet ist das **Chloroform Anschütz.** Dasselbe wird aus Salicylid-Chloroform. $C_6H_4 \left\langle \begin{smallmatrix} O \\ CO \end{smallmatrix} \right. + 2\,CHCl_3$ gewonnen, einem kristallinischen Körper, in welchem das Chloroform die Stelle des Kristallwassers vertritt und beim Erhitzen in chemisch reinem Zustande sich abspaltet.

Bei der Aufbewahrung, wenn es *dem Lichte bei Gegenwart von Luft ausgesetzt* ist oder beim Operieren bei Gaslicht oxydiert sich das Chloroform. Es bilden sich hierbei das sehr giftige, erstickend riechende *Chlorkohlenoxyd (Phosgen)* und Salzsäure nach der Gleichung: $CHCl_3 + O = COCl_2 + ClH$. Phosgen kann dann weiter unter O- oder H_2O-Aufnahme und CO_2-Abgabe zu $2\,HCl$ oder Cl_2 zerlegt werden. Seine Bildung wird verhindert durch Aufbewahrung des Chloroforms in dunklen, vollgefüllten und gut verschlossenen Gefäßen und durch Beimischung von 1% Alkohol. Eingeatmet dringt das Phosgen leicht in das Epithel und Endothel der Lunge ein und erzeugt bei seiner Zerlegung schweres, meist tödliches Lungenödem.

Zur Prüfung auf organische Verunreinigungen empfiehlt Ph. G. 20 ccm Chloroform, 15 ccm Schwefelsäure und 4 Tropfen Formaldehydlösung in einem 3 cm weiten, mit Schwefelsäure gespülten Glasstöpselglase häufig zu schütteln. Das Chloroform darf sich innerhalb $1/2$ Stunde nicht färben. Der Geruchssinn vermag nur gröbere Verunreinigungen aufzudecken: reines Chloroform verdunstet auf Fließpapier ohne Rückstand, unreines läßt im Momente, wo die Feuchtigkeit verschwunden ist, einen erstickenden, stechenden oder fuselölartigen Geruch wahrnehmen.

Die Wirkungen des Chloroforms ergeben sich schon aus der allgemeinen Darstellung. Sie seien hier daher nur noch ausführlich bei jener Applikationsweise wiederholt, welche weitaus am häufigsten zur Anwendung kommt, nämlich bei Einatmung seines mit Luft gemischten Dampfes.

Das erste, was beobachtet wird, sind **Erscheinungen örtlicher Reizung.** Der Chloroformdampf reizt die Schleimhaut der Augen, der Atmungswege und des Mundes. *Gefühl von Brennen, Rötung, Speichel- und Tränenfluß, Husten* und später auch *Erbrechen* wegen Verschluckens chloroformhaltigen Speichels sind die unmittelbaren Folgen.

Durch die örtliche Reizung werden ferner noch *Reflexe auf*

Atmung, Herz und Gefäßzentrum veranlaßt. Durch die Reizung der Nasenschleimhaut erfolgt eine vorübergehende Stockung der Atmung unter Glottisverschluß, verbunden mit Pulsverlangsamung und Ansteigen des Blutdrucks. Es ist ein Hemmungsreflex, denn die Erscheinung bleibt aus, wenn die sensiblen Nervenendigungen der Nasenschleimhaut vorher durch Kokain gelähmt werden.

Der Reflex hat die Bedeutung einer Abwehrmaßregel des Organismus. Er tritt auch bei Einwirkung anderer reizenden Dämpfe, z. B. Tabaksrauch, Ammoniak, auf. Beim Kaninchen erscheint er ganz regelmäßig, beim Menschen kann er durch den Willen beschränkt oder aufgehoben werden, so daß gewöhnlich schon die kategorische Aufforderung zu atmen oder ein kräftiger Hautreiz genügt, um die Herztätigkeit und Atmung wieder in Gang zu bringen. Mit völliger Sicherheit darf aber darauf nicht gerechnet werden.

Mit dem Vordringen des Chloroforms in die Bronchien tritt eine Beschleunigung der Atmung auf. Sie wird durch Reizung der sensiblen Lungenäste des Vagus veranlaßt und unterbleibt, wenn dieser am Halse durchschnitten ist. Die meist vorhandene Frequenzerhöhung des Pulses und die Erregung des Gefäßzentrums sind ebenfalls reflektorische Vorgänge.

Die genannten örtlichen Reizerscheinungen verlieren sich bald, zum Teil durch den Eintritt lokaler Anästhesie, und die Folgen der Resorption kommen nun rein zur Geltung.

Die **resorptiven Erscheinungen** beginnen mit einem *rauschartigen Zustande,* bestehend in lautem sinnlosen Reden, Unruhe, lebhaften Muskelaktionen, auch wohl Krämpfen klonischer und tonischer Art. Gleichzeitig ist das Gesicht infolge Erweiterung der Kopfgefäße lebhaft gerötet und turgeszent. Man nennt diesen Zustand gewöhnlich das Stadium der Erregung (Excitation), welche Bezeichnung beibehalten werden kann, wenn man damit nicht die Vorstellung einer allseitigen Erregung verbindet. Es werden nämlich nach Kraepelins Untersuchungen die sensoriellen und intellektuellen Funktionen sofort abgeschwächt und nur die motorischen zunächst gesteigert, wobei es aber fraglich bleibt, ob dies als echte Erregung aufzufassen oder nur dem Umstande zuzuschreiben ist, daß eben gewisse Hirnbezirke außer Tätigkeit geraten, während andere ihre Funktion nun ungehemmt und unreguliert noch fortsetzen.

Das Stadium der Excitation kann sehr verschiedene Dauer und Intensität haben. Es ist nur kurz oder fehlt vollständig bei Kindern, Frauen und Personen schwächlicher Konstitution überhaupt, ebenso bei Tieren. Von sehr langer Dauer (bis zu $^1/_4$ Stunde) und in förmliche Tobsuchtsanfälle ausartend ist es bei Alkoholikern, deren kortikale und subkortikale Zellen niedererer Funktion offenbar der Wirkung des Chloroforms nur sehr langsam unterliegen, weil sie bereits an ein verwandtes Narcoticum, den Alkohol, gewöhnt sind. Durch vorausgehende Injektion von Morphin oder Morphin 0,01

+ Scopolamin 0,0005 gelingt es hingegen häufig, dieses Initialstadium auf das normale Maß einzuschränken.

Daß die verschiedenen Gehirnbezirke nicht 'alle gleichzeitig de|r Lähmung unterliegen, bezeugt auch die Aussage mancher Chloroformierten nach der Narkose, wonach sie den operativen Eingriff noch als Berührung' empfunden, aber nicht mehr als Schmerz gefühlt hätten. Offenbar gibt es also' bei beginnender Narkose ein Stadium, wo die Zentralorgane für das Gemeingefühl bereits gelähmt, für den Tastsinn aber noch rege sind.

Mit dem Fortgang der Chloroformierung verbreitet und vertieft sich die Lähmung immer mehr. Die seelischen Tätigkeiten verschwimmen zu traumhaften Vorstellungen und kataleptischen Zuständen. Schließlich ist die *Fähigkeit zu willkürlichen Bewegungen ganz unterdrückt, das Bewußtsein ist erloschen*, und tiefer Schlaf hat sich eingestellt. Anfänglich ist ein Erwecken durch Anrufen oder Rütteln noch möglich, später nicht mehr. Die Lähmung hat dann auch schon das Rückenmark ergriffen, die *Reflexerregbarkeit* und der *Muskeltonus* sind *aufgehoben*. Der ganze Körper liegt nun „schlaff, empfindungs- und bewegungslos“ da, das von den Chirurgen erstrebte „Toleranzstadium“ ist erreicht und kann durch vorsichtige Fortsetzung der Einatmung genügend lange erhalten werden, um auch die langwierigsten Operationen und Untersuchungen zu Ende zu führen.

Verlängertes Mark und Herz sind in diesem Stadium vom Chloroform schon ergriffen, indes nicht so stark, daß das Leben bei vorsichtiger Narkose-Führung bedroht wäre.

Vom *Gefäßnervenzentrum* werden jene Teile am frühesten, noch während des Erregungsstadiums, ergriffen, welche das Gesicht, die äußere Haut und die Hirnhäute beherrschen. Gesicht und in schwächerem Grade die übrige Haut sind daher turgeszent und gerötet, die zuführenden Gefäße klopfen sicht- und fühlbar. Erst allmählich läßt dann der Tonus auch in den übrigen Provinzen nach, die Gefäße erweitern sich allseitig in mäßigem Grade, die Blutfüllung des Gesichtes und der Haut nimmt daher wieder ab, und der allgemeine Blutdruck sinkt um einen mäßigen Betrag unter die Norm. Bei sehr tiefer und andauernder Chloroformierung wird das Gefäßzentrum ganz außer Funktion gesetzt und vor dem Tode auch der Gefäßtonus peripheren Ursprungs aufgehoben, so daß die Gefäße dann vollständig erschlaffen und der Blutdruck sich nur um ein geringes über der Nullinie erhält.

Im *Atmungszentrum* wird die Erregbarkeit zunächst nur wenig vermindert, nur die äußeren Atemreize kommen in Fortfall, daher die Atmung an Frequenz zwar abnimmt, aber selbst noch in tiefer Narkose regelmäßig und ausreichend bleibt. Erst bei übergroßen Mengen tritt völlige Lähmung ein, die Atmung wird flach, aussetzend und kommt bald ganz zum Stillstande.

Das *Herz* wird anfangs ebenfalls nur wenig beeinflußt. Der Puls ist zwar verlangsamt, bleibt aber voll und nimmt nur infolge der Gefäßerschlaffung den Charakter eines Pulsus mollis und tardus an. Es ist indes immer im Auge zu behalten, daß das Herz das erste Organ ist, das von den Lungenvenen her das Chloroform empfängt. Geschieht dies infolge unvorsichtiger Darreichung in allzu reichlicher Menge, so kann Herzflimmern oder Herzlähmung eintreten, noch ehe das Toleranzstadium erreicht ist. Die Herzleistung sinkt im ersten Fall sofort, im zweiten allmählicher auf Null. Die Kontraktionskraft der Ventrikel nimmt mehr und mehr ab, die am Schlusse der Systolen in ihnen zurückbleibende Blutmenge steigt daher andauernd an, schließlich steht das Herz völlig still, bleibt aber zunächst für mechanische Reize noch erregbar.

Bei langsamer Chloroformierung erfolgt der *Tod immer durch Lähmung der Atmung, vorausgesetzt, daß das Herz gesund ist*. Darum ist diese Reihenfolge die Regel bei Versuchstieren, während beim Menschen, dessen Herz infolge von Fettentartung oder mangelhafter Ernährung und ungenügender Sauerstoffversorgung wegen vorausgegangener Blutverluste häufig in keinem normalen Zustande sich befindet, nahezu 50% aller Chloroform-Todesfälle auf Herzlähmung treffen.

Die **Behandlung der Chloroformvergiftung** muß verschieden sein je nach dem Organ, das die Funktion eingestellt hat.

Wenn bloß die Atmung ungenügend geworden oder ganz aufgehoben ist, das Herz aber weiter schlägt, dann schafft häufig schon das bloße *Tieflagern des Kopfes* Abhilfe, denn dieser Zustand ist oft nur zum Teil durch die direkte Einwirkung des Chloroforms auf das Atmungszentrum bedingt, zum anderen Teil nur Folge der ungenügenden Blutversorgung dieses Organs wegen der allgemeinen Gefäßlähmung. Ist die Lähmung des Atmungszentrums hingegen bereits vollständig, dann genügt diese Maßnahme allein nicht, es muß auch *künstlich Respiration*, am besten nach der Methode von Sylvester, dazutreten, bis soviel Chloroform ausgeschieden ist, daß das Organ aus seiner Narkose wieder erwacht und seine Funktion wieder aufnimmt. Die Abdunstung des Chloroforms von der Lungenoberfläche wird wesentlich gefördert, wenn durch *kräftige Lüftung des Operationsraumes* sofort jeder, auch der geringste Partialdruck des Chloroforms in der Luft beseitigt wird.

Ist das Herz zum Stillstand gekommen — der bei weitem ernstere Fall —, dann muß zur künstlichen Respiration noch *indirekte oder direkte Herz-*

massage (im Tempo eines schnellen Pulses ausgeführte rhythmische Kompression der Herzgegend oder, wenn dies nicht genügt, des operativ freigelegten Herzens selbst) hinzutreten und solange unterhalten werden, bis durch diesen künstlich unterhaltenen Kreislauf soviel Chloroform aus der Lunge abgedunstet ist, daß die Lähmung des Herzens zurückgeht. Erst wenn dies nach einer Stunde noch nicht erfolgt ist, kann die Aussicht auf Rettung als definitiv geschwunden angesehen werden.

Parallel mit diesen mechanotherapeutischen Maßnahmen haben die pharmakotherapeutischen zu gehen: *Adrenalin-, Strophanthin- oder Kampferinjektionen endovenös oder intracardial, Kochsalzinfusion, Sauerstoffinhalation.*

Prophylaxis der Chloroformvergiftung.

1. Genaue *vorherige Untersuchung der Kreislauforgane, der Lunge und der Leber,* um zu ersehen, ob Narkose völlig kontraindiziert oder etwa nur mit äußerster Vorsicht durchführbar ist.

2. *Reinheit des Chloroforms.*

3. *Verdünnung des Chloroformdampfes mit Luft.*

Das Blut (des Hundes) enthält an Chloroform bei Einatmung bis zur tiefen Narkose 0,035% im Mittel, nach tödlicher Narkose 0,058%, bei voller Sättigung durch Einleitung von Chloroformdampf in Aderlaßblut 0,6% (Pohl). In diesen Verhältnissen liegt die Gefahr der Narkose, die sog. Narkotisierungsbreite ist gering, indem die Dosis anaesthetica und die Dosis letalis nahe beieinander liegen, und das Blut noch zehnmal darüber hinaus vom Gifte aufzunehmen vermag. Der letale Ausgang kann nach den Untersuchungen an Menschen und Tieren verhütet werden bei *Verwendung dosierter Gemische,* d. h. bei Einatmung von Luft, welcher genau gemessene Mengen von Chloroformdampf beigemischt sind. Die Narkose stellt sich dann auf eine durch die Konzentration des Chloroformdampfes bestimmte Tiefe ein. $1^{1}/_{2}$ Volumprozent = 0,07 g Chloroform im Liter erzeugt volle Narkose, ohne bedeutendere Schädigung von Atmung und Kreislauf, die Narkose zieht aber nur langsam heran, daher man den Patienten, um ihn rascher operationsreif zu machen, zunächst ein konzentrierteres Gemisch einatmen läßt, mit Vorsicht, denn 2 Volumprozente sind bei längerer Einatmung bereits tödliche Konzentration. Zur Herstellung dosierter Gemische in Kliniken sind verschiedene Apparate konstruiert worden. Sie haben wegen ihrer Kompliziertheit keinen allgemeinen Eingang gefunden. Am meisten gebraucht wird der Apparat von Roth und Dräger, bei welchem das Narcoticum in Verdünnung mit Sauerstoff zugeführt wird. Gewöhnlich sucht man in der Praxis der Forderung der Dosierung durch die sog. Tropfmethode, „20—25 Tropfen pro Minute mittels des dem Chloroform-Anschütz beigegebenen Tropfers bis zum Eintritt der Toleranz, 6—10 pro Minute zur weiteren Unterhaltung", nach Maßgabe der auftretenden Symptome, also unter Zuziehung „physiologischer Dosierung" in freilich sehr unvollkommener Weise nachzukommen, da es natürlich einen großen Unterschied macht, ob der Tropfen während der Inspiration oder Exspiration auf die Maske fällt, ob dies auf die Mitte der Maske, Mund und Nase gegenüber, oder mehr gegen den Rand geschieht und ob die Maske dem Gesichte dicht aufliegt oder von ihm etwas entfernt gehalten wird.

4. *Unausgesetzte Beobachtung des Chloroformierten.*

Neben *Atmung und Puls* kommt die Blutfüllung, resp. *Farbe der Gesichtshaut* in Betracht. Cyanose zeigt die beginnende Erstickung, Erblassen (Weißwerden der Lippen) den drohenden oder bereits eingetretenen Herzstillstand an.

Auch das Verhalten des Auges gibt gute Anhaltspunkte zur Beurteilung der Narkose. Der Cornealreflex ist der letzte noch auslösbare Reflex, sein Erlöschen ist das Zeichen, daß die weitere Zufuhr des Narcoticums eingeschränkt werden muß. Die Augäpfel sind zu Anfang der Narkose nach oben gerichtet, so daß die Pupillen hinter den oberen Lidern versteckt sind. Später stellen sie sich wieder gerade und machen häufig dissoziierte Bewegungen. Die *Pupille* verengt sich mit Vertiefung der Narkose immer mehr. Allmähliche Erweiterung während der tiefen Narkose weist auf ungenügende Atmung hin, plötzliche Erweiterung auf unmittelbar drohende Erstickung.

Das *Erwachen* aus einer regelrechten, ohne Zwischenfälle durchgeführten Narkose tritt ungefähr 5—10 Minuten nach Einstellung der Einatmung ein, sobald eben der größere Teil des Chloroforms den Organismus wieder verlassen hat. Das Chloroform findet sich im Körper nicht einfach gelöst, sondern an die Fette und Lipoide (Lecithin, Cholesterin) der Gewebe, insbesondere der Blutkörperchen und Nervenzellen molekular-chemisch gebunden. Seine Abdunstung durch die Lunge erfordert daher längere Zeit; ein kleiner Teil verläßt den Organismus auch durch den Harn in Form gepaarter Glykuronsäuren, ein anderer wird völlig zersetzt, wie die Zunahme der Chloride im Harne erweist. Das Erwachen ist nur in der Minderzahl der Fälle ganz frei; meistens ist es von einem oft mehrere Stunden anhaltenden Eingenommensein des Kopfes, von Übelkeit und Brechreiz gefolgt. Mitunter, insbesondere bei schwächlichen Personen und nach lange dauernden Narkosen, entwickelt sich in den folgenden beiden Tagen eine lobuläre Pneumonie, oder es hinterbleibt ein Zustand großer Hinfälligkeit und Schwäche, der nur langsam zurückgeht, oder selbst letalen Ausgang nehmen kann.

Das Wesen dieser erst in neuerer Zeit genügend beachteten sog. Nachwirkung (Spätfolgen) des Chloroforms besteht in einer *Schädigung des Lungenepithels* durch die Chloroformdämpfe und in einer *allgemeinen Zellschädigung,* die zu *Erhöhung des Eiweißzerfalles* und *fettiger Entartung* insbesondere *des Herzens, der Muskeln und der Leber* führt. Letztere ist bisweilen so stark, daß sie dem Bilde akuter gelber Atrophie nahekommt. Bei schon bestehender Hepatitis (Urobilin im Harn) ist die Narkose mit Chloroform daher strikte kontraindiziert. Beachtenswert ist auch die *Schädigung der Niere,* welche durch das Auftreten von Eiweiß und Zylindern im Harne sich offenbart. Zu den gleichen Folgen führen bei Tieren auch einige Tage hindurch wiederholte ganz kleine Gaben, welche gar keine Narkose hervorrufen.

Anwendung.

1. Als *lokales Anaestheticum*. Chloroform auf Watte in die kariöse Höhle gebracht, ist ein häufig benutztes Mittel gegen *Zahnschmerzen*. Auch die bei *Krampfhusten und asthmatischen Anfällen* bisweilen wirksam befundene Einatmung von Chloroform dürfte z. T. auf örtliche Wirkung zurückzuführen sein. Bei den Einreibungen ***Oleum Chloroformii** oder **Linimentum chloroformiatum** (Ph. A. E.) in die Haut bei *oberflächlichen Neuralgien* und *Muskelrheumatismen* kommt sowohl die örtlich reizende (derivierende) wie anästhesierende Eigenschaft zur Geltung.

Oleum Chloroformii besteht aus gleichen Teilen Chloroform und Arachisöl; Linimentum chloroformiatum ist eine Mischung von gleichen Teilen Chloroform, Hoffmannschem Lebensbalsam, Ätherweingeist, Kampfergeist und Kaliseifengeist.

2. Als *allgemeines Anaestheticum* bei Operationen und Untersuchungen zu dem doppelten Zwecke, dem Kranken die Schmerzen zu ersparen und die störenden reflektorischen Bewegungen und tonischen Kontraktionen auszuschalten. Contraindiziert sind die Fälle, wo die Beihilfe des Kranken notwendig ist, oder wo bei Operationen in der Nähe der Luftwege die Gefahr einer Aspiration von Blut, welches wegen der aufgehobenen Reflextätigkeit nicht ausgehustet werden kann, besteht. In der Geburtshilfe sind langandauernde, tiefe Chloroformierungen nicht ohne Gefahr für das Leben des Kindes wegen der Störung des Plazentarkreislaufs und des Übergangs des Chloroforms auf den Foetus. Außerdem setzt Chloroform die Wehentätigkeit herab.

Allgemeine *Kontraindikationen* für Chloroformnarkose sind: schwere Herzfehler, Aneurysmen, überhaupt schwerere Erkrankungen der Kreislauforgane, der Lunge und Leber, hochgradige Anämie und sonstige Schwächezustände.

3. Als *krampfstillendes Mittel* bei Tetanus und Vergiftungen mit Strychnin und anderen Krampfgiften leistet Chloroform gute Dienste, weil es die Reflexerregbarkeit und damit die Krämpfe aufhebt und so wenigstens die Kräfte des Kranken schont und ihm das Bewußtsein seiner furchtbar peinvollen Lage benimmt.

Maximaldosis Ph. G. und Ph. A.

0,5 (1,5)! (für innerliche Anwendung).

℞		℞	
Chloroformii	8,0	Chloroformii	3,0
Camphorae	1,0	Acid. carbol.	1,0
MDS. auf Watte in den schmerzenden Zahn zu bringen. (English Odontin.)		MDS. auf Watte in die Zahnhöhle zu bringen.	

Äther.

†*__Äther__, Äthyläther, $(C_2H_5)_2O$, ist eine stark lichtbrechende, sehr bewegliche Flüssigkeit, welche noch unterhalb der Körperwärme (bei 35⁰) siedet und daher schon bei gewöhnlicher Temperatur sehr flüchtig ist. Wegen dieser Eigenschaften ist ihm auch dieser Name gegeben worden. Der Äther ist in 10 Teilen Wasser löslich, mit Weingeist in allen Verhältnissen mischbar.

Die Dämpfe sind ungemein *leicht entzündlich*. Der Gebrauch des Äthers bei offenem Licht zu Inhalation und Zerstäubung ist daher ganz ausgeschlossen, zu subkutanen Injektionen und Aufpinselung in Form von Kollodium nur bei großer Vorsicht zulässig.

*†__Äther pro narcosi__ soll in braunen, ganz gefüllten und gut verschlossenen Flaschen von höchstens 150 ccm Inhalt aufbewahrt werden, weil er im Lichte sich unter Bildung von Äthylperoxyd und Hydroperoxyd oxydiert; genannte Stoffe aber greifen die Lunge an.

Die *Darstellung des Äthers* erfolgt durch Destillation von Weingeist mit konzentrierter Schwefelsäure. Man hielt ihn deshalb früher für schwefelhaltig und nannte ihn Aether sulfuricus. Dieser Darstellung zufolge ist die Handelsware auch häufig noch *mit Alkohol verunreinigt* und hierdurch für die meisten therapeutischen Anwendungen ungeeignet.

Wirkungen.

Auf der Haut erzeugt der Äther durch rasche Verdunstung Temperaturherabsetzung bis nahe dem Gefrierpunkt und hierdurch *Zusammenziehung der Gefäße* (Erblassen der Haut) und *Aufhebung der Empfindung* (Kälteanästhesie). Am Verdunsten gehindert, bewirkt er zunächst sensible Reizung und, bei nicht zu früh eingetretener Resorption, Herabsetzung der Sensibilität.

Im Magen gerät der Äther sofort ins Kochen, dehnt denselben stark aus, behindert durch Hinaufdrängen des Zwerchfells vorübergehend die Atmung (Erstickungsgefühl) und führt nach Tierversuchen selbst Berstung des Magens herbei. Rasch in die Schleimhaut eindringend, erzeugt er dann durch sensible Erregung lebhafte *Hyperämie, Sekretion,* und weiter wohl auch vorübergehende Abstumpfung der Erregbarkeit der sensiblen und motorischen Nervenendigungen.

Nach der Resorption, welche von Lunge, Magen, Unterhautzellgewebe aus sehr rasch eintritt, erfolgt bei kleinen Mengen ein *rauschartiger Zustand* ähnlich wie nach Alkohol, bei größeren Mengen *Narkose*. Erhöhung des Eiweißumsatzes und deren Folge (fettige Degeneration) finden nicht statt.

Der Tod erfolgt durch *Lähmung des Respirationszentrums.* Die Gefäßerweiterung bleibt bei vorsichtig geleiteter Narkose auf die Haut- und Kopfgefäße beschränkt; die Gefäße der übrigen Gebiete erfahren sogar eine kompensatorische Zusammenziehung, so daß der Blutdruck auf normaler Höhe bleibt und die Pulswelle höher erscheint, weil das durch das noch ungeschwächt schlagende Herz in die erweiterten Hautarterien vorgetriebene Blut wenig Widerstand findet.

Die *Ausscheidung* vollzieht sich sehr rasch und anscheinend größtenteils unverändert durch die Lunge, daher alsbald der Atem den charakteristischen Geruch nach Äther annimmt, was als Kennzeichen stattgehabter Aufsaugung z. B. nach subkutaner Injektion dienen kann.

Anwendung.

1. Als *allgemeines Anaestheticum.* Der Äther war die erste Substanz, welche sich in der Praxis zu diesem Behufe bewährte. Die Entdeckung von Jackson-Morton 1846, daß Einatmung von Äther einen unschädlichen vorübergehenden Schlaf erzeuge, den selbst die stärksten Eingriffe nicht zu brechen vermögen, war darum epochemachend und in der praktischen Medizin, insbesondere der Chirurgie, von den segensreichsten Folgen. Schon in den nächsten Jahren erwuchs ihm aber im Chloroform durch die Empfehlung von Flourens und Simpson 1848 ein gewichtiger Konkurrent.

Die Frage, wem der Vorzug zu geben, Äther oder Chloroform, wurde lange Zeit lebhaft erörtert. Amerika und teilweise auch England blieben dem Äther treu, Deutschland und die meisten übrigen Länder bevorzugten das Chloroform, neigen sich aber jetzt ebenfalls dem Äther oder der gemischten Narkose zu. Als *Nachteile des Äthers gegenüber Chloroform* sind hervorzuheben: Die *große Flüchtigkeit,* welche die Erreichung der zur Narkose erforderlichen Konzentration des Äther-Luftgemisches unter der Maske sehr erschwert und große Vorsicht wegen *Feuersgefahr* bedingt. Die starke *örtliche Reizung*, insbesondere die starke Erregung der *Schleimsekretion* in der Mund- und Schlundhöhle und den Luftwegen, welche durch Aspiration zu nachträglichen, bisweilen tödlichen Bronchitiden Veranlassung geben kann. Man sucht sie durch Injektion von Morphin 0,01 + Atropin 0,001 oder Morphin 0,01 + Scopolamin 0,0005, $^1/_2$—1 Stunde vorher, auszuschalten. Der durch die starke Erweiterung der Hautgefäße bei einiger Aufmerksamkeit allerdings vermeidbare große *Wärme-*

verlust. Endlich die zu einer Vollnarkose erforderliche *viel größere Menge,* je nach ihrer Dauer 50—100 g und mehr, von Chloroform nicht halb soviel.

Vorteile des Äthers sind: die viel schwächere Einwirkung auf das Gefäßzentrum, das Herz und den Stoffwechsel, mithin also die *geringere Giftigkeit.*

Die **Versuche mit dosierten Gemischen** haben folgendes ergeben:

Eine Beimischung von $3^{1}/_{2}$ Vol.-Prozent Äther zur Luft (0,108 g im L) ist selbst bei lange fortgesetzter Einatmung gefahrlos, die Narkose tritt aber sehr langsam ein. Um den Patienten rascher operationsreif zu machen, kann im Anfang ein konzentrierteres Gemisch, 6 Vol.-Prozent (8 Prozent bedingt zu starke örtliche Reizung) genommen werden (D reser). Längere Einatmung eines solchen Gemisches aber würde den Tod durch Respirationslähmung herbeiführen. Immerhin ist die „Narkotisierungsbreite" im Vergleiche zum Chloroform viel größer.

Die Wirkung der Kombination von Äther und Chloroform (Mischnarkose) wird verschieden beurteilt. Nach einigen ist sie eine schwach potenzierte, nach anderen ist sie nur eine addierte, also über das arithmetische Mittel nicht hinausgehend. Ihr Vorteil würde dann hauptsächlich darin bestehen, daß die toxische Beeinflussung der Kreislauforgane viel geringer ist wie bei Verwendung von Chloroform allein.

2. Als *Riechmittel* bei Schwächezuständen und namentlich als volkstümliches *Magenmittel* bei krampfhaften Zuständen, Hysterie, Kardialgie, Koliken in Form des ***Spiritus aethereus, †Spiritus aetheris, Ätherweingeist, Hofmanns Geist,** einer Mischung von Äther mit 3 Alkohol, 20 Tropfen auf Zucker oder besser rein in Form der sogenannten Ätherperlen, kleinen Leimkapseln, die mit je 5 Tropfen reinen Äthers = 0,1 gefüllt sind.

3. Als *Reizmittel bei Kollapszuständen,* subkutan 1 Pravazsche Spritze voll, wenn nötig 2.—3 mal wiederholt. Die Einspritzung ist mit kurzdauernden, aber großen Schmerzen verbunden. Der Äther gerät ins Kochen, wölbt die Haut blasenartig, wird dann resorbiert und, wie der Geruch der Atemluft anzeigt, alsbald wieder ausgeschieden. Eine fördernde Wirkung auf Kreislauf und Atmung ist in vielen Fällen nicht abzusprechen und hauptsächlich auf die starke örtliche Reizung zu beziehen. Ob auch eine direkte Erregung statthat, ist unentschieden. Die Frage ist hier ganz ähnlich gelagert wie beim Alkohol, wo sie näher erörtert werden soll.

Zur Anwendung soll nur reiner Äther gelangen, nicht alkoholhaltiger, weil dieser durch anhaltende Reizung leicht Abszesse resp. Neuritiden erzeugt. .

Unnötige lange Berührung der Spritze mit der warmen Hand muß vermieden werden, damit der Äther nicht verdampft und die Spritze sich mit Luft füllt.

4. Als *fettlösendes Mittel.* Wiederholte, tropfenweise Injektion in Balggeschwülste durch eine der Drüsenöffnungen erleichtert deren Ausdrückung nach einigen Tagen.

*†Aether aceticus, Essigäther, Essigester, $CH_3CO.O.C_2H_5$, eine flüchtige, bei 74⁰ siedende, farblose Flüssigkeit von eigentümlich erfrischendem Geruch, welche als *Riechmittel* und innerlich als *Reizmittel* in gleicher Weise wie Äther manchmal gebraucht wird, und äußerlich zu schmerzstillenden Einreibungen bei Rheumatismus ähnlich wie Chloroform dienen kann. Als Anaestheticum ist sie der geringen Flüchtigkeit halber nicht geeignet.

Äthylchlorid.

Aether chloratus, Aethylum chloratum, Äthylchlorid, C_2H_5Cl, kommt in Glasröhren mit Schraubenverschluß unter dem Namen Kelen in den Handel. Es ist eine brennbare!, schon bei 12,5⁰ siedende, in Wasser unlösliche Flüssigkeit, dadurch sehr geeignet *zu Kälteanästhesie* an Stelle des früher gebrauchten Äthers. Die Wärme der die Röhre umfassenden Hand reicht hin, um das Mittel nach Öffnung des Verschlusses im kräftigen Strahle austreten zu lassen. Wird derselbe auf eine (zur Schonung vorher etwas eingefettete) Haut- oder Schleimhautstelle gerichtet, so verdunstet das Mittel dort sofort und entzieht der Stelle soviel Wärme, daß die Nerven unter anfänglicher Reizung (Gefühl von Brennen) vorübergehend ihre Erregbarkeit verlieren. Die gleichzeitig eintretende Kontraktion der Gefäße (weißer Fleck) verhindert die rasche Wiedererwärmung durch das Blut, es bleibt deshalb soviel Zeit, um *kurz dauernde, nicht tiefgehende Eingriffe,* Entfernung kleiner Neubildungen, Spaltung von Furunkeln usw. schmerzlos und blutungslos zu Ende zu führen. Länger dauernde Einwirkung des Mittels würde zu einer bleibenden Schädigung des Gewebes führen.

Das Mittel kann auch zu kurzdauernder Inhalations-Anästhesie benutzt werden, die Analgesie tritt sehr rasch ein, länger dauernde Einatmung führt aber zu baldiger Lähmung des Atmungszentrums und des Herzens, weshalb das Mittel auch zur Kälteanästhesierung im Nasenrachenraum nur mit Vorsicht verwendbar ist.

Lösungen des gasförmigen Methylchlorids in Äthylchlorid wirken noch rascher, weil sie schon bei 0⁰—2⁰ sieden.

*†**Aether bromatus, Äthylbromid,** Bromäthyl, C_2H_5Br, ist eine farblose, angenehm ätherisch riechende, bei 38—40⁰ siedende Flüssigkeit, welche sehr zur Zersetzung neigt und daher in kleinen gut schließenden, dunklen Gläsern aufbewahrt werden muß. Um Verwechslung mit anderen sehr giftigen Mitteln ähnlichen Namens zu verhüten, ist im Arzneibuch der neue Name Aether bromatus (Bromäther) eingeführt worden.

Bromäthyl wurde bereits 1849 als Anaestheticum verwendet, aber wieder verlassen. In neuerer Zeit wird es als *Betäubungsmittel für kurz dauernde Operationen* (Zahnextraktionen), welche nur Analgesie und eine Art Halbschlaf, keine völlige Anästhesie, Reflexlosigkeit und Muskelentspannung erfordern, empfohlen, weil die Wirkung sehr rasch eintritt und üble Nebenwirkungen (Erbrechen), abgesehen von dem 1—2 Tage anhaltenden knoblauchartigen Geruch der Ausatmungsluft, nicht zu folgen pflegen — vorausgesetzt, daß das Präparat rein ist und nicht mehr als 10—15 g verwendet werden. Eine Fortführung der Narkose bis zur völligen Toleranz würde gefährlich sein, weil dem Erlöschen der Reflexe bald auch die *Lähmung der Respiration* folgt. Außerdem kann der Tod auch durch *Nachwirkung* infolge Zurückhaltung eines Teils des Broms noch in späterer Zeit eintreten. Dauert die Operation wider Erwarten länger, so setzt man die Narkose mit Äther oder Chloroform fort. Ebenso ist es nicht rätlich, auch nur kurz dauernde Narkosen, z. B. bei Zahnextraktionen, ohne gehörige Zwischenpause (2—3 Tage) zu wiederholen.

Da das Bromäthyl ebenso flüchtig ist wie der gewöhnliche Äther, in Wasser aber noch viel weniger sich löst, entzieht es bei seiner Verdunstung der Umgebung sehr viel Wärme, so daß Wasserdampf darauf zu Eisnadeln gefrieren kann und das Präparat in gleicher Weise wie Äther *zur Erzeugung von Kälteanästhesie* sich eignet.

***Bromoformium, Bromoform,** $CHBr_3$, chloroformartige, sehr lichtempfindliche Flüssigkeit vom Siedepunkte 148—150°, wird bei *Keuchhusten* viel angewandt. Es beseitigt in einigen Tagen die schweren Symptome und führt die Krankheit zu einem milderen und kürzeren Verlauf. Man gibt dreimal täglich so viele Tropfen, als das Kind Jahre zählt, zur Erleichterung des Abtropfens mit gleichen Teilen Spiritus Menthae und Glyzerin auf das Dreifache verdünnt und in dreifacher Tropfenzahl gegeben, oder als Emulsio oleosa zusammen mit Dionin. Im Handel befinden sich auch Lösungen von Bromoform mit spirituösen Auszügen von Thymus Serpyllum und Thymus vulgaris. Im beliebten Rami-Sirup ist es gleichfalls neben Codeïn das wirksame. Größere Dosen erzeugen *schwere Vergiftung* analog dem Chloroform.

Maximaldosis 0,5 (1,5) Ph. G.

Stickoxydul, Nitrogenium oxydulatum.

Zwei anorganische Gase, das Kohlensäureanhydrid und das Stickoxydul, schließen sich in ihren narkotischen, auf Lipoidlöslichkeit basierten Eigenschaften den Narcotica der Methanreihe an. Ersteres ist in der Einleitung dieses Kapitels bereits kurz besprochen worden, so daß nur letzteres zu behandeln bleibt.

Das Stickoxydul, N_2O, ist ein farbloses, leicht kondensierbares Gas von süßlichem Geschmacke, das in Wasser ziemlich leicht löslich ist.

Die **Darstellung** erfolgt durch Erhitzen von Ammoniumnitrat, das dabei zu Stickoxydul und Wasser zerfällt nach der Gleichung:

$$NO_2 . O . NH_4 = N_2O + 2 H_2O.$$

Das Gas, von Priestley 1776 entdeckt, führt auch den Namen Lust- oder Lachgas, seit Davy 1799 bei seiner näheren Untersuchung gefunden hatte, daß es (mit Luft gemischt) eingeatmet eine fröhliche Stimmung und heitere Laune hervorruft. Diese Eigenschaft wurde früher in populären Vorlesungen vielfach gezeigt. Bei einer solchen Gelegenheit entdeckte dann der amerikanische Zahnarzt Wels 1844, daß es rein eingeatmet völlige Bewußtlosigkeit erzeugt. Sein Vorschlag, dasselbe zur Hervorrufung von Anästhesie zu operativen Zwecken zu verwenden, fand — wohl infolge der bald darauf eintretenden Entdeckung der anästhesierenden Eigenschaft des Äthers — nicht genügende Beachtung. Erst später, seit 1864 in Amerika, 1868 in Europa, wurde es von den Zahnärzten allgemein in Gebrauch gezogen, durch die später in Übung gekommene lokale Anästhesierung aber wieder verdrängt.

Einatmung des reinen Gases erzeugt sofort, nach kaum einer Minute, unter Vorausgang eines Gefühles von Berauschung und von Druck und Klopfen im Kopfe, *Verlust des Bewußtseins* und *Erschlaffung des Körpers.*

Hierauf folgen alsbald die Zeichen der Erstickung: *Cyanose, Dyspnoe* und *Stillstand der Atmung,* während das Herz zunächst noch kräftig weiter schlägt.

Unterbricht man die Einatmung sofort nach Eintritt der Anästhesie, dann erfolgt nach $1/2$—1 Minute vollständiges *Erwachen ohne jede Nachwirkung.*

Die Zeit dieser fortdauernden, gefahrlosen Anästhesie von $1/2$—1 Minute kann benutzt werden zur *Vornahme kurz dauernder Operationen,* namentlich Zahnextraktionen. Der ungemein rasche Eintritt der Narkose und das ebenso rasche, vollständig freie Erwachen, welches das sofortige Verlassen des Zimmers gestattet, bietet für die ambulatorische Praxis viele Vorteile, umständlich aber ist die Ausführung der Inhalation, selbst wenn das Gas aus der Fabrik in schmiedeeisernen Flaschen komprimiert bezogen wird.

Um die **Wirkungsweise des Stickoxyduls** zu verstehen, muß man zweierlei beachten: *Die Substanz ist ein Narcoticum,* das wegen seines gasförmigen Zustandes und seiner Löslichkeit im Wasser sehr rasch vom Blute aufgenommen wird, nach Aufhören der Einatmung aber ebenso rasch wieder abdunstet und den Körper verläßt. Beginn, Dauer und Verschwinden der Narkose ist darum nahezu momentan. Die Substanz ist aber *gleichzeitig ein Gas, das im Organismus den Sauerstoff nicht ersetzen kann,* weil es erst bei höherer Temperatur zu Sauerstoff und Stickstoff dissoziiert (Aufflammen eines noch glimmenden Holzspans bei dessen Eintauchen in eine mit N_2O gefüllte Flasche). An das Stadium der Anästhesie schließt sich daher — bei Fortdauer der Einatmung — sofort das Stadium der Asphyxie, das von gewöhnlicher Erstickung nur durch das Fehlen der Krämpfe infolge der eingetretenen Narkose sich unterscheidet.

Die Stickoxydulvergiftung ist mithin auch *wesentlich anderer Art als die Vergiftung mit den anderen Anaesthetica.* Bei jenen liegt die Gefahr in der unmittelbaren Lähmung des Respirationszentrums oder des Herzens, das Stickoxydul hingegen greift diese Organe direkt nicht merklich an. Es schaltet bloß die Arterialisierung des Blutes aus, infolgedessen das Atmungszentrum schließlich in seiner Tätigkeit erlahmt wie bei jeder anderen Erstickung. Sofortiges Abbrechen der Inhalation und allenfalls Unterstützung der natürlichen dyspnoischen Atmung durch künstliche mechanische Beihilfe genügen, um in ganz kurzer Zeit die normale Beschaffenheit des Blutes herbeizuführen und die Lebensgefahr zu beseitigen. Hierdurch erklärt es sich, warum trotz der Millionen von Narkosen, welche mit diesem Mittel, noch dazu vielfach von Personen mit geringer allgemeiner medizinischer Bildung, ausgeführt wurden, Vergiftungen mit letalem Ausgange nur wenige bekannt geworden sind.

Die gefahrlose **Verlängerung der Narkose durch Einatmung eines Gemisches von 20 % Sauerstoff und 80 % Stickoxydul** zu versuchen, lag nach der erlangten Kenntnis der Wirkungsweise dieses Mittels sehr nahe. Man erreicht damit jedoch keine völlige Anästhesie, sondern nur einen *Zustand halber Betäubung,* mit mehr oder weniger ausgebildeter *Analgesie.* Nach *Voraufgang einer Injektion von Scopolamin - Morphin* hingegen tritt *volle, andauernde Narkose* ein, ohne bemerkbare Schädigung von Atmung und Kreislauf, mit sehr rascher und restloser Erholung.

Die Ursache der unvollkommenen Narkose bei Anwendung des Stickoxydul-Sauerstoffgemisches ist in der ungenügenden Sättigung des Blutes mit Stickoxydul zu suchen, indem dieses Gas jetzt nicht mehr unter dem vollen Druck einer Atmosphäre wirkt, sondern nur mit $^4/_5$. Die Absorptionsfähigkeit einer Flüssigkeit für Gase wächst aber bekanntlich proportional mit dem Druck. Erst wenn obiges Gemisch in einer pneumatischen Kammer soweit komprimiert zur Einatmung kommt, daß der auf das Stickoxydul entfallende Druckanteil eine Atmosphäre erreicht, tritt wieder — wie bei der Einatmung unkomprimierten, reinen Gases — volle Narkose ein. Für die Verwendung in der Praxis ist dieses Verfahren der Narkose natürlich zu umständlich.

b) Hypnotica.

*†**Chloralum hydratum, Chloralhydrat.** Farblose, in Wasser und Weingeist lösliche Kristalle von stechendem Geruch und kratzendem Geschmack, bei 53⁰ schmelzend.

Die **Darstellung** erfolgt nach Liebig (1831) durch Einleiten von Chlor in absoluten Alkohol. Hierbei bildet sich Trichloraldehyd, CCl_3CHO, eine flüchtige Flüssigkeit, welche sich mit Wasser zu Chloralhydrat, $CCl_3 . CH(OH_2)$, verbindet.

Wirkung. Örtlich erzeugt Chloralhydrat *Entzündung und Nekrose,* weshalb es nur in gehörig verdünnter Lösung verabreicht werden darf. Selbst auf der äußeren Haut wirkt es so stark, daß es in Form von Chloral-Traganthpflastern als Ersatz der Kantharidenpflaster in Vorschlag gebracht wurde.

Resorptiv wirkt es dem *Chloroform analog,* wegen der geringen Flüchtigkeit jedoch viel anhaltender. 1,5—3,0 setzen die Erregbarkeit des Gehirnes ohne Exzitationsstadium sofort soweit herab, daß die äußeren Reize unterschwellig werden und Schlaf erfolgt. Größere Gaben lähmen es vollständig, erzeugen deshalb unaufweckbaren Schlaf und führen durch Ausbreitung der

Lähmung auf das Rückenmark auch zu Reflexlosigkeit. Im verlängerten Mark stellt das Gefäßnervenzentrum zuerst seine Funktion ein, dann folgt das Atmungszentrum, auch das Herz wird stark geschwächt, unter normalen Verhältnissen jedoch erst nach dem Atmungsstillstande völlig gelähmt. Vergiftungen mit tödlichem Ausgange sind schon nach Gaben von 4,0 beobachtet worden.

Bei längerem Gebrauche hat man *chronische Vergiftung* in Gestalt von Verdauungsstörungen, Hautexanthemen, Lidschwellung und Conjunctivitis beobachtet; auf starken Mißbrauch folgt körperlicher und geistiger Verfall ähnlich wie nach Alkohol. Der Eiweißzerfall wird erheblich gesteigert.

Die *Ausscheidung* des Chloralhydrats durch den Harn erfolgt zum Teil als gepaarte Glykuronsäure, die sich unter Wasseraufnahme leicht in ihre Komponenten, Glykuronsäure und Chloräthylalkohol, spaltet:

$$CCl_3CH_2—O—C_6H_9O_6 + H_2O = \quad CCl_3CH_2OH \quad + C_6H_9O_6OH$$

Trichloräthylglykuronsäureester $\quad$ = Trichloräthylalkohol + Glykuronsäure

Der Harn gewinnt infolge dieser Mitreißung des Zuckerabkömmlings (Glykuronsäure) reduzierende Eigenschaften.

Eine Zerlegung des Chlorals zu Chloroform durch das Blutalkali (vgl. Darstellung des Chloroforms), worauf anfänglich die Chloralwirkung zurückgeführt wurde, kann im Organismus nicht nachgewiesen werden.

Anwendung. Die Einführung des Chloralhydrats in die Therapie (durch Liebreich 1869) als *kräftiges Schlafmittel* befriedigte wenigstens z. T. ein dringendes Bedürfnis. Bis dahin kannte man nur das Morphin (Opium), dessen unangenehme Neben- und Nachwirkungen — Übelkeiten, Kopfschmerzen, Verstopfung und leichte Gewöhnung — oft störend empfunden werden. An seine Stelle trat nun bei *Schlaflosigkeit,* welche man als *essentielle* bezeichnet, da sie nicht durch äußere, schlafverscheuchende Reize (Schmerzen, Dyspnoe, Husten) bedingt ist, sondern auf Übererregtheit der sensoriellen Hirnsphäre (Nervosität) beruht, das Chloral. Es wirkt in diesen Fällen in Gaben von 1,5—2,5 (Kindern je nach dem Alter 0,1—1,0) sicher und prompt meist ohne wesentliche Neben- und Nachwirkungen.

Auch auf *stärkere Grade psychischer Aufregung* (Geisteskrankheiten, Delirium tremens) vermag Chloralhydrat beruhigend einzuwirken, doch sind meist größere Dosen, 3,0—5,0, nötig, welche mit Vorsicht zu verabfolgen sind.

Gegen *Krämpfe* (Tetanus, Strychninvergiftung, Lyssa) ist es in hohen Dosen in gleicher Weise mit Vorsicht verwendbar wie Chloroform.

Die **Verordnung** erfolgt in P u l v e r n, die vor dem Nehmen in Wasser oder Bier zu lösen sind. Subkutane Injektion ist wegen der starken örtlichen Reizung nicht zulässig, desgleichen die Darreichung als Suppositorium, an ihre Stelle tritt das gehörig verdünnte K l y s m a.

Kontraindikationen des Chloralhydrats ergeben sich aus seiner starken Wirkung auf Kreislauf, Atmung und Eiweißumsatz. Unter normalen Umständen merkt man allerdings von dieser Giftigkeit bei kleinen Gaben nur wenig, bei *Herz- und Lungenkranken, hochgradig Fiebernden und Anämischen,* kurz in allen Zuständen schwerer Erkrankung der Atmungs- und Kreislauforgane oder ungenügender Ernährung ist Chloralhydrat nur mit Vorsicht zu gebrauchen und namentlich die wiederholte Anwendung besser ganz zu unterlassen. Bei entzündlichen Prozessen im Verdauungskanal, insbesondere im Magen, ist es ebenfalls kontraindiziert. Beachtenswert ist auch, daß im Chloralschlafe leicht E r k ä l t u n g e n eintreten können, indem die gelähmten Hautgefäße den Wärmeverlust infolge Entblößung beim Abdecken nicht mehr durch ihre Zusammenziehung zu verhüten vermögen.

Diese Giftigkeit und auch der schlechte Geschmack des Chloralhydrats haben den Wunsch nach dem Besitze eines zuverlässigen, aber weniger giftigen Hypnoticums rege erhalten und zur Empfehlung zahlreicher *Ersatzmittel des Chloralhydrats* geführt, von denen hier nur die wichtigsten erwähnt werden können:

*Paraldehyd, eine farblose, in 10 Wasser lösliche Flüssigkeit von ätherischem Geruch und brennend kühlendem Geschmack.

Die Vermutung, daß die große Giftigkeit des Chlorals auf seinem Chlorgehalte beruhe, führte zu Versuchen mit dem gewöhnlichen Aldehyd, CH_3CHO. Derselbe erwies sich jedoch wegen seiner großen Flüchtigkeit und des starken Exzitationsstadiums ungeeignet. Besser bewährte sich (1883) sein durch ringförmigen Zusammentritt dreier Moleküle gebildetes Kondensationsprodukt, der Paraldehyd, $3\,(CH_3COH)$. Dieser erzeugt in ungefähr *doppelt so großen Gaben als Chloral,* 3,0—6,0 unter Voraufgang eines Erregungsstadiums, einen andauernden *Schlaf ohne wesentliche Veränderung von Atmung und Kreislauf.* Die Wirkung ist indes nicht so sicher und stark wie bei Chloralhydrat, manchmal tritt nur das Aufregungsstadium ein. Der unangenehme, am besten noch durch Rotwein oder Tee deckbare Geschmack, die nicht seltene Irritation des Magens und der anhaltende Geruch der Ausatmungsluft stehen der häufigeren Anwendung dieses Mittels in der Privatpraxis entgegen, nur in den Irrenanstalten wird von ihm ausgedehnter Gebrauch gemacht. Verordnung nur *in verdünnter (3prozentiger) wässeriger Lösung.*

***Amylenum hydratum, Amylenhydrat,** $(CH_3)_2 . C_2H_5 . C . OH$, farblose, flüchtige, in 8 Wasser lösliche Flüssigkeit von ätherisch gewürzhaftem Geruche und brennendem Geschmacke. Der gewöhnliche Alkohol, CH_3CH_2OH, ist wegen der bekannten, dem Schlaf vorausgehenden Erscheinungen und der Nachwehen nur in der Form von Bier manchmal als Schlafmittel verwendbar. Man suchte daher unter seinen zahlreichen Homologen das Amylenhydrat als das brauchbarste heraus.

Es bewirkt in *Gaben* von 2,0—4,0 ruhigen *Schlaf ohne wesentliche Störung von Kreislauf und Atmung* oder andere Nebenwirkungen. An Stärke der Wirkung steht es zwischen Chloral und Paraldehyd. Psychomotorische Erregung, die das Einschlafen verhindert, und der leichte Eintritt von Gewöhnung ähnlich wie beim Alkohol sind seine Nachteile. Die Verordnung geschieht *in Leimkapseln oder in Bier*, 1 Teelöffel auf ein kleines Glas nach gutem Umrühren. Auch per rectum ist es gut applizierbar.

Urethan, weiße, in Wasser leicht lösliche Kristalle, erhalten durch Einwirkung von Alkohol auf Harnstoff.

$$NH_2 . CO \boxed{NH_2 + H} O . C_2H_5 = NH_2CO . O . C_2H_5 + NH_3$$

Harnstoff   Alkohol   Urethan

Das Urethan erzeugt, vermöge seiner Eigenschaft als Methanderivat, Schlaf und hat *infolge Anwesenheit der NH_2-Gruppe, welche anregend auf Gefäß und Atmungszentrum wirkt, keinen nachteiligen Einfluß auf Blutdruck und Atmung* (Schmiedeberg). Dieses Mittel wäre demnach das gesuchte ideale Hypnoticum. Leider ist seine Wirkung beim Menschen, in Gaben von 2,0—4,0, nicht intensiv genug. Bei Kindern (Keuchhusten, Atemnot) dagegen gut brauchbar, per os mit Sirup. Cerasorum 0,5—2,5 je nach Alter, bei Säuglingen als Clysma.

***Chloralum formamidatum, Chloralformamid.** Weiße, in kaltem Wasser langsam lösliche Kristalle. Die Hoffnung, durch Addition des Formamids, $HCONH_2$, die Giftigkeit des Chlorals ohne Beeinträchtigung seiner hypnotischen Wirkung zu mindern, hat sich nur teilweise erfüllt. Die schlaferzeugende Dosis liegt höher, durchschnittlich 3,0, und der widerliche Geschmack und die lähmende Wirkung auf Atmung und Kreislauf sind nicht ausreichend beseitigt.

***Acidum diaethylbarbituricum, Veronal.** Weiße, in 170 Teilen kaltem, 17 Teilen kochendem Wasser mit bitterlichem Geschmacke lösliche Kristalle. Es entsteht durch Kondensation der äthylierten Malonsäure mit Harnstoff, daher auch Malonylharnstoff genannt. Der Gebrauch der wortgeschützten Bezeichnung Veronal in der Rezeptur verdoppelt den Preis. Seine Formel

$$\begin{matrix} C_2H_5 \\ C_2H_5 \end{matrix} \Big> C \Big< \begin{matrix} CO-NH \\ CO-NH \end{matrix} \Big> CO$$

hat durch das zentral gestellte Kohlenstoffatom eine gewisse Ähnlichkeit mit jener des Sulfonals und Amylenhydrats. Die bei diesen Stoffen bestehende Regel, daß die Bindung von Äthylgruppen an ein tertiäres oder quaternäres C-Atom besonders starke Wirkung bedingt, findet sich auch hier zutreffend. 0,5 bis 0,75 bewirkt Schlaf nach ungefähr $\frac{1}{2}$—1 Stunde, indes nicht so sicher und intensiv wie Chloralhydrat. Das Mittel ist *mehr ein den Sedativa sich näherndes Hypnoticum*, das den Schlaf nicht erzwingt, sondern nur die Disposition herbeiführt. Einfache *nervöse Schlaflosigkeit* bildet daher sein Hauptanwendungsgebiet. Als Sedativum bei *Seekrankheit* wird es gelobt. Eingenommener Kopf, Müdigkeit, Exantheme mit Temperaturanstieg sind nicht gerade seltene Folgezustände. Auch schwerere Erscheinungen, Lähmung der Kapillarwände, Coma, Kollaps mit vereinzelten Todesfällen (nach 6—10 g), sowie chronische Vergiftungen sind beobachtet worden. Letztere sind wohl durch Kumulierung hervorgerufen, da das Mittel nur langsam und größtenteils unverändert ausgeschieden wird. Die tödliche Dosis bei Tieren ist 0,25—0,5 pro Kilo.

Natrium diaethylbarbituricum, gewöhnlich **Veronal-Natrium** oder **Medinal** genannt, ist leichter in Wasser löslich und ist daher auch zu Clysmen und subkutanen resp. intramuskulären Injektionen verwendbar. Es wirkt erheblich milder und schwächer als das Veronal. Weitere Schlafmittel der Harnstoff- resp. Veronalgruppe sind in Kap. XXIX aufgeführt.

†*Sulfonal** und ***Trional** (Methylsulfonal), beides weiße Kristalle von bitterlichem Geschmack, in kaltem Wasser erst in 500 bzw. 300 Teilen, viel leichter in heißem löslich.

Sie entstehen durch Oxydation des Mercaptols, eines Reaktionsproduktes aus 1 Molekül Aceton (Dimethylketon) resp. Methyläthylketon und zwei Molekülen Mercaptan, das ein dem Weingeist analoger, schwefelhaltiger Alkohol ist.

$$\begin{matrix} CH_3 \\ CH_3 \end{matrix}\!\!>\!C\,\boxed{O+\begin{matrix}H\\H\end{matrix}}\,\begin{matrix}S\cdot C_2H_5\\S\cdot C_2H_5\end{matrix} = \begin{matrix}CH_3\\CH_3\end{matrix}\!\!>\!C\!<\!\begin{matrix}S\cdot C_2H_5\\S\cdot C_2H_5\end{matrix}+H_2O$$

Aceton   Mercaptan   Mercaptol

$$\begin{matrix}CH_3\\CH_3\end{matrix}\!\!>\!C\!<\!\begin{matrix}S\cdot C_2H_5\\S\cdot C_2H_5\end{matrix}+4\,O = \begin{matrix}CH_3\\CH_3\end{matrix}\!\!>\!C\!<\!\begin{matrix}SO_2\cdot C_2H_5\\SO_2\cdot C_2H_5\end{matrix}$$

Mercaptol   Sulfonal

und in analoger (abgekürzt geschriebener) Weise

$$\begin{matrix}CH_3\\C_2H_5\end{matrix}\!\!>\!C\,\boxed{O+\begin{matrix}H\\H\end{matrix}}\,\begin{matrix}S\cdot C_2H_5\\S\cdot C_2H_5\end{matrix}+O_4 = \begin{matrix}CH_3\\C_2H_5\end{matrix}\!\!>\!C\!<\!\begin{matrix}SO_2\cdot C_2H_5\\SO_2\cdot C_2H_5\end{matrix}+H_2O$$

Methyläthyl-keton   Mercaptan   Trional

Gelegentlich von Tierversuchen als Narcotica erkannt (Baumann-Kast), haben sie sich auch beim Menschen als *gute Schlafmittel* erwiesen. Sie wirken *weniger stark als Chloral,* erzeugen darum Schlaf mit einiger Sicherheit nur zu Zeiten, wo natürliche Schlafneigung besteht, beeinflussen dafür aber auch nicht Kreislauf und Atmung und sind infolge ihres nur schwachen bitteren Geschmackes sehr gut — eventuell auch unbemerkt — zu geben. Charakteristisch insbesondere für das Sulfonal ist der *langsame Eintritt* und die *bisweilen auch auf die zweite Nacht sich ausdehnende Dauer der Wirkung,* in der Regel ohne merkliche Depression der körperlichen und geistigen Funktionen tagsüber.

Vermöge dieses langsamen Wirkungseintritts eignet sich das

Sulfonal u. a. besonders für die senile, durch normales Einschlafen, aber vorzeitiges Erwachen charakterisierte Form der Schlaflosigkeit. Trional wirkt rascher, weil es in Wasser etwas leichter löslich ist, und stärker, weil es [mehr Äthylgruppen enthält, wodurch die Lipoidlöslichkeit erhöht wird.

Akute Vergiftungen mit meist sehr protrahiertem Verlauf sind nach Aufnahme übergroßer Dosen (10—50 g) beobachtet worden: zwei bis drei Tage währender, tiefer Schlaf (Coma) mit Ausgang in Genesung oder in Tod, zumal wenn dieser Zustand durch Aspiration von Erbrochenem zur Entwicklung einer tödlichen Bronchopneumonie Veranlassung gab. Daneben werden auch Befunde mitgeteilt, welche auf Zerstörung roter Blutkörperchen zu beziehen sind: Erscheinen von Urobilin im Harne, Siderosis der Leber, Verfettung und Nekrose drüsiger Organe. Eine *chronische Vergiftung* mit meist tödlichem Ausgange entwickelt sich bei Individuen, und zwar hauptsächlich weiblichen, welche wochenlang das Mittel gebrauchten — offenbar durch eine kumulierte Wirkung desselben. Sie ist charakterisiert durch Störungen des Verdauungsapparates (Erbrechen, Leibschmerzen, Verstopfung), Störungen des Zentralnervensystems (Ataxie, Schwäche, Benommenheit, aszendierende Lähmung) und fast regelmäßiges *Erscheinen eines roten, zur Hämatoporphyringruppe gehörenden Farbstoffes im Harne,* nicht selten einhergehend mit stark saurer Reaktion und Anzeichen von Nierenreizung (Dysurie und Albuminurie). Bei jeder längeren Darreichung ist daher zeitweises Aussetzen und Übergang zu anderen Schlafmitteln geboten. Darreichung von Alkalien wird empfohlen. Fernhalten intensiveren Lichtes behufs Hintanhaltung von Hautentzündungen durch das photodynamisch wirksame Hämatoporphyrin ist geboten.

Die *Verordnung* geschieht in *Pulvern.* Sulfonal zu 1,0—2,0, Trional zu 0,5—1,5; beim langsamer wirkenden Sulfonal 1—2 Stunden vor dem Zubettgehen zu nehmen, am besten fein gepulvert während der Abendmahlzeit in einem warmen Getränk eingeführt, um die Lösung, resp. die Resorption zu fördern.

Maximaldosen der Hypnotica.

	Ph. G.		Ph. A.	
*†Chloralhydrat	3,0	(6,0)!	3,0!	(6,0)
*†Sulfonal und Trional	2,0	(4,0)!	2,0!	
*Veronal	0,75	(1,5)!		
*Paraldehyd	5,0	(10,0)!		
*Amylenhydrat	4,0	(8,0)!		
*Cloralformamid	4,0	(8,0)!		

Rezept-Beispiele:

℞

Natrii bromati	2,0
Mucil. Salep	10,0
Aq.	ad 50,0

MDS. Klysma (bei nervösem Erbrechen).

℞ ℞

Pulveris Chlorali hydrati 2,0 — Chlorali hydrati 3,0
D. tal. dos. No. V. ad chart. paraff. — Aquae 30,0
S. nach dem Zubettgehen 1 Pulver — Sirup. Cort. Aurant. 15,0
in einem Glase Wasser, Bierschaum — MDS. nach dem Zubettgehen 1 bis
oder Milch gelöst zu nehmen. — 2 Eßlöffel [à 1,0] zu nehmen.

℞ ℞

Trional 1,0 — Trionali 1,0
Morphini hydrochl. 0,01 — Paraldehyd 2,0
M. f. pulv. D. tal. dos. No. V. — Ol. Amygdal. dulc. 12,0
S. abends 1 Pulver. — MDS. 1—2 Teelöffel zu nehmen.
(Bei Schlaflosigkeit infolge
Schmerzen.)

℞ ℞

Veronal-Natrii 6,0 — Veronali 0,3
Olei Cacao 15,0 — Phenacetini 0,25
M. f. supp. anal. No. V. — M. f. pul. D. t. dos. No. V.
S. Prophylacticum gegen See- — S. abends $^{1}/_{2}$ Stunde vor dem
krankheit. — Schlafengehen ein Pulver zu
nehmen.

Alkohol, Äthylalkohol.

Alkohol, Weingeist, $C_2H_5 \cdot OH$, ist eine bei 78,4° siedende, mit Wasser und Äther in allen Verhältnissen mischbare Flüssigkeit. Er entsteht bei der Gärung des Traubensaftes und anderer zuckerhaltigen Flüssigkeiten und erhielt als flüchtiges Prinzip den Namen Weingeist, Spiritus vini oder Spiritus schlechtweg. Der Name Alkohol ist arabischen Ursprungs, eine Bezeichnung für Stoffe in feiner Verteilung, daher Pulvis alcoholisatus noch in der heutigen Pharmazie gleichbedeutend ist mit Pulvis subtilissimus.

Die **örtliche Wirkung** des verdünnten Alkohols ist *Reizung,* des konzentrierten *Nekrose* und *Ätzung* wegen Fällung des Eiweißes.

Auf der durch die Epidermis geschützten *Haut* zeigt sich nur erstere Wirkung als sensible Erregung und Rötung.

Im *Magen* bewirkt Alkohol in Verdünnung und mäßiger Menge, so daß seine Konzentration nach der Vermischung mit dem Mageninhalt nur wenige Prozente erreicht, Hyperämie, Sekretion und bedeutend vermehrte Resorption. Er dient darum als Vehikel für Arzneimittel, welche rasch resorbiert werden sollen, und als Stomachicum in gleicher Weise wie die Gewürze.

Größere Mengen erzeugen Entzündung (Katarrh) und hohe Konzentrationen (über 70 %) Ätzung unter Schrumpfung des Epithels. Die desinfizierende Wirkung beruht auf analogen Vorgängen.

Die **resorptive Wirkung** läßt sich in den Hauptzügen am besten übersehen, wenn man sie nach Dosen ordnet und kleine Dosen, etwa 10,0—15,0 = 1 Glas mittelstarken Weines und große von etwa 50,0 aufwärts, unterscheidet. Diese Gaben stellen indes nur ungefähre Anhaltspunkte dar, da individuelle Empfänglichkeit und Gewöhnung eine große Rolle spielen.

Kleine Dosen.

a) *Wirkung auf Nerven- und Muskelsystem.* Nach den Untersuchungen der experimentellen Psychologie bewirken schon die kleinsten Dosen, analog den anderen Narcotica dieser Gruppe, sofortige *Herabsetzung der sensoriellen und intellektuellen Funktionen unter anfänglicher Steigerung der motorischen,* wobei es fraglich bleibt, ob diese, später in das Entgegengesetzte umschlagende Steigerung Folge einer direkten Erhöhung der Erregbarkeit der motorischen Zentralorgane ist, oder ob nicht vielleicht schon die Lähmung'derjenigen Hirnfunktionen, an welche die Auffassung und Verarbeitung äußerer Eindrücke geknüpft ist, eine erleichterte Auslösung von motorischen Aktionen nach sich zieht (Kraepelin). Die Erfahrungen des täglichen Lebens stehen mit diesen Ergebnissen im Einklange: Sorglose, unbefangene, heitere Gemütsstimmung bilden die eine — erhöhtes Kraftgefühl die andere Seite der Wirkung.

Die *Anwendung des Alkohols als Genußmittel* beruht auf diesen Wirkungen:

1. Um einen *Zustand von Euphorie,* „Hebung der Stimmung", durch Unterdrückung der Ermüdungs- und Unlustgefühle herbeizuführen, der die Erholung nach geistigen und körperlichen Anstrengungen begünstigt und über drückende Lebenslage und andere Depressionszustände hinwegtäuscht („Sorgenbrechen").

2. Um durch *Beseitigung hemmender Einflüsse* (übermäßiger Selbstkritik) gewisse Arten geistiger Produktivität zu erleichtern („Belebung der Phantasie") oder (bei zu geringer Einschätzung) der eigenen Person) zur Ausführung vorher wohlüberlegter Handlungen anzuregen („Mutantrinken").

3. Um die *Auslösung von Bewegungstrieben* zu erleichtern. Die Versuche von Lombard u. a. ergaben, daß die Ermüdung nach Alkohol später eintritt. Für Notfälle *(forzierte einmalige Leistung)* dürfte dies von Vorteil sein; bei *langandauernder Arbeit* aber wird dieser durch die narkotische Wirkung des Alkohols mehr als aufgewogen. Schon durch kleine Mengen (20—30 g pro die) wird *das präzise Zusammenwirken der Muskeln beeinträchtigt.* Die Bewegungen geschehen ungeschickt (unkoordiniert, unter Beteiligung unnötiger Muskeln, wie bei einem Ungeübten), infolgedessen *das Verhältnis zwischen der verbrauchten potentiellen Energie und der geleisteten Menge gewollter Arbeit viel ungünstiger* ausfällt als bei alkoholfreier Nahrung. Es geht dies aus den Bergsteigeversuchen von Durig mit aller Schärfe hervor, und ebenso ergaben auch die von einigen Armeeleitungen angestellten Massenversuche mit ganzen Truppenteilen und die Erfahrungen der Sportsleute, daß die körperliche Leistungsfähigkeit durch Alkoholrationen unter keinen Umständen erhöht, sondern deutlich herabgesetzt wird. Die Arbeit erscheint nur leichter, weil das Ermüdungsgefühl nicht mehr so intensiv zur Wahrnehmung gelangt.

b) *Wirkung auf Kreislauf und Atmung.* Die einzige konstant nachweisbare Wirkung in kleinsten Dosen ist die *Erweiterung der Gefäße des Gehirns und der äußeren Haut.* Die hierdurch bedingte Blutdrucksenkung wird durch Tonuserhöhung in anderen Organen (Splanchnicusgebiet) verhindert oder selbst überkompensiert, so daß der Blutdruck sogar etwas ansteigen kann. Eine weitere Folge der Gefäßerweiterung ist das *Vollerwerden des Pulses* in diesen Gebieten, weil die vom Herzen hervorgerufenen Druckschwankungen an der erschlafften Gefäßwand mehr zum Ausdruck gelangen. Ob dabei auch eine direkte Erregung des Herzens statthat, ist trotz vieler darauf gerichteter Untersuchungen noch nicht klargestellt. Eine Folge der Erweiterung der Hautgefäße ist auch das *vermehrte Wärmegefühl,* das besonders dann sehr wohltuend empfunden wird, wenn die Hautgefäße vorher durch Kälte zusammengezogen waren. Dies hat den Alkohol in den Ruf eines besonderen Wärmespenders gebracht. In Wirklichkeit gibt infolge der Hautgefäßerweiterung der Körper nach Alkoholaufnahme mehr Wärme ab, so daß seine Temperatur im toxischen Stadium sehr niedrige Werte erreichen kann.

Die *Atmung* wird gewöhnlich *frequenter* und *tiefer,* auch dann, wenn die nach Alkoholgenuß lebhafteren Bewegungen ausgeschaltet sind. Ob es sich hierbei um eine direkte Erregung der Atmungszentren oder nur um eine reflektorische handelt, ist unentschieden.

Die bekannte zerebrale Nachwirkung scheint auf Erhöhung des Subarachnoidaldruckes infolge Sekretionsvermehrung des Liquor cerebrospinalis zu beruhen.

Große Dosen.

a) *Akute Vergiftung.* Zunächst zeigen sich die bekannten *Erscheinungen der Trunkenheit, des Rausches:* Wahrnehmungsvermögen und Urteilskraft werden noch weiter herabgesetzt. Das Individuum verliert die Übersicht über die Folgen seiner Handlungen und die Herrschaft über seinen Willen, es ist unzurechnungsfähig. Hierauf folgen Gedankenverwirrung, Aufhebung der Koordination der Bewegungen, sodann *Schlaf* und bei sehr großen Dosen durch Vertiefung und Ausbreitung der Lähmung auf das Rückenmark schließlich völlige *Bewußtlosigkeit* und *Reflexlosigkeit.* — Das Stadium der Volltrunkenheit ist erreicht.

Die Wirkung auf Kreislauf und Atmung ist ähnlich der des Äthers. Die bei kleinen Dosen auf Hirn und Haut beschränkte Herabsetzung des Gefäßtonus ist jetzt in mäßigem Grade auf alle Organe ausgedehnt, so daß das Blut wieder mehr in das Innere zurücktritt und die *Haut blaß und kühl* wird. Gleichzeitig wird auch das Herz lähmend beeinflußt, indem der *Puls klein und langsam* wird. Am stärksten leidet das Atmungszentrum — die *Atmung* ist deshalb *flach* und *langsam* und ihre völlige Lähmung bildet die Hauptursache des tödlichen Ausganges schwerer Intoxikationen.

Die letale Dosis kann nicht genau angegeben werden wegen der bekannten Gewöhnung an Alkohol, die bei diesem allverbreiteten Genußmittel bei den meisten erwachsenen Personen mehr oder weniger ausgebildet ist. Bei Kindern unter 10 Jahren genügen schon 1—3 Eßlöffel Branntwein, ungefähr 5—15 g absoluten Alkohols entsprechend. Die Vergiftung geht hier häufig unter Krämpfen einher, die von prognostisch übler Bedeutung sind.

b) *Chronische Vergiftung.* Sie wird bekanntlich durch häufigen und übermäßigen Genuß alkoholischer Getränke, insbesondere der konzentrierten Formen, hervorgerufen und äußert sich in katarrhalischer Entzündung des Rachens, Magens und der Luftwege; in Erkrankungen des Nervensystems (Tremor, Ataxie, multiple Neuritis), in Augenstörungen (Nachtblindheit, Ver-

minderung des Sehvermögens, Verengerung des Gesichtsfeldes als
Folge der retrobulbären Neuritis); in psychischen Erkrankungen
(moralische Verkommenheit, Stumpfsinn, Paralyse) mit akuten Aus-
brüchen (Delirium tremens); in entzündlichen Erscheinungen (Cir-
rhose) und fettiger Degeneration in Muskeln und zahlreichen Drüsen.

Ausscheidung. Der Weingeist ist die einzige bekannte Substanz, welche *schon im Magen rasch und vollständig aufgesaugt*
wird. Von der aufgenommenen Menge verlassen nur ungefähr
5% den Organismus unverändert durch die Lunge (Geruch des
Atems) und den Harn, wobei eine gewisse Anregung der ab-
sondernden Tätigkeit der Niere (diuretische Wirkung) stattzu-
haben scheint. Auch in die Milch gehen höchstens Spuren über.
Das übrige wird *verbrannt,* und zwar um so rascher, je mehr die
Gewöhnung an Alkohol sich ausbildet. Die freiwerdende Energie
wird ausgenutzt und dadurch *Kohlenhydrate, Fett und Eiweiß
eingespart.* Infolge der Fetteinsparung besitzen die mäßigen
Alkoholiker, die Bier- und Weintrinker, welche den Alkohol nicht
in starken, Magenkatarrh erzeugenden Konzentrationen aufnehmen,
deren Verdauung deshalb im Gegensatze zu den Schnapstrinkern
sich in gutem Zustande befindet, eine große Neigung zu Fettansatz. Die Eiweißersparung wird in höheren Gaben (über 70 g pro
die) durch die toxische Stoffwechselwirkung (vermehrte Eiweißzersetzung) kompensiert oder überkompensiert.

Der Alkohol ist mithin *gleichzeitig ein Arzneimittel und ein
Nahrungsmittel.* In Anbetracht der schon im Magen rasch und
reichlich erfolgenden Resorption und des gewiß auch nach Aufnahme in das Blut sehr leichten Eindringens in bedürftige Organe
ist auch diese Eigenschaft nicht zu unterschätzen. Unter normalen
Verhältnissen ist seine Verwendung als Energiespender schon
aus den oben namhaft gemachten, ökonomischen Gründen nicht
vorteilhaft, anders hingegen in Krankheiten, z. B. in akuten
Schwächezuständen, wo konsistentere Nahrung zu spät kommt,
oder in chronischen, wo solche überhaupt nicht genügend verdaut und resorbiert werden kann. Der Alkohol nimmt in dieser
Beziehung unter den Arzneimitteln eine ganz gesonderte und bedeutsame Stellung ein.

Anwendung.

1. Als *Hautreizmittel* zur Hervorrufung von aktiver Hyperämie
und sensibler Erregung, und zwar a) *in Form von Einreibungen*
und *Waschungen* bei Rheumatismen, Kontusionen, zur Be-

kämpfung übermäßiger Schweiß- und Talgabsonde-
rung usw. meist in Verbindung mit anderen reizenden Mitteln
wie Rum oder Franzbranntwein (Kognak) mit Kochsalz, Ammoniak, Kaliseife, Ameisensäure, Kampfer, Terpenen, b) in *Form
von Kataplasmen* (Alkoholverbänden) bei Lymphangitis, Phlegmone, Furunkeln, Panaritien, Erysipel, Verätzungen
durch Karbol und Lysol, Knochentuberkulose vielfach
empfohlen. Hierbei wird eine mit 96 prozentigem Spiritus ge-
tränkte mehrfache Lage von entfettetem Mull weit über die ent-
zündete Stelle hinaus aufgelegt, mit einer 2—3 cm dicken
Wattelage und einem durchlöcherten Guttaperchapapier (per-
forierten Billrothbatist) bedeckt und 24 Stunden liegen gelassen,
eventuell noch einmal erneuert. Der entzündliche Prozeß verliert
die Neigung weiterzuschreiten und geht meist rasch zurück.
Nicht selten eintretende oberflächliche Mumifizierung wird als
belanglos bezeichnet. Vorsicht bei kleineren Kindern ist
wegen Gefahr von Vergiftung durch Hautresorption und Einatmung angezeigt.

Bei Lid- und Gesichtserysipel wird 70 prozentiger Spiritus meist besser vertragen.

Als *Ätzmittel* (Koagulationsmittel) wird Alkohol von 70—80 % zu Injektionen bei *Neuralgien,* als Ersatz der Nervenexcision, verwendet.

2. Als *Desinficiens.* 70 prozentiger Alkohol wirkt am besten;
höhere Konzentrationen koagulieren zu rasch und verlegen sich
dadurch selbst den Wirkungskreis. Intrauterine Spülungen bei
puerperaler Sepsis mit mindestens 3 L werden sehr empfohlen.
Zur Händedesinfektion resp. Entfernung des Hautfettes, das die
Benetzung mit wässerigen Desinfizientia hindert, ist eine Alkohol-
seifenpaste (Festalkohol) im Handel; zur Desinfektion von In-
jektionsspritzen ist Einlegen in Spiritus das bequemste Verfahren.

3. Als *Stomachicum* zur Förderung der Funktionen des Magens
und Darmes. Erfahrung und Versuch lehren, daß insbesondere
Fette nach Alkoholgabe leichter ertragen und besser resorbiert
werden, was u. a. die Durchführung der Fleisch-Fettdiät bei Diabetikern sehr erleichtert. Die Herabsetzung der Giftigkeit des
Alkohols durch Fettbeigabe wird bei den Milchweinen besprochen
werden.

Als *Vehikel für Arzneimittel* ist Alkohol dann besonders angezeigt, wenn
es gilt, dieselben schon im Magen zur raschen Resorption zu bringen.

4. Als *Nahrungsstoff,* der keine Vorbereitung durch Verdauung braucht, sondern sofort im Magen resorbiert wird und

wahrscheinlich auch rasch in die bedürftigen Organe übertritt, hat der Alkohol ohne Zweifel Bedeutung bei akuten und chronischen Schwächezuständen, bei andauerndem Fieber, bei schwerem Diabetes zur Verminderung der Acetonkörperproduktion, analog der Darreichung von Kohlehydraten, in der Rekonvaleszenz und im höheren Alter in mäßigen Dosen, so daß die toxische, den Eiweißzerfall erhöhende Wirkung nicht zur Geltung kommen kann.

5. Als *Anregungsmittel der Herztätigkeit und Atmung* bei Kollaps. Die Erregung der Atmung wird von einigen Autoren nur als indirekte, d. h. reflektorisch von der Magenschleimhaut aus bewirkte, aufgefaßt. Auch die u. a. bei Asthma cardiale, Angina pectoris, Herzschwäche an Alkohol gewöhnter Personen praktisch kaum zu entbehrende Erregung des Herzens ist ursächlich noch nicht genügend aufgeklärt. Vermutlich spielt die Eigenschaft des Alkohols, ein sofort zur Verfügung stehendes Brennmaterial zu sein, in diesen Zuständen von Unterernährung und Schwäche eine große Rolle.

Man könnte den Alkohol in dieser Beziehung mit dem Dienste vergleichen, den er bei einem im Erlöschen begriffenen Feuer leistet. Auflegen von frischen Holzstückchen hilft hier nichts mehr, weil diese erst vorgewärmt werden müssen, um brennbar zu werden, und somit zu spät kommen, wogegen der aufgegossene Alkohol sofort entflammt.

6. Als *leichtes Narcoticum* zur Besserung des subjektiven Befindens durch Unterdrückung der Unlustgefühle hat Alkohol namentlich bei Rekonvaleszenten und chronisch Kranken durch die Rückwirkung auf die somatischen Funktionen eine nicht zu unterschätzende Bedeutung, analog seiner bereits besprochenen Verwendung als euphorisches Mittel bei Gesunden. Zu stärkerer sedativer Wirkung, z. B. bei nervöser Schlaflosigkeit, eignet er sich wegen der schlafverscheuchenden anfänglichen motorischen Erregung und der bekannten Nachwehen nicht, nur in Form von Bier kann er zur Erzeugung der sog. „Bettschwere" Verwendung finden. Bei Epileptikern ist er in jeder Gabe kontraindiziert, da schwere Attacken durch ihn ausgelöst werden können, desgleichen bei Neurasthenikern.

7. Als *Antipyreticum*. Die Wirkung ist nur mäßig und erst in berauschenden Dosen, die allerdings von Fiebernden auffällig gut ertragen werden, deutlich.

8. Als *Antidot* bei Schlangenbissen ist Branntwein in großen Dosen in verschiedenen Ländern Volksmittel. Die Wirkung ist vielleicht auf die von ihm erzeugte Hyperämie des Magens und Darms zurückzuführen, wodurch die enterale Ausscheidung des Giftes befördert wird. Für das ebenfalls durch Magen und Darm zur Ausscheidung gelangende Morphin ist dies nachgewiesen (Faust).

Verordnungsweise. Die Präparate der Arzneibücher, der 90—91 Volumprozente oder 86—87 Gewichtsprozente enthaltende ***Spiritus, †Spiritus Vini, Weingeist,** und der annähernd 70 volum- oder 60 gewichtsprozentige ***†Spiritus dilutus, verdünnter Weingeist,** dienen zum äußerlichen Gebrauche und zur Herstellung von Tinkturen, Lösungen, Destillaten usw.

Zu internen therapeutischen Zwecken werden die **gegorenen Getränke** verwendet, welche neben Alkohol noch andere wichtige Bestandteile enthalten, so Äther und Ester der Methanreihe, welche den eigenartigen Geruch und Geschmack der Weine und Branntweine bedingen und in ihrem pharmakologischen Charakter dem Alkohol nahe stehen, ferner die resorptionsfördernde Kohlensäure bei den Schaumweinen und Bieren, Eiweiß und sonstige ·Nährstoffe bei den Milchschaumweinen.

1. **Weine.** Die stark sauren, namentlich die „unreife Säuren" (Essig-, Apfel-, Zitronensäure statt Weinsäure) enthaltenden schlechten Jahrgänge, desgleichen manche Obstweine und die gerbstoffreichen, herben Sorten sind ungeeignet wegen der Wirkung auf den Magen. Auch die an Estern (Blume) reichen sind nicht rätlich, weil sie Kongestion zum Kopfe, ähnlich wie Amylnitrit, verursachen und Aufregung und Kopfweh `als Folge haben. Junger Wein wirkt ähnlich und betäubt auch auffallend stark, vermutlich wegen seines Gehaltes an Aldehyd (Paraldehyd).

Man wähle *abgelagerte Tafelweine* vom Alkoholgehalt 8—9 % oder *Natursüßweine* (Ausbruchweine) von 14—15 % Alkoholgehalt oder greife zu den kohlensäurereichen und darum rasch resorbierbaren und rasch wirkenden *Schaumweinen* mit einem Alkoholgehalt von 9—10 %.

Liqueurweine, deren Zucker durch einen ·Zusatz von Sprit am völligen Vergären verhindert wird, welche also künstlich süß erhalten werden, und Rosinenweine (Trockenbeerweine), welche aus getrockneten Traubenbeeren hergestellt, und mit minderwertigen Weinsorten verschnitten werden, sind weniger geeignet.

Völlig unzulässig sind die eigentlichen Kunstweine, aus Wasser, Spiritus Säure, Zucker, Glyzerin, Bukett usw. zusammengesetzt. In ihnen schmeckt man jeden Bestandteil für sich, sie machen nicht den harmonisch abgerundeten Geschmackseindruck der aus Traubensaft hergestellten Weine. In letzteren sind eben die verschiedenen Bestandteile durch physikalisch-chemische Kräfte zu einem charakteristischen, aber leicht zerstörbaren Ganzen verbunden. Natur- und Kunstweine verhalten sich zueinander in dieser Hinsicht ähnlich wie natürliche und künstliche Mineralwässer. Um den Geschmack der Kunstweine voller, weicher, abgerundeter zu gestalten, ihnen „Körper" zu geben, werden kolloide, Stoffe, welche den Naturweinen fast völlig fehlen, in Gestalt von Gummi, Dextrin

Stärkezucker zugesetzt. Dieselben wirken hemmend auf die Resorption und verursachen dadurch verschiedene Verdauungsstörungen (Schmiedeberg).

2. **Branntweine.** Durch Destillation (Abbrennen) gegorener Flüssigkeiten erhält man die Branntweine, d. h. Lösungen der flüchtigen Bestandteile in konzentrierter Form. Beim Lagern insbesondere in porösen, der Luft zugänglichen Holzgefäßen erfolgen weitere chemische Veränderungen. Der Alkoholgehalt der stärkeren Sorten ist 50—70 %:

Kognak, *Spiritus e vino, †Spiritus vini Cognac, Weinbranntwein. Diesen Namen führte ursprünglich bloß das aus Weinen der südfranzösischen Stadt Cognac hergestellte Präparat, später wurde er auf alle Destillate aus Wein übertragen.

Rum ist destillierter vergorener Rohrzuckersirup.

Arak wird aus Reis bereitet.

Kornbranntwein (Nordhäuser, Whisky) wird aus Getreidearten hergestellt.

3. **Milchschaumweine.** Dieselben entstehen durch Vergärung der Milch. Der Milchzucker geht zum Teil in Alkohol, Kohlensäure und Milchsäure über, das Kaseïn wird in feinen Flocken gefällt und das Albumin zum Teil zu Pepton umgewandelt. Man erhält so ein angenehm säuerliches, kohlensäurereiches, alkoholisches Getränk, das gleichzeitig auch ein sehr leicht verdauliches, eiweiß-, zucker-, und fetthaltiges Nahrungsmittel ist und bei chronischen Schwächezuständen aller Art mit Recht geschätzt wird.

Bis vor einigen Jahrzehnten kannte man in Europa nur den **Kumys,** das durch alkoholische Gärung von Stutenmilch hergestellte Nationalgetränk der Kirgisen.

Jetzt kommt auch das Ferment in den Handel, mit dem die Bewohner des Kaukasus sich ein ganz ähnliches alkoholisches Getränk aus Kuhmilch, den **Kefir,** bereiten. Dieses Ferment, die Kefirkörner, ist ein Gemenge von Hefe und gewissen Spaltpilzen, durch deren Zusammenwirken die mit Hefe allein nur schwer vergärbare Kuhmilch leicht in Milchschaumwein umgewandelt werden kann, während dieses früher nur mit der in Westeuropa selten zu habenden Stutenmilch möglich war.

Die im Volke bekannte *Abschwächung der Wirkung des Alkohols bei gleichzeitiger Aufnahme von Fett* ist durch Versuche an Tieren bestätigt worden Sie erklärt sich aus dem Umstande, daß ein Teil des Narcoticums vom Fette aufgenommen wird und dessen Resorptionsverhältnissen sich anschließen muß. Fette aber werden lange im Magen zurückgehalten, nur allmählich in den Darm entlassen und dort erst nach stattgehabter Verseifung resorbiert; wogegen Alkohol

allein schon im Magen rasch resorbiert wird und zur Wirkung gelangt, ehe seine
Verbrennung einen größeren Umfang erreicht hat. Bei der beschriebenen Verzögerung der Resorption durch Fette hingegen vermögen bei kleineren Gaben
Resorption und Verbrennung Schritt zu halten, so daß es zu keiner Anhäufung
bis zu narkotischer Wirkung kommen kann. Die pharmakodynamischen Wirkungen des Alkohols (auch die örtlichen) treten zurück, die energetischen reiner
in den Vordergrund. Hierin liegt auch die Erklärung für die erprobte gute Bekömmlichkeit der Milchweine als Nahrungsmittel.

4. **Biere.** Sie enthalten 3—5% Alkohol und bedeutende Mengen
freier Kohlensäure; als charakteristischen Bestandteil führen sie
Hopfenbitterstoff (den Amara zuzuzählen), wogegen die kon-
gestionierenden Äther und Ester der Weine und Branntweine ihnen
völlig abgehen, daher Bier viel eher Müdigkeit und Schlaf erzeugt
als die meisten Sorten der erstgenannten Getränke. Der Gehalt
an sonstigen Bestandteilen ist gering, 3—4%; er wird häufig bezüglich seines Nährwertes bedeutend überschätzt.

Kwaß ist ein in Rußland sehr beliebtes, durstlöschendes Getränk,
0,2—0,5 Alkohol, 0,2—0,3 Milchsäure und 2,0—3,0 Zucker und Dextrin enthaltend.
Es wird, zumeist im Hause, aus Schwarzbrot, Mehl oder Malz bereitet durch
Aufkochen mit Wasser und Zusatz von Gärungserregern (einige große Rosinen,
an denen immer Hefezellen und Bakterien haften, oder etwas alter Kwaß). Zusatz von Zucker, Pfefferminz usw. verfeinert den Geschmack.

Indischer Hanf.

†Herba Cannabis indicae sind die nach der Blüte gesammelten Zweigspitzen der weiblichen Hanfpflanze, Cannabis
sativa, durch ausgeschwitztes Harz zu einer braungrünen Masse
verklebt. Der in Europa angebaute Hanf ist wenig wirksam, der
in Nordindien wildwachsende und in den Subtropen kultivierte
hingegen enthält im reichlich abgesonderten Harze das stark
wirkende, sirupöse, im Vakuum destillierbare Cannabinol, $C_{21}H_{30}O_2$,
ein Phenolaldehyd.

Die Droge dient seit den ältesten Zeiten vielen Millionen
der Bewohner Asiens und Afrikas als habituelles Genußmittel.
Sie führt den Namen Haschisch, d. h. Kraut, und wird in verschiedenen Formen aufgenommen, geraucht, als Likör getrunken
oder als Zuckerwerk verspeist. Der sich seinem Genusse Hin-
gebende gerät zuerst in einen *Zustand von Verzückung, Ekstase,
mit prächtigen, üppigen Visionen.* Allmählich werden die Bilder
verschwommener, traumhafter und verschwinden endlich, indem
tiefer Schlaf ihn umfängt.

Gewohnheitsgenuß verursacht *chronische Vergiftung;*
geistige und körperliche Zerrüttung, Verblödung, ähnlich wie nach
Gebrauch anderer Narcotica.

Anwendung. Der früher zuweilen geübte Gebrauch als Schlafmittel ist nicht zu empfehlen. Die Präparate der Pharmakopöen (†Extractum Cannabis indicae 0,1 (0,3)!) sind meist wenig wirksam und die Präparate des Handels (z. B. das Cannabinon) haben schon mehrfach zu Vergiftungen — maniakalische Anfälle, Akkomodations- und Sehstörungen, Kollaps — geführt.

Lactucarium, der eingetrocknete Milchsaft des einheimischen Giftlattich, Lactuca virosa, war früher als Schlafmittel — Ersatz des Opiums — in Gebrauch, ist gegenwärtig aber seiner sehr unsicheren Wirkung halber verlassen.

c) Sedativa.

Als sedativ, beruhigend, bezeichnet man die Mittel, welche zur mäßigen Herabsetzung der Erregbarkeit des Zentralnervensystems verwendbar sind. Die hier in Betracht kommenden Narcotica der Methanreihe in kleinen Dosen sind bereits behandelt, die Alkaloide des Opiums werden im folgenden Kapitel besprochen werden, die Baldrianpräparate in Kap. XIX. Bleiben noch die Brompräparate und allenfalls die Blausäure.

Bromide der Alkalien.

Die Bromalkalien mögen, obwohl chemisch nicht in dieses Kapitel gehörend, der ähnlichen Wirkung und Anwendung wegen hier angereiht werden. Offizinell sind:

***†Kalium bromatum, Kaliumbromid, Bromkalium, KBr, mit 67% Brom.**

***†Natrium bromatum, Natriumbromid, Bromnatrium, NaBr, mit 77% Brom.**

***†Ammonium bromatum, Ammoniumbromid, Bromammonium.** NH_4Br, mit 82% Brom.

Alle drei sind kristallisierte, neutrale, in Wasser leicht lösliche Stoffe von scharf salzigem Geschmack.

Wirkung. Örtlich zeigen die Bromalkalien die allen Neutralsalzen eigene *reizende Wirkung,* das Bromnatrium besitzt sie am schwächsten, das Bromammonium am stärksten. Die subkutane Anwendung ist darum nicht möglich, und auch die innerliche Darreichung darf nur in Lösung geschehen.

Resorptiv werden durch kleinere Gaben, 2,0—4,0, nur *gewisse Erregungen, „innere Spannungen" beseitigt,* welche den Unlustgefühlen zugrunde liegen und die intellektuellen Leistungen hemmend beeinflussen; erst größere, 5,0—10,0 wirken auf alle Großhirnbezirke so weit erregbarkeitsherabsetzend, daß *leichte Schläfrigkeit* sich einstellt und *motorische Aktionen schwerer auslösbar* werden. Da die drei offizinellen Salze die Wirkung in gleicher Weise nach Maßgabe ihres Bromgehaltes zeigen, geht dieselbe wohl sicher von den Brom-Ionen bzw. Bromidionen aus.

Andauernder Gebrauch der Bromalkalien erzeugt nicht selten eine *chronische Vergiftung,* welche man als *Bromismus* bezeichnet. Die erste, bei manchen Personen schon nach den ersten Dosen zu beobachtende Erscheinung ist ein pustulöser Hautausschlag, die *Brom-Akne,* in einzelnen Fällen verbunden mit Conjunctivitis, Anschwellung der Rachenschleimhaut und bronchialer Reizung. Diese Symptome werden in analoger Weise wie die Erscheinungen des Jodismus auf die Ausscheidung von Bromiden an diesen Orten unter Freiwerden von Brom zurückgeführt. Beim Geben von Bromcalcium sollen sie angeblich seltener und milder sich gestalten, weil Ca-Ionen entzündungswidrig sind. Solutio Kalii arsenicosi 2—6 Tropfen nach jeder Mahlzeit wirkt sicherer. Gleicher Erklärung zugänglich sind vielleicht auch die *Magen-* und *Darmkatarrhe,* die zu allgemeiner *Abmagerung* und *Kachexie* führen, soweit diese nicht, ebenso wie die Gehirnerscheinungen: *Gedächtnisschwäche, Schlafsucht, Sensibilitäts-* und *Motilitäts-störungen,* in seltenen Fällen auch vorübergehende Erblindung in der Bromretention oder in der Chlorverarmung ihren Grund haben.

❚❚ Die Ausscheidung der Bromide durch den Harn erfolgt nämlich nur zu einem geringen Teil sofort, ein großer Teil wird zunächst unter Verdrängung von Chloriden zurückgehalten, so daß bei fortgesetzter Zufuhr eine sehr *bedeutende Retention von Brom-salzen unter entsprechender Verminderung der Chloride* eintritt, bis ein gewisses Gleichgewicht erreicht ist, wo dann ebensoviel Brom ausgeschieden als zugeführt wird. Dasselbe wird besonders *rasch bei kochsalzarmer Nahrung* und bei der Darreichung von Bromkalium, das mit dem Chlornatrium in der in Kap. XV beschriebenen Weise sich umsetzt, erreicht. Erst zu diesem Zeitpunkte setzen auch die stärkeren therapeutischen und die toxischen Wirkungen ein. Beispielsweise macht sich der volle Erfolg bei Epileptikern erst geltend zu der Zeit, wo etwa $^1/_3$ des Chlorbestandes durch Bromide ersetzt ist. Ein gewisser Grad von Wirkung, wenngleich kein maximaler, tritt aber auch ein, wenn neben den Bromalkalien soviel Kochsalz (z. B. 0,5 auf je 1,0 Bromnatrium) gereicht wird, daß eine merkliche Chlorverarmung dadurch verhütet ist. Die viel besprochene Frage, ob in der Anhäufung der Brom-Ionen oder in der Verarmung des Organismus an Chlor-Ionen, welche Lähmungserscheinungen zur Folge hat, das Wesen der Wirkung zu suchen sei, kann daher wohl dahin beantwortet werden, daß die *Wirkung von den Brom-Ionen ausgeht,* aber *um so stärker* ausfällt, *je weniger Chlor-Ionen* von den gemeinsamen Angriffspunkten im Zentralnervensystem *verdrängt werden müssen.* Umgekehrt wird die *Entbromung des Körpers* durch Abbrechung der Brom-Medikation, welche immer nur allmählich geschehen darf, wenn schwere Zufälle vermieden werden sollen, *durch Übergang zu kochsalzreicher Nahrung sehr gefördert.* Sie ist dann in weniger als 4 Wochen vollendet.

Anwendung. Die Bromalkalien werden als *Beruhigungsmittel, Sedativa,* gebraucht. Sie äußern diese Wirkung in manchen krankhaften Zuständen viel auffälliger als in normalen, daher dieselbe auch zuerst empirisch am Krankenbette entdeckt wurde.

Lokock 1853 empfahl zuerst Bromkalium gegen *Epilepsie.* Unter den vielen vor- und nachher gegen diese Krankheit in Vorschlag gebrachten Mitteln ragen die Bromalkalien weit hervor. Eigentliche Heilungen gehören zwar jedenfalls zu den Seltenheiten, in vielen Fällen aber werden unter ihrem Gebrauch entweder die *Anfälle ganz unterdrückt oder wenigstens schwächer und seltener.* Man beginnt bei möglichster Beschränkung der Kochsalzzufuhr (Milchdiät) mit 3,0 pro die, gibt in jeder folgenden Woche 1,0 pro die mehr, bis man in der 8. Woche auf 10,0 und, wenn es notwendig ist und das Mittel ertragen wird, in der 13. Woche auf 15,0 angelangt ist, um ebenso allmählich wieder bis auf Null herabzusteigen. Die Wirkung hält dann infolge der Bromretention Wochen bis Monate an. Kehren die Anfälle wieder, so läßt man die Medikation in gleicher Weise wieder aufnehmen und nach erreichter Bromsättigung in Tagesdosen von 1,0—2,0 nötigenfalls jahrelang fortsetzen.

Die *Opium-Brombehandlung* nach Flechsig führt in schweren Fällen, in welchen die Bromtherapie allein versagt, bisweilen zu unbestreitbaren Erfolgen. Man beginnt mit 3×0,05 Opium pro die, steigt jeden 2. Tag um 0,01 pro dosi, bis man am 51. Tag auf 3×0,3 angelangt ist. Dann wird die Opiumdarreichung plötzlich abgebrochen und durch große Dosen Bromsalz, 2×2,0 steigend auf 9,0 pro die, ersetzt. Der Kranke ist während der großen Opiumdosen und während des Überganges von Opium zum Brom im Bett zu halten und genau zu beaufsichtigen, da schwere Opiumvergiftungssymptome, resp. Abstinenzerscheinungen sich einstellen können.

Bei Vergiftungen durch Hirnkrampfgifte dürfte ein Versuch angezeigt sein, nachdem experimentell erwiesen ist, daß Bromsalze die epileptiformen Krämpfe nach Kampfer bei Meerschweinchen zu unterdrücken vermag.

Die guten Wirkungen der Bromalkalien gegen Epilepsie waren die Veranlassung, diese Mittel auch bei anderen Nervenkrankheiten mit erhöhter Erregbarkeit, Eklampsie, Chorea, Neuralgien, Erbrechen Schwangerer, zu gebrauchen, indes nur selten mit genügend sicherem Erfolge.

Eine Ausnahme bilden die Fälle von *Nervosität* und *Schlaflosigkeit überreizter und neurasthenischer Personen.* 1,0—2,0 wirken hier vielfach tagsüber beruhigend und stellen abends zur Zeit des natürlichen Schlafbedürfnisses den zum Einschlafen nötigen Zustand verminderter Empfänglichkeit für äußere Eindrücke her.

Verordnungsweise. Am meisten wird Bromkalium gebraucht in Lösung 20,0 : 300,0, 1 Eßlöffel = 1,0 in Wasser oder in Pulvern, die vor dem Nehmen in einem Glas Wasser zu lösen sind. Bromnatrium ist wegen seiner milden Einwirkungen auf den Verdauungskanal und der Unschädlichkeit für das Herz namentlich in der Kinderpraxis bevorzugt. Das den Magen am stärksten angreifende Bromammonium wird nur in der Erlemeyerschen Mengung: Bromammonium 1, Bromkalium und Bromnatrium āā 2 gebraucht. Eine Auflösung dieses Salzgemisches in kohlensaurem Wasser befindet sich unter dem Namen Bromwasser, richtiger Bromsalzwasser, im Handel.

Kochsalzarme Diät neben milder Brombehandlung wird am einfachsten durchgeführt, daß man die landesübliche, nur mäßig gesalzene Hausmannskost beibehalten läßt, aber die das meiste Kochsalz führenden Suppen durch eine Bouillon ersetzt, die aus 1—2 Tabletten Sedobrol durch Übergießen mit 1—2 Tassen heißen Wassers bereitet wird. 1 Tablette Sedobrol enthält 1,1 Natrium bromatum neben 0,9 pflanzlichen Extraktiv- und Würzstoffen.

Organische Bromverbindungen (Kap. XXIX, neuere Arzneimittel) werden gegenwärtig als Ersatzmittel der Bromsalze empfohlen, um den Bromismus zu vermeiden. Sein Nichtauftreten ist begreiflich, einmal weil diese Verbindungen relativ wenig Brom enthalten, und zweitens weil selbes, mit vereinzelten Ausnahmen, gar nicht als Ion im Organismus abgespalten wird. Die Wirkung dieser Mittel darf daher mit jener der Bromalkalien nicht in Parallele gebracht werden, sondern ist der narkotisierenden Fähigkeit, die vielen organischen Körpern, speziell der Methanreihe, eigen ist, zuzuschreiben.

Blausäure.

Die Blausäure mag wegen ihres alten Rufes als Sedativum hier Platz finden.

Sie ist eine wasserklare, sehr flüchtige Flüssigkeit, welche schon bei 26⁰ siedet und einen eigentümlichen kratzenden, an Bittermandelöl erinnernden Geruch besitzt. Sie ist sehr leicht zersetzlich. Haltbarer sind ihre verdünnten wässerigen Lösungen.

In der Natur entwickelt sich Blausäure u. a. aus den Kernen der bitteren Mandeln (einer Varietät der süßen), der Pfirsiche, Kirschen, Pflaumen und den Blättern des Kirschlorbeers,

Prunus Laurocerasus. Sie enthalten ein kristallisierbares Glykosid, Amygdalin, das bei Gegenwart von Wasser durch ein ebenfalls in ihnen gegenwärtiges Enzym, Emulsin, in Blausäure, Bittermandelöl und Dextrose zerfällt, nach der Gleichung:

$$C_6H_5CH(CN) \cdot O \cdot C_{12}H_{21}O_{10} + 2H_2O = 2C_6H_{12}O_6 + C_7H_6O + CNH$$

Amygdalin   Zucker Bittermandelöl Blausäure

100 g Mandeln enthalten bis zu 4 g Amygdalin und liefern 0,24 Blausäure.

Solche Samen oder Blätter braucht man deshalb nur mit Wasser zu zerreiben und zu destillieren, um im Destillate eine verdünnte, wässerige Lösung von Blausäure und Bittermandelöl zu erhalten. Auf diese Weise werden die beiden einzigen noch offizinellen Blausäurepräparate: die *Aqua Amygdalarum amararum (P. I.),* Bittermandelwasser, und die †**Aqua Laurocerasi,** Kirschlorbeerwasser, dargestellt. Die Verhältnisse sind dabei so gewählt, daß 1 Teil Blausäure auf 1000 Teile Wasser kommt, diese Präparate mithin als $^1/_{10}$ prozentige Blausäurelösungen anzusprechen sind.

Wirkung. Blausäure mit ihren Salzen ist eines der stärksten Gifte, weniger wegen der Kleinheit der Gabe — denn erst ein Tropfen (0,05) conc. Blausäure innerlich ist tödliche Gabe — als vielmehr wegen der ungemeinen Raschheit, mit der die Vergiftungserscheinungen zum Ablauf kommen können. Auf den sofortigen *Verlust des Bewußtseins,* die Zeichen großer *Atemnot* und die heftigen *Krämpfe* folgt *allgemeine Lähmung* und der *Tod durch Atmungsstillstand* unter gleichzeitiger Abschwächung der Herztätigkeit.

Die *Oxydationsprozesse* in den Geweben erfahren eine eigenartige *Hemmung,* infolgedessen viel weniger Sauerstoff verbraucht wird und das venöse Blut hellrot aus den Organen zurückkehren kann. Die obigen Vergiftungserscheinungen sind z. T. durch diese Wirkung auf die Oxydationsfermente, z. T. durch direkte Lähmung des zentralen Nervensystems verursacht.

Örtlich wirkt die Blausäure anästhesierend. Bei längerer Berührung der Hand mit 2 prozentiger Blausäure z. B. kann ein tagelang andauerndes „Handschuhgefühl" zurückbleiben.

Der *Sektionsbefund* ergibt bei innerlicher Vergiftung mit dem stark alkalisch reagierenden Cyankalium konstant die Anfänge von Gastritis, selbst wenn der Tod sehr rasch erfolgt ist. Außerdem sind bei Cyankalium- wie Blausäurevergiftung die Totenflecken häufig, aber keineswegs konstant durch hellrote Farbe auffallend. Es hat sich dann post mortem das in den Leichenflecken stets vorhandene Methämoglobin mit der Blausäure zu einer durch hellrote Farbe ausgezeichneten Verbindung vereinigt (Kobert).

Behandlung: Magenspülung mit Kaliumpermanganat in halbprozentiger Lösung, Sauerstoffzufuhr und versuchsweise Natrium subsulfurosum (Natriumthiosulfat) in fünfprozentiger Lösung parenteral. Durch ersteres wird die Blausäure oxydiert, durch letzteres in die wenig giftige Sulfocyanwasserstoffsäure übergeführt.

Anwendung. Die Blausäure stand früher im Rufe eines *Sedativum.* Darum ist es auch heute noch üblich, Bittermandel oder Kirschlorbeerwasser als *Vehikel für beruhigende Mixturen,* z. B. Morphinlösung, zu wählen. Eine andere Bedeutung als die eines *Geschmackscorrigens* hat dieser Gebrauch indes wohl kaum, falls man nicht im Anschluß an die obenerwähnte anästhesierende Wirkung auf die Hautnerven auch eine solche auf die Magennerven annehmen will.

Zur *Schädlichkeitsvernichtung* wird verdampfte Blausäure in neuester Zeit viel gebraucht in der nötigen Konzentration von 10,0 im Kubikmeter Luft. Sie macht sich durch den Geruch noch nicht genügend bemerkbar, ist aber für Menschen und Tiere intensiv giftig (Mäuse und Katzen sterben in einer Minute schon bei zehnmal niedrigerer Konzentration, 1 g im Kubikmeter). Das „Cyklon" des Handels enthält neben dem nahezu gleich giftigen Cyankohlensäureester etwas Chlorkohlensäureester als Warner, weil er durch intensive Reizung der Schleimhäute zum sofortigen Verlassen des Raumes zwingt.

Maximaldosen.

	Ph. G.	Ph. A.
Aqua Amygdalarum amararum	2,0 (6,0)!	—
Aqua Laurocerasi	—	1,5 (5,0)!

Siebzehntes Kapitel.

Excitantia und Narcotica der Alkaloidreihe.

Die in den Pflanzen enthaltenen, stark wirksamen Stoffe sind sehr häufig *alkalische, stickstoffhaltige Körper,* welche mit Säuren meist *gut kristallisierende, wasserlösliche Salze* bilden. Man nannte sie folgerichtigerweise Pflanzenbasen oder Alkaloide. Ihre Anzahl ist sehr groß und wird durch die analytische Pflanzenchemie noch stetig vermehrt. Neuerdings werden auch auf synthetischem Wege erhaltene Basen in Anwendung gezogen.

Die *erste Kenntnis* von der Existenz solcher Stoffe erhielt man durch die Darstellung des Morphins aus dem Opium durch Sertürner 1806. Diese Entdeckung war von den segensreichsten Folgen für Pharmakologie und Therapie, denn sie zog alsbald die Auffindung des Chinins, Atropins, Strychnins und noch vieler anderer Alkaloide nach sich. Mit der Verwendung dieser reinen, wirksamen Prinzipien aber wurde erst eine wissenschaftliche Untersuchung der Wirkung wie auch eine präzisere Anwendung am Krankenbette, insbesondere in bezug auf zuverlässige Dosierung und sichere Applikationsart (subkutane Injektion), ermöglicht.

Die Mehrzahl dieser Alkaloide sind *Derivate des Pyridins oder Chinolins,* resp. ähnlicher aus Kohlenstoff- und Stickstoffatomen aufgebauter, zyklischer Verbindungen. Das Pyridin entsteht durch ringförmige Anordnung von fünf Kohlenstoffatomen mit einem Stickstoff. Das Chinolin bildet sich durch Vereinigung eines Pyridins mit einem Benzolring. Daraus leiten sich die Alkaloide durch Ersatz einzelner Wasserstoffatome durch Seitenketten ab:

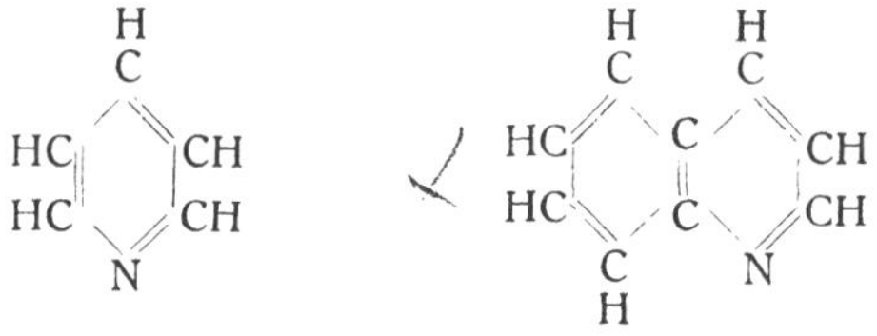

Pyridin   Chinolin

Der pharmakologische Charakter dieser Stoffe ist insofern ein gemeinsamer, als sie alle *spezifische Gifte des Nervensystems* oder *der Drüsen* und *Muskeln* sind. Nach Art und Ort der Wirkung aber gehen sie weit auseinander. Die im folgenden gewählte Einteilung ist nur eine praktische, nach ihrer vorwiegenden therapeutischen Verwendung. Chinin, Hydrastinin und einige weitere Alkaloide sind anderen Kapiteln zugeteilt.

Koffeïn, Theobromin, Theophyllin.

Diese Stoffe sind kristallisierbare, schwache Basen von bitterem Geschmack, welche in Wasser schwer löslich sind und mit Säuren nicht haltbare, bereits durch Wasser zerlegbare Salze bilden. Sie verbinden sich auch mit Alkalien und gehen dann mit den Natriumsalzen einiger organischer Säuren in Wasser leicht lösliche aber beim Kochen sich wieder spaltende Doppelverbindungen ein, welche neben den freien Basen *†**Coffeïnum** und ***Theophyllinum** denn auch hauptsächlich therapeutisch verwendet werden:

*__Coffeïnum-Natrium salicylicum__, †__Coffeïnum Natrio-benzoicum__, *†__Theobrominum-Natrium salicylicum__, im Handel als **Diuretin** wortgeschützt, **Theophyllinum Natrio-aceticum.** Die 3 ersten Salze enthalten annähernd 45% Base, das letztgenannte 59%.

Diese Basen sind Derivate des Purins und stehen den bekannten tierischen Stoffwechselprodukten Xanthin (Dioxypurin) und Harnsäure (Trioxypurin) sehr nahe. Koffeïn ist 1, 3, 7 Trimethylxanthin, Theobromin und Theophyllin ist 3,7 resp. 1,3 Dimethylxanthin.

$$
\begin{array}{llll}
\overset{(1)}{N}\!=\!CH & \overset{(1)}{HN}\!-\!CO & \overset{(1)}{CH_3N}\!-\!CO & HN\!-\!CO \\
\end{array}
$$

| Purin | Xanthin | Koffeïn | Harnsäure |

Sie finden sich in mehreren, verschiedenen Familien zugehörigen Pflanzen.

Koffeïn ist enthalten zu 0,5 % in den Samen des Kaffeebaumes (Coffea arabica), zu 2,0 % in den Blättern des Teestrauches (Thea chinensis), zu 2,5 % als leicht in Koffeïn und Gerbsäure spaltbares Glykosid Kolanin in den Kolanüssen (Cola acuminata, Zentralafrika), woraus das †Extractum Colae fluidum hergestellt wird, und im Paraguaytee, auch Maté genannt (den Blättern von Ilex paraguayensis).

Theobromin findet sich in den ölreichen Samen des Kakaobaumes (Theobroma Cacao) und neben Koffeïn in den Früchten von Paulinia sorbilis, aus denen die †Guarana bereitet wird.

Theophyllin (Theocin) findet sich im Tee in kleinen Mengen und wird nunmehr synthetisch dargestellt.

Alle diese Drogen sind hochgeschätzte Genußmittel. Die genannten Basen bilden ihre wirksamen Stoffe, unterstützt durch Würzstoffe, welche entweder in ihnen schon vorgebildet sind (ätherische Öle des Tees) oder durch die Zubereitung entstehen (Rösten des Kaffees) oder ihnen künstlich zugesetzt werden (Schokolade).

Im „koffeïnfreien" Kaffee ist das Koffeïn durch aufeinanderfolgende Behandlung mit Wasserdampf, Ammoniak und Benzol größtenteils entfernt, so daß nur mehr die den Geruch und Geschmack angenehm beeinflussenden Würzstoffe zur Geltung kommen.

Zichorienkaffee, Aufguß der gerösteten Zichorienwurzel, enthält nur einige Appetit und Verdauung anregende Bitterstoffe.

Die *Wirkungen* erstrecken sich auf das zentrale Nervensystem, das Herz, die quergestreifte Muskulatur und die Niere. Koffeïn wirkt hauptsächlich auf die erstgenannten Organe, Theobromin und Theophyllin besonders intensiv auf die Niere.

Im *Gehirn* erleichtert 0,1—0,3 Koffeïn, namentlich wenn es in Form von Tee oder Kaffee aufgenommen wird, die *Auffassung sinnlicher Eindrücke und deren Verarbeitung zu Vorstellungen,* während die Auslösung von Bewegungen eher etwas erschwert wird (Kraepelin). Eine Tasse Kaffee aus 16 g Bohnen oder eine Tasse Tee aus 5 g Blättern enthält ungefähr 0,1 Koffeïn. Die Wirkung ist besonders deutlich in Zuständen von Ermüdung und Schläfrigkeit und ist jener der Narcotica der Fettreihe (Alkohol) gerade entgegengesetzt. Die Bedeutung der koffeïnhaltigen Genußmittel liegt hauptsächlich in diesen Wirkungen.

Im *verlängerten Marke* findet *starke Erregung des Respirationszentrums* statt, im Rückenmark *Steigerung der Reflexerregbarkeit* bis zum Ausbruche tetanischer Krämpfe.

Erregung des vasomotorischen Zentrums ist in großen Dosen als Teilerscheinung der allgemeinen zentralen Erregung wohl immer vorhanden. Andererseits ist aber auch eine *Erweiterung in einzelnen Gefäßprovinzen* (Herz, Hirn, Niere) konstatiert. Sie kommt auch dem Theobromin und Theophyllin in hervorragendem Maße zu und ist *peripheren Ursprungs,* d. h. eine auf die Gefäßwand selbst ausgeübte Wirkung, da sie auch an den isolierten Organen eintritt.

Am *Herzen* erfolgt nach einer anfänglichen *Pulsverlangsamung* infolge zentraler Vaguserregung *Pulsbeschleunigung* durch direkte Wirkung auf das Herz, bei großen Dosen Arrhythmie und Herzklopfen, das *Schlagvolum* hingegen nimmt ab, so daß die in der Zeiteinheit *ausgeworfene Blutmenge,* das Minutenvolum, *ungeändert* bleibt, wegen Erhöhung der absoluten Herzkraft aber noch *bei größeren Widerständen in der Strombahn ermöglicht* ist (Unterschiede von der Digitalis).

In den *quergestreiften Muskeln* wird die Arbeitsleistung in der Weise gesteigert, daß die absolute Kraft zunimmt, die Kontraktion auf geringere Reize erfolgt und die Ermüdung infolgedessen hinausgeschoben wird. Die Bedeutung der koffeïn- und theobrominhaltigen Genußmittel bei körperlichen Ermü- dungszuständen ist zum Teil in dieser Wirkung zu suchen. Auch bei Intoxikationen mit Muskelgiften kommt sie in Betracht.

So kann bei einer Vergiftung mit Curare oder anderen Ammoniumbasen (Austernvergiftung), wenn die motorischen Endigungen zwar noch nicht vollständig gelähmt sind, die durch sie an die Muskeln gelangenden Impulse aber nicht mehr ausreichen, eine Kontraktion hervorzurufen, die Erregbarkeit durch Koffeïn soweit gesteigert werden, daß wieder Kontraktion erfolgt und der Tod durch Außerfunktionssetzung der Atmungsmuskeln vermieden wird.

In höheren Graden der Koffeïnwirkung wird die *Kontraktion mehr und mehr verlängert und schließlich permanent,* wodurch ein Zustand hergestellt wird, welcher der Totenstarre gleichartig ist.

Die *Nierenabsonderung* wird stark erhöht. Die Ursache ist weder in einer Steigerung des allgemeinen Blutdruckes, noch in Erregung nervöser Zentralorgane zu suchen, denn die Diurese bleibt auch bei hochgradiger Depression des Kreislaufs durch Chloral und nach Durchschneidung aller Nierennerven nicht aus, auch ist sie bei Theobromin und Theophyllin, welche das Nervensystem und das Herz nur wenig beeinflussen, am stärksten ausgebildet. Es handelt sich daher neben der Minderung des Quellungsdruckes in den Geweben (Kap. XV c) um eine *Wirkung auf die Niere selbst.* Sie bleibt bei schweren degenerativen Veränderungen des tubulären Epithels aus, geht unter Gefäßerweiterung (Steigerung der Durchblutung) einher und ist so intensiv, daß z. B. an Kaninchen bei chlorarmer Nahrung eine Kochsalzausschwemmung erzeugt wird, die unter zentralen Lähmungserscheinungen den Tod zur Folge hat.

Vergiftungen schwerer Art durch übermäßigen Gebrauch als Genußmittel oder zu hohe medizinische Dosen sind verhältnismäßig selten. Die akuten beginnen bei ungefähr 0,5 Koffeïn bzw. 1,0 der Doppelsalze und äußern sich in Nausea, Kopfschmerz, Gedankenverwirrung, Schwindel und allgemeiner Unruhe mit erhöhter Reflexerregbarkeit und Herzklopfen. Die chronischen kennzeichnen sich hauptsächlich durch neurasthenische Zustände. Abweichend von den narkotischen Genußmitteln ist die Neigung zur Gewöhnung gering.

Die *Ausscheidung* des Koffeïns und Theobromins durch den Harn erfolgt größtenteils in Form von Monomethylxanthin, Xanthin und anderen Abbauprodukten. Ein kleiner Teil wird vielleicht zu Harnsäure oxydiert, daher es vorläufig geraten ist, Kaffee und Tee aus dem Kostzettel der Gichtkranken, welche sich im akuten Stadium befinden, zu streichen.

Anwendung.

1. Als *Excitans in zentralen Ermüdungs- und Schwächezuständen,* sowie bei *Vergiftungen mit Narcotica.* Allbekannt ist die antagonistische Wirkung gegen Alkohol. Besonders wirksam ist der heiße Kaffee, wo die durch das Rösten gebildeten brenzlichen Stoffe und die Wärme den Reiz erhöhen. Auch †Extractum Colae fluidum 0,5—4,0 ist verwendbar.

2. Als *Vasotonicum* und *Herzmittel.* Bei allgemeiner, zentraler Gefäßlähmung, welche nicht selten die primäre Ursache von akutem Kollaps ist, wird das Blut vornehmlich in den nachgiebigen Eingeweidegefäßen aufgestaut, und sind Hirn, Herz und Haut daher besonders schlecht versorgt. Das Herz kann dabei noch gut leistungsfähig sein, der Puls aber ist klein und frequent, weil zu wenig Blut aus den Venen herausströmt und der Vagustonus bei niedrigem Aortendruck erlischt. In dieser Situation sind Mittel, welche durch ausgiebige vasomotorische Erregung, insbesondere des Splanchnicusgebietes, eine Umschaltung des Blutes bewirken, indiziert: außer den reflektorisch wirkenden Hautreizen und dem die Sympathicusendigungen erregenden Adrenalin, die zentral angreifenden Kampfer, Strychnin und Koffeïn. Bei Adrenalin und Koffeïn kommt noch die Erweiterung der Koronargefäße hinzu, welche eine bessere Durchblutung des Herzens verursacht. Coffeïnum Natrio-benzoicum oder salicylicum, 0,1—0,2 zwei- bis dreimal täglich 2—3 Tage fortgesetzt oral oder subkutan, ist die gebräuchliche Verordnung. Auch chronische Herzleiden können dadurch bisweilen günstig beeinflußt werden.

3. Als *elektives Gefäßerweiterungsmittel.* Die Erweiterung der *Koronargefäße des Herzens* wird außer bei Kollaps auch bei *Angina pectoris* und *Asthma cardiale* ausgenützt. Die langsam wirkenden oralen Gaben von Theobrominum Natrio-salicylicum, 1,0 bis 2,0, werden hauptsächlich zu prophylaktischem Zwecke vor dem zu erwartenden Anfall (späte Abendstunden) gereicht, der Anfall selbst durch intravenöse oder subkutane Injektion dieses Salzes oder auch des Coffeïnum Natrio-benzoicum zu kupieren versucht.

Die Erweiterung der *Hirngefäße,* speziell jene der Hirnhäute, wird verwertet bei der spastischen Form der *Migräne,* insbesondere in Kombination mit dem in gleicher Richtung wirkenden Antipyrin als †Antipyrinum Coffeïno-citricum, 0,5 bis 1,0 (Migränin), eingedampfte Lösung von 90 Antipyrin, 9 Koffeïn, 1 Zitronensäure.

Zu gleichem Zwecke dient †Guarana, eine aus den gerösteten Samen von Paulinia sorbilis mit Wasser bereitete Paste, die in walzenförmigen, braunen, fast steinharten Stücken in den Handel kommt. In Südamerika sehr verbreitetes Genußmittel, 1,0—3,0.

4. Als *Diureticum* bei Herzwassersucht. Es wird hierbei, zum Teil durch Herabsetzung des Quellungsdruckes der Eiweißkörper, nicht bloß das Wasser der Ödeme, sondern auch das Kochsalz

ausgeschieden. Wäre letzteres nicht der Fall, so würde sich durch das nachfolgend aufgenommene Wasser alsbald die alte Salzkonzentration wiederherstellen, d. h. die Ödeme wiederkehren. An Stelle des zuerst gebrauchten, aber wegen seiner starken vasotonischen Wirkung unsicheren Koffeïns ist das auf die Niere stärker wirkende Theobromin getreten. Da die freie Base leicht Erbrechen bewirkt, gibt man es in Form des leicht löslichen Theobrominum Natrio-salicylicum (Diuretin) in Pulvern oder Lösung zu 0,5—1,0 vier bis sechsmal am Tage. Will man die bei längerer Darreichung nicht zu unterschätzende toxische Wirkung der Salicylsäure auf Herz und Niere ausschalten, so ersetzt man es durch das Theobrominum Natrio-aceticum (Agurin). Noch stärker und rascher wirkt das Theophyllin (Theocin). Man beginnt mit 2 mal 0,1 als Pulver oder besser mit 2 mal 0,15 Theophillinum Natrio-aceticum in Lösung, zur Hintanhaltung von Übelkeit, Kopfschmerz nach der Mahlzeit, verdoppelt die Dosis bei noch ungenügender Wirkung am folgenden Tage und gibt dann nur mehr jeden zweiten Tag. Bei derartiger Ordination werden Nebenerscheinungen wie Magenblutungen, epileptiforme Krämpfe vermieden.

Theophyllin-Äthylendiamin (Euphyllin), 78% Theophyllin, in Wasser leicht löslich, u. a. in 2 ccm enthaltenden Ampullen, zweckmäßig mit 8 ccm Aqua bidestillata verdünnt, bei Angina pectoris empfohlen.

Theacylon, Acetylsalicyloyl-Theobromin, $C_6H_{14}O_2N_4$, in Wasser schwer lösliches kristallinisches Pulver, wird vom Magen meist gut ertragen, wohl weil es erst im Darm zu seinen Komponenten verseift wird, 0,5—1,0 3 mal täglich als Diureticum. Wegen seiner Kreislaufswirkung auch bei Angina pectoris und Asthma cardiacum verwendbar.

Theobrominnatrium-Jodnatrium (Eustenin), $C_7H_7N_4O_2Na . JNa$, in Wasser leicht lösliches Pulver, enthält 51% Theobromin und 36% Jodnatrium und wird zur kombinierten Behandlung von Arteriosklerose und Angina pectoris in den Handel gebracht.

Maximaldosen:

	Ph. G.	Ph. A.
Coffeïnum	0,5 (1,5)!	0,2 (0,6)!
Coffeïnum-Natrium salicylicum	1,0 (3,0)!	—
Coffeïnum Natrio-benzoicum	—	0,5 (1,5)!
Theobrominum-Natrium salicylicum	1,0 (6,0)!	1,0 (6,0)!
Theophyllinum	0,5 (1,5)!	—

Rezept-Beispiele:

℞	℞
Pulv. Coffeïni Natrio-benzoici 0,2	Coffeïni Natrio-benzoici 2,0
Dent. tal. dos. No. X.	Aquae q. s. ad ccm. IV
S. 3 mal täglich 1 Pulver.	DS. zur subkut. Injektion.
(Herz- u. Gefäßmittel.)	(Herz- und Vasomotorenmittel.)

℞

Guaranae	0,5
Natrii salicylici	0,3
Chinini bisulfurici	0,2

M. f. pulv. D. tal. dos. No. X ad
capsulas amylaceas.
S. 1—2 Stück zu nehmen.
[Pulvis Guaranae compositus
Ph. A. E.]

℞

Theobrom. Natrio-salicyl.		5,0
Aq. dest.		
„ Menth. pip.	aa	65,0
Sirup. Cinamomi.		20,0

MDS. zweistündl. 1 Eßlöffel.
[Säuren und saure Speisen zu ver-
meiden.]
(Diureticum.)

Yohimbin.

Yohimbin, $C_{22}H_{28}N_2O_3$, aus der Rinde eines westafrikanischen Baumes, welche von den Eingeborenen als *Aphrodisiacum* gebraucht wird. Das Hydrochlorid wird in Pastillen zu 0,005 empfohlen bei *Impotenz*, insbesondere der neurasthenischen Form derselben. Nach Versuchen an weiblichen Tieren ruft es die Erscheinung der Brunst (Libido sexualis) hervor. Die Wirkung beruht auf einer Zunahme der Gefäßfüllung der Genitalien und einer Erhöhung der Erregbarkeit des Sakralmarks.

In höheren Dosen ist es Krampf-, Gefäß- und Herzgift. Örtlich wirkt es ähnlich dem Kokaïn.

Muiracithin, die Mischung des Extraktes aus dem Holze der Acanthacee Muira Puama (Brasilien) mit Lecithin, wird in Pillen als *Aphrodisiacum* angepriesen.

Strychnin.

*†**Semen Strychni, Brechnuß,** Nux vomica (Krähenaugen), sind die scheibenförmigen Samen der apfelsinenartigen Früchte von Strychnos Nux vomica, einem kleinen Baume Ostindiens, Loganiaceae.

Sie enthalten zu 2—4 % zwei Alkaloide, welche auch in anderen verwandten Pflanzen sich finden: Strychnin, $C_{21}H_{22}N_2O_2$ und Brucin, $C_{23}H_{26}N_2O_4$. Ersteres ist ein heftiges Krampfgift, letzteres wirkt schwächer und gleicht mehr dem Thebaïn des Opiums, indem auch bei ihm den Krämpfen ein narkotisches Stadium vorausgeht. Auch die Lähmung der motorischen Nervenendigungen und damit die Verwandtschaft zum Curarin tritt bei ihm schärfer hervor. Therapeutisch wird hauptsächlich Strychnin verwendet, und auch in den Brechnüssen kommt fast nur die Wirkung dieses Alkaloides zur Geltung.

*†**Strychninum nitricum, Strychninnitrat,** farblose, äußerst bitter schmeckende Nadeln, welche in ungefähr 90 Teilen Wasser oder Weingeist sich lösen.

Die **Wirkung** des Strychnins besteht zunächst in einer Erhöhung der Erregbarkeit verschiedener Gebiete des zentralen Nervensystems. Unter den Sinnesorganen wird das *Riech- und Sehvermögen* erheblich verschärft. Im verlängerten

Mark geraten die *Zentren der Atmung, der Gefäßnerven und des Vagus* in erhöhte Tätigkeit, so daß verstärkte Atmung, Blutdrucksteigerung und Pulsverlangsamung die Folge sind. Am auffälligsten aber ist die außerordentliche *Steigerung der Erregbarkeit der Reflexbahnen des Rückenmarkes* derart, daß ein sensibler Reiz nicht mehr durch eine einfache Zuckung der Muskeln des zugehörigen Reflexbogens, sondern durch eine intensive tetanische Kontraktion beantwortet wird und diese Reaktion (vielleicht infolge Fortfalls normal bestehender zentraler Hemmungen) über alle Reflexzentren sich ausbreitet.

Diese Steigerung der Reflexerregbarkeit ist es hauptsächlich auch, welche das *Vergiftungsbild* beim Menschen beherrscht.

Nach einem Prodromalstadium, gekennzeichnet durch Steifigkeit und Ziehen in den Nacken- und Kiefermuskeln, fibrilläre Zuckungen, Empfindlichkeit gegen Sinneseindrücke und großes Angstgefühl, setzt meist plötzlich das Krampfstadium ein: der Vergiftete beginnt zu zittern, streckt Rumpf und Glieder (Vorderarme gebeugt wegen Überwiegen der Flektoren) und wird mit einem Ruck „in die Brücke geworfen". Alle Muskeln sind bretthart gespannt, die Atmung ist unterbrochen, das Gesicht cyanotisch, das Bewußtsein erhalten. Der Anfall ist nach 1—2 Minuten vorüber, kehrt aber bei geringster äußerer Veranlassung oder scheinbar auch ohne solche nach kürzerer oder längerer Pause wieder. Die Muskulatur ist während der Pausen vollkommen erschlafft, befindet sich also nicht wie bei dem Wundstarrkrampf in einem dauernden Verkürzungszustand. Mehr als 3—10 Anfälle werden nicht ertragen. Lassen sie nicht nach, so erfolgt der Tod entweder während eines Anfalls durch Erstickung oder in einem auf die Krämpfe folgenden Stadium allgemeiner Lähmung.

Die mittlere letale Dosis ist 0,1. Bei Fröschen beginnen die Reflexkrämpfe schon mit $^1/_{100}$ Milligramm.

Die Behandlung besteht in Fernhaltung aller äußeren Reize und Darreichung von Chloroform und Chloralhydrat in großen Dosen. Bei Tieren lassen sich die Krämpfe durch sehr ausgiebige künstliche Respiration völlig unterdrücken. Der Tod tritt dann erst bei höheren Dosen durch allgemeine Lähmung des Nervensystems ein.

Anwendung. Das Strychnin spielt als Arzneimittel keine hervorragende Rolle.

Bei *Amblyopien* und *Amaurosen* mit fehlenden oder geringen anatomischen Veränderungen, z. B. nach Vergiftungen, haben sub-

kutane Injektionen in die Schläfengegend bisweilen Erfolge aufzuweisen. Die Wirkung tritt nach 1—2 Stunden ein und hält 1—2 Tage
an, worauf die Einspritzung erneuert wird. Man beginnt mit 0,001
und steigt allmählich auf 0,005.

Ungefährlicher sind Injektionen von Brucin. 0,002 bewirkt eine allgemeine
Erhöhung der Netzhautfunktionen von ca. 10 Tage Dauer. Die Erweiterung des
Gesichts- und Farbenfeldes erfolgt auch bei lokaler Applikation (Einträufelung
von 1prozentiger Lösung) und bleibt dann auf das behandelte Auge beschränkt.

Bei *Kollaps, Kreislaufstörungen* und *Vergiftungen* ist es zur
Erregung des Atmungs- und Gefäßzentrums durch subku-
tane Injektionen wiederholt empfohlen worden, ohne bei uns recht
Eingang in die allgemeine Praxis gefunden zu haben.

Bei *motorischen Lähmungen* wurde es früher viel versucht.
Bei unvollständigen Paresen, welche nach Ablauf zentraler Prozesse zurückbleiben, sowie einzelnen peripheren Lähmungen (Bleivergiftung, Diphtherie) wurde in der Tat raschere Rückkehr zur
Norm bisweilen beobachtet. Gegen *Incontinentia urinae* ist das
Mittel in einzelnen Fällen entschieden von Wirkung. Bei *Alkoholismus chronicus* wird von guter Wirkung subkutaner Injektionen gegen die psychischen wie nervösen Störungen berichtet.

Bei allen Verordnungen von Strychnin ist *große Vorsicht* erforderlich. Namentlich bei wiederholter Darreichung treten sehr
leicht Vergiftungen infolge *Kumulierung* ein, weil das Strychnin
nur langsam ausgeschieden wird. Im Harn läßt es sich noch nach
8 Tagen nachweisen.

Bei **Dyspepsien** sind Präparate von Semen Strychni: *†**Extractum Strychni**
(P. I.) in Pulvern und Pillen zu 0,01—0,03 und namentlich *†**Tinctura Strychni**
(P. I.) in Tropfen zu 2—10 2—3 mal tgl. wohl wegen ihrer Bitterkeit in Ruf gekommen. Die Verwendung bei **Atonie des Darmes** findet ihre Begründung
in der nachgewiesenen Erregung des Auerbachschen Plexus.

Maximaldosen.

	Ph. G.		Ph. A.	
Strychninum nitricum	**0,005**	**(0,01)!**	**0,01**	**(0,02)!**
Semen Strychni	0,1	(0,2)!	0,1	(0,2)!
Extractum Strychni	0,05	(0,1)!	0,05	(0,1)!
Tinctura Strychni	1,0	(2,0)!	1,0	(2,0)!

Rezept-Beispiele:

℞		℞	
Strychnini nitrici	0,03	Strychnini nitrici	0,02
Rad. et Succi Liquiritiae	ana 1,5	Aquae	10,0
M. f. pil. No. XXX.		MDS. zur subkutanen Injektion.	
DS. 2—3 mal täglich 1—2 Pillen.		[¹/₄—1 Spritze = 0,0005—0,002.]	
[Jede Pille enthält 0,001.]			

Anhang: Hirnkrampfgifte.

An die Gruppe der tetanischen Rückenmarkskrampfgifte, welche durch das Strychnin repräsentiert wird und der, soweit es die Krampferzeugung betrifft, auch das Koffeïn, die Opiumalkaloide und teilweise das Kokaïn zugehören, seien hier die Gifte angeschlossen, welche man derzeit unter der Bezeichnung konvulsivische Hirnkrampfgifte zusammenfaßt und der Gruppe der Rückenmarkskrampfgifte gegenüberstellt. Die von ihnen verursachten periodischen Krämpfe gehen von höheren Zentren (Hirnrinde oder Hirnbasis) aus. Sie werden in der Regel nicht durch periphere Reize ausgelöst, sondern entstehen „spontan" durch Summation innerer Erregung; sie breiten sich auch nicht über die ganze Muskulatur aus, sondern bleiben auf gewisse Muskelgruppen beschränkt, die in raschem Wechsel zu kurzdauernden klonisch-tonischen Zusammenziehungen epileptiformen Charakters veranlaßt werden.

Pikrotoxin in das kristallisierte, stickstofffreie, in kaltem Wasser lösliche, sehr bittere Prinzip der Kokkelskörner, der Früchte von Anamirta cocculus, einem zu den Menispermeen gehörigen Kletterstrauche des ostindischen Archipels. Außer den Krampfzentren werden auch erregt die „parasympathischen Zentren" des Oculomotorius, der Chorda, des Vagus und des Pelvicus.

Ihm chemisch und pharmakologisch ähnlich sind das **Cicutoxin** des einheimischen Wasserschierlings, Cicuta virosa und der Rebendolde, Oenanthe crocata, das Coriamyrtin aus Coriaria myrtifolia (Mittelmeer), das Sikimin in den dem Sternanis ähnlichen Früchten von Illicium religiosum (Japan) und die Spaltungsprodukte der Digitaline.

Ferner gehören toxikologisch hierher der Kampfer, das Santonin und z. T. das Kokaïn; sie werden in anderen Kapiteln näher besprochen.

Alkaloide des Opiums.
Morphin, Kodeïn, Papaverin.

*†**Opium,** auch Laudanum und Mekonium genannt, heißt der aus den unreifen, geritzten Samenkapseln des Mohnes, Papaver somniferum, austretende Milchsaft (ὁ ὀπός), welcher nach dem Trocknen, zu rotbraunen Kuchen zusammengeknetet, in den Handel kommt. Die südöstlichen Länder, Balkanstaaten, Kleinasien, Persien, Indien und Ägypten, sind die Hauptproduzenten. Der in Westeuropa angebaute Mohn liefert nur einen wenig wirksamen Saft.

Die Kenntnis des Opiums ist uralt, bereits im hohen Altertum findet man die Mohnpflanze als Sinnbild des Schlafes. Hippokrates bediente sich des frischen Mohnsaftes als Narcoticum, dem Abendlande wurde seine Verwendung durch die arabischen Ärzte vermittelt.

Nach seiner *Zusammensetzung* ist es ein Gemenge von indifferenten Pflanzenstoffen, Eiweiß, Schleim, Zucker, mit einer großen Anzahl von Alkaloiden, an Mekonsäure, $C_7H_4O_7$, gebunden, von denen bis jetzt 18 genauer bekannt sind.

In der medizinisch verwendeten Sorte aus Kleinasien *dominiert* das *Morphin* entsprechend seiner Menge (12⁰/₀), die *Nebenalkaloide* (ca. 5⁰/₀) treten hinzu, indes *nicht lediglich additiv,* sondern, wie z. B. das Narkotin, verstärkend (potenzierend) bezüglich Schmerzstillung und Narkose, mildernd bezüglich der Atmungslähmung, Brechenerregung und Peristaltikhemmung. Ob die in den Jahresernten des Opiums etwas wechselnde Mischung von Morphin und Nebenalkaloiden, das therapeutische Optimum darstellt oder sich nicht noch geeignetere Kombinationen für die einzelnen Indikationen zusammenstellen lassen, steht gegenwärtig in der experimentellen und klinischen Erprobung.

Nach *Konstitution und Wirkungsart* teilen sich die Opiumalkaloide, soweit bekannt, in 2 Gruppen. Phenanthrenderivate sind: Morphin, $C_{17}H_{19}NO_3$, Kodeïn, $C_{18}H_1NO_3$, und Thebaïn, $C_{19}H_{21}NO_3$. Ersteres ist charakterisiert, durch starke Hirnnarkose und schwache Reflexerregbarkeitssteigerung letzteres umgekehrt durch schwache Hirnnarkose und starke Reflexerregbarkeitssteigerung, dem Strychnin gleichend; Kodeïn nimmt eine Mittelstellung ein. Isochinolinderivate sind: das zentral nur schwach wirkende Papaverin, das die Atmung erregende Narcotin und das Narceïn. Sie sind insbesondere dadurch charakterisiert, daß sie die Erregbarkeit der glatten Muskeln in verschiedenen Organen herabsetzen.

Alkaloide narkotisch-tetanischen Charakters sind auch in dem der Mohnpflanze nahe verwandten Schöllkraut, Chelidonium majus, und in mexikanischen Kaktusarten, insbesondere in Anhalonium Lewinii, enthalten. Das Eigenartigste ist das Mezcalin (Trimethoxy-Benzyl-Methylamin), dessen Chlorid in Gaben von ca. 0,2 lebhafte farbige Visionen erzeugt und dem Gebrauch dieser Kaktusart als Berauschungsmittel in Mexiko und Texas unter dem Namen Pellote oder Mezcal zugrunde liegt.

Morphin.

Das Morphin selbst ist, weil schwer löslich, nicht verwendbar. Es werden die in Wasser löslichen Salze, insbesondere das kristallinische, in 25 Wasser lösliche *†**Morphinum hydrochloricum,** $C_{17}H_{19}O_3N \cdot HCl + 3H_2O = 80⁰/₀$ Morphin, verwendet, daher sich alles Folgende auf dieses Präparat bezieht.

Örtliche Wirkung. Die Wirkungen des Morphins haben manche Ähnlichkeit mit den Wirkungen der Narcotica der Methanreihe, aber auch große Verschiedenheit. Diese zeigt sich schon bei der Wirkung auf niedere Organismen. Gärungen z. B. werden selbst durch hohe Gaben nicht unterdrückt, Protozoen (Paramäcien) nicht gelähmt. Morphin ist mithin *kein allgemeines Protoplasma-*

gift. Auch an den Applikationsorten höherer Tiere ist die Wirkung nur eine schwache. Der Nerv eines abgelösten Froschschenkels verliert in einer konzentrierten Morphinlösung zwar seine Erregbarkeit, eine lokale Anästhesie aber wird sich trotzdem während des Lebens nur selten bemerkbar machen, weil die hierzu nötige Konzentration alsbald durch die Verdünnung und die Resorption aufgehoben wird. Aus diesem Grunde sind die Versuche, durch subkutane Injektion einer Morphinlösung in der Nähe der affizierten Nerven oder durch Einlegen eines damit getränkten Wattekügelchens in die kariöse Zahnhöhle die Schmerzen zu beseitigen, nur von sehr unsicherem Erfolge. Daß die nach der Resorption eintretende allgemeine Hypalgesie mit dieser peripheren Anästhesie in keinem Zusammenhange steht, sondern ihren Ursprung zentral im Großhirn hat, beweist das auf die Hirnnarkose folgende Stadium erhöhter Reflexerregbarkeit, welche die Integrität der peripheren sensibeln Nervenendigungen zur Voraussetzung hat.

Resorptive Wirkung. Sie ist sehr vielseitig und läßt sich in vier Gruppen ordnen.

1. *Zentrales Nervensystem.* Schon die kleinsten Dosen, 0,01 innerlich, 0,005 subkutan, erzeugen *Herabsetzung der Schmerzempfindung und der sonstigen Gemeingefühle* dgl. der *Willensfunktionen,* während die höheren Sinnesempfindungen noch ungeändert bleiben, und die intellektuellen Vorgänge sogar eine Anregung erfahren (Kraepelin). Es entwickelt sich Neigung zu behaglichem, ruhigem Hinträumen, eine eigenartige Euphorie, die zum Mißbrauche des Opiums und Morphins als Genußmittel geführt hat. Auch bei der daraus resultierenden chronischen Vergiftung ist die Herabsetzung der Willensfunktion, die sich durch die Vernachlässigung der sozialen Verpflichtungen kundgibt, besonders charakteristisch.

Etwas größere Dosen, 0,02—0,03, setzen die Erregbarkeit des ganzen Großhirns soweit herab, daß *Schlaf* die Folge ist. Dosen über 0,03 vertiefen den Schlaf bis zum *Sopor* und führen durch Ausbreitung der Lähmung auf das Rückenmark bei *fast völligem Erlöschen der Reflexerregbarkeit* zum *Coma.* Hieran schließt sich in einzelnen Fällen, in denen der Tod infolge Atmungslähmung erst spät eintritt, das bei niederen Wirbeltieren regelmäßig vorhandene *Stadium erhöhter Reflexerregbarkeit.* Durch diese Steigerung der Reflexerregbarkeit, sowie durch die Hypalgesie vor Eintritt des Schlafes und die im Vergleich zur Atmung geringe Beeinflussung der Kreislauforgane unterscheidet sich das Morphin in sehr markanter Weise von den Narcotica der Fettreihe.

2. *Kreislauf und Atmung.* Obgleich eine Kreislaufswirkung schon bei den kleinsten Dosen vorhanden ist, nämlich *Pulsverlangsamung* infolge Erhöhung des Vagustonus und *Erweiterung*

der Hirn- und Hautgefäße, von denen erstere als Kongestion, letztere als angenehmes prickelndes Wärmegefühl, zuweilen aber auch als lästiges Hautjucken (Urticaria) empfunden wird, schreitet die Wirkung auch bei großen Dosen nicht erheblich fort. Es tritt weder allgemeine Lähmung des Gefäßzentrums, noch Lähmung des Herzens ein. Wenn der Puls bei akuter Morphinvergiftung schließlich klein und langsam wird, so ist dies durch die sehr früh ungenügend gewordene Atmung verursacht. Wieder im Gegensatz zu den Narcotica der Fettreihe wird nämlich schon durch kleinste Gabe die *Erregbarkeit des Atmungszentrums herabgesetzt.* Ein einfacher Versuch lehrt dies: nach Aufnahme von 0,01 Morphin vermag man den Atem etwa doppelt solange anzuhalten als vorher, die Atemreize (Kohlensäure-Spannung im Blute) müssen sich also jetzt auf einen höheren Betrag summieren, bis das Atemzentrum zur Auslösung eines neuen Atemzuges veranlaßt wird. Die erste Folge dieser Erregbarkeitsherabsetzung ist die Veränderung des Atmungstypus. Die Atmung wird langsamer und tiefer, wobei die Atemgröße namentlich dann eine Zunahme erfahren kann, wenn sie vorher flach und frequent war; später wird sie mehr und mehr verflacht, verlangsamt und unregelmäßig, so daß sie bald ungenügend wird und schließlich durch die vollendete *Lähmung des Respirationszentrums* ganz zum Stillstand kommt. Der Eintritt dieses Respirationstodes kann bei oral erfolgter Vergiftung sich öfters lange hinausschieben, falls durch die zuerst zur Resorption gelangten Morphinmengen der Sphincter antri pylorici so stark sich zusammenzieht, daß der weitere Übertritt des Morphins aus dem Magen in seinen Resorptionsort, den Darm, sehr verzögert wird.

Die mittlere *Dosis letalis* für einen Erwachsenen wird zu 0,3 (die 10fache Maximaldosis) angegeben, in einzelnen Fällen waren schon 0,1 hinreichend. Besonders empfindlich, weit mehr als sich durch das geringere Körpergewicht erklären läßt, sind *kleine Kinder.* Bei Säuglingen kann schon ein Tropfen Opiumtinktur oder 0,001 Morphin schwerste Vergiftung hervorrufen.

Fortgesetzte Evakuation des Magens und Darms, Anregung der Atmung indirekt durch Hautreize, direkt durch Kampfer oder Koffeïn, schließlich künstliche Respiration bilden die hauptsächlichste Therapie.

3. *Verstärkung des Tonus einiger Organe glatter Muskulatur.* Unter dieser Rubrik seien einige praktisch recht wichtige Wirkungen kleinster Morphindosen, deren Zustandekommen vermut-

lich durch lähmende Einwirkung auf nervöse Hemmungsvorrichtungen beruht, zusammengefaßt.

Die *Pupillenverengerung* und der *Akkommodationskrampf* zeigt sich sowohl bei einmaliger wie wiederholter Aufnahme von Morphin, ist daher für die Diagnose akuter wie chronischer Vergiftung von Bedeutung, mit der Einschränkung, daß im Endstadium der akuten Vergiftung die durch die ungenügende Atmung verursachte Kohlensäureanhäufung durch Erregung des Sympathicus zur Erweiterung der Pupille führen kann.

Bei Einträufelung von Morphin in die Bindehaut des Auges erfolgt keine Wirkung. Sie muß also zentralen Ursprungs sein und beruht wahrscheinlich auf der Ausschaltung einer dem sympathischen System zugehörigen Hemmungsvorrichtung, welche den vom parasympathischen Zentrum des Oculomotorius unterhaltenen Iristonus zu mäßigen oder vorübergehend ganz zu beseitigen die Aufgabe hat. In analoger Weise dürfte auch die Entstehung der vorhin erwähnten Pulsverlangsamung nach Morphin zu deuten sein.

Die *Hemmung der Darmperistaltik,* welche nach subkutaner und noch mehr nach enteraler Darreichung durch Aufhören der hörbaren Darmgeräusche sich kundgibt und *anhaltende Verstopfung* nach sich zieht, wurde bisher meist auf Herabsetzung der Erregbarkeit der die Peristaltik reflektorisch unterhaltenden sensiblen Darmnerven, Tonusabnahme der Darmmuskulatur und Tonuszunahme des Sympathicus bezogen. Nach den Versuchen mit Röntgendurchleuchtung ist daran auch *Tonusverstärkung der Sphinkteren des Verdauungskanals* beteiligt. Es zeigt sich regelmäßig bei Tieren, sehr häufig auch beim Menschen, besonders im jugendlichen Alter, eine anhaltende Kontraktion des präpylorischen Teils der Magenmuskulatur (Sphincter antri pylori), wodurch die Nahrung verspätet und vollständiger verdaut, — also auch weniger Peristaltik auslösende Stoffe enthaltend — in den Darm übertritt. Außerdem ist auch eine Dauerkontraktion des Sphincter ileocoecalis und des Sphincter ani internus mit starker Verzögerung des Defäkationsreflexes vorhanden.

Die Verzögerung der Entleerung des Magens ist besonders bei abnormen Gärungsvorgängen in diesem Organe eine unliebsame Beigabe der zu anderen Zwecken vorgenommenen Morphindarreichung.

Gegen Durchfall erzeugende Agentien verhält sich Morphin im Tierexperiment sehr verschieden. Es ist wirkungslos gegenüber Rizinusöl, Senna und Bittersalz, wirksam gegen den Reiz von Säuren (Milchkost). Auch der Durchfall durch Koloquinten wird prompt gehemmt, das Mittel wird infolgedessen lange im Darm zurückgehalten, so daß das Tier an akuter Koloquintenvergiftung zugrunde geht.

Die *Harnverhaltung* infolge verstärkter Kontraktion des

Sphincter vesicae ist namentlich bei wiederholter Anwendung des Morphins nicht selten und beruht wenigstens zum Teil auf dem Fortfall der hemmenden sympathischen Innervation.

Vom Uterus wird berichtet, daß ganz kleine Morphindosen die Wehen anzuregen pflegen, größere sie zum Stillstand bringen.

4. *Einige Drüsen.* Verminderung der *Speichel-* und *Bronchialsekretion* ist nach klinischen Beobachtungen häufig vorhanden, Verminderung der *Harnsekretion* experimentell erwiesen. Die *Magensaftsekretion* ist zunächst vermindert, in den späteren Stunden dagegen vermehrt, ebenso die Acidität. Die *Darmsaft-* und *Pankreassekretion* ist eingeschränkt; die durch die Hemmung der Peristaltik eingetretene Verstopfung wird dadurch erhöht.

Schweißsekretion wird mehr indirekt durch die vom Morphin hervorgerufene Hauthyperämie erregt und in Form des Doverschen Pulvers klinisch ausgenützt.

5. *Gewöhnung.* Sie tritt bei wiederholtem Gebrauche rasch ein. 1,0, in einzelnen Fällen 4,0, pro die, haben dann keine erhebliche akute toxische Wirkung: celluläre Unterempfindlichkeit. Dafür entwickelt sich die als Morphinismus bezeichnete *chronische Vergiftung.* Wechselnde Stimmung, Vernachlässigung der familiären und sozialen Pflichten (Lähmung der Willensfunktion), Magendarmstörungen, trockene, spröde Haut, enge Pupillen sind ihre auffälligsten Symptome.

Die Gewöhnung geht mit einer tiefgreifenden *Umwandlung des Morphin-Stoffwechsels* einher. Während nämlich das Morphin in der Norm größtenteils unverändert durch die Magen- und Darmschleimhaut ausgeschieden wird, erlangt der Morphiophage in steigendem Maße die Fähigkeit, dasselbe zu zersetzen, also bis zu einer gewissen Grenze unschädlich zu machen (Faust). Eine Erklärung aller Erscheinungen der Gewöhnung läßt sich jedoch hieraus allein nicht ableiten. Es ist aber möglich, daß dieses erworbene Zersetzungsvermögen im Zusammenhange steht mit einer zunehmenden Zersetzungsnotwendigkeit in der Weise, daß das Tag für Tag zur Nervenzelle dringende Morphin gewissermaßen zu einem unentbehrlichen Bestandteil ihres Protoplasmas wird, der wie ein Nahrungsstoff fortwährend zersetzt und wieder erneuert werden muß. Daraus würde sich das charakteristische stürmische Verlangen der Morphinisten nach neuen Gaben von Morphin, die *Giftsucht,* erklären, desgleichen die schweren *Abstinenzerscheinungen,* welche in der ersten Zeit nach der Entziehung sich einzustellen pflegen.

Die unveränderte Ausscheidung des Morphins der nicht an das Mittel Gewöhnten involviert auch eine wichtige Bereicherung der Therapie der akuten Morphinvergiftung. Es ist angezeigt, die Wiederaufsaugung des ausgeschiedenen Morphins durch wiederholte Magenausspülungen und durch Darreichung von Abführmitteln zu verhindern. Von der nachgewiesenen Beförderung der enteralen Ausscheidung des Morphins durch Alkohol wird man wegen dessen narkotischer Wirkung nur beschränkten Gebrauch machen können.

Anwendung. Morphin resp. Opium ist eines der vielgebrauchtesten und geradezu unersetzlichen Arzneimittel — trotz seines vorwiegend nur symptomatischen Wertes und seiner nicht geringen Schattenseiten. Zu letzteren gehören vor allem die rasch eintretende *Gewöhnung* und die *Morphiumsucht*. Sie machen es dem Arzt zur strengen Pflicht, Morphin nur in dringenden Fällen anzuwenden, nicht zu lange fortzusetzen und namentlich die subkutane Applikation niemals dem Kranken oder seiner Wartung zu überlassen. Ein weiterer Übelstand sind die bei manchen Personen auftretenden *Nebenwirkungen*, welche den beabsichtigten Zweck der Medikation oft ganz vereiteln. Am häufigsten sind Erbrechen oder stundenlang anhaltende Übelkeit und Mattigkeit, bedingt durch die bereits erwähnte Kontraktion des Sphincter pylori und eine apomorphinartige Erregung des Brechzentrums; seltener finden sich als Folgen der Haut- und Hirnhyperämie juckende Hautausschläge, Kongestionen, Aufregung und Geistesverwirrung. Auch die oft lange anhaltende Verstopfung und die Harnverhaltung können recht unangenehme Folgen nach sich ziehen.

Zur Verhütung einzelner dieser Nebenwirkungen empfiehlt sich ein Zusatz von 0,0005—0,001 Atropin zu 0,01 Morphin. Besonders das bei drohenden Lungen- und Darmblutungen gefährliche Erbrechen kann, soweit es nur Folge der Erregung des „Sphincter antri pylorici" ist, ziemlich sicher hintangehalten werden. Im übrigen wird man gut tun, sich bei dem Kranken nach seinem früheren Verhalten gegen Morphin zu erkundigen.

Die wichtigsten Indikationen für Morphin und Opium sind folgende:

1. *Schmerzen und andere quälende Sensationen aller Art.* Man erreicht damit Schonung der Kräfte des Kranken oder erleichtert wenigstens die Qualen unheilbarer Leiden und des Todeskampfes.

2. *Schlaflosigkeit* infolge von Schmerzen; wogegen bei Schlaflosigkeit infolge von Nervosität die Hypnotica der Fettreihe wegen
geringerer Nebenwirkungen und nicht so leicht eintretender Gewöhnung vorzuziehen sind.

3. *Motorische Aufregungszustände,* falls dieselben vom Ge-
hirne ausgehen: Hirnkrampfgifte, Stadium excitationis der Chloroformnarkose, Angstaffekte der Melancholiker, Atropinvergiftung
und Epilepsie, hier in Verbindung mit Bromalkalien (Opium-
Brom-Kur). Zur Unterdrückung von Rückenmarkkrämpfen hingegen sind nur die Narcotica der Fettreihe geeignet, weil die
Reflexerregbarkeit durch Morphin in größeren Gaben gesteigert
wird.

4. *Husten.* Morphin ist *indiziert bei spärlicher, zäher Sekretion,* welche quälenden Husten verursacht und doch keinen Auswurf zur Folge hat. Die Kräfte des Patienten werden geschont
und die Expektoration dadurch gefördert, daß der spärliche
Schleim in den längeren Hustenpausen zu größeren Mengen sich
sammelt, die leichter herausbefördert werden können. Dagegen
ist Morphin *kontraindiziert bei profuser Sekretion,* denn die Ent-
fernung derselben durch Husten ist ein physiologischer Akt, dessen
Unterdrückung zu Erstickungsanfällen führen kann. Daß diese
Gefahr in praxi nicht öfter auftritt, deutet auf eine *Hemmung der
Bronchialsekretion* durch Morphin hin. Hierfür spricht auch die
Beobachtung, daß 0,01 Morphin subkutan eine halbe Stunde vor
Beginn einer Äthernarkose die sonst bedeutende Zunahme der
Bronchialsekretion nicht aufkommen läßt. Die Sekretion der
Nasenschleimhaut wird durch kleine per os verabreichte Gaben
wirksam eingeschränkt, wovon man bei frischen Fällen von *Nasen-
katarrh* Anwendung machen kann.

5. *Atemnot.* Auch hierbei müssen zwei Formen unterschieden werden.

Ist die erhöhte Tätigkeit des Respirationszentrums bedingt
durch die Verlangsamung der Zirkulation, also durch verringerte
Zufuhr arteriellen Blutes zu ihm, wie es z. B. bei Herzfehlern der
Fall ist — *zirkulatorische Form der Dyspnoe* —, dann ist die
Herabsetzung der Erregbarkeit des Zentrums bis zur Herstellung
des normalen Atmungsrhythmus dringend geboten. Denn in
diesem Falle ist die forcierte Atmung nicht bloß nutzlos, sondern
durch die zwecklose Muskelarbeit, den dadurch verursachten
Mehrverbrauch von Sauerstoff und die qualvolle Unruhe und
Schlaflosigkeit direkt schadenbringend.

Handelt es sich hingegen um ungenügenden Luftwechsel in den Atmungswegen infolge von Sekret- und Exsudatanhäufung oder von Ausschaltung von Lungenteilen — *respiratorische Form der Dyspnoe* —, dann darf Morphium nur angewendet werden, wenn mit der Verlangsamung der Atmung auch eine beträchtliche Vertiefung zu erwarten ist. Es nimmt dann nicht bloß die Atemgröße als solche zu, sondern es steigt auch der Bruchteil der Alveolenluft, welcher bei jedem Atemzug direkt erneuert wird und nach Dresers Berechnung bei einem flachen Atemzug (300 ccm) etwa 5%, bei einem gewöhnlichen (500 ccm) 10% und bei einem sehr tiefen (1000 ccm) 21% beträgt. Außerdem werden auch die Widerstände, welche Sekretanhäufung dem Luftwechsel entgegenstellt, bei vertiefter Atmung leichter überwunden.

6. *Ruhigstellung des Darmes.* Eine erste Reihe von Indikationen hierzu liefern: Entzündungen des Darmes und Peritoneums, Darmblutungen und drohende Perforation. Eine zweite: Verstopfungen, wenn sie durch Krampf der Darmmuskulatur unterhalten werden (Bleikolik, manche Kotstauungen). Eine dritte: Durchfälle, ausgenommen jene, welche durch verdorbene Ingesta und reizende Kotpartikelchen verursacht werden, wo Abführmittel angezeigt sind. Nach klinischen Erfahrungen verdient Opium vor dem Morphin den Vorzug, wahrscheinlich infolge seines Gehaltes an Nebenalkaloiden (Kodeïn und Papaverin).

7. Zur *Aufhellung von Hornhauttrübungen* wird Opiumtinktur verwendet, indem man sie zunächst mit Wasser ana, dann pur, schließlich durch Einengung auf ein Drittel konzentriert, einträufelt.

8. Bei *Diabetes* vermindert Opium u. a. das quälende Dunstgefühl. Es wird in auffallend großen Gaben ertragen, Nebenwirkungen, insbesondere Verstopfung, sind wenig hervortretend.

Verordnungsweise.

*†**Morphinum hydrochloricum** wird in *Pulvern, Pillen, Pastillen* oder in *Lösung,* eßlöffelweise, in Tropfen oder in subkutaner Injektion gegeben. Die Gaben als Beruhigungsmittel bei Schmerzen, Husten sind 0,005—0,01, als Schlafmittel 0,02—0,03.

Sterilisieren und Aufbewahren von Morphinlösungen hat in Gefäßen aus Jenenser Glas zu geschehen; in gewöhnlichen Gläsern entstehen freies Morphin und gelbliche Zersetzungsprodukte durch die aus dem Glase infolge Hydrolyse seiner Silikate frei werdenden Hydroxyl-Ionen. Das gleiche gilt für Kokaïn- und Atropinlösungen.

*†**Opium** der guten Sorten hat einen Morphingehalt von 12⁰/₀ und mehr. Es ist zerrieben ein gelbbraunes Pulver von eigentümlichem Geruch und bitterem, scharfem Geschmack und wird vor der Dispensation durch Zusatz von Reisstärke oder Milchzucker auf einen Gehalt von 10⁰/₀ Morphin = 12,5⁰/₀ Morphinum hydrochloricum eingestellt. Man bezeichnet es dann als *Opium pulveratum, †Pulvis Opii praeparatus (P. I.)

Opium kann nur *in festen Arzneiformen (Pulver, Pillen, Pastillen)* zu 0,025 –0,15 gegeben werden, weil es in Wasser nur teilweise löslich ist.

*†**Extractum Opii** (P. I.) ein zur Trockne gebrachter, rotbrauner Wasserauszug des Opiums, eignet sich besonders *zur Verordnung in Lösungen.* Es enthält doppelt soviel Morphin wie das Opium pulveratum, dem entsprechend die Gaben zu wählen sind.

Rezept-Beispiel:

℞

Extr. Opii	0,05
Sir. simpl.	
Sir. Ceresorum āā	100,0
MDS. 3—5 mal tgl. ¹/₂ —1—2 Teelöffel (Kinder von ¹/₂ —3 Jahren).	

*†**Pulvis Ipecacuanhae opiatus, Pulvis Doveri** (P. I.), ist ein aus 1 Opiumpulver, 1 Ipecacuanha, 8 Milchzucker gemischtes hellbräunliches Pulver, das demnach 10⁰/₀ Opium enthält und in Gaben von 0,25—1,5 verordnet wird.

*†**Tinctura Opii simplex** (P. I.), und *†**Tinctura Opii crocata** (P. I.), einfache und safranhaltige Opiumtinktur, sind Auszüge von Opium mit verdünntem Weingeist. Sie enthalten in 100 Teilen das Lösliche von 10 Teilen Opium. Die Gaben sind daher 0,25 bis 1,5, d. h. 10mal so groß wie beim Opium und ebenso groß wie beim Doverschen Pulver. Bei Kindern 1—2mal täglich so viel Tropfen, als das Kind Jahre zählt.

†Syrupus opiatus, aus 1 Extractum Opii und 999 Syrupus simplex hergestellt, wird teelöffelweise in der Kinderpraxis verwendet an Stelle des früher offizinellen Syrupus Papaveris s. Diacodii, der eine versüßte Abkochung von einheimischen, vor der Reife gesammelten Mohnköpfen (†Fructus Papaveris) ist, von sehr schwankendem Gehalte.

*Tinctura Opii benzoica (P. I.), bräunlich-gelber, spirituöser Auszug von 0,5⁰/₀ Opium mit Zusatz von Expektorantien (0,5⁰/₀ Anisöl, 1⁰/₀ Kampfer, 2⁰/₀ Benzoesäure). Ihr Opiumgehalt ist 20mal geringer als in den beiden obengenannten Tinkturen. Sie wird zu 30—60 Tropfen manchmal noch bei Husten verordnet.

Pantopon ist ein auf Vorschlag von Sahli von der Firma Hoffmann, Laroche & Cie. hergestelltes Präparat, das die Alkaloide des Opiums in gleichem Mischungsverhältnis wie im Opium, aber frei von den ca. 75°/o ausmachenden Nebenbestandteilen in nahezu reiner Form als wasserlösliche Chloride enthält. Es eignet sich darum auch in 2prozentiger Lösung zu subkutaner Injektion und teilt mit dem Opium den Vorzug, stärker zu beruhigen und weniger leicht Erbrechen und Atmungslähmung zu bewirken als das Morphin. 0,01 Pantopon entsprechen ungefähr 0,05 Opium pulveratum oder 0,01 Morphium hydrochloricum.

Maximaldosen:

	Ph. G.	Ph. A.
Morphinum hydrochloricum	0,03 (0,1)!	0,03 (0,1)!
Opium (pulveratum)	0,15 (0,5)!	0,15 (0,5)!
Extractum Opii	0,1 (0,3)!	0,1 (0,5)!
Tinctura Opii simplex und crocata	1,5 (5,0)!	1,0 (5,0)!
Pulvis Ipecacuanhae opiatus	1,5 (5,0)!	— —

Rezept-Beispiele:

℞

Morphini hydrochlorici	0,01
Sacchari	0,5

M. f. pulv. Dent. tal. dos. No. V.
S. abends 1 Pulver zu nehmen.

℞

Morphini hydrochlorici	0,15
Extr. Liquirit.	
Rad. Liquirit.	ana 1,5

M. f. pil. No. XXX.
DS. abends 1—3 Stück zu nehmen.

℞

Morphini hydrochlorici	0,1
Aq. Amygd. amar.	10,0

MDS. 40 Tropf. aus Normalglas z. n.
[Scheidet bei längerem Stehen Kristalle von Oxydimorphin resp. Morphincyanhydrat aus.]

℞

Kalii bromati	10,0
Tinct. Opii	5,0
Aquae	ad 200,0

MDS. 2 stündlich 1 Eßlöffel.
[Bei Bleikolik.]

℞

Morphini hydrochlorici	0,01
Acid. tart.	
Natrii bicarb.	
Elaeosacchi Citri	ana 1,5

M. f. pulv. Dent. tal. dos. No. V ad chart. cerat.
S. 1 Pulver in einem Glas Wasser zu lösen und während des Aufbrausens zu trinken.

℞

Morphini hydrochlorici	0,1
Aq. dest.	100,0
Mucil. Gummi arab.	
Syrup. Amygd.	ana 25,0

MDS. 2 stündlich 1 Eßlöffel z. n.
[Darmkatarrh. Kann zur Bildung von Oxydimorphin führen, falls das Gummiarabicum Oxydasen enthält.]

℞

Morphini hydrochlorici	0,2
Aq. dest.	10,0

MDS. zur subkutanen Injektion.
$^1/_4$ — $^1/_2$ — 1 Spritze.

℞

Morphini hydrochlorici	0,1
Atropini sulfurici	0,004
Aq. dest.	5,0

MDS. zur subkutanen Injektion.
$^1/_2$ — 1 Spritze.

<table>
<tr><td align="center">℞</td><td></td><td align="center">℞</td><td></td></tr>
<tr><td>Opii</td><td align="right">0,2</td><td>Extracti Opii</td><td align="right">0,3</td></tr>
<tr><td>Rad. Liquiritiae</td><td align="right">3,0</td><td>Elixir. e Succo Liquiritiae</td><td></td></tr>
<tr><td>M. f. op. Mucil. Gummi arab. pil.</td><td></td><td>Aquae Foeniculi   ana 50,0</td><td></td></tr>
<tr><td> No. XXX.</td><td></td><td>MDS. 4 mal täglich 1 Teelöffel zu</td><td></td></tr>
<tr><td>DS. täglich 3 mal 1 Pille zu nehmen.</td><td></td><td> nehmen.</td><td></td></tr>
<tr><td align="center">[Bleikolik.]</td><td></td><td align="center">[Bronchialkatarrh.]</td><td></td></tr>
</table>

Kodeïn und Ersatzmittel.

Kodeïn unterscheidet sich von Morphin dadurch, daß in den zwei Hydroxylgruppen, welche das Morphin besitzt, der eine Wasserstoff durch Methyl ersetzt ist. Kodeïn ist somit der Methyläther des Morphins oder Methylmorphin, $C_{17}H_{17}NO(OH)(O.CH_3)$. Durch Ersatz des Wasserstoffes durch Äthyl statt durch Methyl entsteht das Äthylmorphin, durch Besetzung beider Hydroxylgruppen mit Acetyl das Diacetylmorphin, beide sind gute Ersatzmittel des Kodeïns.

In seiner *Wirkung* nimmt das Kodeïn eine Mittelstellung zwischen dem Narcoticum Morphin und dem Krampfgift Thebaïn ein, doch steht es ersterem näher. Die Hauptunterschiede vom Morphin sind folgende: Der *Schlaf ist weniger tief*, durch Reize leicht erweckbar, die *Reflexerregbarkeit* wenig oder gar nicht erniedrigt, *in größeren Dosen gesteigert,* so daß bei Tieren tetanische Krämpfe die regelmäßige Folge sind. Die *Lähmung des Atemzentrums* erfolgt *erst in hohen Dosen* (etwa 15fachen des Morphins). *Die Peristaltik wird von ihm allein wenig herabgesetzt. Gewöhnung tritt weniger leicht ein* und ist weniger gefährlich; im Gegensatz zu Morphin wird das Kodeïn selbst bei lange fortgesetzter Darreichung größtenteils unzersetzt durch die Nieren ausgeschieden.

Anwendung. Als *Beruhigungsmittel bei Husten* wird Kodeïn gegenwärtig dem Morphin mit Recht vorgezogen, da es in kleinen Dosen die *Erregbarkeit des Hustenzentrums stark herabsetzt,* die *Erregbarkeit des Atemzentrums* hingegen *nahezu ungeändert* läßt. Es kann daher ohne Bedenken auch bei höheren Graden von respiratorischer Dyspnoe, bei welchen Morphin nicht angewandt werden darf, gegeben werden.

Bei schmerzhaften Affektionen der Unterleibs- und Genitalorgane (Dysmenorrhoeen) wird es von einzelnen Ärzten dem Morphin vorgezogen, meist kombiniert mit 0,1 Pyramidon oder 0,02 Extractum Belladonnae.

In der Behandlung des chronischen Morphinismus soll es die Abstinenzerscheinungen erträglicher machen.

Die *Verordnung* geschieht als *Codeinum phosphoricum* oder

†**Codeinum hydrochloricum** zu 0,03—0,1 in *Pulvern*, *Pillen*, *Pastillen* oder wässeriger *Lösung*. *Eine große Dosis ist wirksamer als wiederholte kleine.* Das Phosphat ist leichter löslich als das Chlorid; in Weingeist sind beide schwer löslich.

Dihydrokodeïn, $C_{18}H_{23}NO_3$ (Parakodeïn des Handels), wirkt rascher und intensiver hustenstillend als Kodeïn. (0,025, 3 mal täglich.)

*****Aethylmorphinum hydrochloricum, Dionin,** in 12 Teilen Wasser lösliche, feine Nadeln, wirkt *beruhigend, husten-* und *schmerzstillend* in gleichen Dosen wie das Morphin; Pulver oder Tabletten zu 0,02—0,03.

Auf der *Nasenschleimhaut* beseitigt es die starke Absonderung.

Im *Auge* erzeugen Einträufelungen einer 2—10 prozentigen Lösung in den Bindehautsack starke *Schwellung der Bindehaut (Chemosis)* und *Ödem der Lider*, mit Tränenträufeln und Niesen und begünstigen weiter, ähnlich wie subconjunctivale Kochsalzinjektionen, durch lymphagoge Wirkung die Resorption von Trübungen und Infiltraten der Hornhaut und Linse.

*†**Diacetylmorphinum hydrochloricum, Heroin,** in Wasser leicht lösliches Kristallpulver, entfaltet seine *hustenberuhigende Wirkung* schon in Milligrammen (0,003—0,005 als Pulver oder in Sirup), wirkt aber schon in diesen Gaben *erregbarkeitsherabsetzend auf das gesamte Atemzentrum.* Chronischer *Heroinmißbrauch* (Heroinismus) in Form von Schnupfpulver oder subkutaner Injektion führt zu Erscheinungen ähnlich dem Morphinismus. Gleichzeitig ändert sich auch der Stoffwechsel. Das Mittel wird nicht mehr unverändert (durch die Niere) ausgeschieden, sondern in steigendem Maße zersetzt.

Maximaldosen:

	Ph. G.		Ph. A.	
*†Codeinum phosphoricum (hydrochloricum)	0,1	(0,3)!	0,05	(0,3)!
*Aethylmorphinum hydrochloricum (Dionin)	0,03	(0,1)!	—	—
*†Diacetylmorphinum hydrochloricum (Heroin)	0,005	(0,015!)	0,01	(0,05)!

Papaverin.

Papaverin, $C_{20}H_{21}NO_4$, zeichnet sich nach Pal dadurch aus, daß es noch vor dem Auftreten zentraler Lähmungserscheinungen die *gesamte glatte Muskulatur* in einen *Zustand der Entspannung* versetzt, ohne ihre Funktionsfähigkeit völlig aufzuheben. Die Wirkung ist besonders deutlich, wenn die glatten Muskeln im Erregungszustand (erhöhtem Tonus) sich befinden. Auf Protozoen (Amöben) wirkt es zerstörend wie Emetin. In den Exkreten konnte es nicht wiedergefunden werden, wird mithin im Organismus tief abgebaut.

Die *Anwendung* ist eine vielseitige:

1. Zur *Aufhebung spastischer Zustände,* des Sphincter pylori bei Magenkrämpfen, der Darmmuskulatur bei Obstipation, des Sphincter ducti choledochi bei Gallensteinkolik, der Bronchialmuskulatur bei Asthma, der Uterusmuskulatur bei drohendem Abort.

2. *Herabsetzung des Blutdrucks bei akuten Hochspannungszuständen kurzer Dauer,* z. B. bei Asthma cardiale, Angina pectoris, abdominalen Gefäßkrisen der Arteriosklerotiker und Tabiker.

Verordnung. Papaverinum hydrochloricum in Pulvern oder Tabletten 0,03—0,1 dreimal täglich; Papaverinum sulfuricum subkutan aus Ampullen von Hartglas; gewöhnliches, Alkali abgebendes Glas, bringt alsbald das nur schwach basische freie Alkaloid zur Ausscheidung.

Aconitin und Veratrin.

In den Wurzelknollen der bekannten Alpenpflanze A c o n i t u m N a p e l l u s, S t u r m h u t, E i s e n h u t, findet sich das kristallisierbare, sehr giftige Alkaloid A c o n i t i n, $C_{34}H_{45}NO_{11}$. Ähnliche Alkaloide (Pseudaconitin, Japaconitin, Delphinin) sind in den Wurzeln einiger ausländischen Aconitumarten und in den Samen der ebenfalls zur Familie der Ranunculaceen gehörigen Ritterspornart Delphinium Staphisagria enthalten.

Der Wurzelstock von V e r a t r u m a l b u m, weiße Nieswurzel, einer auf Gebirgswiesen häufig wachsenden Melanthacee, besitzt das kristallisierbare außerordentlich giftige Alkaloid P r o t o - v e r a t r i n, $C_{32}H_{51}NO_{11}$. Ihm ähnlich, aber von schwächerer Wirkung ist das kristallisierbare Veratrin, $C_{32}H_{49}NO_9$, das in den Samen von S e b a d i l l a o f f i c i n a r u m (Schoenocaulon officinale, früher Veratrum officinale genannt), einem Zwiebelgewächse der Anden Mexikos, enthalten ist.

Die Aconitine und Veratrine sind nach Art des Kokains und Atropins zusammengesetzte esterartige Verbindungen von an sich wenig wirksamen Basen mit organischen Säuren.

Sie sind ausgezeichnet durch die *Vielseitigkeit und große Intensität ihrer Wirkung.* Zahlreiche periphere und zentrale Organe sensibler, motorischer und sekretorischer Funktion werden von ihnen zuerst erregt, dann gelähmt, und wenige Milligramme setzen den Tod durch Lähmung der Atmungs- und Kreislauforgane bei lange erhaltenem Bewußtsein.

Auf der *Haut* bewirken kräftig eingeriebene alkoholische oder fettige Lösungen zunächst ein Gefühl von Wärme und lebhaftem Prickeln, ohne daß eine besondere Rötung bemerkbar wird. Hierauf folgt ein andauerndes Gefühl von Kälte und Pelzigsein infolge Herabsetzung der Temperatur- und Tastempfindung.

Man machte von dieser Wirkung, namentlich früher, G e b r a u c h b e i
N e u r a l g i e n , besonders im Trigeminusgebiete.

Die die Einreibung vornehmende Hand soll vor der Wirkung durch einen
Handschuh geschützt werden. Bei Verwendung der reinen Alkaloide ist deren
eminent große Giftigkeit und die Möglichkeit der Resorption immer im Auge zu
behalten. Sie dürfen nur auf ganz normale Haut und in genügender Entfernung
von Schleimhautmündungen eingerieben werden.

Auf der *Conjunctiva* erfolgt, insbesondere durch das Protoveratrin, nach
vorübergehender Reizung anhaltende Gefühllosigkeit.

Auf der *Nasenschleimhaut* walten die Reizerscheinungen vor. Ein Stäub-
chen der Drogen oder der reinen Alkaloide erregt stundenlang sich wiederholen-
des, heftiges Niesen (Nieswurz, Schneeberger Schnupftabak.)

Resorptiv treten zunächst ähnliche Symptome in allgemeiner Ausbreitung
auf, wie sie für die Haut, beschränkt auf die Applikationsstelle bei Einreibungen
geschildert wurden: Kriebeln, Vertaubung, A b n a h m e d e r S c h m e r z e m p f i n -
d u n g. Davon schreibt sich wohl die frühere, jetzt meist nur mehr von Homöo-
pathen geübte Anwendung bei N e u r a l g i e , R h e u m a t i s m u s , G i c h t her.
Die Auswahl und Dosierung der Präparate hat wegen der bereits besprochenen
intensiven Giftigkeit mit großer Vorsicht zu geschehen.

Als *Antiparasiticum gegen Läuse* dienen *Acetum Sabadillae,
Sabadillessig, ein Auszug von *†Semen Sabadillae mit verdünnter Essigsäure 1 : 10
und †Unguentum Sabadillae, Laussalbe aus 1 Semen Sabadillae und 4 Vaselin.
Beide Präparate sind wegen der darin enthaltenen stark giftigen Alkaloide mit
Vorsicht und in nicht zu großer Menge zu gebrauchen, namentlich wenn die
Haut zerkratzt ist.

Präparate und Maximaldosen.

	Ph. G.		Ph. A.	
*Tubera Aconiti	0,1	(0,3)!	—	
*Tinctura Aconiti	0,5	(1,5)!	—	
*†Veratrinum (Gemenge von amorphem				
und kristallisiertem Veratrin) . . .	0,002	(0,005)!	0,005	(0,02)!

<table>
<tr><td align="center">℞</td><td></td><td align="center">℞</td><td></td></tr>
<tr><td>Veratrini</td><td align="right">0,5</td><td>Veratrini</td><td align="right">0,2</td></tr>
<tr><td>Adipis benzoati</td><td align="right">20,0</td><td>Chloroformii</td><td align="right">10,0</td></tr>
<tr><td>M. f. ung.</td><td></td><td>MDS. zur Einreibung auf die Wange</td><td></td></tr>
<tr><td>DS. morgens und abends die</td><td></td><td>bei Zahnschmerzen.</td><td></td></tr>
<tr><td>schmerzhaften Stellen kräftig ein-</td><td></td><td></td><td></td></tr>
<tr><td>zureiben.</td><td></td><td></td><td></td></tr>
</table>

Colchicin.

Colchicin, $C_{22}H_{25}O_6N$, ist das leicht zersetzliche Gift der bekannten Herbstzeitlose, C o l c h i c u m a u t u m n a l e , das *Brechdurchfall, aufsteigende motorische Paralyse* und *Lähmung des
Atmungszentrums* erzeugt.

Erstere Wirkung beruht auf seiner Eigenschaft ein *Kapillargift* zu sein, d. h. die kontraktilen Wandelemente zu lähmen, so

daß starke Erweiterung der Kapillaren, Anschoppung mit roten Blutkörperchen und Auftreten von Extravasaten die Folge ist (vgl. Arsen). Es ist wohl möglich, daß diese Wirkung nicht auf die Magen- und Darmschleimhaut beschränkt ist, sondern auch die Kapillaren anderer Organe erfaßt. Die nach kleinen Gaben von Colchicumpräparaten mehrfach beim Menschen beobachteten Gelenk- und Muskelschmerzen deuten darauf hin. Möglicherweise steht auch seine therapeutische Anwendung damit in Zusammenhang.

Anwendung findet das Mittel seit 1763 bei *Gicht* in Form der aus den *†Semina Colchici bereiteten *†Tinctura Colchici, Zeitlosentinktur 20—40 Tropfen pro dosi. Auch in verschiedenen Geheimmitteln gegen Gicht ist Colchicin das wirksame. An Stelle der unsicher dosierbaren Tinktur tritt jetzt besser das reine Colchicin in Pillen oder Tabletten à 0,001. 2—6 Stück derselben innerhalb 1—2 Stunden genommen erzielen bei guten Präparaten ziemlich sicher die Niederdrückung der schmerzhaften Anfälle. Die Anfänge von Vergiftung (Durchfälle) sind schon bei diesen Gaben häufig. Mehrere Praktiker betonen sogar, daß die Medikation bis zu dieser toxischen Grenze hochgetrieben werden müsse, um Erfolg zu haben.

Solanin.

Solanin, $C_{28}H_{47}O_{10}N$, ist das glykosidische Alkaloid der Kartoffelkeime, Solanum tuberosum; ähnliche oder identische Stoffe finden sich in den anderen einheimischen Nachtschattengewächsen, Solanum nigrum und Solanum Dulcamara, Bittersüß.

Solanin ähnelt in seinen Wirkungen den Saponinen. Es wirkt örtlich entzündungserregend und nekrotisierend und erzeugt resorptiv Blutfarbstofflösung, Lähmung des zentralen Nervensystems und Entzündung des Darmes und der Niere.

Vergiftungen nach Kartoffelgenuß sind gewöhnlich nicht durch den Solaningehalt, sondern durch Fäulnisgifte (Sepsin) verursacht.

†Extractum Dulcamarae aus den †Caules (Stipites) Dulcamarae, Bittersüßstengel von Solanum Dulcamara, wird noch zuweilen bei Bronchitis, gichtischen und rheumatischen Erkrankungen zu 0,6—2,0 gebraucht.

Achtzehntes Kapitel.

Mittel zur Lähmung oder Erregung von Nerven- endigungen.

1. Animalisches System.

Die Stoffe, welche zur Erregung sensibler Nervenendigungen gebraucht werden, sind bereits bei den Hautreizmitteln (Kap. V), und beim Aconitin-Veratrin (Kap. XVII) besprochen worden. Im Gegensatz zu ihnen stehen die lähmenden Stoffe, von welchen, neben den nur physikalisch durch Kälteanästhesie (Chlormethyl) oder Reizabhaltung (Mucilaginosa) wirkenden Mitteln zwei Hauptgruppen zu unterscheiden sind. Die erste Gruppe bilden alle das Nerven- gewebe chemisch verändernden Stoffe, also alle Ätzmittel (Kap. VII). Sie setzen eine bis zur Wiederherstellung der normalen Stoff- mischung andauernde Funktionsunterbrechung, der eine starke Er- regung (Schmerzempfindung) vorausgeht, daher man diese Gruppe als Anaesthetica dolorosa bezeichnet hat. Ihr zunächst stehen einige Alkalien, das Ammoniak, die Soda und das Kalkwasser (Kap. VII). Die zweite Hauptgruppe bilden die Stoffe, welche das Nervengewebe elektiv ohne grobchemischen Eingriff, vermutlich durch molekulare Vorgänge, erfassen. Man nennt sie Anaesthetica specifica. Der von ihnen verursachten Lähmung geht keine Erregung, wenigstens keine schmerzhafte, voraus, und die Funktionsherstellung erfolgt sofort mit der Entfernung des Mittels vom Applikationsorte. Hierher gehören Stoffe aus der Methan- und Benzolreihe, z. B. Kohlendioxyd in hoher Konzentration, Chloroform, Menthol, Eu- genol (Nelkenöl). Sie haben den Vorzug, in die unversehrte Haut einzudringen und so deren Nervenendigungen erreichen zu können. Die umfassendste Anwendung aber gestatten das Kokain und dessen Ersatzmittel. Sie sind es daher auch, welche man unter der Bezeichnung örtliche Anaesthetica schlechtweg versteht. Von ihnen soll daher auch im folgenden die Rede sein.

Stoffe, welche Lähmung oder Erregung der motorischen Nervenendigungen der quergestreiften Muskeln bewirken, haben nur geringe therapeutische Bedeutung. Sie finden sich im Artikel Kurare dieses Abschnittes erwähnt.

Kokain.

Die Blätter des Kokastrauches, Erythroxylon coca, der in seiner Heimat Peru, Bolivien, seit den ältesten Zeiten angebaut wird, dienen einem großen Teile der dortigen Bevölkerung als **Genußmittel**. Für sich oder mit verschiedenen Zusätzen gekaut, beziehungsweise im Munde ausgelaugt, erzeugen sie eine angenehme psychische Erregung, während deren Dauer unangenehme Gefühle, wie körperliche und geistige Ermüdung, Hunger und Durst, Schlafbedürfnis, seelische Verstimmung bedeutend herabgesetzt sind.

Der wirksame Bestandteil der *Folia Coca ist das Alkaloid Kokain, $C_6H_5CO.O.C_{10}H_{16}O_2N$, verwendet in Form des *†**Cocainum hydrochloricum**. Die bitter schmeckenden Kristalle geben bereits mit zwei Teilen Wasser neutrale Lösungen, welche sehr zur Verseifung neigen und daher nur in Jenenser Gläsern, welche kein Alkali abgeben, durch Kochen sterilisierbar sind.

In dieser leicht eintretenden Zersetzung und in den dabei auftretenden Spaltungsprodukten ähnelt Kokain dem Atropin. Wie das Atropin in eine aromatische Säure und die Base Tropin zerfällt, so spaltet sich das Kokain in Benzoesäure und den Methylester des Ekgonins, der sofort weiter zu Ekgonin und Methylalkohol verseift wird, Ekgonin aber ist dem Tropin nahe verwandt, es ist die Karbonsäure desselben. Aus diesen Spaltungsprodukten kann das Kokain unter Wasseraustritt wiederhergestellt werden, wie folgende Formeln, in denen die reagierenden Gruppen durch den Druck hervorgehoben sind, veranschaulichen:

$$\begin{array}{ll}
\begin{array}{ccc}
CH_2-CH & \!\!\!-\!\!\!- & CH.\textbf{COOH} \\
| & & | \\
& N.CH_3 & \overset{|}{C}H.\textbf{OH} \\
| & & | \\
CH_2-CH & \!\!\!-\!\!\!- & CH_2
\end{array}
&
\begin{array}{ccc}
CH_2-CH & \!\!\!-\!\!\!- & CH.COOCH_3 \\
| & & | \\
& N.CH_3 & CH.OCOC_6H_5 \\
| & & | \\
CH_2-CH & \!\!\!-\!\!\!- & CH_2
\end{array}
\\
\text{Ekgonin = Tropinkarbonsäure} & \text{Kokain = Benzoylekgoninmethylester}
\end{array}$$

Unter den **Wirkungen** des Kokains ist die *Lähmung der sensiblen Nerven und Nervenendigungen* die wichtigste. Sie tritt überall hervor, wo Kokain in einiger Konzentration hingebracht werden kann. Die Anästhesie beginnt an den meisten Orten nach 3 bis 5 Minuten und ist nach 15—30 Minuten, je nach dem Reichtum des Applikationsortes an Gefäßen, mit der Wegführung des Kokains durch die Resorption beendet. Während dieser Zeit sind alle Sinnesempfindungen, Gemeingefühle und Reflexe, welche von diesen Orten ausgehen, unterdrückt. Man erkennt diese Kokainwirkung am einfachsten auf der Zunge, an deren vom Kokain getroffenen Stellen ein eigentümliches stumpfes Gefühl sich einstellt.

Die motorischen Nerven werden von Kokain erst in höheren Konzentrationen gelähmt. Hierdurch unterscheiden sich Kokain und seine Ersatzmittel, von den Narcotica der Methanreihe, welche bei der lokalen Applikation auf beide Nervenarten gleich stark wirken.

Legt man *Nerven in konzentriertere Kokainlösung längere Zeit* (über
1 Stunde), so kehrt die Erregbarkeit nach dem Auswaschen mit Ringerlösung
nicht wieder, die durch das Kokain gesetzte *Veränderung* ist *irreversibel*
geworden. Im Organismus ist eine derartige Schädigung weniger zu besorgen,
weil die unsprüngliche Konzentration der Lösung durch die Verdünnung mit den
Gewebesäften und die Resorption bald abgemindert wird.

Neben der lokalen Anästhesie bemerkt man noch eine zweite
Erscheinung: *lokale Anämie*, wodurch das getroffene Gewebe
blutleer, kühl und trocken wird, auf der Cornea sogar in dem Grade,
daß Schädigung der Epithelzellen eintreten kann, wenn der Aus-
trocknung nicht durch Feuchthalten des Auges entgegengetreten
wird. Diese Anämie beruht wahrscheinlich darauf, daß das Kokain
die Anspruchsfähigkeit der Gefäßnervenendapparate für das im
Blute wohl stets in Spuren vorhandene Adrenalin erhöht. Dieser
auch als „Sensibilisierung" bezeichnete Synergismus gilt auch für die
sonstigen Sympathicus-Endigungen, so auch für den Dilatator pu-
pillae. Es erfolgt daher am Auge bei Kokain-Einträuflung neben
Anästhesie und Ischämie auch (untermaximale) Pupillenerweiterung.

Die *Resorption* des Kokains erfolgt leicht und rasch auch von
Orten, deren resorptive Tätigkeit man praktisch gewöhnlich nicht
hoch anschlägt, z. B. von der Mundschleimhaut. Da zudem die
toxische Dosis 0,05! niedrig und zur Erzeugung der Anästhesie
häufig hohe Konzentration erforderlich ist, sind *medizinale Vergiftungen* keineswegs selten. 5 Tropfen einer 20prozentigen
Lösung enthalten die Maximaldosis.

Gaben unter dieser Grenze rufen den bei den Kokakauern
bereits erwähnten *Zustand von Euphorie* hervor, wenn die Vorbedingung hierzu in Form von seelischen Verstimmungen und
unangenehmen Gemeingefühlen gegeben ist. Bei größeren Gaben
findet *Erregung* des *Atmungs- und Gefäßnervenzentrums,* der
Reflexzentren des Rückenmarkes und der *Acceleransendigungen*
statt. Die hierbei auftretenden Vergiftungserscheinungen sind in
leichteren Fällen: *rauschartige Erregung, Blässe des Gesichtes,
Schwindel, Übelkeit, Gliederzittern;* in schweren Fällen: *Betäubung, beschleunigte und vertiefte Atmung und tetanische
Krampfanfälle.* Den Schluß bildet tiefes Koma und Tod durch
Atmungslähmung. Bei rascher Resorption kann die Vergiftung
sehr rapid verlaufen. Die Vergifteten fallen sofort in Ohnmacht,
das Gesicht wird äußerst blaß, und der Tod erfolgt unter Krämpfen
in wenigen Minuten. Einatmung von Amylnitrit wird empfohlen,
hilft aber wohl nur gegen die auf der Gefäßkontraktion (Hirnanämie) basierten Symptome.

Die *Ausscheidung* geschieht nur zum kleineren Teil unverändert; der größere wird in den Geweben, unter Umständen schon am Applikationsorte zerlegt. Wird das Kokain z. B. bei Injektion einer tödlichen Dosis in eine Extremität an seiner Verbreitung im Organismus durch sofortige Umschnürung oberhalb der Injektionsstelle gehemmt, so tritt nach Lösung derselben $1/2$ bis 1 Stunde nachher keine oder nur sehr schwache Vergiftung ein.

Hervorzuheben ist die rasch eintretende *Gewöhnung*. Personen, welche das Kokain als Genußmittel für sich oder als Ersatz für Morphin gebrauchen (Kokainschnupfer, Kokainspritzer), gelangen in ihrer Kokainsucht nicht selten zu Tagesdosen von mehr als 1,0, die keine akuten Symptome, wohl aber eine *chronische Vergiftung* erzeugen, welche unter Geisteszerrüttung und Marasmus noch viel schneller das Ende herbeiführt als der habituelle Genuß des Morphins. Bei Hunden und Kaninchen tritt keine Gewöhnung, sondern eine gesteigerte Empfindlichkeit ein.

Anwendung findet das Kokain:

1. Als *terminales Anästheticum* zur Stillung bereits vorhandener Schmerzen oder zur Vornahme kleiner Operationen und Untersuchungen, welche mit Schmerzen oder störenden Reflexen verbunden sind. Sie kann überall stattfinden, *wo Nervenendigungen freiliegen oder leicht erreichbar* sind. Zunächst auf allen Schleimhäuten durch Konzentrationen, die je nach der Stärke der deckenden Epithellage verschieden groß sein müssen. Beim Auge genügen Einträufelungen 1—5 prozentiger Lösungen, im Nasenrachenraum oder Kehlkopf sind Pinselungen mit 10—20 prozentiger Lösung erforderlich. Ähnliche Konzentrationen werden für Untersuchungen und Operationen im Mastdarm, auf der Urogenitalschleimhaut usw. verwendet. Empfohlen wird Kokain auch zur Anästhesierung der Magennerven bei Gastralgien, nervösen Dyspepsien, Neigung zu Erbrechen. Die an allen diesen Orten gleichzeitig eintretende Blutleere und Abnahme von Sekretion und Schwellung ist eine wertvolle Beigabe, die auch sonst verwertet werden kann, z. B. bei Nasenkatarrh durch Aufschnupfen einer Lösung von 0,2 % in physiologischer Kochsalzlösung. Sie kann durch *Zusatz von Suprarenin* noch bedeutend verstärkt werden. Hierdurch wird auch die Dauer der Anästhesie erheblich verlängert und die namentlich bei stark hyperämischen Geweben sonst

aktuelle Gefahr einer Vergiftung infolge rascher Resorption verringert. Ähnliche Dienste leistet die Esmarchsche Blutleere.

Im Gegensatz zu den Schleimhäuten ist die unversehrte äußere Haut für Kokain nicht durchdringbar, während nach Verbrennungen Kokainsalben oft Linderung verschaffen. Diese Undurchlässigkeit der normalen Epidermis läßt sich umgehen durch die *intrakutane Infiltrationsanästhesie* nach Schleich. Man spritzt durch die ganz flach eingestochene Hohlnadel einige Tropfen Lösung in die Haut, bis eine etwa fünfpfenniggroße prominente Quaddel entstanden ist, wiederholt die Injektion am Rande der Quaddel, also noch in dem unempfindlich gewordenen Gebiete, so daß eine neue Quaddel entsteht, und so weiter in der Richtung des beabsichtigten Schnittes. Da bei dieser Applikationsart die Kokainlösung unmittelbar an die Nervenendigungen herangeführt wird, so erfolgt die Anästhesie sehr rasch, und genügen schon ganz geringe Konzentrationen (0,1 %), und da außerdem beim Schnitte ein guter Teil der Lösung wieder herausfließt, also der Resorption entgeht, kann man von ihr sehr ausgedehnten Gebrauch machen und selbst Operationen großen Umfangs schmerzlos gestalten.

Bei Verwendung von destilliertem Wasser zur Herstellung solcher Lösungen werden die Nervenendigungen auch durch die gleichzeitig eintretende Quellung unempfindlich, da erst 5,8 prozentige Lösungen von Kokainchlorid isotonisch sind. Da die Quellung aber das ganze Gewebe ergreift und die dadurch erzeugte Schädigung die Wundheilung verzögert, muß man auf diese Unterstützung der Kokainwirkung verzichten und physiologische Kochsalzlösung als Vehikel verwenden.

Derartige Gemenge von Kokain und Kochsalz mit oder ohne Adrenalin sind unter dem Namen Sal anaestheticum in Pastillenform käuflich.

2. Außer zur Lähmung der Nervenendigungen kann das Kokain auch zur Lähmung von Nervenfasern als *regionäres Anaestheticum* verwendet werden, da es die Nervenscheiden bis zu den Achsenzylindern zu durchdringen vermag. Subkutane, resp. submucöse Injektionen 1—2 prozentiger Lösung in der Nähe des Nerven schaffen eine wegen seiner Gefäßarmut länger anhaltende Analgesie des von ihm versorgten Bezirkes, so daß kleinere Operationen, z. B. Fingeramputationen, Zahnextraktionen, schmerzlos durchgeführt werden können. Wenn nach solchen Injektionen sofort operiert wird, pflegt auch Überschreitung der Maximaldosis selten Vergiftung nach sich zu ziehen, weil durch die Blutung das meiste vor der Resorption herausgeschwemmt wird. Die aus-

gedehnteste Leitungsanästhesie bewirkt die **paravertebrale** oder die **subarachnoidale Injektion** in den Lumbalsack des Rückenmarks, welche eine Unempfindlichkeit der unteren Körperhälfte einschließlich der Beckenorgane von über eine Stunde Dauer erzeugt. Die motorischen Wurzeln erliegen der Lähmung weniger leicht, daher die Motilität häufig erhalten bleibt. Aus diesem Grunde kommt es auch bei höher steigender Lähmung nicht so leicht zur todbringenden Ausschaltung der Atmungsnerven.

Durch die Beobachtung, daß *durch anhaltende Anästhesierung des Entzündungsherdes* das *Anfangsstadium einer Entzündung* (Erweiterung und abnorme Durchlässigkeit der Gefäße) *unterdrückt* oder eine schon *bestehende Entzündung rasch der Heilung entgegengeführt* werde, ist der Anwendung der Lokalanästhetica ein neues Feld eröffnet (Spieß).

Über die Verwendung der resorptiven Wirkung des Kokains als *zentrales Excitans in Schwächezuständen*, z. B. bei auf dem Marsche zusammengebrochenen Soldaten und (nach Tierversuchen) bei Chloral- und Morphinvergiftung wird Günstiges berichtet, so daß weitere Versuche wünschenswert sind. Wegen der großen individuellen Empfindlichkeit ist die Dosierung sehr unsicher, die oben aufgestellte Grenze von 0,05 ist nur als Anhaltspunkt im allgemeinen zu betrachten.

Kokaweine, d. h. Auszüge aus 50—100 g Kokablättern mit 1000 g Süßwein, werden neuerdings vielfach als Stärkungsmittel für Touristen usw. von der pharmazeutischen Industrie annonciert.

Maximaldosis.

	Ph.	G.	Ph.	A.
Cocaïnum hydrochloricum	0,05	(0,15)!	0,1	(0,3)!

Rezept-Beispiele.

℞		℞	
Cocaini hydrochlorici	0,2	Cocaini hydrochlorici	0,1
Aquae	1,0	Aquae	5,0
MD. ad vitrum opacum.		MD. ad vitrum opacum.	
S. äußerlich zum Einpinseln.		S. zur subkutanen Injektion.	
[Nicht mehr als 5 Tropfen auf einmal zu verwenden.]		[½—1 Pravazsche Spritze.]	

℞

Cocaini hydrochlorici	0,3
Lanolini	
Ol. Olivar.	ana 3,0
M. f. ung.	
D. ad ollam opac. opt. claus.	
S. zu schmerzstillenden Einreibungen.	

Ersatzmittel des Kokains.

***Tropacocainum hydrochloricum,** Hydrochlorid des Pseudotropin-Benzoesäureesters, $C_6H_5CO . O . C_8H_{14}N . HCl$, in Wasser leicht lösliche Kristalle aus den javanischen Kokablättern. Es *anästhesiert wie Kokain*, jedoch *nicht so anhaltend*, weil ihm die *anämisierende Wirkung fehlt*. Selbe kann auch nicht durch Adrenalinzusatz bewirkt werden, daher es für gefäßarme Applikationsorte (Nervenstämme) sich besser eignet als für gefäßreiche. Vorteilhaft ist seine *geringere Giftigkeit*, die ungefähr halb so groß ist, wie die des Kokains.

Die Erkenntnis, daß das Kokain und das Tropakokain Ester der Benzoesäure sind und ihre Wirkung an diese Eigenschaft gebunden ist, führte zur Entdeckung, daß auch andere, synthetisch gewonnene Ester der Benzoesäure lokalanästhesierende Wirkung besitzen. Die ersten Körper, welche zur Einführung gelangten, waren Orthoform alt und neu, p- und m-Aminooxybenzoesäure-Methylester (Einhorn-Heinz) und ***Anästhesin,** p-Aminobenzoesäure-Äthylester, $NH_2C_6H_4CO . O . C_2H_5$. Sie sind wegen ihrer geringen Löslichkeit *nur in Substanz verwendbar*, als Pulver oder 10 prozentige Salbe, um *bloßliegende Nervenendigungen* bei Wunden, kariösen Zähnen, Magen- und Darmgeschwüren und Exkoriationen in einen sehr *anhaltenden Zustand von Anästhesie* zu versetzen.

Leichter lösliche, zu Pinselungen und *Injektionen brauchbare Körper* erhielt man, als zur Veresterung der Benzoesäure oder Aminobenzoesäure statt des neutralen Methyl- oder Äthylalkohols basische, mit Säuren zu löslichen Salzen verbindbare Alkohole genommen wurden. Dabei zeigte sich, daß sowohl Alkohole, in denen der Stickstoff ringförmig mit den Kohlenstoffatomen verbunden ist, verwendbar sind, als auch Alkohole, in denen der Stickstoff als NH_2-Gruppe enthalten ist (Aminoalkohole). Zu den ersteren gehört das ***Eukain B,** Hydrochlorid des Benzoyl-Trimethyloxypiperidins, $C_6H_5CO . O(CH_3)_3C_5H_7N . HCl$ (2—5 prozentige Lösung), zu den letzteren das ***Novokain,** Hydrochlorid des Aminobenzoyl-Diäthylaminoäthanol, $NH_2C_6H_4CO . O . C_2H_4N(C_2H_5)_2 . HCl$. Es wirkt, weil leicht diffusibel, etwas schwach, namentlich bei der terminalen Anästhesie der Schleimhäute, auch wenn es mit Suprarenin kombiniert, in konzentrierten 5—10 prozentigen Lösungen verwendet wird. Kokain ist hier vorzuziehen, 1—2 prozentige für Leitungsanästhesie und 1 prozentige für Infiltrationsanästhesie sind dagegen völlig ausreichend. Seine Giftigkeit ist zwar nur ca. $^{1}/_{10}$ der des Kokains, bei subkutaner und intravenöser Injektion aber zu beachten. Weitere Mittel dieser Art sind das etwas sauer reagierende *Stovain, Benzoyl-Äthyldimethylaminopropanolhydrochlorid, und das Alypin, Benzoyl - Tetramethyldiaminopropanolhydrochlorid.

Allen diesen Ersatzmitteln gemeinsam ist, daß sie nicht so leicht spaltbar sind, daher *Sterilisierung ertragen* und *weniger giftig* sind als das Kokain. Mit *Suprarenin kombinierbar* ist *nur das Novokain* und das ziemlich giftige Alypin, die anderen wirken mehr oder weniger gefäßerweiternd und infolge ihrer Affinität zu den Eiweißstoffen gewebeschädigend: Gangrän nach Orthoform, bleibende Nervenlähmung nach Stovain usw.

Verstärkung der Kokain- und Novokainwirkung 1. durch Zusatz von Natriumbikarbonat nach Gros, wodurch die Chloride dieser Basen in die Karbonate sich umsetzen und zum größten Teil zu freier Base und Säure hydrolysieren, weil die Kohlensäure eine schwache Säure ist. Die freien Basen aber sind wirksamer, weil sie lipoidlöslich sind und dadurch ihr leichteres Eindringen in die Zelle nach den auf S. 7 besprochenen Möglichkeiten gewährleistet ist. 2. durch Zusatz von Kaliumsulfat nach Hoffmann-Kochmann. Kaliumionen in noch nicht leitungslähmender Konzentration erhöhen die Kokain- oder Novokainwirkung um das Mehrfache.

Beispiele solcher Verordnungen sind:

℞		℞	
Novocaini hydrochlorici	1,0—2,0	Novocaini hydrochlor.	
Natrii bicarbonici	1,2	Kalii sulfurici	$\overline{aa}$ 0,5
Aq. ad	100,0	Natrii chlorati	0,9
		Aquae ad	100,0
MDS. zum Einpinseln.		MDS. zum Einpinseln.	

Kurare.

Kurare ist das bekannte Pfeilgift der Eingeborenen des Orinoko- und des Amazonengebietes. Es wird aus Strychnosarten dargestellt und kommt als eine braune harzartige Masse in den Handel. Der wirksame Stoff ist das Alkaloid Curarin, das mit HCl ein amorphes, in Wasser leicht lösliches Salz bildet. Seine Hauptwirkung besteht in der *Lähmung der motorischen Nervenendapparate* der quergestreiften Muskulatur, inklusive der Atmungsmuskeln. Dosis letalis minima ist 0,00034 pro Kilogr. Kaninchen. Die Lähmung kommt nur bei intravenöser und subkutaner Applikation zustande, nicht bei Aufnahme vom Magendarmkanal aus, weil diese letztere so langsam geschieht, daß die Ausscheidung durch die Niere damit Schritt halten kann, eine Anhäufung zu toxischer Höhe also nicht erfolgt. Direkte Applikation sehr verdünnter Lösung auf das bloßgelegte Rückenmark von Fröschen erzeugt tetanische Krämpfe, wodurch die nahe Verwandtschaft mit Strychnin dargelegt wird.

Antagonisten sind Guanidin, Physostigmin und Coffein. Die zwei ersteren wirken erregend resp. erregbarkeitssteigernd auf die Nervenendigungen, das letztere auf die Muskeln.

Therapeutische Anwendung fand Kurare in einzelnen Fällen von Tetanus und Lyssa. Bei sehr vorsichtiger Dosierung bleiben die Phrenicusenden ungelähmt und somit die Atmung erhalten, andernfalls muß künstliche Atmung eintreten. Da das Mittel lediglich ein Symptomaticum ist, hat es keinerlei Vorzug vor den gewöhnlichen bei diesen Erkrankungen angewandten zentralen Narcotica: Äther oder Chloroform.

Ammoniumbasen haben häufig *curarinartige Wirkung*, z. B. Tetramethylammoniumhydroxyd. Den *Vergiftungen mit Seetieren* (Miesmuscheln, Austern) liegen bisweilen solche Giftstoffe zugrunde. Auch das Fugugift des Eierstockes von Tetrodon, einer japanischen Fischgattung, gehört hierher.

2. Vegetatives System.

a) Parasympathisches (autonomes) System.

Unter der Bezeichnung *parasympathisches Nervensystem* (autonomes Nervensystem) kann man mit Langley jenen Teil der vegetativen Nerven zusammenfassen, welcher nicht dem Sympathicus zugehört, sondern selbständig teils aus dem Mittelhirn und Bulbus (Oculomotorius, Chorda, Vagus), teils aus dem Sakralteil des Rückenmarks (N. pelvicus) entspringt und vom Sympathicus durch eigenartige pharmakologische Reaktionen differenziert ist. Während nämlich die Endapparate des Sympathicus durch Adrenalin erregt werden, geschieht dies bei den parasympathischen Nerven durch die Alkaloide der Pilocarpin-Physostigmingruppe, zu der wieder die Tropeïne (Gruppe des Atropins) im Wirkungsgegensatze stehen. Nikotin endlich wirkt auf das gesamte vegetative System, und zwar auf die Ganglien, welche im Verlaufe der sympathischen und parasympathischen Fasern eingeschaltet sind. Die meisten Organe werden von beiden Systemen versorgt und erhalten dadurch eine doppelte, im entgegengesetzten Sinne, wie Peitsche und Zügel tätige, die Funktion im Gleichgewicht haltende Innervation. Am Herzen z. B. ist der Sympathicus (Accelerans) der fördernde, der Vagus der hemmende Nerv; am Darm und Bronchialsystem umgekehrt ersterer der hemmende, letzterer der fördernde.

Tropeïne.

(Atropin, Hyoscyamin, Scopolamin, Homatropin.)

Die drei ersten Alkaloide sind in vier einheimischen, zur Familie der Nachtschattengewächse gehörigen Giftpflanzen enthalten. Es sind die **Tollkirsche, Atropa Belladonna,** in Wäldern und Waldschlägen, das **Bilsenkraut, Hyoscyamus niger,** der **Stechapfel, Datura Stramonium,** an Wegrändern und Schuttplätzen, und das **Glockenbilsenkraut, Scopolia atropoides,** Osteuropa (volkstümliches psychisches Erregungsmittel und Aphrodisiacum).

Hierher gehört auch die an den Küsten des Mittelmeeres heimische Atropa Mandragora, Alraun, welche schon den Alten als Aphrodisiacum und Narcoticum bekannt war und als Zaubermittel im Mittelalter hoch in Ansehen stand.

Alle diese Alkaloide sind einander nahe verwandt. Es sind **esterartige Verbindungen,** welche in ihren Lösungen analog dem Kokain sich leicht spalten in Tropasäure (Phenylhydrakrylsäure) und in die Base Tropin oder Scopolin, z. B.

$$C_{17}H_{23}NO_3 + H_2O . = C_8H_{15}NO + C_9H_{10}O_3$$
Atropin   Tropin   Tropasäure.

Durch den umgekehrten Vorgang (Wasserentziehung) läßt sich das Atropin aus seinen Komponenten wiederherstellen. Ersetzt man hierbei die Tropasäure durch andere aromatische Säuren, so erhält man neue atropinähnliche Alkaloide (künstliche Tropeïne), z. B. aus Mandelsäure (Phenylglykolsäure) und Tropin das **Homatropin.**

Da die Tropasäure ein unsymmetrisches C-Atom enthält, gibt es von jedem ihrer Tropeïne **drei stereoisomere Modifikationen,** eine links- und eine rechtsdrehende Form und eine optisch inaktive (razemische) Form. Die linksdrehende Modifikation ist in den meisten Fällen pharmakologisch wirksamer als die rechtsdrehende. Das offizinelle Atropin z. B. ist optisch inaktiv (i-Atropin), weil es ein Gemenge von gleichen Teilen des schwach wirkenden rechtsdrehenden und des stark wirkenden linksdrehenden Atropins (d-Atropin und l-Atropin) ist. Es ist daher annähernd nur halb so wirksam wie das l-Atropin. In den obengenannten frischen Pflanzen, z. T. auch noch in deren Extrakten, findet sich im wesentlichen nur l-Atropin, es führt den Namen Hyoscyamin. Bei der Aufbewahrung der Droge und bei deren Verarbeitung zu Alkaloid geht es in das i-Atropin über. Das offizielle Scopolamin ist l-Scopolamin und bedeutend wirksamer als das d-Scopolamin. Ebenso verhält es sich mit dem offizinellen linksdrehenden stark wirkenden Suprarenin (l-Adrenalin) gegenüber dem rechtsdrehenden Suprarenin (d-Adrenalin).

Offizinell sind ***†Atropinum sulfuricum, *†Scopolaminum hydrobromicum** und ***Homatropinum hydrobromicum;** von Präparaten werden noch häufig gebraucht ***†Extractum Belladonnae** aus ***†**Folia Belladonnae und ***†Extractum Hyoscyami** aus ***†**Folia Hyoscyami, beides Extrakte dicker Konsistenz.

Wirkung. Die nahe chemische Verwandtschaft dieser Alkaloide bedingt auch ihre engen pharmakologischen Beziehungen. Das Atropin kann als Repräsentant aller angesehen werden und ist daher der folgenden Darstellung zugrunde gelegt. Die übrigen werden nur erwähnt, wo wichtige Abweichungen es nötig machen.

Zunächst tritt hervor die *Hemmung aller Sekretionen.* Die Schweiß- und Speichelabsonderung versiegt schon bei 0,0005, etwas später folgen die Verdauungsdrüsen und sämtliche Schleimdrüsen. Auch die Milchabsonderung und die Harnsekretion ist eingeschränkt. Diese Wirkungen machen sich besonders bei Vergiftungen fühlbar durch Trockenheit im Munde, Schlunde, Nase und Kehlkopf, welche zu Behinderung, ja selbst Aufhebung des Schling- und Sprechvermögens führen, sowie durch die trockene und scharlachartig gerötete Haut. Der Beweis, daß es sich bei diesen Sekretionshemmungen um Lähmung der Nervenendigungen handelt, kann am leichtesten an der Unterkieferspeicheldrüse geführt werden, wo Atropin die Reizung der Chorda erfolglos macht, während die Drüse selbst sich noch erregbar zeigt.

Mit genannten Dosen beginnend, aber meist erst bei etwas größeren, 0,001—0,002, voll ausgebildet ist eine zweite Erscheinung, die *Lähmung der glatten Muskulatur aller Organe,* soweit deren fördernde Nerven dem autonomen System zugehören, so namentlich des Auges, des Verdauungsstraktus, der Bronchien, des Uterus und der Harnblase. Nach Versuchen am atropinisierten Auge, dessen Iris auf direkte elektrische Reizung noch gut anspricht, auf Reizung des Oculomotorius aber nicht mehr, ist die Wirkung nicht auf das „Erfolgsorgan", d. h. in diesem Falle die Muskelzellen selbst, sondern wie bei den Drüsen auf die Nervenendigungen gerichtet. Ähnlich verhält es sich bei den meisten anderen Organen. Sehr verwickelt und noch nicht in allen Stücken klargelegt ist die *Wirkung auf den Darm.* Ziemlich sichergestellt, und auf den Menschen übertragbar dürfte folgendes sein: Die Endigungen des Vagus, dessen Erregung die intensiven peristaltischen Wellen und Darmkrämpfe verursacht, werden gelähmt; auf das selbständige Zentralorgan des Darmes, das die normale Peristaltik vermittelt, den Plexus myentericus wirken kleine Dosen erregend und regularisierend, sehr hohe, für den Menschen wohl nicht mehr in Betracht kommende, lähmend. Bei Vergiftungen ist eine mehr oder weniger stark hervortretende Darmträgheit die Regel.

Lähmung der Vagusendigungen im Herzen, nach rasch vorübergehender, vielleicht zentraler Erregung ist die dritte, bei ungefähr 0,002 auftretende Wirkung. Reizung des Vagus am Halse vermag jetzt keinen Herzstillstand mehr hervorzurufen. Der beim Menschen bestehende natürliche Vagustonus wird ebenfalls aufgehoben. *Ansteigen der Pulsfrequenz* bis auf das Doppelte ist die regelmäßige Folge. Größere Dosen führen zu Herzlähmung.

In den *Wirkungen auf das zentrale Nervensystem* weichen die einzelnen Alkaloide voneinander ab. *Atropin erzeugt* zunächst in Dosen über 0,002 einen viele Stunden andauernden *Zustand von psychomotorischer Erregung und Geistesverwirrung,* der sich in mannigfacher Weise in Halluzinationen, Bewegungstrieb, lautem sinnlosen Schwätzen, Tobsucht äußert und der Stammpflanze auch den Namen Tollkirsche eingetragen hat. Erst hierauf folgt in größeren Gaben ein komatöser Zustand. *Scolopamin* hingegen bewirkt schon in kleinen Dosen nach einem kurzen, nicht immer deutlichen Rauschstadium *verminderte Erregbarkeit und Narkose.* Im Gegensatz zu den Narcotica der Fettreihe werden von den Tropeïnen die motorischen Hirnzentren zuerst ergriffen.

Ob die anfängliche Beschleunigung der Atmung und die Erhöhung des Blutdrucks durch Atropin auf Erregung des verlängerten Marks (Atmungs- und Gefäßzentrum) beruhen oder bloß Folge der Lähmung der Vagusendigungen in Lunge und Herz sind, entzieht sich noch der sicheren Beurteilung.

Die **akute Atropinvergiftung** ist durch die scharlachgerötete, heiße, trockene Haut, die weiten Pupillen in den trocken glänzenden Augen, die Trockenheit im Schlunde und Kehlkopf, die Verstopfung, die cerebralen Erregungssymptome und den fliegenden Atem und Puls wohl charakterisiert. Ihre Behandlung besteht neben den bekannten Evakuationsmaßnahmen im Geben von Morphin im Erregungsstadium und von Excitantia (Koffeïn, Kampfer) im komatösen. Die mittlere tödliche Dosis für das i-Atropin ist 0,1, im Vergleich zur toxischen Dosis also relativ hoch. Infolgedessen erscheint eine Überschreitung der Maximaldosis bei seiner therapeutischen Anwendung bis gegen 0,005 ohne Lebensgefahr für den Kranken im allgemeinen zulässig. Gefährlicher sind die Vergiftungen mit der frischen Pflanze (Tollkirsche), denn diese enthält das Atropin in der doppelt so wirksamen linksdrehenden Modifikation.

Chronische Vergiftung infolge zu langen medizinischen Gebrauches von Atropin und verwandten Alkaloiden äußern sich in Appetitlosigkeit und Abmagerung, vielleicht infolge Hemmung der Sekretionen.

Wurstvergiftung, Botulismus, kommt durch die Ansiedelung des anäroben Bacillus botulinus im Inneren voluminöser Würste, von Schinken, Gemüsekonserven zustande. Sie ist eine reine Intoxikation, keine Infektion, da der Bacillus bei Körpertemperatur nicht mehr gedeiht. Das Gift ist nach seiner Zerstörbarkeit unter Siedetemperatur und seiner Fähigkeit, ein Antitoxin zu bilden,

als ein Toxin anzusprechen; die Tatsache, daß es vom Darme aus resorbiert wird
entgegen der schweren Resorbierbarkeit anderer Toxine, kann vielleicht durch den
Umstand bedingt sein, daß es das Darmepithel vorher verändert und durchlässig
macht. Das Gift hat in einigen Wirkungen (Hemmung der Sekretionen, Lähmung
der glatten Muskeln des Auges und des Darmes) Ähnlichkeit mit Atropin, unterscheidet sich aber durch das Fehlen der cerebralen Symptome und das Hinzutreten von Lähmung äußerer Augenmuskeln (Ptosis, Doppelsehen) und Lähmung
des Schluckapparates. Die Angriffsorte sind wahrscheinlich die Zentralapparate
des parasympathischen Nervensystems.

Die *Ausscheidung* des Atropins erfolgt wenigstens zum Teil
unverändert durch den Harn; es kann in diesem chemisch und
physiologisch nachgewiesen werden.

Anwendung. Die vielseitigen Wirkungen der Alkaloide der Atro-
pingruppe, insbesondere jene auf die parasympathisch innervierten
Apparate, lassen die Aufstellung zahlreicher Indikationen zu, doch
gelingt es nicht immer, die Wirkung auf das jeweils gewünschte
Organ zu beschränken. Am leichtesten ist dies an jenen Gebilden
zu erreichen, welche örtlicher Behandlung zugänglich sind, ganz
besonders am Auge. Die Organe hingegen, welchen das Mittel
durch die Blutzirkulation zugeführt werden muß, können zumeist
nur unter Inkaufnahme allgemeiner Intoxikation ausgiebig beeinflußt werden. Leichtere Grade derselben sind indes unbedenklich, da es eine *charakteristische Eigenschaft der Tropeïne*
ist, daß die toxische Breite sehr groß ist, indem *die giftige und
die tödliche Dosis sehr weit auseinanderliegen.* Die hauptsächlich-
sten Anwendungen lassen sich in folgendes Schema· bringen:

1. Von der Wirkung auf die Sekretionen wird am häufigsten
die *Hemmung der Schweißabsonderung* verwertet, weil hierzu die
kleinsten Dosen ausreichen, 0,0005—0,001 in Pillen oder 0,0001
bis 0,0005 subkutan. Die lästigen und Erkältung veranlassenden
Nachtschweiße der Phthisiker z. B. können dadurch beseitigt werden, bei fortgesetztem Gebrauche allerdings selten nachhaltig genug. Die gleichzeitig eintretende Hemmung der Speichel-
sekretion mit ihrer Folgeerscheinung, der Trockenheit im Halse,
ist eine Beigabe, welche häufig die Zuflucht zu anderen allgemein
oder lokal wirkenden Mitteln (Agaricin, Formaldehyd, Kap. XIV,
Anthydrotica) veranlaßt.

Die *Unterdrückung anderer Sekretionen,* namentlich jener
des Magens bei Hyperchlorhydrie und Ulcus, wird durch Extr.
Belladonnae 0,3, Natrii bicarbonici, Bismuti subnitrici āā 10,0 M.

f. pulvis, D. 3×tägl. 1 Messerspitze voll, oder Lösung von Eumydrin (Methylatropinnitrat) 0.1 : 20,0 Wasser, 10—20 Tropfen 2 × tägl. erreicht. Auf Hemmung der Magensalzsäuresekretion beruht wohl auch die Zunahme der Acidität des Harns, wovon bei Phosphaturie Gebrauch gemacht wird. Auch gegen die übermäßige Absonderung der Bronchien bei Bronchialkatarrhen und der Milchdrüse bei drohender Mastitis ist Darreichung von Extr. Belladonnae oder von Atropin eines Versuches wert.

2. *Lähmung glatter Muskulatur.*

a) *Erweiterung der Pupille und Aufhebung der Akkommodation*, wobei sekundär, durch Behinderung des Kammerwasserabflusses eine leichte *Zunahme des intraokulären Druckes* erfolgt, wird schon durch Spuren dieser Stoffe herbeigeführt, wenn sie auf die Bindehaut eines Auges gebracht werden; die Wirkung bleibt unter diesen Umständen auf dieses Auge beschränkt. Die erweiterte Pupille läßt das Auge dunkler und ausdrucksvoller erscheinen. Diese Erfahrung findet am Toilettentisch schon seit mehreren Jahrhunderten Verwendung und war auch die Veranlassung, der Pflanze den Namen Belladonna zu geben. Bezüglich Dauer und Umfang der Wirkung sind *zwei Gruppen von Mydriatica* zu unterscheiden: die Wirkung des Atropins erreicht nach ½ Stunde ihre Höhe, hält sich auf ihr 2—3 Tage und ist nach 7—10 Tagen verschwunden. Ähnlich ist es mit Scopolamin und Hyoscyamin. Von viel kürzerer Dauer, wenige Stunden bis gegen einen Tag, und bei schwacher Konzentration hauptsächlich auf die Pupille beschränkt ist die Wirkung des Homatropins und des zentral wenig giftigen, durch Umwandlung der tertiären Base Atropin in eine quaternäre erhaltenen Atropinmethylnitrats, genannt Eumydrin. *Die Gruppe von langer Wirkungsdauer* (Atropin) ist hauptsächlich geeignet *zu therapeutischen Zwecken*: zur Entspannung der Iris bei Iritis, wenn der Pupillarrand nicht vollständig an die vordere Linsenkapsel angewachsen ist; bei Hornhautgeschwüren. um Vorfall und Einklemmung der Iris zu verhindern; zur Lösung von Verklebungen des Irisrandes eventuell abwechselnd mit Physostigmin. *Die Gruppe von kurzer Wirkungsdauer* (Homatropin, Eumydrin) ist *zu diagnostischen (ophthalmoskopischen) Zwecken* zu bevorzugen. Bei Neigung zu Drucksteigerung ist bei allen diesen Mitteln, besonders beim Atropin, *Vorsicht geboten,* sie können einen typischen *Glaukomanfall* auslösen.

Die gewöhnliche *Verordnungsform* dieser Mittel ist die Einträufelung wässeriger Lösung (z. B. Atropin 0,005:5,0, Homatropin 0,05:5,0), auch Gelatineplättchen und Salben sind gebräuchlich. Auf reine Präparate und frische bzw. in Jenenser Gläsern sterilisierte und aufbewahrte Lösungen ist sehr zu achten wegen der leichten Zersetzlichkeit; nicht minder auch auf den leichten Eintritt von Vergiftung, da die Mittel aus dem Auge in den Kreislauf gelangen und auch bei verdünnten Lösungen die Maximaldosis bald erreicht ist.

Bei gleichzeitiger Verordnung von Atropin mit Adrenalin ist besondere Vorsicht geboten, indem der Tränenkanal infolge Zusammenziehung seiner Gefäße durch letzteres tür das Atropin leichter passierbar wird.

b) *Beseitigung krampfhafter Strikturen und Rigiditäten an Urethra, Anus* (Harn- und Stuhlzwang), auch *Muttermund* durch örtliche Behandlung mit *Suppositorien und Salben*. Die herkömmliche Verwendung von Extractum Belladonnae oder Extractum Hyoscyami ist wohl in der Verzögerung der Resorption begründet, welche die Alkaloide durch die anwesenden Kolloide erfahren.

Lähmung sensibler Nervenendigungen wird dabei klinischerseits vielfach angenommen und ist bei der chemischen Verwandtschaft der Tropeïne mit dem Kokain nicht unwahrscheinlich, jedoch experimentell nicht festgestellt. Die noch heute beliebten *Einreibungen der Haut* mit dem durch Ausziehen des Bilsenkrautes mit Weingeist und Olivenöl oder Arachisöl hergestellten, bräunlich-grünen *†**Oleum Hyoscyami** (foliorum coctum), Bilsenkrautöl, sind schwerlich von Wirkung, wenn nicht, wie es gewöhnlich geschieht, andere flüchtige schmerzstillende Mittel zugesetzt werden, z. B. Chloroform. Bei dieser Verordnungsweise wirkt das Chloroform erstens selbst als lokales Anaestheticum und zweitens auch durch den Umstand, daß es als fettlösender Körper das Eindringen des Alkaloides in die Haut vermittelt.

c) *Krämpfe der Magenmuskulatur*, soweit sie vom Vagus innerviert wird: *Fundus* und „*Sphinkter antri pylori*", werden unter gewissen noch nicht völlig erkannten Bedingungen durch Atropin, 0,0005 (ca. 10 Tropfen der 1promilligen wässerigen Lösung), 3 mal täglich, aufgehoben. Der guten Dienste des Atropins zur Verhütung des nach Morphin häufig drohenden Erbrechens wurde bereits bei der Besprechung der Nebenwirkungen des Morphins gedacht. Die Erkenntnis, daß die Seekrankheit auf einer Erregung des Vagus im Magen und in anderen Organen beruht, hat dazu geführt, Atropin auch bei dieser Störung anzuwenden.

d) *Hebung hartnäckiger Verstopfungen* gelingt zunächst nach klinischen Erfahrungen nicht selten durch Dosen von Extr. Belladonnae 0,02 oder Atropin 0,0005 in jenen Fällen, wo eine *Atonie* infolge ungenügender Funktion des die normale Peristaltik besorgenden Auerbachschen Systems vorliegt. Sie scheinen den Plexus direkt anzuregen und dadurch oft mehr zu leisten als die nur indirekt (reflektorisch) wirkenden Abführmittel.

Etwas größere Dosen lähmen die Endigungen des Nervus vagus und pelvicus und vermögen daher auch Verstopfungen, die auf *Darmspasmus* nervösen oder toxischen Ursprungs (Bleikolik) beruhen, zu heben. Auch bei völligem Darmverschluß (Ileus) anatomisch-mechanischer Ursache gelingt es bisweilen, durch hohe Dosen von Atropin (0,002—0,004 subkutan) ein Ingangkommen des gestauten Darminhaltes zu erzielen, indes nur vorübergehend, so daß es ratsam ist, in solchen Fällen den richtigen Zeitpunkt der lebensrettenden Operation durch medikamentöse Versuche nicht zu versäumen.

e) *Kontraktion der Gallenblase und Gallengänge* bei *Gallensteinkolik* sind ebenfalls der Behandlung zugänglich. Suppositorien von Extr. Belladonnae 0,04.

Die *Sistierung der Bewegungen von Uterus, Prostata und Samenleiter* kann zur Verhütung der Ausbreitung von Gonorrhoe auf diese Kanäle benützt werden.

f) *Krampfartige Kontraktionszustände der Bronchien* bei Asthma sucht man zunächst durch örtliche Behandlung zu beseitigen, durch *vorsichtige Einatmung des Rauches von Stramoniumblättern* in Form von Zigaretten und Asthmapulver oder *Einatmung von zerstäubten Lösungen*.

Unter den letzteren ist das Tuckersche Geheimmittel das wirksamste; der von Einhorn vorgeschlagene Ersatz, ℞ Atropinnitrit 0,6, Cocainnitrit 1,0, Glycerin 32,0, Aqua ad 100,0 ist nicht immer ausreichend.

g) Als *Sedativum* und *Narcoticum*. Hierzu eignet sich das Scopolamin, weil es nicht wie Atropin zunächst aufregend, sondern in der Mehrzahl der Fälle von Anfang an depressorisch wirkt. Hierbei werden die motorischen Centra zuerst ergriffen (Aufhören der motorischen Unruhe), dann erst folgen die sensoriellen und intellektuellen Centra (Eintritt der Bewußtlosigkeit). Als *Beruhigungs- und Schlafmittel bei Geisteskranken* wird es, solange nicht Gewöhnung eingetreten, mit Nutzen verwendet.

Besonders vorteilhaft erwies sich bei mehreren Anwendungen die Kombination mit Morphin oder Pantopon, wodurch einerseits eine Verstärkung der beruhigenden Wirkung, andererseits eine gewisse Kompensation der Nebenerscheinungen erzielt wird. Subkutane Injektion von 0,0003—0,0005 Scopolamin + 0,005—0,015 Morphin wird darum gegenwärtig viel angewandt bei gewissen *Psychosen* im Erregungsstadium und bei *Morphinentziehungskuren*; desgleichen zur *Einleitung einer Inhalationsnarkose*, indem volle Toleranz in Konzentrationen des Anaestheticums eintritt, die ohne Vorbehandlung unzureichend wären, sowie zur *Erzeugung von Halbnarkose* (sog. Dämmerschlaf) *bei schweren Geburten*. Eine hemmende Beeinflussung des Uterus ist nicht zu befürchten, da die Wirkung des Scopolamins auf dieses Organ nur gering ist. Dagegen ist zu beachten, daß das Mittel in den Fötus übergeht und bei lange dauernden Narkosen ihm gefährlich werden kann.

Es empfiehlt sich, nur frisch bereitete Lösungen zu verwenden, da selbst in Ampullen eingeschmolzene Lösungen mit der Zeit eine Einschränkung ihrer Wirkung zu erfahren scheinen. Zusatz von Mannit wirkt dem entgegen.

3. Bei *akuter Morphinvergiftung* ist eine subkutane Injektion von Atropin 0,0015, eventuell wiederholt, zur Anregung der Atmung immerhin des Versuches wert, nach den klinischen Erfahrungen, welche namentlich in China damit gemacht wurden.

Die von einigen Ärzten angenommene *Milderung von Reizzuständen* (Husten) und *Stillung* von *Blutungen in der Lunge* bei Phthisikern durch Atropin könnte mit der Lähmung der Endigungen centripetaler Vagusfasern zusammenhängen.

Maximaldosen.

	Ph. G.		Ph. A.	
*†Atropinum sulfuricum . .	0,001	(0,003)!	0,001	(0,003)!
*Homatropinum hydrobromicum	0,001	(0,003)!	—	—
*Scopolaminum hydrobromicum	0,0005	(0,0015)!	—	—
*†Extractum Belladonnae . . .	0,05	(0,15)!	0,05	(0,2)!
*†Extractum Hyoscyami . . .	0,1	(0,3)!	0,1	(0,5)!
*†Folia Belladonnae	0,2	(0,6)!	0,2	(0,6)!
†Radix Belladonnae	—	—	0,1	(0,5)!
*†Folia Hyoscyami	0,4	(1,2)!	0,3	(1,0)!
*†Folia Stramonii	0,2	(0,6)!	0,3	(1,0)!
†Tinctura Belladonnae foliorum	—	—	1,0	(4,0)!

Rezept-Beispiele.

℞		℞	
Extracti Belladonnae	0,05	Atropini sulfurici	0,015
Ol. Cacao	3,0	Boli albae	3,0
M. f. suppos. Dent. tal. dos No. V.		M. f. ope Aqu. glyc. pil. No. XXX.	
S. Stuhlzäpfchen.		DS. abends 1 Pille.	
[Gegen Tenesmus.]		[Gegen profuse Schweiße.]	

R

| Atropini sulf. | 0,005 |
| Aquae | 5,0 |

MDS. zur subkutanen Injektion.
[$^1/_4$—$^1/_2$ Pravazsche Spritze.]

R

Extracti Belladonnae 0,5
— Liquiritiae
Rad. Liquiritiae āā 1,5
M. f. pil. No. XXX.
DS. 1—2 Stück 3 mal täglich.

R

Extracti Belladonnae 0,5 ⎫ M. f. pulvis
Natrii bicarbon. ⎪ DS. 3 mal tgl. nach den Mahlzeiten
— sulfur. sicci ⎬ 1 Messerspitze.
Elaeosacch Foeniculi. ⎪ [Mildes Abführmittel.]
Rad. Rhei āā 20,0 ⎭

R

Extracti Hyoscyami
Fol. Hyoscyami ana 1,5
M. f. pil. No. XXX.
DS. 3 mal täglich 1 Pille.

R

Extracti Hyoscyami 1,0
Aq. Amygd. amar. ad 20,0
MDS. 2 stündlich 10—20 Tropfen.

R

Extr. Belladonnae 0,5
Ung. Hydrarg. cin. 9,5
M. f. ung.

DS. 2—3 stündl. bohnengroß an
Stirn und Schläfe einzureiben.
[Bei Bindehautkatarrh u. bei Iritis.]

Pilokarpin-Physostigmin.

*†**Pilocarpinum hydrochloricum,** $C_{11}H_{16}O_2N_2$. HCl, wird aus
den Blättern von Pilocarpus pennatifolius, den †Folia Jaborandi,
dargestellt, welche, in ihrer Heimat schon lange Zeit als schweißtreibender Tee gebraucht, in Europa aber erst seit 1874 bekannt
wurden.

Die **Wirkung** des Pilokarpins erstreckt sich auf zahlreiche
periphere und zentrale Nervenorgane.

Peripher ist Pilokarpin insofern das Gegenstück des Atropins, als es überall da erregt, wo letzteres lähmt.

Es bewirkt in Gaben von 0,01 *Absonderung aller Drüsen,*
besonders der Schweiß- und Speicheldrüsen, aber auch der Verdauungsdrüsen, Bronchialdrüsen und anderer Schleimdrüsen.

Ferner ruft es in etwas größeren Gaben *Kontraktionen der
glatten Muskulatur,* namentlich des Magens und Darms (Erbrechen,
Durchfälle), der Bronchien (Asthma), des Uterus (Abortus) und
des Auges (Myosis, Akkommodationskrampf) hervor.

Am *Herzen,* besonders deutlich des Frosches, werden die
Hemmungsapparate zuerst erregt (Pulsverlangsamung, selbst Stillstand) und dann gelähmt (Pulsbeschleunigung).

Zentral steht in höheren Dosen die *Lähmung des Atmungszentrums* und *Gefäßnervenzentrums* im Vordergrund.

Anwendung. 1. Von den Wirkungen auf sekretorische Apparate kann nur die schweißtreibende benutzt werden, weil sie in den kleinsten Gaben auftritt, also, abgesehen vom Speichelflusse, nahezu isoliert zu erhalten ist.

Pilokarpin steht als *schweiß- und speicheltreibendes Mittel,* um bei *Wassersuchten* neue Abzugswege zu eröffnen, oder ableitend und resorbierend bei *Entzündungen des Auges und Exsudaten im Mittelohr* zu wirken, obenan. Schon wenige Minuten nach einer subkutanen Injektion von 0,01, etwas später nach innerlicher Gabe, beginnt der Speichelfluß. Gleich darauf erweitern sich die Hautgefäße, besonders des Kopfes (Wärmegefühl, Klopfen der Carotiden), und die Pulsfrequenz geht um 10—20 Schläge in die Höhe. Nach 5—10 Minuten beginnt an der Stirn und sodann auf die ganze Körperoberfläche sich ausdehnend der Schweißausbruch.

Die Sekretion tritt im Gegensatz zu anderen im Rufe schweißtreibender Mittel stehenden Stoffen auch bei ungünstigen äußeren Temperaturverhältnissen ein, wird aber bei Bettwärme noch etwas reichlicher und nachhaltiger. Die Sekretmengen, welche so während der $1\frac{1}{2}$—$2\frac{1}{2}$ Stunden anhaltenden Tätigkeit der Drüsen geliefert werden, sind sehr bedeutend: 1 Pfund Speichel und 2—3 Pfund Schweiß, so daß mit Einschluß der Perspiratio insensibilis ein Gewichtsverlust des Körpers von 6—8 Pfund eintreten kann.

Die Wirkung ist indes keineswegs immer so prompt und ausgiebig. Gerade in jenen Fällen, wo man ihrer am meisten bedarf — allgemeine Wassersucht — ist sie häufig infolge des ungünstigen Ernährungszustandes der Schweißdrüsen entweder sofort ungenügend oder wird es bei längerem Gebrauche des Mittels.

Übelkeiten und *Erbrechen* sind, wegen der bereits in den genannten Dosen beginnenden Kontraktion der Muskulatur des Magens und Darmes, nicht ganz selten. In der *Gravidität* ist es aus analogem Grunde strikte kontraindiziert. Geradezu lebensgefährlich kann das Mittel unter Umständen durch *Begünstigung von Lungenödem* werden, weil es auch die Bronchialsekretion anregt und die Gefäße erweitert. Auch bei Asthmatikern ist es kontraindiziert wegen seiner konstriktorischen Wirkung auf die Muskulatur der Bronchien.

20*

2. Zufolge der Wirkungen auf die glatte Muskulatur wurde Pilokarpin als subkutan applizierbares Laxans und wehentreibendes Mittel versucht, aber wegen des leichten Eintritts toxischer Wirkung bald wieder verlassen. Nur wo örtliche Anwendung möglich ist, wird es gebraucht, z. B. am Auge, in Salbenform oder Einträufelung 0,01—0,02 : 2,0 als *Mioticum* und als Mittel zur *Erniedrigung des intraokulären Drucks bei Glaukom*. Die Wirkung ist weniger kräftig wie bei Physostigmin, dafür aber auch nur selten von Nebenerscheinungen begleitet.

Cholin, Trimethyloxäthylammoniumhydroxyd, $HO . CH_2 . CH_2 .$ $N(CH_3)_3 . OH$, im Organismus weit verbreitete Ammoniumbase, Komponente des Lecithins, wirkt im allgemeinen ähnlich dem Muskarin. Bruchteile von mg erzeugen Blutdrucksenkung. In der Darmwand regt es als Hormon die vom Plexus myentericus ausgehende normale Peristaltik an. Durch Acetylierung (Eindampfen seiner Lösung mit Eisessig) werden diese Wirkungen sehr erheblich gesteigert.

Muscarin, $C_5H_{15}O_3N$, Oxydationsprodukt des Cholins, giftiges Prinzip des Fliegenschwammes (Amanita muscaria), wirkt *ähnlich dem Pilokarpin*, die Vergiftungen mit dem Schwamme selbst aber nehmen häufig einen atropinartigen Verlauf, weshalb man annimmt, daß er dann auch einen diesem analogen Körper enthält. Dem Muscarin ähnlich wirkt das gleichfalls aus dem Cholin sich bildende Neurin, $CH_2 . CH . N . (CH_3)_3 . OH$, im faulenden Fleische neben anderen giftigen Basen enthalten.

Nikotin aus Nicotiana Tabacum, Tabak, ist dadurch charakterisiert, daß die Synapsen des gesamten vegetativen Nervensystems, d. h. die im Verlaufe der *parasympathischen und sympathischen Nerven eingeschalteten Ganglien* von ihm *zuerst erregt, dann gelähmt* werden (Langley). Außerdem wirkt es zentral lähmend auf Gefäße und Atmung. Hierdurch kommt es zu sehr mannigfaltigen, dem Pilokarpin zum Teil gleichenden Vergiftungserscheinungen. Etwa 3—5 g Zigarren- oder Pfeifentabak enthalten bereits die tödliche Dosis, d. i. ungefähr 0,05 Nikotin. Beim Rauchen wird das Nikotin durch das sich bildende Ammoniak freigemacht und entzieht sich wegen seiner Flüchtigkeit zum größten Teile der Verbrennung. Von diesem Nikotin des Rauches wird von einer Zigarette 2, von einer mittelgroßen Zigarre etwa 8 Milligramm in den Körper aufgenommen. Sie erzeugen die bekannte, bei jedem Anfänger im Rauchen eintretende akute Vergiftung. Die chronische Vergiftung äußert sich vornehmlich in Störungen der psychischen, sensiblen und motorischen Sphäre, Amblyopie und Amaurose, Herzarhythmie und Magen-Darmerscheinungen.

Cytisin ist in den Blüten und Schoten von Cytisus Laburnum, Goldregen, enthalten und führte schon öfters zu nikotinartiger Vergiftung, deren letaler Ausgang meist durch früh eintretendes Erbrechen hintangehalten wurde.

Coniin, flüchtiges Alkaloid, aus Conium maculatum, gefleckter Schierling, ist zum Teil dem Nikotin ähnlich. Es bewirkt aufsteigende Lähmung bei erhaltenem Bewußtsein und tötet, sobald selbe das Respirationszentrum erreicht hat. Die merklich vorhandene Abstumpfung der Hautsensibilität wird zuweilen noch durch Anwendung des †Emplastrum Conii (20% †Herba Conii) auszunützen gesucht.

Die Hundspetersilie, Aethusa Cypnapium, bekanntes Unkraut der Küchengärten, hat schwache coniinartige Giftigkeit.

Sparteïn aus Spartium scoparium, Besenginster, ähnelt in toxischen Dosen dem Coniin, in kleinen Gaben (zu 0,02 des Sulfats ad 1,0 Wasser subcutan) ist es ein geschätztes *Analepticum bei Herzschwäche.*

Gelseminin aus Gelsemium sempervirens. Die Tinctura Gelsemii 3 mal täglich 15 Tropfen, soll manchmal sehr gute Erfolge bei Trigeminus-Neuralgie aufweisen.

Physostigmin (Eserin), $C_{15}H_{21}O_2N_3$, findet sich neben kleinen Mengen des gleichartig wirkenden Eseridins und des strychninartigen Calabarins in den Früchten von Physostigma venenosum, Leguminosae, welche von den Eingeborenen Westafrikas (Calabar) zur Abhaltung von Gottesgerichten gebraucht werden und deshalb auch den Namen Calabar- und Gottesgerichtsbohnen führen.

Von seinen Salzen ist das kristallisierte *†**Physostigminum salicylicum** in Wasser schwer löslich (85 Teile), das zerfließliche Physostigminum sulfuricum leicht löslich. Die Lösungen oxydieren sich am Lichte bald unter Rotfärbung. Man verordnet daher ad vitrum opacum oder setzt etwas schwefeligsaures Natron zu, das als Sauerstoffänger den Prozeß aufhält. Zur Bereitung ex tempore eignen sich die käuflichen Physostigmin-Gelatineplättchen.

In seinen *Wirkungen* hat das Physostigmin Ähnlichkeit mit dem Pilokarpin. Es *erregt* resp. wirkt erregbarkeitssteigernd wie dieses, aber in 10 mal kleineren Dosen, *alle Drüsen*, die *gesamte glatte* und außerdem noch die *quergestreifte Muskulatur*, jene des Herzens eingeschlossen.

Unter den zentralen Erscheinungen tritt die *Lähmung des Atmungszentrums* besonders hervor.

Die *Anwendung* ist wegen der hohen allgemeinen Giftigkeit hauptsächlich auf die *örtliche Applikation am Auge* beschränkt. Instillation halbprozentiger Lösung (0,025 : 5,0) bewirkt nach etwa 20 Minuten eine zwei Stunden anhaltende starke *Kontraktion der Pupille, des Ciliarmuskels* und der inneren *Blutgefäße*, mit deren Folge, *Herabsetzung des intraokulären Druckes*, welche insbesondere bei Glaukom und drohendem Durchbruch von Hornhautgeschwüren wertvoll ist. Die hohe Giftigkeit und leichte Resorptionsfähigkeit ist sehr zu beachten. Bei 3 Tropfen kann je nach ihrer Größe die Maximaldosis überschritten und allgemeine Vergiftung herbeigeführt sein, namentlich wenn die digitale Kompression des inneren Augenwinkels unterlassen wird.

Die hauptsächliche Ursache der intraokulären Druckherabsetzung ist, wie beim Pilokarpin, die Entfaltung der Fontanaschen Räume durch das konzentrische Hereinrücken des Corpus ciliare, wodurch der Abfluß des Kammerwassers erleichtert wird. Unterstützend tritt hinzu eine Kontraktion der inneren Blutgefäße des Auges, wodurch die Absonderung des Kammerwassers eingeschränkt wird.

Zur *Anregung der Peristaltik* wird es neuerdings bei totaler *Darmparalyse*, welche sich nach größeren Unterleibsoperationen einstellt (postoperativer Ileus), in vorsichtigen Dosen 0,0005—0,001 per os oder subkutan empfohlen.

In der Tierheilkunde wendet man es zu gleichen Zwecken bei der Kolik der Pferde an. Zu der bei der Größe der Tiere erforderlichen hohen Dosis (ca. 0,1) eignet sich nur das leicht lösliche *Physostigminum sulfuricum.

	Ph. G.		Ph. A.	
*†**Pilocarpinum hydrochloricum** .	**0,02**	**(0,04)!**	**0,03**	**(0,06)!**
†Herba Conii	—	—	0,3	(2,0)!
*†Physostigminum salicylicum	0,001	(0,003)!	0,001	(0,003)!

Rezept-Beispiele.

<table>
<tr><td align="center">℞</td><td align="center">℞</td></tr>
<tr><td>Pilocarpini hydrochlorici   0,2</td><td>Pilocarpini hydrochlorici   0,2</td></tr>
<tr><td>Rad. et Succi Liquirit. dep. ana 1,0</td><td>Tinct. aromaticae</td></tr>
<tr><td>M. f. pil. No. XX.</td><td>Aquae   ana 25,0</td></tr>
<tr><td>DS. 1—2 Stück (à 0,01) zu nehmen.</td><td>MDS. 1 Teelöffel (= 0,02) zu nehmen.</td></tr>
</table>

℞

Pilocarpini hydrochlorici   0,1
Aquae   5,0
MDS. zur subkutanen Injektion.
[½—1 Pravazsche Spritze.]

Herba Lobeliae (Lobelin).

Die aus dem Kraute der Lobelia inflata (Lobeliaceae), welche in ihrer nordamerikanischen Heimat unter dem Namen indianischer Tabak bekannt ist, möglichst frisch hergestellte grünlich-braune, widerlich kratzend schmeckende *†**Tinctura Lobeliae,** (P. I.) wird seit eineinhalb Jahrhunderten zu 10—20 Tropfen gegen *Asthmabronchiale* gebraucht. Mit wechselndem Erfolge.

Vorsicht wegen Vergiftung ist angezeigt. Daß solche nicht öfter vorkommt, ist dem glücklichen Umstande zuzuschreiben, daß das Mittel durch seine brechenerregende Wirkung in höheren Dosen gewissermaßen sein eigenes Antidot ist.

Lobelin, $C_{23}H_{29}O_2N_1$, das Hauptalkaloid der Herba Lobeliae, wurde vor einigen Jahren von H. Wieland rein dargestellt und wird nunmehr von der Firma Boehringer unter Bezeichnung Lobelinum hydrochloricum cristallisatum-Ingelheim in Ampullen zu 1,0 ccm, 3 mg enthaltend, in den Handel gebracht. Es ist in subkutanen, intramuskulären oder intravenösen Gaben von 1—3 mg ein mächtiges, *direktes Erregungsmittel des Atemzentrums,* bei Asphyxie der Neugeborenen, Lähmungen des Atmungszentrums durch Narkotica z. B. Chloroform, Kohlensäure, Morphin usw. von oft geradezu lebensrettender Wirkung.

Über die Verwendbarkeit des krist. Lobelins bei Asthma sind weitere Erfahrungen abzuwarten. Die Lähmung der Vagusendigungen in den Bronchialmuskeln, welche dem vor Jahren von Dreser untersuchten noch unreinen Präparate eigen ist und die Einreihung der Lobelia unter die Mittel dieses Kapitels veranlaßte, fehlt dem kristallisierten Präparate, desgleichen die dem älteren und der Tinctura Lobelia zukommende brechenerregende Wirkung. Diese Differenzen erklären sich vielleicht durch den Umstand, daß in dem Lobeliakraute noch zwei andere, pharmakologisch noch nicht untersuchte Alkaloide zugegen sind.

†**Cortex Quebracho,** die Rinde von Aspidosperma Quebracho, Apocynaceae, einem Baume Argentiniens, wird in Form ihres Fluidextrakts, †**Extractum Quebracho fluidum,** 30—60 Tropfen mehrmals täglich, empfohlen gegen Atemnot, insbesondere der Emphysematiker und Asthmatiker. Die Wirkung ist unsicher. Aspidospermin, das Hauptalkaloid der Droge, hat apomorphinähnliche Wirkung.

Maximaldosis.

	Ph. G.	Ph. A.
Tinctura Lobeliae	1,0 (3,0)!	1,0 (5,0)!
Herba Lobeliae	0,1 (0,3)!	— —

3. Sympathisches System.

Suprarenin.

Suprarenin (Adrenalin) ist ein vom Brenzkatechin sich ableitender Aminoalkohol, Dioxyphenyläthanolmethylamin, $(OH)_2 . C_6H_3 . CH(OH) . CH_2 . NH . CH_3$. Es wird in alkalischer Lösung, analog seiner Muttersubstanz, sehr leicht am Licht zu roten und braunen Produkten oxydiert. Als ***Suprarenin hydrochloricum** in neutraler, mit einem Konservierungsmittel versetzter physiologischer Kochsalzlösung aber ist es haltbar und kommt zu 0,1 $^0/_0$ in dieser Form in den Handel.

Es wird aus dem Marke der Nebenniere, Kap. XXVI, gewonnen (Adrenalin) und jetzt auch auf synthetischem Wege dargestellt (Suprarenin).

Die **Wirkung** des Adrenalins ist charakterisiert durch die *Erregung der Endapparate des Sympathicus* in fast allen von ihm versorgten Organen.

Sie äußert sich entweder als Funktionsförderung (Gefäße, Uterus) oder als Funkionshemmung (Darm, Bronchien), was nur durch die Annahme erklärlich erscheint, daß nicht die Organzellen selbst, sondern die Nervenendapparate der Angriffspunkt sind. Die Endigungen der Nervenfasern selbst können es allerdings nicht sein, denn die Adrenalinwirkung bleibt auch nach dec auf ihre Durchschneidung folgenden Degeneration bestehen. Man nimmt daher nach Langley an, daß der Angriff des Adrenalin auf cinc zwischen Nerv und Protoplasma des Erfolgsorgans befindliches myoneurales „Schaltstück" gerichtet ist.

Es erfolgt eine intensive *Kontraktion der Gefäße*, insbesondere der kleinsten Arterien. Sie bleibt *bei Auftragung auf Schleimhäute und Wunden auf die Applikationsstelle beschränkt*, woraus hervorgeht, daß die Wirkung nicht zentral, sondern auf die Gefäßwand selbst gerichtet ist. *Bei intravenöser Injektion* ist sie *allseitig* unter starker Blutdrucksteigerung, bleibt aber *anhaltend nur bei fortgesetzter* Injektion.

Der *Grund, warum die Blutdrucksteigerung und alle sonstigen Wirkungen bei einmaliger Applikation meist nur von kurzer Dauer sind*, liegt in der raschen Zerstörung des Adrenalins und in der Eigenart des Zustandekommens seiner Wirkung. Das Adrenalin gehört nämlich nach Straub wie das Muskarin und Pilokarpin zu jenen Giften, welche auf die empfänglichen Zellen nur während des Einmarsches wirken, d. h. solange ein Konzentrationsgefälle vorhanden ist. Bei anderen Stoffen (Morphin, Strychnin, Veratrin, Digitaline) ist die durch Bindung (Speicherung) an den empfindlichen Elementen sich ergebende Zustandsänderung selbst das wirksame Moment. Vermöge der Eigenschaft des Adrenalins, ein „Potentialgift" zu sein, setzt die Wirkung momentan ein, um wegen der raschen Zerstörung desselben alsbald wieder nachzulassen, bei kontinuierlicher Zufuhr aber bedingt gerade letztere Eigenschaft eine stetige Fortsetzung der Wirkung.

Neben dieser Verengerung der Gefäße kann auch eine Erweiterung bestehen. Sie tritt in den meisten Gefäßprovinzen gegenüber der ersteren Wirkung in den Hintergrund, nur die mit Vasodilatatoren sympathischen Ursprungs versorgten *Kranzgefäße des Herzens* werden regelmäßig *erweitert*. Daraus ergibt sich eine günstige Beeinflussung der Herztätigkeit, welche noch durch den Umstand erhöht wird, daß *auch eine direkte Anregung des Herzens* stattfindet; der Puls wird voller und infolge Acceleransreizung frequenter.

Die Wirkung der Digitalismittel wird durch Synergismus bis auf das Doppelte gesteigert (Holste).

Von weiteren Wirkungen des Adrenalins auf sympathisch innervierte Organe seien noch genannt die *Pupillenerweiterung* durch Erregung des Dilatators, die *Erweiterung der Bronchien* durch Erregung der bronchodilatatorischen Sympathicuszweige, die *Hemmung der* vom Vagus veranlaßten *Magen- und Darmbewegungen* und die *Kontraktionserregung des Uterus.* Der Beweis, daß der Angriffspunkt des Adrenalins auch an diesen Organen ein peripherer ist, liegt in der Beobachtung, daß selbe auch ausgeschnitten, mithin von allen zentralen Einflüssen losgelöst und in Ringerlösung überlebend erhalten, der Einwirkung unterliegen.

Dosen über 1 mg erzeugen Herzklopfen, Beklemmungen, Atemnot und töten durch *Atmungs- und Herzlähmung.*

Adrenalinglykosurie. Injektionen von Adrenalin bewirken durch sympathische Reizung der Leber Glykosurie. Auch die Zuckerstichglykosurie und die toxischen, mit Asphyxie einhergehenden Glykosurien kommen wahrscheinlich auf dem Umwege der Nebenniere zustande, indem durch die Sympathicusreizung eine Ausschwemmung des Adrenalins aus diesem Organe erfolgt, das dann glykosurisch (das Leberglykogen mobilisierend) wirkt.

Nekrose und Verkalkung der Media der Aorta, die zu Aneurysma führt, ist bei Kaninchen durch wochenlang wiederholte Adrenalininjektion erzeugt worden. Sie scheint jedoch nicht spezifischer Art zu sein, da sie auch nach Darreichung zahlreicher anderer Stoffe (Nikotin, Jodkalium, Milchsäure, Salzsäure usw.) beobachtet wurde.

Anwendung.

1. Das Hauptgebiet bildet die *örtliche Applikation* in Form von Aufträufelung oder Injektion der Stammlösung selbst (1 : 1000) oder ihrer 2—10 fachen Verdünnung (1 : 2000—1 : 10,000). Hier ist Adrenalin das *wertvollste Mittel zur Anämisierung, Abschwellung und Blutstillung* der Gewebe, so auf allen Schleimhäuten, auf Wunden und auch auf der äußeren Haut, wenn selbe durch Verlust des Stratum corneum schleimhautähnlich geworden ist; schon auf der unversehrten Haut soll es nach Unna Kühlsalben zu 10 % der Stammlösung beigemischt deren Wirkung verstärken. Nachblutungen, durch wiederholte Gabe von Suprarenin nicht mehr stillbar, sind nicht gerade selten. Die Gefäßzusammenziehung kann auch zur Niederhaltung allzu üppiger, die Wundschließung hindernder Granulationen durch Einlegen von Mull, mit Borsalbe und Suprareninstammlösung kurz vor dem Gebrauche bestrichen (3 Tropfen auf 5 g Salbe), ausgenützt werden. Ganz

besonders wertvoll ist Suprarenin auch in *Kombination mit Kokain oder Novokain*, deren schmerzstillende Wirkung es verlängert, wie bereits beim Kokain besprochen wurde.

2. *Bei akutem Kollaps infolge vasomotorischer Lähmung* ist *intravenöse Dauerinfusion* stark verdünnter Adrenalin-Kochsalzlösung (0,3—0,5 ccm der Stammlösung auf 1 l *neutraler* Kochsalzlösung) von überraschender Wirkung selbst in verzweifelten Fällen befunden worden. Sie wird in analoger Weise wie die Tropfenklistiere vorgenommen und das Einlaufgefäß so hoch gestellt, daß 50—100 Tropfen (3—5 ccm) pro Minute in die Vene fließen. Es tritt Kontraktion aller Gefäße, anscheinend besonders stark jener der Baucheingeweide ein, wodurch das Blut in den großen Kreislauf gedrängt wird, Blutdruck und die Zirkulationsgeschwindigkeit sich hebt und so dem Herzen wieder größere Blutmengen zugeführt werden, die es infolge der oben berichteten direkten Herzwirkung des Adrenalins auch zu bewältigen vermag. Adrenalin wirkt besser als die zentralen Vasomotorenmittel, weil es die Gefäßwand direkt angreift, also auch noch in Zuständen wirkt, wo das Gefäßnervenzentrum nicht mehr anspruchsfähig ist. Noch wirksamer ist intrakardiale Injektion 0,5—1,0 ccm. Subkutane Injektion von 0,5—2,0 ccm Stammlösung, alle 1—2 Stunden wiederholt, wirkt bedeutend schwächer, weil das Mittel durch die von ihm erzeugte Gefäßkontraktion sich selbst die Resorption erschwert und daher schon im subkutanen Zellgewebe einer ausgiebigen Zersetzung unterliegt.

3. Bei *Asthma* haben sich subkutane Injektionen von 0,5 bis 1,0 ccm der Stammlösung, bei gleichzeitiger Herzinsuffizienz in Kombination mit Digitalis bewährt, desgleichen die auf eine tiefe Ausatmung folgende Inhalation von 1 ccm Stammlösung aus einem sehr feinen Nebel liefernden Zerstäubungsapparat, der in schweren Fällen auch noch mit etwas Atropin (zur Lähmung der Vagusendigungen) und Kokain (zur lokalen Anästhesierung und zur Sensibilisierung des Adrenalins) beschickt wird.

Bei drohenden oder schon ausgebrochenen Bronchopneumonien (Grippe) sind Adrenalininhalationen gleichfalls empfohlen worden.

4. Gegen *vagotonische Zustände, Spasmen der Magenmuskulatur*, wirken subkutane Injektion ähnlich wie bei Asthma, der vom Sympathicus innervierte Sphincter pylori wird zur Kontraktion gebracht.

5. Als *Stopfmittel bei Dysenterie* wird es von Strasburger u. a. empfohlen, 20 Tropfen der 1 promilligen Lösung per os oder 1,0 auf ½ l Wasser als Darmeinlauf.

6. Als *Wehenmittel* in der Austreibungsperiode und als postpartales *Blutstillungsmittel* ist es ebenfalls verwendbar. Es genügen die Spuren, welche bei subkutaner Applikation unzerstört ins Blut gelangen.

Maximaldosis   Ph. G.

*Suprarenin hydrochloricum   0,001!

Neunzehntes Kapitel.

Herz- und Gefäßmittel.

Digitaline.

Eine Anzahl stickstofffreier, meist den Glykosiden zugehöriger Stoffe zeichnet sich durch eine so charakteristische Herzwirkung aus, daß man sie zwanglos nach dem Namen eines von ihnen als Digitaline oder Gruppe der Digitalis zusammenfassen kann.

Das Tierreich liefert nur eines, das Bufotalin im Hautsekrete der Kröte. Häufiger sind sie in Pflanzen zu finden. Außer den therapeutisch wichtigen: Digitalis purpurea, Scilla maritima, Strophantus kombé kennt man noch eine ziemliche Anzahl anderer. Die einheimischen sind infolge ihrer Verwendung als Volksmittel gegen Wassersucht oder der gelegentlichen Erzeugung von Vergiftungen bekannt geworden, so die grüne und die schwarze Nieswurzel (Helleborus viridis und niger) mit dem im Wasser leicht löslichen Hellebore in- $C_{37}H_{56}O_{18}$: ferner der Goldlack, das Maiglöckchen (Convallaria majalis), das Frühlings-Adoniskraut (Adonis vernalis) und der Oleander, deren wirksamen Bestandteile die Namen Convallamarin, Adonidin, Oleandrin erhalten haben. Die zahlreichen tropischen Pflanzen werden von den Eingeborenen vielfach zur Herstellung von Pfeilgift oder zur Abhaltung von Gottesgerichten verwendet. Ihre wirksamen Stoffe sind bisweilen Alkaloide, so das Erythrophlcin aus der Rinde von Erythrophleum guinense und das Carpain, $C_{14}H_{25}NO_2$, aus den Blättern von Carica Papaja.

Folia Digitalis.

Die Blätter des roten Fingerhuts, Digitalis purpurea, einer in Gebirgswäldern heimischen, durch ihre roten, fingerhutförmigen Blüten ausgezeichneten Scrophularinee, bilden seit ihrer Einführung durch den englischen Arzt Withering, der sie gegen Ende des achtzehnten Jahrhunderts als den wesentlichen Bestandteil eines Geheimmittels gegen Wassersucht erkannte, eines der wichtigsten Arzneimittel. Sie sind von bitterem und etwas kratzendem Geschmack und enthalten mehrere wirksame Glykoside:

das kristallinische, nur in Chloroform und Alkohol lösliche, sehr stark wirkende Digitoxin, $C_{44}H_{70}O_{14}$, das in Wasser lösliche, leicht zersetzliche Digitaleïn von Schmiedeberg und das in Wasser und Chloroform lösliche, thermolabile Gitalin von Kraft. Daneben saponinartige, nur an der örtlichen Wirkung beteiligte Körper (Digitonine). Das in 1000 Teilen Wasser lösliche Digitalin, $C_{30}H_{48}O_{19} + 4\,H_2O$, von Schmiedeberg und Kiliani ist nur in dem Samen der Digitalis in größerer Menge enthalten.

Die **Wirkung** der Digitalis ist *örtlich* eine *entzündungserregende*. Die beim innerlichen Gebrauche nicht selten auftretenden Störungen: Übelkeit, Erbrechen, soweit sie nicht zentralen Ursprungs sind, ferner die Entzündung des Unterhautzellgewebes nach der subkutanen Injektion der wirksamen Stoffe sind darauf zurückzuführen. Intravenöse Injektion dagegen ist zulässig, weil das Mittel sofort vom Blutstrom fortgeführt wird, vorausgesetzt, daß hierbei keine Verunreinigung der äußeren Gefäßwand stattgefunden hat, die zur Entzündung derselben unter Bildung wandständiger Thromben mit folgender Embolie führen kann.

Resorptiv sind zwei Wirkungsstadien zu unterscheiden.

Im ersten, **therapeutischen Stadium** zeigen sich bei normalen Säugetieren und am Herzen des Menschen bei gleichzeitiger Hypertrophie und Insuffizienz mit unzureichender Durchblutung (Sauerstoffversorgung) hauptsächlich drei fundamentale Veränderungen: eine *Abnahme der Frequenz*, eine *Zunahme der Größe des Pulses* und bei gewissen Formen von Arhythmie eine *Regularisierung* desselben. Mit anderen Worten: der Puls wird langsamer, voller und regelmäßiger.

Die Pulsverlangsamung ist bedingt durch direkte Erregung des Vagus an seinen Ursprüngen im verlängerten Mark und seinen Endigungen im Herzen, denn sie ist nach Durchschneidung dieses Nerven am Halse vermindert und fehlt gänzlich nach Lähmung seiner Endigungen durch Atropin. Da diese Verlangsamung im wesentlichen der Verlängerung der Diastole zugute kommt, so hat sie für ein vorher sehr frequent schlagendes Herz die Bedeutung, daß dieses nunmehr Zeit gewinnt, sich zu erholen und vollständiger mit Blut zu füllen.

Die Pulsvergrößerung ist größtenteils unabhängig von der Pulsverlangsamung, denn sie geht ihr voraus und tritt auch bei ungeänderter Pulsfrequenz ein. Sie ist Muskelwirkung und nach

den Ergebnissen der Eichung des Aortenblutstroms und den Untersuchungen am ausgeschnittenen, in einen künstlichen Kreislauf
eingeschalteten Herzen bedingt durch die Zunahme des
Pulsvolums, d. i. die Zunahme der Blutmenge, welche infolge
Verstärkung der systolischen Zusammenziehung und Vergrößerung
der diastolischen Erweiterung bei jedem Herzschlage ausgeworfen
wird. Die absolute Herzkraft, d. h. die Größe des Widerstandes, gegen den das Herz sich noch zu entleeren vermag, ge-
messen an einem in die Aorta eingesetzten Manometer, bleibt
unverändert.

Die *Pulsregularisierung* ist unabhängig von der Pulsverlangsamung durch Vaguserregung, denn sie zeigt sich schon in kleineren
Dosen und wird durch Atropin nicht aufgehoben. Ihre Ursache
ist hauptsächlich in der Erschwerung der Überleitung des Reizes
vom Vorhof zur Kammer und der Förderung der Reizbildung zu
suchen. Die Erscheinung des Vorhofsflimmerns und der Herz-
arythmie (Pulsus bigeminus) können so durch Digitalis zum
Verschwinden gebracht, unter Umständen (toxische Dosen) aber
durch sie hervorgerufen werden.

Beziehungen des Calciums zur Digitalis. Die Digitalis steigert die Empfind-
lichkeit des Herzens für das die Kontraktion verstärkende Calcium (Loewi). Die
Erscheinung steht wahrscheinlich mit der kolloid-chemisch festigenden Wir-
kung des Calciums auf die Grenzschicht der Muskelfaser im Zusammenhang
(Kap. VII, Ionenwirkendes Ca und K) und dürfte in allen Fällen, wo ein
Calciummangel und damit eine Kaliumüberwertigkeit ganz oder teilweise die
Ursache der Herzstörung ist, von Bedeutung sein.

Zu diesen zwei, bzw. drei kardialen Beeinflussungen des Kreislaufs gesellt sich noch eine vierte, die *Wirkung auf die Gefäße*.
Sie zeigt sich auch an isolierten, künstlich durchströmten Organen,
ist mithin peripheren Ursprungs und besteht nach den plethysmogra-
phischen Untersuchungen von Gottlieb u. a. in einer Erweiterung
mit folgender Verengerung. Besonders stark, insbesondere durch
das Digitoxin, werden ergriffen die *Eingeweidegefäße*, wo auf die
flüchtige, nicht immer deutliche Erweiterung *lang anhaltende Verengerung* folgt, und die *Nierengefäße*, wo umgekehrt die *Erweiterung*
sehr lange bestehen bleibt und erst nach größeren Dosen der Verengerung weicht.

Durch die eben besprochenen fundamentalen Wirkungen der
Digitalis auf den Kreislauf wird das *Verhalten des arteriellen Blutdrucks* bestimmt.

Die Pulsverlangsamung für sich hätte ein Sinken, die Pulsvergrößerung und die im Gesamtstromquerschnitt überwiegende
Gefäßkontraktion ein Steigen des Blutdrucks zur Folge. Welcher
von diesen Einflüssen tatsächlich das Übergewicht besitzt, lehrt
die Messung des arteriellen Blutdrucks. Er ist bei Säugetieren
meistens sofort erhöht, beim normalen Menschen aber erst dann,
wenn die Pulsverlangsamung durch Atropin beseitigt ist (Fraenkel).

Ist bei Herzkranken der Blutdruck wegen Reizung des Vaso-
motorenzentrums durch die Kohlensäureüberladung des Blutes gesteigert, so kann er durch die von der Digitalisherzwirkung her-
beigeführte bessere Durchlüftung des Blutes sinken; steht der
Druck infolge Herzschwäche tief, so wird er durch die Digitalis
gehoben werden.

Das Vorwiegen der Gefäßkontraktion gegenüber der Erweiterung im Gesamtstromgebiete geht sehr deutlich aus der Erschwerung des Ab-
flusses des Blutes aus dem arteriellen System in das venöse in folgendem Versuch hervor: Vorübergehender Stillstand des Herzens nach Reizung des Vagus am
Halse bewirkt starkes Absinken des arteriellen Blutdrucks, weil das aus den Arterien
in die Venen abströmende Blut nun nicht mehr durch die Herztätigkeit ergänzt
wird. Nach einer kleinen Gabe von Digitalis ist dieses Absinken erheblich geringer,
nicht bloß absolut, sondern auch relativ, d. h. nach Abzug der durch die Digitalis
erfolgten Zunahme des Blutdrucks (Brunton und Tunnicliffe).

Der *Blutdruck im kleinen Kreislauf* wird nicht oder nur unbedeutend gesteigert,
weil die Lungengefäße infolge ihrer großen Dehnbarkeit ohne wesentliche Zunahme
des Widerstandes das vom rechten Ventrikel ausgeworfene erhöhte Pulsvolum aufnehmen können und eine Gefäßkontraktion durch die Digitalis, entsprechend der
Unwirksamkeit mancher anderen Gefäßmittel nicht einzutreten scheint.

Im zweiten, **toxischen Stadium** wird der *Puls zunächst noch
langsamer,* und gleichzeitig *arhythmisch* (Pulsus bigeminus), um
schließlich in das Gegenteil, in eine *Beschleunigung* umzu-
schlagen. Der Blutdruck hat die Tendenz zu sinken und zeigt namentlich starke Abfälle während der Herzpausen, trotz der starken
Gefäßkontraktion, an der jetzt auch die Niere teilnimmt, bisweilen
in einem Grade, daß *Anurie* die Folge ist. Oft ganz plötzlich,
nicht selten noch während der Pulsverlangsamung beim Aufrichten
aus horizontaler Lage eintretender *Herzstillstand* kann diesen sub-
jektiv in Herzklopfen, Schwachsichtigkeit, anhaltender intensiver
Nausea und allgemeiner Schwäche sich äußernden Zustand be-
schließen.

Das nach Starkenstein antagonistisch wirkende C h i n i n wird als A n t i -
d o t empfohlen.

Der *Stillstand des Herzens erfolgt* beim Kaltblüter in der Regel *in charakteristischer systolischer Stellung*. Er kann an einem, in einem künstlichen Kreislauf eingeschalteten Herzen durch Dehnung (Erhöhung des Innendruckes) aufgehoben werden, so daß das Herz wieder zu schlagen beginnt. Hieraus folgt, daß das Wesen der Digitaliswirkung vorwiegend in einer *Veränderung des elastischen Zustandes (Tonus) des Herzmuskels* besteht (Schmiedeberg). Auch beim Warmblüter ist systolischer Stillstand die Regel, vorausgesetzt, daß das Herz infolge der Unterbrechung des Koronarkreislaufs durch die anhaltende Herzmuskelzusammenziehung nicht alsbald in den Zustand völliger Lähmung übergeht.

Neben dieser Begünstigung der systolischen Zusammenziehung ist neuerdings noch eine zweite, namentlich am Kaltblüter hervortretende Wirkung der Digitalisstoffe eingehender verfolgt worden: die *Verstärkung der diastolischen Erschlaffung*. Sie kann bei ganz kleinen Dosen soweit gehen, daß sie die erstgenannte Wirkung übertrifft und das Herz dann in Diastole zum Stillstande kommt.

Charakteristisch für die Digitalis ist der *langsame Eintritt* sowie die durch die große Haftfähigkeit am Herzen bedingte *lange Dauer der Wirkung*. Dieselbe ist in vielen Fällen für die therapeutische Anwendung besonders wertvoll, bedingt aber auch den leichten Eintritt von *Vergiftung durch Kumulierung* beim längeren Fortgebrauch und macht darum die genaue Überwachung des unter Digitalisbehandlung stehenden Kranken dem Arzte zur Pflicht. Besondere Vorsicht erheischen bettlägerige, schwere Herzkranke. Es sind Fälle vorgekommen, wo ein einfaches Aufrichten oder Aufstehen, um zu urinieren, tödliche akute Hirnanämie nach sich zog.

Längere Verabreichung von Digitalistinktur bei wachsenden Tieren bewirkte, verglichen mit Kontrolltieren, bedeutende Hypertrophie der Ventrikel, besonders des linken (Hare und Coplin).

Die *Anwendung* der Digitalis ist nach dem Vorausgegangenen bestimmt durch die Verlangsamung und Regularisierung der Herztätigkeit und durch die Umlagerung des Blutes von der venösen auf die arterielle Seite infolge der Vergrößerung des Pulsvolums und der Kontraktion der Splanchnicus-Gefäße. Die Hauptindikationen sind:

1. *Subakute* und *chronische Kreislaufstörungen, welche zu Verminderung des Stromvolums mit Stauungen und Hydrops führen.* Die Ursache dieser Störungen sind entweder anhaltende Herzschwäche nach Überanstrengung, Myodegeneration und Klappenfehler oder Verengerung des Strombettes (Verödung der Lungenkapillaren bei Emphysem, Kompression bei Kyphoskoliose, Leberschwellung) oder chronische Nierenleiden.

Bei genügender Zeit vermag der Organismus in vielen Fällen ihnen zunächst durch Selbsthilfe entgegenzutreten. Der überdehnte und sich unvollständig entleerende Herzabschnitt wird durch Hypertrophie seiner eigenen Muskulatur befähigt, genügende Blutmengen auszutreiben und so eine oft für mehrere Jahre ausreichende Kompensation zu schaffen. Früher oder später aber wird diese ungenügend, und die Störung wird nun offenkundig. Das Blut staut sich stromaufwärts vom Orte der Störung, die Blutgeschwindigkeit nimmt ab; der Blutdruck hingegen sinkt meist wenig oder gar nicht, vermutlich infolge kompensatorischer Kontraktion der Gefäße. Unter diesem Darniederliegen der Zirkulation leiden alsbald mehr oder weniger sämtliche Organe. Die ungenügende Sauerstoffversorgung bedingt Kurzatmigkeit, die geringe Nierendurchblutung Dysurie und die Venenstauung allgemeine Wassersucht; das mangelhaft durchblutete Herz aber müht sich durch unregelmäßige, kleine und häufige Kontraktionen vergebens ab, diese Störungen auszugleichen.

Gegen diese Zustände schafft nun Digitalis sehr häufig, ganz besonders bei dekompensierten Mitralfehlern, wirksame Abhilfe. Ein übermäßig frequent schlagendes Herz arbeitet nicht mehr optimal, sondern mit zu geringen Füllungen, weil die Frequenzerhöhung hauptsächlich auf Kosten der Diastole erfolgt. Nach Digitalis gewinnt das Herz durch die *Verlangsamung und Regularisierung des Pulses* Zeit, während der Diastole sich besser zu füllen. Hierzu tritt die *Erhöhung der Schöpfkraft des Herzens durch Verstärkung der diastolischen Erweiterung und der systolischen Verengerung.* Durch diese Veränderungen werden nun mit jedem Pulsschlag die Venen stärker entleert und die Arterien besser gefüllt und somit für Blutdruck und Stromgeschwindigkeit dasselbe erreicht, wie vorhin durch die Hypertrophie. Schließlich kann in höheren Dosen durch die *Kontraktion der Gefäße*, an der insbesondere auch die ausgedehnten Venenbezirke der Bauchhöhle teilnehmen, das in ihnen angestaute Blut direkt hinausgepreßt und so dessen Umlagerung von der venösen auf die arterielle Seite des Kreislaufs wesentlich befördert werden.

Durch alle diese Wirkungen werden die abnormen Druck- und Füllungsverhältnisse in Arterien und Venen und damit auch ihre zahlreichen Folgen oft in überraschender Weise beseitigt. Der Puls wird wieder regelmäßig, langsam und voll, das Stromvolum nimmt zu, die Dyspnoe bessert sich rasch, etwas langsamer auch die Wassersucht, nachdem die Harnabsonderung nicht bloß auf die normale Höhe gebracht, sondern weit darüber hinaus gesteigert wurde. Diese mächtig einsetzende Diurese gab häufig die Veranlassung, der Digitalis eine direkte Wirkung auf die Absonderungstätigkeit der Niere zuzuschreiben. Eine solche ist zwar neuerdings in Form einer Erweiterung der Nierengefäße experimentell nachgewiesen, die ·Hauptursache aber bildet wohl die allgemeine Verbesserung der Blutzirkulation, insbesondere die Erhöhung der Blutgeschwindigkeit, wodurch der Niere reichliche Mengen harnfähiger Stoffe und zur Ausscheidung drängende Wassermengen aus den Ödemen zugeführt werden. Man kann dies aus den Beobachtungen schließen, daß die Steigerung der Harnmenge durch Digitalis bei normalen Individuen gering ist und bei Kranken nur eintritt, wenn die Herztätigkeit durch sie gebessert wird, schließlich in jenen Fällen, wo die Diurese durch Digitalis allein nicht recht in Gang kommt, die *Darreichung von spezifischen Diuretica*, z. B. Purinbasen, Succus Juniperi, Kalium aceticum, zum Ziele führt.

Die Digitaliswirkungen beruhen in erster Linie auf Steigerung der Herzarbeit. Wesentliche Bedingung zum Hervortreten derselben ist es deshalb auch, daß der Herzmuskel diesen vermehrten Ansprüchen gewachsen sei. Besondere Aufmerksamkeit erfordert auch der Umstand, daß nach Digitalis die absolute Herzkraft keine Zunahme erfährt, infolgedessen wohl die Größe der bei jeder Systole ausgeworfenen Blutmenge zunimmt, nicht aber der Druck, unter dem dies geschieht. Das Herz vermag also unter Digitalis Widerstände im Gefäßsystem nicht leichter zu überwinden als vorher, ja es ist bei großen Dosen, falls sie allgemeine Gefäßkontraktion hervorrufen, nicht ausgeschlossen, daß selbe unter Umständen (Arteriosklerose) noch weiter zunehmen, so daß es dann angezeigt ist, dem Herzen die Überwindung des peripheren Widerstandes zu erleichtern. Man wählt entweder Strophanthin, das die kontrahierende Wirkung auf die Gefäße in geringerem Grade besitzt, oder sucht der Arterienkontraktion durch entgegengesetzt wirkende Mittel zu begegnen: Amylnitrit, Natriumnitrit, Nitroglyzerin. Dieselben werden jedoch nicht gleichzeitig mit der Digitalis verabreicht, sondern später, weil ihre Wirkung viel rascher eintritt als jene der Digitalis.

Sobald die Wirkung der ·Digitalis an ihren Folgen, namentlich am regelmäßigen, vollen und langsamen Pulse sich zeigt, muß aus bereits genannten Gründen ihre Darreichung reduziert oder völlig unterbrochen werden. Die durch die Digitalis bewirkte Regulierung des Kreislaufs hält dann wochen- selbst jahrelang an. Zeigen sich allmählich wieder Kompensationsstörungen, so wird die Medikation wieder aufgenommen und so fort, bis schließlich das Mittel versagt oder Verdauungstörungen (Erbrechen und Durchfälle) den Fortgebrauch unmöglich machen. Dann hilft noch öfters der Übergang zu Ersatzmitteln der Digitalis, bis endlich auch diese Therapie erschöpft ist.

2. *Akute Herzschwäche*, wenn sie sich in *Form eines abnorm frequenten und in Schlagfolge und Schlaghöhe unregelmäßigen Pulses* ausspricht, wie es bei schweren fieberhaften Zuständen und Infektionen vor der Krisis, bei Vergiftungen, drohendem Lungenödem, Urämie und Pneumonie, hier auch prophylaktisch, vorkommt und primären Ursprungs, d. h. nicht sekundär durch vasomotorische Lähmung verursacht ist, wo Puls wegen Nachlaß des Vagustonus infolge der Blutdrucksenkung beschleunigt, aber regelmäßig und Koffein und Kampfer angezeigt ist.

Man wird hierbei besonders von den rasch wirkenden Mitteln und Applikationsformen (intravenöse Injektion von Digalen oder Strophanthin) Gebrauch machen.

Die *Verordnungsweise* ist häufig für den Erfolg maßgebend. Sie kann hier nur im allgemeinen skizziert werden, das einzelne gehört in das Gebiet der speziellen Therapie. Am meisten gebraucht werden die *†Folia Digitalis selbst, in *Pulvern* oder Pillen zu durchschnittlich 0,05, zwei- bis dreimal täglich oder als *Infus* 0,5—1,0: 150,0 eßlöffelweise. Die Pulver und Pillen sind um mehr als die Hälfte wirksamer als das *Infus*, weil in ihnen auch das in Wasser unlösliche Digitoxin und das hitzeunbeständige Gitalin voll zur Geltung kommt und im Infus das Digitalein infolge Säurung bald an Wirksamkeit einbüßt; dafür ist die Schnelligkeit der Wirkung beim Infus etwas größer, vorausgesetzt, daß es den Magen nicht zu sehr irritiert und dadurch der Übertritt in den Darm, wo erst die Resorption der Digitalisstoffe einsetzt, verzögert wird. Den Pulvern an Stärke gleichwertig ist der alkoholische Auszug, die *†Tinctura Digitalis (P. I.) 0,5—1,5, ca. 10—20 Tropfen, welche, wenn zuverlässig bereitet, namentlich sich für solche Fälle empfehlen dürfte, wo man schnelle Wirkung haben will, da alkoholische Lösungen schon im Magen rasch aufgesaugt werden. Zeigt sich der Magen für die genannten Darreichungsweisen zu reizbar, so kann man das Digitalisinfus oder die fein gepulverten Digitalisblätter selbst in wenigen Kubikzentimetern Wasser aufgeschwemmt als *Klysma* verabreichen.

Bei der Verabreichung in den bezeichneten kleinen Dosen tritt die Wirkung gewöhnlich erst nach längerer Zeit, 2—3 Tagen, auf als Folge der Kumulierung. Rascher kommt man zum Ziel, wenn man zunächst größere Dosen gibt und dann erst mit den kleineren die volle Höhe der Wirkung zu erreichen und festzuhalten strebt, indem man z. B. 0,05—0,1 Pulv. Fol. Digitalis 3 mal täglich 1—2 Tage lang nehmen läßt und mit 0,025 fortfährt. Immerhin wird man auch bei diesem Verfahren einige Zeit darauf warten müssen, weil die Digitalisstoffe nur langsam aufgesaugt werden; bei Pfortaderstauung, die gerade in Fällen, wo Digitalis indiziert erscheint, häufig vorhanden ist, kann sie nahezu aufgehoben sein. Nur parenterale Darreichung (intravenöse Injektion geeigneter Präparate) führt dann zum gewünschten Erfolge.

Für die Fälle, in denen es nicht gelingt, auf eine der beschriebenen Weisen völlige Kompensation zu erreichen, wird die kontinuierliche oder periodische Digitalistherapie, d. h. die Verabreichung ganz kleiner Dosen 0,05 zwei- bis dreimal täglich oder in 14 tägigen Zwischenräumen durch Monate, eventuell Jahre empfohlen. Eine weitere Indikation für diese Darreichungsweise ist *andauernde rasche Vorhofstätigkeit* (*Vorhofsflimmern*), die infolge Erhöhung des Reizleitungsvermögens von Vorhof zur Kammer auch auf letztere übergeht (Delirium cordis).

Ein großer Übelstand für die richtige Dosierung ist der *sehr schwankende Gehalt der Digitalisblätter an den wirksamen Stoffen* in der wild wachsenden Pflanze und in der kultivierten. Er nimmt durch Fermentwirkung rasch ab mit der Dauer der Aufbewahrung, daher dieser Zersetzung durch sofort nach der Einsammlung vorgenommene Abtötung der Fermente vor dem Trocknen der Blätter entgegenzutreten ist.

Man ist jetzt bestrebt, diesem Mißstande auf zweierlei Weise abzuhelfen:

1. Durch *Verwendung physiologisch, am Frosche ausgewerteter Drogen.* Solche dosierte Blätter sind auf Veranlassung von Focke und Gottlieb unter dem Namen **Folia Digitalis titrata** (Caesar & Loretz, Halle) im Handel. Von gleichbleibendem, eingestelltem

Wirkungswert ist auch das **Digitalysat von Bürger** (Wernigerode), durch Dialyse frischer Digitalisblätter hergestellt. 1,0 = 1,0 frischer = 0,2 getrockneter Blätter.

Als Wirkungseinheit wurde von Focke-Gottlieb die Menge von Digitalisblättern genommen, welche das Herz einer Temporaria von 30 g Gewicht in 30 Minuten zum Stillstand bringt. Noch sicherere Werte gibt die Methode von Houghton-Straub, bei der die tödliche Mindestdosis für 1 g Temporaria ermittelt wird.

2. Durch *Verwendung der reinen Stoffe oder der ihnen nahekommenden Extrakte*. Das zuerst von Schmiedeberg aus den Digitalissamen rein dargestellte Digitalin hat sich als Ersatz der Folia Digitalis nicht bewährt, weil in diesen das Digitoxin, Gitalin und Digitaleïn die Hauptrolle spielt. Für die Anwendung des im Handel befindlichen Digitoxin bildet seine Unlöslichkeit in Wasser ein großes Hindernis. Infolgedessen bleibt es unter Umständen lange an der Applikationsstelle liegen, erhält dadurch Zeit, intensiv zu reizen, wogegen die resorptive Wirkung lange auf sich warten läßt und bei fortgesetzter Darreichung dann leicht zu einer toxisch-kumulativen wird. Demgegenüber hat ein von Cloetta dargestelltes Präparat, das er als eine amorphe, wasserlösliche Modifikation des Digitoxins bezeichnet, nach Kiliani aber wahrscheinlich ein Gemenge der in Wasser löslichen Digitalisglykoside (Digitaleïne) ist, rasch Eingang gefunden. Es kommt unter dem Namen **Digalen** als wässerige, mit 25% Glyzerin versetzte Lösung in kleinen Fläschchen in den Handel. Die mittlere Dosis ist 1 ccm = 0,0003 der wirksamen Substanz. Es reizt örtlich verhältnismäßig wenig, wirkt ziemlich schnell, und besitzt darum nicht sehr erhebliche kumulierende Eigenschaft. Intravenöse Injektion ist zulässig, subkutane wegen der örtlichen Wirkung hingegen nicht zu empfehlen. Das in 600 Teilen kaltem Wasser lösliche, in heißem sich zersetzende **Gitalin** wird unter dem Namen **Verodigen** von der Firma Boehringer & Söhne in den Handel gebracht. Es alteriert nach den vorliegenden Angaben den Verdauungstraktus nur selten erheblich und wird sehr rasch resorbiert, so daß seine dem Digitoxin annähernd gleichkommende Wirkung auch bei innerlicher Darreichung fast die Schnelligkeit einer intravenösen erreicht. 0,8 mg (0,0008) als Tablette sind = 0,1 mittelstarken Digitalispulver.

Ein Präparat von konstanter Wirksamkeit und gleichen Anwendungsmöglichkeiten ist das Extractum Digitalis depuratum, das unter dem gekürzten Namen **Digipuratum** auf Veranlassung von Gottlieb in flüssiger und fester Form in den Handel kommt. Die mittlere Dosis ist 0,1 entsprechend 0,1 gut wirksamer Folia Digitalis. Es ist frei von dem die Magen- und Darmschleimhaut schädigenden Digitonin und enthält die wirksamen Digitalisglykoside als Gerbsäureverbindungen, die den Magen unverändert passieren und erst im Darm sich lösen, weil sie nur in Alkalien $(1\,^0/_{00}$ Soda) löslich sind.

Digifolin ist ein Digitalisblätterpräparat, das nach den vorliegenden Angaben die wirksamen Glykoside (Digitoxin, Gitalin und Digitaleïn) in nahezu reiner, auch subkutan zulässiger Form enthält. 1 ccm Ampulleninhalt oder 1 Tablette = 0,1 Folia Digitalis titrata.

Ihm ähnlich sind Digitotal und Digipan, welche, wie ihre Namen andeuten, ebenfalls die wirksamen Stoffe nahezu rein enthalten.

Maximaldosen.

	Ph. G.	Ph. A.
Fol. Digitalis	**0,2 (1,0)!**	**0,2 (0,6)!**
Tinct. Digitalis	1,0 (5,0)!	1,5 (5,0)!

℞	℞
Fol. Digit. subtilissime pulv. 0,05	Fol. Digitalis pulv.
Sacchari 0,2	Succi Liquiritae pulv. āā 2,5
M. Dent. tal. dos. No. X.	M. f. ope Aquae pil. No. L
S. 2 stündl. 1 Stück in Oblaten.	DS. 3 mal tgl. 1—2 Pillen zu nehm.

Bulbus Scillae.

*†**Bulbus Scillae** sind die ekelhaft bitter schmeckenden inneren Schalen der Meerzwiebel, Scilla maritima, einer an den Küsten des Mittelmeers verbreiteten Liliacee.

Wirkung und Anwendung. Das Mittel wirkt *örtlich viel stärker reizend* als die Fingerhutblätter. Im frischen Zustande erzeugt es auf der Haut Blasen und im Darme heftige Entzündung, während im getrockneten Zustande die Wirkung gewöhnlich auf Nausea, Erbrechen, Durchfälle beschränkt bleibt. Es wurde früher — schon seit Hippokrates — als Expectorans, Brechmittel usw. viel verwendet.

Gegenwärtig benutzt man mehr seine diuretische Wirkung, welche zum Teil jedenfalls auf die *digitalisartige Herzwirkung* eines in ihm neben Kohlehydraten und Schleimstoffen enthaltenen Glykosids zurückzuführen ist.

Daneben hat das Mittel vielleicht *noch eine spezifische Nierenwirkung.* Die Beobachtungen, daß die Scilla oft noch diuretisch wirkt, wo Digitalis versagt und bei Darreichung größerer Mengen die Nieren bis zu Entzündung reizt, weisen darauf hin.

Die geringe Nachhaltigkeit der Wirkung und die besonders bei längerem Gebrauche leicht eintretenden *Verdauungsstörungen* rechtfertigen die verhältnismäßig seltenere Anwendung desselben.

Die **Verordnung** geschieht gewöhnlich als *Pulver* oder *Infus* 1,5: 150,0 eßlöffelweise mehrmals täglich. Beliebt zu Saturationen ist der essigsaure Auszug 1 : 10, das ***†Acetum Scillae, Meerzwiebelessig.**

Durch Zusatz von Honig wird aus ihm der *†Oxymcl Scillae, Meerzwicbelsauerhonig bereitet, der bisweilen noch diuretischen und expektorierenden Mixturen als Adjuvans und Corrigens in gleichen Gaben wie die Sirupe zugesetzt wird.

Der spirituöse Auszug 1: 5, die *Tinctura Scillae zu 0,5—1,0, und das †Extractum Scillae 0,1—0,2, Maximaldosis 0,2 (1,0) sind entbehrlich.

R

Aceti Scillae	
Sirup. simpl.	ana 25,0
Aquae	
Liq. Kal. carbon. q. s.	
ad saturationis	200,0
DS. 2 stündlich 1 Eßlöffel.	

Semen Strophanthi.

***†Semen Strophanthi,** die Samen von Strophanthus-Arten, zur Familie der Apocynaceae gehörigen Klettersträuchern, wie ihr Name (von στρέφω und ἄνϑος) besagt, werden in Zentralafrika zu Pfeilgiften verwendet und enthalten als wirksame Stoffe in Wasser lösliche, amorphe oder kristallinische Glykoside, welche unter dem Namen Strophanthin zusammengefaßt werden.

Die **Wirkung** ist *örtlich reizend* wie bei allen Digitalinen. Die *Herzwirkung ist sehr stark*, ähnlich dem Digitoxin, aber dadurch unterschieden, daß sie infolge des leichteren Eindringens des Strophanthins in das Herz *viel schneller* eintritt, oft schon eine Stunde nach der innerlichen Aufnahme, dafür aber wegen der nicht so festen Haftung am Herzen und der raschen Zerstörung *weniger nachhaltig* ist, daher auch die Erscheinung der *Kumulierung nur selten* beobachtet wird. Außerdem ist die *Wirkung auf die Gefäße in geringem Grade* ausgesprochen.

Anwendung. Seit 1885 durch Fraser als *Ersatz der Digitalis* empfohlen, ist es dieser in allen Fällen vorzuziehen, *wo man rasche Herzwirkung haben will*, wogegen die Digitalis das Feld behauptet, wenn auf die Nachhaltigkeit der Herzwirkung und die Gefäßwirkung (Splanchnicusgebiet) das Hauptgewicht gelegt werden soll. Eine Kombination beider, Beginn mit Strophanthus, um die Wirkung rasch zu erreichen, Fortfahren mit Digitalis, um sie dauernder zu machen, ist darum oft zweckmäßig.

Die ***Verordnung*** geschieht gewöhnlich *innerlich* in Form der *†Tinctura Strophanthi (P. I.), welche ein hellgelber, etwas bitter und brennend schmeckender, spirituöser Auszug der Samen im Verhältnisse von 1 : 10 ist und in Dosen von 5 Tropfen aufwärts mehrmals täglich gegeben wird. Sie ist, je nach der Herkunft der zu ihrer Bereitung verwendeten Samen — offizinell sind die Samen von Strophanthus kombe, es kommen aber auch jene von Strophanthus gratus und hispidus in den Handel — von wechselnder Stärke. Dasselbe gilt auch für die Strophanthine des Handels. Dieser Umstand ist besonders bei der Verwendung dieser Stoffe zu *intravenösen Injektionen* von Wichtigkeit. Solche nicht selten fast momentan wirksame Injektionen sind in den letzten Jahren mit Kombe-Strophanthin-Böhringer, $\frac{1}{4}$—$\frac{1}{2}$ ccm einer Lösung von 0,01 : 10,0 (0,25—0,5 mg) gemacht worden mit gutem Erfolge bei allen akuten wie chronischen Formen primärer Herzinsuffizienz, mit negativen bei der im Gefolge akuter Infektionskrankheiten durch Vasomotorenlähmung erzeugten sekundären Herzschwäche. Die Indikationen für diese intravenöse Therapie sind selbstverständlich bedeutend präziser und vorsichtiger zu fassen, wie für die langsam wirkende seither übliche innerliche Darreichung. Ganz besonders ist auf eine etwa voraufgegangene orale Digitalis- oder Strophanthustherapie zu achten. Die Injektion soll in solchem Falle erst nach einem Intervall von zwei bis drei Tagen vorgenommen werden. Dasselbe gilt auch für die Wiederholung der Injektion.

Auf die Folgen des Danebenfließens bei der Injektion ist bereits bei Besprechung der örtlichen Wirkung der Digitalis hingewiesen.

†**Herba Adonidis** von Adonis vernalis, einer einheimischen Ranunculacee mit dem Glykosid Adonidin, in Rußland Volksmittel bei Wassersucht, wird gegenwärtig auch ärztlich als *Infus* 4,0—8,0 : 200,0 zum Ersatze der Fol. Digitalis in Gebrauch gezogen. Kumulative Wirkung scheint ihm nicht zuzukommen.

†Herba Convallariae, Maiglöckchenkraut, von Convallaria majalis, der allbekannten Liliacee mit dem digitalisartigen Glykosid Convallamarin, ist ein altes Volksmittel bei Wassersucht. Es wird in Aufgüssen 5,0—10,0: 200,0 gegeben. Über seinen therapeutischen Wert sind die Ansichten geteilt.

Cymarin, ein in kaltem Wasser schwer lösliches kristallinisches Glykosid aus der Wurzel von Apocynum cannabinum, amerikanischem Hanf, hat strophanthinähnliche Wirkung, 0,0003 in Pastillen.

Maximaldosis.

	Ph. G.	Ph. A.
Tinctura Strophanthi	0,5 (1,5)!	0,5 (2,0)!

Kampferarten.

Als klinisch wichtige, wenn auch in anderer Weise als Digitalis wirkende Herzmittel sollen die Kampferarten hier eingereiht werden. Die ältere Medizin bezeichnete solche das Herz „aufrichtende" Arzneimittel als Analeptica und rechnete auch Alkohol, Äther, Koffein dazu. Die Wirkungsweise dieser letzteren Mittel ist bereits bei den Narcotica der Fettreihe (Kap. XVI) und den Excitantia der Alkaloidreihe (Kap. XVII) behandelt.

*†Camphora, Kampfer, zur Unterscheidung von anderen Arten auch Laurineen- oder Japan-Kampfer genannt, findet sich im Holze des ostasiatischen Kampferbaumes, Laurus Camphora, aus dem er durch Destillation mit Wasser als kristallinische, mürbe Masse von eigenartigem Geruch und kühlendem, später brennendem Geschmack gewonnen wird. In Wasser löst er sich nur wenig (in 500—600 Teilen), viel leichter wird er von Alkohol, Äther und fetten Ölen aufgenommen. Mit Weingeist besprengt, läßt er sich pulvern und wird in der pharmazeutischen Chemie dann Camphora trita genannt. Chemisch steht er den Terpenen, speziell den Pinen des Terpentinöls, sehr nahe und wird jetzt auch aus diesem künstlich dargestellt, er ist ein Keton desselben, $C_9H_{16}CO$.

Optische Modifikationen. Der künstliche Kampfer ist optisch inaktiv, der Laurineenkampfer dreht die Polarisationsebene nach rechts, außerdem gibt es noch einen links drehenden natürlichen, den Matricariakampfer. Die örtliche und die zentrale Nervenwirkung ist bei allen drei Modifikationen annähernd gleich stark, ebenso nach Versuchen von Joachimoglu die Herzwirkung.

Wirkung.

Örtlich wirkt der Kampfer spezifisch *reizend*. Als flüchtiger Körper dringt er überall leicht ein und erzeugt deshalb auf der

Haut und im Magen Rötung und Gefühl von Brennen, in größeren Dosen hier auch Aufstoßen und Erbrechen, dem man durch Verordnung mit Mucilaginosa (Gummi arabicum) entgegenzuwirken sucht. Seine antiparasitäre Wirkung, welche ihm als aromatischer Substanz zukommt, findet u. a. im Haushalte, z. B. gegen Motten, Verwendung.

Nach der Resorption bewirkt er in Gaben von 0,1—0,5 *Erregung der Zentren der Atmung und der Gefäße*: die Atmung nimmt an Tiefe zu, und der Blutdruck geht periodisch in die Höhe.

Auf das normale Herz hat Kampfer keine sehr bemerkbare Wirkung, *am geschwächten Herzen* aber erweist er sich als ein *Erregungsmittel für die Reizerzeugung*, nach Wieland wahrscheinlich durch adsorptive Verdrängung von „Ermüdungsgift". Die Impulse werden verstärkt, die Herzschläge gekräftigt und die Koronargefäße erweitert.

Für diese Auffassung sprechen folgende Beobachtungen:

Das durch Muscarin zum Stillstand gebrachte Herz wird durch die erregende Wirkung des Kampfers auf die reizerzeugenden Apparate wieder zum Schlagen gebracht. *Das Herz eines tief mit Chloral narkotisierten Kaninchens*, das bereits stark gelähmt erscheint, beginnt nach Kampfer wieder in vollen Pulsen zu schlagen, so daß der tief gesunkene Blutdruck ansteigt. Die völlig unkoordinierte Kontraktion der Herzmuskelgeflechte, *das sog. Herzflimmern*, welches bei Herzen im künstlichen Kreislauf nicht selten beobachtet wird und wahrscheinlich auch bei gewissen Herzstörungen des Menschen (plötzlicher Tod bei Angina pectoris) vorhanden ist, wird durch Kampfer des öfteren beseitigt.

Vergiftung zufolge unvorsichtiger Dosierung (über 1,0) oder verzögerter Paarung mit Glykuronsäure bei Unterernährung oder Sauerstoffmangel äußert sich durch *psychomotorische Erregungszustände* und *epileptiforme Krämpfe*, so daß der Kampfer als „Hirnkrampfgift" angesprochen werden kann. Es folgt Bewußtlosigkeit, meist mit Ausgang in Genesung in kurzer Zeit.

An Fröschen zeigt sich Aufhebung der Längs- und Querleitung im Rückenmark und eine curarinartige Wirkung auf die motorischen Nervenendigungen.

Die *Ausscheidung* des resorbierten Kampfers erfolgt zu einem kleinen Teile unverändert durch die Lunge, wie der Geruch der Ausatmungsluft und die bisweilen deutliche expektorierende Wirkung belehrt. Der größere Teil paart sich alsbald mit Glykuronsäure zur nicht mehr wirksamen Camphoglykuronsäure und erscheint in dieser Form im Harn, ihm reduzierende Eigenschaften erteilend. Da die Glykuronsäure dem Glykogenbestande des Kör-

pers entnommen wird, ist diese Ausfuhr bei fortgesetzter Kampfer-
darreichung bei in der Ernährung herabgekommenen Personen
zu beachten.

Anwendung.

Örtlich wird der Kampfer gebraucht als *Hautreizmittel bei
rheumatischen Beschwerden* und *Kontusionen* in Form von Einreibungen mit ***†Spiritus camphoratus, Kampfergeist,** 10prozentige
Lösung von Kampfer in Weingeist oder das bereits in Handwärme
schmelzende, gallertähnliche ***†Linimentum saponato-camphoratum
Opodeldok,** aus medizinischer Seife, Kampfer, Ammoniak und
Weingeist zusammengesetzt und mit Rosmarinöl und Thymian-
oder Lavendelöl parfümiert.

Ph. G. führt außerdem den Spiritus saponato-camphoratus, flüssiger Opodeldok, eine Mischung von Kampferspiritus, Seifenspiritus, Ammoniakflüssigkeit,
Thymian- und Rosenöl und das Linimentum ammoniato-camphoratum, aus
3 Kampferöl, 5 Erdnußöl und 2 Ammoniakflüssigkeit bereitet; Ph. A. E. das
Linimentum saponato-camphoratum cum Opio, opiumhaltiger Opodeldok, aus
10 safranhaltiger Opiumtinktur und 90 Opodelkok mit Weglassung des Ätz-
ammoniaks bereitet.

*Vinum camphoratum, Weißwein mit 2 Prozent Kampfer und etwas Gummi-
schleim, um den durch Alkohol nicht gelösten Rest in Emulsion zu halten, findet
zu Verbänden bei Fußgeschwüren wieder etwas mehr Beachtung.

Resorptiv ist der Kampfer ein vielgebrauchtes *Erregungsmittel
bei akuter Herzschwäche,* sei es, daß das Herz entweder primär geschwächt ist, oder, wie z. B. bei bakteriellen Infektionen, sekundär
infolge vasomotorischer Lähmung mit schlechten Füllungen arbeitet. Im ersten Falle fehlt es dem Herzen an Arbeitsfähigkeit,
im zweiten an Arbeitsmaterial (Gottlieb). Der Puls ist in beiden
Fällen klein und flatternd, außerdem sehr frequent, weil der Vagustonus infolge des niederen Blutdrucks erloschen ist. Die Haut ist
blaß, die Extremitäten kühl und besonders das Gehirn schlecht
durchblutet, Ohnmachtsanwandlung, allgemeine Schwäche und
drohendes Lungenödem die Folge. In solchen Fällen ist außer
den schon früher besprochenen Hautreizmitteln und den direkten
Vasomotoren- und Herzmitteln Koffein, Suprarenin, Strophanthin
usw. der Kampfer indiziert, da er sowohl Herz- wie Vasomotorenmittel ist und dazu noch die Atmung anregt.

Bei innerlicher Darreichung als *Pulver* zu 0,1 zeigt sich die
Wirkung nur langsam, wegen der geringen Löslichkeit, etwas
rascher geht es bei Emulsionen, die indessen wegen des schlechten

Geschmacks gewöhnlich nur als *Klysma* verwendbar sind. Schnelle und sichere Wirkung, wenigstens solange die Zirkulation nicht zu sehr daniederliegt, verbürgt nur *subkutane Injektion* in öliger Lösung *†**Oleum camphoratum (forte)**. Das Präparat der Ph. G. enthält 20%, jenes der Ph. A. 25%. Man injiziert, um rasche Resorption herbeizuführen, an verschiedenen Körperstellen je ½ Pravaz Spritze, zusammen 1,0—2,0 ccm bis 1,0 pro die. Noch prompter wirkt *intravenöser Einlauf* ½—1 l, hergestellt durch Zusatz einer Mischung von 3,5 Spiritus camphoratus, 2,0 Spiritus und 4,5 Wasser zu ½ l physiologischer Kochsalzlösung. Die Wirkung ist in allen Anwendungsformen wenig nachhaltig wegen der raschen Umwandlung des Kampfers in die unwirksame Camphoglykuronsäure und seiner mutmaßlichen Eigenschaft, ein „Potentialgift" wie das Adrenalin zu sein.

R		R	
Camphorae	0,1	Camphorae	0,5
Gummi arabici	0,4	Vitellum ovi unius	
M. f. pulv. D. t. d. No. X ad chart.		Ext-acti Opii	0,05
paraff.		Aquae ad	100,0
S. 2 stündlich 1 Pulver (in Oblaten)		M. f. emulsio	
zu nehmen.		DS. zum Klistier.	

Cadechol, Kampfer teilt mit manchen anderen organischen Körpern die Eigenschaft, mit der Desoxycholsäure der Galle sehr feste Additionsverbindung zu bilden: die Kampfercholeinsäure von 15% Kampfergehalt kommt unter obigem Namen auf den Arzneimittelmarkt, sie besitzt vor dem Kampfer selbst den Vorzug sehr geringer Magenreizung und rascher Resorption. Weißes, in Alkalien leicht lösliches Pulver zu 0,1 in Tabletten, 4—10 Stück im Tage. Zusammen mit Papaverin 0,03 sehr wirksam bei Angina pectoris.

Borneol, Borneokampfer, $C_{10}H_{17} \cdot OH$ ist, chemisch angesprochen, ein Alkohol, der aus dem gewöhnlichen Kampfer durch Reduktion seiner Carbonylgruppe entsteht. In den Höhlungen alter Stämme von Dryobalanops Camphora, Sundainseln, kristallisiert enthalten, war er nach seiner Einführung in die Medizin durch die arabischen Ärzte eines der wenigen organischen Arzneimittel, welche unseren jetzigen Anforderungen an chemische Reinheit noch vor der Ausbildung der Chemie genügten. Im 17. Jahrhundert wurde er durch den viel billigeren Japankampfer verdrängt. Er teilt mit ihm die charakteristische Herzwirkung, wirkt aber zentral als Sedativum und Anaphrodisiacum.

*†**Radix Valerianae, Baldrianwurzel,** von Valeriana officinalis, welche in Aufgüssen 10,0:150,0 eßlöffelweise oder als *†**Tinctura Valerianae,** rotbrauner Auszug mit 5 Spiritus, und *†**Tinctura Valerianae aetherea,** gelber Auszug mit 5 Ätherweingeist, 20 bis

60 Tropfen mehrmals täglich, als „*Sedativum*" bei *Herzleiden* und „*Antispasmodicum*" bei *Epilepsie und Hysterie* gebraucht werden. Das wirksame ist wahrscheinlich das Borneol, das an Valeriansäure gebunden in der Droge enthalten ist.

†Oleum Valerianae, Baldrianöl von aromatisch kampferartigem Geschmack, wird zu 1—5 Tropfen zuweilen als Ölzucker statt der Tinctura Valerianae gegeben.

Weitere Baldrianpräparate, Bornyval u. a. s. Kap. XXIX unter Sedativa.

Moschus ist das bräunliche, extraktähnliche Sekret des Moschustieres, das in einem Drüsenbeutel zwischen Nabel und Penis enthalten ist. Neben gewöhnlichen tierischen Stoffwechselprodukten (Cholesterin, Fetten usw.) verdankt es seinen charakteristischen Geruch vielleicht einer noch nicht dargestellten, kampferartigen Substanz.

Früher als Excitans viel gebraucht in Dosen ähnlich wie Kampfer (Pulver zu 0,1—0,5 oder Tinct. Moschi 20—60 gutt., ist es jetzt durch diese sicher wirkende und viel billigere Substanz verdrängt.

†**Castoreum**, Bibergeil, in taschenförmigen Aussackungen des Präputiums des Bibers enthaltene braune, stark riechende Masse. Seine jetzt verlassene Anwendung in Form der †Tinctura Castorei (Castoreum 1, . Spiritus 5) hat wohl lediglich seine dem Moschus ähnliche Herkunft veranlaßt.

Ambra, harzartige graue angenehm riechende Masse, an den Küsten südlicher Meere angetrieben, zweifelhafter Herkunft, war früher als Excitans hochgeschätzt.

*†**Mentholum, Menthol,** $C_{10}H_{19}OH$, ist in dem Pfefferminzöl enthalten, namentlich in den chinesisch-japanischen Sorten, und wird darum auch Pfefferminzkampfer genannt. Es ist kein Kampfer im chemischen Sinne, sondern ein Alkohol des Hexahydrocymols und somit dem Thymol, das ein Alkohol des gewöhnlichen Cymols ist, nahe verwandt. Wegen seiner den Kampferarten nahestehenden Eigenschaften wird er meist bei diesen abgehandelt.

Örtlich wirkt Menthol stärker antiseptisch als der Kampfer, besonders als *Darmantisepticum* ist es in Oblatenpulvern zu 0,5 bis 1,0 mehrmals täglich zur Niederhaltung abnormer Gärungs- und Fäulnisprozesse in analoger Weise brauchbar wie das in Kap. VIII besprochene Thymol, da es wie dieses in Wasser schwer löslich ist, daher nicht so bald resorbiert wird, sondern tief in den Darm hinabgelangt.

Auf Haut und Schleimhäuten führt es durch *lokale Änästhesierung* zu Schmerzstillung und durch Gefäßkontraktion zu *Minderung entzündlicher Schwellung*, die mehrfach gute Dienste leistet: Bei Juckreiz verschiedener Hautkrankheiten und Mückenstich durch Einreibung spirituöser oder fettiger Lösung 5—10:100, bei Nasen-, Rachen- und Kehlkopfkatarrh als Schnupfpulver mit Talk 0,2:10, oder Lösung zur Gurgelung, resp. Inhalation. Bei Zahnschmerzen gibt man es in Mischung mit Chloralhydrat zu gleichen Teilen, mit dem es sich ähnlich wie gewöhnlicher Kampfer beim Zusammenreiben verflüssigt, auf Watte in die kariöse Höhle. Es wirkt wie das Kreosot oder Nelkenöl, das von den Zahnärzten zur Anästhesierung des Dentins gebraucht wird. Bei unstillbarem Erbrechen sind 0,3 als Pulver oder Tinktur 1:5,30 Tropfen bisweilen von guter Wirkung.

. In eigenartiger Weise wirkt nach Goldscheider Menthol *erregend oder Erregbarkeit steigernd auf die Endigungen der das Temperaturgefühl vermittelnden Nerven.* Auf Zunge und Kopfhaut, wo die „Kältepunkte" vorwiegen, entsteht dann ein längere Zeit anhaltendes, bei jedem Reiz (Luftzug) sich verstärkendes Gefühl von Kälte, dessen erfrischende Wirkung die in China und Japan volkstümliche, nun auch bei uns eingeführte Bestreichung der Stirn- und Schläfengegend mit zu Stiften gepreßtem oder gegossenem Menthol bei Migräne und Supraorbitalneuralgie veranlaßte.

Balsamum Mentholi compositum (Balsamum Bengué), aus Menthol, Salicylsäure-Methylester (sog. synthetisches Wintergrünol) und Lanolin zusammengesetzt, dient zu Einreibungen bei Rheumatismen (Hexenschuß), Hautjucken (Mückenstich) und Migräne.

Salicyilsäure-Methylester in Kombination mit Oleum Salviae kommt unter dem Namen „Pernionin" in den Handel und wird gegen *Frostbeulen* mit Mitin als Salbengrundlage empfohlen. Die Veranlassung hierzu gab der in Oberitalien volkstümliche Gebrauch der Salbeiblätter.

Menthol-Äthylglykolsäureester (Coryfin), in Wasser schwer lösliche, bei 155° siedende Flüssigkeit. Ersatz für Menthol auf Haut und Schleimhäuten.

Nach der Resorption erregt das Menthol Kreislauf und Atmung in gleicher Weise wie der gewöhnliche Kampfer, wogegen es im Gehirn und Rückenmark, ähnlich dem Borneol, die Erregbarkeit sofort, schon in kleinen Dosen, herabsetzt, also sedativ wirkt.

<table>
<tr><td>

℞

Mentholi
Rad. Pyrethri
Res. Guajaci   ana 0,2
Cerae flav. liquatae   0,4
Eugenoli
Ol. Cajeputi   ana gutt. I.
M. f. pil. No. XXX (ponderis 0,03)
C. pulv. Caryophyll.
[Pilulae odontalgicae, Zahnweh-
   pillen Ph. A. E.]

</td><td>

℞

Mentholi
Eugenoli   ana 2,5
Chloroformii
Aetheris   ana 10,0
Tinct. Guajaci   25,0
MDS. Zahnwehtropfen.
[Tinctura odontalgica Ph. A. E.]

</td></tr>
</table>

℞

Mentholi	0,1
Formaldehyd. solut.	30,0
Spiritus	70,0

M.D.S. Auf die Stichstelle aufzutupfen.
    [Mückenmittel.]

Amylnitrit, Natriumnitrit, Nitroglyzerin.

Gefäßverengernde Mittel mit zentralem Angriffspunkt (Koffein, Strychnin, Kampfer) oder peripheren (Adrenalin, Digitalis, Secale, Hydrastinin) sind bereits behandelt oder im folgenden Kapitel einzusehen. Gefäßerweiternde Mittel für den ganzen Körper sind die Narcotica der Methanreihe, solche für einzelne Gefäßprovinzen (Hirnhäute, Herz, Niere) liefern die Koffein- und Antipyringruppe (Kap. XVII und XXI); *gefäßerweiternde Mittel für die obere Körperhälfte* sind die hier zu behandelnde Gruppe der Nitrite.

*†**Amylium nitrosum,** Salpetrigsäureamylester, $C_5H_{11} . O . NO$ ist eine gelbliche, fruchtartig riechende, sehr flüchtige Flüssigkeit, wenig löslich in Wasser, leicht in Alkohol und Äther. Sie besteht hauptsächlich aus Isoamylnitrit und wird durch Einleiten von salpetriger Säure in Gärungsamylalkohol erhalten. Am Lichte leicht zersetzlich, darf sie nur in dunklem Glase aufbewahrt werden.

Wirkung. Die *Einatmung des Dampfes* von 3—5 Tropfen erzeugt sofort eine *flammende Rötung des Gesichtes* und in abnehmendem Maße auch des *Halses* und der *Brust*, begleitet von einem Gefühl von Hitze und Völle im Kopfe. Gleichzeitig wird der Puls dikrot und frequent und die Atmung tiefer und häufiger.

Die Ursache dieser rasch vorübergehenden, dem Erröten bei psychischen Affekten ähnlichen Erscheinung ist die starke *Erweiterung der Arterien aller Organe der oberen Körperhälfte,* soweit sie dem großen Kreislaufe zugehören. Sie ist bei kleinen Dosen zentralen Ursprungs, wie ihre räumliche Beschränkung vermuten läßt und ihr Ausbleiben am Ohre von Kaninchen nach temporärer Abklemmung der das Gehirn versorgenden Arterien beweist (Filehne). In größeren Dosen kommt es auch zu einer direkten Erschlaffung der Gefäßwände; man schließt dies aus der Beobachtung, daß die Ausflußgeschwindigkeit in künstlich durchbluteten Organen zunimmt.

Die Veränderungen des Pulses sind lediglich Folge der Gefäßerschlaffung (Pulsus dicrotus) und des dadurch bedingten Nachlassens des Vagustonus (Pulsbeschleunigung).

Anklänge an diese Wirkung lassen alle bereits behandelten Stoffe der Methanreihe erkennen, namentlich die Alkohole und Äther. Durch den Eintritt der salpetrigen Säure werden sie bis zu dem beschriebenen Grade gesteigert. Beweis hierfür ist, daß auch andere salpetrigsaure Salze, ***Natrium nitrosum, Natriumnitrit,** NO_2Na, und das wahrscheinlich im Darmkanal zu Nitrit reduzierbare Glyzerinnitrat, gewöhnlich **Nitroglyzerin** genannt, dasselbe bewirken entsprechend der enteralen Einverleibung langsamer, dafür aber nachhaltiger.

Auch die *Wirkungen nach größeren Gaben* sind wesentlich von der salpetrigen Säure abhängig. Sie bedingt die tiefgreifende Veränderung des Blutes durch Umwandlung des Hämoglobins in Methämoglobin, welche neben Narkose und Krämpfen die wesentlichste Erscheinung der Vergiftung mit diesen Substanzen bildet.

Anwendung. In allen *Zuständen, wo krampfhafte Verengerung der Gefäße von Kopf, Hals, Brust oder Bauch* als Ursache angesehen werden kann: Spastische Form der Hemikranie, welche mit Blässe der schmerzenden Kopfhälfte einhergeht, vasomotorische Form der Angina pectoris, welche auf anfallsweise auftretenden Krampf der Koronargefäße (Sklerose) beruht, Krampf der Bronchialgefäße bei Asthma; ferner Amblyopie infolge großer Blutverluste, epileptische Anfälle, im Beginn der Aura gegeben, Hirnanämie bei Kokainvergiftung, Darmanämie bei Bleikolik. Der Erfolg ist jedoch nur vorübergehend und sein Eintritt mit Sicherheit nicht vorauszusehen.

Verordnungsweise. **Amylnitrit** wird zu 3—5 Tropfen auf ein Taschentuch geträufelt verordnet; bei der Schwierigkeit der Abzählung infolge der Flüchtigkeit, entweder mit Chloroform $\overline{aa}$ verdünnt oder in *Kapillaren à 3 gutt.* eingeschmolzen, welche man beim Gebrauche im Taschentuch zerdrückt. Ganz zweckmäßig ist es auch, 3—5 Tropfen auf Fließpapier in einem dunklen Glase mit weitem, sehr gut schließendem (mit Paraffin eingeriebenem) Stopfen, den man im Momente des Gebrauchs lüftet, bereitzuhalten.

Natrium nitrosum gibt man als Pulver oder in wässeriger Lösung zu 0,1 bis zu 0,3 (1,0)!

Nitroglyzerin, der bekannte ölartige Sprengkörper, wird gewöhnlich in (ungefährlicher) alkoholischer Lösung mit Zucker und Kakao zu kleinen Pastillen *à* 0,0005 verarbeitet (Pastilli Nitroglycerini Ph. A. E.) verabreicht, 1—2 Pastillen, allmählich steigend bei Personen, wo eine Art Gewöhnung eintritt und das Mittel dann in höheren Dosen toleriert wird.

Sehr zweckmäßig ist es, die für eine Dosis nötigen Pastillen mit etwa 1,0 Tinctura aromatica und 5,0 Spiritus dilutus oder die dosierte Lösung des Nitroglyzerins in diesen Flüssigkeiten vom Patienten in einem kleinen Glase bei sich tragen zu lassen, so daß sie bei drohendem Anfall nach gutem Umschütteln sofort genommen werden kann. Die Resorption wird dann durch die beigegebenen magenreizenden Vehikel so gefördert, daß die Wirkung nur wenig später als bei der Einatmung des Amylnitrits eintritt.

Spiritus aetheris nitrosi, versüßter Salpetergeist, dargestellt durch Destillation von Weingeist über Salpetersäure, enthält salpeterigsaures Äthyl, das ähnlich wie Amylnitrit wirkt. Ein ungleichmäßig zusammengesetztes, daher unzweckmäßiges Präparat.

Vasotonin, eine „Verbindung" von Yohimbin (Kap. XVIII), mit Urethan (Kap. XVI), durch das die erregende Wirkung auf Atmung und Genitalsphäre aufgehoben werden soll. Wirkt peripher erweiternd auf die Gefäße. Ist bei Arteriosklerose, insb. Koronarsklerose, Argina pectoris usw. empfohlen worden. In Ampullen zu 1,2 ccm, 0,01 Yohimbin + 0,05 Urethan enthaltend, im Handel.

Amenyl (salzsaures Methylhydrastimid) $C_{22}H_{22}N_2O_5$, in warmem Wasser löslich, wirkt gefäßerweiternd, zumal bei Amenorrhoe. 2mal tägl. eine Tablette zu 0,05.

Zwanzigstes Kapitel.

Uterusmittel.

Die Mittel, welche die Uterusbewegungen beeinflussen, greifen entweder in Zentren des Lendenmarks an oder wirken auf den im Uterus selbst gelegenen automatischen Apparat. Mehrere solcher Stoffe (Morphin, Atropin, Adrenalin), deren Uteruswirkung nur einen kleinen Teil ihrer Wirkung und Anwendung bilden, sind bereits besprochen. Bleiben noch jene übrig, deren therapeutischer Schwerpunkt im Uterus liegt, wenngleich auch sie außerdem noch als gefäßkontrahierende Mittel Wert besitzen.

Hydrastin, Hydrastinin, Cotarnin.

***Rhizoma Hydrastis, †Radix Hydrastidis,** Canadische Gelbwurzel der Ranunculacee Hydrastis canadensis und ihr grünlich braunes, widerlich bitter schmeckendes ***†Extractum Hydrastis fluidum** enthalten das Alkaloid Hydrastin, $C_{21}H_{21}NO_6$, das den Opiumalkaloiden nahe steht und in größeren Dosen narkotisch-tetanisch und herzlähmend wirkt. Beim Erwärmen mit verdünnter Salpetersäure spaltet es sich unter Sauerstoffaufnahme in Opiansäure, $C_{10}H_{10}O_5$, und Hydrastinin, $C_{11}H_{11}NO_2 + H_2O$. Das Hydrochlorid dieses Alkaloids, ***Hydrastininum hydrochloricum,** kristallisiert in gelblichen Nadeln, welche in Wasser und Alkohol löslich sind. Durch eine ganz analoge oxydative Spaltung entsteht aus dem Opiumalkaloid Narcotin, $C_{22}H_{23}NO_7$, das Cotarnin, $C_{12}H_{15}NO_4$. Es ist dem Hydrastinin nahe verwandt, denn es unterscheidet sich von ihm nur durch den Mehrbesitz der Gruppe OCH_3, daher es auch als Oxymethylhydrastinin bezeichnet werden kann. Sein Hydrochlorid führt im Handel den Namen Stypticin, sein phtalsaures Salz den Namen Styptol.

Wirkung und Anwendung. 1. Hydrastin, Hydrastinin und Cotarnin bewirken starke und lange anhaltende *Kontraktionen des Uterus* in allen Stadien seiner geschlechtlichen Entwicklung. Die Wirkung tritt auch am herausgeschnittenen, durch Einlegen in körperwarme und mit Sauerstoff gesättigte Ringersche Lösung überlebend gehaltenen Organe ein, geht also vom Uterus selbst aus. Man macht von ihr bei *Uterinblutungen* (profuser Menstruation, Metritis und Perimetritis) nicht selten mit gutem Erfolge Gebrauch. Bei Blutungen in der Nachgeburtsperiode und als Wehenmittel hat es sich nicht bewährt.

2. Hydrastin und noch mehr Hydrastinin und Cotarnin bewirken, anscheinend sowohl zentral wie peripher, *Kontraktion der Gefäße des großen Kreislaufs.* Infolgedessen werden diese Mittel als *Haemostatica bei Blutungen innerer Organe* (Darm, Niere, Bronchien usw.) verwendet. Der Erfolg ist unsicher, denn die Gefäßkontraktion erstreckt sich ja nicht bloß auf den blutenden Bezirk, sondern auf alle Organe. Dadurch kommt es zwar einerseits zur gewünschten Einschränkung der Blutung, andererseits aber auch zu einer starken Erhöhung des Blutdrucks, wodurch der erstere Einfluß insbesondere, wenn die Blutung an einer Arterie statthat, aufgehoben werden kann. Die Gefäße des kleinen Kreislaufs werden

anscheinend von diesen Mitteln ebenso wie vom Adrenalin nicht zur Zusammenziehung gebracht, weil sie arm an Vasokonstriktoren sind. Lungenblutungen werden demzufolge nicht gestillt, sondern wegen der veränderten Blutverteilung (Anschoppung in diesem Gefäßgebiete) eher begünstigt.

Verordnungsweise. Intramuskuläre oder *subkutane Injektion* Hydrastininchlorid zu 0,025 pro dosi bis 0,1 pro die, Cotarninchlorid zu 0,05 pro dosi, 0,2 pro die, wenn nötig, mehrere Tage wiederholt, ist die wirksamste Form; auch per os verwendet man an Stelle des widerlich bitter schmeckenden Extractum Hydrastis (20—60 Tropfen, 3mal täglich) besser die Alkaloide selbst als *Pastillen* oder *Tropfenmixtur*, 0,025 Hydrastininchlorid, oder 0,05 Cotarninchlorid pro dosi.

Maximaldosis.

*Hydrastininum hydrochloricum 0,03 (0,1)!

Rezept-Beispiele.

℞		℞	
Cotarnini hydrochl.	1,0	Hydrastinini hydrochl.	0
Aq. Cinnamomi	25,0	Aquae	5,0
MDS. 3—4mal täglich 10—15 Tropf. auf Zucker nehmen.		MDS. zur subkutanen Injektion.	

Secale cornutum.

Mit dem Namen Mutterkorn, *Secale cornutum, †Fungus Secalis, bezeichnet man die dreikantigen, 2—4 cm langen, schwarzen Auswüchse, welche zuweilen aus den Ähren von Gräsern, besonders des Roggens (Secale cereale), hervorragen, wodurch derselbe gleichsam gehörnt (cornutum) erscheint. Diese Gebilde sind die Überwinterungsform (Sclerotium) eines in den jungen Körnern sich ansiedelnden Fadenpilzes, Claviceps purpurea. Unter guten Kulturbedingungen wird nur stellenweise eine oder die andere Ähre infiziert, auf feuchten Böden in nassen Jahren trägt fast jede 1—2 solcher Auswüchse.

Höchst eigenartige **Vergiftungen** infolge *Verunreinigung des Getreides und Mehles mit Mutterkorn* erregten zunächst die Aufmerksamkeit auf dieses merkwürdige Mittel. Sie waren im Mittelalter sehr häufig, ergriffen und entvölkerten seuchenartig ganze Gegenden. Jetzt sind sie als Massenvergiftungen in West- und Zentraleuropa infolge besserer Kultur und Reinigung des Getreides verschwunden und nur als medizinale bei zu starker oder zu lange fortgesetzter Verwendung als Arzneimittel oder kriminelles Abortivum ab und zu zu beobachten. Die Vergiftungen haben chronischen Charakter und treten in zwei, öfters miteinander kombinierten Formen auf.

Ergotismus gangraenosus, Mutterkornbrand, setzt ein mit kleinem, oft unfühlbarem Puls und brennenden, ziehenden Schmerzen in den Extremitäten, deren Enden (Zehen- oder Fingerspitzen) kalt und gefühllos werden, dann blauschwarz sich verfärben, eintrocknen und schließlich abfallen, wie wenn sie von einem „unsichtbaren Feuer ohne Rauch und Flamme" verzehrt würden. Ähnliche Ernährungsstörungen treten auch in verschiedenen inneren Organen auf: Degenerationen im Gehirn und Rückenmark, Trübungen in der Linse, typhusähnliche Verschwärung der Darmfollikel, letzteres besonders in der mehr akuten Form der Vergiftung nach großen Dosen.

Die beschriebenen Ernährungsstörungen sind durch die Bildung hyaliner Thromben in den Gefäßen bedingt, über deren Ursache — anhaltender Gefäßkrampf oder entzündliche Veränderung der Gefäßwand — entscheidende Versuche noch ausstehen. Sie lassen sich auch experimentell an Hähnen hervorbringen. Kamm und Bartlappen werden nach einer großen Gabe in kurzer Zeit schwarz und trocken. Zur Abstoßung aber kommt es in der Regel erst nach monatelanger Fütterung.

Ergotismus convulsivus, Kriebelkrankheit, beginnt mit einem charakteristischen Gefühl von Ameisenlaufen oder Kribbeln und führt zu Krämpfen und andauernden Kontraktionen der Extremitäten und Verzerrungen des Gesichtes.

Der bei diesen Vergiftungen häufig beobachtete Abortus veranlaßte die Anwendung des Mutterkorns in der Geburtshilfe als wehentreibendes Mittel zuerst durch die Hebammen, seit zwei Jahrhunderten auch durch die Ärzte.

Die **chemische Zusammensetzung** des Mutterkorns ist, wie von einem Pilzgewebe zu erwarten, sehr kompliziert. Neben Vorratsstoffen für die Ernährung des Pilzes, Kohlehydraten und fetten Ölen (34 %), welche den süßlich öligen Geschmack des Mutterkorns bedingen, enthält es einen eigentümlichen roten Farbstoff, welcher zu seiner spektroskopischen Erkennung dient, ferner Trimethylamin, dessen widerlicher Geruch besonders nach dem Befeuchten mit Natronlauge hervortritt, und manches andere.

Unsere Kenntnis der wirksamen Stoffe ist noch unvollkommen. Die früher beschriebenen Stoffe waren unrein oder Gemenge. Neuerdings sind durch deutsche und englische Forscher mehrere chemisch gut charakterisierte Basen isoliert worden.

1. **Ergotoxin (Hydroergotinin)**, $C_{35}H_{41}N_5O_6$. Ein dem Mutterkorn eigenes Alkaloid, das neben Blutdrucksteigerung und Uteruskontraktion die charakteristische Gangrän erzeugt. In die wässerigen Auszüge des Mutterkorns geht es nur in Spuren über.

2. **Tyramin und Histamin.** Sie wurden nicht bloß im Mutterkorn gefunden, sondern *entstehen auch beim enzymatischen oder bakteriellen Abbau des Eiweißes* aus dessen Aminosäuren unter CO_2-Abspaltung (proteincgene Amine). Sie sind darum vermutlich auch am Symptomenkomplexe der *Autointoxikation* bei Darmverschluß und bakteriellen Darmerkrankungen beteiligt. Das Histamin oder ihm sehr ähnliche Körper sind wahrscheinlich auch die Ursache der auf parenteraler Eiweißverdauung beruhenden Erscheinung der *Anaphylaxie* (Kap. XXVII), insbesondere des anaphylaktischen Shocks.

Das **Tyramin**, p-Oxyphenyläthylamin, $C_6H_4(OH) . CH_2 . CH_2 . NH_2$, wird aus dem Tyrosin (p-Oxyphenylaminopropionsäure, $C_6H_4(OH) . CH_2 . CH (NH_2) . COOH$) durch CO_2-Abspaltung gebildet. Es steht dem Adrenalin chemisch nahe und hat z. T. ähnliche Wirkungen wie dieses, aber von zentralen, vorwiegend dem nikotinempfindlichen Ganglienapparat, ausgehenden Angriffspunkten.

Das **Histamin**, β-Imidazolyläthylamin,

$$\begin{array}{c} HC{-}NH{-}CH \\ \parallel \qquad\quad \parallel \\ N{-}\!\!-\!\!-\!\!-\!\!-C{-}CH_2 . CH_2 . NH_2, \end{array}$$

entsteht aus dem Histidin,

$$\begin{array}{c} HC{-}NH{-}CH \\ \parallel \qquad\quad \parallel \\ N{-}\!\!-\!\!-\!\!-\!\!-C{-}CH_2 . CH(NH_2) . COOH \end{array}$$

(β-Imidazolylaminopropionsäure), in analoger Weise. Als Spaltungsprodukt von Eiweißkörpern findet es sich nach John Abel in vielen Organen und in der Nahrung, und spielt eine bedeutsame Rolle als Reizmittel für die Magen- und Darmmuskulatur und Erweiterer der Kapillaren während der Verdauung. In relativ größeren Gaben insbesondere parenteral beigebrachten erregt es nach Mitteilungen des Wiener pharmakologischen Instituts in intensiver Weise die glatte Muskulatur zahlreicher Organe, bei Karnivoren besonders jene der Darm-, Leber- und Lungengefäße. Dadurch kommt es zu mächtigen Blutanschoppungen im Pfortader- und Lungenkreislauf, das linke Herz wird nicht mehr mit Blut gefüllt und der Aortendruck sinkt plötzlich ab. In gleicher Weise wirken „Pepton" und „anaphylaktisches Gift". Sie werden unter der Bezeichnung Shock(Stoß)-Gifte zusammengefaßt.

Anwendung des Secale cornutum.

1. Zur *Erregung von Uteruskontraktionen*. Dieselben sind teils peristaltisch, teils tetanisch und werden auch am ausgeschnittenen, überlebend gehaltenen Uterus beobachtet, sind also durch Wirkung auf den Uterus selbst verursacht. Sie treten schon an der nicht schwangeren Gebärmutter in intensiver Weise auf,

genügend, um *Uterinblutungen zum Stillstand zu bringen* und zur *Reduktion von chronisch-metritischen Zuständen und Myomen* beizutragen.

In der Gravidität nimmt die Anspruchsfähigkeit des Organes noch etwas zu. Zu einer vorzeitigen Ausstoßung der Frucht kommt es indes gewöhnlich nur bei ·Anwendung toxischer Dosen. Zur *Anregung normaler Wehentätigkeit* aber kann es unter bestimmten Bedingungen verwendet werden. Kontraindiziert ist es in der Eröffnungsperiode. Die von ihm angeregten Wehen folgen sich häufig ohne genügend lange Pausen. Der Uterus gerät in einen starren, tetanischen Zustand, der durch Unterbrechung des Placentarkreislaufes das Leben des Kindes in Gefahr bringt. Erst gegen Ende der *Austreibungsperiode,* wenn der Geburt nichts weiter im Wege steht als Seltenheit und Schwäche der Wehen und man es bereits vollkommen in der Hand hat, dieselbe bei Auftreten von Tetanus uteri rasch durch Extraktion zu beenden, ist das Mittel erlaubt. Unbestrittenen Nutzen gewährt es in der *Nachgeburtsperiode* zur Erzielung krampfhafter, allseitiger Zusammenziehung der ·Gebärmutter, welche nun nach verschiedener Richtung hin sehr erwünscht ist.

2. *Zur Stillung von Blutungen.* Der prompte Erfolg bei Uterinblutungen gab wohl die Veranlassung, das Mittel auch bei Blutungen anderer Organe zu versuchen. Die styptische Wirkung ist dort in der Zusammenziehung der Uterusmuskulatur begründet, hier kann sie nur durch eine Kontraktion der Gefäße zustande kommen. Selbe ist dann auch an isolierten, künstlich durchbluteten Organen experimentell konstatiert. Die therapeutischen Erfolge sind aus dem schon beim Hydrastinin und Stypticin erörterten Grunde sehr unsicher.

Präparate und Verordnungsweise. Das Mutterkorn ist. die veränderlichste aller Drogen. Der Gehalt an wirksamen Stoffen beginnt sofort nach der Ernte· abzunehmen. Die Uteruswirkung ist auch bei sorgfältiger Aufbewahrung in trockenem Zustande nach 1 Jahre auf $^1/_8$ vermindert und die Gangrän erzeugende Wirkung schon nach ½ Jahr erloschen, was insofern von praktischer Bedeutung ist, als man bei der Dosierung solchen alten Mutterkorns nicht mehr so ängstlich zu sein braucht. Das Bedürfnis, die Droge durch haltbare und sicher dosierbare Präparate zu ersetzen, ist darum sehr groß, indes praktisch noch nicht genügend befriedigt.

***Secale cornutum, †Fungus Secalis,** Mutterkorn, wird bei Wehenschwäche in frisch hergestellten *Pulvern* zu 0,1—0,5 alle $\frac{1}{4}$ bis $\frac{1}{2}$ Stunden gegeben, in der Nachgeburtsperiode und zu sonstigen gynäkologischen Zwecken häufig als *Infus* 5,0 bis 10,0 : 150,0 2—4stündlich einen Eßlöffel.

***Extractum Secalis cornuti fluidum (P. I.), †Extr. Fungi Secalis fluidum,** rotbraunes, klares Extrakt. 10—20—30 Tropfen pro dosi.

***Extractum Secalis cornuti (P. I.), †Extr. Fungi Secalis,** ein dickes, braunes, wasserlösliches Extrakt, ist hauptsächlich für subkutane oder intramuskuläre Injektion bestimmt, $\frac{1}{4}$—$\frac{1}{2}$ Pravazsche Spritze der 50prozentigen Lösung. Es verursacht indes häufig erhebliche Entzündung der Applikationsstelle und steht auch an Wirksamkeit den unter dem Namen „Ergotin" und anderen Bezeichnungen (Sekakornin) von guten Firmen in den Handel gebrachten Päparaten nach.

Die reinen wirksamen Stoffe, das Tyramin (0,005 pro dosi) und das Histamin (0,001), scheinen für sich allein die Stammdroge, deren Wirkung von mehreren Körpern bedingt ist, die auf den Uterus gleichsinnig, auf andere Organe (Gefäße) entgegengesetzt wirken, nicht völlig ersetzen zu können. Befriedigender sind Kombinationen. Eine solche ist das Tenosin des Handels, von dem 1 ccm 0,002 Tyramin und 0,0005 Histamin enthält.

Hypophysenpräparate. Die Auszüge des infundibularen Teils Hinterlappen der Hypophyse (glandula pituitaria) zeigen weitgehende Ähnlichkeit mit der Wirkung des Histamins. Sie kommen, subkutan verwendbar, unter verschiedenen Namen (Pituitrin, Pituglandol usw.) in den Handel. 1 ccm entspricht der Wirkung von 0,2 frischer Drüse. In gleicher Weise dosiert ist das „Hypophysin". Es besteht nach der Angabe der Höchster Farbwerke aus den Sulfaten von vier wirksamen, aus der Hypophyse rein dargestellten Substanzen; 1 ccm ihrer 1 promilligen Lösung ist gleich der Wirkung von 0,2 frischer Drüse.

Außer als Uterotonica werden sie auch als Dysmenorrhoica und vermöge der anhaltenden Gefäßkontraktion als Styptica verwendet.

Maximaldosis der Ph. A.

Secale cornutum (Fungus Secalis)	1,0	(5,0)!
Extractum Fungi Secalis	0,5	(1,5)!
Extractum Fungi Secalis fluidum	1,0	(3,0)!

Einundzwanzigstes Kapitel.

Antipyretica, temperaturherabsetzende Mittel.

Die planmäßige Anwendung temperaturherabsetzender Mittel begann mit der Einführung der Thermometrie in die klinische Untersuchung. Die zuerst gebrauchten Stoffe (Digitalis in großen Dosen, Salpeter, Veratrin) waren aus später zu erwähnenden Gründen nicht richtig gewählt, besser bewährte sich das als Spezificum gegen Malaria schon lange bekannte Alkaloid Chinin (1867). Ihm folgte bald eine große Anzahl anderer Mittel.

Der eine Zeitlang herrschende Glaube an eine nähere Beziehung zwischen antiseptischer und antipyretischer Wirkung führte zur Prüfung von aromatischen, stickstofffreien Verbindungen, Abkömmlingen des Phenols, wie Hydrochinon, Resorzin, Benzoesäure, Salizylsäure. Sie wurden zwar alle wirksam befunden, am Krankenbette brauchbar erwies sich aber nur die Salizylsäure (1874).

Ein anderer Teil verdankt seine Existenz den Bemühungen der Chemiker, dem Chinin ähnlich gebaute Ersatzmittel auf synthetischem Wege darzustellen. So wurden nacheinander versucht das Chinolin und seine hydrierten Abkömmlinge, das Kairin (Oxychinolinäthyltetrahydrür) und Thallin (Methoxytetrahydrochinolin), schließlich das in seiner Konstitution etwas entfernter stehende Antipyrin (Dimethylphenylpyrazolon). Alle diese aromatischen Stickstoff-Kohlenstoffringe haben antipyretische Wirkung. Als Arzneimittel erwies sich jedoch nur das Antipyrin mit Vorteil brauchbar (1884).

Bald darauf fand man durch Zufall, daß auch einfach gebaute Amidoderivate des Benzols, welche ihren Stickstoff nicht in ringförmiger Verkettung enthalten, z. B. Acetanilid und Phenacetin, gute Antipyretica sind (1887).

Ausgesprochene antipyretische Wirkung besitzen auch alle Krampfgifte (Harnack). Sie tritt besonders bei narkotisierten Tieren hervor, wo die von den Krämpfen abhängige Temperatursteigerung ausgeschaltet ist.

Wirkung im allgemeinen.

Die *normale Temperatur wird nur wenig beeinflußt, viel stärker die abnorm gesteigerte,* sei es, daß dies durch starke Muskelarbeit (anstrengende Märsche im Sommer, Tetanus), durch ge-

wisse Gehirnverletzungen oder durch Fieber bedingt ist.
Unter den Fiebern, welche praktisch am meisten interessieren,
sind nicht alle der Temperaturherabsetzung in gleichem Grade
zugänglich. Am leichtesten werden jene Formen beeinflußt,
welche zu Remission und Intermission neigen (abendliche Fieber
der Phthisiker, spätere Tage des Typhus und der Pneumonie).
Viel hartnäckiger sind die im Aufsteigen begriffenen und die hohen,
kontinuierlichen Fieber. Entscheidend für den antipyretischen
Erfolg ist daher weit mehr der Charakter des Fiebers und der
Zeitpunkt der Anwendung als die Art der Krankheit als solche.
Eine Ausnahme bildet das Verhalten des Chinins bei Malaria und
der Salizylsäure bei Arthritis. Hier handelt es sich indes um Fälle
von „spezifischer Wirkung", welche mit der allgemeinen sympto-
matischen Wirkung der Antipyretica in keiner unmittelbaren
Beziehung stehen.

Die durch die Antipyretica bewirkte *Temperaturherabsetzung
ist vorübergehend*. Sie bildet sich allmählich aus, bleibt eine Zeitlang bestehen und verschwindet wieder allmählich. Sie besitzt
mithin die Form eines Wellentales. Zeit des Abfalls und Anstiegs
und Dauer der Erniedrigung sind je nach dem Mittel verschieden.
Einige (Hydroxybenzole, Kairin und Thallin) wirken sehr schroff:
Temperatursturz um 2—4° innerhalb einer Stunde, Verweilen auf
diesem Minimum nur eine Stunde, rapider Anstieg bis zur alten
Höhe in der nächsten Stunde. Bei einer mittleren Gruppe (Salizylsäure, Antipyrin, Acetanilid, Phenacetin) ist die Änderung
allmählicher: Abfall, Temperaturminimum und Anstieg dauern zusammen ca. 4—6 Stunden. Noch langsamer vollzieht sich die Veränderung bei einer letzten Gruppe, welche gegenwärtig nur durch
das Chinin repräsentiert wird. Hier beträgt Abfall und Anstieg
ungefähr je drei, die Dauer des Minimums etwa sechs Stunden.

Die Dauer des tiefsten Temperaturstandes kann bei allen
drei Gruppen verlängert werden, wenn etwas vor der Zeit, wo
er beendet ist, eine neue Dosis gegeben wird.

Die Temperaturveränderung ist von Erscheinungen begleitet,
welche man im klinischen Sprachgebrauche als *Nebenerscheinungen*
bezeichnet, welche in Wirklichkeit aber ursächlich mit ihr ver-
knüpft sind: *Hyperämie der Haut* und *Schweißabsonderung* während des Abfalles und *Zusammenziehung der Hautgefäße* und *Frost-
gefühl* während des Anstiegs. Diese Erscheinungen sind um so

ausgebildeter, je rascher die Temperaturschwankung sich vollzieht. Sie sind daher bei den Mitteln der ersten Gruppe am stärksten und machen diese durch das große Hitzegefühl, die profusen Schweiße und die heftigen Schüttelfröste zur therapeutischen Anwendung ungeeignet. Mäßig und nicht belästigend sind sie bei der mittleren Gruppe; gewöhnlich kaum wahrnehmbar bei der letzten, dem Chinin.

Hinsichtlich der *Ursache der Temperaturherabsetzung* sind mehrere Möglichkeiten zu diskutieren:

Eine Herabsetzung der Temperatur durch *Wirkung auf die Fieberursache* ist — abgesehen von oben angeführten Fällen spezifischer Wirkung — ausgeschlossen, da der Verlauf der fieberhaften Krankheiten durch die Antipyretica weder in bezug auf Dauer noch Stärke nach dieser Richtung beeinflußt wird.

Eine Herabsetzung der Temperatur durch *Lähmung von Kreislauforganen* (Kollapstemperatur), welche bei den zuerst versuchten Mitteln stattfand, ist ebenfalls nicht anzunehmen. Die gegenwärtig verwendeten Mittel haben zwar solche Wirkungen, aber erst in sehr großen Dosen. Bei Gaben, welche Temperaturverminderung erzeugen, ist hiervon nichts zu bemerken.

Es bleibt darum nur noch ein Drittes übrig: Temperaturherabsetzung durch *direkte Wirkung auf den Wärmehaushalt.* Dieses aber kann in doppelter Weise geschehen: einmal durch *Wirkung auf die Wärmeproduktionsstätten selbst,* d. h. die Zellen, in denen die die Wärme erzeugenden Stoffumsätze erfolgen, und zweitens durch *Wirkung auf die Wärmeregulierungszentren.* Hierunter versteht man die im Zwischenhirn liegende. dem sympathischen Nervensystem zugehörige Zentralstelle, welche den Zentren für Gefäßinnervation, Schweißsekretion und Stoffwechselregulierung übergeordnet ist und deren koordiniertes Zusammenarbeiten besorgt. Nach ihrer Ausschaltung durch Halsmarkdurchschneidung verhalten sich Säugetiere wie Kaltblüter, und alle fiebererregenden Reize sind wirkungslos.

Das Chinin wirkt größtenteils auf die erste Weise durch Verminderung der Wärmebildung (Chemische Regulierung). Dasselbe setzt nämlich nach kalorimetrischen Untersuchungen die Wärmebildung herab. Zentrale Einflüsse sind dabei nur in geringem Grade beteiligt, denn die Wirkung bleibt auch nach Rückenmarksdurchschneidung bestehen. Sein Hauptangriffspunkt muß also peripher in den wärmebildenden Zellen liegen. Dementsprechend vermag es auch die Temperaturerhöhung, welche experimentell durch Reizung der Regulierungszentren für Wärmebildung und Wärmeabgabe mittels des „Wärmestiches" geschaffen wird und als Einstellung des Regulators auf einen höheren Stand aufgefaßt werden kann, nur sehr wenig zu mäßigen.

Die übrigen Antipyretica (Antipyrin-Acetanilidgruppe und Salizylderivate) wirken hauptsächlich durch Vermehrung der Wärmeabgabe (Physikalische Regulierung). Dieselbe gibt sich symptomatisch durch Hyperämie und Schweißsekretion kund und ist eine Folge der „Beruhigung der im Fieber über- erregten wärmeregulierenden Zentren". Man schließt dies aus der Erfahrung, daß die durch den „Wärmestich" erzeugte er- höhte Körpertemperatur durch diese Mittel sehr stark herabgesetzt wird, nach Abtrennung des Zwischenhirns aber ausbleibt. Eine eigentliche Lähmung tritt in den kleinen Dosen noch nicht ein, denn diese bei Hyperthermie schon wirksamen Dosen sind auf normalen Mensch und Tier noch nahezu wirkungslos. Diese Herabsetzung der Erregbarkeit der Wärmeregulierungszentren ist keine isolierte Erscheinung. Auch andere Teile des Gehirnes — die *schmerzperzipierenden Zentren* — erfahren durch diese Stoffe eine *Verminderung ihrer Erregbarkeit,* so daß dieselben auch als schmerz- lindernde Mittel ausgedehnte Anwendung finden, während ander- seits bei den eigentlichen Narkotica, namentlich dem Morphin, im Tierexperiment die Narkose sich auch auf die Zentren der Wärme- abgabe ausgedehnt erweist, so daß ein Sinken der Körpertemperatur, wie bei den gewöhnlich als Antipyretica bezeichneten Stoffen, hervorgerufen wird.

Anwendung.

1. *Als symptomatische Antipyretica.* Vielfache Erfahrungen am Krankenbette haben ergeben, daß der fieberhafte Prozeß durch andauernde Verabreichung dieser Mittel zum mindesten nicht im günstigen Sinne beeinflußt wird, und Tierversuche lehren ge- radezu, daß bakterielle Infektionen bei erhöhter Temperatur leichter überwunden werden. Die Wirkungen der Antipyretica auf das zentrale Nervensystem und auf den Stoffwechsel zeigen ferner, daß wir in ihnen keine gleichgültigen Stoffe vor uns haben, über die der Arzt kritiklos nach Belieben verfügen darf. Dem früher nach dieser Richtung weit getriebenen Mißbrauche ist mit

Recht eine bedeutende Einschränkung gefolgt. Man wendet die Antipyretica gegenwärtig nur noch in mäßigen Dosen an zur *Erzeugung eines Zustandes von Euphorie,* wenn bei andauernden Fiebern zwischendurch eine Einschränkung der Reaktion, d. h. ein gewisser Nachlaß der Fiebersymptome mit relativem Wohlbefinden, freierem Sensorium, wieder erwachter Eßlust, verminderter Puls- und Respirationsfrequenz, herabgesetzter Konsumtion und besserer Diurese für angezeigt erachtet wird. Man kann sie in dieser Hinsicht als Fieber-Sedativa bezeichnen.

2. *Als spezifische Antipyretica.* Von der besprochenen vorübergehenden Wirkung auf die Fiebersymptome, welche die Antipyretica mehr oder minder auf alle Fieber ausüben, ist die *Wirkung einzelner Antipyretica gegen gewisse fieberhafte Krankheiten* scharf zu trennen, so besonders die Wirkung des Chinins gegen Malaria und der Salicylsäure gegen akuten Gelenkrheumatismus. Hier bewirkt das Mittel eine dauernde Aufhebung aller Symptome, d. h. die Heilung der Krankheit. Es handelt sich um eine gegen die Krankheitsursache gerichtete Wirkung, die mit der symptomatisch antipyretischen Wirkung nichts zu tun hat.

3. *Als schmerzmildernde Mittel* besonders bei Migräne und anderen nervösen Kopfschmerzen, bei Neuralgien, Menstruationsanomalien, gegen die lanzinierenden Schmerzen der Tabiker, gegen Zahnschmerzen, Schlaflosigkeit usw. Schon das Chinin zeigt diese beruhigende Wirkung, stärker tritt sie bei Aspirin, Antipyrin, Pyramidon, Phenacetin und Lactophenin hervor, wo sie mit einer Erweiterung der Hirngefäße verbunden ist.

Der Gebrauch gegen die eben genannten Leiden hat im Publikum große Ausdehnung gewonnen, unterstützt durch die Reklame und die bis vor kurzem uneingeschränkte Bezugsmöglichkeit. Es ist schon mehrfach die Vermutung geäußert worden, daß diese Verhältnisse zu chronischen Vergiftungen, z. B. einem Antipyrinismus, führen und in ähnlicher Weise wie Morphin, Kokain und Alkohol ihre Opfer fordern werden. Greifbare Anzeichen hierfür sind bis jetzt nicht zur Kenntnis gekommen; dessenungeachtet ist es notwendig, daß dieser schrankenlose, der ärztlichen Kontrolle entzogene Gebrauch verhindert werde.

Chinin.

Chinin, $C_{22}H_{24}O_2N_2$, ist das wichtigste Alkaloid der Chinarinde, Cortex Chinae, welche von mehreren in den Subtropen kultivierten, zu den Rubiaceen gehörigen Cinchona-Arten gewonnen wird. Es *bildet zwei Reihen von Salzen, schwer lösliche neutrale und leicht lösliche saure.* Daneben finden sich in der Rinde noch das dem Chinin isomere Chinidin, auch Conchinin genannt, und die einander isomeren Krampfgifte Cinchonin und Cinchonidin, sowie Chinagerbsäure und Chinasäure.

Die Entdeckung der Wirkung der Chinarinde bei Sumpffieber ist in sagenhaftes Dunkel gehüllt. Sie scheint den Eingeborenen am Westabhange der Anden Südamerikas (Bolivia, Columbia, Ecuador, Peru), wo diese schönen, immergrünen Bäume ihre Heimat haben, schon vor der Eroberung dieser Länder durch die Spanier bekannt gewesen zu sein. Den Anstoß zur Einführung der Rinde in Europa gab die Heilung der Gemahlin des Vizekönigs von Peru der Gräfin Anna Cinchon (richtiger Chinchon), von Malaria 1638. Ihr zu Ehren gab Linné diesen heilkräftigen Bäumen den Gattungsnamen Cinchona, während Quina oder China die von den Eingeborenen gebrauchte Bezeichnung für Rinde ist. Der in der Folgezeit immer größeren Umfang annehmende Verbrauch dieses kostbaren Heilmittels zog eine schonungslose Verwüstung der Baumbestände nach sich, welche schließlich die Befürchtung einer völligen Ausrottung entstehen ließ. Sie wurde erst gehoben, nachdem zuerst den Holländern 1854 und bald darauf den Engländern die Anpflanzung dieser Bäume in Java und Ceylon mit solchem Erfolge gelang, daß gegenwärtig der Bedarf fast ausschließlich durch Kulturrinde gedeckt wird.

Die Rinde selbst wird heutzutage nur mehr als Stomachicum und sogenanntes Tonicum verwendet, als Fiebermittel gebraucht man das aus ihr fabrikmäßig dargestellte, 1820 von Pelletier und Caventou entdeckte Chinin.

Von den *Wirkungen* des Chinins interessieren zunächst jene auf die *Zellen im allgemeinen* und auf *niedrige Organismen* im besonderen, weil sie ein Streiflicht auf die wichtigste therapeutische Anwendung werfen, nämlich die spezifische gegen Malaria (Binz).

Bakterien werden im allgemeinen nicht hochgradig beeinflußt. Das Wachstum von Milzbrand z. B. wird erst gehemmt bei Konzentration von 1 : 625. Schimmelpilze siedeln sich sogar mit Vorliebe in Lösungen von schwefelsaurem Chinin an. Sehr auffällig dagegen ist die Wirkung auf Amöben, Infusorien und Turbellarien, welche bereits in Verdünnungen von 1 : 20000 bis 1 : 100000 zunächst gelähmt und dann getötet werden. In analoger Weise werden auch die Leukocyten beeinflußt. Sie verlieren die amöboide Beweglichkeit und ziehen sich zur Kugel zusammen.

Auch die *örtliche Wirkung auf höhere Organismen* weist auf derartige, die Zellen schädigende Einflüsse hin. Die Ankunft des Chinins im Magen wird nicht selten durch Erbrechen beantwortet, das jedoch bei Wiederholung der Gaben bald aufhört.

Eine weitere, nicht seltene Folge sind Durchfälle. Die subkutane Injektion zieht Abszesse und Phlegmonen nach sich, weshalb man nur im Notfall von dieser Applikationsweise therapeutischen Gebrauch macht.

Nach der Resorption erfolgt in Tagesgaben von 0,5—1,5 beim Menschen sowohl wie bei Tieren konstant eine *Herabsetzung der Körpertemperatur.* Dieselbe ist unter normalen Verhältnissen nur gering, bloß durch ein Verschwinden der bekannten täglichen Schwankungen der Körpertemperatur und einen rascheren Temperaturausgleich nach körperlichen Anstrengungen merklich. Bei abnorm erhöhter Temperatur (Fieber) hingegen ist öfters eine Erniedrigung um mehrere Grade bis zur Norm zu beobachten.

Sie erfolgt nicht rasch, sondern *allmählich* nach einer mehrere Stunden dauernden Latenz, welche wohl nicht allein durch die langsame Resorption der Chininsalze, sondern auch durch den Umstand bedingt ist, daß auch sie in einer allgemeinen Zellwirkung ihren Grund hat und dieser Einfluß Zeit braucht, sich auszubilden.

Die *Ursache der Temperaturerniedrigung* ist nämlich, wie bereits in der Einleitung dieses Kapitels dargelegt wurde, zum großen Teile in einer *Verminderung der Wärmeproduktion durch Herabsetzung der chemischen Energie des Protoplasmas aller Zellen* zu suchen. Der Umsatz der Nährstoffe, insbesondere des Eiweißes geht zurück, denn die Ausfuhr der stickstoffhaltigen Stoffwechselprodukte im Harn nimmt ab. Hierbei tritt die Verminderung der Harnsäure ganz besonders hervor. Da dieselbe ein Abbauprodukt der nukleïnreichen Zellen, also auch der weißen Blutkörperchen, ist, gewinnt die oben erwähnte Hemmung der amöboiden Bewegung der Leukocyten und ihre damit wohl im Zusammenhange stehende Verminderung im Blute erweiterte Bedeutung.

Die Leistungsfähigkeit der Organe erfährt durch die Herabsetzung des Stoffwechsels nicht immer eine Minderung:

Die *Arbeitsleistung der quergestreiften Muskulatur* ist zunächst erhöht, erst später nimmt sie ab, und der Muskel ermüdet früher als der normale.

Die *Uterusbewegungen* werden angeregt, so daß erhöhte Wehentätigkeit, eventuell auch Frühgeburt, die Folge ist. Auf Kontraktionserhöhung der glatten Muskulatur werden auch die bisweilen sich einstellenden *Durchfälle* und die *Verkleinerung der Milz* bezogen. Sie bleibt nach Versuchen am Hunde auch nach Durchschneidung der Milznerven bestehen und ist manchmal so stark, daß das Organ ein runzeliges Aussehen bekommt.

Die Ursache der in kleinen Dosen auftretenden *Pulsbeschleunigung* ist nicht näher untersucht.

Höhere Gaben, von 1,5 an, führen zum sog. **Chininrausch,** bestehend in *Schwindel, Kopfschmerz, Benommensein, Ohrensausen und Schwerhörigkeit,* zu denen sich in einzelnen Fällen *schwere Sehstörungen* hinzugesellen. Letztere bestehen in Herabsetzung der Sehschärfe, des Farbensinnes und Einengung des Gesichtsfeldes, verbunden mit ausgesprochener Verengerung der Netzhautarterien. Sie sind um so ernster zu nehmen, als sie nicht wie die sonstigen Symptome schon am ersten Tage nach dem Aussetzen des Mittels verschwinden, sondern oft erst nach Monaten und häufig nur unvollständig sich zurückbilden.

Das *Auftreten von Urticaria* oder anderen Exanthemen, zuweilen verbunden mit Lidödem und Bindehautkatarrh bei manchen Personen, selbst bei kleinsten Dosen, ist praktisch wichtig. Man überzeuge sich vor Aufnahme einer Chinintherapie durch eine Probedosis von 0,1, ob eine solche Idiosynkrasie vorhanden ist.

Gaben über 4,0 erzeugen die schwere *Chininvergiftung Kollaps,* manchmal *Krämpfe, Lähmung des Atmungszentrums und des Herzens.* Die tödliche Dosis bei Gesunden liegt im allgemeinen ziemlich hoch. Bei 2 Typhuskranken aber war sie bereits bei 2,0 erreicht. Für Kinder in den ersten Lebensjahren kann 1,0 tödlich sein.

Seltene Vorkommnisse sind *Fälle von Nierenreizung* (Albuminurie, Hämaturie) und die *Auslösung eines Fieberanfalls,* beziehungsweise die Steigerung eines bereits bestehenden (sog. konträre Wirkung). Das bei der Chininbehandlung schwerer Malariafälle mit großen Dosen nicht selten auftretende „*Schwarzwasserfieber*" dürfte auf den Umstand zurückzuführen sein, daß das in den Blutkörperchen gespeicherte Chinin die infizierten Blutkörperchen viel leichter hämolytisch beeinflußt als die normalen. Auf letztere wirkt es erst in Konzentrationen von $\frac{1}{4}$—1 %. Verabreichung in kleineren aber häufig wiederholten Dosen ist daher ungefährlicher.

Die *Ausscheidung* des Chinins erfolgt größtenteils in den ersten $1\frac{1}{2}$ Tagen durch den Harn, bis zu ungefähr 40 % unverändert. Der übrige Teil scheint in der Leber zerstört zu werden.

Anwendung.

1. Gegen *Wechselfieber.* Diese Anwendung ist weitaus die wichtigste. Es gibt kein Mittel, das dem Chinin hierin auch nur annähernd gleich käme, denn dasselbe wirkt nicht bloß gegen den *einzelnen Fieberanfall* — das leisten mehr oder weniger alle Antipyretica —, sondern es verhindert auch die *Wiederkehr des Fiebers* und beseitigt die sonstigen *Nachkrankheiten* und *larvierten Formen* (Milzanschwellung, Neuralgien, Magenkatarrhe). Schließlich wirkt

es auch *prophylaktisch*. Aufnahme von je 1,0 pro die, auf 4—5 Teildosen verteilt an zwei aufeinander folgenden Tagen jeder Woche, oder von 0,3 jeden Abend verhindert den Ausbruch der Malaria entweder völlig oder gestaltet ihn wenigstens zu einem milderen.

Die empirische Anwendung des Chinins ist durch die Entdeckung der Malariaparasiten durch Laveran auf eine rationelle Grundlage gestellt worden. Die Parasiten können im zirkulierenden Blute durch Chinindarreichung zum Verschwinden gebracht werden, und auch außerhalb des Organismus bringt Zusatz von Chininlösung sie zu raschem Zerfall. Das Mittel wirkt somit spezifisch, d. h. auf die Ursache der Krankheit, indem es die Parasiten tötet. Am empfindlichsten sind die reifen Formen vor der Teilung und die noch freischwimmenden jüngeren amöboiden Formen. Der Fieberparoxismus fällt zeitlich mit der Vermehrung durch Teilung zusammen. Dementsprechend bewirkt bei den typischen periodischen Fiebern Chinin den größten Nutzeffekt, wenn es zu 1,0—2,0 innerlich, 5—6 Stunden vor dem Anfall, oder intravenös bei Beginn desselben verabreicht wird. Es werden dann häufig die Parasiten soweit vernichtet, daß der Anfall nicht wiederkehrt und die Krankheit geheilt ist, wenn dem späteren Auftreten von Rezidiven infolge Entwicklung der dem Chininangriff in inneren Organen (Milz) entgangenen Parasiten durch weitere, kleinern Gaben (0,5) vorgebeugt wird. Eine andere, von Nocht empfohlene Behandlungsmethode geht auf die Erzielung eines möglichst gleichmäßigen Stroms von Chinin in das Blut aus, in der Weise, daß man 1,0—1,2 Chinin in refracta dosi, d. h. 0,2—0,3 Chinin 5 mal täglich bis zur völligen Entfieberung, nehmen läßt und bei der folgenden 1—2 Monate dauernden Nachbehandlung zunächst diese Medikation 8 Tage lang fortsetzt und dann auf je 2 Chinintage Pausen von steigender Länge (bis zu 5 Tagen) einschiebt.

Gegen Malariarezidive hat Kombination des Chinins mit Salvarsan Erfolge, indem vermutlich die chininresistenten Dauerformen durch das Salvarsan zur Entwicklung gezwungen und so der Chininwirkung zugänglich gemacht werden.

Das Chinin wirkt um so besser, in je größerer Konzentration es im Blute versammelt werden kann. Bei oraler Aufnahme erreicht man einen Chininspiegel von ungefähr 3 Prozent der dargereichten Menge, der sich mehrere Stunden hält um langsam innerhalb 24 Stunden auf Null abzusinken. Die Verabreichungsart ist natürlich von bestimmendem Einfluß. Pulver oder Pastillen lösen sich mit genügender Raschheit nur bei Gegenwart von Säure. Da nun in allen fieberhaften Zuständen die Magensaftbildung darniederliegt, ist das Nachtrinkenlassen einer Säurelösung angezeigt. Ganz zweckmäßig ist die Verabreichung in spirituöser Lösung mit Zusatz von Gewürzen, wobei der Geschmack korrigiert und die Resorption gefördert wird. Bei intravenöser oder intramuskulärer Injektion ist die im Blute versammelte Menge zunächst bedeutend höher, 10 Prozent der injizierten, sinkt aber fortdauernd, so daß nach wenigen Stunden das Blut chininfrei geworden ist. Die genannten Injektionen haben daher eine rasche und intensive Wirkung. Da die neutral reagierenden Chininsalze zu schwer in Wasser löslich sind, benutzt man die leicht lösliche Kombination 0,5 Chininchlorid + 0,25 Urethan, welche man, eventuell vereint mit Kochsalzinfusion, in den schweren, komatösen Tropenfiebern anwendet, bis die Lebensgefahr soweit beseitigt ist, daß die gewöhnliche Chininbehandlung Platz greifen kann. Subkutane Injektionen haben häufig Infiltrate und Abszesse zur Folge.

Bei Amöbenenteritis, einer weiteren Protozoenkrankheit, wird Chinin teils innerlich, teils als Klysma mit Erfolg gegeben. Es dürfte, analog den in letzter Zeit erprobten intravenösen Injektionen von Emetin, der wirksamen Substanz der Radix Ipecacuanhae Kap. XI, tötend auf die in der Darmwand sitzenden Parasiten wirken.

Auch bei der bakteriellen Form der Ruhr und bei der ruhrähnlichen Colitis contagiosa haben sich Clysmata von 0,25 % Chininchlorid bewährt.

Äthylhydrocuprein (Optochin), $C_{19}H_{22}N_2(OH) . O . C_2H_5$, Derivat des Cupreins, das in der durch ihre kupferrote Farbe kenntlichen falschen Chinarinde (Cuprea-Rinde) enthalten ist. *Specificum gegen Pneumokokken*, insbesondere in der Augenheilkunde gegen *Ulcus serpens* als Einträufelung 0,5—1,0 proz. Lösung oder als Salbe 5—6 mal täglich gebraucht. ℞ Optochini hydrochl. 0,1, Atropini sulf. 0,2, Amyli Tritici 2,0, Vaselini flavi ad 10,0, M. f. ung. S. Augensalbe.

Die Darreichung bei Pneumonie hat eine ätiotrope Wirkung bisher nicht mit Sicherheit erkennen lassen. Vergiftungen, insbesondere vorübergehende Amblyopie oder dauernde Erblindung (Opticusatrophie) scheinen seltener geworden zu sein, seit statt des rasch resorbierbaren Chlorids, das freie Alkaloid Optochininum basicum, 0,25 in Gelatinekapseln alle 5 Stunden durch zwei Tage fortgesetzt, gegeben wird, zusammen mit 1—2 Teelöffel Natrium bicarbonicum, um der raschen Lösung durch die Magensalzsäure zu begegnen.

2. Als *allgemeines Antipyreticum* wurde Chinin zunächst,

nachdem das Bedürfnis nach solchen Mitteln rege wurde, viel angewandt. Es bewirkt in Dosen von 1,0—2,0 bei zu Remissionen geneigten Fiebern (Typhus), nach etwa 3 Stunden eine über ½ Tag anhaltende Temperaturerniedrigung um mehrere Grade. Durch neuere Mittel, welche geringere Nebenwirkungen veranlassen, längere Zeit in den Hintergrund gedrängt, findet es gegenwärtig in der Behandlung des Typhus, der Pneumonie und Influenza, des Puerperalfiebers und anderer septischer Erkrankungen wieder mehr Beachtung, mit Recht jedenfalls schon darum, weil es nicht lediglich so rein symptomatisch nur die Wärmeabgabe befördert, sondern hauptsächlich die Wärmebildung einschränkt.

3. Gegen *Neuralgie und Cephalgie.* Die günstige Erfahrung mit großen Chiningaben gegen Neuralgien, welche typischen Verlauf einhalten und auf Malariainfektion zurückzuführen sind, war die Veranlassung, das Mittel auch gegen andere nicht aus dieser Ursache stammende Neuralgien zu versuchen. Ein Erfolg ist zuweilen nicht abzuleugnen und beruht auf dem allen Antipyretica mehr oder weniger eigenen beruhigenden Einfluß auf das zentrale Nervensystem.

4. Als „*Tonicum*". Dieser alt-eingebürgerte Gebrauch verdankt seine Entstehung wohl dem eminent bitteren Geschmacke des Chinins und der Chinarinde. Ob er wirklich eine Berechtigung hat, ist um so schwieriger festzustellen, als gewöhnlich nicht das Alkaloid selbst, sondern die Chinarinde und deren Präparate, noch dazu häufig in Verbindung mit anderen Mitteln, verwendet werden. Den eigentlichen Bittermitteln (Kap. IV) ist Chinin jedenfalls nicht analog, denn ihm fehlt die charakteristische, in Form einer Spätwirkung auftretende Steigerung der sekretiven und resorptiven Tätigkeit des Darmes. Hingegen sind die bereits besprochene Verminderung der zirkulierenden Leukocyten, die Herabsetzung des Eiweißumsatzes und die anfängliche Erhöhung der Arbeitsleistung der Muskeln Wirkungen, die sich wohl im Sinne eines „Tonicums" deuten lassen.

5. Bei *Wehenschwäche* in der Eröffnungsperiode wird es in Pulvern zu 0,25—0,5 neuerdings häufiger angewandt. Es hat lange Wirkungsdauer, führt nicht so leicht zu „Tetanus uteri" wie die Mutterkornpräparate.

6. Bei *Keuchhusten* wird es fortgesetzt empfohlen, von einigen Ärzten sogar für das beste der gegenwärtig bekannten Mittel gehalten. Man gibt

Chininum hydrochloricum 2—3 mal täglich soviel Dezigramme als das Kind Jahre zählt, in Schokoladenpastillen oder Stuhlzäpfchen oder das nur wenig bitter schmeckende Chininum tannicum in Suppen oder Milch verrührt entsprechend seinem geringeren Chiningehalte in 3 facher Dosis. Über Ersatzmittel s. Anhang.

7. Bei *Grippe,* insbesondere Kopfgrippe, werden Pulver von Chinin. hydrochlor., Pyramidon $\overline{aa}$ 0,2 3mal täglich empfohlen.

Chinidinum sulfuricum ist bei perpetueller *Herzarhythmie* (Vorhofsflimmern) in der Mehrzahl der Fälle von Erfolg. Beste Ordination nach von Bergmann: 0,2 am ersten Abend vor dem Essen, am zweiten Tag morgens 0,4, wenn ohne Kopfschmerz oder Schwindel vertragen noch zweimal wiederholt. Ebenso in den folgenden vier Tagen, sodann bei Einsetzen der Wirkung langsames Heruntergehen.

Präparate und Verordnungsweise.

*†**Chininum sulfuricum,** Chininsulfat, $(C_{20}H_{24}O_2N_2)_2 . SO_4H_2 + 8 H_2O$, mit 72 % Chinin. Weiße Kristallnadeln, welche 800 Wasser zur Lösung brauchen, bei Zusatz von verdünnten Säuren viel weniger, weil dadurch die sauren Salze gebildet werden. Die Verordnung erfolgt gewöhnlich als *Pulver,* des äußerst bitteren Geschmackes halber in Oblaten eingehüllt, mit Nachtrinken von Limonade, um die Lösung im Magen zu befördern und das Erbrechen zu verhindern.

*†**Chininum hydrochloricum,** Chininhydrochlorid, $C_{20}H_{24}O_2N_2 . HCl + 2 H_2O$, mit 82 % Chinin. Weiße Kristalle, in 34 Wasser löslich, durch verdünnte Säuren ebenfalls in das leichter lösliche saure Salz umwandelbar. Es wird als *Pulver, Pastille, Klysma* gegeben, im Notfall als *intramuskuläre* oder *intravenöse Injektion* unter Zusatz von halbsoviel Urethan oder Antipyrin, wodurch die Löslichkeit sehr gefördert wird.

*†Extractum Chinae aquosum, ein mit Wasser bereitetes, dünnes (Ph. G.) oder trockenes (Ph. A.) Extrakt der Chinarinde mit 6,2 resp. 7,5 % Gehalt an Alkaloiden, und das †**Extractum Chinae spirituosum,** trockenes, weingeistiges Extrakt mit 12 % Alkaloiden, in Wasser trübe löslich, werden, als *Tonicum* zu 0,5 bis 2,0 mehrmals täglich in *Pillen, Mixturen* oder *Wein* gegeben; desgleichen zu 10—30 Tropfen das *†Extractum Chinae fluidum mit 4 % Alkaloidgehalt.

*****Tinctura Chinae,** weingeistiger Auszug der Rinde 1 : 5, Alkaloidgehalt 0,7 %, und *†**Tinctura Chinae composita,** voriger Auszug mit Enzian, Orangen und Zimt aromatisiert, Alkaloidgehalt 0,4 %, sind rotbraune, bitter schmeckende Tinkturen, welche zu ½—1 Teelöffel mehrmals täglich als *Stomachicum* und *Tonicum* viel gebraucht werden. Desgleichen likörglasweise *†**Vinum Chinae,** Chinawein, ein Auszug von 40—50 Chinarinde mit 1000 Xeres- oder Malagawein.

*†**Chininum tannicum,** gerbsaures Chinin, gelblich-weißes, amorpnes Pulver, in 800 Wasser löslich, von nur sehr schwach bitterem Geschmacke und darum *für Kinder* geeignet, welche Oblatenpulver unzerkaut nicht schlucken können. Enthält nach Vorschrift der Ph. G. ungefähr 30—32, nach Vorschrift der Ph. A. ungefähr 20 % Chinin. Die Dosen müssen demnach 3—4 mal höher gegriffen werden als von Chininum hydrochloricum oder sulfuricum.

†**Chininum bisulfurium,** Chininbisulfat, $C_{20}H_{24}O_2N_2SO_4H_2 + 7H_2O$, mit 50 % Chinin. Farblose Nadeln, welche bereits in 10 Wasser mit saurer Reaktion löslich sind.

***Chininum ferro-citricum,** †**Ferrum citricum chiniatum,** Eisenchinincitrat mit †**Vinum Chinae ferratum** s. Kap. XXIV.

Rezept-Beispiele.

℞		℞	
Chinini hydrochl.	4,0	Pulv. Chinini sulf.	0,5
Spirit. Vini Cognac		D. tal. dos. No. X	
Tinct. aromat.	ana 30,0	S. 5 Stunden vor dem Fieberanfalle	
MDS. 3—4 Stunden vor dem Fieberanfall 1 Eßlöffel (= 1,0 Chinin) zu nehmen.		1—2 Pulver in Oblaten zu nehmen und Limonade nachzutrinken.	

℞		℞	
Chinini hydrochl.	2,0	Chinin. hydrochlorici	3,0
Aquae		Antipyrini	2,0
Mucil. Amyli Tritici	ana 30,0	Aquae ad ccm X	
Tinct. Opii	gutt. VIII	MDS. zur intravenösen und intra- muskulären Injektion.	
MDS. zu Klistieren.			

℞		℞	
Chinini hydrochlorici	2,5	Chinin. bisulfurici	2,0
Aquae		Ung. Glycerini	18,0
Acid. hydrochl. q. s. exactissime ad solutionem ccm X		M. f. ope Aquae unguentum.	
DS. zur subkutanen Injektion.		DS. Prophylacticum gegen Ery- thema solare, indem es, in ge- nügend dicker Schicht aufge- tragen,	
[Nach der völligen Lösung durch Erwärmen lauwarm zu injizieren und durch sanftes Streichen im Zellgewebe zu verteilen.]		die ultravioletten (chemischen) Strahlen absorbiert. Noch besser wirkt „Zeozon", ein Derivat des in der Roßkastanienrinde vor- kommenden Aesculins.	

23*

Salizylsäure.

*†**Acidum salicylicum, Salizylsäure,** $C_6H_4(OH) \cdot COOH$, in ungefähr 500 Teilen kalten Wassers lösliche Kristallnadeln.

*†**Natrium salicylicum, salizylsaures Natron,** weiße, in Wasser leicht lösliche Kristallschüppchen von unangenehmem, herb süßlichem Geschmacke.

***Acidum acetylosalicylicum, Aspirin,** $C_6H_4(O \cdot COCH_3)COOH$, weiße Kristallnädelchen von schwach säuerlichem Geschmack, die in Wasser schwer löslich sind, aber durch Alkalien leicht in die wasserlöslichen Alkalisalze ihrer Komponenten (Salizylsäure und Essigsäure) gespalten werden.

Das in Wasser leicht lösliche Kalksalz („Aspirinlöslich") wird in der Kinderheilkunde mit Sirup. Cerasorum gebraucht.

Zur Geschichte und Namengebung dieser Mittel sei folgendes bemerkt: Die nahen Beziehungen, welche die Salizylsäure zu Phenol und Benzoesäure durch ihre Konstitution besitzt, veranlaßte ihre Einführung in die Medizin durch Kolbe 1874, der ein sehr billiges Darstellungsverfahren — durch Erhitzen von Phenol, Natronhydrat und Kohlensäure — entdeckte und das Produkt als Ersatz der Karbolsäure zu Desinfektionszwecken empfahl.

Der Name Salizylsäure ist von Salix, die Weide, abgeleitet, weil die Substanz bei Oxydation eines in der Weidenrinde enthaltenen Körpers, des Saligenins erhalten wird. Vorgebildete Salizylsäure findet sich in mehreren Spiraea-Arten, daher sie früher auch Spirsäure genannt wurde. Bei der Wahl des Handelsnamens für das acetylierte Produkt wurde diese Bezeichnung wieder benutzt. Er ist aus Acetylspirsäure entstanden und ist wortgeschützt; sein Gebrauch im Rezept statt des Strukturnamens verdoppelt den Preis.

Wirkung.

Örtlich wirkt Salizylsäure als Zellgift in eigenartiger Weise vermöge ihrer Verwandtschaft mit der Karbolsäure auf Bakterien *desinfizierend*, auf Schleimhäute *nekrotisierend* und auf der äußeren Haut *keratoplastisch-keratolytisch*, d. h. zunächst eine Hyperplasie, dann eine Abschiebung der Hornschicht in zusammenhängenden Lamellen (Schälung) hervorrufend.

Resorptiv erzeugen 6,0—8,0 der Säure oder ihres Salzes einen namentlich bei Fiebernden ausgesprochenen *Temperaturabfall* mit starker Hyperämie der Haut, Schweißausbruch und Erhöhung des Eiweißumsatzes und der Harnsäureausscheidung.

Toxische Wirkungen zumal auf das Zentralnervensystem sind bereits bei diesen Dosen vorhanden: *Ohrensausen, Schwerhörigkeit,* zuweilen auch Sehstörungen und Benommenheit. Sie gehen beim Aufhören der Medikation alsbald zurück. Bei höheren Gaben, über 10,0 gesellen sich dazu *Dyspnoe* infolge Lähmung des Respirationszentrums und *Herzschwäche*. Die Gefahr eines letalen Ausganges ist besonders dann gegeben, wenn infolge erheblicher Nierenstörung die Ausscheidung verzögert ist. Anfänge derselben, mit *Albuminurie* und *Cylindrurie* einhergehend, sind schon in höheren therapeutischen Gaben regelmäßiger Befund, verschwinden jedoch meist noch während des Fortgebrauches oder der Zufuhr von Alkalien (6—10 g Natriumbikarbonat pro die).

Von selteneren Vorkommnissen seien noch genannt: *Hautausschläge*, Neigung zu *Abortus* und Erhöhung der *Disposition zu Blutungen* bei gewissen Krankheiten (Typhus).

Auch von der Haut aus kann bei ausgedehnter Anwendung der Salizylsäure soviel von ihr resorbiert werden, daß tödliche Vergiftung die Folge ist.

Bei Aspirin sind die meisten dieser *toxischen Folgen weniger intensiv*. Man nimmt gewöhnlich an, daß die Resorption des Aspirins im Darme erst nach seiner langsam zu wasserlöslichem Salizylat erfolgenden Verseifung geschehe, wodurch es sich erkläre, daß seine Wirkung eben mehr eine protrahierte, milde, nicht stoßweise toxische wie bei dem rasch resorbierbaren, fertig eingeführten salizylsauren Natron ist.

Da indes der Darminhalt erst in den unteren Abschnitten alkalisch reagiert, ist es nicht unmöglich, daß ein Teil des Aspirins unverseift zur Resorption gelangt. Die stärker ausgeprägte analgetische und antipyretische Wirkung, der Antipyringruppe gleichkommend, spricht dafür.

Verteilung im Körper und Ausscheidung. Die Salizylsäure findet sich in relativ größter Menge in den Muskeln und noch mehr in den Gelenken, insbesondere von Tieren, welche mit Staphylokokken, einer, dem noch unbekannten Erreger des Gelenkrheumatismus vermutlich verwandten Bakterienform, infiziert sind. Durch diese selektive Anhäufung werden zwei klinische Erfahrungen dem Verständnis nähergerückt: die Wirkung der Salizylsäure bei der genannten Erkrankung und die Beobachtung, daß die Salizylsäure von Gelenkkranken besser vertragen wird als von Gesunden, bei denen eben mehr des Mittels in die empfindlichen Regionen (Gehirn und Herz) wandert (Jacoby).

Die Ausscheidung erfolgt durch die Niere, teils unverändert, teils mit Glykokoll, analog der Hippursäure, gepaart als Salizylursäure. Sie ist nach 36—48 Stunden vollendet. Zum Nachweis dient Eisenchlorid, welches in Lösungen von Salizylsäure und Salizylursäure schöne Violettfärbung erzeugt.

Anwendung.

1. Als *chirurgisches Antisepticum* vermochte die Salizylsäure sich nicht zu behaupten, da die Wirkung wegen der geringen Löslichkeit nur mäßige Intensität erreichen kann. Am meisten eignet sie sich noch in Pulverform zu Dauerverbänden.

Zur Konservierung von Lebensmitteln im Haushalte und in Gewerben, wo nicht die höchsten Anforderungen gestellt werden, eroberte sie. sich, wegen ihrer wenig in die Sinne fallenden Eigenschaften ein großes, jetzt aber mit Recht nicht mehr gestattetes Absatzgebiet, denn wenn auch die Giftigkeit nicht sehr groß ist, so hat die uneingeschränkte Zulassung doch ihre großen Bedenken, zumal bei dem Umstande, daß dann die Versuchung, die gewöhnlichen Regeln der Reinlichkeit und Sorgfalt bei der Konservierung außer acht zu lassen, naheliegt.

2. Bei *Hauterkrankungen* wird Salizylsäure wegen ihrer antiseptischen und keratolytischen Wirkung viel verwendet: Bei *Ekzemen* als **†Pasta Zinci salicylata** (Schälpaste) mit 2 % Salizylsäure, bei *Hühneraugen* als ***†Emplastrum saponatum salicylatum** mit 10 % Salizylsäure oder †Collemplastrum salicylatum mit 4 %. Am einfachsten in der Weise, daß man etwas gepulverte Salizylsäure in die Mitte eines passend zugeschnittenen Stückes Leukoplast gibt und auflegt.

Gegen *Fußschweiße und nässende Hautauschläge* dient das austrocknende ***Pulvis salicylicus cum Talco, Salizylstreupulver,** aus 3 Salizylsäure, 10 Stärke und 87 Talk bestehend, als „Pulvis pro pedibus" messerspitzenweise morgens zwischen die Zehen und in die Strümpfe zu streuen.

Gegen das Wundreiben kann ***†Sebum salicylatum, Salizyltalg,** d. i. Hammeltalg mit 2 % Salizylsäure verwendet werden.

3. Als *spezifisches Antipyreticum.* Salizylsäure war einige Jahre als symptomatisches, die Wärmeabgabe beförderndes Antipyreticum im Gebrauch, wurde aber bald wegen der toxischen Begleiterscheinungen durch später entdeckte Mittel verdrängt. Dieses Stadium war jedoch nicht nutzlos, denn es führte zur Entdeckung der Wirkung gegen *akuten Gelenkrheumatismus,* welche mit der des Chinins gegen Malaria einige Ähnlichkeit besitzt und als spezifische bezeichnet werden kann (Buß 1875). 1—2 Dosen

von 3,0—5,0 setzen in frischen Fällen nicht bloß die Temperatur herab, sondern beseitigen auch die übrigen Symptome, die Gelenkschwellungen und Schmerzen völlig und dauernd. Komplikationen (Endocarditis) hingegen bleiben so ziemlich unbeeinflußt, ebenso ist eine Wirkung in prophylaktischer Hinsicht nicht merklich und das Auftreten von Rezidiven nicht selten. In älteren, verschleppten Fällen wird durch Gebrauch der Salizylpräparate Dauer und Intensität der Krankheit merklich abgekürzt. In ähnlicher Weise werden auch *andere rheumatische Affektionen*, besonders akuter Muskelrheumatismus, rheumatisch-gichtische Episkleritis und akute Acerbationen des chronischen Gelenkrheumatismus, günstig beeinflußt.

Selbstverständlich bedient man sich zu allen diesen Anwendungen nicht der freien ätzenden Säure, sondern des Natrium salicylicum, in welches auch die freie Säure bei der Resorption übergeht. Es wird als Pulver mit Nachtrinken von Selterswasser oder in Lösung verordnet. Ein gewisser Grad von Magenverstimmung (Aufstoßen, Appetitlosigkeit) ist aber auch bei ihm nicht selten, da Salizylsäure durch die Magensalzsäure freigemacht wird. Man umgeht sie durch Verordnung des Salizylats als Klysma oder durch Anwendung des Aspirins, das zwar nicht so intensiv wirkt, in leichten und mittelschweren Fällen wegen der geringeren Nebenwirkungen aber den Vorzug verdient. Wie bei dem salizylsauren Natron sind einige wenige große bald nacheinander gegebene Dosen, 5—6 g im ganzen, wirksamer als wiederholte kleine. Nachtrinkenlassen einer Flüssigkeit ist zu empfehlen. Sie darf indes kein alkalisches Wasser sein, weil dann die Umwandlung in salizylsaures Alkali schon im Magen eintritt.

Bei *Affektionen einzelner Gelenke* hat die *perkutane Behandlung* durch Einreibung von Salizylsäure-Salben für sich oder zur Unterstützung und Fortführung der internen Therapie Erfolge aufzuweisen. Die Salizylsäure wird von der Haut resorbiert, wie ihr Erscheinen im Harn schon nach einer halben Stunde dartut. Sie gelangt daher auch wohl in das unter der eingeriebenen Stelle befindliche Gelenk. Noch leichter resorbierbar und ohne erhebliche Wirkung auf die Haut selbst sind Salizylsäureglykolester (Spirosal) und der zugleich schmerzstillende Salizylsäurementholester (Salimenthol). Ölige, flüchtige Flüssigkeiten; die Haut wird in Mischung mit Spiritus (nicht mit Fett, das die Resorption hemmt) 1—2 mal täglich eingerieben und mit Guttaperchapapier bedeckt.

4. Als *Diaphoreticum* (Teilerscheinung der Antipyrese) wird Natrium salicylicum und Aspirin zu 0,5—1,0—2,0 pro dosi, bei

Entzündungen im Auge (Iritis) und zu sonstigen ableitenden Zwecken öfters verwendet.

5. Als *Analgeticum* und *Antineuralgicum* bei anscheinend mit Gefäßerweiterung einhergehenden Kopfschmerzen und bei Neuralgien wurde besonders das die Hirngefäße zusammenziehende Aspirin (1,0—2,0) bewährt gefunden, nach Penzoldt auch Natrium salicylicum in manchen frischen Fällen von typischer Ischias.

Bei *Diabetes* wird durch 1,0—3,0 Aspirin pro die häufig die *Toleranz für Kohlehydrate erhöht.* Bei *Asthma* war es zuweilen von guter Wirkung.

***†Phenylum salicylicum, Salol,** $C_6H_4(OH)CO . O . C_6H_5$, ein weißes, nahezu geschmackloses, in Wasser unlösliches Kristallpulver, welches erst durch den Bauchspeichel, noch langsamer als Aspirin, in seine Komponenten gespalten wird und dann die *Wirkung der Salizylsäure und des Phenols vereint* ausübt. *Desinficiens für Mundhöhle* (Odolmundwasser), *Darm und namentlich Blase bei Cystitis* in Pulvern zu 1,0 mehrmals täglich bis deutliche Schwarzfärbung des Harns die beginnende Vergiftung anzeigt, worauf mit Urotropin fortgefahren wird.

Rezept-Beispiele.

℞
Acidi salicylici 10,0
Collodii 90,0
MDS. zum Aufpinseln.
[**Collodium salicylatum** Ph. A. E.]
Hühneraugenmittel.
Kann mit etwas Chlorophyll grün gefärbt werden, um es dem Handelspräparat gleichzugestalten.

℞
Acidi salicylici 10,0
Emplastri Plumbi comp. 40,0
Emplastri saponati 50,0
M. f. emplastrum.
DS. nach Bericht.
[**Emplastrum ad clavos** Ph. A. E.]

℞
Acidi salicylici 2,0
Rad. Iridis 10,0
Zinci oxydati 20,0
Amyli Tritici 28,0
Talci 40,0
M. f. pulv.
DS. Streupulver.
[**Pulvis adspersorius salicylatus** Ph. A. E.]

℞
Saloli 5,0
Ol. Menth. 1,5
— Caryophyll.
— Carvi ana gutt. I
— Citri gutt. II
Saccharini 0,01
Spirit. ad 200,0
MDS. Odol-Mundwasser.

℞
Natrii salicylici 6,0
Aquae ad 80,0
MDS. zum Klistier.
[Nach Entleerung des Mastdarms lauwarm durch weiche Sonde einzuführen.]

℞
Natrii salicyl. 8,0
Aq. Menthae 40,0
MDS. in 4 Portionen tagsüber zu verbrauchen.

Atophan,

Phenylchinolinkarbonsäure,

$$\begin{array}{c} CH \quad COOH \\ HC\diagup\diagdown C \diagup\diagdown CH \\ \mid \\ HC\diagdown\diagup C \diagdown\diagup C . C_6H_5 . \\ CH \quad N \end{array}$$

Das Atophan bildet feine, in Alkalien lösliche, bitter-schmeckende Kristallnadeln, das Novatophan, der Äthylester des Methylatophans ist unlöslich, daher geschmacklos, aber etwas weniger wirksam. Beide besitzen ausgeprägte antipyretische und analgetische Eigenschaften ähnlich wie die Salizylsäure und bewirken in noch höherem Grade wie diese schon in einmaliger Gabe von 0,5 bis 1,0 eine etwa 12 Stunden anhaltende starke *Vermehrung der Harnsäureausscheidung* wahrscheinlich durch „Nierenwirkung" sowohl normal wie insbesondere bei *Gicht*. Der akute Anfall (Schmerz, Rötung, Schwellung) geht nach 0,5 4 mal täglich (bis zu 3,0) oft überraschend schnell zurück und auch die chronische, mit starken Harnsäureablagerungen einhergehende Form wird durch länger fortgesetzten, zur Vermeidung von Magenbeschwerden intermittierenden Gebrauch günstig beeinflußt. Bei *akutem Gelenk- und Muskelrheumatismus* ist das Mittel in ähnlicher Weise wirksam wie die Salizylpräparate, mit dem Vorzug, daß die lästigen Schweißausbrüche unterbleiben. Hierbei scheint eine *entzündungshemmende (antiphlogistische) Wirkung*, welche es mit dem Calcium (in anscheinend nicht wesensgleicher Weise) teilt und bei Kombination mit diesem in besonders starkem Grade zeigt, eine maßgebende Rolle zu spielen.

Auch viele andere zentral analgetische Mittel (Morphin, Chinin, Salizyl, Antipyrin) wirken entzündungshemmend, in Übereinstimmung mit der alten ärztlichen Erfahrung, daß sie nicht bloß die Schmerzen mildern, sondern die katarrhalisch-rheumatischen Entzündungen einschränken und abkürzen (Wiechowski und Starkenstein).

Die *Verordnung* erfolgt in den käuflichen *Pastillen* à 0,5 mit Nachtrinken von reichlicher Menge Wasser, damit die Harnsäure in gelöster Form den Körper verläßt und so Nierenkolik hintangehalten wird. Exantheme sind nicht gerade seltene Nebenerscheinung.

Antipyrin und Pyramidon.

*Pyrazolonum phenyldimethylicum, †Antipyrinum,

$$C_6H_5N\diagup\begin{array}{c}CO\text{———}CH\\ \cdot\quad\|\\ N(CH_3)\text{—}C(CH_3)\end{array}$$

, von Knorr auf synthetischem Wege aus Phenylhydrazin und Acetessigester dargestellt und von Filehne 1884 in die Therapie eingeführt. Es bildet weiße, bitterschmeckende Kristalle, welche in gleichen Teilen Wasser leicht löslich sind. Die Lösung reagiert neutral und wird durch Gerbsäure gefällt.

Wirkung.

Örtlich besitzt das Antipyrin schwache lokalanästhesierende Wirkung, ähnlich dem Pyramidon, Phenazetin und anderen Anilinderivaten.

Resorptiv beobachtet man am normalen Menschen in Gaben von 5—10 g pro die nur regere Blutdurchströmung der Haut und vermehrte Schweißabsonderung. Eine allgemeine Blutdrucksenkung und Körpertemperaturerniedrigung ist damit nicht verbunden, weil Gefäßkontraktion der inneren Organe und Erhöhung des Stoffwechsels dafür kompensierend eintreten. Der Eiweißumsatz bei Fiebernden ist meistens etwas eingeschränkt.

Größere Gaben erzeugen nach Tierversuchen zentrale Erregung (Krämpfe), dann Lähmung. Die Kreislauforgane (Herz und Gefäßnervenzentrum) werden im Gegensatze zu den stickstofffreien aromatischen Körpern (Karbolsäure, Salizylsäure) nur wenig ergriffen. Die tödliche Dosis ist 0,5—1,0 pro Kilo Körpergewicht.

Die *Ausscheidung* erfolgt in Form von gepaarten Schwefelsäuren. Der Harn nimmt eine rotbraune Färbung an, die auf Zusatz von Eisenchlorid sich vertieft.

Anwendung.

1. Als *symptomatisches Antipyreticum* ist Antipyrin bei Berücksichtigung der bereits in der Einleitung bezeichneten Einschränkung unter den bis jetzt bekannten Mitteln eines der besten. Gaben von 1,0—2,0 setzen bei den meisten Fiebern die Temperatur mehr oder weniger herab. Die Wirkung beginnt bereits $\frac{1}{4}$ Stunde nach der Aufnahme, ist jedoch wenig nachhaltig. Läßt man indes in der zweiten und dritten darauffolgenden Stunde die Gabe wiederholen — gibt man also 2 + 1 oder 1 + 1 + 1 —, so erreicht man nicht selten Temperaturerniedrigungen bis zur Norm von 6—12 Stunden Dauer.

Spezifische Wirkungen besitzt Antipyrin nicht. Nur bei Gelenkrheumatismus und den zugehörigen Störungen zeigt es ähnlichen Einfluß wie Salizylsäure, aber schwächer und nicht so sicher. Man kann es daher zunächst in dieser Krankheit versuchen und dem Kranken günstigenfalls die unangenehmen Nebenwirkungen der Salizylsäure ersparen.

2. Als *Analgeticum* bei Neuralgien, lanzinierenden Schmerzen der Tabiker, bei Wehenschmerzen und Menstruationsbeschwerden und besonders bei migräneartigem Kopfschmerz ist Antipyrin 1,0—2,0 häufig von Erfolg. Erweiterung der Hirnhautgefäße (nach Versuchen an trepanierten Tieren) tritt unterstützend dazu. Darum ist auch die Kombination mit dem in gleichem Sinne wirkenden Koffeïn in Form des †**Antipyrinum Coffeïno-citricum, Migränin** des Handels, sehr geeignet. Es wird durch Eindampfen einer aus 90 Teilen Antipyrin, 9 Teilen Koffeïn und 1 Teil Zitronensäure bestehenden wässerigen Lösung als kristallinische Masse von bitter salzigem Geschmack erhalten und zu 0,5—1,0 gegeben.

Bei Chorea ist Milderung und Abkürzung ihres Verlaufes öfters beobachtet worden.

Zu Spülungen des Mastdarmes und der Blase bei schmerzhaften entzündlichen Prozessen in der Umgebung des Darmes wird Antipyrin in 1—2 proz. Lösung verwendet. Daß es sich hierbei um eine schwach lokal-anästhesierende und antiseptische Wirkung handelt, ist nicht wahrscheinlich. Die quälenden Reizzustände der Prostatiker werden durch ein Clysma jeden zweiten Abend, das āā 0,3 Antipyrin und Dionin in Wasser gelöst enthält, häufig sehr gemildert.

Nebenwirkungen sind bei Antipyrin nicht selten. Manche Personen sind besonders empfindlich, selbst gegen kleine Dosen.

Übelkeiten oder Erbrechen sind zunächst zu nennen.

Sodann können *profuse Schweißausbrüche* und *subnormale Temperaturen* (bis zu 34°) sich einstellen, die dann öfters zu *kollapsartigen Erscheinungen* führen. Der Wiederanstieg der Temperatur ist häufig mit *Frösteln* oder völligen *Schüttelfrösten* verbunden.

Hautausschläge, gewöhnlich fleckweise oder diffuse Rötungen, sind die häufigste Erscheinung. Sie sind lästig für den Patienten wegen des Juckens, störend für den Arzt, wenn er einen Hautausschlag, z. B. Roseola bei Typhus, für die Diagnose verwerten möchte, vorher aber schon Antipyrin genommen war. Seltener als diese über die gewöhnliche Gefäßerweiterung hinausgehenden Erscheinungen vasomotorischer Störung sind *Katarrhe*, besonders der Luftwege (Niesen) und der Augenbindehaut (Tränen), oder *Ödeme*, namentlich im Gesicht (gedunsenes Aussehen), Entzündungen im Pharynx und Larynx Behinderung des Schluckens und Sprechens).

Berichte über die *Begünstigungen von Blutungen* (Hämoptoe) bei längerem Gebrauche sind besonders beachtenswert.

Endlich sind auch die Fälle von Sehschwäche und von konträrer Wirkung, d..h. Temperatursteigerung und Schüttelfrost, ähnlich wie bei Chinin, beobachtet worden.

Die *Verordnung* erfolgt gewöhnlich als *Pulver* oder in wässeriger *Lösung* in den oben angegebenen Dosen. Wenn Eile nicht geboten ist, erscheint die Darreichung einer Probedosis von 0,5 ganz passend, um vor unliebsamen Überraschungen durch Nebenwirkungen gesichert zu sein. Bei Kindern rechnet man so viel Dezigramme und Zentigramme, als sie Jahre bzw. Monate zählen. Befürchtet man Erbrechen, so umgeht man dasselbe durch Anwendung als *Klysma*. Subkutane Injektionen sind wegen des leichten Eintritts von Abszessen besser zu unterlassen.

***Pyrazolonum phenyldimethylicum salicylicum, †Antipyrinum salicylicum, Salipyrin,** $C_{11}H_{12}ON_2 . C_7H_6O_3$. Farbloses, in 250 Teilen kaltem Wasser lösliches Salz des Antipyrins, von dem herbsüßlichen Geschmack der Salizylsäure. Besitzt die kombinierte *Wirkung des Antipyrins und der Salizylsäure.* Pulver zu 0,5—1,0.

***Pyrazolonum dimethylaminophenyldimethylicum, Pyramidon,** in 20 Teilen Wasser mit schwacher alkalischer Reaktion lösliche Kristalle, ist ein Antipyrin, in welchem das Wasserstoffatom im Pyrazolkern durch die Dimethylaminogruppe $N(CH_3)_2$ ersetzt ist. Hierdurch ist eine *intensivere und anhaltendere Wirkung* als Antipyreticum und Analgeticum in *kleineren Gaben und mit geringeren Nebenwirkungen* erzielt. Bei Fieber (Tuberkulose, Typhus) und Schmerzen, besonders den von den Zähnen ausgehenden, hat es das Antipyrin weitgehend verdrängt. Weißes, in 20 Wasser lösliches, nahezu geschmackloses Kristallpulver, 0,1—0,2 als Antipyreticum (zur anhaltenden Temperaturherabsetzung 10 mal pro die), 0,3—0,5 als Analgeticum, in Pulver oder Lösung.

Rezept-Beispiele.

℞		℞	
Pulv. Antipyrini	1,0	Antipyrini	2,0
Dent. tal. dos. Nr. X		Mucil. Amyli ad	50,0
S. nach Bericht.		MDS. zum Klistier.	

℞		℞	
Pyrazoloni phenyldimethyl.	5,0	Pyramidoni	1,5
Aquae	50,0	Sirup. Cerasorum	20,0
Sirup. Cinnamomi	20,0	Aquae ad	150,0
MDS. nach Verordnung.		MDS. 3 mal tägl. ein Eßlöffel.	
[Ein Eßlöffel enthält 1,0 Antipyrin.]		[Bei nervösem Kopfschmerz.]	

Acetanilid und Phenacetin.

*†**Acetanilid,** $C_6H_5NH \cdot COCH_3$, auch **Antifebrin** genannt, weiße, in 230 Teilen Wasser lösliche Kristalle, ist der Vorläufer des Phenacetins. Es wurde 1887 zufällig, infolge einer Verwechslung, als gutes, schon in kleinen Gaben von 0,25—0,5 wirksames *Antipyreticum* und *Analgeticum* erkannt. Es hat den Vorzug, im Preise sehr niedrig zu stehen, da es lange vor seiner Erkennung als Arzneimittel bekannt und daher nicht mehr patentfähig war. Sein Nachteil ist die starke Wirkung als *Blutgift*, die ihm als Verwandten des Anilins, $C_6H_5NH_2$, wenngleich durch die Acetylierung etwas gemildert, zukommt. Die Bemühungen der Chemiker gingen nun dahin, ein weniger giftiges Derivat auf synthetischem Wege darzustellen. Hierbei wurden die Untersuchungen über die chemische Umwandlung und Entgiftung verwertet, welche das Anilin und Acetanilid im Organismus erfahren. Beide Körper werden im Organismus durch Hydroxylierung in der Parastellung in Amidophenol resp. Acetamidophenol umgewandelt und, hierdurch bindungsfähig gemacht, in ungiftige, gepaarte Schwefelsäuren oder Glykuronsäuren umgewandelt und ausgeschieden. Ersetzt man nun im Paraamidophenol den Wasserstoff der Hydroxylgruppe durch Äthyl, so erhält man den als Phenetidin bezeichneten Äthyläther des Paraamidophenols, und ersetzt man einen Wasserstoff des Amids durch Acetyl, so erhält man das relativ wenig giftige Acetphenetidin oder Phenacetin. Durch Deckung der beiden aktiven Gruppen des Paraamidophenols durch andere Alkoholresp. Säurereste sind zahlreiche Varianten dargestellt worden (Kap. XXIX), welche indes vor dem Phenacetin keine wesentlichen Vorzüge besitzen.

***Phenacetinum,** †**Acetphenetidinum,** $C_6H_4{<}^{O \cdot C_2H_5}_{NH \cdot COCH_3}$, bildet farblose Kristallblättchen ohne Geruch und Geschmack, in 1400 Wasser und 16 Weingeist löslich. In Pulvern zu 0,5 ist es ein gutes *Antipyreticum*, in solchen zu 1,0 ein vortreffliches *Analgeticum*, das vor dem Antipyrin den Vorzug des selteneren Eintritts von Nebenerscheinungen hat.

Vermöge seiner Verwandtschaft mit Anilin ist es anderseits ein zwar gemildertes, aber noch wirksames *Blutgift*. Es erzeugt *Methämoglobinämie* mit allen bereits beim chlorsauren Kali geschilderten Folgeerscheinungen. Die Anfänge dieser *Vergiftung akuter Form* treten bisweilen schon in Gaben auf, die der Maximaldosis nahestehen, und geben sich durch eine eigenartige Blaufärbung (falsche Cyanose) durchsichtiger Körperteile — Lippen, Nasenspitze, Augenlider, Bindehaut, Fingernägel — kund.

Zu *Vergiftung chronischer Form* führt zuweilen der lange fortgesetzte Gebrauch. Sie ist um so bedenklicher, als sie zunächst symptomlos verläuft und erst allmählich durch die Abnahme der Erythrocyten im Blute sich offenbart.

***Lactylphenetidinum, Lactophenin,** ist Phenacetin, in welchem der Essigsäurerest (Acetylgruppe) durch den Milchsäurerest ersetzt ist. Es ist in Wasser etwas leichter löslich (in 500 Teilen) als das Phenacetin und entfaltet *neben der Temperaturherabsetzung* auch eine *starke sedative Wirkung.* Es wird in Pulvern zu 0,3—0,5 mehrmals täglich gegeben. Ikterus, erst 1—2 Wochen nach dem Gebrauche auftretend und anscheinend nicht hämolytischen Ursprungs, wurde öfters beobachtet.

Maximaldosen.

	Ph. G.		Ph. A.	
Phenylum salicylicum	—		2,0	(6,0)!
Antipyrinum	2,0	(4,0)!	2,0	(6,0)!
— salicylicum (Salipyrin)	2,0	(6,0)!	2,0	(6,0)!
— Coffeïno-citricum	—		1,5	(3,0)!
Pyramidon	0,5	(1,5)!	—	
Acetanilidum (Antifebrinum)	0,5	(1,5)!	0,5	(2,0)!
Phenacetinum (Acetphenetidinum)	1,0	(3,0)!	1,0	(3,0)!
Lactophenetidinum	0,5	(3,0)!	—	

Zweiundzwanzigstes Kapitel.

Jodpräparate.

Jodum, Jod.

Das freie Jod bildet schwarze, glänzende Blättchen von metallischem Geschmack und eigentümlichem Geruch. Es verflüchtigt sich schon bei gewöhnlicher Temperatur und noch leichter bei Erwärmung unter Entwicklung violetter Dämpfe. Diese Eigenschaft gab ihm seinen Namen (ἰωειδής, veilchenblau). In Wasser ist Jod schwer löslich, bei Gegenwart von Jodsalzen hingegen löst es sich leicht, ebenso ist es in Alkohol, Äther, Schwefelkohlenstoff und Chloroform leicht löslich. Erstere Lösungen haben braune Farbe, letztere sind durch violette Farbe ausgezeichnet. Mit Eiweiß geht es lockere Verbindungen ein, und mit Stärke liefert es die bekannte blaugefärbte Vereinigung.

Örtlich wirkt Jod als freies Halogen, das seine Affinitäten auszugleichen sucht, an allen Applikationsorten ätzend in den drei Konzentrationsstufen: *Reizung, Entzündung* und *Ätzung mit Substanzverlust.* Die Wirkung ist im Prinzipe wie bei Chlor und Brom. Sie läßt sich aber wegen der geringeren Flüchtigkeit des Jods viel leichter begrenzen und festhalten. Da das Jod lipoidlöslich ist, tritt es rasch in das Innere der Zelle. Die *bakterizide Wirkung* beruht auf den gleichen Vorgängen. Die kleinen Mengen von Jod, die in Wasser sich lösen (1 : 5000), vermögen selbst Milzbrandsporen in kurzer Zeit zu vernichten.

Resorptiv hat Jod in kleinen Gaben dieselben therapeutischen Wirkungen wie Jodide oder Jodalbuminate, in welche es wohl wenigstens zum Teil bei der Aufsaugung übergeht. Größere Gaben erzeugen *Vergiftungen,* welche einesteils den Vergiftungen mit sehr hohen Gaben von Jodalkalien gleichen (Pulsverlangsamung, Lungen- und Pleuraexsudate, Leberverfettung), anderseits durch Blut- und Nierenwirkung sich charakterisieren (Hämoglobinämie, Hämaturie). Solche Vergiftungen tödlichen Ausgangs sind wiederholt bei Injektionen von Jodlösungen in Eierstockzysten vorgekommen. Die experimentell ermittelte letale Dosis für Jod ist 0,04 pro Kilo Körpergewicht, jene für Jodnatrium ca. 1,0.

Anwendung findet Jod, da die Resorptionswirkungen sich viel besser mit den örtlich nahezu indifferenten Jodiden erreichen lassen, *nur mehr örtlich,* und zwar:

1. als *ableitendes Mittel* bei Drüsenschwellungen, Gelenksentzündungen, Alveolarperiostitis, Pleuritis usw., wobei durch Setzung eines anhaltenden Reizzustandes beschränkteren Umfangs, eine Hyperämie und Hyperlymphie in den tieferen Schichten und damit ein rascherer Ablauf der Entzündung und eine cytolytische Einschmelzung und raschere Resorption ihrer Produkte bewirkt werden soll, in der bei den Hautreizmitteln (Kap. V) bereits besprochenen Weise. Die gebräuchliche Applikationsform ist Pinselung der Haut bzw. Schleimhaut mit ***†Tinctura Jodi, Jodtinktur,** einer Auflösung von Jod in Weingeist 1 : 10 Ph. G. oder 1 : 15 Ph. A.

Sie soll nicht zu alt sein, weil sie sich beim Aufbewahren allmählich unter Bildung von Jodwasserstoffsäure, Aldehyd und Essigäther zersetzt. Zur Bereitung ex tempore empfehlen sich die Jodtabletten (E. Merck). Sie enthalten 1,0 Jod + 0,35 Kaliumjodid, letzteres, um die rasche Lösung in Weingeist (9,0 Ph. G. oder 14,0 Ph. A.) zu ermöglichen.

2. Als Mittel zur *Hervorrufung einer sog. adhäsiven Entzündung in Fistelgängen, Cysten, ausgekratzten Schleimhautkanälen,* um die Wandungen zur Verwachsung oder die Schleimhaut zur Verheilung zu bringen. Das Jod ist hierzu besonders geeignet, weil es eine typische fibrinöse Entzündung erzeugt mit Auflagerung von Fibrinmembranen, welche die größte Neigung haben, miteinander zu verkleben und zu verwachsen (Heinz). Der aus Jodalbuminaten bestehende Ätzschorf bildet hierfür kein Hindernis, weil er resorbierbar ist. Man verwendet entweder Jodtinktur oder — wenn man die momentane sehr starke Reizwirkung des Weingeistes ausschließen will — sog. Lugolsche Lösung, hergestellt durch Auflösen von Jod und Jodkalium in Wasser, in verschiedenen Stärkeverhältnissen, z. B. Jodi 2,0, Kalii jodati 4,0, Aquae 100,0.

3. Als *Desinfektionsmittel* wird Jodtinktur, mit 1—2 Teilen Weingeist verdünnt, neuerdings viel gebraucht. Zur Desinfektion des *Operationsgebietes* genügt eine einmalige Bestreichung der trockenen Hautstelle, zur Desinfektion *kleiner Wunden* ein Tröpfchen in die trocken gehaltene Wunde nach Stillung der Blutung durch Kompression. Nach einem halben Tag ist die Wunde meist schon geschlossen. Man merkt das daran, daß bei einer neuen Betupfung nicht mehr das Brennen gefühlt wird, das die Jodtinktur in der offenen Wunde bewirkt. Das Jod wirkt tötend auf die Bakterien und anregend auf die Heilungsvorgänge. Der Anwendung auf größere Wundflächen steht die nicht selten eintretende Gewebsreizung und bis zu Vergiftung führende Resorption entgegen.

4. *Schnupfen* und *Angina* werden bei den ersten Anzeichen durch 0.3 Jod, 3,0 Kal. jodatum ad 30,0 Wasser, davon 10 Tropfen (Kinder 5) in ¼ Glas Wasser, mit Nachtrinken von ½ Glas cupiert; bei bereits ausgebrochenem Katarrh ist Fortsetzung dieser Medikation morgens und abends 2—3 Tage lang erforderlich. Die Empfehlung ist anscheinend ein Kuriosum, vgl. den Schnupfen bei Jodismus.

Entfernung frischer Jodflecken von Haut und Wäsche geschieht durch Abreiben mit dem lösenden Benzin oder Auswaschen mit konzentrierter warmer Lösung von Natriumthiosulfat, wobei Jodnatrium sich bildet. Auf gleicher Reaktion beruht auch die Empfehlung des praktisch ungiftigen Natriumthiosulfat in 5 proz. Lösung subkutan oder endovenös als *Antidot bei resorptiver Jodvergiftung.*

Jodalkalien.

Jodverbindungen sind konstante Bestandteile des Meerwassers und gehen darum auch in Seetiere und Seepflanzen und deren

Asche über. Noch ehe man von der Existenz des Jods wußte, wandte man bereits verkohlte Tange und Badeschwämme (Aethiops vegetabilis und Spongia usta) bei Kropfleiden an. Nachdem dann 1812 das Jod in der Asche von Meerpflanzen entdeckt war, lag es nahe, die Wirkung der seither gebrauchten Präparate in diesem Elemente zu suchen und dasselbe an ihre Stelle zu setzen. Zunächst wurde das freie Jod in Form der Jodtinktur verwendet erst später das ***†Kalium jodatum, Kaliumjodid, Jodkalium,** $KJ (76,5\% J)$, ein weißes, luftbeständiges, neutrales, wasserlösliches Salz von scharf salzigem Geschmack, während sich das zerfließliche und teuerere ***†Natrium jodatum,** $NaJ + 2 H_2O$ $(68,3\% J)$, geringerer Beliebtheit erfreut.

Wirkung. Sie ist experimentell noch sehr wenig aufgeklärt. Die Jodide werden rasch aufgesaugt und erscheinen alsbald in vielen Sekreten. Auch der Fötus nimmt von der Mutter her dieselben auf. Der größere Teil verläßt den Organismus in den nächsten 48 Stunden hauptsächlich durch die Nieren. Der Rest wird länger festgehalten und tritt in verschiedenen Organen, darunter auch in der Schilddrüse, in organische Bindung. Die Jodide zeigen zunächst die allgemeine Wirkung der Neutralsalze (Salzwirkung). Selbe ist besonders beim Jodkalium ausgesprochen, weil dieses Salz mit dem Chlornatrium der Gewebe zu zwei neuen Salzen, dem Jodnatrium und Chlorkalium, sich umsetzt. Außerdem kommen den Jodiden nach den klinischen Erfahrungen eigenartige Wirkungen zu, welche dem Jodkomponenten zugeschrieben werden müssen. Wie weit es sich hierbei um Wirkungen des Jods als Ion handelt oder um Wirkungen des durch Oxydation entstandenen molekularen Jods, das dann substituierend in organische Bindung (Jodothyrin) treten kann, entzieht sich derzeit der näheren Kenntnis. Dasselbe gilt auch bezüglich der wiederholt ausgesprochenen Ansicht, daß das Jod die Durchlässigkeit der Gefäßendothelien für Ausscheidungs- wie Aufsaugungsvorgänge erhöhe und weiter ganz besondere Neigung besitze, mit Gewebebestandteilen pathologischen Charakters in chemische Bindung zu treten, so daß selbe dann leichter dem Zerfalle und der Aufsaugung unterliegen.

Jodismus. Unter diesem Namen faßt man eine Anzahl von recht lästigen und manchmal selbst lebensgefährlichen *Entzün-*

dungserscheinungen der Haut und der der Luft zugänglichen Schleim-häute zusammen, von welchen, wenn man die leisesten Anfälle hinzurechnet, etwa ⅓ aller mit Jodalkalien behandelten Personen, bald erst nach einiger Zeit, bald auch sofort nach den ersten Dosen, gleichgültig, ob dieselben große oder kleine waren, befallen werden. Alkoholismus und Gelegenheit zu Erkältungen fördert, luetische Infektion verringert die Neigung zu Jodismus. Die gewöhn-lichste Form des Jodismus ist ein heftiger Schnupfen, der sich auf die Augenbindehaut (Tränenfluß, Ödem der Augen-lider), die Stirnhöhlen (heftiger Kopfschmerz) oder Mund-höhle (Speichelfluß, Jodgeschmack) fortpflanzen und von fleckigen oder papulösen Hautausschlägen (Jodakne) begleitet sein kann. Seltener ist eine mit starker Schwellung einhergehende und zu Erstickungsanfällen führende Entzündung des Kehl-kopfes (Glottisödem) oder der Bronchien. Bei *Phthisikern* werden Husten und Auswurf, sowie die Pulsfrequenz fast regel-mäßig gesteigert, so daß man von der Darreichung von Jodalkalien häufig absehen muß. Auch bei *Nephritikern*, bei denen die Aus-scheidung der Jodalkalien sehr behindert sein kann, ist Vorsicht geboten.

Sofortiges *Aussetzen des Mittels und Beförderung seiner Aus-scheidung durch Diuretica* bringt die Erscheinungen des Jodis-mus bald zum Verschwinden. Alkalien vermögen ihr Auftreten nicht zu verhindern, ebenso auch nicht Atropin; es beschränkt als sekretionshemmendes Mittel nur ihre Intensität. Kalksalze da-gegen, z. B. Calcium lacticum, 4mal 1,0, 2 Tage lang fortgesetzt und nicht gleichzeitig mit den Jodgaben, sondern zwischen den-selben verabreicht, vermögen die Erscheinungen hintanzuhalten oder zurückzudrängen.

Als *Ursache des Jodismus* sieht man das Auftreten von freiem Jod an, das unter gewissen Bedingungen — der Zutritt von Sauer-stoff ist offenbar eine derselben — aus den in den Sekreten der Haut und der Luft ausgesetzten Schleimhäute enthaltenen Jod-alkalien stattfindet. Der Vorgang ist analog der Bildung von Jod in Jodkaliumsalbe.

Außer diesem gewöhnlichen Jodismus gibt es *noch eine zweite Art, den konstitutionellen Jodismus oder die thyreotoxische Form.* Schon den älteren Ärzten war es bekannt, daß Jodgebrauch zumal bei älteren Individuen Vergiftungserscheinungen, insbesondere hochgradige Abmagerung, erzeugt. Man hat diese Beobachtung später ganz geleugnet oder auf die Beteiligung des Magens an der beim gewöhnlichen Jodismus auftretenden Haut- und Schleimhäute- entzündung bezogen. Nunmehr weiß man, daß namentlich bei Individuen in Gegenden, wo Kropf endemisch ist, Jodzufuhr eine intensive *Hypersekretion der Thyreoidea* mit allen ihr eigenen Symptomen (Jod-Basedow) veranlassen kann.

Anwendung. Die Indikationen für Jodgebrauch beruhen auf rein empirischer Grundlage. Sie sind hauptsächlich auf die Beseitigung pathologischer Wucherungen und Hyper- trophien, sowie der Rückstände chronischer Entzündun- gen gerichtet (Organotrope Wirkung).

1. Die sichersten, oft ganz überraschenden Erfolge erzielt man bei den verschiedenen Formen der *tertiären Syphilis*, den Knochen- affektionen, Gummabildungen, Augenerkrankungen und Haut- exanthemen (eingeführt von Wallace 1835).

2. Befriedigende Ergebnisse zeigen sich häufig auch bei der einfachen *Hypertrophie der Schilddrüse*, ehe noch Kolloidentartung in größerem Umfange eingetreten ist, sowohl bei innerlicher wie bei äußerlicher Anwendung.

3. Zweifelhaft ist der Einfluß auf die *Skrofulose*, ihre Drüsen- anschwellungen, Knochen- und Gelenkerkrankungen.

4. In einzelnen Fällen von *Neuralgien*, auch solchen nicht syphilitischen Ursprungs, wurde Jodkalium nicht ohne Nutzen gebraucht.

5. Auf trockne *Bronchialkatarrhe mit asthmatischen Beschwerden* wirkt andauernder Gebrauch von Jodalkalien sekretionsvermehrend und lösend.

Die oben erwähnte starke Reaktion der Phthisiker auf kleine Dosen von Jodalkalien, sowie das Auftreten von Pleuritis und Lungenödem nach großen Dosen deuten ebenfalls auf engere Beziehungen des Jods zu dem Respirations- traktus hin.

6. Warm empfohlen wird Jodkalium und Jodnatrium bei den mit *Arteriosklerose* zusammenhängenden Erkrankungen des Zirku- lationsapparates, insbesondere bei den hierher gehörigen Formen von Angina pectoris für sich oder in Kombination mit Nitriten. Bei Kranken mit nicht völlig normaler Schilddrüse ist Vorsicht geboten.

7. Gegen *Aktinomykose* zeigte sich Jodkalium innerlich oder als Injektion in die Umgebung der Herde wirksam.

8. Als geeignetes Feld gelten auch *chronische Metallvergiftungen*, namentlich von Blei. Man hofft dabei die Ausscheidung desselben zu befördern.

Die **Verordnung** erfolgt, um die örtliche Reizung hintanzuhalten, nur in *Lösung*, am besten in kohlensaurem Wasser oder in warmer Milch 3,0—5,0 : 150,0 eßlöffelweise mehrmals täglich, neuerdings bei tertiärer Syphilis bis zu 25 g pro die. Zusätze werden wegen der leichten Zersetzlichkeit der Jodalkalien am besten unterlassen. Auch intravenöse Injektionen (10,0—15,0) werden meist gut ertragen.

Zur örtlichen Behandlung von Struma und Drüsengeschwülsten dienen *Einreibungen* mit *†**Unguentum Kalii jodati,** 1 Jodkalium, 9 Schweineschmalz oder 1 Jodkalium, 9 Opodeldok (Liniment. saponat. cum Kalio jodato Ph. A. E.). Spuren von Jod werden daraus von der Haut resorbiert, denn sie lassen sich im Harn nachweisen. Noch wirksamer werden diese Salben wenn sie schon bei der Bereitung einen Zusatz von Jod (1 %) erhalten.

Über die *chemische Umsetzung in Salbengrundlagen*, speziell in Jodkaliumsalbe, ist bisher folgendes ermittelt: Alle *Fette*, auch die Cholesterinfette, sind insbesondere am Lichte, *autoxydabel* zu Peroxyden, welche bei Gegenwart von Wasser sich zu *Wasserstoffsuperoxyd* umsetzen, das in solchen Fetten nachgewiesen werden kann. Wasserstoffperoxyd aber oxydiert Jodide unter Abscheidung von Jod. Ältere Jodkaliumsalben sind daher nicht selten an der Oberfläche gelb gefärbt. Der Prozeß findet sowohl bei saurer Reaktion wie bei Gegenwart von Natriumkarbonat statt, nur muß in letzterem Falle der Jodkaliumgehalt mindestens 5 % betragen. Es ist kein Zweifel, daß dieser Vorgang auch auf der Haut beim Aufbringen der Jodkaliumsalbe statthat, wobei die jeweils gebildeten kleinen Jodmengen sofort resorbiert werden, so daß sie sich nicht anhäufen und reizend wirken können, wie dies eine Salbe, welche bereits freies Jod enthält, tut. Der von den Pharmakopöen vorgeschriebene Zusatz von Natriumthiosulfat (0,1 %) zu Jodkalisalbe hat den Zweck, dieses beim Lagern der Salbe sich bildende Jod in Natriumjodid umzuwandeln und dadurch das schöne weiße Aussehen der Salbe zu wahren. Es verzögert aber andererseits auch die Resorption des Jods auf der Haut, denn diese kann nach obiger Darlegung in vollem Umfange erst eintreten, wenn das Thiosulfat verbraucht ist.

Jodwässer, das heißt Jodide und meist auch Bromide enthaltende Mineralwässer, werden ebenfalls häufig zur Durchführung von Jodkuren benutzt. Bei der äußerlichen Anwendung als Bad kommt das Jod wohl kaum in Betracht, da von ihm bei dieser Applikationsweise nach vorliegenden Untersuchungen nichts resorbiert wird. Aber auch beim innerlichen Gebrauche ist eine rasch eintretende Jodwirkung nicht zu erwarten, da der Jodgehalt auch der stärksten Quellen — Vizakna (Salzburg) in Ungarn 0,25 % — nur sehr gering ist, so daß selbst bei reichlichem Gebrauch auch nicht entfernt jene Mengen aufgenommen werden, welche sich bei der Verordnung von Jodalkalien selbst als notwendig erwiesen haben. Wahrscheinlich ist daher auch beim Gebrauch als Trinkkur das Wirksame zum Teil im Kochsalz zu suchen, welches die meisten Jodquellen in ansehnlicher Menge enthalten, wie die folgende Zusammenstellung einiger bekannteren inländischen Quellen dartut.

In 1 Liter Wasser sind enthalten	Jodsalz	Kochsalz
Tölz, Krankenheil	0,001	0,3
Heilbrunn (Adelheidsquelle) westlich von Tölz	0,030	4,9
Sulzbrunn bei Kempten	0,016	1,9
Dürkheim	0,002	9,0
Kreuznach und Münster am Stein	0,001	9,5
Salzschlirf bei Fulda . . . . • . .	0,045	10,2
Hall in Oberösterreich (Thassiloquelle, Kropfwasser)	0,042	14,5
Wildegg, Schweiz	0,025	7,7

Jodipin, Additionsprodukt von Jod an Sesamöl, gelbliche, ölige Flüssigkeit, mit 10 oder 25 % Jodgehalt, wurde 1897 von Winternitz eingeführt und hat sich per os und namentlich subkutan als *Ersatz des Jodkaliums für alle Indikationen* bewährt. Es wird zunächst als *Jodfett aufgespeichert*, sodann langsam unter Bildung von Jodalkali oxydiert, wodurch eine sehr *protrahierte „Jodwirkung"* ohne *Nebenerscheinungen* ermöglicht ist.,

Subkutan injiziert man 10 ccm des 25 prozentigen Öles körperwarm in starker Spritze mit mittelweiter Kanüle alle 2—3 Tage.

Innerlich wird es als 10 prozentiges Präparat eßlöffelweise, mit Ol. Menthae oder Carvi korrigiert, oder in Kapseln gegeben. Es wird auch bei dieser Dar- reichungsweise größtenteils unverändert resorbiert und in den Organen ab- gelagert. Ein kleinerer Teil wird zu Jodid umgesetzt, daher kommt es, daß Personen, welche auf Jodkalium regelmäßig mit Jodismus reagieren, denselben auch bei der innerlichen Aufnahme des Öles bekommen, bei subkutaner hin- gegen nicht.

Sajodin ist jodbehensaures Calcium, $2(C_{22}H_{42}JO_2)Ca$, auf dessen seifenartige Natur der aus Sapo und Jod zusammengezogene Name hinweisen soll. In Wasser unlösliches Pulver, 26 % J. enthaltend, Pastillen zu 0,5.

Lipojodin wurde der Äthylester der Dijodbrassidinsäure, $C_{21}H_{39}J_2COOC_2H_5$ genannt. Beide sind „lipotrop" wie das Jodipin. Sie werden in Tabletten ge- geben, der geringe Jodgehalt, 25 % resp. 41 % gegenüber dem Jodkalium 76,5 %, ist bei der Dosierung zu berücksichtigen.

Jodthion, Dijodhydroxypropan, $C_3H_5J_2OH$, gelb'iche, ölige, nur wenig flüch- tige Flüssigkeit mit 80 % Jodgehalt, in 80 Teilen Wasser, 20 Teilen Glyzerin, 2 Teilen Olivenöl löslich; mit Alkohol, Äther, Chloroform in jedem Verhältnis mischbar. Der Körper besitzt die *Fähigkeit, die Haut zu durchdringen*, um so- dann teils unverändert, teils verseift als Jodid im Harn wieder zu erscheinen. Man reibt ihn mit Vaselin aa entweder an einer bestimmten Hautstelle ein, um eine *lokalisierte Jodwirkung* auf ein darunter liegendes Organ, z. B. ein tuber- kulos erkranktes Gelenk, zu erhalten, oder wählt wechselnde Hautstellen, wenn man eine *allgemeine leichte Jodwirkung längere Zeit hindurch im Körper mit*

Umgehung des Magens erzielen will. Gegen 40 % des eingeriebenen Präparates werden resorbiert. Per os und subkutan ist es nicht verwendbar wegen der schroffen Wirkungen, die infolge der raschen Resorption eintreten können.

Bei beginnender *Wurzelhautentzündung* und *Parulis* wird es an Stelle von Jodtinktur gebraucht.

Nahrungsmittel. Relativ reich an Jod sind: Schweinefleisch, Wildbret, Seetiere, Reis, Rüben, die Blätter des Löwenzahns, Champignon; arm an Jod: Kalbfleisch, Eier, Getreide, Hülsenfrüchte, Kartoffel, Kohlarten, Endivien- und Zichoriensalat, Obst.

Jodoform.

*†**Jodoformium, Jodoform,** CHJ_3, bildet glänzende, fettig anzufühlende Blättchen von zitronengelber Farbe und safranartigem Geruch, welche bei 120^0 schmelzen und mit den Dämpfen siedenden Wassers flüchtig sind. Jodoform löst sich in 5000 Wasser, 70 Weingeist und fetten Ölen, 10 Äther. Die Löslichkeit in Weingeist und Öl wird durch Sättigung dieser Flüssigkeiten mit Kampfer bedeutend gesteigert. Jodoform ist dem Chloroform analog gebaut und ist die jodreichste aller bekannten Verbindungen (96,7 %).

Örtliche Wirkung und Anwendung. Jodoform, 1822 dargestellt, wurde bereits in den Jahren 1840—50 therapeutisch verwendet als Ersatzmittel für Jodkalium. Da es indes keine Vorzüge gegenüber diesem aufwies, erlangte es nur geringe Bedeutung. Dieses änderte sich erst vom Jahre 1880 ab, als man es als ein ausgezeichnetes Mittel erkannte, um keimfreie *Wunden, zumal Höhlenwunden, aseptisch zu halten* und unter einem einzigen Verbande der Heilung entgegenzuführen. Zwei Eigenschaften machen es besonders hierfür geeignet: die Verhinderung der Sekretion der Wunden und das lange Verbleiben am Wirkungsorte. Gute Dienste leistet das Mittel auch bei *Verbrennungen, weichem Schanker,* syphilitischen Geschwüren, dann bei *tuberkulösen Prozessen,* z. B. in Form von Injektionen in die affizierten Gelenke, hier in so auffälliger Weise, daß mehrere Kliniker die Heranziehung spezifischen Einflusses zur Erklärung für nötig halten. Auch parenchymatöse Injektionen bei weichem *Struma* werden warm empfohlen.

Eine die Jodoformanwendung zuweilen sehr beeinträchtigende Nebenwirkung ist das *Auftreten von Hautexanthemen:* Ekzeme oder Erytheme an der Anwendungsstelle oder auch an entfernten Regionen.

Die antiseptische Wirkung ist *wahrscheinlich nicht dem Jodoform als solchem zuzuschreiben*, denn dieses hat, auch wenn es in Lösung einwirken kann, auf die meisten Bakterien keine oder nur unbedeutende Wirkung. Es scheint sich vielmehr um eine *geringe, aber kontinuierlich fortgehende Abspaltung von Jod*, das schon in einer wässerigen Lösung von 1 : 5000 stark bakterizid wird, zu handeln (Binz), indem das Jodoform ein Körper ist, der sich im Lichte und bei Gegenwart von Wasser und Sauerstoff unter Abspaltung von Jod zersetzt. Derartige Bedingungen sind an den Applikationsorten vorhanden. Die in den Wunden fortwährend frei werdenden Spuren von Jod verhindern einerseits als kräftiges Desinfektionsmittel jede beginnende Sepsis und bilden andererseits an der Wundoberfläche Jodalbuminate, wodurch eine Art Adstringierung und damit die zu einem Dauerverbande so notwendige Unterdrückung der Wundsekretion zustande kommt. Jodoformwirkung ist also im Grunde Jodwirkung.

Durch direkte Verwendung von Jod lassen sich solche Dauerwirkungen nicht erzielen. Kleine Mengen würden nicht nachhaltig genug sein, weil das Jod bald resorbiert wird, und größere, in Vorrat aufgebracht, zu Wundreizung führen. Erst durch die Wahl von Jodverbindungen, welche sich langsam unter Freiwerden von Jod zersetzen und genügend schwer löslich sind, um tag- und wochenlang in der Wunde zu verweilen, wie es im Jodoform in so volkommener Weise erfüllt ist, wird der Zweck erreicht.

Resorptive Wirkung kommt trotz der Schwerlöslichkeit sowohl vom Darmkanal wie von Wunden aus zustande und führte namentlich in den ersten Jahren nach seiner Einführung, wo oft ganz unnötig große Mengen (weit über 10 g) zur Anwendung kamen, zu sehr protrahiert verlaufenden *Vergiftungen*. Sie äußern sich bei leichteren Fällen in *Unruhe und Kopfschmerz*, bei schwereren in *psychischen Erregungszuständen* (Verfolgungsideen, Delirien, Tobsuchtsanfällen) oder in anhaltender *Narkose*, auch *Sehstörungen*, ähnlich denen nach Chinin. *Kleiner, frequenter, unregelmäßiger Puls* zeigt die beginnende Herzlähmung an. *Fettige Degeneration der Leber und der Niere* bilden einen häufigen Obduktionsbefund. Diese Erscheinungen gehen wohl von Jodoform selbst aus. Andere Vorkommnisse, *Exantheme*, *Albuminurie* und *Hämaturie*, sind dem im Organismus abgespaltenen Jod zuzuschreiben. Nicht selten sind Vergiftungen letzterer Art schon dadurch erzeugt worden, daß das injizierte Jodoform durch das Sterilisieren bereits zum Teil zu freiem Jod zersetzt war. Auch ist zu beachten, daß das zu solchen Injektionen häufig als Vehikel verwendete Glyzerin allein für sich schon beträchtliche hämolytische Eigenschaft besitzt.

Die *Ausscheidung* erfolgt zum Teil in Form organischer Jodverbindungen (gepaarte Glykuronsäuren), zum Teil als Jodalkali.

Die ***Verordnungsformen*** des Jodoforms sind zahlreich: *Streupulver*, häufig mit Borsäure ana, wobei für Schleimhäute ein feinkörnigeres, durch gestörte Kristallisation erhaltenes Präparat, das Jodoformium farinosum, zu empfehlen ist; *Salben* und *Bougies* 1:10; *Gaze*, mit einer spirituösen Lösung von Kolophonium und Glyzerin getränkt und in halbgetrocknetem Zustande mit Jodoform bestreut; *Schüttelmixtur*, 10—20 Jodoform auf je 50 Wasser und Glyzerin zur Injektion in tuberkulös entartete Gelenke; *Lösung zur Einspritzung* in follikuläre und beginnende kolloide Strumen, 1 Jodoform in Äther und Olivenöl ana 7,0, alle 3—8 Tage 1 ccm; *Lösung in Kollodium* 1:10 zum Aufpinseln. Wegen der Jodabspaltung im Lichte sind alle diese Zubereitungen im Dunkeln aufzubewahren.

Die **Verdeckung des durchdringenden Geruchs,** der vielen Personen unangenehm ist, wird am besten durch Cumarin, den aromatischen Stoff des Waldmeisters und der Tonkabohnen, erreicht. Man legt einige Stücke der letzteren durchschnitten in das mit Jodoform gefüllte Standgefäß. Ein solches Jodoform kann als Jodoformium desodorisatum verschrieben werden.

Die zahlreich empfohlenen **Ersatzmittel des Jodoforms** sind in Kap. XXIX aufgeführt.

Maximaldosen der Jodpräparate für innerlichen Gebrauch:

	Ph. G.	Ph. A.
Jodum	0,02 (0,06)!	0,03 (0,1)!
Tinctura Jodi	0,2 (0,6)!	0,3 (1,0)!
Jodoformium	0,2 (0,6)!	0,2 (1,0)!

Dreiundzwanzigstes Kapitel.

Arsen und Phosphor.

Diese beiden Metalloide können ihrer sehr ähnlichen chemischen und pharmakologischen Eigenschaften wegen zusammen behandelt werden. Sie sind mit den in den folgenden Kapiteln behandelten Eisen und Quecksilber als *Stoffwechs
lgifte* zu bezeichnen. Beim Arsen sind außer dem Arsenwasserstoff hauptsächlich die Sauerstoffverbindungen, arsenige Säure und Arsensäure, das Wirksame. Beim Phosphor ist es anscheinend das Element selbst. Ihnen schließen sich die Antimonverbindungen enge an, welche jedoch gegenwärtig nur als Brechmittel und Expectorantia Verwendung finden und deshalb auch bei diesen besprochen wurden.

*†**Acidum arsenicosum, arsenige Säure, Arsenik,** AsO_3H_3, kommt in Form seines Anhydrids, As_4O_6, als mikrokristallinisches Pulver (Giftmehl) oder in weißen Stücken in den Handel, welche

außen undurchsichtig (kristallinisch), innen glasartig-durchsichtig (amorph) sind. Es löst sich langsam in Wasser zu arseniger Säure, rasch in Alkalien, sich damit zu Salzen verbindend.

Die **örtliche Wirkung** ist eine *entzündungserregende* und *nekrotisierende*. Gesundes Gewebe unterliegt derselben nur *sehr langsam*. Eine Arsenpaste z. B. muß 1—2 Tage in der Zahnhöhle liegen bleiben, bis der Nerv getötet ist, erst bei noch längerem Verweilen geht die Nekrose tiefer und wird auch der Knochen ergriffen. Erkranktes Gewebe zeigt geringere Resistenz. Auf der lupös entarteten Haut z. B. kann man sehen, wie die Lupusknötchen durch eine Arsenpaste sehr bald zerstört werden, die gesunden Hautstellen aber erhalten bleiben, so daß die Haut gewissermaßen ein durchlöchertes Aussehen bekommt. Die antiparasitäre Wirkung gegen Insekten und Würmer findet bei Konservierung von Pelzwerk und Vogelbälgen Anwendung. Bakterien und Schimmelpilze werden nur wenig beeinflußt, Protozoen viel stärker.

Die **resorptive Wirkung** gestaltet sich verschieden je nach der aufgenommenen Menge.

Sehr kleine Mengen, 0,001—0,005, schaffen bei wiederholter Aufnahme eine *Hebung des allgemeinen Ernährungszustandes* durch *Zunahme der Assimilation*, welche der Stoffwechseländerung, insbesondere der Blutkörperchenvermehrung, die in Höhen von 1200 m und darüber beobachtet und auf Verminderung der O_2-Spannung bezogen wird, ähnlich ist, so daß die Annahme, es läge der Wirkung kleiner Arsenmengen eine Herabsetzung der O_2-Verwertung zugrunde, nicht unberechtigt erscheint. Eiweiß- und Fettansatz, Blut- und Knochenbildung werden erhöht, die roten Blutkörperchen widerstandsfähiger gegen hämolytische Gifte, ganz besonders aber die Ernährungsverhältnisse der Haut gefördert resp. zur Norm zurückgeführt. Die Haut gewinnt ein pralleres und glänzenderes Aussehen, die Haare werden dicker und länger, Epheliden, Pigmentationen und sonstige Anomalien verschwinden.

Etwas größere, wiederholte Gaben haben einen Umschlag der Arsenwirkung, ein *Überwiegen der Dissimilation* ähnlich wie bei stärkerer Abnahme der O_2-Spannung (Bergkrankheit, schwere Anämien und Atemstörungen) zur Folge. Es bildet sich die chronische Arsenvergiftung aus, gekennzeichnet durch *schwere Störung des Stoffwechsels,* einhergehend mit Erhöhung des Ei-

weißzerfalles und fettiger Entartung der Organe, ähnlich
wie sie bei Phosphor beobachtet wird. Hauptsächlich ergriffen werden: Schleimhäute (Katarrhe des Magens,
Darmes und der Conjunctiva), äußere Haut (Ausschläge und
die als Melanosis arsenicalis bezeichnete, besonders an den durch
die Kleidung gedrückten Körperstellen auftretende Pigmentierung),
Nervensystem (Kopfschmerz, multiple Neuritis, insbesondere
motorische Lähmungen); allgemeine Kachexie, Anämie unter
Hinzutreten von vaskulärer Nephritis sind die Enderscheinungen.

Große einmalige Gaben 0,05 und mehr rufen die *akute
Arsenvergiftung* hervor. Sie ist gewöhnlich gekennzeichnet durch
die Symptome eines heftigen Brechdurchfalls oder Choleraanfalls,
von letzterem aber durch die nie fehlenden heftigen Schmerzen
meist genügend unterschieden. Hiervon schließt sich bisweilen
atrophische Lähmung der Arme und besonders der Beine. Der
Obduktionsbefund ergibt in frischen Fällen hochgradige Hyperämie
und Schwellung der Magendarmschleimhaut mit stellenweisen
Hämorrhagien und Geschwürsbildungen, letztere besonders im
Dickdarm, wozu dann noch fettige Degeneration und Abstoßung
der Epithelien treten. In älteren, erst nach mehreren Tagen tödlich endigenden Fällen ist oft nur mehr eine grauschwarze Färbung (Pigmentierung) der Schleimhaut als Rest der abgelaufenen
hämorrhagischen Entzündung zu erkennen.

Die Ursache der gastroenterischen Störungen kann nicht in
einer örtlichen Wirkung gesucht werden, denn die arsenige Säure
ist nur ein sehr langsam wirkendes nekrotisierendes Gift. Außerdem kommen sie bei jeder Art von Applikation zustande, nicht
bloß per os, sondern auch perkutan, subkutan und intravenös. Sie
müssen somit Wirkungen des in das Blut übergetretenen Giftes
sein, und zwar bestehen sie zum Teil in einer *Schädigung der Gefäße*, insbesondere ihrer Kapillaren, die zur Erweiterung und Erhöhung der Durchlässigkeit führt, zum anderen Teil in einer *spezifischen Ernährungsstörung*, welche bei der chronischen Vergiftung
mehr oder weniger alle Organe ergreift, bei der akuten aber im
wesentlichen auf den Verdauungstraktus konzentriert bleibt, durch
den ein Teil des Arsens seine Ausscheidung nimmt. Folge der
Schädigung der Gefäße ist zunächst eine Erniedrigung des Blutdrucks. Ist dieselbe sehr stark, so kann sie, unter Hinzutreten von
zentralen Lähmungen, die vorwiegende Todesursache bilden (para-

lytische Form der Vergiftung). Ist sie mäßiger, so haben die weiteren Folgen der Gefäßwirkung und der Ernährungsstörung Zeit, sich auszubilden (gastroenteritische Form).

Die **Behandlung** besteht in Darreichung des bei Magnesia usta bereits erwähnten Antidotum Arsenici albi.

Kapillargifte nennt man jene Stoffe, welche die *Wandungen der Kapillaren* (mit Vorliebe des Magen-Darmrohres) *erweitern und durchlässiger machen*, so daß hochgradige Hyperämie und serös-hämorrhagische Transsudation die Folge sind. Außer Arsen, Antimon, Doppelsalze des Goldes, Platins und der Eisengruppe und der Alkaloide Emetin und Colchicin gehört hierher das **Sepsin**, $C_5H_{14}N_2O_2$, eine Base, welche gut kristallisierte Salze bildet und beim Erhitzen ihrer wässerigen Lösung in das ungiftige Pentamethylendiamin, $NH_2 . CH_2 . CH_2 . CH_2 . CH_2 . CH_2 . NH_2$, genannt Cadaverin übergeht. Sie ist wahrscheinlich die Ursache der unter gastroenteritischen Symptomen verlaufenden Erkrankungen durch verdorbene Nahrungsmittel (Fleisch, Konserven, Kartoffelsalat usw.). Wenn selbe relativ viel vorgebildetes Gift enthalten, so entsteht akute Gastroenteritis als reine Intoxikation, meist unter Symptomen eines Brechdurchfalls verlaufend (choleraähnliche Form); enthalten sie wenig Gift, aber lebensfähige Bakterien der Paratyphusgruppe, so entwickelt sich chronische Gastroenteritis als Infektion — mit Fieber, Milzschwellung, Exanthemen (typhusähnliche Form). Ihre Symptome setzen erst nach einer viele Stunden bis Tage währenden Inkubation ein, bis die im Darm sich vermehrenden Bakterien eine gewisse Menge Gift gebildet haben, genügend, um als Kapillargift des Magendarmes zu wirken und die dadurch veränderte Schleimhaut für die Bakterien durchlässig zu machen.

Die *Gewöhnung* an Arsenik in allmählich steigenden Dosen — ohne Schaden, sondern im Gegenteil mit angeblichem Vorteil für die Gesundheit — erreicht bisweilen (Arsenikesser in Steiermark) eine außerordentliche Höhe. In einem Falle wurden 0,4, also eine die Dosis letalis acuta (ca. 0,1—0,2) bedeutend übersteigende Gabe genommen. Allgemeingut in so hohem Grade ist diese Fähigkeit sicherlich nicht. Es bestehen große individuelle Verschiedenheiten in der Ertragbarkeit kleiner Dosen bei Menschen und bei Tieren. Auch scheint die Gewöhnung hauptsächlich auf die Abstumpfung der Resorption des Arsens und seiner entzündlich-nekrotischen Wirkung auf die Magen-Darmschleimhaut beschränkt zu bleiben und nur einzutreten, wenn der Arsenik per os in fester Form, als Pulver genommen wird. Die oral erworbene Immunität gewährt keinen Schutz gegen parenterale Vergiftung. Das Tierexperiment und ein Fall auf der Züricher Klinik, wo gegen Lichen ruber planus die orale, allmählich bis auf 0,028 pro die gesteigerte Arsenikgabe wenig Erfolg hatte, der Übergang zu subkutaner Injektion mit 0,01 aber sofort schwere Vergiftung zur Folge hatte, s nd die Belege hierfür.

Unter Berücksichtigung dieser besonderen Verhältnisse wird es verständlich, daß neben der Erscheinung der Gewöhnung an Arsen auch eine chronische Vergiftung möglich ist, insbesondere in Fällen, wo die aufgenommenen Mengen sicherlich nur klein, aber auf einem anderen Wege hereingekommen sind, z. B. bei mit Schweinfurtergrün gefärbten Tapeten, aus denen dieser arsenhaltige Farbstoff in Staubform oder zum flüchtigen, nach Knoblauch riechenden Äthylkakodyloxyd, von Schimmelpilzen (Penicillium brevicaule) umgewandelt zur Einatmung gelangen kann.

Die *Ausscheidung* des Arsens erfolgt hauptsächlich durch die Niere, auch Darm, Haut und Milchdrüse sind beteiligt.

Ein Teil des Arsens bleibt einige Zeit in Leber, Knochen und epidermoidalen Gebilden (Haaren) abgelagert. In letzteren erscheint es am spätesten (nach 14 Tagen) und bleibt am längsten (Monate bis Jahre). Dieses Verhalten kann zu wichtigen Feststellungen verwertet werden: Positiver Arsenbefund in inneren Organen, negativer in den Haaren spricht für eine in letzter Zeit stattgefundene akute Vergiftung, positiver Befund in den Haaren deutet umgekehrt auf eine vor längerer Zeit stattgefundene, aber überstandene Vergiftung. Den Verdacht auf chronische Vergiftung kann der Ausfall einer Untersuchung der Haare (5 g genügen hierfür) mit Sicherheit bestätigen oder widerlegen (Heffter).

Anwendung. Im Altertum kannte man bloß die wenig wirksamen Schwefelverbindungen des Arsens. Gegen Ende des Mittelalters wurde auch die arsenige Säure in die Therapie eirgeführt und bald übertrieben hochgehalten, bald als mörderisches Gift absolut verdammt. Aus diesem jahrhundertelangen schwankenden Zustande haben sich allmählich einige Anwendungen losgelöst, welche z. T. auch experimentell begründet sind und meist auf Beschleunigung des Zellwachstums zurückgebliebener Organe oder Zerfall pathologischer Wucherungen und Vernichtung von Parasiten ausgehen. Es sind die folgenden:

1. *Gegen Malaria* wurde Arsenik zuerst von Slevogt (um 1700) und später vom Engländer Fowler (1776) warm empfohlen und ist in veralteten Fällen und Folgezuständen entschieden oft wirksamer als das Chinin. Man darf nur nicht erwarten, daß es so prompt wirkt, wie es das Chinin und die neuen organischen Arsenpräparate oft in frischen Fällen tun. Erst längerer Gebrauch in allmählich steigenden Gaben schafft Besserung.

Bei anderen *Protozoeninfektionen* (Trypanosomenkrankheiten, Syphilis) haben sich Arsenpräparate gleichfalls bewährt.

2. *Bei zahlreichen Hauterkrankungen*, insbesondere bei *Psoriasis und Lichen ruber* ist wochen- und monatelang fortgesetzter Arsenikgebrauch sehr häufig von Erfolg, bei letzterer Krankheit sogar das einzige zuverlässige Heilmittel.

3. Bei allgemeinen *Ernährungsstörungen* wird Arsen als „Roborans" häufig angewandt. Auch bei *perniziöser Anämie* ist es zuweilen von guter Wirkung, desgleichen bei *sekundären Anämien*; bei *Chlorose* meist nur, wenn es *mit Eisen kombiniert* wird.

4. Bei *Leukämie* hat Arsen Aussicht auf temporären Erfolg, namentlich in Kombination mit Röntgenbestrahlung.

5. *Bei Erkrankungen der Lunge, welche mit Erschwerung der Respiration einhergehen*, bringt Arsen nicht selten erhebliche Erleichterung. Dies wurde zuerst bei dämpfigen, d. h. bei an Emphysem leidenden Pferden beobachtet.

6. *Bei malignen Lymphomen* folgt auf innerliche Darreichung und intraparenchymatöse Injektion manchmal überraschendes Zurückgehen der Tumoren, um in anderen Fällen wieder ganz auszubleiben.

7. *Bei Neurosen* (Neuralgien, Chorea, Asthma usw.) wurde in Ermangelung sicherer Heilmittel Arsenik sehr häufig versucht. Die Zahl wirklicher Erfolge ist verhältnismäßig gering.

8. *Als Ätzmittel* dient Arsenik in der Zahnheilkunde *zum Nerventöten.* Früher wurde es auch bei Lupus und Karzinom verwendet.

Verordnungsweise. Bei allen Anwendungen von Arsen, auch den äußerlichen, ist die Möglichkeit einer Vergiftung im Auge zu behalten. Bei den geringsten Anzeichen von Magenstörungen, Conjunctivitis, Pigmentierung der Haut oder anderen verdächtigen Symptomen muß das Mittel ausgesetzt werden. Der weit verbreitete Glaube, daß rasches Abbrechen einer Arsenmedikation von üblen Folgen (Abstinenzerscheinungen) begleitet sei, entbehrt nach Versuchen an Menschen und Tieren des tatsächlichen Hintergrundes.

Man gibt das Arsen in langsam ansteigenden Dosen, und zwar innerlich 3mal täglich bei gefülltem Magen, in *Pillen* a 0,0025 As_4O_6, als *Lösung* in Form des beliebten, aber keineswegs immer am leichtesten ertragbaren ***Liquor Kalii arsenicosi, †Solutio arsenicalis Fowleri (P. I.),** eine 1 prozentige, mit 1 Teil Kalium-

bikarbonat und 10 Teilen Weingeist (zur Verhütung der Ansiedelung von Arsenwasserstoff bildenden Schimmelpilzen) versetzte,
alkalisch reagierende Lösung von Acidum arsenicosum, 0,25 =
0,0025 As_4O_6. Dem Präparat der Ph. G. ist noch etwas Lavendel-
spiritus zugesetzt.

Zu *subkutanen Injektionen* benützt man die im Handel
befindlichen Ampullen, welche 0,005 Acid. arsenicosum durch
langes Kochen in 0,5 Wasser gelöst $+$ 0,015 Karbolsäure
nach Vorschrift von Neisser enthalten (29,3 % As) oder verwendet das in gleicher Weise gebrauchsfertig in den Handel
kommende Solarson (Ammoniumsalz der Heptinchlorarsinsäure),
$CH_3(CH_2)_4 . CCl : CH . AsO(OH_2)$.

Arsenhaltige Mineralwässer. Die meisten sind zugleich eisenhaltig und
daher geeignet für kombinierte Eisen-Arsentherapie. In den **Eisensulfatquellen**
ist das Arsen meist als Hydroarsenat-Jon ($HAsO_4$) enthalten. Die stärksten ent-
springen im Val Sugana (Wälschtirol): Levico, dessen „Starkwasser" 0,0046 %-
As enthält und zu 2—4 Eßlöffeln genommen wird, und Roncegno, mit noch
höherem Arsengehalt, 0,0399 % As. Schwächer sind Mitterbad in Ulten,
Recoaro in Oberitalien und die Guber-Quelle in Bosnien. Die **Eisenkarbonat-
quellen** enthalten nur in einzelnen Fällen nennenswerte Arsenmengen, z. B.
Kudowa in Schlesien 0,0012 % As. Frei von Eisen, daher zu reiner und gut
ertragbarer Arsenkur geeignet, sind einige arsenhaltige **Kochsalzwässer.** Zu der
schon längere Zeit bekannten und hochgeschätzten alkalisch-muriatischen Therme
La Bourbule im Dep. Puy de Dome hat sich der erst in neuerer Zeit als stark
arsenhaltig (0,0144 % As) erkannte erdalkalische Kochsalz-Säuerling, ‹Max-
quelle in Dürkheim, gesellt. Das Wasser muß frisch an der Quelle oder in
luftdicht verschlossenen Flaschen versandt gebraucht werden, weil unter dem Einflusse der Luft der ganze Arsengehalt des Wassers in kurzer Zeit zu Arsenat
oxydiert wird und quantitativ mit der die Kalium- und Radiumsalze des Wassers
adsorbierenden, kolloidalen Kieselsäure als Sedimentsinter ausfällt.

Organische Arsenverbindungen haben als *Protozoengifte*
neuerdings große Bedeutung erlangt. Das Arsen ist in ihnen als
nicht ionisierte „komplexe" Verbindung enthalten. Solche Verbindungen haben, analog den organischen Verbindungen der Schwermetalle (Silber, Eisen, Quecksilber), eigenartige Resorptionseigen-
schaften und eigenartige Wirkungen. Vermöge der ersteren können
sie in Zellen eindringen, in welche einfache Arsenverbindungen
nicht oder nur langsam aufgenommen werden. Hier entfalten sie
dann ihre Eigenwirkung und bei chemischer Umwandlung allmählich auch die Wirkung einfacher As-Verbindungen. Auf diese
Weise sind die elektiven Wirkungen, welche diese organischen
Verbindungen auszeichnen, erklärlich, z. B. die Erscheinung, daß

selbe für Protozoen stark giftig (parasitotrop), auf die Zellen des Wirtes aber nur wenig wirksam (organotrop) sind.

Von solchen Verbindungen wurden zunächst in subkutanen Dosen von 0,01—0,05—0,15 folgende Mittel wirksam befunden:

Natrium cacodylicum, das in Wasser lösliche Natronsalz der Kakodylsäure (Dimethylarsinsäure) $(CH_3)_2AsO \cdot OH$. Es wird im Organismus z. T. zum flüchtigen, widerlich riechenden Kakodyloxyd, $(CH_3)_4As_2O$, reduziert.

***Natrium arsanilicum**, p-Aminophenylarsinsaures Natron, $H_2N \cdot C_6H_4 \cdot AsO_3HNa + 4H_2O$, weißes, in 6 Wasser lösliches Salz, bekannt unter dem Namen **Atoxyl**, den es indes mit Unrecht trägt, da es keineswegs ungiftig ist, sondern in Gaben über 0,2 nicht selten, infolge chemischer Umwandlung im Organismus zu ernsten Intoxikationen (Opticusatrophie, Hämaturie usw.) führt. Auf solche Umwandlung weist auch die Beobachtung hin, daß das Mittel, im Gegensatze zur arsenigen Säure, auf Trypanosomen in vitro nicht einwirkt, sondern diese Fähigkeit erst im Organismus erlangt, ein künstlich erhaltenes Reduktionsprodukt des Atoxyls hingegen, das p-Aminoyhenylarsinoxyd $NH_2 \cdot C_6H_4 \cdot As : O$, worin das Arsen dreiwertig fungiert wie in der arsenigen Säure, starke Wirkung schon im Reagenzglas zeigt.

Ersetzt man im Atoxyl ein H-Atom der Aminogruppe durch Acetyl, CH_3CO, so enthält man das ***Natrium acetylarsanilicum**, Arsacetin, $CH_3CO \cdot HN \cdot C_6H_4AsO_3HNa + 4H_2O$, weißes, in 10 Wasser lösliches Pulver. Durch die Acetylierung hat seine allgemeine Giftigkeit ab-, die antiparasitäre zugenommen. Es wird auch bei perniziöser Anämie, 0,05 3 mal täglich empfohlen.

Das Atoxyl bildete für Ehrlich den Ausgangspunkt für eine große Reihe weiterer, auf synthetischem Wege hergestellter As-Verbindungen, welche alle auf ihre Giftigkeit und ihren Heilwert (Verschwinden der Trypanosomen oder Spirillosen aus dem Blute infizierter Tiere) geprüft wurden, bis das Ziel, die Therapia sterilisans magna, d. h. die Vernichtung der Krankheitserreger, durch eine einmalige Gabe eines minimal organotropen, aber maximal parasitotropen Mittels mit dem folgenden Präparat wenigstens annähernd erreicht war.

Dioxydiaminoarsenobenzolhydrochlorid, Salvarsan,

$$HCl \cdot {HO \atop H_2N}\!\!>\!\!C_6H_3\!-\!As\!=\!As\!-\!C_6H_3\!\!<\!\!{OH \atop NH_2} \cdot HCl,$$ ein gelbes, in Wasser

mit saurer Reaktion lösliches Pulver, das sehr leicht oxydierbar ist (unter Braunfärbung) und daher nur in evakuierten Ampullen abgegeben wird. Das Mittel ist bei *Syphilis* dem Quecksilber und Jod in den ersten Stadien dieser Krankheit an Schnelligkeit und Intensität der Wirkung bedeutend überlegen. Die Spirochäten verschwinden nach einer Injektion aus den Primär- und Sekundäraffekten, in denen sie vorher reichlichst vorhanden waren, in sehr vielen Fällen nach 24 bis 48 Stunden, und die Neubildungen werden vielfach mit erstaunlicher Schnelligkeit zur Einschmelzung gebracht. Die einmalige Injektion ist allerdings, namentlich in bezug auf Rückfälle meistens nicht ausreichend, sie muß mehrere Wochen lang wiederholt werden; Kombination mit Quecksilber, wobei neben den Salvarsarinjektionen Einreibung von Ung. cinereum oder Injektion von Ol. cinereum oder Hydrargyrum salicylicum in der Weise erfolgen, daß im ganzen gegen 5,0 Salvarsan und 1,0 Quecksilber verbraucht werden oder nach Linser Neosalvarsan + Subl.mat zusammen eingespritzt werden, wirkt besonders energisch, so daß insbesondere in den ersten Wochen der Periode vor Erscheinen der Wassermannschen Reaktion endgultige Heilung erzielt werden kann.

Wie man sich die Wirkung des Mittels vorzustellen hat, bleibt weiterer Forschung vorbehalten. Im Reagenzglase ist es auf Trypanosomen usw. völlig wirkungslos. Das kann daran liegen, daß es erst im Organismus in eine wirksame Substanz (O:As C$_6$H$_3$ (OH)(NH$_2$) umgewandelt wird, oder daß das Mittel nur die Fortpflanzung der Parasiten hemmt; bei Parasiten, welche eine so kurze Lebensdauer haben, aber ist die Aufhebung der Vermehrung gleichbedeutend einer vollkommenen Desinfektion. Es bestehen auch Anzeichen, daß die Substanz durch den Zerfall der Parasiten zur Bildung von Antikörpern im Organismus Veranlassung gibt.

Die Dauer der Schutzwirkung des Salvarsans hängt von der Schnelligkeit der Ausscheidung durch Harn und Kot ab; sie ist etwa 8 Tage nach intravenöser, 14 Tage nach intramuskulärer Injektion bis auf kleinere Reste vollendet.

Die *Wirkung bei anderen Protozoenerkrankungen* ist bei Frambösie und Recurrens durchschlagend, bei Malaria gut, besonders zu 0,4 in Kombination mit Chinin zu 0,75 intravenös; wenig befriedigend bei Trypanosomiasen (Schlafkrankheit).

Weitgehende *spezifische Wirkung* besitzt das Salvarsan *gegen einzelne Bakterieninfektionen*, Milzbrand, Rotz und Rotlauf. Es tötet z. B. Milzbrand in vitro schon in Verdünnung von 1 zu 1 Million, andere Bakterien erst in 100 mal stärkerer Konzentration; von ähnlicher Wirksamkeit ist es im Organismus.

Vergiftungen und Kontraindikationen. Nach den Tierversuchen ist zwar die Dosis tolerata des Mittels weit größer als die

Dosis curativa, mehr oder minder schwere Zufälle beim Menschen sind dennoch nicht gerade selten. Für einige derselben, das initiale Fieber und die schweren, rasch einsetzenden zerebralen Erscheinungen wurde geltend gemacht, daß bei dem durch das Salvarsan bewirkten plötzlichen Zerfall der Krankheitserreger und Krankheitsprodukte Giftstoffe zumal im floriden Sekundärstadium frei werden (spirillotox'sche Reaktion). Die Mehrzahl aber sind wohl den individuell verschiedenartig rasch auftretenden Oxydationsprodukten des Salvarsans zuzuschreiben. Dahin gehören gegen Ende der ersten Woche auftretendes hohes Fieber, scharlachähnliche Exantheme, Ikterus, Kollapse kardialen und vasomotorischen Ursprungs, Nierenschädigung und spät auftretende zerebrale Erscheinungen (arsenotoxische Reaktion). Größte Vorsicht empfiehlt sich daher bei fortgeschrittenen Degenerationen im Zentralnervensystem, bei Gefäß- und Herz- und Nierenerkrankungen verschiedener Art.

Anwendungsweise. Nur intravenöse Injektion ist gut gangbar, wenn Zwischenräume von etwa drei Tagen, besonders bei den größeren Dosen eingehalten werden. Subcutane und intramuskuläre führt zu entzündlicher Reaktion. Zur Herstellung der Lösung soll zweimal destilliertes Wasser (käufliches Ampullenwasser) verwendet werden. Sie ist bei Verwendung des Salvarsans (Altsalvarsans) etwas umständlich und daher durch Salvarsan-Natrium, Neosalvarsan oder Silbersalvarsan verdrängt worden.

Die wässerige Lösung des Dioxydiaminoarsenobenzol-Hydrochlorids reagiert zu stark sauer, um verwendet werden zu können. Fügt man Natronlauge zu bis zur neutralen Reaktion, so fällt das freie Dioxydiaminoarsenobenzol aus. Bei weiterem Zusatz verbindet es sich vermittelst seiner Phenol-Hydroxyle mit Natrium und geht als Dinatriumphenolat (Salvarsan-Natrium) wieder in Lösung.

Man kann nun diese Lösung benutzen oder bequemer selbe aus dem fertigen als gelbes Pulver in evakuierten Ampullen käuflichen **Salvarsan-Natrium** herstellen. Die Anfangsdosis ist 0,1—0,2, später 0,3—0,4, wenn man vom Salvarsan ausgeht, 0,15—0,3 bzw. 0,4—0,6, wenn man das fertige Salvarsan-Natrium nimmt.

Neosalvarsan, entstanden durch an einem Amin unter Wasseraustritt erfolgte Kondensation des Salvarsans mit formaldehydsulfoxylsaurem Natrium, $HO . CH_2 . O . SO Na$, gelbliches, sehr leicht oxydables Pulver, hat gegenüber dem „Altsalvarsan" den Vorzug, neutrale Lösung zu geben, die sofort zu injizieren ist, sonst tritt Oxydation (Grünfärbung!) ein. Die Dosierung ist gleich der des Salvarsan-Natriums 0,15—0,3, später 0,4—0,6.

Silbersalvarsan, durch Einwirkung von Silbernitrat auf Salvarsan und Überführung in das Dinatriumsalz erhaltenes braunschwarzes Pulver, 22,4 % As, 14 % Ag enthaltend. Es ist sehr leicht oxydabel, kommt daher nur in zugeschmolzenen Ampullen in den Handel, die genau auf etwa vorhandene kleinste Risse zu untersuchen sind. Ist Sauerstoff durch solche eingedrungen, dann ist die mit Aqua bidestillata hergestellte Lösung nicht klar, sondern opaleszierend, und ihre Farbe ist statt dunkelbraun-gelb, mehr rötlich. Man verwendet 1—1½ prozentige Lösung und beginnt mit der wegen der dunklen Farbe der Lösung etwas schwierigen Injektion von 0,05—0,1, in Zwischenräumen von einigen Tagen allmählich steigend auf 0,25—0,3. Das Mittel hat sich rasch eingebürgert. Es wirkt r a s c h e r u n d i n t e n s i v e r, insbesondere auf die Frühsymptome als das Salvarsan und ist, abgesehen von angioneurotischen Störungen und ausgebreiteter Dermatitis nach den Angaben der Mehrheit der Syphilidologen w e n i g e r g i f t i g als dieses.

Außer den besprochenen organischen Arsenikalien sind auch gewisse T r i p h e n y l m e t h a n f a r b s t o f f e (Fuchsin, Methylviolett), einige A z o f a r b s t o f f e (Trypanrot), sowie A n t i m o n v e r b i n d u n g e n in analoger Weise gegen T r y p a n o s o m e n w i r k s a m. Hierbei zeigte sich das für die Behandlung von Trypanosomen-Erkrankungen *wichtige Phänomen, daß Trypanosomen, wenn sie,* mit zu kleiner Dosis behandelt, *nicht sämtlich getötet werden, bei der Wiederholung der Injektion sich refraktär* verhalten in der Weise, daß z. B. ein gegen Fuchsin gefestigter Stamm auch resistent gegen die verwandten Farbstoffe ist, der Wirkung der Azofarbstoffe und der Arsenikalien aber noch unterliegt. Dies führte Ehrlich zur Vorstellung, daß im Protoplasma der Trypanosomen verschiedene Gruppen (Chemo-Rezeptoren) vorhanden sein müssen, von denen jede für eine bestimmte Klasse von Mitteln chemische Verwandtschaft besitzt und selbe an der Zelle verankert.

M a x i m a l d o s e n:

	Ph. G.	Ph. G.
*†Acidum arsenicosum	0,005 (0,015)!	0,005 (0,02)!
*Liquor Kalii arsenicosi, †Solutio arsenicalis Fowleri	0,5 (1,5)!	0,5 (2,0)!
*Natrium arsanilicum, *Natrium acetylarsanilicum	0,2 —	—

R e z e p t - B e i s p i e l e:

℞		℞	
Liq. Kalii arsenicosi	5,0	Liqu. Kalii arsenicosi	5,0
Aq. Cinnamomi	10,0	Tinct. Ferri pom.	25,0
MDS. dreimal täglich 15 Tropfen,		MDS. dreimal täglich 5 Tropfen,	
allmählich steigend zu nehmen.		allmählich steigend zu nehmen.	

℞

Acidi arsenicosi	
Cocaini hydrochlorici	ana 0,3
Kreosoti q. s.	
ut f. pasta.	
D. c. signo veneni.	
S. äußerlich.	

[Eine kleine Menge i. d. Zahnhöhle zu bringen, mit Wachs verschließen und 24 Stunden liegen lassen.]

℞

Acidi arsenicosi	0,5
Hydrargyri chlorati	2,0
Gummi arabici	10,0
M. f. op. Aq. pasta.	

DS. Ätzpaste, messerrückendick auf das Geschwür aufzutragen.

[Vereinfachte Formel des früher viel gebrauchten Pulvis arsenicalis Cosmi.]

℞

Acidi arsenicosi	0,1
Piperis nigri	2,0
Rad. Liquiritiae	5,0
Gummi arabici p. s.	
ut f. ope Aq. pil. No. C.	
Consp. Magnesia carbonica.	

DS. 2 mal täglich 1—2 Pillen, allmählich steigend.

[Pilulae asiaticae (†Pil. Acidi arsenicosi compositae). 1 Pille = 0,001 Arsenik.]

Phosphor.

***†Phosphorus, Phosphor,** bildet wachsglänzende, weiße Stücke von eigentümlichem Geruch, welche bei 44° schmelzen. Er ist in Wasser sehr schwer löslich (1 : 500000), leichter in Alkohol, Äther, fetten Ölen (1 : 100), am leichtesten in Schwefelkohlenstoff.

Durch Erhitzen auf 240° entsteht eine nicht flüchtige, unlösliche und ungiftige Modifikation: der rote Phosphor.

Örtlich besitzt der Phosphor nur eine schwache und langsam eintretende entzündliche Wirkung. Man kann Phosphorstückchen unter die Haut einheilen. Sie werden, ohne erhebliche Reizerscheinungen zu verursachen, langsam resorbiert.

Auch die in Phosphor- und Zündhölzchenfabriken bei Arbeitern, zumal solchen mit schadhaften Zähnen, auftretende *Nekrose des Kiefers*, welche in der Toxikologie als chronische Phosphorvergiftung bezeichnet wird, darf nicht als örtliche Wirkung des verdunsteten Phosphors aufgefaßt werden.

Die Unmöglichkeit, diese Erkrankung experimentell an bloß gelegten Knochen durch Phosphordampf zu erzeugen, und die klinische Beobachtung, daß dieselbe noch bei Individuen auftreten kann, welche schon mehrere Jahre aus der Fabrik entlassen waren, sprechen für eine resorptive Wirkung in der Weise, daß *der aufgenommene Phosphor nur eine, noch nicht näher präzisierbare Disposition zur Erkrankung setzt,* mit der die gleichfalls an solchen Arbeitern beobachtete Sklerose der Knochen (Knochen-brüchigkeit) vielleicht im näheren Zusammenhange steht. *Zum Ausbruche der eigentlichen Nekrose kommt es erst, wenn an einer zirkumskripten Stelle eines Knochen eine eitrige Infektion erfolgt.* Nun beginnt eine Periostitis mit massiger Osteophytenbildung und die charakteristische, unaufhaltsam über den ganzen Knochen fortschreitende Nekrose. Daß dieser Vorgang, von seltenen Fällen abgesehen, nur am Kiefer, zumal am Unterkiefer, beobachtet wird, erklärt sich aus der anatomischen Lage dieser Knochen. Sie stehen durch die Zähne mit einem konstanten Fäulnisherde — der Mundhöhle — in Verbindung (v. Stubenrauch).

Resorptiv zeigt der Phosphor in sehr kleinen, wieder-holten Gaben (0,00015 täglich an junge Kaninchen, 1—2 Monate hindurch verabreicht) *einen die Ernährung begünstigenden Einfluß* ganz ähnlich dem Arsenik, *namentlich bezüglich des Wachstums der Knochen,* in denen kompaktes Gewebe an Stelle des spongiösen sich ausbildet (Wegner).

Gaben von 0,05 an (0,02 bei 2—3 jährigen Kindern) erzeugen die akute Phosphorvergiftung. Dieselbe nimmt bei sehr reich-licher Aufnahme manchmal einen perakuten, in wenigen Stunden tödlichen Verlauf durch *Lähmung des Herzens.* Gewöhnlich ist der Hergang ein subakuter, auf mehrere Tage sich erstreckender, indem die Herzwirkung in mäßigen Grenzen bleibt und nun die *Ernährungsstörungen* (Zunahme der Dissimilation) Zeit gewinnen, sich auszubilden. Sie bestehen in *Verfettungen,* besonders hochgradig in der Leber, *Blutungen* in zahlreichen Organen, die infolge Verminderung der Gerinnungsfähigkeit des Blutes lebensgefährdend werden können, und sehr starker *Erhöhung des Eiweißumsatzes,* dessen stickstoff-haltige Komponente z. T. in Form von höheren Abbauprodukten, Albumosen, Peptonen, Tyrosin, Leucin im Harne erscheint. Auch die roten Blutkörperchen erfahren eine Einschmelzung, jedoch so allmählich, daß es zu keiner Ausscheidung von Hämoglobin, sondern nur zu vermehrter Gallenbildung kommt. Die ganze Stoffwechselstörung hat manche Ähnlichkeit mit den bei Behinde-rung der Sauerstoffversorgung beobachteten chemischen Vorgängen und mit der Autolyse absterbender Organe. Sie kann durch reich-liche Darreichung von Kohlehydraten hintangehalten werden.

Das Wirksame bei der Vergiftung scheint der Phosphor selbst zu sein, denn er läßt sich, ungeachtet seiner sonst so leichten Oxydierbarkeit, aus den vergifteten Organen durch Destillation gewinnen und sogar bisweilen in den Ausscheidungsorganen, namentlich der Lunge, am Geruch und Leuchten der Ausatmungsluft wahrnehmen; auch sind die Oxydationsprodukte, in welche er im Organismus übergehen kann — die Säuren des Phosphors — wenig oder gar nicht giftig, und der sehr giftige Phosphorwasserstoff an dessen Bildung aus Phosphor durch Alkalien man allenfalls in Analogie mit der Entstehung der Irrlichter auch im Organismus denken könnte, wirkt in anderer Weise, vornehmlich als Herz- und Atmungsgift.

Die *Antidote* bei Phosphorvergiftung sind beim Kaliumpermanganat, Kupfervitriol und Terpentinöl bereits behandelt.

Allgemeine Verfettung, insbesondere der Leber, neben gastroenteritischen und neuroparalytischen Symptomen bewirkt der sehr giftige **Knollenblätterschwamm, Agaricus phalloides** s. **Amanita bulbosa**, der mit dem Champignon häufig verwechselt wird, aber von diesem scharf sich dadurch unterscheidet, daß die Unterseite des Hutes (Sporen) keine ausgesprochene Färbung zeigt, während sie beim Champignon je nach dem Alter rosa bis braunrot erscheint. Die Gefährlichkeit des Pilzes wird ganz besonders auch dadurch erhöht, daß die Symptome sehr spät (nach 12—36 Stunden) auftreten, daher die Evakuationsmaßnahmen meist erfolglos sind.

Das ätherische Öl der **Mentha Pulegium,** Flohminzkraut, in England unter dem Namen Poley-Öl als Emmenagogum und Abortivum gebraucht, erzeugt ebenfalls Verfettung der Organe, insbesondere der Leber.

Die *Anwendung* des Phosphors geht von der bei Tieren gefundenen eigentümlichen „formativen Anregung" kleinster Gaben auf das osteogene Knochengewebe aus. Man hofft, auch bei Menschen bei Knochenkrankheiten, insbesondere *Rhachitis* und *Osteomalacie*, die Bildung kompakter Knochensubstanz befördern zu können. Die Mehrzahl der Beobachter spricht sich namentlich bei Rhachitis zugunsten der Phosphorbehandlung aus.

Vom Volke wird Phosphor als **Abortivum** gebraucht, in Gaben die häufig auch den Tod der Mutter veranlassen können.

Die *Verordnung* erfolgt in Pillen, Emulsionen und bei Kindern vorteilhaft als *Lösung in Lebertran* 0,005—0,01 ad 100,0 3 mal tägl. 1 Teelöffel. Sie ist nur haltbar, wenn ihr etwas ätherisches Öl (Terpen) zugesetzt wird, welches die Oxydation des Phosphors verhindert.

†**Oleum phosphoratum** wird durch Lösung von 1 Phosphor in 949 Olivenöl mit nachträglichem Zusatz von 50 absolutem Alkohol bereitet.

Maximaldosis.

	Ph. G.	Ph. A.
*†Phosphorus	0,001 (0,003)!	0,001 (0,005)!
†Oleum phosphoratum	—	1,0 (5,0)!

Rezept-Beispiele:

R

Phosphori	0,01
Ol. Menthae pip.	0,1
Olei Sesami ad	100,0

MDS. ad vitrum opacum.
S. 1—3mal täglich ½—1 Teelöffel.
[1 Teelöffel = 0,0005 Phosphor.
Rhachitis.]

R

Phosphori	0,005
solve in	
Ol. Amygd.	20,0
Gummi arab.	10,0
Aq. q. s. ad emuls.	180,0
Sirup. Althaeae	20,0

MDS. 3—4 stündlich 1 Eßlöffel.

R

Phosphori	0,05
Cerae flavae	
Ol. Amygdal.	ana 2,0
Pulv. Rad. Liquiritiae	4,0

M. f. pil. No. LX. Arg. fol. obducantur.

DS. dreimal täglich 1 Pille zu nehmen.
[Der Phosphor wird in der geschmolzenen Wachs - Fettmasse gelöst, das Pflanzenpulver eingerührt und nach dem völligen Erkalten die Pillen geformt und mit Silberfolie überzogen.]

Vierundzwanzigstes Kapitel.

Ferrum, Eisen.

Das Eisen schließt sich nach seinen allgemeinen pharmakologischen Eigenschaften den bei den Adstringentia behandelten Metallen an. Zufolge der besonderen Rolle indes, welches es im Organismus als lebensnotwendiger Bestandteil spielt, und mit welcher wahrscheinlich auch seine wichtigste therapeutische Anwendung zusammenhängt, empfiehlt es sich, ihm ein Kapitel neben den übrigen auf Ernährung und Stoffwechsel wirkenden Mitteln einzuräumen.

Die *örtliche Wirkung* deckt sich völlig mit jener der übrigen Metalle. Auch die Eisensalze, besitzen das Vermögen, mit Eiweiß und anderen gewebebildenden Substanzen schwer lösliche Verbindungen einzugehen. Sie wirken darum je nach der Konzentration *adstringierend* oder *ätzend* und gleichzeitig auch *desinfizierend*.

Die **resorptive Wirkung bei parenteraler Einverleibung** (subkutan oder intravenös) wird in reiner Form, d. i. frei von Thrombosen und Embolien, mit Präparaten erhalten, welche das Eiweiß der Lymphe und des Blutes nicht fällen: zitronensaures Eisenoxyd oder weinsaures Eisenoxydul-Natrium. Das auf diese Weise einverleibte Eisen wird zu einem kleinen Teile *durch die Niere*, zu einem viel größeren *durch die Darmschleimhaut ausgeschieden*, jedoch sehr langsam, da der größere Teil *längere Zeit in der Leber* (*Siderosis*) *aufgespeichert* bleibt (Jakobi, Kobert). Gleichzeitig macht man die überraschende Beobachtung, daß das Eisen, obwohl ein normaler Bestandteil des Körpers, eine erhebliche Giftigkeit besitzt. Das Eisen verhält sich also analog den sonstigen Schwermetallen (Kap. VI). Die Vergiftungserscheinungen beginnen bei Tieren schon bei 1—2 mg Eisen pro kg Körpergewicht. Sie bestehen neben zentraler Lähmung, ähnlich wie bei Arsen und den Schwermetallen, vorzugsweise in *Entzündung der Ausscheidungsstätten, Darm und Niere* (H. Meyer und Williams). Beim Menschen wurden die ersten Störungen bei therapeutischen Versuchen mit subkutaner Injektion von 0,2 Ferricitrat beobachtet.

Bei enteraler Einverleibung (per os) sind derartige Wirkungen nicht zu erhalten, nur bei sehr großen, Ätzung des Darmepithels erzeugenden Gaben kann es zu Vergiftung kommen. Hieraus geht hervor, daß *das Metall vom intakten Darmkanal auch in größeren Mengen*, welche zur Erzielung toxischer Wirkungen nötig wären, *nicht in die allgemeine Zirkulation gelangen kann.*

Ob eine Aufsaugung kleinerer Mengen statthat, blieb fraglich. Die Tatsache, daß das Eisen ein normaler Bestandteil des Körpers ist und in den Exkreten erscheint, also auch wieder durch die Nahrung ersetzt werden muß, durfte als Beweis hierfür nicht mehr herangezogen werden, seitdem Kletzinsky und später Bunge und Schmiedeberg gezeigt hatten, daß *das Eisen in den Nahrungsmitteln in einer von den Eisensalzen inklusive den Eisenalbuminaten v llig abweichenden Form* enthalten ist. Es ist in ihnen als komplexe, wahrscheinlich nucleoalbuminartige Verbindung enthalten und *durch die gewöhnlichen Eisenreagenzien vor stattgefundener Zersetzung nicht nachweisbar*, also nicht zu Ionen dissoziiert. Es ist auch nicht giftig, wie das salzartig gebundene Eisen und relativ leicht resorbierbar. Im Anschluß daran wurde die Resorbierbarkeit der dissoziierbaren gewöhnlichen Eisenverbindungen völlig in

Abrede gestellt und ihr therapeutischer Nutzen nur in dem Schutze gesucht, den sie dem Nahrungseisen durch Abfangen des zersetzenden Schwefelwasserstoffs im Darme gewähren.

Der Frage, ob sich das wirklich so verhält oder ob nicht doch kleine Mengen von gewöhnlichen Eisenverbindungen vom Darme aufgenommen werden, glaubte man zunächst durch Bestimmung des Eisen im Kot und Harn nach Darreichung von Eisensalzen beikommen zu können. Eine merkliche Vermehrung des Eisengehaltes des Harns konnte nicht nachgewiesen werden. Man fand das ganze gereichte Eisen als Schwefeleisen in den grauschwarz gefärbten Fäzes wieder, ohne entscheiden zu können, ob dasselbe unresorbiert geblieben oder zum Teil resorbiert, aber, analog dem subkutan einverleibten Eisen, im Darme wieder ausgeschieden worden sei.

Nunmehr versuchte man, ob eine Aufspeicherung kleiner Mengen von Eisen und eine Verwertung zur Hämoglobinbildung bei lange fortgesetzter Darreichung sich nachweisen lasse. Zu solchen Versuchen eignen sich ausgewachsene, *eisenarm ernährte und durch wiederholte Aderlässe anämisch gemachte Tiere* oder *junge wachsende Tiere*, welche *auf reine Milchkost gesetzt* werden. Die Milch enthält nämlich eine für die Blutbildung ganz ungenügende Menge von Eisen, so daß solche Tiere, sobald ihr bei der Geburt in der Leber mitbekommener Eisenvorrat aufgebraucht ist, hochgradig anämisch werden (Bunge). Bei Zugabe von Eisensalzen zur eisenarmen Nahrung beobachtete man nun in beiden Fällen, daß der *Eisengehalt der Organe* und die *Hämoglobinmenge zugenommen* hatte und somit das *sog. „anorganische" Eisen sowohl resorbiert als auch assimiliert wird* (Kunkel, Abderhalden u. a.). Die Resorption des Eisens wurde dann auch durch mikrochemischen Nachweis (Färbung mit Schwefelammonium oder Hämatoxylin) konstatiert, und zwar ist es vorzugsweise das Duodenum, das dasselbe aufnimmt. Auch fand man in den blutkörperchenbildenden Organen (Knochenmark) deutliche Zeichen erhöhter Tätigkeit (Rotfärbung, energische Proliferation der Erythrocyten). Das medikamentöse „anorganische" Eisen wäre also dem „organischen" Nahrungseisen als gleichwertig zu erachten. Von einigen Autoren wurde das Ergebnis ihrer Fütterungsversuche mit beiden Arten von Eisen sogar zu dem, von anderer Seite allerdings lebhaft bestrittenen Schlusse verwertet, daß das anorganische Eisen außer seiner Verwendbarkeit als Baumaterial des Hämoglobins noch eine *spezifisch anregende Wirkung auf* die Gewebe, insbesondere die *blutbildenden Organe* (Knochenmark) besitze. Diese zweite Funktion des Eisens würde seine Verwendung als Tonicum rechtfertigen. Man hat für sie auch geltend gemacht, daß das Eisen als Katalysator Oxydationsvorgänge beschleunige, außerdem bei der Wirkung mancher Enzyme eine wesentliche Rolle spiele und auch im Pflanzenreiche, zumal zur Bildung des eisenfreien Chlorophylls, ein notwendiger Faktor sei.

Chlorophyll hat in seiner Konstitution Ähnlichkeit mit dem Hämoglobin resp. Hämatin, indem es wie dieses einen Komplex von vier Pyrrolringen, hier mit Magnesium, dort mit Eisen an Stickstoff gebunden enthält.

Es soll nach Bürgi hämoglobinbildend und „belebend auf Herz und andere Organe" wirken und ist in Tabletten 0,03 Chlorophyll und 0,005 Eisen enthaltend unter der Bezeichnung Chlorosan-Bürgi im Handel, 3 mal täglich 3 Stück.

Anwendung.

1. Als *Stypticum* wirken Eisensalze in derselben Weise wie die Verbindungen anderer schweren Metalle, sie stillen die Blutung durch Koagulierung des ausströmenden Blutes und durch Anätzung der Gefäßwandungen. Am stärksten besitzt dieses Vermögen das Eisenchlorid, welches in konzentrierter, wässeriger Lösung unter dem Namen ***Liquor Ferri sesquichlorati, †Ferrum sesquichloratum solutum, Eisenchloridlösung,** offizinell ist. Es ist eine gelbbraune, sauer reagierende und meist auch noch freie Säure enthaltende Flüssigkeit mit einem Eisengehalte von 10 %. Ihre Anwendung ist nur eine beschränkte. Bei Blutungen größeren Umfanges hilft sie nur, wenn sie unverdünnt auf die Wunde gebracht wird. Die dadurch gesetzte allgemeine Ätzung aber bringt so viele Nachteile mit sich, daß die Chirurgen sich ihrer höchstens in Ausnahmefällen bedienen.

2. *Bei der Bleichsucht* junger Mädchen, welche während und nach der Pubertätszeit auftritt, gilt Eisengebrauch neben zweckentsprechender Kost und sonstigen günstigen hygienischen Bedingungen als die erfolgreichste Behandlungsart. Noch ehe man wußte, daß das Eisen ein Bestandteil des Körpers ist, wandte man es bereits bei dieser Krankheit und bei anderen anämischen Zuständen an. Als dann 1746 das Eisen als konstanter Blutbestandteil nachgewiesen war, und man 1832 entdeckte, daß dasselbe gerade bei Chlorose eine erhebliche Abnahme erfahre, schien die empirisch-klinische Beobachtung und die wissenschaftliche Unter-

suchung in besten Einklang gebracht und das Eisen als rationelles Heilmittel begründet zu sein. In Wirklichkeit fehlt jedoch hierzu so gut wie alles. Fürs erste ist nicht bekannt, worin das Wesen der Chlorose besteht.

Mit Sicherheit weiß man nur, daß es Mangel an Eisen in der Nahrung allein nicht sein kann. Vom normalen Eisenbestande des Körpers, der zu rund 3,0 angenommen werden kann, werden täglich ca. 10 Milligramm durch die Exkrete ausgeschieden. In der täglichen Nahrung aber ist genügend Eisen enthalten, um bei guter Funktion des Darmkanals nicht bloß den normalen Abgang zu decken, sondern auch für die stärksten Blutverluste erfahrungsgemäß innerhalb weniger Wochen ohne jede Eisenbeigabe völligen Ersatz zu schaffen. Der Nutzen der Eisendarreichung bei Chlorose kann daher nicht lediglich nach dieser Richtung gesucht werden.

Das Wesen der Chlorose steht vielleicht mit der zur Zeit der Pubertätsentwicklung einsetzenden oben erwähnten Aufspeicherung von für die spätere Nachkommenschaft bestimmten Eisen in Zusammenhang. Sie kann möglicherweise Störungen in den blutbildenden Organen im Gefolge haben, welche ausgeglichen werden, wenn mehr Eisen im Organismus kreist als es bei normalen Verhältnissen notwendig ist, also eine Art Massenwirkung des Eisens eintritt oder wenn eine spezifische Anregung, ähnlich dem Arsen vorliegt, vielleicht als Ersatz für die mangelhafte Anregung durch die Hormone der Keimdrüsen (v. Noorden).

3. Als *Tonicum* Die Ausdehnung der Eisentherapie auf *andere Arten von Anämie* und auf *kachektische Zustände* lag nach den bei der Entwicklungschlorose gemachten Erfahrungen nahe. Die dabei erzielten Erfolge sind indes viel unsicherer und zweifelhafter. Akute Anämie nach Blutverlusten und chronische Anämie, wie sie nach langdauernden akuten Krankheiten mitunter zurückbleiben, scheinen sich am besten zu eignen. Welchen Anteil hieran das Eisen selbst und welchen die gleichzeitig mit ihm verordneten anderen „Tonica" und „Roborantia" haben, ist schwer zu entscheiden.

4. Antidotum Arsenici. Arsenige Säure und deren Salze bilden mit frischgefälltem, kolloidalem Eisenoxydhydrat schwer lösliche Salze. Befinden sich diese Gifte noch im Verdauungskanal, so erscheint damit die Möglichkeit gegeben, ihre Aufsaugung zu verhindern. Die experimentellen Prüfungen haben zu widersprechenden Ergebnissen geführt. Es scheint die Darstellungsart des verwendeten Präparates hierbei von ausschlaggebendem Einfluß gewesen zu sein.

Präparate und Verordnungsweise. Der innerliche Gebrauch des Eisens verursacht erfahrungsgemäß sehr leicht Störungen. Die Zähne können angegriffen und verfärbt werden, am leichtesten bei chlorotischen und anämischen Personen. Sehr häufig, namentlich bei empfindlichen Personen, stellen sich Druck im Magen, Appetitlosigkeit, Unregelmäßigkeiten in der Stuhlentleerung ein. Seltener sind die Erscheinungen der sog. „Eisenaufregung": Kongestionen zum Kopfe, Herzklopfen, Anfälle von Atemnot. Sie sind wohl alle durch die örtliche Wirkung der Eisensalze in ihrer Eigenschaft als eiweißfällende Stoffe bedingt. Man vermeidet sie ziemlich sicher, wenn man das Eisen nur während oder kurz nach einer Mahlzeit, also bei gefülltem Magen, nehmen läßt, wo es genug Eiweißstoffe im Inhalte findet, um sich mit diesen umzusetzen, und nicht die Schleimhaut selbst anzugreifen braucht, oder Präparate wählt, welche das Eiweiß nicht zu koagulieren vermögen.

Häufig sucht man durch Zusätze (Gewürze, Alkohol, Bittermittel, Salzsäure) den schädlichen Einfluß des Eisens zu korrigieren. Genuß von Obst ist entgegen weitverbreitetem Vorurteil nicht kontraindiziert.

Die Versuche, leicht „verdauliche" und „resorbierbare" Eisenpräparate zu finden, sind sehr zahlreich, aber von ganz unrichtigen Anschauungen aus unternommen worden und haben den Arzneischatz mit einer übergroßen Anzahl von Mitteln belastet. Die Spuren von Eisen, um die es sich bei der Resorption handelt, werden von jedem, das Eisen in nicht zu fester Bindung enthaltendem, Präparat aufgenommen werden können. Der Nachdruck ist auf die Wahl von Präparaten zu legen, welche die geringste örtliche Wirkung entfalten, also vom Verdauungskanal am leichtesten ertragbar sind.

Große Dosen, 0,1—0,3 pro die, auf metallisches Eisen gerechnet, haben sich klinisch am besten bewährt, wenngleich auch mit kleinen Gaben, längere Zeit genommen, sich Erfolge erreichen lassen, wie die Erfahrungen mit den Eisenwässern, welche meistens nur sehr geringe Mengen von Eisen enthalten, ihre Wirkung aber doch schon nach etwa 2 Wochen zu zeigen beginnen, lehren. Die Eisenzufuhr ist nach vollendeter Heilung eine Zeitlang fortzusetzen, andernfalls hat man baldigen Rückfall zu gewärtigen.

1. Anorganische Eisenpräparate.

***†Ferrum reductum,** reduziertes Eisen. Grauschwarzes Pulver, das in Wasser ganz unlöslich, somit geschmacklos ist und erst im Magen zu Eisenchlorür unter Wasserstoffentwicklung sich löst. Da der Vorrat an Salzsäure ein beschränkter ist, können auch bei großen Gaben nur unschädliche Mengen gelöst werden. Gaben in *Pulvern und Pastillen* zu 0,02—0,1 mehrmals täglich.

***†Ferrum pulveratum,** gepulvertes Eisen. Graues, metallisch glänzendes Pulver, das noch Kohlenstoff und manchmal auch Schwefel enthält und dann bei der Lösung im Magen zu unangenehmem Aufstoßen Veranlassung gibt. Gaben wie voriges.

***†Ferrum carbonicum saccharatum,** zuckerhaltiges Ferrokarbonat, gezuckertes kohlensaures Eisen. Grünlichgraues Pulver, von süßem und gleichzeitig etwas eisenhaftem Geschmack, 10 % Fe enthaltend. Eisenkarbonat ist in Wasser unlöslich, löslich dagegen in Kohlensäure unter Bildung von Eisenbikarbonat. In dieser Form findet es sich meist in den Eisenwässern, und dieser Umstand veranlaßte wohl auch seine Einführung als Arzneimittel. Im Magen wird es durch die Salzsäure zu Eisenchlorür unter Entwicklung von Kohlensäure gelöst. Es oxydiert sich leicht zu stärker ätzendem (basischem) Eisenoxydsalz. Durch den Zuckerzusatz wird dies verzögert.

Es wird gewöhnlich als ***†Pilulae Ferri carbonici** (Blaudii), Blaudsche Pillen, verordnet, welche aus Ferrum sulfuricum siccum, Kalium carbonicum, Zucker, gebrannter Magnesia, Eibischwurzel und Glyzerin angefertigt werden, wobei das Eisensulfat mit dem Kaliumkarbonat zu sehr fein verteiltem Eisenkarbonat sich umsetzt. Sie entsprechen in Deutschland 0,028, in Österreich 0,01 metallischem Eisen und werden 3 mal täglich 3 Stück verabreicht.

***Liquor Ferri sesquichlorati, †Ferrum sesquichloratum solutum,** Eisenchloridlösung, ungefähr gleiche Teile Eisenchlorid und Wasser enthaltend, dient als Hämostaticum. Zum innerlichen Gebrauch ist es ungeeignet, weil es die stärkste örtliche Wirkung ausübt.

***Liquor Ferri oxychlorati dialysati,** dialysierte Eisenoxychloridlösung, entsprechend dem **†Ferrum hydrooxydatum dialysatum liquidum,** dialysiertes flüssiges Eisenhydroxyd, ist eine braunrote, nur schwach eisenartigschmeckende Flüssigkeit, welche früher im Rufe stand, besonders leicht verdaulich zu sein, und manchmal noch zu 5—20 Tropfen gegeben wird.

†Ferrum sulfuricum, Ferrosulfat, Eisenvitrol, ist ein billiges Desinfektionsmittel für Abtritte; ***Ferrum sulfuricum siccum und †Ferrum**

sulfuricum praecipitatum, entwässertes (vom Kristallwasser befreites) resp. mit Weingeist gefälltes Ferrosulfat, dienen zur Herstellung anderer Präparate.

Ferrum pyrophosphoricum cum Ammonio citrico, in 2 %iger Lösung mit Sirup, kinderlöffelweise bei Kindern. Ferrum pyrophosphoricum cum Natrio citrico, ist in 10 prozentiger Lösung zu subkutaner Injektion geeignet.

2. Organische Eisensalze.

Die Salze des Eisens mit mehrwertigen organischen Säuren, Milchsäure, Weinsäure, Apfelsäure, Zitronensäure, haben *nur mehr in geringem Grade die Eigenschaft, Eiweiß zu fällen.* Sie haben daher nur eine geringe örtliche Wirkung und werden vom Verdauungskanal gut ertragen.

Ähnlich verhalten sich die Verbindungen des Eisens mit Zucker und die Eisenalbuminat- und Eisenpeptonpräparate.

Beim Kochen solcher Präparate mit Alkalien wird das Eisen fester gebunden (maskiert), und es entstehen Verbindungen, welche sich den komplexen organischen Eisenverbindungen der Nahrung ähnlich verhalten.

***†Ferrum oxydatum saccharatum, Eisenzucker.** Rotbraunes, süßes, unmerklich nach Eisen schmeckendes Pulver, in 20 heißem Wasser mit schwach alkalischer Reaktion löslich ist eine Verbindung von Eisen mit Rohrzucker mit 2,8—3 % Eisengehalt. In der Kinderpraxis zu 0,5—2,0 in Pulvern, Pillen oder als ***Sirupus Ferri oxydati,** Eisenzuckersirup mit 1 % Eisengehalt, teelöffelweise beliebt.

***†Liquor Ferri albuminati, Eisenalbuminatlösung.** Eine mit Zimtwasser und aromatischer Tinktur versetzte, rotbraune, etwas trübe Lösung von Eisenalbuminat in sehr stark verdünnter Natronlauge, schwach nach Zimt, kaum nach Eisen schmeckend. Eisengehalt 0,4 %. Tropfenweise (5—30) für Kinder, tee- oder eßlöffelweise 3 mal täglich für Erwachsene.

***†Ferrum lacticum,** Ferrolaktat, milchsaures Eisen, grünlichweißes in 40 kaltem Wasser, sehr wenig in Weingeist lösliches Pulver von 18,9 % Eisengehalt, zu 0,05—0,3 in Pulvern, Pillen oder in Molke gelöst.

***Extractum Ferri pomati, †E. Pomi ferratum (E. Malatis Ferri),** eisenhaltiges Apfelextrakt, ist ein grünschwarzes, dickes, in Wasser leicht lösliches Extrakt von süßem und eigenartigem Geschmack, das durch Digerieren von Eisenfeile mit Äpfelsaft hergestellt wird und im wesentlichen aus apfelsaurem

Eisen mit 5 % Eisengehalt besteht. Zu 0,2—0,5 in *Pillen* oder *Wein* oder in Form der später noch zu erwähnenden *Tinctura Ferri pomati, †Tinctura Pomi ferrata.

†Globuli martiales, Eisenkugeln. Aus Ferrum kalio-tartaricum hergestellte schwarze Kugeln im Gewichte von 30 g. Zu 1—4 Stück für Bäder.

3. Eisentinkturen.

Es sind Lösungen von Eisensalzen in Weingeist oder Weingeist mit Äther, z. T. noch mit Zusatz von Gewürzen, welche als „Stomachica" das Eisen im Magen ertragbar machen und seine Wirkung unterstützen sollen.

***Tinctura Ferri pomati, †Tinctura Pomi ferrata,** apfelsaure Eisentinktur, eine Lösung von 1 Extractum Ferri pomati in 9 (Ph. G.) oder 5 Zimtwasser (Ph. A.). Schwarzbraune Flüssigkeit von Zimtgeruch und mildem Eisengeschmack. 20—60 Tropfen.

***Tinctura Ferri chlorati aetherea,** †Solutio Ferri chlorati spirituoso-aetherea, ätherische Chloreisentinktur, Tinctura tonico-nervina Bestuscheffii, Präparat des vorvorigen Jahrhunderts; eine Mischung von 1 Eisenchloridlösung, 2 Äther, 7 Weingeist wird der Sonne ausgesetzt, wobei durch photochemische Reduktion und Oxydation Eisenchlorür, etwas Aldehyd und Äthylchlorid sich bildet. Gelbe Flüssigkeit von ätherischem Geruch und brennendem, eigenartigem Geschmack, 1% Eisen enthaltend, von stark reizender Wirkung. 10—40 Tropfen pro dosi.

4. Eisenwässer.

Quellen, welche Eisen als *Ferro-Hydrokarbonat* (Stahlwässer) oder *Ferro-Sulfat* (Vitriolwässer) enthalten, treten an vielen Orten zutage. Die Stahlwässer enthalten meist viel freie Kohlensäure und werden dann Eisensäuerlinge genannt. Daneben finden sich manchmal noch Chlornatirum, Natriumsulfat oder das bei großem Kalkbedürfnis (Schwangerschaft) beachtenswerte Calcium- und Magnesiumhydrokarbonat, wonach man sie wohl auch als muriatische, salinische, erdige Eisenwässer unterscheidet. Die Vitriolwässer führen mitunter Arsen als wichtigen Nebenbestandteil.

Der Eisengehalt ist meist gering. Als Eisenwässer spricht man sie an, wenn sie mehr als 0,01 °/₀₀ Ferro- oder Ferri-Ionen enthalten. Quellen mit 0,05°/₀₀ sind schon als sehr starke anzusehen. Sie werden zu $^1/_{10}$—½ Liter = etwa 1—5 Glas pro die getrunken. Die Eisenmengen, welche dadurch aufgenommen werden, sind darum sehr klein. Sie können verschwindend werden, wenn das Wasser nicht an der Quelle, sondern aus *Versandflaschen* getrunken wird. Sind diese nicht sehr *sorgfältig verkorkt*, so daß Kohlensäure entweichen und Sauerstoff aufgenommen werden kann, so findet sich mit der Zeit das ganze Eisen als unlösliches Ferrihydroxyd an den Wänden der Flasche niedergeschlagen.

Nach Versuchen von Bickel mit Wasser von Pyrmont gibt dieses sein Eisen fast quantitativ an die Schleimhaut des Duodenums zur Aufsaugung ab. Nach der Beladung ist selbe für weitere Absorption refraktär, aber später wieder in der Lage, Eisen aufzunehmen. Es empfiehlt sich daher, nur mäßige Mengen von Eisenwässern, in größeren Zwischenräumen, zu ordinieren.

Beim Gebrauche als Bäder kommt im wesentlichen nur der Hautreiz in Betracht, den die Bestandteile des Wassers, namentlich die Kohlensäure, ausüben, wofern dieselbe in genügender Menge vorhanden ist und durch die meist nötige Erwärmung des Wassers nicht vorzeitig verlorengeht.

Die wichtigsten Quellen sind:

Brückenau und Bocklet bei Kissingen; Kohlgrub in Oberbayern, Steben in Oberfranken; Imnau in Hohenzollern; Antogast, Peterstal, Rippoldsau im badischen Schwarzwald; Schwalbach im Taunus; Driburg in Westfalen; Liebenstein in Thüringen; Alexisbad im Harz; Pyrmont im Fürstentum Waldeck; Elster und Schandau in Sachsen; Kudowa (mit etwas Arsen), Flinsberg, Niederlangenau und Reinerz in Schlesien.

Mitterbad, Ratzes, Levico, Roncegno (letztere beiden stark arsenhaltig) in Tirol; Franzensbad in Böhmen; Pyrawarth in Niederösterreich, Szliács (warm) in Ungarn; Elöpatak in Siebenbürgen.

St. Moritz in der Schweiz; Spaa in Belgien usw.

5. Zusammengesetzte Eisenpräparate.

***†Sirupus Ferri jodati,** Jodeisensirup mit 5 %, und ***Liquor Ferri jodati,** Eisenjodürlösung mit 50 % Eisenjodür. Beide Präparate sollen bei *Skrofulose* und *skrofulöser Anämie* die Wirkung von Jod und Eisen „vereint" hervorbringen. Sie zersetzen sich aber schon im Verdauungskanal vollständig und wirken dann leicht störend auf die Verdauung, weshalb sie viel besser durch getrennte Ordination von Eisen und Jodkalium ersetzt werden. Die Gaben des Sirup erfolgen eßlöffelweise, jene des Liquor zu 2—5 Tropfen in Sirup oder Wein.

Chinirum ferro-citricum, †Ferrum citricum chiniatum, zitronenaures Eisenchinin. Rotbraune, glänzende Blättchen von bitterem und eisenartigem Geschmack, in Wasser langsam löslich, 10 % Chinin und 21 % Eisen enthaltend. Das Eisen befindet sich darin nicht als Ion, sondern in einer komplexen Verbindung. Es dient zur gleichzeitigen Anwendung von Eisen und Chinin als „Tonicum" in anämischen Zuständen, 0,05—0,5 in Pillen, Sirup oder Wein. †Vinum Chinae ferratum ist eine Auflösung von 5 % Eisenchinincitrat in Süßwein.

6. Eisenhaltige Nahrungsmittel.

Alle Nahrungsmittel enthalten Eisen, der Gehalt ist jedoch sehr verschieden. Bei der Auswahl wird man jene bevorzugen, welche vom Verdauungskanal leicht ertragen werden und durch hohen Eisengehalt sich auszeichnen. Den geringsten Eisengehalt (1—3 mg auf 100 g Trockensubstanz) haben: Eiereiweiß, Reis, Gerstengraupen, Weizen, Milch; einen geringen (3—7 mg): Himbeeren, Feigen, Weizen, Kartoffeln, Erbsen; einen mittleren (7—10 mg): Kirschen, Erdbeeren, Karotten, Bohnen, Linsen; einen hohen (10—15 mg): Äpfel, grüner Kohl, Rindfleisch; einen sehr hohen (20—40 mg): Spargel, Spinat, Eidotter. Den Anämischen sind also Fleisch, Obst und grüne Gemüse zu empfehlen.

7. *Organische Eisenverbindungen.*

Hierunter versteht man Verbindungen, in denen das Eisen ähnlich wie in den Nahrungsmitteln in maskierter, nicht dissoziierter Form, wahrscheinlich direkt an N oder C gebunden ist. Es sind mehrere solche, meist nucleoabuminartige Präparate dargestellt, u. a. das **Ferratin** (ferro-albuminsaures Natron), ein hellbraunes, wasserlösliches Pulver mit 6 % Eisengehalt. Es wird nach Versuchen an Darmschlingen relativ leicht resorbiert, aber im Magen z. T. zersetzt. Es wurde von Schmiedeberg aus Schweinsleber und nachher auch künstlich durch Erhitzen oder längeres Stehenlassen von alkalischer Eisenalbuminatlösung dargestellt.

Auch **Hämoglobin** und **Hämatin** sind organische, das (zweiwertige) Eisen in „maskierter" Form enthaltende Verbindungen. Sie scheinen nur in geringem Umfange als Hämatin oder Hämochromogen (reduziertes Hämatin) vom Darme resorbiert zu werden, wie schon die teerartig dunkle Farbe des Kotes bei Magenblutungen und nach Aufnahme blutreicher Nahrungsmittel dartut. Zur Hämoglobinbildung sind sie daher wenig geeignet. Die zweite Wirkung der anorganischen Eisenverbindungen, die spezifische Anregung der Organe, speziell der blutbildenden geht ihnen nach vorliegenden Versuchen ab. Das Eisen ist eben in ihnen in sehr fester, nicht zu Fe- Ion spaltbarer Bindung enthalten.

Der therapeutische Nutzen ist demnach zum mindesten nicht größer als jener der gewöhnlichen Eisenmittel, ihr hoher Preis daher in keiner Weise gerechtfertigt.

Von den vielen hierher gehörigen Handelspräparaten seien nur beispielsweise genannt Hämoglobin Pfeufter (führt z. T. unverändertes Hämoglobin, durch reichlichen Zuckerzusatz zu pastenartiger Masse verarbeitet) und Hämatogen Hommel (Blut durch Glyzerinzusatz haltbar gemacht, hauptsächlich Methämoglobin enthaltend).

Anhang: Mangan, Nickel, Palladium.

Mangan steht *dem Eisen chemisch und pharmakologisch sehr nahe.* Es ist in minimalen Mengen in den Zellen des Pflanzen- und Tierreichs weit verbreitet und scheint ein konstanter Begleiter aller oxydierenden Enzyme zu sein.

Bei subkutaner, resp. intravenöser Einverleibung wirkt es sehr giftig, ähnlich wie das Eisen. Die Ausscheidung erfolgt zum größten Teile durch den Darm, durch die Niere nur in Spuren.

Vom Verdauungskanal aus ließen sich auch bei andauernder Fütterung von Tieren mit nicht ätzenden Präparaten keinerlei Wirkungen erzielen, und die Untersuchung der Organe auf Mangan ergab nur die Anwesenheit äußerst geringer Mengen. Das Mangan wird demnach im Verdauungskanal nur in Spuren resorbiert und alsbald wieder ausgeschieden, so daß es zu einer erheblichen Speicherung nicht kommen kann.

Ob diese Spuren von Mangan für sich oder mit Eisen zusammen, z. B. als Mangan-Eisenpeptonat, gegeben, für Blutbildung und Ernährung etwas zu leisten vermögen, ist unbekannt.

Nickel und **Kobalt** verhalten sich im allgemeinen wie Mangan. Eine eigenartige Wirkung besitzt das Kobalthexaminchlorid, $Co(NH_3)_6Cl_3$. In Gaben von 1 Milligramm pro 100 g Körpergewicht bewirkt es bei Fröschen eine direkte Erregung der motorischen Nerven, in größeren lähmt es die Endplatten wie Curare (Bock).

Palladiumhydroxydul wird in Form einer 2,5%igen kolloidalen Lösung in Wollfett-Kokosöl unter dem Namen Leptynol von Kauffmann als *Entfettungsmittel*, 2 ccm an 2—3 aufeinanderfolgenden Tagen, später seltener, subkutan tief in die Außenseite der Oberschenkel empfohlen in der Erwartung, daß es durch katalytische Wirkung (Sauerstoffübertragung) die Oxydation des Fettes befördere.

Fünfundzwanzigstes Kapitel.

Quecksilber.

Sämtliche Quecksilberpräparate, selbst viele in Wasser unlösliche — wie metallisches Quecksilber und Kalomel — finden an den Applikationsstellen des Körpers, Haut, Darmkanal, Unterhautzellgewebe, und wenn sie dampfförmig sind, auch in der Lunge Bedingungen zur Lösung und damit zur Entfaltung örtlicher und resorptiver Wirkung.

Der Grundcharakter dieser Wirkungen ist bei allen Hg-Ionen abgebenden Präparaten derselbe. Die vorhandenen Unterschiede sind nur quantitativer Art und durch die verschiedenen physikalischen Eigenschaften, insbesondere die Löslichkeitsverhältnisse, bedingt. Die in Wasser schwer löslichen Mittel haben schwache, oft erst bei längerer Anwendung merkbare Wirkungen. Die in Wasser und Lipoiden leicht löslichen zeigen in entsprechender Menge die starken und akut toxischen Wirkungen.

Um Wiederholungen zu vermeiden, sei das *Allgemeine über die Wirkung und Anwendung des Quecksilbers* hier zusammenfassend vorangestellt. Bei der folgenden Beschreibung der einzelnen Präparate braucht dann nur mehr das Besondere der Anwendung erwähnt zu werden.

Örtlich wirken die Quecksilberverbindungen im allgemeinen um so stärker, je leichter sie löslich sind, und zwar die meisten sofort *reizend bis ätzend*. Es beruht dies wohl darauf, daß die cytolytische Wirkung stärker ist als die fällende und die gebildeten Quecksilberalbuminate im Überschuß von Eiweiß leicht löslich sind, eine adstringierend wirkende „Häutchenbildung", die das Eindringen in die Tiefe erschwert, also nicht leicht zustande kommt. Auf der Albuminatbildung und der Eigenschaft als „spezifisches Protoplasmagift" beruht auch die *hervorragende desinfizierende Wirkung*. Sie ist beim Quecksilberchlorid am stärksten, denn dieses Salz ist lipoidlöslich, mithin rasch in die Zellen eindringend.

Resorptiv haben alle Präparate Wirkung, da sie von allen Applikationsstätten in Form von Quecksilberalbuminaten aufgenommen werden können.

Sehr kleine Mengen bewirken *Vermehrung der roten Blutkörperchen und Hebung des Ernährungszustandes* (Zunahme des Körpergewichts). Ersteres scheint neben einer Funktionssteigerung des Knochenmarks (Hyperämie desselben) wesentlich durch Erhöhung der Herzleistung veranlaßt zu sein, wodurch mehr rote Blutkörperchen in Zirkulation gezogen werden (Kunkel). Die auch durch andere Schwermetalle (Silber und Platin) hervorrufbare *Diurese* wird beim Kalomel noch besprochen werden.

Etwas größere, wiederholte Mengen erzeugen die *chronische Quecksilbervergiftung*, welche durch *Entzündungen der Mund- und Darmschleimhaut, Hautausschläge* und *Störungen im Zentralnervensystem* (Erethismus mercurialis und Tremor mercurialis) gekennzeichnet ist. Die erste Erscheinung bildet immer die *Stomatitis*, beginnend mit metallischem Geschmack, Speichelfluß, Rötung und Anschwellung des Zahnfleisches mit Schwarzfärbung und üblem Geruch aus dem Munde. Wird dagegen durch Spülungen mit Lösungen von Kaliumchlorat oder Aluminiumacetat, auch Einnahmen von Rhodalzid (Kap. XXXI, 6) und Unterbrechung der Quecksilberaufnahme nicht eingeschritten, so entwickeln sich an den entzündeten Stellen Geschwüre, welche durch weitere Vernachlässigung immer weiter um sich greifen und zum Ausfallen der Zähne und zu Nekrose des Kiefers führen. Manche Personen sind sehr empfindlich gegen Quecksilber und reagieren schon auf kleine Mengen sehr bald mit Speichelfluß.

Große Gaben bewirken eine, gewöhnlich erst in einigen Tagen tödlich verlaufende *akute Vergiftung. Dysenterieartige Entzündung es Darms, insbesondere des Kolons*, mit schweren, zuletzt blutigen Diarrhöen, dann *tubuläre Nierenentzündung* mit Dysurie, Albumin-

urie und *Herzschwäche* mit vasomotorischer Lähmung sind ihre
hervorragendsten Erscheinungen.

Die Nierenentzündung steht offenbar im Zusammenhange mit der Ausscheidung des Quecksilbers durch den Harn. Sie führt sehr rasch zu Nekrose
und Verkalkung der Epithelien, unter Umständen auch zu fettiger Entartung.

Dasselbe gilt auch für die Veränderungen im Verdauungskanal, die
Stomatitis und Colitis. Hierbei spielen Fäulnisprozesse eine maßgebende
Rolle, wodurch es sich erklärt, daß das Metall zwar längs des ganzen Verdau-
ungstraktus ausgeschieden wird, hingegen der geschwürige Zerfall hauptsächlich
an jenen Stellen lokalisiert ist, wo solche Fäulnisvorgänge ihren größten Umfang
zu erreichen pflegen, im Dickdarme und am Zahnfleischrande oder den Krypten
und Lakunen der Tonsillen, diesen Schlupfwinkeln für Bakterien. An letzteren
Orten können sie sogar durch Reinhaltung völlig verhütet werden. Der bei diesen
Fäulnisvorgängen entwickelte Schwefelwasserstoff diffundiert in die aufgelockerte
Schleimhaut hinein und schlägt das in der Ausscheidung begriffene Metall in
den Endothelzellen der oberflächlichen Kapillarschlingen in Form von schwarzem
Schwefelquecksilber nieder. Infolge essen leidet die Ernährung des Gewebes, so
daß degenerative Prozesse, die zu Nekrose führen, sich entwickeln. Auf analoge
Weise kommt auch die Färbung und Entzündung der Mund- und Dickdarmschleimhaut bei Wismutvergiftung und der Mundschleimhaut bei Blei und Gold-
vergiftung zustande. Die übrigen Metalle sind im Blute durch SH_2 nicht so
leicht fällbar, daher Färbung und Degeneration fehlen (Almkvist).

Die *Ausscheidung* des Quecksilbers erfolgt durch den *Verdauungskanal* und die *Niere* sehr allmählich, namentlich nach
länger fortgesetzter Aufnahme dauert es reichlich ½ Jahr, bis
die letzten Spuren den Organismus verlassen haben. Es geht auch
in den Fötus über, was bei einer merkuriellen Behandlung der
Mutter zu beachten ist

Die **Anwendung** der Quecksilberpräparate als *Antiseptica,
Cauteria* und *Diuretica* ist bis zu einem gewissen Grade experimentell
begründet und aufgeklärt.

Lange dunkel hingegen blieb die wichtigste, weil unersetz-
liche Anwendung, die gegen *Syphilis*. Ein empirischer Findling
aus der Zeit der Einschleppung dieser Krankheit in Europa, hat
sich die Merkurialkur im Laufe der folgenden vier Jahrhunderte
mit Verbesserung der Methode immer mehr bewährt, besonders
gegen die sekundären Formen dieser Krankheit, während
gegen die tertiären das Jod in vielen Fällen ihm ebenbürtig ist.
Nach den vorliegenden klinischen und experimentellen Untersuchungen dürfte die Wirkung des Quecksilbers gegen den Erreger
der Syphilis selbst gerichtet sein. Eine Beseitigung der Erkrankung ist nicht mit einem Schlage zu erreichen. Die

manifesten Symptome schwinden zwar oft sehr rasch, ebenso schnell folgen aber Rezidive. Erst wiederholte Gaben, welche den Körper mehrere Wochen unter eine möglichst hohe Quecksilberwirkung setzen, und die mehrfache Wiederholung einer solchen Kur nach eingeschalteten längeren Pausen gewähren mit einiger Sicherheit die völlige Heilung. Über das Salvarsan s. Kap. XXIII.

Metallisches Quecksilber.

*†**Hydrargyrum**, Quecksilber, ist das einzige, bei gewöhnlicher Temperatur flüssige Metall. Wegen dieser Eigenschaft fand es früher in Mengen von ½ Pfund rein mechanische Anwendung bei Darmverschlingungen, in der Erwartung, daß es an die verschlossene Stelle hinrolle und vermöge seiner großen Schwere den Durchgang erzwinge. Heutzutage scheut man das Gewaltsame dieser Methode und überzeugte sich auch bei Obduktionen von ihrer Nutzlosigkeit, indem das Metall in vielen Fällen gar nicht an den gewünschten Ort gelangt, sondern schon vorher an den Darmwandungen in emulgierter Form hängengeblieben war.

Jetzt verwendet man nur mehr Wirkungen des Quecksilbers, welche auf seiner Umwandlung in lösliche Verbindungen beruhen, und benutzt hierzu hauptsächlich:

*†**Unguentum Hydrargyri (cinereum), graue Quecksilbersalbe,** hergestellt durch Verreiben von 30 % Quecksilber mit Lanolin, Hammeltalg und Schweinefett. In welcher Weise das Quecksilber im Körper in Lösung geht, ist nicht genauer bekannt. Da es in der grauen Salbe mit dem Altern derselben in fettsaures Oxydul übergeht und Quecksilber, mit Kochsalzlösung geschüttelt, Spuren von Sublimat liefert, so kann an solche Umsetzungen auch im Organismus gedacht werden. Es wird verwendet:

1. Als *Antiparasiticum* bei Kopf- und Filzläusen mittels Einreibung in die Haut resp. die Lidränder (Phthiriasis palpebrarum) und bei Oxyuris durch Bestreichung des Afters oder Einführung von Stuhlzäpfchen, 0,5 graue Salbe enthaltend.

Als *Abführmittel* und *Antisepticum des Darmes* werden Quecksilber-Pillen (blue pills) in England in gleicher Weise benützt, wie bei uns das Kalomel.

2. Als *Antiphlogisticum* und *Resorbens* spielen Einreibungen mit grauer Salbe bei traumatischen und infektiösen Erkrankungen des Auges (Iridochorioditis, Glaskörperabszeß) eine gewisse Rolle.

3. Als *Antisyphiliticum* ist die planmäßige Einreibung mit abgewogenen Mengen von Quecksilbersalbe eine der wirksamsten und häufigsten Kurformen. In acht aufeinanderfolgenden Tagen werden nacheinander rechter, dann linker Unterschenkel, rechter

und linker Oberschenkel, rechter und linker Arm, Brust und Bauch mit je 3,0—5,0 vom Kranken selbst je $\frac{1}{4}$—$\frac{1}{2}$ Stunde lang kräftig eingerieben und nach einem Reinigungsbad dieser Turnus noch einige Male wiederholt. Die Resorption bei dieser „Schmierkur" geschieht zum Teil von der Haut selbst indem die Quecksilbertröpfchen tief in die Haarbälge und Drüsengänge eingepreßt werden, teils durch Einatmung, da das Quecksilber in dieser hochgradig feinen Verteilung schon bei gewöhnlicher Temperatur ziemlich flüchtig ist. Der Wechsel der Hautstellen hat den Zweck, die sich sonst durch den Reiz der Salbe leicht einstellenden Hautentzündungen fernzuhalten.

Die in Aachen beobachtete Förderung der Einreibungskur durch den Gebrauch der Schwefelthermalbäder wird auf Erhöhung der Durchlässigkeit der Haut für das Quecksilber und auf dessen Entgiftung durch Überführung in Schwefelquecksilber bezogen.

Darreichung von Jodkalium vermehrt die Ausscheidung des Quecksilbers im Harn, was für die kombinierte Medikation von Jod und Quecksilber von Bedeutung ist.

Anlegung von Quecksilbermagazinen im Unterhautzellgewebe durch Injektion von Verreibungen metallischen Quecksilbers in Öl (Oleum cinereum) ist eine in neuerer Zeit eingeführte Behandlungsmethode. Sie besitzt den Vorzug, sehr einfach zu sein, kann aber zu schweren Vergiftungen führen. Am meisten benützt wird das Mercinol, ein aus 40 % Quecksilber, 15 % Lanolin anhydricum und 45 % Oleum Dericini (aus Rizinusöl) hergestelltes Präparat. Man injiziert während zweier Monate jeden 5. Tag 0,07 Hg in das der Fascie des Glutaeus unmittelbar vorgelagerte Unterhautzellgewebe. Aus dem angelegten Depot wird das Quecksilber sehr allmählich in Lösung übergeführt und resorbiert. Infolge der örtlichen Reizung entstehen aber nicht selten feste, das Depot einhüllende Bindegewebsknoten, welche die gleichmäßige Resorption des Quecksilbers verhindern. Wird in solchen Fällen mit den Injektionen fortgefahren, so hat man schließlich eine große Menge von Quecksilber aufgespeichert, welche zu tödlicher Vergiftung führen kann, wenn die Resorption dieser Indurationen nach einiger Zeit auf einmal beginnt. Ein zweites mögliches Vorkommnis, bei der Injektion in eine Vene zu geraten und eine Embolie in den Lungen zu erzeugen, vermeidet man dadurch, daß man nach dem Einstechen die Spritze von der Nadel abnimmt und wartet, ob ein Herausbluten aus der Nadel erfolgt. Ist dies der Fall, so muß eine andere Injektionsstelle versucht werden.

Mercolint. Die schon bei der Schmierkur hervorgehobene *Aufnahme des Quecksilbers durch die Atemluft* kann zu einer bequemen und milden antisyphilitischen Kurmethode ausgenutzt werden: Ein passend zugeschnittens Stück Barchent (Lint) wird auf der haarigen Seite mit einem feinen Pulver aus 1 Quecksilber und 2 Kreide bestreut, übereinandergeschlagen zusammengenäht und wie eine Art Brustlatz oder Schurz auf der bloßen Haut getragen. In ähnlicher Herstellung auch käuflich zu haben. Das Quecksilber verdunstet in dieser feinen, von Fettüberzug freien Verteilung noch leichter als von den mit grauer Salbe behandelten Hautstellen.

Hydrargyrum colloidale, Hyrgol, amorphe dunkelbraune Masse, welche mit Wasser sehr feine Suspensionen (kolloidale Lösungen) gibt, wird in 10 prozentiger Fettmischung als Ersatz der grauen Salbe empfohlen, weil es für die Haut erträglicher ist und leichter in sie eindringt.

*†Emplastrum Hydrargyri, Quecksilberpflaster, aus 20 % Quecksilber, Lanolin und Bleipflaster, dient zur örtlichen *Behandlung syphilitischer Neubildungen* (*Kondylome*), *Sommersprossen und als Zerteilungsmittel bei Drüsengeschwülsten.*

℞		℞	
Hydrargyri	3,0	Ung. Hydrargyri ciner i	2,0—4,0
extingue cum		Dent. tal. dos. No. XX. ad chart.	
Melis rosati	3,0	ı araffinatam.	
Rad. Liquiritiae q. s.		S. nach Verordnung.	
ut f. pil. No. LX.		[Das Präparat kommt auch in	
S. 2—4 Stück als Abführmittel.		Gelatinedärmen, abgeteilt, in den	
[Blue pills à 0,05 Hg.]		Handel.]	

Quecksilberchlorür, Kalomel.

***Hydrargyrum chloratum, †Hydrargyrum chloratum mite,** Hg_2Cl_2, ist ein weißlich-gelbes, mikrokristallinisches Pulver, das durch Vereinigung der Dämpfe von Hg und $HgCl_2$ mit folgender langsamer Abkühlung gewonnen wird. Bei rascher Abkühlung erhält man das in der Augenheilkunde verwendete sehr feine, amorphe sog. Dampfkalomel, *Hydrargyrum chloratum vapore paratum.

Bleibt Kalomel *dem Lichte und der Feuchtigkeit ausgesetzt*, so zerlegt es sich allmählich wieder in seine Komponenten, Quecksilber und Sublimat. Solch altes, schlecht verwahrtes, in Hausapotheken manchmal vorfindliches Kalomel hat seine gelbliche Farbe verloren und ist grau geworden. Bei der Verwendung des Kalomels in der Augenheilkunde ist auf diesen Punkt ganz besonders zu achten.

Das Kalomel, *obwohl in Wasser ganz unlöslich, findet dennoch im Organismus Bedingungen zu seiner allmählichen Lösung und Resorption.* Es ist daher keineswegs das harmlose Mittel, für das es gewöhnlich gehalten wird. Es sind schon mehrfach *tödliche Vergiftungen* vorgekommen. Der Grund, daß dieselben nicht häufiger beobachtet werden, liegt in dem gewöhnlich bald eintretenden Durchfall, welcher der ausgiebigen Resorption entgegenwirkt.

Mehrere Arzneimittel wandeln das *Kalomel in ätzende Verbindungen* um. Bei Aufnahme von *Brom- und Jodalkalien*, selbst wenn dies nur indirekt (bei Säuglingen von der Mutter her) geschieht, darf Kalomel weder intern noch extern angewandt werden, weil diese Alkalien in alle Gewebe und Sekrete übergehen und beim Zusammentreffen mit Kalomel, z. B. bei Einstäubung desselben ins Auge, sich dann ätzendes Brom- und Jodquecksilber bildet und schwere, selbst zu Erblindung führende Augenentzündung verursacht. *Säuren und konzentrierte Kochsalzlösung* bilden aus Kalomel Sublimat; daher die Vorschrift bei innerlichem Gebrauche dieses Mittels: cave saure und stark gesalzene Gerichte. Ebensowenig dürfen Kalomel und *Blausäure* zusammengegeben werden, weil das sehr giftige Cyanquecksilber sich bildet.

Anwendung findet Kalomel in feinster Verteilung (Dampfkalomel) *zur Einstäubung auf die Conjunctiva bei Conjunctivitis und Keratitis ekzematosa, bei Pannus scrophulosus und zur Aufhellung von Hornhauttrübungen.*

Außerdem dient es in 33prozentiger Salbe *zur Desinfektion der syphilitischen Ansteckungsstelle.*

Den *Darmkanal* durchwandert das Kalomel größtenteils unverändert resp. zu Schwefelquecksilber umgewandelt. Auf der ganzen Strecke aber werden kleine Mengen des Mittels gelöst und so Wirkungen entfaltet, die mit leicht löslichen Präparaten unerreichbar sind, weil sie zu früh resorbiert werden. Auf dieses Verhalten gründet sich die Anwendung des Kalomels als Antisepticum und als Abführmittel. Auch die Wirkung als Diureticum wurde neuerdings in den Darm zu verlegen versucht.

Als *Abführmittel* zu 0,01—0,05 bei Kindern, 0,1—0,5 bei Erwachsenen, ein- bis mehrmals täglich in Pulvern, wirkt Kalomel entleerend auf den ganzen Darm, ohne merkliche allgemeine Reizung, daher es selbst bei Entzündungszuständen des Darmes anwendbar ist. Gleichzeitig scheint es auch als *Cholagogum* zu wirken. *Nicht geeignet ist es zu längerem Gebrauche,* wegen des leichten Eintrittes von Vergiftung, namentlich wenn die Verstopfung nicht alsbald gehoben wird oder Verdacht auf Darmstenose vorliegt.

Als *Antisepticum* des Darmes wirkt Kalomel in gleichen oder etwas kleineren Gaben besonders *gegen die Erreger übermäßiger Darmfäulnis,* namentlich bei der sog. Sommerdiarrhöe der Kinder. Die Stühle werden geruchloser und charakteristisch grün verfärbt. Sie enthalten eben weniger Fäulnisprodukte und keinen bakteriell zu braunen Hydrobilirubin reduzierten Gallenfarbstoff, sondern durch Oxydationskatalyse der Hg-Ionen aus Bilirubin gebildetes Biliverdin. Viel weniger deutlich ist der Einfluß auf pathogene Organismen, weil diese sich dem Wirkungsbereiche des Kalomels meist vorher schon durch Einnistung in die Darmschleimhaut entzogen haben. Die sog. Abortivkuren bei Typhus, Cholera, Ruhr kommen daher meist zu spät.

Die Anwendung als *Antisyphiliticum*, innerlich in Pulvern ist verlassen und subkutan als Depot-Injektion 10 oder 40% in öliger Suspension wegen des nicht seltenen Eintritts schwerer Vergiftung nur mit Vorsicht zu verwenden.

Als *Diureticum bei Wassersucht* infolge von *Herz- und Leberkrankheiten* bewirken 0,2 dreimal täglich, 2 Tage lang fortgegeben, nach dieser Zeit in vielen Fällen eine bedeutende Vermehrung der Harnmenge. Längere Anwendung ist schon wegen der meist sich einstellenden erschöpfenden Durchfälle nicht möglich. Der Versuch, selbe durch Beigabe von Opium zu stillen und Kalomel weiterzugeben, ist nicht ratsam, da dann so viel Kalomel resorbiert werden kann, daß subakute Vergiftung bedenklichen Grades die Folge ist. Im allgemeinen ist es daher zu empfehlen, den Kalomelgebrauch *nach zwei Tagen auszusetzen* und erst nach längerer Pause wieder aufzunehmen, oder mit anderen Diuretica fortzufahren, die sich jetzt häufig von guter Wirkung zeigen, selbst wenn sie früher versagten.

Bei *renaler Wassersucht* (stärkere degenerative Veränderung des tubulären Epithels) versagt das Mittel; seine Anwendung ist hier schon wegen der toxischen Nierenwirkung und der allgemeinen Giftwirkung *kontraindiziert.*

Novasurol, eine in Wasser mit neutraler Reaktion lösliche Verbindung von Oxymerkuro-chlorphenoxylessigsaurem Natrium mit Veronal, 33,9 % Hg enthaltend, hat sich als mildes *Antisyphiliticum* besonders bei Spätlues bewährt, desgleichen als *Diureticum.* Die Wirkung bei letzterer Anwendung ist sehr intensiv, Beginn etwa 1 Stunde nach der Injektion. Dauer ca. 12 Stunden, vermehrt ausgeschieden werden hauptsächlich Wasser und Kochsalz unter Nachschub dieser Stoffe aus den Geweben. Der Angriffsort scheint im wesentlichen die Niere zu sein, auch für Kalomel und andere Metallverbindungen (Metalldiurese) ist dies anuznehmen.

Applikation bei beiden Anwendungen nur intramuskulär, 0,8 bis höchstens 2,0 ccm der käuflichen 10 proz. Lösung wöchentlich 1—2 mal.

Kolloidales Kalomel, Kalomelol wird in Salbenform zur Durchführung einer milden Schmierkur empfohlen.

<table>
<tr><td align="center">R</td><td align="center">R</td></tr>
<tr><td>Hydrargyri chlorati   0,02</td><td>Hydrargyri chlorati   0,2</td></tr>
<tr><td>Sacchari Lactis   0,5</td><td>[Opii   0,02]</td></tr>
<tr><td>M. f. pulv. Dent. tal. dos. No. X.</td><td>Pulv. gummosi   0,4</td></tr>
<tr><td>S. ½—1 Pulver alle 3 Stunden zu nehmen.</td><td>M. f. pulv. Dent. tal. dos. No. X.</td></tr>
<tr><td>[Gegen Brechdurchfall der Kinder.]</td><td>S. 3mal täglich 1 Pulver zu nehmen.
[Diureticum.]</td></tr>
</table>

Quecksilberchlorid, Sublimat.

***Hydrargyrum bichloratum, †Hydrargyrum bichloratum corrosivum,** $HgCl_2$. Weiße, in 16 Wasser, 3 Alkohol und 17 Äther lösliche Kristalle.

Örtlich wirkt Sublimat noch in großen Verdünnungen *desinfizierend* und *ätzend*.

Die *Anwendung als Desinfektionsmittel* ist. aus den bakteriologischen Untersuchungen hervorgegangen. Diesen zufolge werden Bakterien in Konzentrationen von $1:300\,000 = 0,003\,^o/_{oo}$ im Wachstum gehemmt und in solchen von $1:5000$ schon in ganz kurzer Zeit getötet. Nur Sporen widerstehen längere Zeit. Lösungen von Sublimat von $½$—1 pro Mille wirken daher weit stärker als die meisten anderen Antispetica in konzentrierten Verhältnissen.

Diese Überlegenheit behauptet das Sublimat zum Teil auch bei der praktischen Verwendung. Es ist das beste bekannte Desinfektionsmittel *für Verband- und Operationsmaterial* (metallische Gegenstände, mit denen es sich amalgamiert, ausgenommen) und *für die äußere Haut,* nur muß diese zuvor durch Seife sorgfältig entfettet werden, weil sonst die Lösung nicht haftet.

Ungünstiger gestalten sich die Verhältnisse dagegen an anderen Orten des Körpers, auf *Wunden und Schleimhäuten*. Das hier vorhandene Eiweiß veranlaßt die Bildung von Quecksilberalbuminaten, welche nur mehr geringe Desinfektionskraft besitzen. Die Verwandtschaft des Sublimats zu Eiweiß bedingt ferner die ätzende Wirkung, welche an den Wunden durch Sekretion und an den. Händen des vielbeschäftigten Operateurs durch Ekzeme sich störend geltend macht. Als Drittes gesellt sich hierzu die große Giftigkeit. Tödliche Vergiftungen sind bei allen Applikationsweisen, selbst bei Verbänden auf der äußeren Haut, wenn dieselbe dadurch mazeriert und durchlässig geworden, vorgekommen. Am gefährlichsten sind Ausspritzungen der seriösen Höhlen und des puerperalen Uterus, weil hierbei das ganze zur Verwendung gelangte Quecksilber als Albuminat an den Wandungen ausgefällt und nachträglich resorbiert werden kann, auch wenn die Lösung, scheinbar unverändert, größtenteils alsbald wieder abfließt.

Die genannten Übelstände lassen sich z. T. durch Anwendung von Verbindungen des Quecksilberchlorids mit Kochsalz vermeiden. Diese Doppelsalze sind in Wasser leicht löslich, reagieren nahezu neutral und zeichnen sich außerdem durch unbegrenzte Haltbarkeit aus, während einfache wässerige Lösungen von Sublimat sich sehr bald unter Abscheidung eines Oxychlorids zersetzen. Ihre Desinfektionskraft ist allerdings etwas geringer, weil durch die Gegenwart des ein gleiches Ion (Cl) enthaltenden Chlornatriums die Dissoziation des Quecksilberchlorids zurückgedrängt wird. Am bequemsten stellt man sich diese Lösungen durch Benutzung der *†**Pastilli Hydrargyri bichlorati (corrosivi), Sublimatpastillen,** her, welche zu 1 oder 2 g aus gleichen Teilen Sublimat und Kochsalz gefertigt und mit einem roten Teerfarbstoffe (Eosin) gefärbt werden.

Als *Antiparasiticum gegen höhere pflanzliche oder tierische Organismen,* Ungeziefer und Pilzkrankheiten der Haut, zeigt sich Sublimat ebenfalls wirksam und kann mit Vorsicht gebraucht werden.

Als *Ätzmittel* wird Sublimat angewandt in 5—10 prozent·gen, wässerigen Lösungen *bei syphilitischen Geschwüren;* mit Spiritus und Wasser $\overline{aa}$ 1 prozentig als Kompresse aufgelegt *zur Abschülung von Pigmentflecken* (Sommersprossen) und in Lösung von 1,0 Sublimat, 100 Spiritus, Wasser ad 1000 zum Betupfen von *Aknepusteln.* Bei Erysipel werden Einreibungen mit 0,1 prozentiger Lanolin-Vaselinsalbe empfohlen.

Resorptiv gegen *Syphilis* findet Sublimat Anwendung in Form von subkutanen Injektionen, 0,1—0,3 Sublimat, 1,0 Kochsalz, Wasser ad 10,0, eine Pravazsche Spritze täglich, bei den höheren Konzentrationen 2—3 mal wöchentlich. Früher waren Pillen zu 0,01 und Bäder, 5—10 g auf ein Vollbad, gebräuchlich.

Sonstige Quecksilberpräparate.

***Hydrargyrum oxydatum via humida paratum,** †**Hydrargyrum oxydatum flavum,** gelbes Quecksilberoxyd. Durch Fällung von Sublimatlösung mit Natronlauge erhaltenes gelbes, amorphes, sehr feines, reaktionsfähiges Pulver, das vor Licht geschützt aufzubewahren ist, da es sonst reduziert wird.

Man verwendet es hauptsächlich als *Augensalbe* bei Erkrankungen des Lidrandes, skrofulösen und trachomatösen Entzündungen usw. und gibt ihm den Vorzug vor dem roten Oxyd, da es wegen des amorphen Zustandes und der feinen Verteilung leichter in chemische Reaktion tritt und daher wirksamer ist. Ganz, besonders gilt dies von dem frisch dargestellten breiigen (pultformen) Präparate. Als Salbengrundlage wählt man Fette, welche nicht ranzig werden und genügend Wasser aufnehmen, um auf der Schleimhaut haften zu können, z. B. ein Gemisch von Lanolin und Vaselin.

***Hydrargyrum praecipitatum album, †Hydrargyrum bichloratum ammoniatum,** weißes Quecksilberpräzipitat, Quecksilberammoniumchlorid. Durch Fällung von Sublimatlösung mit NH$_3$ erhaltenes, weißes Pulver, NH$_2$HgCl. Unlöslich in Wasser, löslich in Säuren, vor Licht geschützt aufzubewahren.

Wirkt adstringierend und desinfizierend und wird äußerlich bei *syphilitischen Geschwüren, Ekzemen, impetiginösen Hauterkrankungen, Psoriasis* der Kopfhaut, *Blepharitis und Trachom* gebraucht, meist in Form des ***Unguentum Hydrargyri album,** weiße Quecksilbersalbe, 1 Präzipitat, 9 weißes Vaselin, mit der gleichen oder doppelten Menge von Unguentum molle verdünnt.

Hydrargyrum oxycyanatum, Quecksilberoxycyanid. Farblose, in ungefähr 100 Teilen Wasser lösliche Nadeln. Hat schwächere eiweißfällende, mithin *geringere ätzende Wirkung* auf Wunden und Hände des Operateurs *wie Sublimat,* ist aber *resorptiv giftiger* als dieses, namentlich für die Niere. Bereits bei 0,0007 pro Kilo Körpergewicht tritt bei Kaninchen neben sehr starker Diurese Eiweiß im Harn auf. Diese Giftwirkungen sind bei der Empfehlung des Mittels zu antisyphilistischen Injektionen beachtenswert. Sein Hauptwert liegt in seiner örtlichen Anwendung als *Desinfiziens* z. B. zu Spülungen in der urologischen Praxis 0 5—1,0:1000 Wasser. Zur Herstellung der Lösungen bedient man sich der käuflichen, mit Methylenblau oder Gentianaviolett kenntlich gemachten Pastillen. Auch zur Desinfizierung von Kathetergleitmitteln ist es gut verwendbar.

***Hydrargyrum cyanatum,** Quecksilbercyanid, in 13 Teilen Wasser löslich, zu *Injektionen.*

***Hydrargyrum oxydatum,** rotes Quecksilberoxyd, HgO. Rotes kristallinisches Pulver, durch Erhitzen von salpetersaurem Quecksilberoxyd erhalten. In Wasser unlöslich, löslich in verdünnten Säuren. *Zur Behandlung syphilitischer Geschwüre* als Streupulver oder Salbe, ***Unguentum Hydrargyri rubrum,** rote Quecksilbersalbe, 1 Quecksilberoxyd, 9 weißes Vaselin.

†Hydrargyrum jodatum flavum, gelbes Quecksilberjodür, Hg_2J_2, grüngelbes, in Wasser kaum lösliches Pulver. Wird *bei Syphilis congenita* in Pulvern zu 0,01 einmal täglich gegeben, um die Wirkung des Quecksilbers mit der des Jods zu verbinden.

Hydrargyrum bijodatum Quecksilberjodid, HgJ_2. Scharlachrotes, beim Erhitzen gelb werdendes, in Jodalkalien lösliches Pulver zur kombinierten Behandlung der tertiären Syphilis: Hydr. bijod. 0,2, Kal. jod. 10,0, Aquae ad 300,0. S. 3 mal tägl. 1 Eßlöffel.

Hydrargyrum salicylicum ist das Anhydrid der o-Oxyquecksilbersalizyl-säure, $HO . C_6H_3 < \begin{smallmatrix} CO . O \\ Hg \end{smallmatrix} >$ ein weißes, in Wasser unlösliches Pulver. Es wird in Verreibung mit Parafinum liquidum *zu intramuskulären Depotinjektionen* gebraucht. Das Quecksilber (55 %) ist darin mit einer Valenz an den Kohlenstoff gebunden, geht aber leicht in ionisierte Form über, so daß *rasche, aber nicht sehr nachhaltige Wirkung* erfolgt.

†Hydrargyrum tannicum oxydulatum, gerbsaures Quecksilberoxydul, mit 42 % Quecksilber. In der *Kinderpraxis* zur *Durchführung einer milden, „innerlichen" Injunktionskur* verwendet, weil es durch das Alkali der Darmsäfte unter Abscheidung von feinverteiltem Quecksilber zerlegt wird. 3 mal täglich so viel Zentigramme in Pulvern, als das Kind Jahre zählt.

Hydrargyrum sulfuratum nigrum, schwarzes Schwefelquecksilber (amorph), und *Hydrarg. sulfuratum rubrum, rotes Schwefelquecksilber, Zinnober (kristallinisch), sind in Wasser, verdünnten Säuren und Laugen unlöslich. Bei der Verbrennung bilden sich schweflige Säure und Quecksilberdampf, der von der Lunge resorbiert wird, daher ihr früherer Gebrauch in Form von Räucherpulvern und Zigaretten.

Maximaldosen.

		Ph. G.	Ph. A.
*†**Hydrargyrum bichloratum**		0,02 (0,06)!	0,03 (0,1)!
*† ,,	oxydatum	,,	,,
* ,,	bijodatum	,,	,,
* ,,	salicylicum	,,	,,
* ,,	cyanatum	0,01 (0,03)!	—
† ,,	jodatum flavum	—	0,05 (0,2)!

℞

Hydrargyri oxydati flavi recenter parat. pultiform.   0,1
Adipis Lanae   2,0
Vasel. americ. alb. ad   10,0
M. f. ung.
D. ad ollam nigram bene clausam.
S. Augensalbe.

Sechsundzwanzigstes Kapitel.

Organotherapie.

Der Glaube, daß Darreichung von menschlichen oder tierischen Organen und Säften Ersatz für erkrankte Organe gleicher Funktion bilden können, ist uralt, er findet sich schon drei Jahrtausende v. Chr. bei den Chinesen therapeutisch ausgenützt. Mit dem Eintritt in das naturwissenschaftliche Zeitalter wurde diese auf ganz rohen Vorstellungen beruhende Substitutionstherapie von der Schulmedizin verlassen und nur mehr vom Volke geübt, nachdem ihre Ausartung in Gestalt allerlei ekelhafter, die sog. Dreckapotheke bildender Dinge (Harn bei Nierenleiden, Kot bei Obstipation) sie schon vorher in Verruf gebracht hatte. Seit einigen Jahrzehnten aber sehen wir sie, auf rationelle Basis gestellt, erfolgreich wieder aufleben. Man erkannte, daß die Regulierung der Vorgänge und Leistungen in den Organen von entfernten Punkten aus nicht bloß durch das Nervensystem geschieht, sondern auch durch chemische Stoffe, **Hormone** (von ὁρμάω, anregen), welche aus verschiedenen (endokrinen) Organen durch innere Sekretion, d. h. ohne Vermittlung eines Ausführungsganges direkt in das Blut übertretend, zu anderen Organen gelangen. Ihre Produktion kann von Hormonen anderer Organe fördernd oder hemmend beeinflußt werden (assimilatorische und dissimilatorische Hormone). Die erste Drüse, die in dieser Weise (außer der Nebenniere) sicher erkannt und therapeutisch verwendet wurde, ist die

Schilddrüse.

Veranlassung zu ihrer Einführung als Arzneimittel gab die experimentelle und klinische Beobachtung (Schiff 1859, Reverdin, Kocher 1882), daß ihre operative Entfernung oder angeborene Entartung zu eigenartigen Ausfallserscheinungen (Cachexia strumipriva, Myxödem und Kretinismus) führt, welche durch Implantation von Schilddrüse von Tieren in die Bauchhöhle oder das Unterhautzellgewebe verhindert oder behoben werden können. Weitere Erfahrungen ergaben, daß es sich hierbei nicht um die Einheilung im strengen Sinne des Wortes, sondern nur um eine allmähliche Resorption der implantierten Drüse gehandelt hatte. Denn der Erfolg machte sich schon zu einer Zeit bemerkbar (in den ersten

Tagen), wo von einer Einheilung mit funktioneller Beteiligung der Drüse noch keine Rede sein konnte, außerdem war er nicht nachhaltig, denn einige Monate nach der Implantation zeigten sich Rezidive. Auf Grund dieser Erfahrungen ging man bald zur subkutanen Injektion von Schilddrüsenauszügen und schließlich zur Darreichung per os, zur „Fütterung", über.

Als *wirksam erwiesen sich* wiederholte Gaben von 0,3 roher oder gekochter Drüse von kleineren Wiederkäuern (Schaf, Hammel, Kalb) oder 0,1 (1 Tablette) der getrockneten und pulverisierten frischen (von Fäulnisgiften freien) Drüse oder des als Thyraden bezeichneten eingedampften Kochsalzauszugs.

Höhere Gaben führen zu *Vergiftung mit den typischen Symptomen der Basedowschen Krankheit:* Blutandrang zum Kopfe, Schlaflosigkeit, Exophthalmus, Pulsbeschleunigung, Abmagerung, Haarausfall, Glykosurie; besonders empfindlich sind konstitutionell Fettsüchtige, angehende Diabetiker, Neuropathiker und ältere Leute, Kinder dagegen viel weniger. Solutio Fowleri gleich zu Beginn einer Kur wird als Vorbeugemittel empfohlen.

Auf Grund dieser Erfahrungen neigte die Mehrzahl der Forscher zur Annahme, daß *in der Schilddrüse ein Stoff gebildet wird,* der in kleinen Mengen ständig *durch innere Sekretion in das Blut übertritt* und durch Erhöhung der Anspruchsfähigkeit des sympathischen und parasympathischen Nervensystems *die normale Ernährung und Leistung zahlreicher Organe gewährleistet.* In dieser Ansicht wurde man um so mehr bestärkt, als es Baumann 1895 gelang, durch Kochen der Drüse mit Salzsäure einen Körper abzuscheiden, der zum allgemeinen Erstaunen durch einen großen Jodgehalt (10 %) sich auszeichnete und Jodothyrin genannt wurde. Es ist in der Drüse nach Oswald nicht vorgebildet enthalten, sondern soll ein Spaltungsprodukt des von ihm durch Fällen ihres Kochsalzauszuges mit Ammoniumsulfat erhaltenen Eiweißkörpers, des Jodthyreoglobulin (15 % Jod), sein. Von Kendall wurde nach Verarbeitung vieler Kilo Schilddrüse (Hydrolyse mit 5 % Alkali) die kristallinische, dann auch synthetisch dargestellte Trihydrotrijod - Oxyindolpropionsäure gewonnen, die den Namen **Thyroxin** erhalten hat und ein in Wasser unlöslicher, mit Metallen und Säuren bindungsfähiger Körper ist. Jodgehalt des Sulfats 65 %. Nicht völlig geklärt ist die Bedeutung des Jods. Der Gehalt der Schilddrüse an ihm ist sehr schwankend, bei einigen Tierarten sehr gering, demgegenüber stehen die bestimmten Angaben, daß die Wirksamkeit der Drüse mit ihrem Jodgehalte parallel gehe und Darreichung von Jodpräparaten den Gehalt an Jod durch organische Bindung (Entionisierung) desselben erhöhe. Es ist demnach nicht unwahrscheinlich, daß *ein Teil der therapeutischen Jodwirkung*, insbesondere die Rückbildung (Einschmelzung) hyperplastischen Gewebes, *mit der Vermehrung der wirksamen Jodverbindungen der Schilddrüse zusammenhängt.*

Für die direkte *Anregung der chemischen Prozesse in den Geweben* durch das Jodthyreoglobulin und für dessen Bildung aus Jodiden spricht die Beobachtung, daß die postmortale Autolyse der Organe von thyreoidektomierten Hunden langsamer, jene von normalen Hunden nach längerer Verabreichung von Jodkalium schneller abläuft.

Nach *Schilddrüsenentfernung* bleibt die Anregung des Stoffwechsels mit regeneratorischem Stoffansatz durch kleine Gaben des Arseniks oder Aufenthalt im Hochgebirge (mäßige Herabsetzung der O_2 Versorgung) und umgekehrt der erhöhte Gewebszerfall bei toxischen Arsengaben oder starker Erniedrigung der O_2-Versorgung aus.

Bei Schilddrüsenunterfunktion ist die Gerinnungsfähigkeit des Blutes erhöht; Schilddrüsendarreichung stellt die normalen Verhältnisse wieder her.

Anwendung.

1. Bei *Myxödem Erwachsener* nach Exstirpation oder Degeneration der Schilddrüse (Hypothyreoidismus) ist der Erfolg von 0,3 frischer Drüse = 0,1 (1 Tablette) getrockneter, allmählich vorsichtig steigend gegeben, schon in den ersten Tagen sichtbar. Es gehen zurück die myxödematösen Schwellungen und die Trockenheit der Haut, das Ausfallen der Haare, die Veränderung der Stimme, das apathische, schwerfällige, einer Verblödung gleichende Verhalten. Nach 5 Wochen oder länger ist die Besserung eine so augenfällige, daß man eine ganz andere Person vor sich zu haben glaubt. Dauernde Heilung durch „eine Kur“ scheint indes sich nicht erzielen zu lassen. Nach einiger Zeit zeigen sich *Rezidive*, welche durch erneute Darreichung wieder beseitigt, resp. durch Fortsetzung der Kur in milderer Form (alle 8—14 Tage eine Dosis) ganz unterdrückt werden können. In einzelnen Fällen war anscheinend die Medikation schließlich ganz unnötig geworden, was durch das vikariierende Eintreten eines anderen Organes zu erklären wäre.

Bei der infantilen Form des Myxödems, dem endemischen und sporadischen Kretinismus der Kinder, infolge kongenitaler oder später sich entwickelnder Degeneration der Schilddrüse treten die Erfolge langsamer ein. Es gehört oft jahrelang fortgesetzte Behandlung dazu, sie zu zeitigen. Man gibt zunächst alle 2 Tage 0,1 getrocknete Drüse oder 1 Tablette, später jeden Tag. Herz und Körpergewicht werden sorgfältig kontrolliert, den Gefahren der starken Stickstoffausfuhr durch Darreichung leicht resorbierbarer Eiweißpräparate vorgebeugt.

2. *Bei Struma,* und zwar bei der *einfachen hyperplastischen Form* ohne kolloide Entartung und Cystenbildung hatte Darreichung von Schilddrüse von 1—2 Tabletten täglich mehrfach Erfolg. Die Verkleinerung ist schon nach einigen Tagen mit dem Bandmaß zu erkennen und erreicht ihr Maximum in ungefähr drei Wochen. Weitere Darreichung hat gewöhnlich nur den Nutzen, die erreichte Reduktion aufrechtzuerhalten.

3. Bei „endogener" *Fettsucht.* Hierzu gab die Beobachtung Veranlassung, daß die Rückbildung der Myxödemerscheinungen durch Thyreoidea-Präparate häufig mit auffälliger D i u r e s e und A b n a h m e d e s K ö r p e r g e w i c h t e s einhergeht.

Gute und nachhaltige Erfolge — Abnahme von 3—10 kg in 4—6 Wochen, mit Harnausscheidung von 5—6 l im Tage werden durch tägliche Gaben von 0,3—0,6 frischer Drüse, oder ansteigend 1—4 Tabletten, besonders bei den k o n s t i t u t i o n e l l F e t t - l e i b i g e n, die auch bei knapper Diät und ausgiebiger körperlicher Bewegung ihr Fett nicht los werden, erzielt. Es scheint durch den Schilddrüsensaft die Oxydation der Fette gefördert und die Reduktion der Kohlenhydrate zu Fett gehemmt zu werden. Daher auch das oben erwähnte Auftreten von Glykosurie, insbesondere bei den ohnehin zu Diabetes neigenden Fettsüchtigen (v. Noorden). Die besonders in den ersten Wochen starke Gewichtsabnahme geht unabhängig von der Ernährung und sonstigen Lebensweise des Individuums vor sich, wodurch sie sich von den durch diätetische Entfettungskuren erzeugten Körpergewichtsminderungen bestimmt unterscheidet. Sie ist nicht bloß durch Reduktion des Fett- und Wasserbestandes des Organismus bedingt. Auch die Eiweißzersetzung erfährt eine starke Erhöhung. Dies mahnt zu großer Vorsicht. Thyreoidea soll nur versucht werden, wenn die diätetische Behandlung für sich allein erfolglos geblieben und ständige ärztliche Überwachung möglich ist.

Andere Organe.

Sie sollen hier nur kurz skizziert werden, weil ihre therapeutische Anwendung mit wenigen Ausnahmen noch unsicher oder nicht allgemein ist.

Nebenschilddrüse. Die Exstirpation der Schilddrüse hat bei Hunden und Katzen konstant den akuten Ausbruch von *Tetanie* zur Folge, bei den Pflanzenfressern und dem Menschen ist dies Vorkommnis selten, die allmählich sich ausbildende myxödematöse Kachexie und die Verblödung die Regel. Die Erklärung für diese merkwürdige Differenz gab die Entdeckung, daß die „Thyreoidea“ noch ein zweites, lange unerkannt gebliebenes Organ enthält, die Parathyreoidea, auch Epithelkörper genannt. Die anatomische Lage dieser sehr kleinen Gebilde ist verschieden je nach der Tierart und bedingt es, daß sie bei der Exstirpation der „Schilddrüse“ bald erhalten, bald mitentfernt werden. Ist letzteres der Fall, so kommt es zu Erregbarkeitssteigerung des Nervensystems mit eigenartigen Krampfanfällen (Tetanie) als Folge eines sich entwickelnden enormen Kalkverlustes aller Gewebe und der Wirkung eines Krampfgiftes, des Methylguanidins, eines Abbauproduktes des Kreatinins, das normaliter durch die Epithelkörperchen abgefangen wird.

Nebenniere. Addison erkannte 1855, daß pathologischer Ausfall der Nebenniere eine durch Bronzefärbung gekennzeichnete Erkrankung der äußeren Haut nach sich zieht. Dadurch angeregt, zeigte dann Brown-Sequard 1857, daß Tiere nach Exstirpation dieses Organes nur wenige Tage zu leben vermögen, und 1895 beobachtete man, daß Injektionen des Extraktes vom Marke der Nebenniere eine bedeutende Steigerung des Blutdruckes hervorrufen. Die Auffindung des Jodothyrins in der Schilddrüse legte nunmehr auch die chemische Untersuchung der Nebenniere nahe, und den Bemühungen mehrerer Forscher gelang es, geleitet von der blutdrucksteigenden Wirkung der Extrakte und ihrer charakteristischen Grünfärbung auf Zusatz eines Eisensalzes den wirksamen Körper zu isolieren, seine chemische Konstitution klarzulegen und ihn schließlich auch synthetisch darzustellen. Das aus der Drüse dargestellte Präparat erhielt den Namen Adrenalin, das mit ihm identische synthetische kommt mit der Bezeichnung ·Suprarenin in den Handel. Sie sind in Kapitel XVIII näher beschrieben.

Bei der Obduktion an Verstorbenen nach ausgedehnter Hautverbrennung wurde Zerstörung der Nebenniere gefunden.

Hypophyse (Glandula pituitaria) steht in ihrem Einflusse auf die Wachstumsvorgänge wahrscheinlich in Korrelation mit den Genitaldrüsen und der Schilddrüse. Ihre Hypertrophie (Tumoren), zumal des drüsigen Vorderlappens, hat Steigerung des Knochenwachstums (Akromegalie), des Fettansatzes (Adipositas universalis) und Verlust der Potenz resp. des Menstruationsvermögens (Dysgenitalismus) zur Folge.

Injektion der Extrakte des nervösen Hinterlappens **Pituitrin**, auch Pituglandol, Glanduitrin genannt und das mit **Hypophysin** bezeichnete kristallisierte Gemisch einiger daraus dargestellten wirksamen Körper, wirken *anregend auf Gefäße und Herz* wie Adrenalin, nicht so stark, aber anhaltender, wovon namentlich bei postoperativen Blutdrucksenkungen und Blutungen Anwendung gemacht wird. Auf *Darm, Blase und Uterus* wirken sie *antreibend*, wie es auch die autonomen Gifte Pilocarpin und Physostigmin tun, mit dem wichtigen Unterschiede jedoch, daß die Wirkung sich nicht wie bei letzteren bis zu krampfhaften Kontraktionen steigert und nicht durch Atropin aufgehoben wird, sondern die den normalen (physiologischen) Umfange entsprechende Grenze nicht überschreitet. Diese Überlegenheit hat zur Behandlung atonischer Zustände des Darmes, der Blase und des Uterus, insbesondere zur Anwendung als *wehenerregendes Mittel* (Kap. XX, Schluß) geführt. Die *Diurese* wird nach einer kurzdauernden Steigerung meist längere Zeit *vermindert*, wovon bei Diabetes insipidus (Wasserruhr) versuchsweise Gebrauch gemacht wird. Die bei *Asthma* häufig bewährte Kombination von Suprarenin 0,0008 + 0.04 Hypophysenextrakt pro Ampulle deutet auf einen Synergismus beider Mittel.

Magenschleimhaut erzeugt ein Peristaltik-Hormon „Hormonal". Für klinische Zwecke (postoperative Darmträgheit) wird es aus der Milz, welche ein Aufstapelungsorgan für dasselbe sein soll, extrahiert und zu 10—20 ccm allein oder mit 1 l physiol. Kochsalzlösung und 15 Tropfen Suprareninstammlösung vermischt intravenös injiziert. Die nicht selten recht intensive Wiederbelebung der normalen Peristaltik kommt in den folgenden Tagen und hält lange an. Der Träger der Wirkung ist wahrscheinlich das Cholin (Kap. XVIII).

Dünndarmepithel, insbesondere jenes des Duodenums, produziert eine Substanz, das *Sekretin*, das bei der Verdauung durch die vom Magen in den Darm übertretenden Säuren aus einer Muttersubstanz „Prosekretin" freigemacht wird und, durch innere Sekretion in die Zirkulation gelangt, die *Bauchspeicheldrüse zur Sekretion anregt* (Starling und Bayliss).

Pankreas. Seine *Exstirpation* bei Tieren erzeugt regelmäßig *Diabetes* mit allen Symptomen (Mering und Minkowski); Einverleibung von Pankreasextrakten vermag denselben nicht zu beseitigen; es ist daher nicht wahrscheinlich, daß in der Bauchspeicheldrüse selbst gebildete Hormone ausschlaggebende Rolle spielen.

Eierstock. Es ist experimentell konstatiert, daß die Brunsterscheinungen bei weiblichen Tieren durch chemische Substanzen, welche vom Eierstock aus in die Zirkulation gelangen, hervorgerufen werden. Ovarialpräparate vermögen auch die nach Kastration von Hündinnen auftretende Depression des Sauerstoffverbrauchs und ihre Folgen, „die konstitutionelle Fettsucht", aufzuheben. Sie haben zur Anwendung bei Frauen nach Kastration und im Klimakterium geführt.

Aus den Corpora lutea wurde ein eigenartiges, die Geschlechtsreife förderndes Phosphatid, ferner das „Sistomensin", das Metrorrhagien, namentlich Pubertätsblutungen zu stillen vermag, und das „Agomensin", das bei Amenorrhoe die Blutung herbeiführt, dargestellt.

Hoden. Brown-Sequard gab 1890 seine Selbstversuche bekannt, denen zufolge der Hodensaft junger, potenter Tiere, subkutan beigebracht, die Eigenschaft besitze, ihm, dem 72jährigen, in körperlicher wie geistiger Hinsicht Jugendkräfte zu verleihen und verallgemeinerte diese Beobachtung zu der von ihm aufgestellten Lehre von der inneren Sekretion der Organe. Hodenextrakt (Spermin) wirkt in der Tat nach ergographischen Untersuchungen von Pregl und Zoth anregend auf den Nervmuskelapparat des Menschen und ruft bei kastrierten Froschmännchen die für die Brunst charakteristische Hypertrophie der Daumenschwielen und den Umklammerungsreflex hervor. Es ist wahrscheinlich, daß eine Reihe von Wachstumsvorgängen bei der Pubertät (Haare, Kehlkopf) durch innere Sekretion, die mit den Produkten der äußeren Sekretion (der germinativen Tätigkeit) nichts zu tun hat, veranlaßt wird. Hierfür spricht, daß die Erscheinungen der Kastration (Infantilismus) nur durch Unterbindung des ganzen Hodenstranges, nicht aber durch Unterbindung des Vas deferens oder durch Röntgenbestrahlung, die nur das Keimgewebe elektiv zerstört, herbeigeführt werden.

Hormin, aus den Keimdrüsen gewonnenes Präparat (Horminum masculinum und femininum), findet in Form von Tabletten und Injektionen Anwendung

Thymusdrüse. Über ein gewisses Alter hinaus zurückgebliebene, noch immer wirkende Drüse führt zu dem durch unvollständige Entwicklung des Gefäß- und Genitalsystems charakterisierten Status Thymico - lymphaticus. Diese entwicklungshemmende Wirkung demonstrieren auch Versuche an Kaulquappen. Die mit Thymus gefütterten Tiere wachsen und werden größer als die Kontrolltiere, weil sie weniger von ihrem Körper abbauen als diese, aber sie bleiben unentwickelte Larven. Das Thymus-Hormon erscheint demnach als ein Antagonist des entwicklungsfördernden Schilddrüsenhormons.

Optone sind nach Angabe von Abderhalden durch die Firma E. Merck hergestellte, sehr wirksame wasserlösliche Abbauprodukte innersekretorischer Organe und Drüsen. Sie stehen derzeit im Versuch.

Milchdrüse. Die Entwicklung der Milchdrüse wird bei virginellen Tieren durch wiederholte Injektion eines Extraktes aus Säugetierembryonen genau so veranlaßt, wie wenn sie im trächtigen Zustande sich befänden. Die Drüse selbst hat Beziehungen zur Nebenniere (erhöhte Adrenalinsekretion) und zum Uterus.

Siebenundzwanzigstes Kapitel.

Immuno- und Serumtherapie.

I. Allgemeiner Teil.

Eine gewisse Kenntnis der Möglichkeit, durch Einverleibung kleinster Mengen von krankheitserregenden Stoffen Immunität, d. h. Unempfänglichkeit gegen diese Agentien, zu erlangen, findet sich im Volke seit alten Zeiten verbreitet; Schlangenbändiger benutzten sie, um sich giftfest zu machen; auch die vom englischen Arzte Jenner 1798 eingeführte Schutzpockenimpfung fußt auf der in seiner Heimat schon lange bekannten Tatsache, daß Leute, die eine Infektion mit Kuhpocken durchgemacht hatten, von den Menschenblattern verschont bleiben.

Die wissenschaftliche Begründung der Immunotherapie durch planmäßige Laboratoriumsversuche an Tieren aber beginnt erst 1880 durch Pasteur, ausgehend von der Erkenntnis, daß die Infektionskrankheiten von Mikroben verursacht werden, und daß in vielen Fällen das Überstehen einer solchen Erkrankung, selbst wenn sie eine ganz leichte war, einen langandauernden Schutz gegen Wiedererkrankung verleiht. Durch Pasteur und zahlreiche weitere Forscher wurde auf diese Weise gefunden, daß man Tiere immunisieren kann:

1. durch *vorsichtige Gaben vollvirulenter Bakterien,*

2. durch *Bakterien,* welche durch *physikalisch-chemische Mittel oder durch Tierpassage abgeschwächt* worden waren,

3. durch *getrocknete und zerriebene Bakterien* und Extrakte derselben,

4. durch *keimfreie Kultur-Filtrate gewisser Bakterienarten:* Diphtherie, Tetanus, Ruhr.

Die unter 4. genannten Filtrate erzeugen, in größeren Gaben Tieren injiziert, dieselben Krankheitserscheinungen wie die Bakterien selbst. Hieraus geht hervor, daß diese Bakterien durch *ausgeschiedene lösliche Stoffe — Toxine —* wirken, wogegen man von den anderen pathogenen Bakterien annimmt, daß sie *unlösliche, erst bei ihrem Zerfall frei werdende Gifte — Endotoxine —* enthalten.

Stoffe gleichen Wirkungscharakters wie die Bakterien-Toxine waren schon einige Jahre vorher in den Samen einiger Pflanzen aufgefunden: Abrin, Ricin, Crotin. Auch im Giftsekret von Tieren (Schlangen, Insekten) sind derartige Stoffe entdeckt worden. Man gewinnt die Toxine durch Aussalzen ihrer Lösungen, sie fallen dann zusammen mit den Eiweißkörpern nieder, daher man sie früher auch für Eiweißkörper hielt. Sie sind derzeit chemisch nicht definierbar, sondern nur physiologisch charakterisiert, und zwar hauptsächlich dadurch, daß sie im Gegensatz zu den „chemischen" Giften *das Vermögen besitzen, die Bildung von spezifischen Antitoxinen im Organismus anzuregen.* Kleine Mengen von Toxin erzeugen nämlich nicht bloß, wie schon erwähnt, Immunität im injizierten Tiere, sondern dessen Serum, einem zweiten Tier einverleibt, macht auch dieses gegen die mehrfache sonst letale Dosis giftfest, wie Behring 1890 für Diphtherie und Tetanus fand und damit ein neues Immunisierungsverfahren, die *Serumtherapie*, schuf. Bald darauf, 1891, zeigte Ehrlich, daß das Blut gegen Ricin immunisierter Meerschweinchen, mit tödlichen Gaben von Ricin versetzt, für andere Meerschweinchen völlig ungiftig ist. Diese Beobachtungen lassen sich nur dahin deuten, daß in diesem Serum ein Stoff, Antitoxin, enthalten ist, der das Toxin chemisch bindet. Die Bindung folgt dem Gesetze der multiplen Proportionen und ist um so vollständiger, je mehr das Antitoxin an Menge überwiegt. (Daher die Bedeutung hochwertiger Sera.) In der Tat erfolgt auch die Bildung des Antitoxins im Organismus nachweislich in sehr großem Überschusse. Behring nennt die Immunisierung durch Serum *passive Immunisierung*, weil hier der Organismus ohne sein Zutun das von einem anderen Individuum erzeugte Antitoxin aufnimmt, und bezeichnet die oben unter 1—4 aufgeführten Verfahren als *aktive Immunisierung*, weil dieselbe auf spezifischen Reaktionsvorgängen im Organismus, also auf eigener Tätigkeit beruht. Die passive Immunität stellt sich sofort ein, hält aber nur wenige Wochen an infolge der Ausscheidung der Antitoxine; die aktive braucht Zeit, sich auszubilden (5—10 Tage), kann daher nur prophylaktisch oder bei Krankheiten mit langer Inkubation verwertet werden, dafür hält sie jahrelang an, indem die Antitoxinerzeugung offenbar sehr lange andauert.

Bezüglich der Erklärung dieser Antitoxinbildung hat die Arbeitshypothese, die sog. *Seitenkettentheorie von Ehrlich* sich sehr fruchtbar erwiesen: Jede Zelle besteht aus einem Leistungskern, der die spezifische Funktion der Zelle versieht, und zahlreichen Seitenketten (Rezeptoren), welche die Nahrungsstoffe abfangen und für den Leistungskern assimilieren. Gelangt nun ein Toxin, das durch seine haptophore Gruppe Verwandtschaft zu den Rezeptoren gewisser Organzellen besitzt, in größerer Menge in den Körper, so erfolgt Bindung, also Ausschaltung einer großen Zahl dieser wichtigen Zellteile mit charakteristischen Krankheitssymptomen und Tod als Folge. Sind die hineingelangten Toxinmengen hingegen nur sehr klein, so ist auch die Ausschaltung der Rezeptoren wenig umfangreich, die Ausfallserscheinungen sind gering, und der Organismus gewinnt Zeit, die Störung durch Bildung neuer Seitenketten auszugleichen. Die Regeneration geschieht aber, wie bei allen Regenerationsvorgängen, im Überschuß; die nicht verwendeten Seitenketten werden abgestoßen, treten als Antitoxin in das Blut über und vermögen sowohl den eigenen, wie nach Übertragung den fremden Organismus dadurch zu immunisieren, daß sie das eindringende Toxin, auf das sie chemisch abgestimmt sind, binden, mithin entgiften.

Bei längerem Aufbewahren oder halbstündigem Erwärmen auf 65° erleiden die Toxine eine Veränderung zu „Toxoiden" derart, daß sie die Giftigkeit verloren, die Fähigkeit, Antitoxinbildung zu veranlassen, aber noch bewahrt haben. Zur Erklärung dieser Beobachtung nimmt Ehrlich an, daß die Toxine zwei Arten von Seitenketten oder Gruppen besitzen, die hapotophore und die toxophore, letztere fehlt den Toxoiden.

Die eben geschilderte *Antitoxinbildung* ist nur *ein spezieller Fall* der allgemeinen Fähigkeit des Organismus, auf Einführung von fremden, kolloiden Stoffen biologischer Abkunft (*Antigene*) durch Bildung von spezifischen *Antikörpern* zu antworten. Man kennt bisher folgende weitere Sera, deren spezifische Reaktionen auf die Gegenwart von Antikörpern zurückgeführt werden.

1. **Cytolysine** nimmt man in den Sera an, welche nach der Einführung gewisser körperfremder Zellen die Fähigkeit besitzen, diese Zellen aufzulösen. Am genauesten untersucht sind die **Hämolysine.** Sie besitzen Lösungsvermögen auf die zur Vorbehandlung der Versuchstiere benützten fremden Blutkörperchen, indem vermutlich das erzeugte Hämolysin das zugehörige Antigen aus dem Stroma der Blutscheiben loslöst und dessen Gefüge zerstört. Injiziert man z. B. einem Meerschweinchen Kaninchenblutkörperchen, so gewinnt sein Serum, das vorher diese Blutkörperchen nicht aufzulösen vermochte, hämolytische Fähigkeit für Kaninchenblut.

In ganz analoger Weise entstehen nach Injektion von Bakterien die **Bakteriolysine.** Sie wirken spezifisch lösend auf die zur Vorbehandlung (Injektion) verwendeten Bakterienarten. Damit scheint auch des öfteren eine Unschädlichmachung der in den Bakterien enthalenen Giftstoffe (Endotoxine) verbunden zu sein, so daß die Gefahr einer Vergiftung durch zu rasch sich vollziehende Lysis bei Injektion solcher sie enthaltender Sera zu therapeutischen Zwecken nicht sehr hoch anzuschlagen ist. Erfolgversprechend haben sich bisher die Versuche mit Meningokokkenserum bei epidemischer Genickstarre erwiesen, einigermaßen auch die mit Pneumokokkenserum bei Pneumonie. Zweifelhaft fielen die Versuche mit Typhus-, Pest- und Streptokokkenserum aus.

Zur Bakteriolyse und Hämolyse ist das *Zusammenwirken von zwei Substanzen nötig*, des stabilen *Antikörpers* (auch Immunkörper oder Ambozeptor genannt) mit einem thermolabilen Bestandteil, der schon in dem normalen Blute, aus den Leukocyten stammend, enthalten ist und *Alexin* (Abwehrstoff) oder *Komplement* genannt wird. Man schließt dies aus der Beobachtung, daß die Reaktion ausbleibt, wenn das Immunserum vorher auf 60° erwärmt wurde oder schon längere Zeit nach der Entnahme gestanden hatte, aber wieder erscheint, wenn unerwärmtes (frisches) normales Blutserum zugefügt wird (Bordet 1895).

2. **Agglutinine.** Sie stehen den Bakteriolysinen in der Unschädlichmachung der Bakterien zur Seite. Man sieht in ihnen die Ursache des Agglutinationsphänomens, der Erscheinung des klumpigen Zusammenballens der Bakterien. Es bildet meist die Vorstufe der Bakteriolyse. Schon normales Blutserum zeigt es, aber nur bis zu einer gewissen Verdünnung herab. Blutserum Infizierter hingegen gibt sie in sehr viel größerer und dann streng selektiv für die betreffende Bakterienart. Die Reaktion ist dann spezifisch. Sie tritt bei gewissen Infektionen, z. B. dem Typhus, schon sehr früh auf, noch ehe die Erkrankung durch stärkere Symptome sich kundgibt, infolgedessen die Reaktion zur Frühdiagnose des Typhus großen Wert besitzt (Gruber-Widal).

Den Bakterienagglutininen analoge **Hämagglutinine** treten im Serum nach Einverleibung von artfremden Blutkörperchen auf. Sie haben derzeit nur theoretische Bedeutung.

3. **Präcipitine** nimmt man in den Sera an, welche die dem Agglutinationsphänomen sich anschließende Präcipitinreaktion besitzen. Man bezeichnet damit die Erscheinung, daß das Blutserum nach Injektion eines artfremden Eiweißkörpers (Präcipitinogen) die Eigenschaft gewinnt, mit diesem einen Niederschlag zu geben.

4. **Bakteriotropine (Opsonine).** Man versteht darunter Stoffe, welche die Bakterien nicht direkt wie die Bakteriolysine töten, sondern nur derart verändern, daß sie von den Leukocyten leichter verzehrt werden können, also für die Phagocytose chemotaktisch zubereitet werden, daher ihr Name von τρόπος, die Wendung, und ὀψωνέω, schmackhaft machen. Ihr Dasein wird aus nachstehendem

grundlegenden Versuch gefolgert: Setzt man Bakterien zu Serum, erwärmt dieses auf 60⁰ und fügt nach dem Erkalten Leukocyten zu, so zeigt sich lebhafte Phagocytose. Setzt man dagegen die Bakterien nach dem Erwärmen zu, so verhalten sich die zugefügten Leukocyten nahezu untätig. Es müssen somit im Serum thermolabile Stoffe vorhanden sein, welche auf Bakterien im obigen Sinne wirken. Auf ihrer Gegenwart im normalen Blute beruht z. T. die natürliche Resistenz (angeborene Immunität). Nach Injektion von Bakterienkulturen nehmen sie an Menge zu; darauf beruht neben der Bildung von Agglutininen und Lysinen der Erfolg von Injektionen abgetöteter Bakterien (Vakzinen) zur aktiven Immunisierung des schon infizierten Organismus.

5. Antifermente. Sie heben die Wirkung des zur Vorbehandlung benutzten Fermentes auf. Ein Antiferment, das die Wirkung des in den Leukocyten (Eiter) enthaltenen tryptischen Fermentes aufhebt, findet sich im Serum von mit Trypsin vorbehandelten Tieren. Es wird unter dem Namen Leukofermentin zu Injektionen in Abszeßhöhlen empfohlen, um fortschreitender Gewebseinschmelzung Einhalt zu tun, gewissermaßen den „heißen Eiter in kalten" umzuwandeln.

Mehrere der eben aufgeführten Mittel haben *große diagnostische Bedeutung* erlangt, so die Agglutinine für *Typhus* (Gruber-Widal), die Komplementbindung für *Syphilis* (Wassermann), die Präcipitine für Unterscheidung von *Menschen- und Tierblut* und Erforschung der Herkunft eiweißhaltiger *Nährpräparate* des Handels.

II. Spezieller Teil.

1. Aktive Immunisierung — Schutzimpfung — Antigentherapie.

Schutzpockenimpfung.

(Beispiel einer Immunisierung durch Virus, abgeschwächt mittels Tierpassage.)

1798 verwertete Jenner die in seiner Heimat (Gloucester) schon lange bekannte Tatsache, daß das Überstehen der Kuhpocken Schutzkraft gegen die menschlichen Pocken gewährt, zu einer Impfmethode. Sie beruht auf dem in neuerer Zeit gelieferten experimentellen Nachweis, daß das Kontagium der Menschenpocken, auf Kälber übertragen, typische Kuhpocken hervorruft, deren Rückübertragung auf den Menschen (als Vakzine) nur lokale Impfpusteln bewirkt, aber einen etwa 10 Jahre dauernden Schutz gegen die Variola gewährt. Es handelt sich also um eine Abschwächung der Variolamikrobe im Körper des weniger empfindlichen Rindes.

Tollwutimpfung.

(Beispiel einer Immunisierung mit Virus, abgeschwächt durch Eintrocknung.)

Sie wurde 1885 von Pasteur erfunden und in die Therapie eingeführt. Dabei wurde die Beobachtung verwertet, daß das bei gewöhnlicher Einbruchstelle (Bißwunde) nur sehr langsam auf dem Wege der peripheren Nerven zum Angriffspunkte, dem Gehirn, vordringende Virus sich auf Kaninchen durch subdurale, von einer Trepanöffnung aus erfolgte Impfung mit einem Tröpfchen einer Emulsion von Hirnmasse eines der Wut erlegenen Hundes sich sicher infizieren läßt und die nun nur mehr 2 Wochen dauernde Inkubation durch wiederholte Übertragung auf weitere Kaninchen infolge Steigerung der Virulenz auf 1 Woche verkürzt werden kann.

Ein solches, alle Wutsymptome zeigendes Kaninchen wird nun getötet, das Rückenmark herausgenommen und über Ätzkali getrocknet. Nach 2 Tagen fängt die Virulenz des Markes an fortschreitend abzunehmen, nach 12—14 Tagen ist sie erloschen.

Zur Behandlung des Menschen wird ein etwa 1 cm langes Stück in 5 ccm Bouillon zerrieben und 1—3 ccm davon in die Bauchgegend subkutan injiziert. Man beginnt gewöhnlich mit einem 8 Tage lang getrockneten Rückenmarkstück und steigt allmählich auf bis zum vollvirulenten 2tägigen. Die Behandlung nimmt ungefähr 20 Tage in Anspruch, 15 weitere Tage dauert es dann noch, bis der Geimpfte vollständig immun geworden ist. Je früher die Behandlung begonnen wird, desto größer ist die Aussicht, daß eine genügende Immunität noch innerhalb des Inkubationsstadiums (20—80 Tage) erreicht wird.

Es ist nicht unwahrscheinlich, daß durch die Trocknung nicht eine Abschwächung, sondern eine allmähliche Tötung (Verringerung der Zahl der Erreger) stattfindet, denn es gelingt durch sehr starke Verdünnungen vollvirulenten Markes die gleichen Erfolge zu erzielen (Högyes).

Bakterienpräparate.

(Beispiele einer Immunisierung mit zerriebenen Bakterien und mit Bakterienextrakten.)

***Tuberculinum Koch, Alt-Tuberkulin** (Bazillenfiltrat). Aus glyzerinhaltigen Fleischbrühkulturen der Tuberkelbazillen durch Eindampfen auf ein Zehntel und Filtrieren durch Tonfilter gewonnene bräunliche Flüssigkeit. Seine Wirksamkeit zeigt sich darin, daß Gesunde erst auf 0,01 g subkutan mit leichten Erscheinungen zu reagieren anfangen, wogegen Tuberkulöse infolge spezifisch erhöhter Reaktionsfähigkeit (Allergie) ihrer Gewebe schon auf 0,0002 bis 0,001 g *Fieber, Hyperämie und seröse Durchtränkung der im Körper vorhandenen tuberkulösen Herde* bekommen.

Der wirksame Stoff ist chemisch noch nicht gefaßt. Er scheint kein Eiweißkörper im engeren Sinne, sondern ein tieferes Abbauprodukt zu sein, das biologisch manche Ähnlichkeit mit den Toxinen (Ektotoxinen) hat, nur daß ihm die antigene Wirkung, d. h. die Fähigkeit, Antitoxin im Organismus zu bilden, fast völlig abgeht. Es fehlt auch nicht an Stimmen, welche diese Herdreaktionen, desgl. einen Teil der Vakzine- und Serumtherapie für nicht spezifisch, sondern vielen anderen eiweißartigen Stoffen zukommend, erklären. Sie würden dann einen Teil der sogen. „Proteinkörpertherapie" bilden, mit welcher Bezeichnung man die vielseitigen Wirkungen zusammenfaßt, welche nach parenteraler Injektion weniger Kubikzentimeter von Milch (Caseosan, Aolan), Blut, Eiweißstoffen, das Knorpelextrakt Sanarthrit usw. auftreten, aber auch einfacher zusammengesetzten Stoffen z. B. kolloidalen Metallen, Terpentin, Methylenblau, Yatren (eine jodierte Benzolpyridinsulfosäure), diese beiden auch nach oraler Verabreichung zukommen und bereits vor geraumer Zeit gelegentlich der Vornahme von Bluttransfusionen beobachtet aber therapeutisch nicht ausgenützt wurden. Sie erscheinen als eine auf alle Zellen sich erstreckende Reizwirkung (Leistungssteigerung) von Weichhardt als omnizellulare Protoplasmaaktivierung bezeichnet) und äußern sich besonders in Hyperämie, Leukozytose, Zunahme der Agglutinine, Entzündung und Fieber. Eine direkte Wirkung ist nur in einzelnen Fällen anzunehmen; wahrscheinlich sind die eigentlichen Träger der Wirkung Reizstoffe, die erst als Reaktion auf die einverleibte Substanz aus Zerfallsprodukten der Körperzellen entstehen. Die Bezeichnung „**Reizkörpertherapie**" erscheint daher angemessener. Nachgewiesen sind solche Veränderungen im Blute, wo Förderung der Blutgerinnung und Bildung starkwirkender vasokonstriktorischer und digitalisartiger Stoffe beim Zerfalle der Blutplättchen (vgl. S. 16, Idiosynkrasie und Kap. VI, Gelatine, Coagulen als Styptica) auftreten.

Besonders intensiv ist die Wirkung auf bereits im entzündeten Zustande befindliche Gewebe (Herdreaktion) z. B. bei rheumatischen oder gonorrhoischen Gelenksentzündungen. Die Dosierungen haben mit Vorsicht zu geschehen, denn ein Zuviel bewirkt das Entgegengesetzte, Leistungsverminderung und Lähmung.

Das Alttuberkulin hat als *Diagnosticum für latente Tuberkulose* große Bedeutung, um so mehr als sich die Reaktion auf passend gewählte Applikationsstellen beschränken läßt: Einträufelung von 1—2 Tropfen der 100 fachen Verdünnung in den Konjunktivalsack erzeugt bei Tuberkulösen nach 6 Stunden entzündliche Reizung (Ophthalmoreaktion Wolff-Eisner). 2 Tropfen des 2—3 fach verdünnten Tuberkulins auf die oberflächlich geritzte Haut hat entzündliche Reaktion (Erscheinen einer Papel) zur Folge (Kutanreaktion Pirquet). Als **therapeutisches Mittel** hat es in Fällen von beginnender reiner fieberfreier Tuberkulose günstigen Einfluß, fortgeschrittene Fälle eignen sich nicht. Man beginnt mit subkutaner Injektion von $^1/_{100}$—$^1/_{10}$ mg und wiederholt selbe, nachdem die Reaktionserscheinungen nach einigen Tagen abgeklungen sind, allmählich steigend.

Neu-Tuberkulin (Bazillenemulsion). Tuberkelbazillen-Kulturen werden bei niederer Temperatur getrocknet, fein zerrieben und in Glyzerin suspendiert; jeder ccm dieser Bazillenemulsion enthält 0,005 pulverisierte Bakterien. Das Präparat besitzt Bazillensubstanzen von antigener Wirkung. Es ist *zur Immunisierungsbehandlung* der Tuberkulose bestimmt; man beginnt mit Injektionen von 1 ccm einer Verdünnung von 1 : 100 000, einmal wöchentlich, allmählich steigend.

Friedmanns Tuberkulosemittel wird aus lebenden Kaltblüter-(Schildkröten)-Tuberkelbazillen nach vielfacher Umzüchtung gewonnen.

Typhusimpfstoff besteht aus einer Aufschwemmung von bei 53—55° abgetöteten Typhusbazillen in physiologischer Kochsalzlösung, versetzt mit 0,5 % Phenol. Es werden in Zwischenräumen von 8 Tagen 3 Injektionen zu 0,5 und zweimal je 1,0 unter die Haut des linken Schlüsselbeins gemacht. Die örtlichen und allgemeinen Reaktionen (Fieber) sind meist geringfügig und nach 1—2 Tagen vorüber. Die Dauer des Impfschutzes wird zu 1 bis 3 Jahren angenommen.

Cholera- und Pestimpfstoff werden in ähnlicher Weise bereitet und angewandt. Die Erfahrungen lauten namentlich bei ersterem sehr günstig.

Vakzinen nach Wright sind bei 60⁰ abgetötete Bakterienaufschwemmungen, insbesondere Staphylokokkenstämme, womöglich aus dem Eiter der Kranken selbst gezüchtet (Autovakzine), deren dosierte Injektion bisweilen Staphylokokkenerkrankungen (Sykosis barbae, Furunkulose, Akne, Pyelitis, Cystitis) zur Heilung bringen, die anderer Therapie widerstehen.

Pollenvakzine von Wolff-Eisner und Eskuchen, am besten polyvalent aus Pollen verschiedener Gräserarten, dient zur immunisatorischen und aktuellen Behandlung des Heufiebers.

Gonokokken-Vakzine (Arthigon und Gonargin der Höchster Farbwerke). Intramuskuläre Injektionen, provokatorisch zur Mobilisierung von Retentionsherden und kurativ in Verdünnung bei allen geschlossenen Formen der Infektion.

Trichophytin, Filtrat von Kulturen verschiedener Trichophytenstämme. Zu diagnostischem Zweck intrakutane Injektion von 0,1 ccm der Lösung 1:50: nach 24 Stunden pfenniggroße örtliche Reizung und Schwellung, schwach positiv indes manchmal auch bei anderen Krankheiten; zu therapeutischem Zweck für die tiefen Formen der Trichophytie zur rascheren Erzielung der Immunität und Heilung intramuskuläre Injektion: starke Rötung und Exsudation am Krankheitsherd und beträchtliche Allgemeinreaktion.

Staphar, aus Staphylokokken, gegen Furunkulose.

Tebecin ist eine Tuberkelvakzine, zu deren Herstellung auf Saponinhaltigen Nährboden gezüchtigte Tuberkelbazillen benutzt werden.

2. Passive Immunisierung — Serumtherapie.

a) *Serum antidiphthericum, Diphtherieheilserum.*

Behufs **Gewinnung** werden Pferden zunächst abgeschwächte oder kleine Mengen virulenter Kulturen, dann ansteigend stärkere resp. größere Mengen, in bestimmten Zwischenräumen injiziert, bis die höchste Immunisierung erreicht ist. Hierauf wird das Blut mittels Troikarts aus der Jugularis entnommen, das Serum abgeschieden und durch Zusatz von 0,5 % Karbol oder 0,25 % Kreosol in flüssigem Zustande konserviert oder im Vakuum bei 37⁰ zur Trockne eingedampft. Der Immunisierungswert wird in der Weise bestimmt, daß man als Normalserum dasjenige Serum bezeichnet, von welchem 0,1 ccm genügen, um an einem Meerschweinchen mittlerer Größe die gleichzeitig injizierte 10fache letale Giftdosis unschädlich zu machen. 1 ccm dieses Normalserums ist gleich einer *Immunisierungseinheit* (I.-E.).

Das Bestreben geht im allgemeinen dahin, ein möglichst hochwertiges Serum, welches das Normalserum um ein vielfaches übertrifft, d. h. in 1 ccm mindestens 500 I.-E. enthält zu erzeugen, da man von diesem nur wenige Kubikzentimeter zur Injektion braucht und somit bei einem Maximum von I.-E. ein Minimum von Schädlichkeiten (das eventuell zugesetzte Antisepticum, das fremdartige Serum als solches) einführt. Da indes der Preis des Serums mit seiner Wertigkeit erheblich steigt, so kann man, wenn man keine sehr hohe Zahl von I.-E. braucht, auch ein billigeres, mäßig hoch bewertetes Serum in Verwendung ziehen. Es werden daher von den Serumanstalten Sera verschiedener Stärke abgegeben.

Vorschriftsmäßig aufbewahrt, bleibt ihr Wirkungswert ungefähr ein Jahr unverändert.

Festes Diphtherie-Heilserum, für weiten Versand geeignet, ist getrocknetes, hochwertiges Diphtherie-Heilserum, welches in 1 g mindestens 5000 I.-E. enthält und keinerlei antiseptische oder sonstige Zusätze erhalten hat. Es ist ein gelblichweißes Pulver, welches sich mit 10 Teilen Wasser zu einer in Farbe und Aussehen dem flüssigen Diphtherie-Heilserum entsprechenden Flüssigkeit löst.

Anwendung.

Zu prophylaktischen Zwecken genügen 600—1000 I.-E. bei Erwachsenen, 500—600 bei Kindern, subkutan. Der Schutz tritt sofort ein, ist sicher, hält aber nur 14 Tage an.

Zu Heilzwecken, d. h. zur Behandlung bereits infizierter Individuen sind große Gaben, 1000—2000 I.-E. nötig, subkutan oder, um rascher zu wirken, intramuskulär oder intravenös, mit Wiederholung in höherer Dosis, wenn die Symptome nicht zurückgehen.

Die *Wirkung scheint hauptsächlich auf den örtlichen Prozeß gerichtet* zu sein. Gewöhnlich 24 Stunden nach der Injektion sieht man die Erscheinungen im Rachen, und wenn es schon so weit gekommen ist, auch im Kehlkopf zum Stillstande kommen und eine reichliche Loslösung der Membranen beginnen. Hand in Hand damit geht Besserung der Temperatur und des Pulses. Auf die allgemeine Erkrankung hingegen, die postdiphtheritischen Lähmungen, die Herzlähmung und die Nierenkomplikationen hat das Mittel nur einen Einfluß, wenn die Organe nicht zu schwer ergriffen sind. Demnach scheint das injizierte Antitoxin hauptsächlich oder ausschließlich auf das noch freie Toxin an dessen Erzeugungsstätte zu wirken, die örtliche Gewebeschädigung (Pseudomembranbildung) aufhebend, entfernte Organe aber nur indirekt dadurch zu beeinflussen, daß es durch die Bindung des Giftes an der Erzeugungsstätte seine weitere Verbreitung zum Stillstand bringt.

Toxische Wirkungen (Serumkrankheit) bestehen in scharlachartigem Exanthem, Urticaria, Ödemen, Drüsen- und Gelenkschwellungen, meist verbunden mit Fieber. Sie treten nur in der Minderzahl der behandelten Fälle auf und nicht sofort, sondern nach einer Inkubation von ca. 10 Tagen. Da sie auch bei Injektion von gewöhnlichem Pferdeserum beobachtet wurden, sind sie auf eine angeborene Überempfindlichkeit (Anaphylaxie) gegen das artfremde Serum zu beziehen. Bei wiederholter Injektion treten sie rascher und intensiver auf, falls die Zeit zwischen der ersten und der zweiten Injektion mehr als 10 Tage beträgt. Die Erscheinung ist dann der bei Tieren erzeugten Serum-Anaphylaxie analog, indes nach den bisherigen Erfahrungen ohne die bei diesen auftretenden schweren Folgen. Wiederholung der Injektion kann daher beim Menschen vorerst als unbedenklich bezeichnet werden, namentlich wenn die zweite Injektion wenige Tage nach der ersten, d. h. noch im Stadium der sog. Inkubation erfolgt und hierzu hochwertiges Serum genommen wird, so daß die einverleibte Serummenge im Vergleich zum Antitoxingehalt nur gering ist.

Die **Grunderscheinungen der experimentellen Anaphylaxie** sind folgende. Injiziert man einem Tiere (Meerschweinchen) eine körperfremde, eiweißartige Substanz in kleinster Menge und wiederholt diese Injektion mit derselben Eiweißsubstanz nach einer Woche, so treten stürmische Erscheinungen (Bronchialkrampf, Blutdruck- und Temperaturabfall) auf, an denen bei größeren injizierten Mengen das Tier rasch zugrunde geht, bei kleineren aber sich erholt und sich dann unempfindlich (refraktär) gegen weitere Injektion zeigt. Das gleiche Vergiftungsbild erhält man, wenn man einem normalen Tier etwas Serum eines vorbehandelten Tieres und darauf das artfremde Eiweiß injiziert oder die giftigen Produkte der künstlichen Eiweißverdauung, welche dem im Mutterkorn enthaltenen Histamin (Kap. XX) sehr ähnlich wirken, einverleibt. Die Frage, ob es sich bei den anaphylaktischen Störungen um einen raschen fermentativen Abbau unter Bildung giftiger Zufallsprodukte oder um eine Substanz, welche die Erregbarkeit der Organzellen für das artfremde Eiweiß hochgradig steigert (selbe sensibilisiert), steht noch offen. Diese Vorgänge sind ohne Zweifel sehr ähnlich, wenn nicht geradezu wesensgleich mit der aktiven und passiven Immunitätserzeugung, der Überempfindlichkeit Tuberkulöser gegen Tuberkulin und anderen ähnlichen Erscheinungen.

b) *Serum antitetanicum, Tetanusheilserum.*

Die Herstellung ist analog dem vorigen. Bezüglich der therapeutischen Anwendung ist zu beachten, *daß das Tetanustoxin von den in die Muskeln eingesenkten Nervenendigungen aufgesaugt, durch die Endolymphbahnen oder den flüssigen Axenzylinder selbst zu den Zentralnervenorganen wandert,* wohin ihm das in Blut und Lymphe zirkulierende Antitoxin nicht zu folgen vermag (H. Meyer und Ransom). Falls man daher die Injektion nicht direkt in den, der infizierten Wunde zugehörigen Nervenstamm oder seine intralumbalen Wurzeln vornehmen kann, sondern sich auf intravenöse Injektion beschränken muß, vermag das Antitoxin nur den noch nicht in das Nervensystem aufgenommenen Teil des Giftes zu treffen. Je früher die Injektion geschieht, um so größer wird dieser Teil im allgemeinen sein. Daher hat auch die *prophylakt'sche Anwendung* die besten Erfolge ergeben. Selbe sollte bei allen mit Erde beschmutzten Verletzungen nicht unterlassen werden.

Auch das Tetanusheilserum wird von den Serumanstalten in verschiedenen Stärken abgegeben. Für prophylaktische, alsbald nach der Verletzung vorgenommene Einspritzung genügen 20 A.-E. (Immunisierungsdosis). Der Schutz hält 2—3 Wochen an. Zu Heilzwecken müssen 100—240 A.-E. genommen werden. Die Injektion ist in den folgenden Tagen zu wiederholen, auch wenn Besserung eingetreten sein sollte.

Festes Tetanusheilserum ist getrocknetes, in Vakuumröhren aufbewahrtes Tetanusserum.

Andere Heilsera.

Dysenterieserum, am besten polyvalentes, gegen die verschiedenen Ruhrbazillenstämme wirksames soll möglichst frühzeitig zu 10 ccm, 2—3 mal in den folgenden Tagen wiederholt, injiziert werden.

Grippeserum ist polyvalentes Pneumo-Streptokokken-Serum zur Bekämpfung der schweren septischen Bronchopneumonien im Gefolge von Influenza. Je 50 ccm intramuskulär an zwei aufeinanderfolgenden Tagen.

Schlangengiftserum. Die lebensrettende Wirkung des Serums von Calmette gegen das Gift der Brillenschlange (Cobra), 20—30 ccm subkutan spätestens ½ Stunde nach der Verletzung, ist erprobt. Die Prophylaxis (Schutzwirkung) scheint nicht lange vorzuhalten. Ob es gegen den Biß anderer Giftschlangengattungen (Crotalus) hilft, ist ungewiß; es werden daher polyvalente Sera durch Vorbehandlung mit verschiedenen Schlangengiften hergestellt.

Heufiebersera, Pollantin und Graminol als Pulver oder Salbe in die Augenbindehaut und die Nase in kleinsten Mengen möglichst frühzeitig eingeführt, hatten besonders in leichteren Anfällen palliative Erfolge.

Außer diesen Sera sind noch viele andere im Handel.

Jequiritol und Jequiritol-Heilserum.

Giftstoffe von ähnlichen Eigenschaften wie die Bakterien-Toxine finden sich auch in höheren Pflanzen, nämlich den Samen von Ricinus communis, Croton

Tiglium und Abrus precatorius (Jequirity). Sie zeichnen sich durch sehr intensive örtliche Entzündungserregung und sehr hohe resorptive Giftigkeit aus. Therapeutische Anwendung hat nur das letztere in der Augenheilkunde gefunden, *um Trübungen der Hornhaut bei altem Pannus trachomatosus aufzuhellen.* 1—2 Tropfen eines aus den Jequirity-Samen hergestellten kalten Aufgusses oder das Römersche Präparat Jequiritol (Abrin) rufen nämlich eine spezifische eitrige Bindehautentzündung hervor, welche eine ausgiebige Aufsaugung pathologischer Produkte der oberflächlichen Kornealschichten zur Folge hat. Wird die Entzündung zu stark, so hat man es durch Einträufelung von einigen Tropfen Jequiritol-Serum von vorbehandelten Pferden nach Belieben in der Hand, selbe zu mildern oder ganz aufzuheben. Nach Ablauf der ersten Entzündung (4—6 Tage) werden, wenn nötig, weitere Ophthalmien hervorgerufen mit steigenden Dosen, da mit jeder Entzündung eine zunehmende Immunität sich einstellt.

Thyreoidserum (Antithyreoidin-Möbius).

Werden Hammel unter Schonung der Parathyreoidea entkropft, so gewinnt ihr Blutserum antitoxische Eigenschaften gegenüber den wirksamen Stoffen der Schilddrüse. Ihre Anwendung führt bei *Morbus Basedowii* nicht selten zu gewisser, wenngleich nicht nachhaltiger Besserung. Man beginnt gewöhnlich mit 0,5 ccm (10 Tropfen) dreimal täglich in Tokaierwein und steigt langsam bis zu 5 ccm und mehr pro die. Nach Verbrauch von 50 bis 100 ccm ist die Besserung der Symptome, insbesondere der Erregungszustände und der Schlaflosigkeit in manchen Fällen sehr auffällig und die Zurückführung der Thyreoidea zur normalen Funktion annähernd erfolgt. Das Präparat wird auch in Tablettenform hergestellt.

Achtundzwanzigstes Kapitel.

Nährpräparate und Enzyme.

Bei herabgekommenem Ernährungszustand und bei Störungen der Magen- und Darmfunktionen sucht man dem Körper entweder *leicht verdauliche oder bereits fertig verdaute Nahrungsstoffe* beizubringen oder durch *Darreichung von Verdauungsenzymen* die Verdauung zu unterstützen. So rationell dieses Bestreben auch im allgemeinen erscheint, so darf andererseits nicht vergessen werden, daß durch ein Übermaß in mehrfacher Weise geschadet werden kann:

1. Die fertig verdauten Nahrungsstoffe (Zucker, Albumosen, Peptone, Aminosäuren) wirken bei höherer Konzentration schädigend auf die Magen- und noch mehr auf die Darmschleimhaut, was sich schon in den Durchfällen nach Darreichung größerer Mengen dieser Stoffe ausspricht.

2. Die fertig verdauten Stoffe unterliegen leichter den Angriffen der Fäulnisbakterien. Wenn sie daher nicht sehr rasch

resorbiert werden, so wird nicht bloß der Zweck ihrer Darreichung illusorisch, sondern es kommt zu neuen Störungen infolge übermäßiger Bildung von Fäulnisprodukten.

3. In den zur Herstellung von Nährpräparaten verwendeten Eiweißstoffen sind nicht immer alle Atomgruppen (Aminosäuren) enthalten, deren der Organismus zum Aufbau gewisser lebensnotwendiger Eiweißkörper bedarf und die er selbst durch Synthese nicht herzustellen vermag. So fehlt z. B. manchen Eiweißstoffen pflanzlichen Ursprungs die Tryptophangruppe (Indolaminopropionsäure).

Eine Nahrung, welche nur solche „unvollständige Eiweißstoffe" enthält, ist bereits als unzureichend anzusehen. Neben vollständigen Eiweißstoffen muß sie aber nach neueren Anschauungen außerdem, um völlig suffizient zu sein, noch kleinste Mengen „Ergänzungsstoffe" (akzessorische Nährstoffe) enthalten, ohne deren Gegenwart Stickstoffgleichgewicht und Stickstoffansatz nicht möglich ist. Zu ihrer Annahme führte die aus experimentellen und klinischen Beobachtungen gezogene Erkenntnis, daß gewisse Erkrankungen (Beri-Beri, Skorbut, Pellagra) nur auftreten, wenn die Nahrung aus geschältem (poliertem) Reis, Mais oder unvollständig (ohne die Kleie) ausgemahlenem Weizen und Roggen besteht und hintangehalten werden, wenn man dieser Nahrung die Rindenschichte dieser Getreidesamen beigibt oder wenigstens frisches Gemüse, Hülsenfrüchte, Kartoffeln, Obst, Zitronensaft, ungekochte Milch mitgenießen läßt. Hieraus wurde geschlossen, daß in allen diesen Nahrungsmitteln Stoffe (Nutramine) enthalten sein müssen, welche zur Aufrechterhaltung des normalen Lebens nutritiv und z. T. auch pharmakodynamisch (Erregung des parasympathischen Systems) notwendig sind. Sie werden als organische Phosphorsäureverbindungen „Phosphatide" und den Oxypiperidinen angeblich nahestehende Basen „Vitamine" beschrieben und die durch ihr Fehlen in der Nahrung verursachten Krankheiten *Avitaminosen* genannt. Als sehr leicht zersetzliche Körper gehen sie bei der Herstellung und Konservierung von Nahrungsmitteln (Dörren, Pökeln, Sterilisieren, Gefrierenlassen) häufig verloren. Das erste Zeichen ihres Mangels ist eine eigenartige Appetitlosigkeit, ein durch das Gefühl von Abgegessensein veranlaßter Widerwillen gegen Nahrungsaufnahme. Auch das Auftreten absonderlicher Gelüste der Schwangeren und Bleichsüchtigen kann bisweilen darin seinen Ursprung haben.

Zu den Avitaminosen wird gegenwärtig von der Mehrzahl der Forscher auch die **Rhachitis** gerechnet.

Derzeit ist folgende *Einteilung der Vitamine* üblich:

Faktor A, das fettlösliche antirhachitische Vitamin, enthalten insbesondere im Lebertran, auch in anderen tierischen, nicht verarbeiteten Fetten (in der Margarine fehlend), in der Milch von mit Grünfutter genährten Kühen und in verschiedenen Vegetabilien.

Faktor B, das wasserlösliche, antineuritische Vitamin, auch Antiberiberifaktor genannt, in der Reiskleie, der Rinde mancher Hülsenfrüchte und der Hefe.

Faktor C, das wasserlösliche, antiskorbutische Vitamin, in gekeimter Gerste, frischen Früchten, Zitronensaft usw.

4. Es ist für die Verwertung (Assimilation) der Nährstoffe wahrscheinlich nicht gleichgültig, ob sie rasch oder auf einen größeren Zeitraum verteilt resorbiert werden. Für das Eiweiß liegen bereits Versuche vor, welche dartun, daß bei einmaliger Nahrungsaufnahme die Eiweißzersetzung größer ist als bei fraktionierter. Demnach ist zu erwarten, daß auch bei einer vorwiegend aus rasch resorbierbaren Albumosen, Peptonen und Aminosäuren bestehenden Nahrung der Eiweißverbrauch ein größerer ist, was dem angestrebten Zweck: „Hebung der Ernährung" und Erhöhung der Widerstandsfähigkeit des Organismus gegen Infektionen durch die bei reichlicher Eiweißzufuhr wahrscheinlich erfolgende stärkere Bildung von Antikörpern (J. Forster) direkt zuwiderläuft.

Von den hierher gehörigen Mitteln sind nur wenige offizinell; nach der gegenwärtigen Auffassung fallen sie streng genommen auch nicht in das Gebiet der Arzneimittellehre. Bei ihrer praktischen Bedeutung mögen sie indes hier kurz besprochen werden. Die Preisangaben sind der Zeit vor dem Kriege entnommen. Viele sind seither noch nicht wieder im Handel.

1. Eiweißstoffe.

Frischer Fleischsaft, Succus carnis recens expressus. Schwach rötliche Flüssigkeit mit einem Eiweißgehalt von 6—7 %. In jeder Apotheke sofort herstellbar. Wird eßlöffelweise auch von den geschwächtesten Verdauungsorganen ertragen, Geschmack jedoch nicht besonders angenehm, daher am besten als Gefrorenes, vermischt mit Zucker, Kognak, Eigelb und Zitronensaft, nach der Angabe von Ziemssen darzureichen. Daß der Succus carnis bei dem geringen Eiweißgehalt und dem hohen Preise allein und auf die Dauer den Eiweißbedarf nicht bestreiten kann, bedarf keiner weiteren Erörterung.

Die Fleischsäfte des Handels sind keine echten Fleischsäfte, sondern künstliche Mischungen von Fleischextrakt mit Hühner- oder Bluteiweiß. Ihr Nährwert steht zu ihrem hohen Preise in keinem Verhältnis.

Die eigentlichen Fleischextrakte enthalten nur mehr die Extraktivstoffe des Fleisches (Kreatin, Kreatinin, Carnosin usw.), sind daher kein Nahrungsmittel, wohl aber wertvolle Genuß- und Anregungsmittel. Sie dienen zur Anregung des Appetits und Erhöhung der Schmackhaftigkeit und rufen auf dem Blutwege vermittels des Hormons der Schleimhaut des Antrum pylori Sekretion des Magensaftes hervor.

Kaseïnpräparate (Milcheiweißpräparate) werden neuerdings unter verschiedenen Namen, Eukasin, Nutrose, Plasmon, Sanatogen, Sanose, in den Handel gebracht. Es sind weiße, fast geschmacklose Pulver, welche in Wasser, zumal in warmem, sich lösen, beim Kochen nicht gerinnen und im übrigen sich wie das Kaseïn der Milch verhalten, also auch im Magen durch die Säure aus ihren Lösungen in Form von Gerinnseln ausgeschieden werden. Soweit die Erfahrungen reichen, werden sie vom Verdauungskanal gut ertragen und gut ausgenutzt, auch gern genommen. Da auch ihr Preis (1 Kilo Plasmon 5.25 M.) ein verhältnismäßig niedriger ist, wenngleich in ihnen das Kaseïn natürlich ungleich höher bezahlt wird als in Form von Milch, sind sie zur Anreicherung von Gerichten, die arm an Eiweiß und organisch gebundener Phosphorsäure sind, z. B. von Suppen, zu empfehlen. Da die Kaseïne ferner bei ihrer Umsetzung im Gegensatze zur Fleischkost keine Purinbasen, resp. Harnsäure liefern, so erscheint ihre Darreichung besonders bei harnsaurer Diathese und bei Erkrankungen der Niere (akute Nephritis, Nephrolithiasis) angezeigt. Die bei ihrer Verwendung, wie bei allen Milchkuren, nicht selten auftretende Verstopfung kann durch Natrium bicarbonicum (1 Teelöffel voll) wirksam bekämpft werden.

Kleberpräparate (Aleuronat). Der in gewissen Getreidearten (Roggen, Mais, Weizen) enthaltene, den tierischen Eiweißstoffen ebenbürtige Kleber kommt als Nebenprodukt der Stärkefabrikation in den Handel oder kann auch direkt durch Auswaschung des Weizenmehls mit Wasser, unter Entfernung der Stärkekörner, gewonnen werden. Er zeichnet sich besonders dadurch aus, daß sich mit ihm, bei Zumischung von wenig Mehl, eiweißreiche, aber kohlehydratarme Gebäcke herstellen lassen, welche, vermöge ihrer lockeren und wohlschmeckenden Beschaffenheit, als Ersatz des gewöhnlichen Brotes für *Diabetiker und Fettleibige* große Bedeutung haben. Man betont in ihm auch den verhältnismäßig großen Gehalt an Lecithin, einem Körper, der, nach neueren Untersuchungen, den Stoffwechsel in mehrfacher Weise vorteilhaft beeinflussen soll. In Preis und Bedeutung ungefähr gleichwertig, ist das ebenfalls aus Getreidesamen hergestellte **Roborat,** gelblich-weißes, in Wasser (zumal in warmem) quellendes und sich lösendes Pulver. Ob diese Präparate „vollständige Eiweißkörper sind, resp. die nötigen „akzessorischen Nährstoffe" enthalten, ist fraglich.

Tropon ist ein aus $\frac{1}{3}$ animalischen und $\frac{2}{3}$ vegetabilischen Eiweißstoffen hergestelltes Präparat, aus welchem alle das Eiweiß begleitenden Stoffe (Farbstoffe, Extraktivstoffe, Salze usw.) nach Möglichkeit entfernt sind. Es besteht im wesentlichen aus ca. 90 % Eiweiß, 9 % Wasser, 1 % Asche und stellt ein graubraunes, mehlartiges Pulver dar, unslöslich in Wasser, nahezu geruch- und geschmacklos. Da es gut ausgenützt wird und reizlos ist, kann es zur Unterstützung der Ernährung von Kranken empfohlen werden, es wird jedoch nicht von allen Personen auf die Dauer gerne genommen. Der Preis ist gleich dem der Kaseïnpräparate.

Dem Tropon ähnlich ist Soson, aus Abfällen der Fleisch- und Hülsenfrüchtefabrikation hergestellt.

Bioferrin, Bioson, Fersan und Prothämin sind Eiweißpräparate mit relativ hohem Eisen- und Lecithingehalt, aus Blut hergestellt.

Somatose ist ein aus Fleisch hergestelltes, lösliches Albumosengemisch. Geschmackloses, gelblichweißes Pulver, 85 % Albumose, 0,2 % Pepton, 5,5 % Salze und 0,2 % Wasser enthaltend. Wird im Darm befriedigend ausgenützt, erzeugt aber sehr leicht Magenbeschwerden und Durchfälle, so daß sie nur in kleinen Gaben, 3—4 mal täglich 1 Teelöffel = ca. 10—20 g pro die, verordnet werden kann. Wenn trotzdem die warmen Empfehlungen Berechtigung haben, können selbe nur in indirekten Momenten (Anregung der Magenfunktionen, des Appetits usw.) gesucht werden.

Riba ist ein aus Fischfleisch hergestelltes, zu Klistieren verwendbares lösliches Albumosenpräparat.

Fleischpepton wird nach der Methode von Kemmerich durch Einwirkung hochgespannter Wasserdämpfe auf Fleisch dargestellt. Die Eiweißkörper gehen dabei in die in der Kochhitze nicht mehr gerinnbaren Albumosen und Peptone über. Das von der Liebig-Fleischextrakt-Company hergestellte, extraktartige Präparat enthält 31 % Wasser, 9 % Salze, 32,8 % Albumosen und Peptone, erstere vorwiegend, und 20,0 % Extraktivstoffe. Der hohe Gehalt an letzteren erlaubt die Anwendung nur kleiner Mengen, 2 Teelöffel (10—15 g) auf einen Teller Suppe. Bei größeren Mengen wird nicht bloß der Geschmack unangenehm scharf, sondern es ist auch Reizung der Verdauungsschleimhaut und der Niere zu befürchten.

Peptonum siccum (Witte). Eines der ältesten Präparate, aus Peptonen und Albumosen bestehend. Weißes, wasserlösliches Pulver von sehr bitterem Geschmack, daher nur als Zusatz zu Nährklistieren brauchbar. Enthält das giftige Histamin (Kap. XX); seine Injektion ins Blut erzeugt Gerinnungshemmung und einen dem anaphylaktischen Chock sehr ähnlichen Symptomenkomplex. Die Aufsaugung geschieht bei der Verabreichung als Clysma durch die Mastdarmgefäße, welche dem Pfortadersystem nicht zugehören. Genannte Giftstoffe können daher von der Leber nicht abgefangen und damit unschädlich gemacht werden. Von dem folgenden Präparat gilt dasselbe.

Erepton, ein wasserlösliches Pulver von scharfem, bitteren Geschmack, wird von den Höchster Farbwerken durch sukzessive Verdauung von magerem Rindfleisch mit Pepsin, Trypsin und Erepsin hergestellt. Es ist ein vollwertiges, d. h. auch die cyklischen Aminosäuren, das Tyrosin und Tryptophan, enthaltendes *Aminosäurengemisch,* das im Dickdarm resorbiert wird und aus dem der Organismus Eiweiß aufzubauen vermag. Clysma 10,0—20,0 : 200,0 Wasser. Da es nicht reizlos ist, wird es häufig nicht lange behalten. Von diesem Übelstande frei ist das **Hapan** der Theinhardtschen Nährmittelwerke.

2. Fette.

***†Oleum Jecoris Aselli, Lebertran,** ist das Fett der Leber des Kabeljaus, Gadus Morrhua, der in nordischen Meeren in ungeheuren Mengen gefangen und getrocknet als Stockfisch verkauft wird. Der Lebertran wird gegenwärtig fabrikmäßig durch Ausschmelzen der frischen Lebern nach Entfernung der Gallenblase mit Wasserdampf gewonnen. Er hat eine hellgelbe bis rötlichgelbe Farbe, fast neutrale Reaktion und milden, schwach fischartigen Geruch und Geschmack. In früherer Zeit erhielt man ihn einfach durch Abschöpfen des freiwillig aus den in Tonnen übereinandergelagerten, nicht präparierten Lebern ausfließenden Fettes. Dieser Tran hat eine dunklere Farbe und stärkere saure Reaktion, durch Oxydations- und Fäulnisvorgänge verursacht.

Der Lebertran besteht, soweit sichere Analysen vorliegen. zum größten Teile aus den Glyzeriden hoher Fettsäuren (Ölsäure und Oxysäuren).

Anwendung. Die Veranlassung zur Einführung des Lebertrans als Arzneimittel gab sein volkstümlicher Gebrauch bei den norwegischen Fischern. Man verwendet ihn seit etwa 80 Jahren sehr häufig bei *Skrophulose, Tuberkulose, Anämie, Rhachitis, Diabetes und anderen Zehrkrankheiten* und beginnt mit 1 Eßlöffel bei Erwachsenen, 1 Teelöffel bei Kindern, allmählich auf 2—4 Löffel ansteigend. Die beste Zeit der Darreichung ist jene zwischen zwei Mahlzeiten, weil dann das Fett die Verdauung der anderen Nahrungsstoffe durch Einhüllung am wenigsten stört. Die neuen Sorten des Lebertrans werden meist ohne besonderen Widerwillen genommen, besonders, wenn sie, durch vorheriges Erwärmen des Löffels flüssiger gemacht, nicht lange in der Mundhöhle verbleiben und die letzten Reste durch Kauen eines Stückchen Schwarzbrotes bald entfernt werden.

Wegen der leichten Zersetzung ist der Gebrauch **während der heißen Jahreszeit auszusetzen,** bei Kindern unter einem Jahr und bei Personen mit chronischen Verdauungsstörungen und Neigung zu Darrhöen vermeidet man ihn am besten ganz.

Als Ersatz der mit großer Reklame vertriebenen Scottschen Emulsion dient die *Emulsio Olei Jecoris Aselli. Sie enthält 50 % Lebertran, 0,5 % Calciumhypophosphat neben Gummi und Traganth als Bindemittel und Zimtwasser, Benzaldehyd und Sirup als Korrigentia.

Lebertranemulsion als Nährklistier wird in folgender Form empfohlen:

R

Ol. Jec. Aselli	250,0	Aq. font.	43,0
Natrii chlorati	1,5	adde	
Fel. Tauri inspiss.	0,5	Ol. Eucalypt. gutt. III	
Pancreatini	5,0	MDS. 1 mal täglich 60—100 g er-	
digere per horas II cum		wärmt und umgeschüttelt als Klysma zu geben.	

Wirkungsweise. Pharmakodynamische Stoffe sind, von Spuren von Jod abgesehen, im Lebertran nicht aufgefunden worden.

Er ist zunächst als *ein konzentriertes und leicht ertragbares Nahrungsmittel* zu beachten. Sein hoher Nährwert erhellt aus der allen Fetten eigenen hohen Verbrennungswärme, welche jene der Eiweißkörper und Kohlehydrate um mehr als das Doppelte übertrifft. Dazu kommt noch das nahezu vollständige Fehlen anderer Bestandteile, insbesondere des Wassers, das oft $^2/_3$ des Gewichtes anderer Nahrungsmittel ausmacht. 2 Eßlöffel = 30 g Lebertran oder eines anderen annähernd reinen Fettes können, unter den aus der Stoffwechsellehre bekannten Einschränkungen, gleichgesetzt werden etwa 60 g trockenen Eiweißes oder 250 g mageren Fleisches.

Seine Bekömmlichkeit wird nur von wenigen anderen Fetten (Butter) erreicht. Sie ist wenigstens zum Teil durch die leichte Emulgierbarkeit bedingt, welche den Lebertran auszeichnet.

Des weiteren aber enthält der Lebertran *accessorische Nährstoffe, Vitamine.* Junge Ratten, deren Wachstum infolge Fütterung mit einem an gewissen „Ergänzungsstoffen" armen Futter zum Stillstand gekommen ist, fingen wieder zu wachsen an, wenn diesem Futter Lebertran zugesetzt wurde.

Ferner ist es ziemlich allgemein anerkannt, daß eine U r s a c h e d e r R a c h i t i s das Fehlen eines solchen accessorischen Stoffes ist, der gegenwärtig in dem fettlöslichen Faktor A in obiger Einteilung gesucht wird, welcher Ansicht allerdings der Umstand entgegensteht, daß dieser Faktor A thermolabil ist, d. h. Hitzegrade von 80—90⁰ nicht aushält, also in dem modernen „Dampflebertran" wohl nicht mehr unzersetzt enthalten sein kann.

3. Kohlehydrate.

Marantastärke, A r r o w r o o t , ist die sehr feinkörnige Stärke aus dem Wurzelstocke der auf den Antillen einheimischen und in vielen tropischen Ländern angebauten Maranta arundinacea. Ihr ähnlich ist die **Maisstärke,** welche unter dem Namen M o n d a m i n oder M a i z e n a in den Handel kommt. Beide sind in Form von Abkochungen, 1 Teelöffel auf 1 Tasse Milch oder Fleischbrühe, als leicht ertragbarer *Ersatz für andere stärkereiche Nahrungsmittel bei Kindern und Rekonvaleszenten* empfohlen und beliebt.

Die **Malzextrakte** des Handels werden durch Eindampfen des wässerigen Auszuges des Malzes, d. i. der gekeimten und getrockneten Gerste erhalten. Dieselben besitzen einen eigenartigen, den Kindern zusagenden süßen Geschmack und geben mit Wasser klebrige Lösungen, wodurch sie vielleicht in ähnlicher Weise wie die Mucilaginosa (Abkochungen stärkehaltiger Samen) eine feinflockigere Ausfällung des Kaseïns im Magen bedingen. Malz oder Malzextrakte sind auch ein wesentlicher Bestandteil des Malzkaffees und der Kindermehle des Handels.

Lävulose, Fruchtzucker, eine linksdrehende Zuckerart, welche in den meisten süßen Früchten neben Dextrose enthalten ist, wird fabrikmäßig dargestellt und als *Kohlehydrat für Diabetiker* empfohlen, weil es nach K ü l z von diesen Kranken, im Gegensatz zum rechtsdrehenden Traubenzucker, im Harn nicht wieder ausgeschieden, also oxydiert wird.

Der als zuckerreiches Nahrungsmittel sehr brauchbare **Honig** wurde bereits im Kap. II abgehandelt.

Soxhlets Nährzucker, ein weißes, leicht lösliches Pulver von süßem Geschmack und malzartigem Geruch, besteht aus gleichen Teilen Dextrin und Maltose mit Zusatz von etwas Säure, Kochsalz und Kalk und dient zur Anreicherung der verdünnten Kuhmilch an stickstofffreien Nährstoffen an Stelle des bisher meist üblichen, aber in größeren Dosen abführenden Milchzuckers.

Karamose (E. M e r c k), ein Karamelpräparat aus Traubenzucker, ist vermöge seines hohen Brennwertes und seiner guten Resorbierbarkeit zu ca. 100,0—150,0 im Tage, ein, nach verschiedenen Kochrezepten herstellbarer brauchbarer E r s a t z für K o h l e h y d r a t e b e i D i a b e t e s.

4. Kalk- und Phosphorsäure-Präparate.

Die Ausfuhr an Phosphorsäure und Kalk durch Darm und Niere beträgt etwa 0,6 pro die, bei eiweiß- und fettreicher Nahrung ist sie höher, z. T. weil das Calcium die Aufgabe hat, giftige Schlacken des Stoffwechsels (Oxalsäure, hämolytisch wirkende Fettsäuren) niederzuschlagen und unschädlich zu machen. Der Verlust wird zu normalen Zeiten ausreichend gedeckt durch die gewöhnliche Nahrung. Zu Zeiten besonders hohen Bedarfes, *Schwangerschaft, Laktation, Kindesalter,* ferner bei *Knochenerkrankungen,* Zehrkrankheiten (*Diabetes*) und Nervenleiden, wo nebenbei ein Überschuß, ähnlich wie das Eisen, vielleicht einen nutritiv-formativen Reiz ausübt, ist *kalk- und phosphorsäurereiche Nahrung (Kuhmilch, kleiehaltiges Grobbrot, Blattgemüse,* Kartoffeln, Hülsenfrüchte (in mit etwas CO_3Na_2 versetzten Wasser gut weich gekocht) indiziert. Dazu als Getränk *erdige Säuerlinge* oder, wenn man auch auf die Blutbildung wirken will, *erdige Eisenwässer.*

Großes Vertrauen genießen gegenwärtig die Kalk- und Phosphorsäure-Spezialapparate, namentlich organische Phosphorsäureverbindungen (Nucleïnsäure und deren Eiweißverbindungen [Vitellin, Kaseïn] und Phosphatide [Lecithin u. a.], ob mit Berechtigung ist fraglich, da durch Tierversuche nachgewiesen ist, daß anorganische phosphorsaure Salze in vielen Fällen völlig ausreichen zur Erhaltung des Phosphorsäuregleichgewichts wie zum Phosphorsäureansatz. Fütterung von Enten mit anorganischen und organischen Phosphorverbindungen z. B. ergaben, daß die Zahl der Eier, ihr Lecithingehalt usw. bei beiden Fütterungsarten gleichblieben, der normale Organismus somit seinen zur Bildung von Lecithin und Nucleïn nötigen Bedarf an Phosphorsäure ebenso leicht und vollkommen aus anorganischen wie organischen Phosphorverbindungen zu decken und aufzubauen vermag. Damit im Einklang steht die Angabe, daß ein Teil der organischen Phosphorsäureverbindungen gar nicht unverändert zur Resorption gelangt, sondern im Darm eine weitgehende enzymatische und bakterielle Zerlegung erfährt. Die Rolle von Aktivatoren (Koenzymen) bei verschiedenen für die Lebensvorgänge wichtigen Enzymwirkungen endlich kommt anscheinend sowohl den organischen wie den anorganischen Phosphaten zu. Die Eigenschaft gewisser Phosphatide als „Ergänzungsstoffe" wurde in der Einleitung zu diesem Kapitel berührt.

Die gebräuchlicheren Präparate sind:

Natrium bisphosphoricum (Mononatriumphosphat) NaH_2PO_4 von angenehmem säuerlichen Geschmack, im Gegensatz zum laugigen Binatriumphosphat, unter dem Namen „Recresal" im Handel wirkt nach ergographischen Versuchen und Erfahrungen bei anstrengenden Märschen fördernd („kräftigend") bei Muskelarbeit, vermutlich auch bei Leistungen anderer Protoplasmagebilde (Anwendung bei Unterernährten, Infektionskranken, Phthisikern), wogegen für die Funktionen des Nervensystems ein fördernder Einfluß weder bei diesem Präparat noch bei anderen anorganischen und organischen Phosphorsäureverbindungen zu erkennen ist (v. Noorden). Das Recresal wird mit Fruchtsäften oder in Pastillen à 1,0, 3 mal tägl. 1 Stück, steigend auf 4—5 und in gleicher Weise zurückgehend dargereicht. Anlaß zur Verwendung des Natrium bisphosphoricum gab die von Emden gemachte Erkenntnis, daß höchstwahrscheinlich ein im Muskel vorhandener, dem Hexosephosphorsäureester, $C_6H_{10}O_4(PO_4H_2)_2$ naheverwandter Stoff, als Lactacidogen bezeichnet, die wirksame „Contractionssubstanz" ist, indem selbes unter dem Einfluß der Nervenerregung in Milchsäure und Phosphorsäure zerfällt und die bei der Muskelkontraktion nötige Wirkung freiwerdender Säure auf die elastischen Eigenschaften des Muskels vermittelt. Durch die Phosphorsäuredarreichung wird die Lactacidogenbildung im Muskel begünstigt und so dessen Leistungsfähigkeit und Erholung gefördert.

*†Calcium phosphoricum, Calciumphosphat, $PO_4HCa + 2H_2O$, ein weißes, in Säuren schwer lösliches Pulver, ist nutzlos, weil es, in das dreibasische Salz $(PO_4)_2Ca_3$ umgewandelt, vollständig in den Fäces erscheint. Chlorcalcium oder ein Gemenge von milchsaurem Kalk mit milchsaurem Natron, in Tablettenform unter dem Namen Kalzan im Handel, ist geeigneter.

*†Calcium hypophosphorosum, unterphosphorigsaurer Kalk, $(PO_2H_2)_2Ca$, weißes, in 8 Teilen Wasser lösliches Pulver, wird zwar z. T. resorbiert, aber restlos wieder ausgeschieden. Seine mit großer Reklame vertriebenen, noch verschiedene „Tonica und Excitantia" (Eisen, Mangan, Chinin, Strychnin) enthaltenden Handelspräparate haben daher wohl kaum eine Berechtigung. Der Sirupus hypophosphorosus compositus (Ph. A. E.) ist ein billiger Ersatz dieser Patentmedizinen.

Calcium glycerinophosphoricum, glyzerinphosphorsaurer Kalk,

(CH$_2$(OH) . CH (OH) . CH$_2$. O . PO . O$_2$Ca), ein weißes, wasserlösliches Pulver, 0,2—1,0 während der Mahlzeiten zu nehmen.

Lecithin, Glyzerinphosphorsäurecholinester der Öl-, Palmitin- und Stearinsäure. Gelbliche, quellbare, in Alkohol und Äther lösliche Masse, 0,1 bis 0,2 in Tabletten oder subkutan in öliger Lösung. Steigerung des Appetites und der libido sexualis wird des öfteren hervorgehoben. Die Darstellung erfolgt gewöhnlich aus Eidotter, welches Rohmaterial der Billigkeit halber vorzuziehen ist.

Phytin, Calcium-Magnesiumsalz der Anhydromethylendiphosphorsäure, (C$_2$H$_6$O$_9$P$_2$)$_2$MgCa. Leicht spaltbar in seine Komponenten: Phosphorsäure und Inosit. Im Pflanzen- und Tierreiche weit verbreitet. Weißes, wasserlösliches Pulver, 0,5 zweimal täglich vor der Mahlzeit in etwas Zuckerwasser.

Candiolin, schwer lösliches, z. T. unverändert resorbierbares Kalksalz des Hexose-Phosphorsäureesters, C$_6$H$_{10}$O$_4$(PO$_4$H$_2$)$_2$, von den Farbenfabriken vorm. Fr. Bayer in Leverkusen in den Handel gebracht.

5. Einige zusammengesetzte Präparate.

Liebigsche Kindersuppe.

15 g gutes Weizenmehl, 15 g fein gemahlenes Malz und 0,4 Kaliumbikarbonat werden zunächst untereinander, dann mit 30 g Wasser und zuletzt mit 150 g Milch vermischt und hierauf unter beständigem Umrühren bei gelindem Feuer erhitzt, so daß die Temperatur 66 ^{0} nicht übersteigt.

Die Masse wird zuerst etwas dicklich durch die Quellung der Stärke, infolge Überführung derselben in Dextrin und Maltose durch die Diastase des Malzes, aber bald wieder dünner. Sobald sie dünnflüssig geworden und einen stark süßen Geschmack angenommen hat, was nach 20—30 Minuten erreicht ist, wird sie zum Kochen erhitzt und zur Absonderung der Kleie durch ein feines Haarsieb getrieben.

Die so hergestellte Suppe repräsentiert eine der Frauenmilch in der Zusammensetzung nahekommende Nahrung. Sie wird von den Kindern gern genommen und auch von Neugeborenen gut vertragen, muß aber dann mit der Hälfte Wasser verdünnt werden. Ein Nachteil ist die Umständlichkeit der Bereitung; derselbe ist indes jetzt einigermaßen ausgeglichen, da man das Präparat unter Anwendung des Soxhletschen Sterilisierungsverfahrens in größerer Menge anfertigen und aufbewahren kann. Liebigs Vorschrift hat als Vorbild vieler Präparate und Milchsurrogate des Handels gedient. Eine solche Variante ist:

Kellers Malzsuppe.

50,0 bestes Weizenmehl werden mit ⅓ l Milch tüchtig verrührt.

Andererseits werden 10,0 Malzextrakt in ¾ l Wasser auf 50^0 erhitzt und 1,1 ccm einer 10 prozentigen Kaliumkarbonatlösung hinzugegeben. Beide Flüssigkeiten werden dann vereinigt und 10 Minuten im Kochen erhalten. Hierauf wird in 6—8 Soxhlet-Fläschchen (der mittlere Tagesbedarf eines Kindes) abgefüllt und sterilisiert.

Eiweißmilch nach Finkelstein. In ihr ist die Erfahrung verwertet, daß die Darmerkrankungen der Säuglinge von einer Steigerung der Milchzuckergärung ausgehen, der durch Verdünnung, Herabsetzung des Milchzuckergehaltes und Anreicherung mit Kaseïn entgegengewirkt werden kann. Sie wird im Prinzip in folgender Weise hergestellt: Das durch Lab gefällte Kaseïn von 1 l Milch wird mit ½ l Wasser aufs feinste verrieben, ½ l Buttermilch und 10 g Nährzucker zugesetzt und in 250 g Flaschen abgefüllt. Das Präparat entspricht im Eiweiß- und Fettgehalt etwa einer mittleren Vollmilch, wogegen die Molke auf die Hälfte und der Milchzuckergehalt auf etwa $\frac{1}{3}$ herabgesetzt ist.

Vegetabilische Milch (Emulsion aus süßen Mandeln, Paranüssen oder Sojabohnen) bietet bisweilen Vorzüge gegenüber tierischer Milch. In den Magen gelangt, ist sie ein schwächerer Lockreiz für dessen Salzsäuresekretion, die Fällung ihres Eiweißes ist feinflockiger und die Dauer ihres Verweilens im Magen kürzer (besonders bei Ulcus beachtenswert). Im Darm hält sie die Eiweißfäulnis manchmal noch besser nieder als Sauermilch. Für die Niere ist sie wegen ihrer Armut an Kochsalz und Purinbasen, bei Ödemen infolge Kochsalzretention, Nephritiden und harnsaurer Diathese indiziert. Fiebernden und Diabetikern ist sie ein willkommenes Getränk.

Odda ist der Handelsname für eine von Mering angegebene Mischung, welche 14,6 Eiweiß, 6,5 Fett, 71,3 Kohlehydrate und 2,1 Mineralstoffe enthält und aus entfetteter Milch, Kakaobutter (im Gegensatz zum Fett der Kuhmilch frei von dem nach der Verseifung reizenden Buttersäureglyzerid), z. T. durch Diastase aufgeschlossenem Weizen- und Hafermehl und Eidotter (Phosphorsäure und Eisen in organischer Bindung) hergestellt wird. Die eben angegebene Mischung ist für Kinder bestimmt und wird mit Odda K bezeichnet zur Unterscheidung von Odda MR, welche für Magenleidende und Rekonvaleszenten hergestellt wird und einen etwas höheren Eiweiß- und Fettgehalt besitzt.

Materna ist der Handelsname für die *Getreidekeimlinge*, welche beim gewöhnlichen Mahlverfahren in die Schalenschicht (Kleie) übergehen. So werden nach dem Verfahren von V. Klopfer in Dresden isoliert, durch vorsichtiges Erwärmen im Vakuum vom bitteren und ranzigen Beigeschmack befreit, und sind ein gut resorbierbares, an Stickstoffsubstanzen, Fetten, Kohlehydraten, Nährsalzen und „Vitaminen", dem großen Bedarf der jungen Pflanze an Nährstoffen entsprechend reiches Präparat.

Gelbes bis gelbbraunes Pulver, zu 50,0—80,0 im Tage in Suppen oder Breie eingerührt, sehr brauchbares, nicht teures Unterstützungsmittel bei der Ernährung von Kindern, schwächlichen Erwachsenen, Anämischen.

Hygiama von Theinhardt besteht aus Weizenmehl, Kakao, Zucker und eingedampfter Milch. Bräunliches Pulver von angenehmen Geschmack, welches etwa 22% Eiweiß, 60% Kohlehydrate, 10% Fett und 3,5% Nährsalze enthält. 1 Eßlöffel voll wird in $\frac{1}{4}$ l Milch eingerührt getrunken oder noch mit Eidotter versetzt als *Nährklysma* gegeben.

Soyabohnen sind in China und Japan ein wichtiges Nahrungsmittel. Reich an Eiweiß und Fett, arm an Kohlehydraten, eignet sich ihr Mehl zur Herstellung von Gebäcken für Diabetiker. Die anregende Wirkung der Soyasauce wird von J. Abel dem Gehalte an Histamin zugeschrieben.

Beispiel eines Nährklistiers:

250 ccm Milch	= ca. 170 Kal.
30 g Dextrin	= „ 120 „
3 rohe Eidotter gut verquirlt . . . . . =	„ 150 „
2 g Kochsalz . . . . =	„ — „
	ca. 440 Kal.

Da ein solches Klistier nur 2 mal pro die gegeben werden kann und hauptsächlich nur die Kohlehydrate daraus resorbiert werden, ein unterernährter Mensch aber immer noch gegen 2000 Kal. am Tage braucht, so erhellt, daß Nährklistiere allein das Nahrungsbedürfnis nicht decken und immer nur einen ungenügenden Ersatz der anderen Zufuhrwege sein können.

6. Enzyme und Fermente.

***†Pepsinum.** Weißes oder schwach gelbliches, aus Schweinemagen hergestelltes Pulver, von dem ein Dezigramm, mit 100 g Wasser und 10 Tropfen Salzsäure gemischt, 10 g gekochtes fein zerriebenes Hühnereiweiß bei 45° in einer Stunde lösen soll. Es wird in jenen seltenen Fällen gegeben, wo der Magensaft arm an Pepsin ist (Achylia gastrica); am besten zusammen mit Salzsäure: 2,0 Pepsin, Acidum hydrochlor. 5,0, Aq. ad 100,0. Davon 1—2 Teelöffel in einem Trinkglase Wasser schluckweise während des Essens und kurz nachher zu nehmen.

Auf der äußeren Haut zur Verdauung des eiweißartigen Bestandteils der Hornzellen und dadurch erzielter Resorbierbarkeit von Arzneimitteln, sowie zur Behandlung von Narbengewebe, Hyperkeratosen, wird es in Verbindung mit Salzsäure von Unna empfohlen.

***†Vinum Pepsini,** Pepsinwein, ist Xereswein (Ph. G.) oder Mischung von 152 Weißwein + 100 Kognak (Ph. A.) mit Zusatz von 2½ % Pepsin, 0,3 % Salzsäure und 10 % Sirup. simplex. Ph. G. schreibt außerdem noch unzweckmäßigerweise Zusatz von Glyzerin und Pomeranzentinktur vor.

Trypsin kann zur *Beseitigung von Meteorismus* gebraucht werden; zum Schutze gegen den zerstörenden Einfluß des Magensaftes wird es an Pflanzenkohle adsorbiert als „Carbenzym" gegeben; in dünner Aufschwemmung auch *zu Injektionen bei tuberkulösen Affektionen* brauchbar.

Pegnin (Höchst) wird ein mit Milchzucker versetztes Präparat von Labferment genannt, das den Zweck verfolgt, der klumpigen Gerinnung der Milch im Magen dadurch zuvorzukommen, daß 1 l gekochter und auf 40° abgekühlter Milch mit 10,0 des Präparates in einer Flasche zum Gerinnen gebracht und bis zur feinen Verteilung geschüttelt werden.

Papain. Ein aus dem Saft der Carica papaja hergestelltes, dem Trypsin ähnliches Enzym. Es löst das Eiweiß ungefähr gleich rasch wie das offizinelle Pepsin, unterscheidet sich jedoch von diesem durch den Umstand, daß es dies auch bei alkalischer Reaktion vermag und dadurch auch die Verdauung im Dünndarm zu unterstützen imstande ist.

Taka-Diastase wird aus der von den Japanern bei Bereitung des Reisweines verwendeten Hefe fabrikmäßig dargestellt. Verzuckert noch bei stark saurer Reaktion, ist daher auch im Magen wirksam.

Bierhefe (Faex medicinalis, Levurinose), ein haselnußgroßes Stück in Wasser verschüttelt, bei jeder Mahlzeit genommen, ist bei *Verdauungsstörungen* und bei *Hautkrankheiten* (Akne, Furunkulose, Urticaria, Pruritus), wenn sie mit Bildung von Darmfäulnisgiften zusammenhängen, bisweilen von Erfolg. Bei Fluor albus wurde die Einführung eines Breies von Hefe und Zucker in die Vagina mit eventueller Wiederholung in 3 tägigen Zwischenräumen empfohlen.

Es kann sich bei diesen Verwendungen entweder um eine Verdrängung der Bakterien durch die Konkurrenz der üppig wuchernden Hefezellen (Kampf ums Dasein) oder um eine Wirkung der Hefenenzyme handeln. Da die lebende Hefe durch die bei 25—30 ⁰ nach Vorschrift von Lebedew hergestellte Trockenhefe oder die mit Aceton behandelte Dauerhefe (Zymin), in denen die Zellen abgetötet, die Enzyme aber noch erhalten sind, ersetzbar zu sein scheint, wäre das letztere anzunehmen. Ersteres Präparat gibt die Enzyme ohne weiteres an Wasser von 35 ⁰ ab, letzteres erst nach Öffnung der Zellen durch Zerreibung.

Entbitterte und bei hoher Temperatur getrocknete, also keim- und enzymfreie Hefe wird wegen ihres Reichtums an Eiweiß (54 %) und Phosphorsäure (6 %) als Nährhefe zur Anreichung von Suppen und Saucen empfohlen. 2 mal tägl. 10 g auf 1 Teller Suppe, nach Kalorien gerechnet etwa 25 g Fleisch entsprechend, werden noch gut ertragen. Bei Gicht und uratischer Diathese wegen des hohen Nucleïngehaltes (Purinkörper) nicht zu empfehlen.

Maja bulgarica hat man das Ferment (Bacillus bulgaricus) genannt, mit dem die langlebigen Bulgaren den **Yoghurt,** eine eigenartige Sauermilch, bereiten. Dieselbe unterscheidet sich von unserer gewöhnlichen gestockten Milch durch geringeren Milchsäuregehalt (0,2—0,8 %) und eine weitgediehene Peptonisierung der Eiweißkörper. Yoghurt ist infolgedessen von Personen mit empfindlichem Darmkanal selbst in großen Mengen (2—3 Liter am Tage) leichter ertragbar als gewöhnliche Sauermilch. Sie wurde besonders von Metschnikoff zur *Bekämpfung der Darmfäulnis*, welche chronische Selbstvergiftung und vorzeitiges Altern zur Folge haben soll, empfohlen.

Pyocyanase, Gemenge von bakteriolytischen Enzymen, von Emmerich-Löw aus alten Pyocyaneus-Kulturen durch Filtration gewonnen, wird zur Abtötung (Auflösung) von verschiedenen Bakterien, insbesondere von Diphtheriebazillen, durch Auftragen auf die Schleimhaut empfohlen.

Hepin ist der Handelsname für ein aus Leber dargestelltes flüssiges *Katalasepräparat*, das zur *Bereitung von Sauerstoffbädern aus Wasserstoffperoxyd* (Kap. VIII) benutzt wird.

Neunundzwanzigstes Kapitel.

Neuere Arzneimittel, welche nicht im Texte aufgeführt sind.

Es sind nur jene Mittel aufgenommen, über welche bereits ausgedehntere Erfahrungen vorliegen. Mit neuen Namen belegte Kombinationspräparate, welche gegenüber bereits bekannten Gemischen keine wesentlichen Unterschiede aufweisen, wie z. B. die unter dem Namen „Eusemin" im Handel befindliche Auflösung von 0,75 Cocainum hydrochloricum + 0,05 Adrenalin in 100 physiologischer Kochsalzlösung oder das Digistrophan (Tabletten aus 0,1 Folia Digitalis und 0,05 Semina Strophanthi) sind nicht berücksichtigt.

Sehr beliebt ist auch die chemische Kombination zweier nach gleicher Richtung wirkenden Mittel, meist durch Äther- oder Esterbildung. Sie muß im allgemeinen als unrationell bezeichnet werden, denn es ist reiner Zufall, wenn das Verhältnis der Mittel, das diese molekulare Vereinigung fordert, auch gerade für das physiologische Zusammenarbeiten das günstigste ist, und es ist keine Bürgschaft gegeben, daß die Spaltung in die Komponenten im Organismus auch in hinreichendem Maße erfolgt.

Adstringentia.

Acetoform, essig-zitronensaures Aluminium-Hexamethylentetramin, wasserlösliches Pulver, in 1,0 prozentiger Lösung *statt essigsaurer Tonerde.*

Aluminium chloricum, chlorsaure Tonerde, $Al(ClO_3)_3$, sehr hygroskopisch, daher nur als 25 prozentige Lösung unter dem Namen „Mallebrein" im Handel, wirkt nach Angabe des Erfinders zu 25—30 Tropfen auf 1 Eßlöffel Wasser gegurgelt oder in halb so starker Mischung inhaliert bei drohenden oder ausgebrochenen Katarrhen des Respirationstraktus *adstringierend* durch Bildung von Aluminiumalbuminat und *desinfizierend* durch den Zerfall der dabei in begrenztem Maße frei gewordenen Chlorsäure in Chlor und Sauerstoff.

Alumnol, naphtholdisulfosaures Aluminium. Weißes, in Wasser und Glyzerin lösliches Pulver. *Adstringens und Antisepticum,* als Streupulver und 0,5- bis 1,0 prozentige Lösung.

Anusol-Hämorrhoidal-Zäpfchen sind angeblich aus jodresorcinsulfonsaurem Wismut, Zinkoxyd, Perubalsam und Kakaoöl zusammengesetzt. Ersatz hierfür: ℞ Extr. Beladonnae 0,3, Morphini hydrochlorici, Cocain. hydrochl. āā 0,1, Bismuti subgallici 2,0, Ol. Cacao 28,0, M. f. supp. No. X. In anderen Vorschriften bildet Suprarenin den Hauptbestandteil.

Bismutose, in Wasser und Säuren unlösliche Verbindung von Bismut (30 %) mit Eiweiß. In Pulvern 1,0—2,0 mehrmals täglich gegen chronische **Magendarmkatarrhe** und als Schüttelmixtur bei **Ulcus ventriculi.**

Captol, dunkelbraunes Kondensationsprodukt von Tannin und Chloral. In 1—2 proz. spirituöser Lösung 1—2 mal täglich eingerieben bei *Seborrhoea capitis* und *Defluvium capillorum.* In ähnlicher Weise wird **Tannobromin** verwendet.

Combelen (Bayer & Co.), Kondensationsprodukt des cotoinartigen **Resaldol** (Dioxybenzoylbenzoesäureäthylester) mit dem tannigenartigen **Etelen** (Triacetylgallussäureäthylester). Antidiarrhoicum, 3 mal täglich 1 Tablette 0,5. In gleicher Weise werden auch seine Komponenten ordiniert.

Cuprol, organische Verbindung des Kupfers mit Nuclein (Kupfernucleid). Gelobt als *Ersatz des Kupfersulfats bei Conjunctivitis und Trachom.*

Gastrosan (Heyden) ist eine Verbindung von 2 Molekülen Salizylsäure mit 1 Wismutoxyd, in Eigenschaften und Wirkung dem *Bismutum subsalicylicum* *ähnlich.*

Lacalut „Ingelheim", milchsaure Tonerde in Pulverform, 1—2 proz. Lösung zu Umschlägen, 0,1—0,2 proz. zu Spülungen.

Lenicet, ein essigsaures Tonerdepräparat, kommt in Form eines weißen, voluminösen, in Wasser schwer löslichen Pulvers in den Handel und wird als

Streupulver für sich oder mit Perubalsam imprägniert *für trockene Wundbehandlung* (Ulcus cruris) und in Mischung mit Bolus alba (Lenicetbolus) zum Einblasen bei *Vaginitis* warm empfohlen.

Moronal, festes, basisch formaldehyd-schwefligsaures Aluminium.   Gibt mit Wasser schwach sauer reagierende haltbare Lösungen.   1—2 %ig als *Ersatz für essigsaure Tonerde.*

Noviform, Tetrabrombrenzkatechinwismut,   gelbgrünes   wasserunlösliches Pulver.   Als adstringierend-antiseptisches Streupulver, besonders in der Augenheilkunde gebraucht.

Optannin, basisch gerbsaures Calcium, durch Erhitzen schwer löslich geworden. *Antidiarrhoicum.*   In Pulvern oder Pastillen zu 0,5, dem Tannalbin und Tannigen ungefähr gleichwertig.

Tannal (Riedel) kommt in 2 Formen in den Handel, das insolubile ist Aluminium subtannicum, das solubile Aluminium tannico-tartaricum.   Beide dienen als *Adstringens* in Form von Streupulvern und ½—1 proz. wässeriger Lösung.

Tanninwismut, Bismutum bitannicum (Heyden in Dresden-Radebeul), gelbes, in Alkalien lösliches Pulver, verliert durch Magensaft bereits den Tanningehalt.   Etwaige Wirkung als *Antidiarrhoicum*, zu 0,5 bei Erwachsenen, 0,25 bei kleinen Kindern mehrmals täglich wäre auf unlösliches Wismutsalz zurückzuführen.

Tannopin (Tannon) (Bayer & Komp.), Kondensationsprodukt des Tannins und Hexamethylentetramins (Urotropin). Hellbraunes, in Alkalien lösliches Pulver. Wird angeblich im Darmkanal in seine Komponenten zerlegt.   Die erste wirkt adstringierend, die zweite desinfizierend. *Antidiarrhoicum*, 1,0 mehrmals täglich.

Tannyl, Verbindung von Gerbsäure mit Oxychlorkaseïn. *Adstringens bei Diarrhöen* analog anderer Gerbsäure-Eiweißverbindungen, 0,5 pro dosi in Pastillen.

Thioform, dithiosalizylsaures Wismut.   Graugelbes unlösliches Pulver. *Adstringens und Desinfiziens* für Wunden in Form von Streupulvern und Salben.

Xeroform, Tribromphenolwismut ($C_3H_2Br_3O)_2BiOH + Bi_2O_3$).   Gelbes unlösliches Pulver. *Sehr gutes, austrocknendes Adstringens und Antisepticum.* Bei der trocknen Wundbehandlung und auch sonst als Streupulver, z. B. beim Frühjahrskatarrh der Bindehaut und bei Intertrigo viel gebraucht.   Vergiftungen analog Dermatol sind bisher nicht beobachtet worden.

Antiseptica.
1. *Silberpräparate.*

Albargin, Silberalbumosenpräparat.   In 0,1—0,2 prozentiger wässeriger Lösung guter Ersatz des Protargols als *Antigonorrhoicum.*

Argentamin, Liquor Argentamini (Schering).   Komplexe Verbindung von je 10 Teilen Äthylendiamin und Argentum nitricum, aufgelöst in 80 Wasser.   Zum Gebrauche mit Wasser auf das 50- bis 500 fache verdünnt.   Wegen der Gegenwart von Hydroxylionen (alkalische Reaktion) besonders *starkes Desinficiens und Antigonorrhoicum.*

Argentum aceticum, essigsaures Silber.   In 1 proz. Lösungen, die durch längeres Erwärmen hergestellt werden müssen, viel gebrauchtes Antiblennorhoicum, insbesondere zur Vorbeugung spezifischer Conjunctivitis bei Neugeborenen.

Argochrom (Methylenblausilber), Merck, in Ampullen eingeschlossene wässerige Lösung 0,2 : 20,0, örtlich bei *Gonorrhoe*, rectal oder intravenös bei *septischen Erkrankungen*.

Argonin, Argentumkaseïn; gelbliches, in Wasser leicht lösliches Pulver. *Antigonorrhoicum* in 1,5—2,5prozentigen Lösungen.

Argyrol, Silbervitellin, braunes, in Wasser leicht lösliches Pulver von 30% Silbergehalt. *Antigonorrhoicum*. 3 prozentige Lösung.

Choleval (E. Merck) ist en 10 % kolloidales Silber und gallensaures Natrium enthaltendes dunkelbraunes, in Wasser mit schwach alkalischer Reaktion leicht lösliches, reizloses *Antigonorrhoicum*. Das gallensaure Natrium wirkt als Schutzkolloid für das Silber und unterstützt dessen Wirkung durch seine gonokokkentötende, Sekret- und Eiterkörperchen lösende Eigenschaft. Man injiziert je 10 ccm der frisch bereiteten, 0,25—0,5—1,0 prozentigen Lösung, 3mal täglich. Tabletten zur bequemen Herstellung der Lösungen sind im Handel.

Hegonon, Silbernitrat-Ammoniakalbumose, braungelbes in Wasser leicht lösliches Pulver, 7% Silber enthaltend. *Antigonorrhoicum*, ¼prozentige Lösung.

Ichthargan, Ichthyol-Silberverbindung. Braunes, fast geruchloses, wasserlösliches Pulver mit 30% Silbergehalt. Wirkt noch schwach eiweißfällend, daher sowohl *Adstringens* wie *spezifisches Antigonorrhoicum*, mit Verstärkung der entzündungswidrigen Wirkung durch die Ichthyolkomponente. 0,6—2,0prozentige Lösungen. Auch bei tuberkulösen und syphilitischen Geschwüren als Streupulver mit Magnesium carbonicun 1 : 20 empfohlen.

Itrol, zitronensaures Silber, sehr lichtempfindlich. Wenig ätzendes *Antisepticum* in Pulverform oder wässeriger Lösung 0,2 %.

Largin, Argentumprotalbin. Weißgraues, wasserlösliches Pulver mit 11% Silber. *Antigonorrhoicum*, ¼—½prozentige Lösung; bei verschiedenen Formen von Conjunctivitis als Ersatz des Silbernitrats.

Novargan, komplexes Silbereiweißpräparat mit einem Gehalte von 10 % Silber, in Wasser leicht löslich, soll noch reizloser sein als das Protargol. *Antigonorrhoicum*, 10—15prozentige kalt bereitete Lösung.

Omorol, 10 % Silber, an einen Proteïnkörper gebunden. Gelbliches Pulver, löslich in Kochsalzlösung und Alkalien. Empfohlen bei *infektiöser Angina* und ähnlichen Erkrankungen der Mund- und Rachenschleimhaut, auf die erkrankten Stellen geblasen oder mit Wattebäuschchen aufgetragen.

Sophol, gelbliches, wasserlösliches Pulver, erhalten durch aufeinanderfolgende Behandlung von Nucleïnsäure mit Formaldehyd und Silbernitrat, gegen Licht und Wärme sehr empfindlich. Bei *Opthalmoblennorrhoea neonatorum* in 5- bis 10prozentiger Lösung wegen seiner Reizlosigkeit empfohlen.

Syrgol, Eiweißverbindung mit Arg. colloidale oxydatum (21 % Ag.). Braunschwarze, in Wasser leicht lösliche Plättchen, 1—5promillige Lösungen.

2. *Ersatzmittel des Jodoforms und sonstige Jodverbindungen.*

Von den hier aufgeführten Körpern sind nach Fraenkel Ersatzmittel des Jodoforms im engeren Sinne, d. h. Körper, welche leicht Jod abspalten, meist nur

jene, in denen das Jod an Stelle des Wasserstoffs in einem Hydroxyl (OH) eingetreten ist. Bei den anderen sitzt das Jod an Kohlenstoffatomen in fester Bindung. Sie können an sich gute Desinficientia sein, die Wirkung beruht aber nicht
auf Jodabspaltung.

Airol, gallussaures Wismutoxyjodid. Gebraucht wie Dermatol. Graugrünes,
geruchloses, lichtempfindliches Pulver.

Aristol, Dithymoldijodid. Hellrotbraunes, geruchloses, unlösliches Pulver;
gibt Jod ab. Guter Ersatz für Jodoform.

Europhen, Isobutylorthokresoljodid. Gelbes, aromatisch riechendes, unlösliches Pulver. Gibt leicht Jod ab.

Isoform, Parajodanisol, $C_6H_4(OCH_3)JO_2$, farbloses, fast geruchloses Pulver
von schwach anisartigem Geruch, in Wasser schwer löslich. Da es in reinem Zustande zur Explosion neigt, kommt es mit gleichen Teilen Calciumphosphat oder
Glyzerin gemischt in den Handel. Im Gewebe geht es unter Sauerstoffentwicklung
in Jodanisol über, woraus dann später Jodphenol entsteht.

Jodoformin (L. Marquart), Verbindung von Jodoform und Hexamethylentetramin; geruchlos.

Jodogallicin, Wismutoxyjodidmethylgallol. Dunkelgrünes, unlösliches Pulver.
U. a. empfohlen als *Ersatz der Kalomeleinstäubung bei innerlichem Jodgebrauch.*

Jodol (Tetrajodpyrrol), C_4J_4NH mit 89,0 % Jod. Gelbliches, fett anzufühlendes, mikrokristallinisches Pulver, geruchlos, mit ungefähr den gleichen Löslichkeits-
verhältnissen wie Jodoform. Jod wird daraus viel schwieriger als aus Jodoform
abgespalten, es ist daher nicht imstande, dieses zu ersetzen.

Jodopyrin, jodiertes Antipyrin, 40 % Jod enthaltend. Ist ein geruch- und
geschmackloses, in Wasser wenig lösliches Pulver und wird innerlich zu 1,0 insbesondere bei *Kephalgien syphilitischen Ursprungs,* äußerlich als 10—20 prozentige Lanolinsalbe bei *Dermatosen* gegeben, z. B. bei chronischem Ekzem, wo ·
zunächst das Jucken verschwindet (Antipyrinwirkung) und später auch die ver-
dickten Hautstellen sich zurückbilden (Jodwirkung).

Loretin, Jodoxychinolinsulfonsäure. Blaßgelbe, geruchlose, in Wasser und
Alkohol schwer lösliche Kristalle, als Streupulver (10 prozentig), ebenso **Loretin-
Wismut;** **Loretin-Natrium** in 2 prozentiger Lösung zu Waschungen und In-
jektionen.

Nosophen, Tetrajodphenolphtalein. Gelbliches, geruchloses, wasserunlösliches Pulver, das stärker als Jodoform wirken soll.

Novojodin, Hexamethylentetraminjodid, $C_6H_{12}N_4J_2$. Hellbraunes, unlösliches
Pulver. Kommt, mit 50 % Talk oder Glyzerinkohlensäureester (Tricarbin) zur
Ausschaltung seiner Reizwirkung und Erhöhung des Sekretaufsaugungsvermögens
vermengt, in den Handel (Dr. Scheuble & A. Hochstetter, Tribuswinkel). Wird *zu
Formaldehyd und Jod zerlegt,* stürmisch bei 100⁰, langsam bei Körpertemperatur, wobei es eine dem Jodoform überlegene, aber anscheinend nicht so nachhaltige Desinfektionswirkung entfaltet.

Preglsche Lösung ist ein wässeriges, physikalisch - chemisch „ausbalan-
ziertes" Lösungsgemenge, das neben Na Ionen, 0,035—0,04 Prozent freies Jod,
Jodionen, Hypojodit- und Jodationen enthält. Wirkt vorzüglich als
Desinficiens der Mundhöhle bei Stomatitis, Katarrhen, Zahnoperationen und
kann auch als Spülflüssigkeit intrapleural und intravesical gebraucht werden

Sanoform, Dijodsalizylsäuremethylester. Farbloses, unlösliches Pulver, 62,6 % Jod, durch Licht und Hitze nicht zersetzlich, daher sterilisierbar.

Sozojodolsäure, Dijodphenolsulfonsäure, $C_6H_2J_2(OH)SO_2OH$. Die freie Säure (Pulver und Salben) und das wasserlösliche Natriumsalz (1—5prozentige Lösungen) sind in ihrer Eigenschaft als Derivate des Phenols ganz brauchbare Antiseptica, aber keine Ersatzmittel für Jodoform, weil sie kein Jod abgeben, sondern unverändert wieder ausgeschieden werden. Hydrargyrum sozojodolicum wird äußerlich in 0,1—1,0prozentiger Lösung und subkutan als Antisyphiliticum gebraucht: Hydrarg. sozojodol. 0,8, Kal. jod. 1,6, Aq. ad 10,0 eine Pravazsche Spritze jeden 4.—5. Tag. Zincum sozojodolicum ist in 1- bis 3prozentigen Lösungen ein kräftiges Adstringo-Desinfiziens.

Vioform, Jodchloroxychinolin, geruchloses unlösliches Pulver, gibt kein Jod ab. *Streupulver bei Wunden, insbesondere tuberkulösen.*

Yatren, Jodbenzolpyridins ilfosäure, *Desinfektionsmittel* ohne Jodabspaltung und erhebliche Gewebereizung wirksam, auch in der sog. Proteinkörpertherapie verwendet.

3. *Ersatzmittel des Kreosots.*

Benzosol, Benzoylguajakol, farblose, in Wasser unlösliche Kristalle, Pulver zu 0,25—2,5 dreimal täglich.

Guajasanol, salzsaures Diäthylglykokoll-Guajakol, in Wasser leicht lösliche, weiße Kristalle von salzig-bitterem Geschmack, 3,0—12,0 pro die. Auch als Desodorans und Antiparasiticum (gegen Oxyuren abendliche Clysmen 0,6 : 60,0 Wasser) brauchbar.

Styrakol, zimtsaures Guajakol, 3mal täglich ein Pulver zu 0,5—1,0.

4. *Formaldehyd abspaltende Antiseptica.*

Allotropin, Hexamethylentetraminphosphat. Weißes, in Wasser leicht lösliches Pulver von säuerlichem Geschmack, wirkt *auch bei alkalischem Harn Formaldehyd abspaltend,* indem er diesen wegen seines Phosphorsäuregehaltes sauer macht. Mehrmals täglich 1,0 (2 Tabletten) in Wasser gelöst.

Almatein (Merck), Kondensationsprodukt des Hämatoxylin mit Formaldehyd. In Wasser unlösliches hellrotes Pulver, löslich in Alkohol. Darm-Desinfiziens bei Urticaria 0,5 3mal täglich; in Salbenform bei Ekzemen.

Amphotropin, kampfersaures Hexamethylentetramin, kristallinisches, wasserlösliches Pulver. Angeblich bei jeder Reaktion des Harns wirksam, daher guter *Ersatz für Urotropin,* 0,5 3mal täglich.

Amyloform, Verbindung von Formaldehyd und Stärke; geruchloses, unlösliches Pulver. *Streupulver für Wunden.*

Borovertin, borsaures Urotropin $(CH)_6N_4 \cdot 3\,HBO$. Wasserlösliche Kristalle. In Tabletten zu 0,5 bis zu 4,0 im Tage. Guter *Ersatz des Urotropins* bei Cystitis und Bakteriurie.

Forman, weiße Kristalle, mit Wasser in Formaldehyd, Menthol und Salzsäure zerfallend. *Zur Einatmung bei frischen Katarrhen der Luftwege.*

Fortoin, unter Weglassung der mittleren Silben aus Formaldehydkotoin gebildete Bezeichnung, soll die Wirkung des Kotoins mit jener des Formaldehyds vereinigen.

Glutol, Formaldehydgelatine, durch Einwirkung von Formaldehyddämpfen auf Gelatineplatten erhalten. Fein geraspelt, *Streupulver für Wunden.*

Helmitol, auch Neu-Urotropin genannt, ist anhydromethylenzitronensaures Urotropin, $C_7H_8O_7 \cdot (CH_2)_6N_4$, angeblich wirksamer, als das Urotropin.

Hetralin, Dioxybenzol-Hexamethylentetramin. Wasserlösliche Kristalle. In Tabletten zu 0,5 3—4mal täglich. *Guter Ersatz für Urotropin.*

Hexal und **Neohexal,** wasserlösliche Verbindungen von 1 resp. 2 Molekülen Hexamethylentetramin mit 1 Molekül Sulfosalizylsäure, sind *Ersatz für Urotropin* und sollen durch die eiweißfällende Komponente (Sulfosalizylsäure) zugleich adstringierend wirken. Hexal, $(CH_2)_6N_4 \cdot SO_3H \cdot C_6H_3(OH)COOH$, reagiert stärker sauer, daher bei alkalischen Harnen vorzuziehen. 3,0—6,0 pro die.

Hippol, Kondensationsprodukt von Hippursäure mit Formaldehyd, farblose, in Wasser schwer lösliche Kristalle, 1,0 mehrmals täglich als wirksamer *Ersatz des Urotropins,* da es auch bei alkalischer Reaktion des Harns zerlegt wird.

Ichthoform, Verbindung von Ichthyol und Formaldehyd. *Antidiarrhoicum, zumal für Kinder,* in Pulvern 0,2—1,0 mehrmals täglich.

5. Quecksilberpräparate.

Afridolseife enthält das komplexe Oxyquecksilberphenolnatrium, **Providolseife** das Dioxyquecksilberphenolnatrium. Beide sind empfohlen zur *Desinfizierung der Hände* und *Behandlung bakterieller Haut- und Haarkrankheiten.*

Cyarsal, cyanmerkursalizylsaures Kalium. *Antisyphiliticum* zu Injektionen, insbesondere einseitigen zusammen mit Salvarsan.

Mercuriol-Öl, eine Emulsion von 90 % Quecksilber-Aluminium-Magnesium-Amalgam in Lanolin und Mandelöl. *Zu antisyphilitischen Injektionen,* 0,05—0,2. Kanüle und Spritze müssen trocken gehalten werden, weil das Amalgam durch Wasser zerlegt wird.

Mergal, Quecksilbersalz der Cholsäure, gelbliches Pulver in 1 proz. Kochsalzlösung trübe löslich. *Zur internen Behandlung der Syphilis.* Kommt in Kapseln gefüllt in den Handel, von welchen in den ersten 5 Tagen 3 mal täglich 1 Stück, später 2 zu nehmen sind.

Modenol, Arsenquecksilberverbindung, Ampullen zu 2 ccm 0,06 enthaltend. Ersatzpräparat des Enesoi.

Sublimin, Quecksilbersulfat-Äthylendiamin. Weiße, in Wasser mit alkalischer Reaktion lösliche Nadeln. Wirkt als komplexes Salz zwar schwächer als Sublimat, jedoch nicht unmittelbar eiweißfällend und gewebsreizend. In mit Eosin rot gefärbten Pastillen zu 1 g im Handel. *Desinfiziens* in Lösung 1 : 1000.

6. Sonstige Antiseptica; Hautmittel.

Anthrasol (farbloser Teer), Gemenge von Teerkohlenwasserstoffen und Phenolen. Dünnflüssiges, hellgelbes Öl. Nicht ausreichender *Ersatz für Teer.*

Cadogel, ein durch Fraktionierung aus Ol. cadinum gewonnenes reizloses *Teerpräparat.*

Chinosol, Oxychinolinsulfat, gelbes, nach Safran riechendes, kristallinisches Pulver. In Lösung 1 : 1000 tiefdringendes, nicht ätzendes *Antisepticum.* In vielen „Anticoncipientia" enthalten.

Cignolin (Dioxyanthranol), synthetischer Ersatz des Chrysarobins (Bayer & Co.), von diesem durch das Fehlen der Methylgruppe unterschieden. Wirkt intensiver und in kleineren Dosen (5—10 prozentige Konzentration).

Epicarin, Kondensationsprodukt von Kresotinsäure und β-Naphthol, in 10 prozentiger Salbe *gegen Herpes tonsurans, Prurigo und Scabies.*

Histopin (Wassermann), Extrakt aus Staphylokokken, deren immunisierende Substanzen enthaltend. In Form einer Gelatinelösung empfohlen bei *Furunkulose* und *Akne.*

Humagsolan, durch Hydrolyse verdaulich gemachte Hornsubstanz, von N. Zuntz zur *Wuchsbeförderung von Haaren und Nägeln* empfohlen; Nachprüfungen hatten mehrfach negatives Ergebnis.

Hydroxylaminum hydrochloricum, $NH_2 . OH . HCl.$ Farblose, in Wasser, Alkohol, Glyzerin leicht lösliche Kristalle. Wirkt sehr stark reduzierend, daher als *Ersatz des Pyrogallols* empfohlen.

Isarol, Ichthyodin. *Ersatzmittel des Ichthyol.*

Lenigallol, Pyrogalloltriacetat mit Zinksalbe oder Paste, spaltet Pyrogallol ab, hat aber geringe Tiefenwirkung.

Liantral, aus Steinkohlenteer gewonnenes schwarzbraunes, dickflüssiges Präparat, 10 prozentige Salbe oder Ölmischung gegen *juckende Ekzeme* usw.

Liquor Lithantracis acetonatus, beliebte Lösung von Steinkohlenteer in Aceton. Bei juckenden *Ekzemen* und *Furunkeln* zum Aufpinseln.

Mitigal (Bayer & Co.), ölartige, wasserunlösliche organische Schwefelverbindung, 120—160 ccm zur Einreibung bei *Scabies.*

Naftalan, salbenartige Mischung von 97 % kaukasischer Naphtha mit 3 % Seife. Braungrüne, schwach brenzlich riechende, salbenähnliche Masse. Gegen *Ekzeme, Akne, Verbrennungen, Mückenstiche. Jucklindernd* bei Prurigo, Pruritus, Urticaria.

Natriumsuperoxydseife von Unna. Energisches *Oxydationsmittel bei Akne* und umschriebenen *Hyperkeratosen.* Trocken aufbewahrt, längere Zeit haltbar.

Parachlorphenol, $C_6H_4Cl . OH$, in Wasser schwer, in Alkohol leicht lösliche Kristalle. In konz. alkoholischer Lösung als *Desinfiziens, Cauterium* und lokales Anästheticum in der *Zahnheilkunde* viel gebraucht.

Paraphenylendiamin, vielgebrauchtes *Haarfärbemittel,* am Lebenden jedoch wegen der starken Reiz-Giftwirkungen seines Oxydationsproduktes unzulässig.

Pebeco ist eine *Zahnpaste* mit 50 % Kalium chloricum.

Perugen ist ein synthetisch hergestellter billiger *Ersatz des Perubalsams.*

Pittylen, Reaktionsprodukt aus Formaldehyd und Nadelholzteer. Braungelbes, in Alkohol und Äther lösliches, wenig riechendes Pulver. 2—10 proz. Salben, Pasten oder Seife (Pixavon) *bei Ekzemen, Akne, Pityriasis* usw.

Pyoctanin, Methylviolett, in 0,5—1 prozentiger Lösung *Desinfiziens* zu Spülungen, Pinselungen bei Entzündungen der Mundschleimhaut, Herpes, Dekubitalgeschwüren.

Providoform, Tribrom-β-Naphthol, *Wachstumshemmung der Diphtheriebazillen* in „halbspezifischer" Weise noch in Verdünnung von 1 : 400 000. Pinselungen der Schleimhaut mit 5 prozentiger, alkoholischer Lösung, von fraglichem Erfolg.

Rhodalzid, angeblich eine Verbindung von Rhodonwasserstoffsäure mit Eiweiß, eine Tablette täglich, in jeder Woche steigend bis zu drei Stück. Bei *Stomatitis mercurialis* von guter Wirkung. Wirkungsweise noch unbekannt. Zur Anwendung führten die Erwägungen, daß Alkalirhodanat im Mundspeichel sich findet und Schwefelquecksilber in lösliche Verbindung überzuführen vermöge.

Ristin wird die gebrauchsfertige Lösung des *Antiscabiosum* Aethylenglykol-Benzoesäureester, $C_6H_3O\,O\,CH_2CH_2OH$ in Glyzerin-Spiritus genannt; nicht aufdringlicher Geruch, Sauberkeit und rasche Wirkung werden als Vorzüge geltend gemacht.

Scharlachrot (Amidoazotoluol) und **Pellidol** (Diacetylamidoazotoluol) sind Diazofarbstoffe, welche als 2—8 proz. Vaselinsalbe oder Vaselinzinkpaste *zur allmählichen Epithelialisierung* von Wund- und Schleimhautflächen dienen. Das Pellidol ist in Alkohol, Fetten usw. leichter löslich und wird als wirksamer angesehen.

Sulfoform, Triphenylstibinsulfid $(C_6H_5)_3SbS)$. Weiße Kristalle, lichtgeschützt, trocken haltbar, aber in Lösung den Schwefel in statu nascendi rasch abgebend. In 10 proz. alkoholischer Lösung oder Salbe mit Vaselin sehr empfohlen, besonders bei *Alopecia seborrhoica.*

Thigenolum, geruchlose 3 prozentige Lösung des Natriumsalzes eines sulfurierten Sulfoöls, *ähnlich Ichthyol.* U. a. wird ein Anstrich in der Umgebung des Furunkels zur Verhütung der Weiterverbreitung empfohlen.

Trypaflavin, Diaminomethylakridiniumchlorid (Cassella & Co.), gelber Farbstoff scheint als äußeres (wässerige Lösung 1:1000) wie inneres (endovenöse Injektion 10—40 ccm halbprozentiger Lösung) *Desinfiziens* Zukunft zu haben.

Vuzin (genannt nach dem Kriegslazarett in Vouziers) ist Isoctylhydrocupreïn, hat in täglich neu hergestellten Lösungen 1:2000 nach Morgenrot starke, tiefgehende Desinfektionswirkung auf die pyogenen Kokken und Gasbrandbazillen nebst antitoxischer Wirkung auf die von letzteren produzierte, giftige Ödemflüssigkeit. Vorbeugende Anwendung in Form von reichlichen Umspritzungen der Wunde mit einer Lösung von 1 : 10,000, der zu anästhesierenden Zwecken 0,5 % Novocain-Suprarenin zugesetzt ist.

Constituentia für Salben.

Eucerinum. Das Lanolin verdankt seine Wasseraufnahmefähigkeit nach Unna nicht seinen Cholesterinestern, sondern den freien Cholesterinen und Oxycholesterinen. Letztere können isoliert werden. Sie sind frei vom spezifischem Wollfettgeruche und geben, zu 5 Teilen 95 Teilen Paraffinsalbe zugemischt, eine geschmeidige Salbengrundlage, das Eucerinum anhydricum, welche besonders für Schleimhäute (Auge), auf denen wasserhaltige Salben nicht haften, geeignet ist. Wird das Eucerinum anhydricum mit gleichen Teilen Wasser zusammengeknetet, so erhält man das Eucerinum schlechtweg, eine namentlich für Kühlsalben, aber auch für andere Salben und Pasten brauchbare Grundlage.

Gadose (Strohschein) ist das gereinigte Fett von Gadus Morrhua (Lebertran), er besitzt ähnliche Eigenschaften wie das Lanolin.

Mattane (Formpuderwerke, Berlin) sind Pasten aus Formpuder (s. Lycopodium) und Vaselin, sie haften in ganz dünner Schicht auf der Haut, ohne sie glänzend und sich so bemerkbar zu machen.

Mitin (Krewel & Co.) besteht aus einer überfetteten Emulsion mit einem hohen Gehalt an serumartiger, aus Milch bereiteter Flüssigkeit; haltbare, reizlose, geschmeidige Salbengrundlage.

Oleum Dericini (Flörsheim), durch Erhitzen aus Rizinusöl gewonnenes gelbes Öl, als *Salbengrundlage* und *Vehikel für intramuskulöse Injektionen* sehr brauchbar.

Vasogene (Pearson) sind nach Angabe des Fabrikanten oxygenierte und mit Sauerstoffträgern angereicherte Vaseline. Die dabei gebildeten Säuren sind durch Ammoniak neutralisiert und scheinen hauptsächlich die gerühmte Aufnahmefähigkeit des Präparates für Wasser und Arzneistoffe zu bedingen. Sie kommen, mit solchen Zusätzen bereits versehen, in den Handel, so z. B. Jodvasogen, Quecksilbervasogen.

Vasenol (Köpp) ist Vaselin oder Vaselinöl mit Zusatz einiger Prozente sog. Fettalkohole (aus Wachsarten hergestellt), wodurch es die Fähigkeit gewinnt, das Mehrfache seines Gewichtes an Wasser, ähnlich wie Lanolin, aufzunehmen. Mit 25—33 % Wasser geschmeidiges *Salbenconstituens, Gleitmittel* für Katheter und Sonden, *Vehikel für Injektionen;* mit indifferenten Streupulvern guter *Puder bei Intertrigo und nässenden Ekzemen,* mit 10 % Formaldehyd versetzt, auch gegen *Hand-* und *Fußschweiße* geeignet.

Vasole (Hell & Co.) und **Vasolimenta** sind Mischungen von ca. 1 Teil Ammoniumoleat mit 2 Teilen gelbem Vaselinöl. Sie haben ähnliche Eigenschaften wie die Vasogene.

Örtliche Anästhetica.

Acoin, Anisylphenetylguanidinchlorid, 0,01 proz. Lösung zu intrakutaner Injektion und Einträufelung.

Cycloform, Isobutylester der Paramidobenzoesäure, weißes, in Wasser schwer lösliches Pulver. *Analog Orthoform und Anästhesin* verwendbar.

Ekkain, Chlorid des Benzoyl-oxypropyl-norhydroekgonindinester wird *aus dem Cocain* im wesentlichen dadurch erhalten, daß die Benzoylgruppe aus ihrer Kohlenstoffbindung gelöst und an den Stickstoff an Stelle der Methylgruppe eingefügt wird. Die *allgemeine Giftigkeit* wird dadurch völlig *aufgehoben,* die *lokalanästhesierende Wirkung verstärkt.* 0,5 proz. Lösungen genügen zur intrakutanen Anästhesie, 2 proz. zu regionärer, 5 proz. für terminale Schleimhautanästhesie. Die Lösungen sind *sterilisierbar.*

Paraphenolsulfosaures Anästhesin (Subcutin) wird in 1—2 proz., im Handel befindlicher Lösung, 1—2 Eßlöffel auf ein Glas Wasser als Mundwasser bei *Aphthen und Ragaden* empfohlen.

Propaesin, Propylester der Paramidobenzoesäure. Weiße, lichtempfindliche Kristalle, in Wasser wenig löslich. Hauptsächlich *zur innerlichen Anwendung* bei Magenschmerzen usw. 0,5 3 mal täglich als Pulver.

Sedativa, Hypnotica, Narcotica.

Die Kritik der organischen bromartigen Mittel ist in Kap. XVI gegeben.

Adalin, Diäthylbromacetylharnstoff, in kaltem Wasser fast unlösliches Pulver. Sedative Dosis 0,3—0,5; hypnotische 1,0—1,5, Wirkungseintritt nach ca. 1 Slunde. Sehr beliebtes, an der Grenze zwischen den Sedativa und reinen Hypnotica stehendes Mittel. Bei Schlaflosigkeit im Hochgebirge und in Wüsten heißer Länder, also bei sehr trockener Luft, besonders empfohlen. Vergiftungen schwerer Art wurden erst nach Aufnahme von mehr als 10,0 beobachtet.

Adamon, Dibromhydrozimtsäure-Borneolester, wasserlöslich, 35 % Bromgehalt. Sedativum, z. T. vielleicht auf Bromionwirkung beruhend. *Baldrianersatz.*

Aleudrin, Carbaminsäureester des Dichlorisopropylalkohols, weißes, schwerlösliches Kristallpulver, zu 0,5—1,0 gutes *Sedativum* und *Hypnoticum* mit dem Vorzug, gleichzeitig auch *Analgeticum* zu sein.

Arkineton, Natrium- und Calciumsalz des Phtalsäuremono benzylamids $COOHC_6H_4CO-NHCH_2C_6H_5$ wirkt qualitativ und quantitativ wie Papaverin, da es, wie dieses, die wirksame Benzylgruppe enthält.

Bornyval (Borneol-Valeriansäureester) und das milder schmeckende und den Magen weniger belästigende **Neu-Bornyval**) Borneol-Isovalerylglykolsäureester) ölige Flüssigkeiten von starkem Geschmack, sollen die Präparate aus Baldrianwurzel ersetzen. 0,25—0,5 in Kapseln bei verschiedenen nervösen Beschwerden *Hysterie, Neurasthenie,* insbesondere *funktionellen Herzneurosen.*

Bromalinum, Bromäthylformin, Bromäthylverbindung des Hexamethylentetramins mit 32 % Bromgehalt. In Wasser leicht lösliche Kristalle. Zu 1,0—2,0 *Sedativum.*

Bromipin, bromiertes Sesamöl analog Jodipin, 10% Brom enthaltend, 15,0—30,0 pro dosi per os oder rectum. *Sedativum.*

Bromocollum, Bromtanninleimverbindung mit 20% Brom. Innerlich *Sedativum,* äußerlich *juckstillendes Mittel* in Pulver- und Salbenform.

Bromural, Bromvalerianylharnstoff (Knoll & Co.), weiße, in heißem Wasser lösliche Kristalle. *Sedativum* und *Hypnoticum,* ähnlich dem Adalin, 0,3—0,6 (1—2 Tabletten) in heißem Wasser gelöst.

Camphora monobromata, flüchtige, in Wasser schwer lösliche Nadeln; *Sedativum* besonders für die Genitalsphäre, Pulver zu 0,1—0,2 mehrmals täglich.

Cesol (Merck), ein dem Arecolin nahestehendes Pyridinderivat zur Bekämpfung quälender *Durstzustände,* bei welchen Flüssigkeitszufuhr erfolglos oder kontraindiziert ist. Wirkt wie Pilocarpin, Sekrete insbesondere Speichel anregend. In Tabletten zu 0,1 oder subkutan $1/_4$—1 ccm aus Ampulle von 0,2 Gehalt. Die Modifikation „Neucesol" erfordert nur $1/_4$ dieser Dosen.

Codeonal, Gemisch von Codein und Veronal, 0,3=0,4 in Tabletten.

Chiorylen, Trichloräthylen, $CCl_2:CHCl.$ Farblose, bei 88^0 siedende Flüssigkeit. Zu 40—50 Tropfen auf Watte durch die Nase eingeatmet bei *Trigeminusneuralgie* empfohlen. Wirkt 13 mal stärker narkotisch als Chloroform. Billiges Lösungsmittel für Fette (Pflaster- und Salbenreste) und Jod.

Dial, Diallylbarbitursäure, in Wasser schwer lösliche Kristallblättchen zu 0,05—0,3 *Sedativum und Hypnoticum.*

Dormiol, Verbindung von Amylenhydrat und Chloral, ölartige Flüssigkeit von mentholartigem Geruch und kühlend brennendem Geschmack, 1,0—2,0 in Kapseln. *Hypnoticum.*

Drosithym, Dialysat von Drosera rotundifolia und Thymus Serpyllum. Hellbraune, aromatische Flüssigkeit. 1 Tropfen morgens und abends bei Kindern unter 5 Jahren, 2—3 bei älteren, bei *Keuchhusten.*

Elarson (Chlorarsenobehenolsaures Strontium). 1—2 Tabletten à 0,0005 As enthaltend, 3 mal täglich. Bei *Chorea* und *Neuralgien* gelobt.

Eukodal, *Chlorhydrat des Dihydrooxykodeinon,* aus dem Opiumalkaloid Thebain dargestellt. Wirkt *stärker narkotisch und sekretionshemmend als das Morphin,* daher außer zur Schmerzstillung und Schlaferzeugung auch zur Herstellung eines Dämmerschlafes bei kleinen Operationen und zur Abschwellung der Schleimhäute, insbesondere der Atmungswege empfohlen. 0,005—0,01 in Tabletten oder subkutan. In höheren Dosen Lähmung des Atmungszentrums in einzelnen Fällen schon sehr deutlich.

Extractum Rhois fluidum, vom wohlriechenden Sumachbaum, Rhus aromatica, wird zu 10—20 Tropfen, 2 mal täglich, gegen *Enuresis nocturna* empfohlen, es soll die Reflexempfindlichkeit der Blase herabsetzen

Gynoval, Isovaleriansäure-Isoborneolester, in Wasser unlösliche Flüssigkeit. In Gelatinekapsel zu 0,25, 1—2 Stück *Sedativum.*

Holopon, Ultrafiltrat eines Opiumauszuges (Filtrat durch gallertige Membranen, z. B. Kollodiumhäutchen), das demnach nur die kristalloiden wirksamen Stoffe enthält, daher zur subkutanen Injektion geeignet. 1 Ampulle enthält 1 ccm Holopon = 1 ccm Opiumtinktur resp. 0,1 Opium.

Hypnal, Verbindung von Chloral mit Antipyrin. Weiße, geschmacklose, in 10 Wasser lösliche Kristalle, 1,0—3,0. *Hypnoticum.*

Isopral, Trichlorisopropylalkohol, in Wasser ziemlich lösliche Kristalle von brennend kratzendem Geschmack und kampferartigem Geruch. Zu 0,5—1,0 rasch wirkendes, doch nicht immer verlässiges *Hypnoticum,* ähnlich dem Chloral, dessen toxische Eigenschaften es gleichfalls, wenn auch im Verhältnis zur hypnotischen Wirkung in geringerem Maße, teilt.

Luminal, Acidum aethylphenylbarbituricum, weiße, in Wasser wenig lösliche Kristalle von bitterem Geschmack, ist Veronal, in welchem ein Äthyl durch den Phenylrest ersetzt ist. Die narkotische Wirkung und die Giftigkeit wird dadurch erhöht, desgleichen die Acidität, d. h. das Vermögen, lösliche Salze zu bilden, so daß Luminal-Natrium auch zu subkutaner Injektion brauchbar ist. Luminal in Pulvern oder Tabletten zu 0,1—0,3!, Luminalnatrium in kalt mit Soda stets frisch bereiteter, 20 proz. Lösung subkutan, 1 ccm = 0,2 Luminal. Es hat sich als kräftiges *Sedativum und Hypnoticum,* insbesondere in der psychiatrischen Praxis, bewährt und wird auch bei Epilepsie und Tetanus nicht ohne Erfolg gegeben. Schwere, mitunter tödliche Vergiftungen (Fieber, scharlach ähnliches Exanthem, blutige Durchfälle) sind bei fortgesetzter Darreichung selbst kleiner Gaben (0,1) beobachtet worden.

Narcophin, eine Verbindung von einem Molekül Morphin und einem Molekül Narcotin mit der zweibasischen Mekonsäure, die bekanntlich die Opiumalkaloide auch in der Droge begleitet. Die im Pantopon hervortretende

Verstärkung der hirnnarkotischen Wirkung des Morphin bei Verminderung der atmungslähmenden ist nach den Untersuchungen von W. Straub hauptsächlich der Gegenwart des Narcotins zuzuschreiben, und zwar ist das Optimum dieser Verschiebung der Morphinwirkung erreicht, wenn gleiche Moleküle dieser Alkaloide zusammenwirken. Das Präparat wird daher als zweckmäßiger *Ersatz für Morphin und Pantopon* empfohlen. 0,03 Narcophin entsprechen etwa 0,02 Morphinum hydrochloricum.

Neuronal, Bromdiäthylacetamid, weiße Kristalle von bitterem Geschmack in 115 Wasser löslich. 41 % Bromgehalt. 0,5—1,0 *Sedativum* und *Hypnoticum* ähnlich Veronal.

Neutralon ist ein Aluminiumsilikat, das zu ½—1 Teelöffel in 100 ccm Wasser aufgeschwemmt ½—1 Stunde vor den größeren Mahlzeiten *zur Salzsäure-Bindung bei Hypersekretion* und *Hyperazidität* des Magens empfohlen wird. Es setzt sich z. T. mit der Magensäure zu Aluminiumchlorid und Kieselsäure um. Ersteres wirkt als Adstringens, letzteres als Schleimhaut-Deckmittel und als Adsorbens.

Nirvanol, Phenyläthylhydantoin, C_6H_5 CO . NH (Höchster Farb-

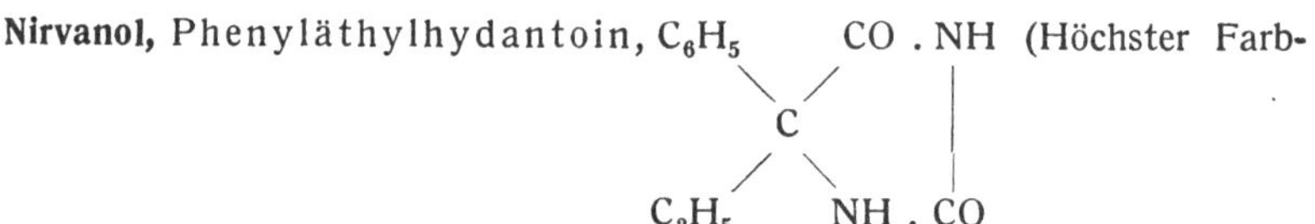

werke), die wirksamen Gruppen Phenyl, Äthyl, Harnstoff enger miteinander verkettet als in den Derivaten der Barbitursäure (Veronal). *Sedativum* und *Hypnoticum*. Tabletten zu 0,5, mit einer Bruchrille versehen, zur Minderung resp. Erhöhung der Dosis. Nicht zu empfehlendes Mittel, da unangenehme Nebenwirkungen (zyanotische Schwellung im Gesichte, ausgebreitete Exantheme, hohes Fieber), in großen Dosen Todesfälle verzeichnet sind.

Oleum Cupressi, Zypressenöl. Leib- und Bettwäsche werden mehrmals täglich mit einem Eßlöffel der 20 proz. alkoholischen Lösung getränkt, wodurch die Dämpfe zur Einatmung gelangen. Bei *Keuchhusten*.

Oxykampfer, weiße, zersetzliche Kristalle, in alkoholischer Lösung haltbar; wirkt vom Kampfer ganz verschieden, nämlich die Erregbarkeit des Atmungszentrums herabsetzend. In Form der, Oxaphor genannten, 50 proz. alkoholischen Lösung empfohlen zu 2,0 pro dosi *bei zirkulatorischer Dyspnoe* analog dem Morphin ohne dessen Nebenwirkungen (Heinz).

Pavon, ein Opiumpräparat der Gesellschaft Ciba in Basel, das nach Pohl vor dem Pantopon keine Vorzüge besitzt. Enthält außer den Nebenalkaloiden nur 25 % Morphin, also rund halb soviel wie dieses.

Phenoval, *a*-Bromisovaleryl-*p*-Phenetidin, weiße, geschmacklose, in Alkohol lösliche Kristalle. In Tabletten à 0,5 1—2 Stück 3mal tägl. *Sedativum*, namentlich bei Kopfschmerzen, Schlaflosigkeit.

Proponal, Dipropylmalonylharnstoff, in Wasser mit schwach bitterem Geschmack löslich. Hypnoticum 0,15—0,5 in Tabletten.

Somnacetin, Gemisch von Veronal, Phenacetin und Codein, 0,3 pro dosi.

Toramin, trichlorbutylmalonsaures Ammonium, Tabletten zu 0,1, 1—2 Stück in 2—4 Eßlöffel warmen Wassers gelöst, 3—4 mal tägl. zur *Linderung des Hustens.*

Trigemin, eine Verbindung von Butylchloralhydrat und Pyramidon. Weiße, in Wasser leicht lösliche Nadeln. In Dosen von 0,25—0,5—0,75 *Analgeticum.* Vom Magen nicht immer ertragbar.

Ureabromin, Bromcalcium-Harnstoffverbindung, 1,0 3mal täglich, als *Sedativum* und *Antiepilepticum* gelobt.

Uzara, die Wurzel eines Strauches des afrikanischen Seengebietes. Uzaron ist der daraus erhaltene trockene alkoholische Extrakt. Bewirkt u. a. eine langsam eintretende Hemmung aller Bewegungsvorgänge der glattmuskeligen Organe infolge adrenalinartiger Reizwirkung auf die hemmenden Sympathicusendapparate oder emetinartiger direkter Lähmung. Wird *bei Durchfällen, Ruhr, Menstruationsbeschwerden* usw. empfohlen, in Tabletten 3—4 Stück mehrmals täglich. Als wirksamer Bestandteil wurde das hochmolekulare, kristallisierbare Glykosid Uzarin, $C_{75}H_{108}O_{30}$, dargestellt.

Validol, valeriansaures Menthol. Analepticum, Sedativum und gärungswidriges Magenmittel in 5—15 Tropfen.

Valisan, Bornylester der Bromisovaleriansäure. Desgl.

Valyl, Valeriansäure-Diäthylamid, $C_4H_9 . CON(C_2H_5)_2$, pfefferartig riechende Flüssigkeit, wie die beiden vorigen *Ersatz für Baldrianpräparate,* in Gelatinekapseln à 0,125, 2—3mal täglich.

Veramon, Verbindung von 1 Mol. Veronal und 2 Mol. Pyramidon, gelbes Pulver in heißem Wasser gut löslich. *Analgeticum* 0,4—0,6 in Tabletten zu je 0,2.

Antipyretica.

Die Mehrzahl der im folgenden angeführten Mittel sind entweder Phenacetine, in denen das Acetyl durch einen anderen Säurerest ersetzt ist, ohne daß damit ein wesentlicher Vorzug vor dem Phenacetin erreicht wird, oder Verbindungen von zwei Antipyretica, welche indes nicht mehr leisten, als die Darreichung dieser Stoffe getrennt für sich.

Acitrin, Phenylcinchoninsäureäthylester, Tabletten zu 0,5 4—6mal täglich als *Atophanersatz.*

Agathin, Salizylmethylphenylhydrazin. Geruch- und geschmacklose, in Wasser unlösliche Blättchen. Zu 0,1—0,5 *Ersatz des Natrium salicylicum.*

Aristochin, Dichininkohlensäureester. Geschmackloser *Ersatz des Chinins bei Keuchhusten.* 0,03, soviel das Kind Monate, resp. 0,3, soviel es Jahre zählt.

Chineonal, Verbindung von Chinin 63,8 % mit Veronal 36,2 % (diäthylbarbitursaures Chinin). In Wasser schwer lösliche Kristalle. *Antipyreticum, Sedativum Keuchhusten- und Wehenmittel.* Tabletten zu 0,1—0,3 bis zu 6 Stück im Tage.

Citrophen, zitronensaures-p-Phenetidin, angenehm schmeckendes, in kohlensaurem Wasser lösliches Pulver; zu 0,5—1,0 *Antipyreticum und Antineuralgicum.*

Diplosal, Salizylsäureester der Salizylsäure, ist gewissermaßen ein Aspirin, in welchem das indifferente Acetyl durch Salizyl ersetzt ist. Schwer löslich in Wasser; in Tabletten zu 0,5—1,0 *Ersatzmittel der Salizylsäure.*

Ervasin, Acetylparakresotinsäure, in Wasser schwer lösliche Kristalle. Gut ertragbarer *Ersatz des Aspirins.* 0,5—1,0 pro dosi.

Euchinin, Äthylkohlensäureester des Chinins, in Wasser schwer, in Alkohol leicht lösliche Kristalle von nur schwachem bitteren Geschmack, daher als *Ersatz des Chinins* bei Keuchhusten in gleichen Dosen wie Aristochin empfohlen.

Eupyrin, Vanillinäthylkarbonat-p-Phenetidin, grünlichgelbe, in Wasser schwer lösliche, geschmacklose Nadeln. Soll die antithermische Wirkung des Phenetidins und die erregende des Vanillins vereinigen; als Pulver zu 1,5 *Antipyreticum* bei Fiebern mit bedrohlichen Schwächeerscheinungen.

Insipin, Sulfat des Diglykolsäureesters des Chinins, in Wasser schwer lösliches Pulver (72 % Chinin), *nahezu geschmackloser Ersatz des Chinins,* 0,2—0,3 pro dosi.

Kryofin ist Phenacetin, in welchem der Essigsäurerest durch den Rest der Methylglykolsäure ersetzt ist. *Wirkung analog Phenacetin,* jedoch schon in kleinerer Dosis, 0,5, weil die Methylglykolsäure eine stärkere Säure als die Essigsäure ist und die Verseifung resp. Bildung der wirksamen Substanz, des p-Phenetidins, rascher erfolgt als beim Phenacetin. U. a. auch bei Ischias empfohlen.

Malakin, Salizylsäure-p-Phenetidin. 1,0. *Antipyreticum, Antirheumaticum, Antineuralgicum.*

Melubrin, phenyldimethylpyrazolon-amidomethansulfonsaures Natrium, ist ein Pyramidon, in welchem die Gruppe — $N(CH_3)_2$ durch — NH. $CH_2 . SO_2ONa$ ersetzt ist. Sehr leicht löslich in Wasser. In Tabletten zu 1,0 mehrmals täglich. *Ersatz für Pyramidon,* anscheinend mit dem Vorzuge selteneren Eintritts von Nebenwirkungen (Erythem) und stärkeren Hervortretens von antirheumatischer Wirkung.

Methylenblau, Tetramethylthioninhydrochlorid. Dunkelgrünliches Pulver, in Wasser mit tiefblauer Farbe löslich. Gleiche Farbe nehmen die Ausscheidungen (Harn, Schweiß) an. In Kapseln zu 0,05— 0,1— 0,2 mehrmals täglich als *Antineuralgicum, Antirheumaticum* und *Antimalaricum* besonders gegen die ausgebildeten Parasiten der Perniciosa (Halbmonde).

Neurodin, Acetyloxyphenyläthylurethan. Hellgelbe, in Wasser lösliche Nadeln. Zu 0,5—1,0 *Antipyreticum und Antineuralgicum.*

Salophen, Acetparaamidophenylsalizylsäureester. In Wasser unlösliche, farblose Kristalle. 1,0 pro dosi — 6,0 pro die. *Antirheumaticum und Antineuralgicum.*

Tabelle,

enthaltend die **größten Gaben (Maximaldosen) der Arzneimittel** für einen erwachsenen Menschen, welche der Arzt bei der Verschreibung für den inneren Gebrauch, sowie für die Verordnung in Form von Augenwässern, Einatmungen, Einspritzungen unter die Haut, Klistieren und Suppositorien nicht überschreiten darf, ohne ein Ausrufungszeichen (!) beigesetzt zu haben.

Die wichtigsten Arzneimittel sind durch Druck hervorgehoben, die nur in der Ph A enthaltenen oder dort abweichend geschriebenen sind in Klammern beigefügt.	Ph. G.		Ph. A	
	Größte Einzel-gabe	Größte Tages-gabe	Größte Einzel-gabe	Größte Tages-gabe
Acetanilidum (Antifebrinum)	0,5	1,5	0,5	2,0
Acidum arsenicosum	**0,005**	**0,015**	**0,005**	**0,02**
Acidum carbolicum	0,1	0,3	0,1	0,5
Acidum diaethylbarbituricum, Veronal .	**0,75**	**1,5**	—	—
Aethylmorphinum hydrochloric., Dionin	**0,03**	**0,1**	—	—
Agaricinum	0,1	—	—	—
Amylenum hydratum . . . . ·	4,0	8,0	—	—
Antipyrin, Pyrazolonum phenyldimethylicum .	**2,0**	**4,0**	**2,0**	**6,0**
(Antipyrinum Coffeino-citricum)	—	—	1,5	3,0
Antipyrinum salicylicum (Salipyrin)	2,0	6,0	2,0	6,0
Apomorphinum hydrochloricum . . .	**0,02**	**0,06**	**0,01**	**0,05**
Aqua Amygdalarum amararum (Aqua Laurocerasi)	**2,0**	**6,0**	**1,5**	**5,0**
Argentum nitricum	**0,03**	**0,1**	**0,03**	**0,2**
Atropinum sulfuricum	**0,001**	**0,003**	**0,001**	**0,003**
Bromoformium . . . . ·	**0,5**	**1,5**	—	—
Cantharides . . . ·	0,05	0,15	0,05	0 2
Chloralum formamidatum	4,0	8,0	—	—
Chloralum hydratum . . . . ·	**3,0**	**6,0**	**3,0**	**6,0**
Chloroformium	0,5	1,5	0,5	1,5
Cocainum hydrochloricum	**0,05**	**0,15**	**0,05**	**0,15**
Codeinum phosphoricum (hydrochloric.)	**0,1**	**0,3**	**0,05**	**0,3**
Coffeinum	**0,5**	**1,5**	**0,2**	**0,6**
Coffeino-Natrium salicylicum (Coffeinum Natrio-benzoicum)	**1,0**	**3,0**	**0,5**	**1,5**
Cuprum sulfuricum (qua emeticum) . .	**1,0**	—	**0,5**	—
Diacetylmorphinum hydrochloricum (Morphinum diacetylicum, Heroin) . .	**0,005**	**0,015**	**0,01**	**0,05**
Extractum Belladonnae.	**0,05**	**0,15**	**0,05**	**0,2**
(Extractum Cannabis Indicae)	—	—	0,1	0,3
Extractum Colocynthidis	**0,05**	**0,15**	**0,05**	**0,2**

Die wichtigsten Arzneimittel sind durch Druck hervorgehoben, die nur in der Ph. A. enthaltenen oder dort abweichend geschriebenen sind in Klammern beigefügt.	Ph. G.		Ph. A.	
	Größte Einzelgabe	Größte Tagesgabe	Größte Einzelgabe	Größte Tagesgabe
Extractum Filicis	**10,0**	**10,0**	—	—
(Extractum Fungi Secalis)	—	—	0,5	1,5
(Extractum Fungi Secalis fluidum)	—	—	1,0	3,0
Extractum Hyoscyami	0,1	0,3	0,1	0,5
Extractum Opii	**0,1**	**0,3**	**0,1**	**0,5**
(Extractum Scillae)	—	—	0,2	1,0
Extractum Strychni	0,05	0,1	0,05	0,1
Folia Belladonnae	0,2	0,6	0,2	0,6
Folia Digitalis	**0,2**	**1,0**	**0,2**	**0,2**
Folia Hyoscyami	0,4	1,2	0,3	1,0
Folia Stramonii	0.2	0,6	0,3	1,0
Fructus Colocynthidis	0,3	1,0	0,3	1,0
(Fungus Laricis)	—	—	0,3	1,0
Fungus Secalis (Secale cornutum)	—	—	1,0	5,0
Guajacolum carbonicum (Duotal)	1,0	3,0	0,5	5,0
Gutti (Gummiresina)	0,3	1,0	0,3	1,0
Herba Conii	—	—	0,3	2,0
Herba Lobeliae	0,1	0,3	—	—
Hexamethylentetraminum, Urotropin	1,0	3,0	—	—
Homatropinum hydrobromicum	0,001	0,003	—	—
Hydrargyrum bichloratum (corrosivum)	**0,02**	**0,06**	**0,03**	**0,1**
Hydrargyrum bijodatum	0,02	0,06	—	—
Hydrargyrum cyanatum	0,01	0,03	—	—
(Hydrargyrum jodatum flavum)	—	—	0,05	0,2
Hydrargyrum oxydatum	0,02	0,06	—	—
Hydrargyrum oxydatum via humida paratum (Hydrargyrum oxydatum flavum)	0,02	0,06	0,03	0,1
Hydragyrum salicylicum	0,02	—	—	—
Hydrastininum hydrochloricum	0,03	0,1	—	—
Jodoformium	0,2	0,6	0,2	1,0
Jodum	0,02	0,06	0,03	0,1
Kreosotum	0,5	1,5	0,3	1,0
(Kreosotum carbonicum)	—	—	0,5	3,0
Lactopheninum (Lactylphenetidin) . . .	**0,5**	**3,0**	—	—
Liquor Kalii arsenicosi (Solutio arsenicalis Fowleri)	**0,5**	**1,5**	**0,5**	**2,0**
Morphinum hydrochloricum	**0,03**	**0,1**	**0,03**	**0,1**
Natrium acetylarsannilicum (Arsacetin)	0,2	—	—	—
Natrium arsanilicum (Atoxyl)	0,2	—	—	—
Natrium nitrosum	0,3	1,0	—	—
Oleum Crotonis	**0,05**	**0,15**	**0,05**	**0,1**
(Oleum phosphoratum)	—	—	1,0	5,0

Die wichtigsten Arzneimittel sind durch Druck hervorgehoben, die nur in der Ph. A. enthaltenen oder dort abweichend geschriebenen sind in Klammern beigefügt.	Ph G.		Ph. A.	
	Größte Einzelgabe	Größte Tagesgabe	Größte Einzelgabe	Größte Tagesgabe
Opium pulveratum	**0,15**	**0,5**	**0,15**	**0,5**
Paraldehyd	5,0	10,0	—	—
Phenacetinum (Acetphenetidinum) . .	**1,0**	**3,0**	**1,0**	**3,0**
(Phenylum salicylicum, Salol)	—	—	2,0	6,0
Phosphorus . . . . ,. . . .	**0,001**	**0,003**	**0,001**	**0,005**
Physostigminum salicylicum	0,001	0,003	0,001	0,003
Pilocarpinum hydrochloricum	**0,02**	**0,04**	**0,03**	**0,06**
Plumbum aceticum	0,1	0,3	0,1	0,5
Podophyllinum (Resina Podophylli)	0,1	0,3	0,05	0,2
Pulvis Ipecacuanhae opiatus	1,5	5,0	—	—
Pyramidon	**0,5**	**1,5**	—	—
(Radix Belladonnae)	—	—	0,1	0,5
(Resorcinum)	—	—	0,5	5,0
Santoninum	**0,1**	**0,3**	**0,1**	**0,3**
Scopolaminum hydrobromicum	**0,0005**	**0,0015**	—	—
Semen Strychni	0,1	0,2	0,1	0,2
Strychninum nitricum	**0,005**	**0,01**	**0,01**	**0,02**
Sulfonalum (qua hypnoticum)	**2,0**	**4,0**	**2,0**	—
Suprarenin hydrochloricum	0,001	—	—	—
Tartarus stibiatus (Stibium Kalio-tartaricum)	**0,1**	**0,3**	**0,2**	**0,5**
Theobrominum natrio-salicylicum . . .	**1,0**	**6,0**	**1,0**	**6,0**
Theophyllinum, Theocin	**0,5**	**1,5**	—	—
Tinctura Aconiti	0,5	1,5	—	—
(Tinctura Belladonnae)	—	—	1,0	4,0
Tinctura Cantharidum	0,5	1,5	0,5	1,5
Tinctura Colchici	2,0	6,0	1,5	5,0
Tinctura Colocynthidis	1,0	3,0	—	—
Tinctura Digitalis	1,5	5,0	1,5	5,0
Tinctura Jodi	0,2	0,6	0,3	1,0
Tinctura Lobeliae	**1,0**	**3,0**	**1,0**	**5,0**
Tinctura Opii simplex und **crocata** . .	**1,5**	**5,0**	**1,5**	**5,0**
Tinctura Strophanthi	**0,5**	**1,5**	**0,5**	**2,0**
Tinctura Strychni	1,0	2,0	1,0	2,0
Trionalum (Methylsulfonalum)	**2,0**	**4,0**	**2,0**	—
Tubera Aconiti	1,0	3,0	—	—
Veratrinum	0,002	0,005	0,005	0,02
Veronal, Acid. diahetylbarbituricum .	**0,75**	**1,5**	—	—
Zincum sulfuricum (qua emeticum)	1,0	—	1,0	—

Löslichkeitstabelle der wichtigeren Arzneimittel.

Abgerundete Werte. ∞ bedeutet praktisch unbegrenzt, — praktisch nicht löslich, alles bezogen auf Zimmertemperatur.

1 Teil des Mittels auf	Wasser	Alkohol	andere Lösungsmittel
Acetanilid	230	4	
Acidum acetylosalicyl. (Aspirin)	300	7	
Acidum arsenicosum	80	—	
Acidum benzoicum	400	3	
Acidum boricum	25	25	10 Glycerin
Acidum camphoricum	150	2	
Acidum carbolicum	15	∞	∞ Öl [rin / ∞ Glyce-
Acidum cinnamylic	3500	8	
Acidum citricum	1	2	
Acidum diaethylbarbitur. (Veronal)	170	5	
Acidum lacticum		ᴄ	
Acidum salicylicum	500	3	
Acidum tannicum	1	2	
Acidum tartaricum	1	4	
Adalin	—	—	
Aether	12	∞	
Aether acetic.	15	∞	
Aethylmorphin. hydrochl. (Dionin)	12	25	
Agaricin	—	180	
Alypin	5	5	
Ammonium chloratum	3	50	
Amylenum hydratum	8	ᴄ	
Amylium nitrosum	—	ᴄ	
Anaesthesin	—	6	50 Ol. Oliv.
Anthrarobin	1000	10	
Apomorphin. hydrochl.	50	40	
Argentum nitricum	1	14	
Argentum proteinic. (Protargol)	∞	—	
Atropinum sulfuric.	1	3	
Atophan	—	—	
Bismuth. subgallic. (Dermatol)	—	—	
Bismuth. subnitric.	—	—	
Bismuth. subsalicyl.	—	—	
Borax	25	—	2 Glycerin
Bromoform	1000	5	
Calcium chloratum	ᴄ	10	
Calcium hypophosphoros.	8	—	
Calcium phosphoric.	—	—	
Camphora	1000	1	4 Ol Oliv. / 1 Äther
Chininum ferrocitric.	ᴄ	—	
Chininum hydrochl.	35	3	
Chininum sulfuric.	800	90	
Chininum tannic.	800	50	
Chloralum hydratum	∞	∞	
Chloroformium	200	∞	Ol Olivar / ~ / 60 Chlorof.
Chrysarobinum	—	—	
Cocainum hydrochl.	1	2	
Codeinum phosphor.	4	100	
Coffeinum	80	50	
Coffeinum-Natr. salicyl.	2	50	
Cotarnin. hydrochl (Stypticin)	5	5	
Diacetylmorphin hydrochl. (Heroin hydrochlorid)	3	10	
Eucain B	30	5	
Ferratin	—		
Ferrum carbon. sacch.	—		
Ferrum lacticum	40	—	
Ferrum hypophosphor.	—		
Ferrum oxydat. sacch.	20		
Ferrum sulfuricum	2	—	

Teil des Mittels auf	Wasser	Alkohol	andere Lösungsmittel
Formaldehyd. solutus (Formalin)	∞	∞	
Glycerin	∞	∞	{ Öl Chlorof.—
Guajacolum carbon.	—	80	
Hexamethylentetramin (Urotropin)	2	10	
Homatropin. hydrobrom.	4	20	
Hydrargyrum bichlorat.	16	3	15 Glycerin
Hydrargyrum bijodat. [rat.	—	250	{ leicht lösl. in Jodkalilösung
Hydrargyrum chlo-	—	—	
Hydrargyrum cyanat.	13	12	4 Glycerin
Hydrargyrum oxycyanat.	17		
Hydrargyrum praecipitat.	—	—	
Hydrargyrum salicyl.	—	—	
Hydrastin. hydrochl.	2	12	
Ichthyolum (Ammon. sulfoichthyolicum)	∞	∞	
Jodoformium	—	70	10 Äther
Jodum	5000	10	200 Glycerin
Kalium bicarbonicum	4		
Kalium bromatum	2	200	
Kalium jodatum	1	12	
Kalium permanganic.	16		
Kalium sulfoguajacolic.	5		
Kreosotum	500	5	
Lactylphenetidin (Lactophenin)	500	10	
Lithium carbonicum	80	—	
Magnesium sulfuri-	1	—	
Menthol [cum	—	∞	
Methylsulfonal (Trional)	320	14	

1 Teil des Mittels auf	Wasser	Alkohol	andere Lösungsmittel
Morphinum hydrochl.	25	50	
Naphthalinum	—	20	
Naphtholum	1000	∞	
Natrium aceticum	1	29	
Natrium bicarbonicum	12	—	
Natrium bromatum	2	12	
Natrium jodatum	1	3	
Natrium nitrosum	2	—	
Natrium phosphoric.	6		
Natrium salicylicum	1	6	
Natrium sulfuricum	3	—	
Natrium thiosulfuric.	1	—	
Novocain	1	30	
Oleum Arachidis	—	—	
Oleum Jecoris Aselli	—	—	
Oleum Lini	—	—	
Oleum Olivarum	—	—	
Oleum Sesami	—	—	
Oleum Crotonis	—	2	
Oleum Ricini	—	3	
Oleum Caryophyllor.	—	2	
Oleum Sinapis	—	∞	
Oleum Terebinthinae	—	7	
Oleum Thymi	—	100	
Orexinum tannicum	—		
Paraffinum liquidum	—	—	{ Äther Chlorof. ∞
Paraldehydum	10	1	
Phenacetinum	1400	16	
Phenolphthalein	—	12	
Phenylum salicylic.	—	10	
Physostigmin salicyl.	85	12	
Pilocarpinum hydrochl.	2	3	
Plumbum aceticum	3	30	5 Glycerin
Podophyllinum	—	10	
Pyramidon	20	2	
Pyrazolon. phenyldimethyl. (Antipyrin)	1	1	

1 Teil des Mittels auf	Teile			1 Teil des Mittels auf	Teile		
	Wasser	Alkohol	andere Lösungsmittel		Wasser	Alkohol	andere Lösungsmittel
Pyrazolon. phenyl-dimethyl. c. Coff. citr. (Migränin)	1	1		Tannoform	—	5	
				Tartarus depuratus	220	—	
				Tartarus natronatus	2	—	
Pyrazolon. phenyl-dimethyl. salicyli-cum' (Salipyrin)	250	1		Tartarus stibiatus	17	—	
				Terpinum hydratum	250	10	
Pyrogallol	2	1		Theobromin. - Natri-um aceticum	2		
Resorcin	1	1	5 Glycerin	Theobromin. - Natri-um salicylicum (Diuretin)	1		
Saccharinum	400	40					
Santonin	5000	45					
Scopolaminum hy-drobromicum	10	10		Thymolum	1100	1	
Stovain	2	5		Tropacocain. hy-drochl.	∞		
Strontium lacticum	3	—		Urethan	1	1	
Strychninum nitri-cum	90	70		Zincum aceticum	3	36	
				Zincum chloratum	1	2	2 Glycerin
Styrax depuratus	—	∞		Zincum oxydatum	—	—	
Sulfonalum	500	65		Zincum sulfuricum	1	—	3 Glycerin
Tannalbin	—	—		Zincum valeriani-cum	90	40	
Tannigen	—	70					

Übersicht der wichtigeren Vergiftungen

zur Erleichterung des Auffindens der im Texte zerstreuten toxikologischen Bemerkungen. Die Zahlen bedeuten die Seiten.

Allgemeine Toxikologie.

Kausale Behandlung der Vergiftungen: Entleerung des Magens
178, des Darmes 188; Hemmung der Resorption durch Mucilaginosa 53, durch Adsorbentia (Bolus, Carbo) 95; Beförderung der
Ausscheidung 216.

Chemische Antidote 8; Gerbsäure 114, Magnesia usta 126,
Oxydationsmittel 150—151, Zuckerkalk 161, Kupfervitriol 180,
Natriumthiosulfat 263, 368.

Physiologische Antidote (Antagonisten) 8; Chloroform 235
und Chloralhydrat 244: Krampfgifte 271—273; Coffeïn 266: Curare
296; Morphin 279: Atropin 305.

Symptomatische Behandlung (insb. Bekämpfung [der [Kreis-
lauf- und Atemschwäche): Coffeïn 267, Kampfer 329, Adrenalin
314, Sauerstoffeinatmung 153.

Spezielle Toxikologie.

Ätzgifte: Chlor 150, Jod 367, Säuren 122, Phosgen 229,
Alkalien 125, Schwermetalle 97, Blei 99, Kupfer 104, Silber 105,
Wismut 109, Zinn 111, Quecksilber 402.

Spezifisch entzündungserregende Stoffe: Acria 63, Kanthariden 88, Anemone- und Ranunculusarten, Seidelbast, Primeln 89,
Koloquinthen 202, Krotonöl 204, Saponine 208, Ricin, Abrin 203, 421.

Blutgifte: Hämolytische 154, Methaemoglobin bildende 154,
365, Wasserstoffperoxyd 152, Kohlenoxyd 224.

Stoffwechselgifte: Arsen 377, ꞏAntimon 181, Phosphor 388,
Blausäure 261.|

Narcotica der Methanreihe: Kohlensäure 224, Methylalkohol
224, Schwefelkohlenstoff 225, Chloroform 232, Chloralhydrat 242,
Veronal 246, Sulfonal und Trional 247, Alkohol 251, Blausäure 261.

Narcotica der Alkaloidreihe: Morphin 276, 278, Coffeïn 267,
Aconitin, Veratrin 286; Colchicin 287; Solanin 288; Cocain 291,
Atropin 300; Nikotin, Coniin, Cytisin 308.

Narcotica der aromatischen Reihe: Phenol 160; Lysol 162; Indischer Hanf 257, Salizylsäure 356.

Krampfgifte: Santonin 175; Strychnin 271; Picrotoxin, Cicutoxin 273.

Herzgifte: Oxalsäure 122, Kaliumsalze 135, Digitalis 318.

Kapillargifte: Goldsalze 108, Arsenik, Sepsin 379.

Atmungsgifte: Schwefelwasserstoff 141.

Nierengifte: Kanthariden 88, Oxalsäure 122, Quecksilber 402.

Abortiva: Sabina, Taxus, Thuja, Zimt 82, Rosmarin 82, Aloe 199, Mutterkorn 339, Phosphor 389, Poleyöl 389.

Vergiftungen durch verdorbene Nahrungsmittel (Fäulnisgifte): Sepsin 379, Histamin und Tyramin 340, Wurstgift 300, Ammoniumbasen 266, 297.

Vergiftungen durch Schwämme: Fliegenschwamm 308; Knollenblätterschwamm 389; Lorchel 154.

Tiergifte: Schlangen 209, 421; Kröten 315; Bienen 209.

Therapeutisches Register.

Es weist auf die Krankheiten hin, über deren Behandlung das Buch Angaben enthält.

Die Arzneimittelgruppen und Badeorte sind im Sachregister nachzuschlagen;

die Vergiftungen und deren Behandlung in der Übersicht der wichtigeren Vergiftungen oder im Sachregister.

A.

Abortus: Papaverin 286.

Achylia gastrica: Pepsin u. Salzsäure 445.

Acidosis: Natriumbikarbonat und Natriumcitrat 129.

Agrypnie s. Schlaflosigkeit.

Akne vulgaris: Schwefel 142 u. 145. Resorcin 164. β-Naphthol 166. Teer 166. Ichthyol 167. Sublimat 410. Vakzinen 423. Hefe 445.

Akne rosacea: Schwefel 142. Fanghi di Sclafani 142. Resorcin 164. Naphthol 165. Ichthyol 167. Thigenol, Pittylen 453.

Aktinomykose: Jodkalium 371. Jodipin 373.

Alopecia: Tinctura Cantharidum u. Capsici 89. Schwefelpuder 146. Chrysarobin 165. Captol 447. Sulfoform 454.

Ambliopie und **Amaurose:** Strychnin 271. Amylnitrit 335.

Amenorrhoe s. Dysmenorrhoe.

Anämie: Bittermittel 67. Kochsalzbäder 76. Chinawein 355. Arsenik 381. Arsacetin 383. Eisen 394. Nährpräparate Kap. XXVIII.

Angina catarrhalis: Alaun 95. Folia Salviae 112. Wasserstoffsuperoxyd 151. Borsäure 155. Formaldehyd (Lysoform) 157. Jod 368. Aluminium chloricum 447.

Angina pectoris: Theobromin, Coffein 268. Euphyllin 269. Papaverin 285. kombiniert mit Cadechol 331. Amylnitrit 335. Nitroglyzerin 336. Vasotonin 336. Jodkalium 371.

Ankylostoma: Extractum Filicis 172. Thymol 177. Oleum Chenopodii 177.

Anorexie s. Appetitlosigkeit.

Aphthen: Alaun 95. Borax 156. Paraphenolsulfosaures Anästhesin (Subcutin) 455.

Appetitlosigkeit: Gewürze 63—64. Orexin 64. Bittermittel 67. Salzsäure 119. Kreosot 162. Rhabarber 196. Extractum Strychni 272. Extractum, Tinctura und Vinum Chinae 354 u. 355.

Arteriosklerose: Natriumsilicat 97. Papaverin 286. Vasotonin 336. Jodkalium 371.

Arthritis s. Gicht.

Askariden: Santonin 175. Oleum Chenopodii 177. Tanacetum 177.

Asthma bronchiale: Calciumchlorid 137. Sauerstoff 152. Chloroform 235. Papaverin 286. Atropin 304. Lobelin 311. Quebracho 311. Suprarenin 314. Amylnitrit 335. Aspirin 360. Jodkalium 371. Arsenik 381. Hypophysin 418.

Asthma cardiale s. Angina pectoris.

Atemnot s. Dyspnoe.

B.

Bandwürmer: Anthelminthica 172. Chloroform 225.

Basedowsche Krankheit: Antithyreoidin 433.

Blähungen: Carminativa 64. Asa foetida 87.

Blasenkatarrh: Alaun 95. Alsol 95. Folia Uvae ursi 114. Alkalische Wässer 130. Borsäure und Borax 155. Urotropin 157. Ersatzmittel 451. Resorcin 164. Antiblennorrhoica 170. Salol 360. Hydrargyrum oxycyanatum 411. Vakzinen 429.

Blasenkrampf: Cocain 292. Ersatzmittel 295. 455. Atropin 303.

Blasenlähmung: Stychnin 272.

Blasensteine: Natriumbikarbonat 129. Lithiumkarbonat 132. Piperazin 132. Erdige Wässer 133.

Blennorrhoe der Conjunctiva: Alaun 95. Silbernitrat 106. Protargol 107. Hydrargyrum oxycyanatum 411. Silberacetat 448.

Blepharitis: Borsäure 155. Teer 166. Ung. Hydrargyri albi 411. Ung. Hydrargyri oxydati flavi 412. Histopin 453.

Blutungen: Penawar Djambi 93. Kochsalz 93. Aderlaß 94. Binden der Glieder 94. Gelatine 94. Coagulen 94. Clauden 94. Plumbum aceticum 100. Höllenstein 106. Collodium stypticum 112. Extractum Hamamelidis 114. Essigsäure 121. Kalksalze 137. Suprarenin 313. Hydrastin, Hydrastinin und Cotarnin 337. Mutterkorn 341. Eisenchlorid 393.

Brechdurchfall: Bolus alba, Tierkohle 96. Bismutum subnitricum und subsalicylicum 110 u. 111. Tannalbin 113. Salzsäure 119. Kalomel 408.

Bronchitis: Althaea 55. Species pectorales 56. Radix Liquiritiae 58. Senfwassereinwicklung 85. Alkalische Wässer 130. Inhalation zerstäubter Wässer 129. Schwefel 143. Karbolsäure 160. Kreosot 162. Thiokol, Sirolin 163. Teer 166. Tolubalsam 170. Stibiumsulfurat. aurant. 182. Expectorantia 206. Codein, Dionin 284. 285. Jodkalium 371.

C.

Chlorose: Pilulae aloeticae ferratae 200. Arsenik 381. Eisen 393.

Cholelithiasis s. Gallensteine.

Cholera asiatica: Kochsalzinfusion 217. Choleraimpfstoff 428.

Cholera nostras s. Brechdurchfall.

Chorea: Zinkoxyd 103. Bromide 260. Antipyrin 363. Arsenik 381. Elarson 457.

Chorioiditis: Senfbäder 85. Diaphoretica 213. Subconjunctivale Kochsalzeinspritzung 285. Graue Quecksilbersalbe 404.

Colica mucosa (Enteritis membranacea): Ölklistiere 42.

Combustio s. Verbrennung.

Conjunctivitis: Alaun 95. Zinksulfat 102. Kupfersulfat 105. Silbernitrat 106. Tannin 112. Borsäure 155. Opiumtinktur 281. Suprarenin 313. Kalomel vapore paratum 407. Gelbes Quecksilberoxyd 410. Xeroform 448.

Coryza s. Nasenkatarrh.

Croup: Cuprum sulfuricum 180.

Cystitis s. Blasenkatarrh.

D.

Darmatonie: Extractum und Tinctura Strychni 272. Atropin 304. Physostigmin 310. Hormonal 418.

Darmberuhigung: Opium 281. Papaverin 286.

Darmblähung s. Meteorismus.

Darmblutung s. Blutungen.

Darmfäulnis: Carbo medicinalis 96. Bismutum subsalicylicum 111. Salzsäure 120. Thymol 163. Benzonaphthol 165. Menthol 332. Kalomel 407. Hefe 445. Carbenzym 445. Sauermilch und Yoghurt 446.

Darmgeschwüre: Wismutsubnitrat 110. Dermatol 110. Orthoform (neu) und Anästhesin 295.

Darmkatarrh: Radix Colombo 70. Bolus alba 95. Bismutum subnitricum, subgallicum, subsalicylicum 109. Gerbsäure-Mittel 112 bis 113. Kalkwasser 126. Natrium bicarbonicum 127. Alkalische Wässer 130. Magnesiumperoxyd 152. Kochsalzwässer 190. Abführende Wässer 192. Kalomel 407. Bismutose 447.

Darmkrämpfe: Atropin 304.

Darmverschluß s. Ileus.

Decubitus: Adstringentia, insbesondere Emplastrum Cerussae 101 und Tanninpräparate 112. Borsalbe 155. Perubalsam 169. Xeroform 448.

Diabetes: Natriumkarbonat und -citrat 129. Alkalische Wässer 130. Alkohol 254. Opium 281. Aspirin 360. Saccharin 59. Aleuronat 436. Lävulose 440.

Diabetes insipidus: Hypophysenextrakt 418.

Diarrhöe: Schleimsuppen 54. Salepschleim 55. Cotoin 64. Radix Colombo 70. Bolus alba 95. Plumbum aceticum 100. Wismutverbindungen 109. Gerbsäurehaltige Mittel 111 und deren Ersatz: Combelen 447, Uzara 459. Kalkwasser 126. Talcum 134. Opium 281. Kalomel 407.

Diphtherie: Heilserum 429. Pyocyanase 446. Omorol 449.

Dysenterie s. Ruhr.

Dysmenorrhöe: Zimt 61. Muskatnuß 66. Fußbäder 73. Solbäder 76. Aloe und Pilulae aloeticae ferratae 200. Emmenagoga und Dysmenorrhoica 205. Amenyl 336. Hypophysenpräparate 342. Antipyrin 363. Salipyrin 364. Pyramidon 364 (auch in Kombination mit Codein und Extr. Belladonnae 284). Poley-Öl 389. Agomensin 419.

Dyspepsie: Stomachica 63. Amara 67. Condurango 71. Senf 84. Brausepulver und Säuerlinge 119. Salzsäure 119. Rheum 197. Alkohol 253. Extractum und Tinctura Strychni 272. Anästhesin 295. Pepsin 445. Papain 445. S. auch Appetitlosigkeit und Magenkatarrhe.

Dyspnoe: Hautreizmittel 71—89. Sauerstoffeinatmung 152. Coffeïn 267. Morphin 280. Quebracho 311. Digitalis 320. Strophanthus 327. Oxykampfer 458.

E.

Eklampsie: Kalksalze 136. Chloroform 235. Chloralhydrat 244. Bromide 260. Morphin 280. Scopolamin 304. Amylnitrit 335.

Ekzeme: Bleipräparate insb. Hebrasche Salbe 101. Zinkoxyd, Zinkleim 102. Sapo kalinus 140. Schwefel und Schwefelwässer 141—145. Borsäuresalben 155. Resorcin 163. Pyrogallol 164. β-Naphthol 165. Teer 166, Ersatzmittel 452. Tumenol, Ol. Cadinum 167. Ichthyol 167. Thiol 168. Pasta Zinci salicylata 358. Ung. Hydrarg. alb. 411. Zincum sozojodolicum 451. Lianthral 453. Pitylen 453. Vasenolpuder 455.

Emphysem: Coffeïn 267. Quebracho 311. Digitalis 319. Strophanthus 327. Arsenik 381. Oxykampfer 458.

Endometritis s. Metritis.

Enuresis: Natrium bromatum 260. Strychnin 272. Extractum Rhois 457.

Epheliden s. Sommersprossen.

Epilepsie: Zinkoxyd 103. Bromalkalien 260. Brom-Opium 260. Valeriana 332. Amylnitrit 335. Neuere Sedativa, Luminal 457.

Erbrechen s. Hyperemesis.

Erkältung: Diaphoretica 213.

Erosionen (aufgesprungene Hände): Borsäuresalben (Byrolin) 155.

Erysipel: Argentum colloidale 107. Ichthyol 167. Alkoholverband 253. Salvarsan 384. Einreibung mit 0,1 prozentigem Sublimatlanolin 410.

Erythema solare: Chininum bisulfuricum und Zeozon 355.

Exantheme: Solbäder 76. Kalksalze 137. Jodkalium (Syphilis) 371.

Exkoriation: Bleipräparate 100. Zinkoxyd, Zinkleim 102. Dermatol 109. Tannin 111. Kalkwasser 126. Tumenol 166. Perubalsam 168. Sebum salicylatum 358.

Exsudate: Hautreizmittel 71. Moor- und Schlammbäder 75. Wildwässer 78. Kalksalze 137. Abführmittel 188. Schwitzmittel 213. Diuretica 216. Jodalkalien 371.

F.

Favus: Pyrogallol 164. Chrysarobin 164.

Fettsucht: Kochsalzwässer 75. Alkalische Wässer 130. Borax 156. Abführende Wässer 193. Diaphoretica 213. Leptynol 401. Schilddrüse 416. Saccharin 59. Aleuronat 436.

Fissuren: Dermatol 109. Tannin 112. Ichthyol 167. Thiol 168. Lokale Anästhetica 289.

Flatulenz: Carminativa 64. Carbo medicinalis 96.

Fluor albus s. Vaginitis.

Folliculitis: Hefe 445. Histopin 453.

Framboesia: Salvarsan 385.

Frostbeulen: Tinctura Gallarum 112. Ichthyol 167. Perubalsam (Unguent. ad perniones) 169. Kampfersalben 330. Pernionin 333. Jodtinktur 367.

Furunkel: Zucker 56. Emplastrum Lithargyri comp. 102. Schwefelwässer 143. Kalium permanganicum 10proz. Lösung 151. Phenolkampfer 159. Ichthyol 167. Alkoholverband 253. Vakzinen (Opsonogen) 429. Hefe 445. Vioform 451. Histopin 453. Thigenol 454.

Fußschweiße s. Hyperhydrosis.

G.

Gallensteine: Alkalische Wässer (Karlsbad) 194. Cholagoga 204. Papaverin 286. Atropin 304.

Gastralgie s. Kardialgie.

Gastritis s. Magenkatarrh.

Geschwüre: Unguentum Plumbi tannici 101. Zinkoxyd, Zinkleim 102, Zinkchlorid 103. Schwarzsalbe 107. Wismutpräparate 109. Milchsäure 121. Wasserstoffsuperoxyd 151. Zinkperhydrol 152. Sauerstoffinjektion 152. Karbolsäure 159. Perubalsam 169. Jodoform 374. Sublimat 410. Ung. Hydrargyri album und rubrum 411 (bei Ulcus lueticus). Scharlachrotsalbe (Pellidol) 454. Anaesthesin (als Anaestheticum) 295.

Gicht: Schlammbäder (Fango) 75. Wildwässer 78. Emanation 79. Terpentinöllinimente, Gichtpapier und Waldwolle 81. Natrium bicarbonicum 128. Lithium carbonicum 132. Schwefelwässer 143. Urotropin 158. Akonit 287. Colchicin 288. Salizylsäure, Aspirin 358. Atophan 361.

Glaukom: Dionin 284. Pilocarpin 308. Eserin 309.

Gletscherbrand s. Erythema solare.

Gonorrhoe: Terpentininjektionen 61. Alaun 95. Zincum sulfuricum u. sulfocarbolicum 102 u. 103. Silbernitrat 106. Protargol 107. Neuere Silberpräparate 448. Bismutum subnitricum 111. Kaliumpermanganat 151. Balsamica 170. Atropin 304. Hydrargyrum oxycyanatum 411. Gonokokken-Vakzine 429. Intramuskuläre Injektion von 8—10 ccm sterilisierter Milch, 1—2 mal in Intervall von nicht mehr als 5 Tagen wiederholt 428. Argochrom 449. S. auch Blasenkatarrh.

Grippe s. Influenza.

H.

Haarausfall s. Alopecia.

Hämoptoe s. Blutungen.

Hämorrhoiden: Extractum Hamamelidis 114. Schwefel (als Abführmittel) 142. Suprarenin und „Anusol" 447.

Harnsaure Diathese: Alkalische Wässer 130. Erdige Wässer 130. Lithiumkarbonat 132. Piperazin 132. Borax 156.

Hautjucken s. Prurigo.

Hemikranie s. Migräne.

Herpes: Schwefelsalben 142. Resorcin 164. Pyrogallol 164. Chrysarobin 165. β-Naphthol 166.

Herzkrankheiten: Kohlensäure-Bäder 74. Solbäder 76. Spartëin 309. Digitaline 315—328. Baldrian 332 insb. Bornival (nervöse Störungen) 456. S. auch unter Angina pectoris, Asthma, Dyspnoe.

Herzschwäche s. Kollaps.

Herzvorhofflimmern: Digitalis 323, Kampfer 329, Chinidin 354.

Heufieber: Kalksalze 137. Anästhesin 295. Suprarenin 314. Pollenvakzine 429. Graminol und Pollantin 432.

Hornhautgeschwüre: Höllenstein 106. Borsäureumschläge 156. Dionin 285. Atropin 302. Eserin 309. Optochin 352. Jodoform 374 und Ersatzmittel 449. Kalomel 407. Scharlachrot 454.

Hornhauttrübungen: Terpentinöl 81. Natriumthiosulfat 106. Soda 131. Ammonium tartaricum 132. Thiosinamin 145. Opiumtinktur 281. Subconjunctivale Kochsalzeinspritzung 285. Suprarenin 313. Kalomel 407. Gelbes Quecksilberoxyd 410. Jequiritol 432.

Hühneraugen: Emplastrum saponatum 101. Trichloressigsäure 121. Emplastrum saponatum salicylatum 358. Collodium salicylatum 360. Emplastrum ad clavos 360.

Hundswut s. Lyssa.

Husten: Expectorantia 205—210. Chloroform 235. Morphin 280. Codeïn und Ersatzmittel 284. Atropin 304. Jodkalium 371. S. auch unter Bronchitis.

Hydrops s. Wassersucht.

Hyperazidität des Magens: Carbo medicinalis 96. Neutralon 458. Kalkwasser 126. Magnesia usta 126. Natriumbikarbonatpastillen 129. Alkalische Wässer 130. Magnesium carbonicum 134. Magnesiumperoxyd 152. 1 prozentige Borsäureausspülung 156. Atropin 301. Carbenzym 445.

Hyperemesis: Kohlensäure 119. Äther oder Spiritus aethereus 238. Veronal 245. Bromnatrium 261. Kokain 292. Atropin 303. Menthol 333. Pyramidon 364.

Hyperhidrosis, allgemeine: Anthidrotica 214.

Hyperhidrosis, lokale: 5 prozentige wässerige Chromsäurelösung 121. 1—2 prozentige wässerige Trichloressigsäurelösung 121. Formaldehyd 156. β-Naphthol 166. Alkohol 253. Pulvis salicylicus c. Talco 358. Pulvis adspersorius salicylatus 360.

Hysterie: Spiritus Melissae comp. 66. Liquor Ammonii caustici 124 (plötzliche Einführung eines darin eingetauchten Stäbchens in die Nase hebt nicht selten die Krampfanfälle auf). Asa foetida 87. Hofmanns Geist 238. Veronal 245 (und ähnliche Beruhigungsmittel). Scopolamin 304. Valeriana 332. Bornyval 456.

I.

Ichthyosis: Teer 166. Ichthyol 167.

Icterus catarrhalis: Cholagoga 205, insb. Salzsäure und Sal carolinum 120, 194.

Ileus: Einläufe 188. 189. Atropin 304. Hormonal 418.

Impotenz: Kanthariden 88. Yohimbin 270. Muiracithin 270. Hypophysenpräparate 418. Hodensubstanz 419.

ıntilismus: Schilddrüsenpräparate 415.
uenza: Chinin 354. Antipyrin 362. Salipyrin 364. Acetanilid und
Phenacetin 365. Salophen 460.
ontinentia urinae s. Enuresis.
ektenstiche, Wanzen, Flöhe, Mücken: Flores Pyrethri 66. Blausäure 263.
— Ameisen, Mücken: Ammoniak 124. Menthol 332,
334.
— Bienen: Ammoniak 124. Chlorkalk 150. Kaliumpermanganat 151.
— Läuse: Petroleum 44. 6—10 prozentige Essigsäure 73.
Schweflige Säure 122. Barym- oder Strontium-
hydrosulfid 141. Prophylaktisches Einstäuben mit
Sulfur praecipitatum (cave SH_2-Vergiftung) 142.
5 prozentige Kresolseifenlösung 161. Trikresol
(Mischung der 3 Kresole, 3 prozentiger Puder) 160.
p-Dichlorbenzol, feste, flüchtige Substanz in Säckchen auf dem Leibe zu tragen. Lausofan (Cyclohexan
mit etwas Cyclohexanol), minzenähnlich riechendes
Öl, 20 prozentiger Puder oder alkoholische Lösung.
Tötet die Parasiten nicht, sondern ist nur Abwehr-
mittel. Desgleichen Oleum Anisi und Oleum
Foeniculi 206. Acetum und Unguentum Sabadillae
287. Graue Quecksilbersalbe 404. Sublimat, mit
Vorsicht auf beschränkte Hautstellen 410.
ertrigo: Bleisalben 101. Zinkleim 102. Zinkoxyd-Schüttelpuder 104.
Dermatol 109. Borsäuresalben 156. Xeroform 448. Vasenolpuder 455.
is: Dionin 285, als Adjuvans des Atropins 303. Pilocarpin 308.
Physostigmin 309. Ung. Hydrargyri cinereum und album 404 u. 411.
hias: Salizylsaures Natron 360. Jodipininjektion 373. Äthylchlorid
(zur Schmerzlinderung) 239. Kryofin 460.

K.

chexie: Arsenik 381. Eisen 394. Schilddrüse 415.
llusbildung: Fibrin 94.
rdialgie: Carbo medicinalis 96. Silbernitrat 106. Wismutnitrat 110.
Magnesia usta 127. Hofmanns Geist 238. Papaverin 286. Kokain
292. Atropin 303.
tarrhe: der Augenbindehaut s. Conjunctivitis; des Darmes s. Darmkatarrh; der Harnwege s. Blasenkatarrh; der Luftwege s. Bronchitis;
des Magens s. Magenkatarrh; der Nase s. Nasenkatarrh; des Rachens
s. Rachenkatarrh; der Vagina s. Vaginalkatarrh.
hlkopfkatarrh: Alaun 95. Silbernitrat 106. Tannin 112. Natriumbikarbonat 129. Inhalation zerstäubter Wässer 131. Menthol 332. Cori-
fin 333. Jodkalium 371 s. auch Bronchitis.
loide s. Narben.
ratitis: Subconjunctivale Kochsalzinjektion, Dionin 285. Optochin 352.
Kalomel 407. Gelbes Quecksilberoxyd 410.

Keuchhusten: Bromoform 240. Thymian 208 u. 240. Dionin 285. Chinin 353. Oleum Cupressi 458. Aristochin 459. Chineonal 459. Euchinin 460.

Kolik: Kamillentee 65. Hofmanns Geist 238. Opium 281. Kampfer 330.

Kollaps: Hautreizmittel 73. Species aromaticae 83. Äther 238. Alkohol 254. Coffeïn 268. Strychnin 272. Spartein 309. Suprarenin 314. Digitalis 322. Kampfer 330.

Komedonen: Schwefelsalben und Pasten 142. Kummerfeldsches Wasser 145. Resorcin 164.

Kondylome: Salpetersäure, Chromsäure, Trichloressigsäure 121. Emplastrum Hydrargyri 406.

Kongestionen: Hautreizmittel 72. Abführmittel 189. Schwitzmittel 213.

Kontusionen: Arnica 83. Tonerdenumschläge 95. Bleiwasser 101. Kampferlinimente 330.

Kopfschmerz s. Migräne.

Krämpfe der quergestreiften Muskulatur: Zinkoxyd 102. Chlorcalcium 136. Magnesiumsulfat 138. Chloroform 235. Chloralhydrat 244. Bromkalium 260. Morphin 280. Kurare 296. Valeriana 332.

Krätze: Calcium oxysulfuratum 142. Unguentum sulfuratum 145. Naphthol 166. Teer 166. Perubalsam 169. Styrax 170. Epicarin 453.

L.

Lähmungen, motorische: Strychnin 272.

Laryngitis s. Kehlkopfkatarrh.

Leukämie: Benzol 44. Arsenik 381.

Lichen ruber: Zinkleim 102. Chrysarobin 164. Teer 166. Arsenik 381.

Lues s. Syphilis.

Lungenblutung: Atropin 305. S. weiter unter Blutungen.

Lupus: Zinkchlorid 103. Aurum-Kalium cyanatum 108. Pyrogallol 164. Arsenik 381.

Lymphangitis: Argentum colloidale 108.

Lymphome, maligne: Arsenik 381.

Lyssa: Kali causticum 125. Impfung nach Pasteur 426.

M.

Magenblutungen s. Blutungen.

Magengeschwür: Silbernitrat 106. Wismutnitrat 110. Glaubersalz und zugehörige Wässer 192. Orthoform (neu), Anästhesin 295. Atropin und Eumydrin 302.

Magenkatarrh: Kochsalzwässer 76 u. 190. Salzsäure 119. Natriumbikarbonat 127—130. Magnesiumperhydrol 152. Abführende Wässer 193. Rhabarber 197. Atropin 303. Bismutose 447. S. auch unter Dyspepsie.

Magenkrämpfe s. Kardialgie.

Malaria: Chinin 350. Salvarsan 384.

Meningitis: Urotropin 158. Meningokokkenserum 423.

Menorrhagie s. unter Dysmenorrhoe.

Meteorismus: Carminativa 64. Magnesia usta (zur CO_2-Bindung) 126. Carbo medicinalis 96. Physostigmin 310. Trypsin, Carbenzym 444.

Metritis: Moorbäder 75. Kochsalzbäder 76. Wildbäder 78. Ichthyol 167.

Metrorrhagie: Moorbäder 75. Hydrastis 337. Mutterkorn 341. Hypophysenextrakt 342. Sistomensin 419. S. auch unter Blutungen.

Migräne: Bromalkalien 261. Coffein 268. Guarana 268. Mentholstift 333. Chinin 353. Aspirin 360. Antipyrin 363. Pyramidon 364. Acetanilid und Phenacetin 365. Trigemin 459.

Milzbrand: Salvarsan 384.

Myome: Mutterkorn 341.

Myxödem: Schilddrüse 415.

N.

Nachtschweiße s. Hyperhidrosis.

Narben: Fibrolysin 145. Pepsin 445.

Nasenbluten s. Blutungen.

Nasenkatarrh: Rohrzucker 56. Alaun 95. Tannin 112. Formanwatte 157. Dionin 285. Menthol (Coryfin) 333. Aufschnupfen von Kochsalzlösung oder $^1/_2{}^0/_{00}$ iger Adrenalinlösung 314. Salipyrin 364. Jod 368.

Nephritis: Diaphoretica 213. Diuretica 215. Digitalis 319.

Nephrolithiasis: Natriumbikarbonat 128. Alkalisch-erdige Wässer (Wildungen) 130. Lithiumkarbonat 132. Urotropin 158.

Nervosität: Bromalkalien 261. Codeïn 284. Valeriana 332. Ersatzmittel: Adamon, Bromural 449. Validol, Valisan, Valyl 459. Chineonal 459.

Neuralgie und **Neuritis:** Moor- und Schlammbäder 75. Kochsalzbäder 76. Wildwässer 78. Terpentinöl 81. Succus Sambuci 190. Oleum Chloroformii 235. Alkoholinjektion 253. Bromkalium 260. Aconitin, Veratrin 287. Tinctura Gelsemii 309. Valeriana 332. Menthol 333. Chinin 353. Salizylsaures Natron, Aspirin 360. Atophan 361. Antipyrin 363. Pyramidon 364. Phenacetin 365. Kalium jodatum 371. Arsenik 381. Elarson 457. Trichloräthylen (Chlorylen) und Trigemin 459. Valyl 459. Salophen 460.

Neurasthenie: Veronal 245. Bromalkalien 261. Extractum Colae fluid. 267. Arsen-Eisenwässer 382 u. 98. Bornival 456. Camphora monobromata 456. Gynoval 457.

Nierensteine s. Nephrolithiasis.

O.

Obstipation s. Verstopfung.

Oedeme s. Exsudate.

Ohnmacht: Hautreizmittel 73. Salmiakgeist 124. Hofmanns Geist 238. Coffeïn 267.

Opticusatrophie: Strychnin 271.

Osteomalacie: Subkutane Injektionen von Adrenalin 311. Phosphor 389.

Osteoporose: Strontium 139.

Otitis: Borsäure 155. Pilocarpin 307.

Oxyuren: Thymol 164. Santonin in Verbindung mit Seifeklistieren 175. Knoblauchklistiere 177. Gelonida Aluminii subacetici 177. Eisenzucker 397. Einreiben der Analgegend mit grauer Quecksilbersalbe 404.

Ozäna: Einstäuben von Zitronensäure mit Milchzucker $\overline{aa}$ 118. Spülungen mit Aluminium aceticum oder Aluminium acetico-tartaricum 2—3 prozentig 95. dgl. mit Abkochung von Radix Senegae oder Cortex Quillaiae 206. Menthol 332 und Jodoform 375 als Schnupfpulver.

P.

Panaritium: Phenolkampfer 159. Alkoholverband 253.

Pankreaserkrankung: Säuren 120.

Paralysis agitans: Scopolamin 304.

Parametritis s. Metritis.

Parulis: Jodtinktur 367. Jothion 373.

Pemphigus: Dermatol 109. Jodtinktur 367. Arsenik 381.

Perniciöse Anämie: Arsenik 381.

Pernionen s. Frostbeulen.

Pertussis s. Keuchhusten.

Phlegmone: Argentum colloidale 108. Phenolkampfer 159. Alkoholverband 253.

Phosphaturie: Mineralsäuren 123. Urotropin 158. Atropin 302. Helmitol 452.

Phthisis s. Tuberkulose.

Pigmentationen der Haut: Fettschminken (Talcum) 134. Schwefel 141 u. 145. Wasserstoffsuperoxyd 151. Arsenik 381. Sublimat 410.

Pitiryasis versicolor: Schwefel 141. Resorcin 164. Chrysarobin 165. Naphthol 165. Pix liquida 166. Jodtinktur 367. Pittylen 453.

Pneumonie: Digitalis 322. Optochin 352. Chinin 353. Pneumokokkenserum 424.

Pocken: Thiosinamin (gegen die Narben) 144. Impfung 425.

Pollutionen: Hopfen 69.

Prostatitis: Clysmen mit Antipyrin und Dionin 363.

Prurigo, Pruritus, Urticaria: Calciumchlorid 137. Schwefelsalben 142. Naphthol 165. Teer 166. Tumenol 167. Ichthyol 167. Perubalsam 169. Menthol 332. Hefe 445. Thigenol 454. Naftalan 453. Epicarin 453. Bromocoll 456.

Psoriasis: Schwefel 141. Resorcin 164. Pyrogallol 164. Chrysarobin 165. Teer 166. Arsenik 381. Hydrargyrum praecipit. alb. (besonders f. d. Kopfhaut) 411.

Purpura: Gelatine-Injektion 94. Chlorcalcium 137. Hydrastinin 337. Secale 341.

Pyämie: Collargol 108. Chinin 353.

Pyelitis: Folia Uvae ursi 114. Urotropin 158. Ersatzmittel 451. Salol 360. Vakzinen 429.

R.

Rachenkatarrh: Althaea 55. Alaun 95. Silbernitrat 106. Alkalische Wässer 130. Menthol 332. Aluminium chloricum (Malebrein) 447.

Recurrens: Salvarsan 384.

Rachitis: Arsenik 377. Phosphor 386. Lebertran 432. Kalk- und Phosphorsäure-Präparate 441.

Rheumatismen: Ammoniak-Kampferlinimente 75 u. 330. Kochsalz-bäder 76. Moor- und Schlammbäder, Fango 75. Wildwässer 78. Radiumemenation 79. Terpentinöl 81. Mixtura oleosa balsamica 82. Liquor Capsici compositus 89. Preißelbeerenblätter 113. Schwefelwässer 143. Ichthyol 167. Diaphoretica 213. Oleum Chloroformii 234. Alkohol 252. Aconit 287. Salizylsaures Natron, Aspirin 358. Salol 360. Salophen 460.

Rheumatismus der Gelenke: Natrium salicylicum und Acidum aceto-salicylicum 358. Diplosal 460. Spirosal, Salimenthol 359. Ato-phan 361. Antipyrin 363.

Rotlauf s. Erysipel.

Rotz: Salvarsan 384.

Ruhr: Simaruba 68. Carbo medicinalis 96. Bismutum subnitricum mit Karlsbader Salz 109. Emetin 182. Suprarenin 315. Chinin 352. Dysenterieserum 432.

S.

Scabies s. Krätze.

Schlaflosigkeit: Hypnotica der Fettreihe 242—248. Bier 257. Brom-alkalien 261. Morphin 280. Pantopon 283. Scopolamin 304. Aspirin 360. Neuere Sedativa und Hypnotica 456.

Schlangenbiß: Kali causticum 125. Chlorkalk 150. Kaliumpermanganat 151. Radix Senegae 208. Alkohol 254. Schlangengiftserum 432.

Schmerzen, zentral wirkende Mittel: Morphin 279. Codeïn 284. Aspirin 360. Antipyrin 363. Pyramidon 364. Acet-anilid, Phenacetin 365.

— lokal wirkende Mittel: Oleum Chloroformii 234. Aco-nitin, Veratrin 286. Nelkenöl 289. Kokain 292. Kokainersatzmittel 295. 455. Menthol 332.

Schnupfen s. Nasenkatarrh.

Scrofulose: Kochsalzbäder 76. Schmierseifeneinreibung 140. Jodkalium 369. Sirupus Ferri jodati 399. Lebertran 434.

Seborrhöe: Spiritus Saponis kalini 140. Schwefel 141. Resorcin 164. Naphthol 166. Teer 166. Ichthyol 167. Spirituswaschungen 253. Sulfoform 454. Thigenol 454.

Seekrankheit s. Hyperemesis.

Sepsis, puerperale: Intrauterine Alkoholspülung 253.

Septikämie: Collargol 108. Suprarenin (zur Blutdruckhebung) 314. Chinin 353. Argochrom 449.

Sklerodermie: Thiosinamin 144. Ichthyol 167.

Sodbrennen: Magnesia usta 126. Pastilli Natrii hydrocarbonici 129.

Sommersprossen: Kummerfeldsches Wasser 145. Wasserstoffsuper-oxyd 151. Arsenik 377. Emplastrum Hydrargyri 406. Sublimat 410.

Soor: Wasserstoffsuperoxyd 151. Borsäure 155. Borax 156.

Spasmophilie: Kalksalze 136.

Spulwürmer s. Askariden.

Stomatitis: Kaliumchlorat 153. Wasserstoffsuperoxyd 151. Borax 156.
Struma: Jodkalium 371. Jodoforminjektion 374. Schilddrüse 416.
Preglsche Lösung 450.
Superacidität des Magensaftes: Alkalien 127. Magnesiumperoxyd 152.
Sykosis: Unguent. sulfurat. 145. Chrysarobin 165. β-Naphthol 166.
Vakzinen 429. Histopin 453.
Syphilis: Schwefelwässer 143. Holztränke 222. Jodkalium 371. Jo-
dipin 373. Salvarsan 383. Quecksilber 400—408. Hydrargyrum
salicylicum 412. Neuere Quecksilber-Präparate 452.

T.

Tabes: Silbernitrat 107. Papaverin 285. Aspirin 360. Pyramidon
362 als Antineuralgicum.
Teleangiektasie: Ichthyol 167.
Tenesmus: Atropin 303.
Tetanie: Kalksalze 136.
Tetanus: Magnesiumsulfat 138. Chloroform 235. Chloral 244. Heil-
serum 431.
Trachom: Kupfersulfat 105. Silbernitrat 106. Hydrargyrum oxydatum
flavum 410. Hydrargyrum praecipitatum album 411.
Transsudate s. Exsudate.
Tuberkulose: Goldpräparate 108. Schmierseifeneinreibung 140. Kreo-
sot 161. Zimtsäure 169. Lignosulfit 210. Alkoholverband 253.
Jodoforminjektion 374. Tuberkulinpräparate 427. Carbenzym 445.
Typhus: Chinin 353. Impfstoff 428.

U.

Ulcus cruris: Granugenol 44. Zinkleim 102. Silbernitrat 106. Perubalsam 169. Kampferwein 330. Lenicet 447. Europhen 450.
Pellidol 454.
— **serpens:** Optochin 352.
— **ventriculi:** Silbernitrat 106. Wismut 109. Alkalisch-muriatisch-
salinische Wässer 193. Anästhesin 295. Propäsin 455.
Ungeziefer s. Insektenstiche.
Urticaria s. Pruritus.

V.

Vaginalkatarrh: Liquor Aluminii acetici und acetico-tartarici 95. Zincum
sulfuricum 102. Zincum sulfocarbolicum 103. Argentum nitricum
106. Tannin 112. Spülungen mit muriatisch-alkalischen Wässern
131. Formaldehyd 156. Acetum pyrolignosum 166. Lenicet-
Bolus 448. Hefe 446.
Verbrennungen: Bleipräparate 100. Bismutum subnitricum und subgallicum 109. Kalkwasser 126. Soda 131. Thiosinamin 144.
Ung. Acidi borici 156. Ichthyol 167. Umschläge mit 25 proz.
Magnesiumsulfat 192. Anästhesin 295. Jodoform 374. Xeroform
448. Scharlachrot (Pellidol) 454. Naftalan 453.

Verstopfung: Suppositoria Glycerini 40. Milchzucker 57. Honig 58. Seife 140. Schwefel 142. Abführmittel 188. Leinsamen 199. Papaverin 286. Atropin 304. Kalomel 407. Hormonal 418.

W.

Warzen: Salpetersäure, Chromsäure, konz. Essigsäure, Trichloressigsäure 121. Karbolsäure 158. Collodium salicylatum 360.

Wassersucht: Abführmittel (Derivantia) 188. Diaphoretica 212. Diuretica 215. Purinbasen 268. Digitalis 315—327. Kalomel und Navasurol 408.

Wehenschwäche: Hautreize 73. Suprarenin 315. Secale 340. Hypophysenpräparate 342. Chinin 353.

Wurzelhautentzündung: Jodtinktur 367. Jothion 373.

Z.

Zahnweh: Ameisenspiritus als Derivans 75. Odontin 235. Lokale Anästhetica 289. 292. 295. 455. Pilulae odontalgicae und Tinctura odontalgica 333. Aspirin 360. Pyramidon 362.

Sachregister.

Fruchtsäfte 117. 189.
— -zucker 440.
Früchte 189.
Frühjahrskuren 68.
Fructus Anethi 45.
— Anisi **65**. 206.
— — stellati 65.
— Capsici 63. 89.
— Cardamomi 63.
— Carvi 65.
— Ceratoniae 59.
— Cocculi 273.
— Colocynthidis 202.
— Coriandri 65.
— Cubebae 172.
— Foeniculi **65**. 206.
— Juniperi 82. 221.
— Lauri 82.
— Myrtilli 113.
— Papaveris 282.
— Piperis 64.
— Rhamni catharticae 199.
— Vanillae 65.
Fuchsin 386.
Fugugift 297.
Fulmargin 108.
Fungus Laricis 214.
— Secalis 338.
Fußbäder 73.

G.

Gadose 455.
Galbanum 86.
Galganth 63
Gallae 111.
Galläpfel 111.
Galle 205.
Gallensäuren 154. 205.
Gallussäure 111.
Gambogiasäure 202.
Gartenraute 82. 89.
Gastein 80.
Gastrosan 447.
Gaudanin 48.
Gegorene Getränke 255.
Geister 20.
Gelanthum 48.
Gelatina Zinci 50. 102.
— -injektion 94.
Geloduratkapseln 36.

Gelonida Aluminii subacetici 177.
Gelseminin 309.
Gemüse, Eisengehalt 399.
Gentiopicrin 68.
Gerbsäure 111.
Getränke 216.
Gewöhnung 10. 278. 292. 379.
Gewürze 61.
Gewürznelken 63.
Gichtpapier 81.
Gießfieber 103.
Gießhübel 130.
Gifte, spezifische 4.
Giftlattich 258.
Giftsucht 278.
Giftsumach 89.
Gipswässer 131.
Gitalin 316.
Glanduitrin 418.
Glandula pituitaria 418.
— thyreoidea 413.
Glandulae Lupuli 69.
Glaubersalz 192.
Gleichenberg 131.
Gleitpuder 31.
Gliederabschnürung 94.
Globuli martiales 398.
— vaginales 39.
Glockenbilsenkraut 298.
Glühlichtbäder 211.
Glühwein 212.
Glumae suppositoriae 40.
Glutoidkapseln 36.
Glutol 452.
Glyzerin **43**. 154. 195.
— -leim 50.
— -nitrat 336.
— -salbe 43.
— -suppositoria 40.
— -phosphorsäure 442.
Glycyrrhicin 58.
Glykuronsäure 171. 243. 329.
Gmunden 77.
Goapulver 165.
Gold, kolloidales 109.
Goldkantharidin 109.
Goldlack 315.
Goldregen 308.
Goldschwefel 182.
Gonargin 429.

V.

W.

Klinische Diagnostik innerer Krankheiten von Professor Dr. **P. Morawitz,** Greifswald. Zugleich als 4. Auflage des bekannten Lehrbuches von: weil. Adolf Schmidt und weil. H. Lüthje, Klinische Diagnostik und Propädeutik innerer Krankheiten. Mit 265 Abbildungen im Text und 17 Tafeln.

Preis brosch. M. 150.—, geb. M. 175.—

Genauere Durchsicht des vortrefflichen Buches zeigt, daß es in allen Gebieten der inneren Medizin auf der Höhe der Zeit steht und hier wie dort in gleichmäßig vollkommener Weise die Mittel und Wege lehrt, zur Erkenntnis der Krankheiten zu gelangen. Fügen wir noch hinzu, daß der Verfasser neben klarer, leichtfaßlicher Darstellung auch auf den sonst in der medizinischen Literatur oft vernachlässigten Stil besonders Wert gelegt hat, so sind wir überzeugt, daß das nicht allzu umfangreiche und daher leicht handliche Werk seiner inneren und äußeren Vorzüge wegen von Studierenden und Ärzten, die es in die Hände bekommen, mit Befriedigung und großem Gewinn gelesen werden wird.

Münchner medizinische Wochenschrift 1921 Nr 15.

Pathologische Physiologie. Ein Lehrbuch für Studierende und Ärzte von Prof. Dr. **Ludolf Krehl,** Heidelberg. 11., vollständig umgearbeitete Auflage. 1921.

Preis brosch. M. 120.—, geb. M. 140.—

Der Leser steht staunend vor der Bewältigung eines solchen Riesenstoffes, dessen andauernden Änderungen und Ergänzungen der Verfasser mit steter eigener Mitarbeit folgt.

Lehrbuch der Botanik für Mediziner von Prof. Dr. **Ernst Küster,** Gießen. Mit einem Vorwort von Dr. Paul Krause, Bonn. Mit 280 meist farbigen Abbildungen im Text. gr. 8⁰. 1920.

Preis brosch. M. 100.—, geb. M. 120.—

Eine seit vielen Jahren eingehende Beschäftigung mit den Verbesserungsvorschlägen des medizinischen Universitätsunterrichts hat die Überzeugung gefestigt, daß die einzelnen Fachvertreter auf die Bedürfnisse des Mediziners größere Rücksicht zu nehmen haben. Nur dadurch ist eine Vertiefung der Kenntnisse für die medizinische Ausbildung zu erreichen. Die Forderung der meisten medizinischen Fakultäten, das besondere Vorlesungen in Chemie, Physik, Zoologie und Botanik für Mediziner seitens der Fachvertreter gelesen werden, ist hieraus hervorgegangen. Unter diesem Gesichtspunkte ist das vorliegende Werk entstanden. Der Student wird aus der Darstellung der Pflanzenphysiologie, der Pflanzenchemie und der Pflanzenpathologie für das Studium der menschlichen Physiologie und Pathologie viel lernen. — Die glänzende Ausstattung des Buches — sämtliche Abbildungen sind neue, von Künstlerhand angefertigte Originale — dürfte dieses Werk in den Vordergrund seiner Konkurrenzwerke stellen.